基础入门一本通系列

Creo Parametric 8.0 中文版
基础入门一本通

云杰漫步科技 CAX 教研室

张云静　梁国栋　编著

電子工業出版社

Publishing House of Electronics Industry

北京 • BEIJING

内 容 简 介

Creo 是美国 PTC 公司的标志性软件，该软件已逐渐成为当今世界最流行的 CAD/CAM/CAE 软件之一；目前 PTC 公司的新版本设计软件为 Creo Parametric 8.0。本书讲解 Creo Parametric 8.0 中文版的设计方法，从软件使用入门开始讲解，详细介绍了其基准特征操作、草绘设计、三维设计基础、工程特征设计、特征操作和程序设计、装配设计、曲面设计、工程图设计、钣金件设计、模具设计和数控加工基础等内容，并且在每一章中有多个实操范例讲解，包括多种实战操作技巧。本书配有多媒体教学网络资源和微信公众号及 QQ 群，便于读者学习交流。

本书结构严谨、内容翔实、知识全面、可读性强、实例专业性强，是广大读者快速掌握 Creo Parametric 8.0 的实用自学指导书，也可作为高等院校计算机辅助设计课程的教材。

图书在版编目（CIP）数据

Creo Parametric 8.0 中文版基础入门一本通 / 张云静，梁国栋编著. —北京：电子工业出版社，2022.7
（基础入门一本通系列）
ISBN 978-7-121-43951-3

Ⅰ. ①C… Ⅱ. ①张… ②梁… Ⅲ. ①计算机辅助设计－应用软件－教材 Ⅳ. ①TP391.72

中国版本图书馆 CIP 数据核字（2022）第 119253 号

责任编辑：许存权
印　　刷：三河市鑫金马印装有限公司
装　　订：三河市鑫金马印装有限公司
出版发行：电子工业出版社
北京市海淀区万寿路 173 信箱　邮编：100036
开　　本：787×1 092　1/16　印张：23.75　字数：608 千字
版　　次：2022 年 7 月第 1 版
印　　次：2022 年 7 月第 1 次印刷
定　　价：89.90 元

凡所购买电子工业出版社图书有缺损问题，请向购买书店调换。若书店售缺，请与本社发行部联系，联系及邮购电话：（010）88254888，88258888。

质量投诉请发邮件至 zlts@phei.com.cn，盗版侵权举报请发邮件至 dbqq@phei.com.cn。

本书咨询联系方式：（010）88254484，xucq@phei.com.cn。

前　言

Creo 是美国 PTC 公司的设计软件包，包括 Creo Parametric、CoCreate 和 ProductView 三个软件。其中，Creo Parametric 对应以前的 Pro/Engineer，它的内容涵盖了产品从概念设计、工业设计、三维建模、分析计算、动态模拟与仿真、工程图生成到生产加工成产品的全过程，其中还包括电缆和管道布线、各种模具设计与分析和人机交换等大量实用模块。最新版本 Creo Parametric 8.0 的众多优秀功能让用户感到惊喜，并感受到现代 3D 技术革命的速度。

为了使读者能更好地学习，同时尽快熟悉新版本 Creo Parametric 8.0 的设计功能，云杰漫步科技 CAX 教研室根据多年在该领域的设计和教学经验精心编写了本书。本书以 Creo Parametric 8.0 中文版为基础，根据用户的实际需求，从学习的角度由浅入深、循序渐进、详细地讲解了该软件的各项功能。全书共 12 章，从 Creo Parametric 8.0 使用入门开始讲解，详细介绍了其基准特征操作、草绘设计、三维设计基础、工程特征设计、特征操作和程序设计、装配设计、曲面设计、工程图设计、钣金件设计、模具设计和数控加工基础等内容，并且在每一章还有实操范例讲解，包括多种实战操作技巧。

云杰漫步科技 CAX 教研室长期从事 Creo 的专业设计和教学工作，数年来承接了大量相关项目，积累了丰富的实践经验。本书就像一位专业设计师，针对使用 Creo Parametric 8.0 的广大初中级用户，将设计项目时的思路、流程、方法和技巧、操作步骤全面向读者介绍，是读者快速掌握 Creo Parametric 8.0 的实用指导书，同时适合作为高等院校和职业培训学校计算机辅助设计课程的教材。

本书配有交互式多媒体教学视频资源，包含案例制作过程的多媒体视频讲解，由从教多年的专业讲师全程多媒体视频跟踪教学，以一步一步讲解的形式，便于读者学习，同时还提供了所有实例的源文件，供读者练习使用。读者可以关注“云杰漫步科技”微信公众号，查看关于多媒体教学资源的使用方法和下载方法。本书提供了网络免费技术支持，读者可以关注微信公众号“云杰漫步科技”和今日头条号“云杰漫步智能科技”并就本书技术问题进行交流，获取技术支持和疑难解答。

本书由云杰漫步科技 CAX 教研室组织编写，参加编写工作的有张云静、梁国栋、张云杰、郝利剑、尚蕾等。书中案例均由云杰漫步科技 CAX 教研室设计制作，多媒体教学由云杰漫步多媒体科技公司提供技术支持。

由于本书编写时间紧张，编者的水平有限，书中难免有不足之处，在此，编者对广大读者表示歉意，望读者及时向我们反馈意见，编者深表感谢。

编著者

（扫码获取资源）

目　录

第1章

Creo Parametric 8.0 使用入门

本章导读

Creo 是美国 PTC 公司于 2011 年 6 月 13 日发布的全新设计软件包，是整合了 PTC 公司 Creo Parametric 参数化技术、CoCreate 直接建模技术和 ProductView 三维可视化技术的新型 CAD 设计软件包，是 PTC 公司闪电计划中所推出的第一个产品。Creo Parametric、CoCreate 和 ProductView 产品名称更新迁移到 Creo 的顺序是：Pro/Engineer 对应 Creo Parametric，CoCreate 对应 Creo Elements/Direct，ProductView 对应 Creo View。Creo Parametric、CoCreate 和 ProductView 是 Creo 远景构想的基本组成元素，它们在 2D 和 3D CAD、CAE、CAM、CAID 和可视化领域提供了经过验证的表现。目前最新的 Creo Parametric 8.0 版本，提供了新的模块化产品设计功能和功能更强的概念设计应用程序，而且提高了用户在 Creo Parametric 中的工作效率。

本章是 Creo Parametric 8.0 基础，主要介绍软件的基本概念和操作界面、文件的基本操作、视图管理设置和环境设置方法。这些是用户使用 Creo Parametric 8.0 必须掌握的基础知识，是熟练使用软件进行产品设计的前提。

1.1 Creo Parametric 8.0 简介和新增功能

下面对 Creo Parametric 的背景、发展及其主要设计特点进行简单介绍，并介绍 Creo Parametric 8.0 的新增功能。

1.1.1 Creo Parametric 简介

（1）Creo Parametric 的背景

Creo 在拉丁语中是创新之义。推出 Creo 的目的在于解决目前 CAD 系统难题，以及多种 CAD 系统数据共用等问题。CAD 软件已经应用了几十年，三维软件也出现了二十多年，似乎技术与市场逐渐趋于成熟。但是，目前制造企业在 CAD 应用方面仍然面临以下四大核心问题。

一是软件的易用性。目前 CAD 软件虽然在技术上逐渐成熟，但软件的操作还很复杂，宜人化程度有待提高。

二是软件的互操作性。不同设计软件的造型方法各异，包括特征造型、直觉造型等，二维设计还在广泛使用。但这些软件相对独立，操作方式完全不同，对用户来说，鱼和熊掌不可兼得。

三是数据转换问题。这个问题依然是困扰 CAD 软件应用的大问题。一些厂商试图通过图形文件的标准来锁定用户，因而导致用户的数据转换成本很高。

四是装配模型如何满足复杂的客户配置需求。由于客户需求的差异，往往会造成由于复杂的配置，而大大延长产品的交付时间。

Creo 的推出，正是为了从根本上解决这些制造企业在 CAD 应用中面临的核心问题，Creo Parametric 是其中最重要的一个模块软件，它真正将企业的创新能力发挥出来，帮助企业提升研发协作水平，让 CAD 应用真正提高效率，为企业创造价值，如图 1-1 所示即为 Creo 创建的 CAD 模型。

图 1-1　Creo 创建的 CAD 模型

（2）Creo Parametric 的功能和优势

强大灵活的参数化 3D CAD 功能带来与众不同和便于制造的产品。

多种概念设计功能帮助快速推出新产品。

可以在各应用程序和扩展包之间无缝地交换数据，而且可以获得共同的用户体验，因此，客户可以更快速和成本更低地完成从概念开发到制造产品的整个过程。

由于能适应后期设计变更和自动将设计变更传播到下游的所有可交付结果，因此用户可以自信地完成设计。

自动产生相关的制造和服务可交付结果，从而加快产品上市速度和降低成本。

（3）Creo Parametric 的主要技术特点

Creo Parametric 使用强大而灵活的 3D 参数化建模技术创建 3D 设计。

Creo Parametric 是 3D CAD 领域的标准。它包含了最先进的生产效率工具，可以促使用户采用最佳设计方法，同时确保遵守业界和公司的标准。Creo Parametric 提供范围最广的强大而又灵活的 3D CAD 功能，可帮助客户解决最紧迫的设计挑战，包括适应后期变更、使用多种 CAD 数据和机电设计方案。

这个集成的参数化 3D CAD、CAID、CAM 和 CAE 解决方案可灵活伸缩，能让用户的设计速度比以前更快，同时最大限度增强创新力度并提高质量，最终创造出不同凡响的产品。

作为 Creo 产品系列的成员，Creo Parametric 能够与其他 Creo 应用程序无缝共享数据。这意味着无须浪费时间来转换数据，并能消除因转换数据而产生的错误。用户可以在不同的建模模式之间无缝切换，而且 2D 和 3D 设计数据可以轻松地在应用程序之间移动，同时保留设计意图。这将产生很强的互操作性，并能在许多产品开发过程中提高开发效率。

1.1.2　Creo Parametric 8.0 新增功能介绍

最新版本的 Creo Parametric 8.0 增强了很多原有功能，并且进行了部分性能改进，软件的启动界面如图 1-2 所示。

图 1-2　软件启动界面

Creo Parametric 8.0 主要有如下增强功能。

（1）可用性和效率

Creo Parametric 8.0 的实用工具可以帮助用户充分发挥创意，更快完成设计。工作流经过简化，操控板得到改进，同时模型树界面和快照便于轻松查看设计草稿。孔特征、路由系统、钣金件和 RenderStudio 均得到改善，让用户顺畅工作，效率倍增。现在用户可以利用不可分组件来更加轻松地管理采购的组件。

（2）改进了基于模型的定义（MBD）和细节设计

新增了功能完善的 MBD 和细节设计工具，可帮助用户创建详实的 CAD 模型，为制造、检查和供应链提供强大依据。Creo Parametric 8.0 简化了工作流，可减少用时、错误和成本，同时提高企业整体质量。可以借助更新的 GD&TAdvisorPlus 扩展功能为组件应用几何尺寸和公差标注。此外，细节设计功能也得到了加强，新增了草绘工具，可轻松传达设计意图。

（3）增强了仿真和创成式设计

帮助用户利用先进的 CAD 技术，以十足创意进行优质设计。Creo 先进的创成式设计工具具有自动包络、绘制处理和半径约束功能，变得更加强大。Creo Simulation Live 的增强功能提供稳态流分析，可在设计过程中进行实时仿真。全新的 Creo Ansys Simulation 工具改进了网格和挠度控制，可进行高保真设计验证。

（4）改进了增材制造和减材制造

借助 Creo Parametric 8.0，用户可轻松为增材制造和传统制造优化设计。借助全新的增材制造功能，用户可以使用高级晶格结构来充分减轻重量，可以根据仿真结果应用多种晶格结构。构建方向和托盘设置方面的增强可以加快生产速度，提高构建质量。对于减材制造，Creo Parametric 8.0 简化了高速五轴铣削刀具路径，成功缩短了设置和加工时间。

（5）在生成设计方面，进行了生成拓扑优化（GTO）和生成设计扩展（GDX）

GTO 根据用户的约束和要求（包括材料和制造流程）创建优化的产品设计。在软件设计环境中，快速探索创新的设计方案以减少开发时间和费用。人工智能驱动的 GTO 可帮助用户交付高质量、低成本、可制造的设计。

利用云的功能并行运行多个优化研究，从而极大地提高用户的生产效率。用户可以快速评估和比较更多设计概念，从而增强最终选择设计的信心，然后再将其带回软件以进一步供下游使用。

（6）仿真驱动设计功能

在设计工程师的工具中，将模拟的力量添加到用户的工作流程中。通过仿真，可以在生产第一部分之前分析和验证 3D 虚拟原型的性能。在设计时，Simulation Live 会实时指导用户，而 Creo ANSYS Simulation 是提供验证的高保真工具。

（7）多体设计功能

多体设计功能允许用户自由有效地处理单个零件中分离、接触或重叠的几何体，从而大大提高用户构建复杂几何体时的设计效率。除显著提高整体设计效率外，它在生成设计，增材制造以及为注塑零件设计多材料包覆成型方面也至关重要。

（8）增材制造/ CAM 功能

提供当今市场上最全面的增材制造功能套件，Creo Parametric 8.0 通过增强对随机晶格的支持，使它们能够识别并跟随棱柱形状的边缘，从而继续创新。从传统的加工角度来看，Creo Parametric 8.0 启用了对瑞士车床的支持，因此用户可以在 Mill Turn Work Center 中选择 Swiss 车床，而无须手动添加自定义命令。

1.2　Creo Parametric 8.0 工作界面

下面介绍 Creo Parametric 8.0 工作界面。Creo Parametric 8.0 的初始界面如图 1-3 所示。

图 1-3　Creo Parametric 8.0 初始界面

新建文件后，Creo Parametric 8.0 的工作界面如图 1-4 所示，主要由工具栏、【文件】菜单、选项卡、导航选项卡、命令提示栏、绘图区等组成，除此之外，对于不同的功能模块还会出现不同对话框（如图 1-5 所示），本节将详细介绍这些组成部分的功能。

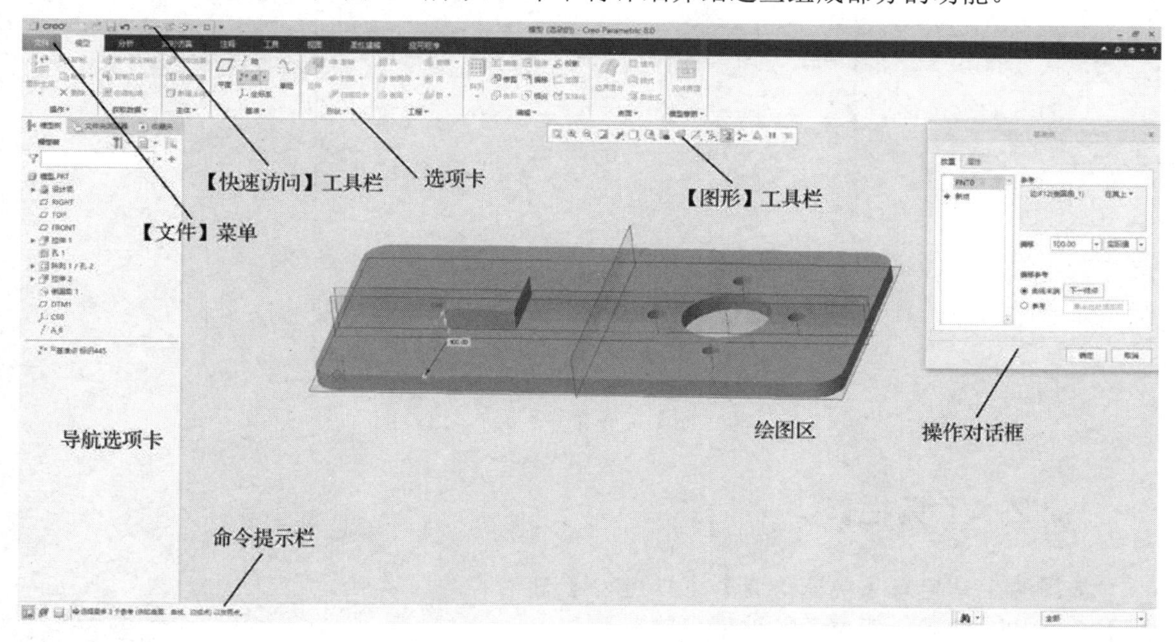

图 1-4　Creo Parametric 8.0 工作界面

1.2.1 【文件】菜单

图 1-5 【草绘】对话框

【文件】菜单是 Creo Parametric 软件进行文件操作和管理的命令菜单，也是进行软件参数设置和提供软件帮助的命令菜单。

【文件】菜单包含关于文件操作的命令，如【新建】、【打开】、【保存】、【另存为】、【打印】和【关闭】等操作命令，如图 1-6 所示。菜单中有的命令下面还有次级菜单，打开后可以使用之下的相关命令。

在【管理文件】和【管理会话】下拉菜单中，可以对内存中的和目前显示的模型进行命名或删除操作；在【发送】下拉菜单中可以通过发送命令发送文件；在【帮助】下拉菜单中可以使用帮助命令获得帮助。

【选项】菜单命令是进行软件环境设置的命令。

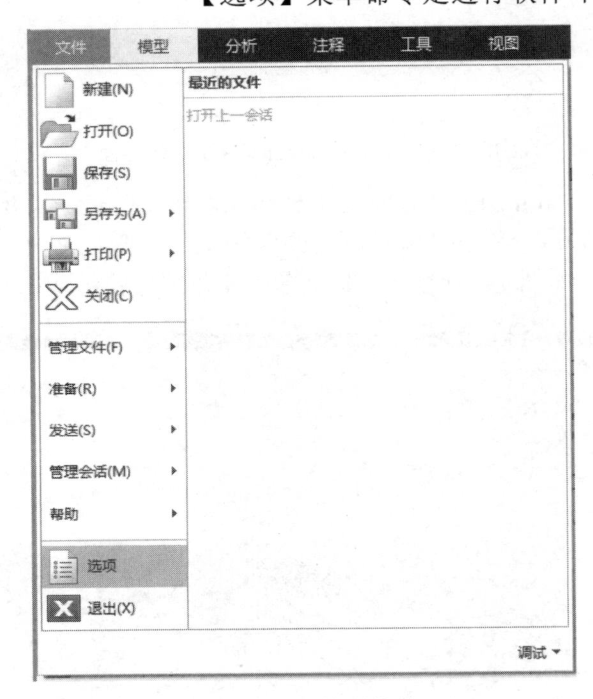

图 1-6 【文件】菜单

1.2.2 工具栏

常用的工具栏有【快速访问】工具栏和【图形】工具栏，前者一般位于软件窗口的左上角，后者默认位于绘图区上方，如图 1-7 和图 1-8 所示。用户也可以根据需要自定义工具栏的位置。其中

图 1-7 【快速访问】工具栏

【图形】工具栏还有多个下拉列表框，可以在其中选择多个命令，如图 1-9 所示。

图 1-8 【图形】工具栏

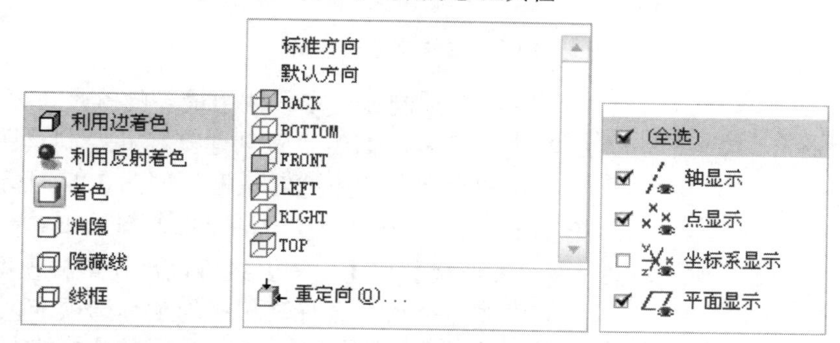

图 1-9 【显示样式】、【已命名视图】和【基准显示】过滤器下拉列表框

工具栏中的各个按钮可以通过【文件】选项卡中的【选项】命令进行自定义，它包含的主要按钮功能如表 1-1 所示。

表 1-1 工具栏功能按钮

按 钮	按 钮 功 能	按 钮	按 钮 功 能
	新建文件		重画
	打开文件		放大模型
	保存文件		缩小模型
	撤销操作		显示样式
	重做操作		已命名视图
	重新生成模型		基准显示过滤器
	显示窗口		启动视图管理器
	关闭窗口		注释显示
	调整全屏显示模型		旋转中心开关

1.2.3 主选项卡

主选项卡中集合了大量操作命令，初始界面包括【模型】、【分析】、【注释】、【工具】、【视图】、【柔性建模】、【应用程序】7 个主选项卡。在使用选项卡中的某一命令时，有时会出现相应的工具选项卡。当然，用户也可以自己定制选项卡，后面还会介绍这个功能。下面分别对这 7 个主选项卡进行介绍。

（1）【模型】选项卡

【模型】选项卡如图 1-10 所示，主要包含【操作】、【获取数据】、【基准】、【形状】、【工程】、【编辑】、【曲面】和【模型意图】等组，组中的命令可因所处的活动模式不同而改变。

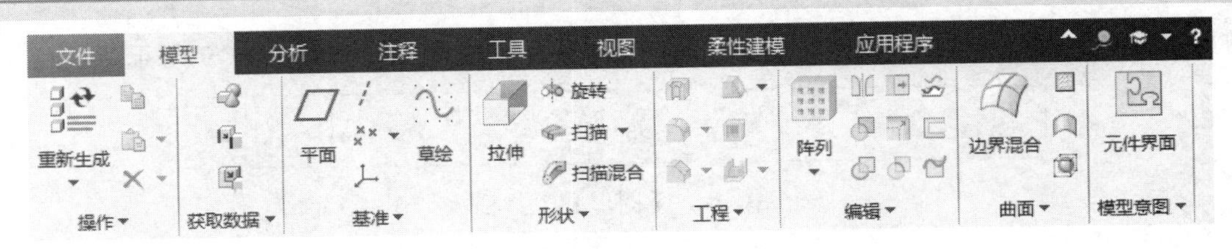

图 1-10 【模型】选项卡

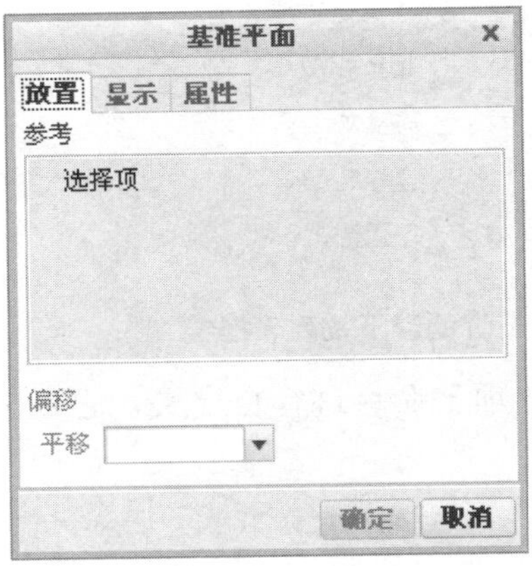

在模型制作当中，使用最多的就是【模型】选项卡，其中的【基准】组负责创建基准和绘制草图，单击其中的按钮会弹出相应的对话框，如图 1-11 所示为单击【平面】按钮弹出的【基准平面】对话框。

图 1-11 【基准平面】对话框

【形状】和【工程】组可以创建多种模型特征，使用其中的命令后，会打开相应的工具选项卡，如图 1-12 所示为单击【拉伸】按钮后显示的【拉伸】工具选项卡。

【编辑】组可以对模型特征进行编辑；【曲面】组是创建和编辑曲面的工具。

（2）【分析】选项卡

【分析】选项卡如图 1-13 所示，其中包括【管理】、【自定义】、【模型报告】、【测量】、【检查几何】、【设计研究】等组。【分析】选项卡可以对模型零件进行相关分析，内容包括几何检查、测量面积和直径等参数、Simulate 分析及生成分析报告等。

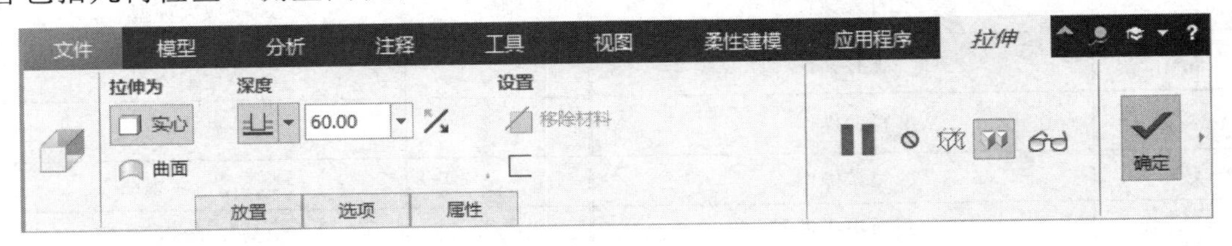

图 1-12 【拉伸】工具选项卡

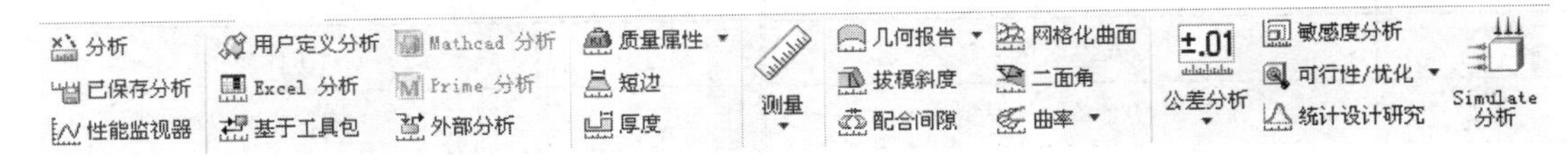

图 1-13 【分析】选项卡

【模型报告】组可以对模型质量、大小及短边进行测量，单击【质量属性】按钮，弹出如图 1-14 所示的【质量属性】对话框；【测量】组可以测量模型中的多种参数，单击【体积】按钮，弹出如图 1-15 所示的【测量：体积块】对话框。

（3）【注释】选项卡

【注释】选项卡如图 1-16 所示，主要包括【组合状态】、【注释平面】、【管理注释】、【注释特征】、【基准】、【注释】等组，这些组中的命令都是关于添加模型注释的，包括几何公差、注释特征等内容的创建。

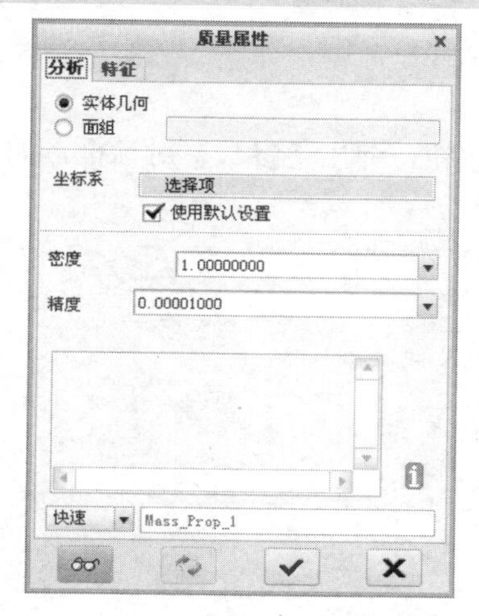

图 1-14 【质量属性】对话框

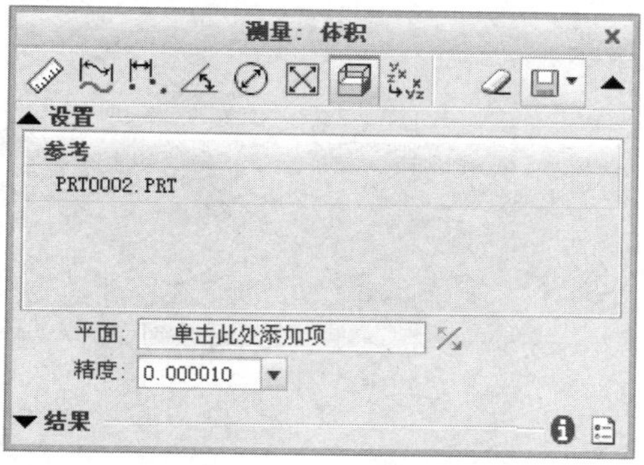

图 1-15 【测量：体积】对话框

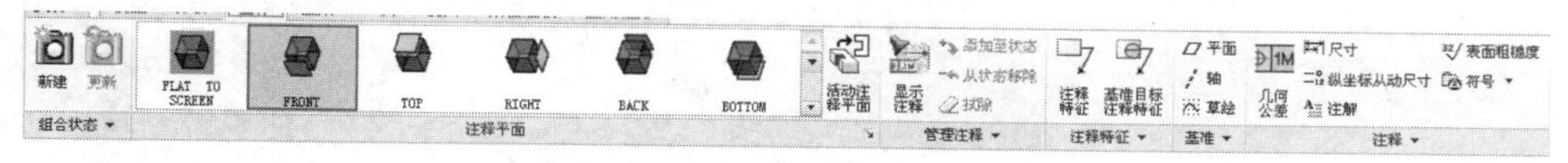

图 1-16 【注释】选项卡

（4）【工具】选项卡

【工具】选项卡如图 1-17 所示，其功能是定义工作环境、设置外部参照控制选项及使用模型播放器查看模型创建历史记录等。主要的按钮功能介绍如下。

图 1-17 【工具】选项卡

- 【模型播放器】按钮：单击该按钮，弹出【模型播放器】对话框，如图 1-18 所示，可以逐步完成对象重新生成过程。

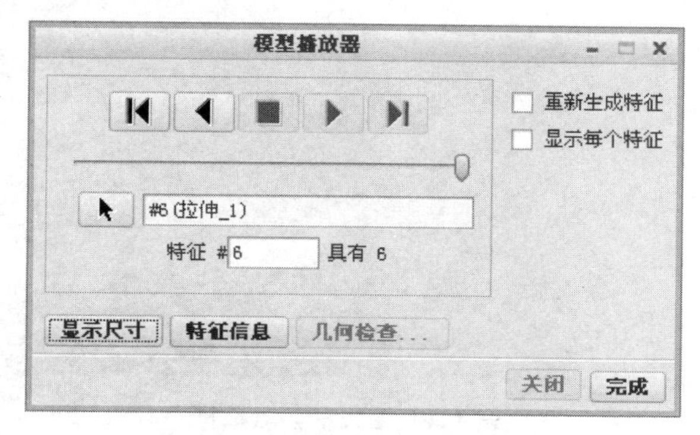

图 1-18 【模型播放器】对话框

- 【参考查看器】按钮：显示设计中父子关系的图形说明。
- 【元件界面】按钮：创建或编辑元件接口。

- 【发布几何】按钮：创建发布几何特征。
- 【族表】按钮：创建或修改族表。
- 【参数】按钮：设置模型中的各类参数。单击该按钮，弹出【参数】对话框，如图 1-19 所示。

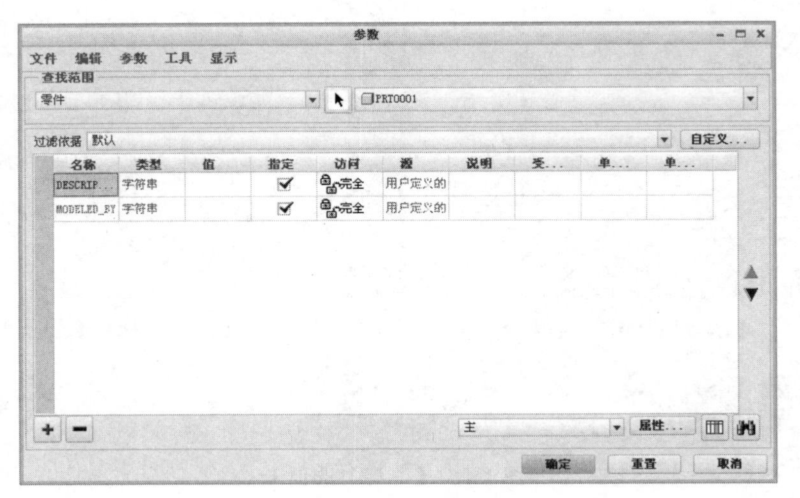

图 1-19 【参数】对话框

- 【d=关系】按钮：查看参数化标签并添加或编辑约束方程。单击该按钮，弹出【关系】对话框，如图 1-20 所示。
- 【外观管理器】按钮：打开外观管理器进行编辑。
- 【UDF 库】按钮：使用此按钮创建 UDF 和修改库中现有的 UDF 命令。

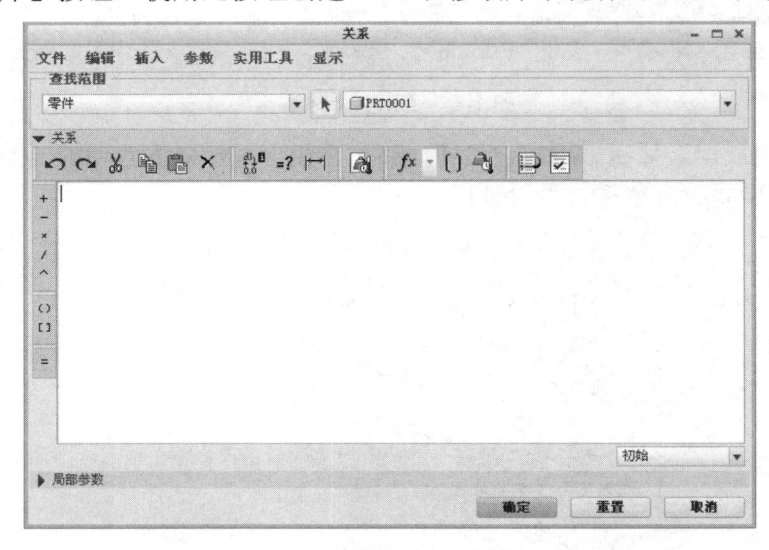

图 1-20 【关系】对话框

（5）【视图】选项卡

【视图】选项卡包括关于模型视图控制的命令按钮，如图 1-21 所示。

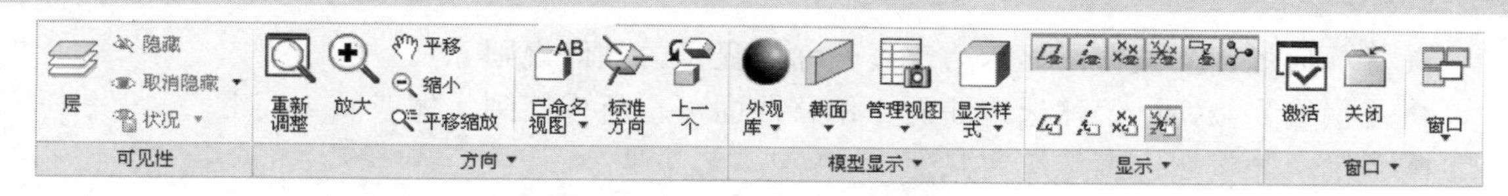

图 1-21 【视图】选项卡

其【方向】组中各命令按钮功能如下。

- 【重新调整】按钮：调整缩放等级以全屏显示对象。
- 【放大】按钮：放大目标几何，以查看更多细节。
- 【平移】按钮：通过水平或竖直移动参考系，修改模型相对于显示窗口的位置。
- 【缩小】按钮：缩小目标几何，以获得更广阔的几何上下文透视图。
- 【平移缩放】按钮：定义模型的方向。

此外还包括【已命名视图】、【标准方向】、【上一个】和【重定向】四种类型的视图调整按钮。其中【标准方向】按钮将以标准方向上显示模型；【上一个】按钮是将模型恢复到上一个显示状态；【重定向】按钮可以配置模型方向首选项。

单击【层】按钮，在【导航选项卡】显示层树，如图 1-22 所示。

单击【管理视图】按钮，弹出【视图管理器】对话框，如图 1-23 所示。在此对话框中可以对现有视图进行编辑，创建新的视图，以及设置【横截面】、【层】和【定向】参数。

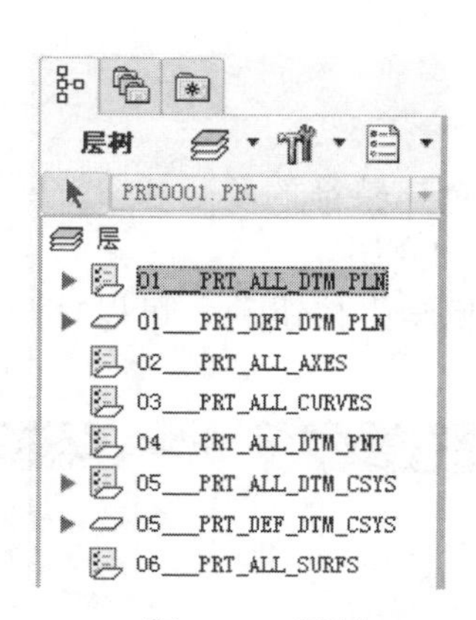

图 1-22 层树

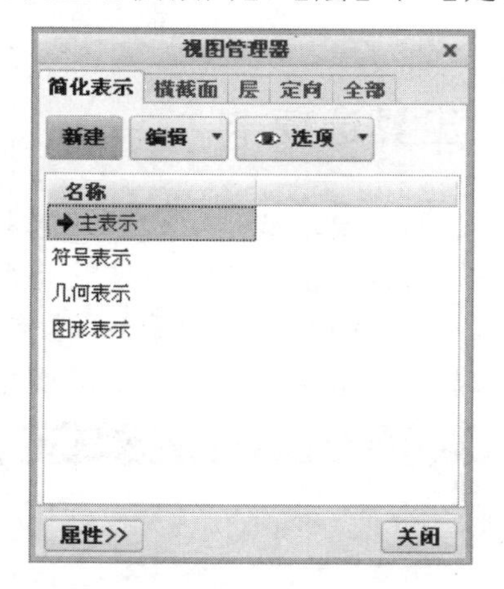

图 1-23 【视图管理器】对话框

（6）【柔性建模】选项卡

【柔性建模】选项卡如图 1-24 所示，它包含【识别和选择】、【变换】、【识别】和【编辑特征】组。【识别和选择】组中的命令按钮可以根据生成的特征，选择显示窗口中相应的对象。

图 1-24 【柔性建模】选项卡

其他组中的主要命令按钮功能如下。

- 【几何规则】按钮：显示用于展开曲面显示的几何规则。
- 【偏移】按钮：偏移选定曲面。偏移曲面可重新连接到实体或同一面组。
- 【镜像】按钮：镜像选定几何。
- 【替代】按钮：用不同曲面选择替代选定的曲面。
- 【编辑倒圆角】按钮：修改选定倒圆角曲面的半径或将它们从模型中移除。
- 【对称】按钮：选择彼此互为镜像的两个曲面，然后找出镜像平面。也可以选择一个曲面和一个镜像平面，然后找出选定曲面的镜像。还可以找到彼此互为镜像的相邻曲面，然后将他们变为对称组的一部分。

（7）【应用程序】选项卡

不同的工作模式对应不同的【应用程序】选项卡，零件工作模式下的【应用程序】选项卡如图 1-25 所示，其主要功能是显示当前可用的应用程序，比如【焊接】和【模具/铸造】，在此可以直接变更模型环境。

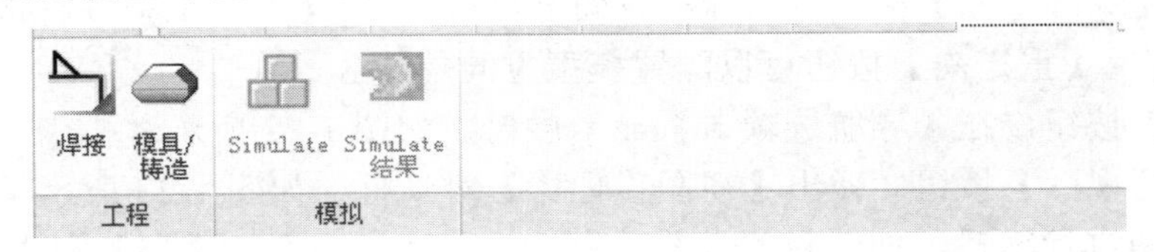

图 1-25 【应用程序】选项卡

1.2.4 工具选项卡

工具选项卡的主要功能是用来详细定义和编辑所创建特征的参数和参照等，例如倒角、拉伸、孔、筋等特征，后面在创建这些特征时将会详细介绍。

例如，单击【模型】选项卡【工程】组中的【边倒角】按钮，可以打开如图 1-26 所示的【边倒角】工具选项卡，以进行边倒角的操作。

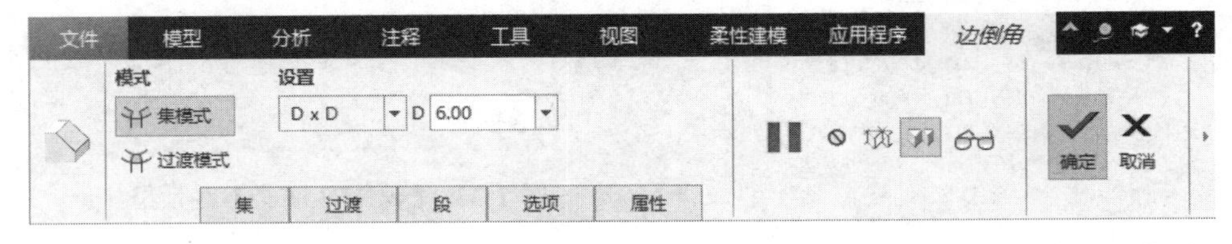

图 1-26 工具选项卡

1.2.5 命令提示栏

命令提示栏如图 1-27 所示，它的主要功能是提示命令执行情况和下一步操作的信息。同时包括导航选项卡和浏览器显示按钮。

图 1-27 命令提示栏

1.2.6 导航选项卡

导航选项卡一般位于界面左侧，如图 1-28 所示为导航选项卡中的【模型树】选项卡，单击命令提示栏中的【导航选项卡】按钮可以打开或关闭导航选项卡。导航选项卡共包括以下 3 个选项卡。

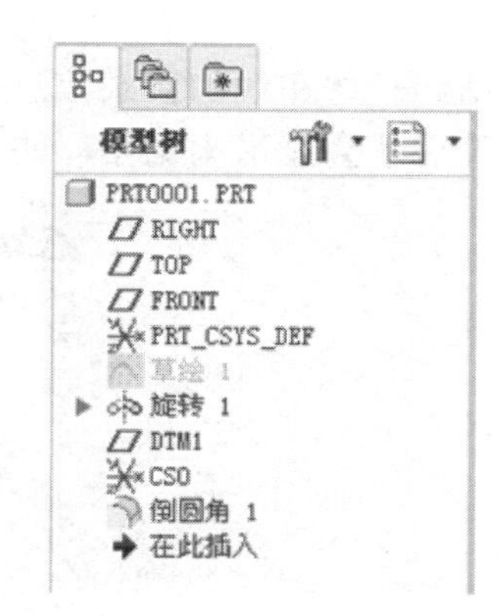

图 1-28 【模型树】选项卡

（1）【模型树】选项卡：单击【模型树】标签可以切换到【模型树】选项卡，它的主要功能是以树的形式显示模型的各基准、特征等信息。模型树支持用户进行编辑操作。

（2）【文件夹浏览器】选项卡：单击【文件夹浏览器】标签将切换到【文件夹浏览器】选项卡，如图 1-29 所示。在其中选择文件夹后，会在其右方显示该文件夹中所有的文件。在右边弹出的窗口中单击鼠标右键可以进行【打开】、【剪切】、【复制】文件等操作。

（3）【收藏夹】选项卡：单击【收藏夹】标签将切换到【收藏夹】选项卡，如图 1-30 所示。它的主要功能是收藏存储用户选定的文件夹，单击【添加收藏项】按钮将当前目录添加到收藏夹中，单击【组织收藏夹】按钮，弹出【组织收藏夹】对话框，可以对收藏夹中的项目进行编辑，如图 1-31 所示。

图 1-29 【文件夹浏览器】选项卡

图 1-30 【收藏夹】选项卡

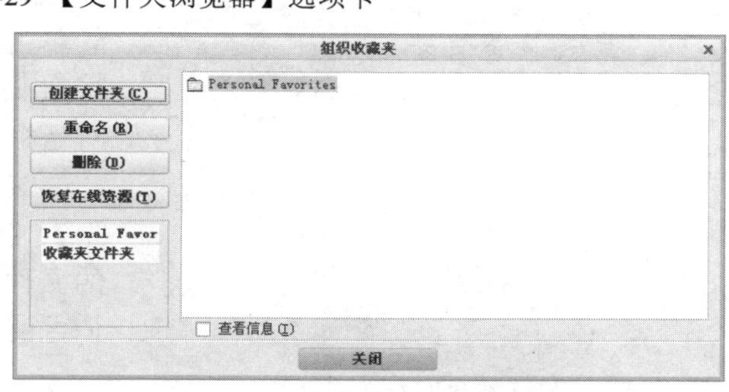

图 1-31 【组织收藏夹】对话框

1.2.7 浏览器

单击命令提示栏中的【浏览器】按钮，弹出浏览器如图 1-32 所示，通过它可以访问网站和一些在线的目录信息，还可以显示特征的查询信息等，在机器联网的情况下，启动软件后就会显示浏览器，如不需要访问相关内容，可将其收缩关闭。

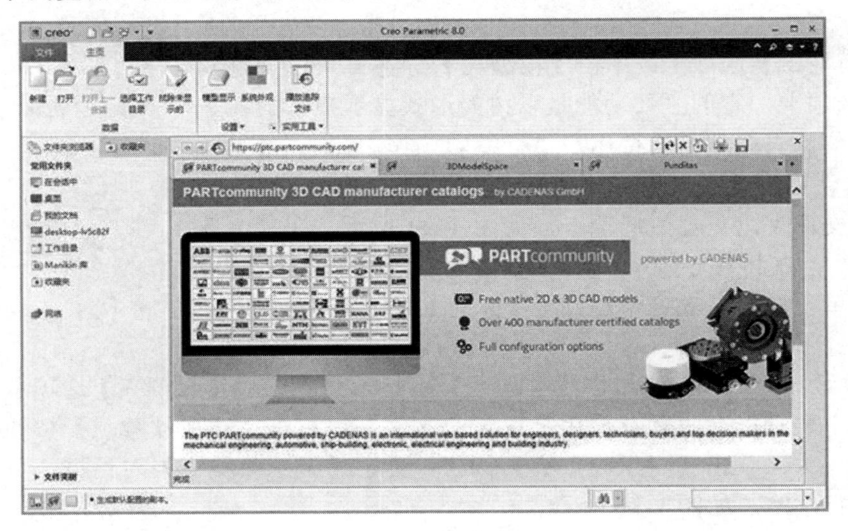

图 1-32 浏览器

1.3 文件基本操作

下面介绍 Creo Parametric 8.0 文件的基本操作方法，包括文件的新建、打开、拭除、重命名、删除和保存等。

1.3.1 新建文件

选择【文件】|【新建】菜单命令，或者单击【快速访问】工具栏中的【新建】按钮，打开如图 1-33 所示的【新建】对话框。

该对话框用于定义新建文件的【类型】、【子类型】和文件【名称】等，不同的文件类型对应不同的子类型和功能，它们之间的关系如表 1-2 所示。

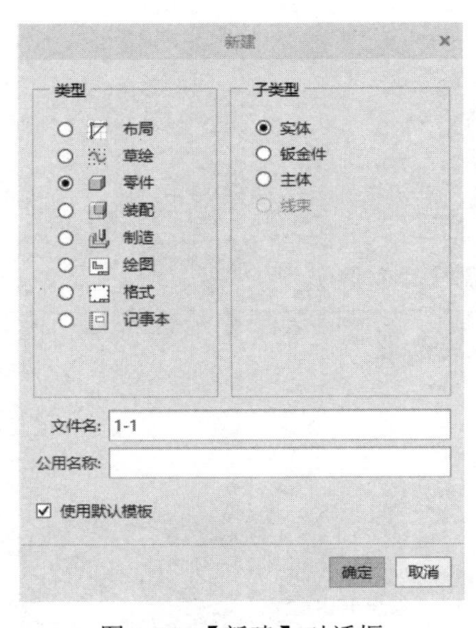

图 1-33 【新建】对话框

表 1-2 文件类型功能对应关系

文 件 类 型	文件子类型	功 能 说 明
草绘（*.sec）	无	创建 2D 草绘截面
零件（*.prt）	实体	创建实体零件
	线束	创建线束零件
	钣金件	创建钣金零件
	主体	创建主体零件
装配（*.asm）	设计	装配件设计
	互换	创建图形交换文件
	校验	装配验证
	工艺计划	创建工艺计划
	NC 模型	创建数控加工模型
	模具布局	创建模具布局
	外部简化表示	创建外部简化表示
制造（*.mfg）	NC 装配	创建数控加工组件
	Expert Machinist	创建专家加工模型
	CMM	创建加工模型的坐标测量序列
	钣金件	创建钣金成型
	铸造型腔	创建铸模加工
	模具型腔	创建模具加工
	线束	创建加工模型的管线
	工艺计划	创建工艺规划
绘图（*.drw）	无	创建工程图
格式（*.frm）	无	创建工程图与布局的默认文件
报告（*.rep）	无	创建报表文件
图表（*.dgm）	无	创建电路、管路图
记事本（*.lay）	无	创建记事本文件
布局（*.cem）	无	创建布局
标记（*.mrk）	无	创建注释

提 示

文件类型括号中的字母表示该类型文件扩展名的格式。

在【名称】文本框中可以直接输入新文件名，启用【使用默认模板】复选框表示创建的新文件采用系统默认的单位、视图、基准等设置，如果不启用此复选框，系统将打开如图 1-34 所示的【新文件选项】对话框，在其中可以重新进行模板定义。

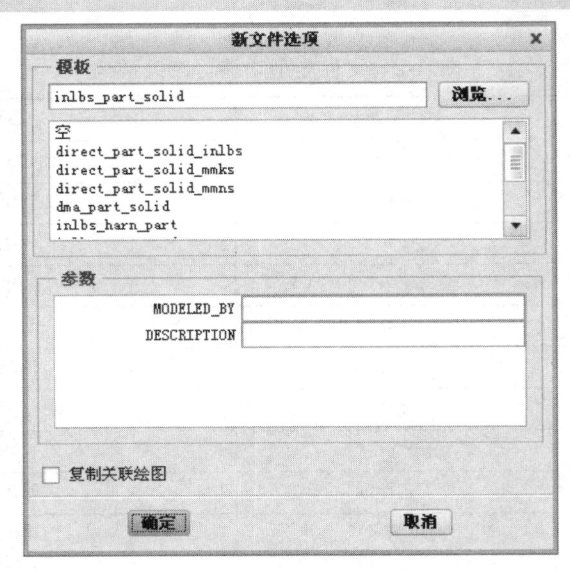

图 1-34 【新文件选项】对话框

1.3.2 打开文件

选择【文件】|【打开】菜单命令，或者单击【快速访问】工具栏中的【打开】按钮，打开如图 1-35 所示的【文件打开】对话框。选择需要的零件，单击【打开】按钮即可打开。

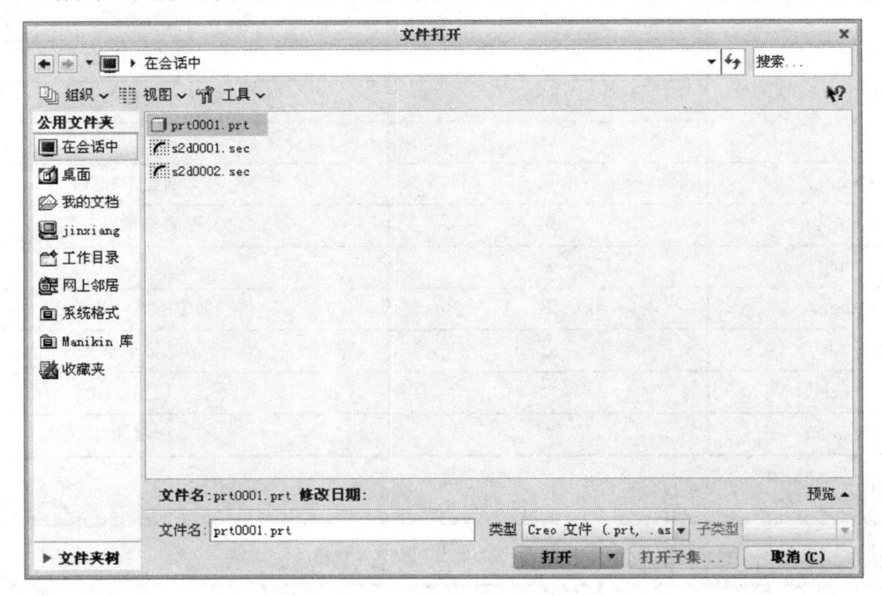

图 1-35 【文件打开】对话框

1.3.3 拭除文件

拭除文件用来从内存中移除当前窗口中的对象，或者移除窗口中未显示的对象，这样

可以避免过多进程占用内存，影响系统性能。在【文件】|【管理会话】菜单中，如图 1-36 所示，显示拭除文件有两个命令。

（1）【拭除当前】：将当前活动窗口中的一个文件从内存中删除（但不删除硬盘中的文件）。例如内存中有 20 个文件，而其中 3 个文件出现在 3 个不同的窗口中（1 个在主窗口，另 2 个在子窗口），则选择此命令将会删除当前活动窗口中的 1 个文件。

（2）【拭除未显示的】：将不显示在任何窗口上但存在于内存中的所有文件删除。例如内存中有 20 个文件，而其中 3 个文件出现在 3 个不同的窗口中（1 个在主窗口，另 2 个在子窗口），则选择【文件】|【管理会话】|【拭除未显示的】菜单命令，将会删除存在于内存中的 17 个文件。

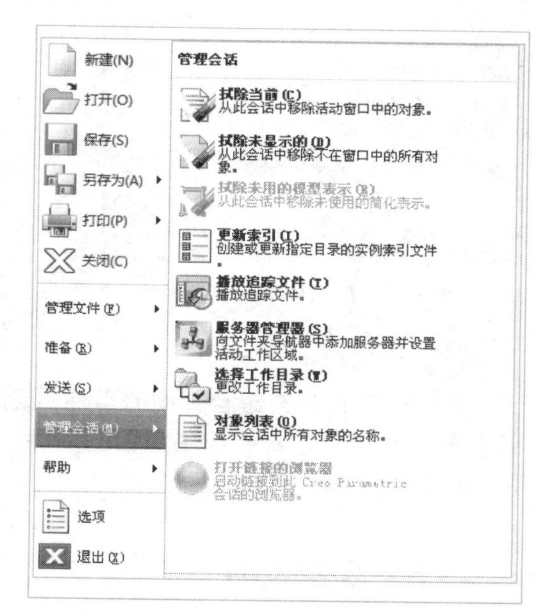

图 1-36 【管理会话】菜单

1.3.4 重命名和删除文件

重命名和删除命令可以从磁盘和内存中删除文件。打开【文件】|【管理文件】菜单，如图 1-37 所示，其中删除命令有两个。

（1）【删除旧版本】：将一个文件的所有旧版本从硬盘中删除，只保留最新版本。

（2）【删除所有版本】：将一个文件的所有版本从硬盘中全部删除，使用此命令时会出现如图 1-38 所示的提示信息。

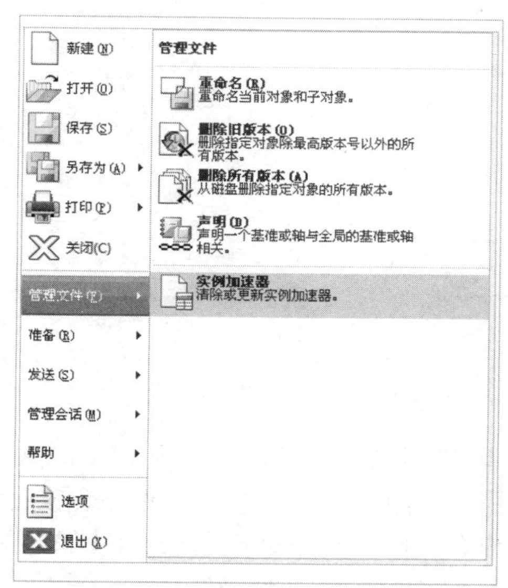

图 1-37 【管理文件】菜单

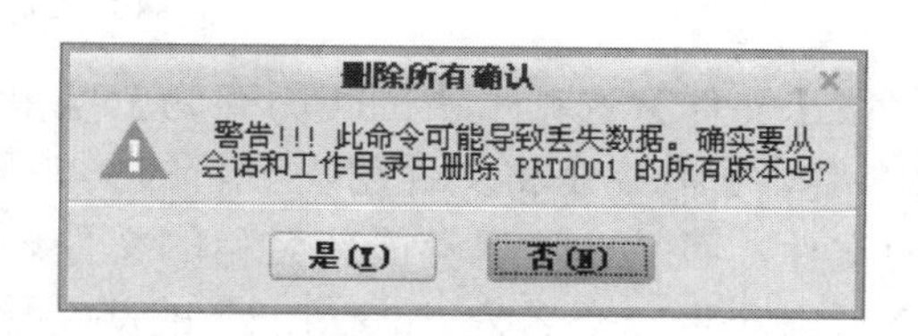

图 1-38 【删除所有确认】对话框

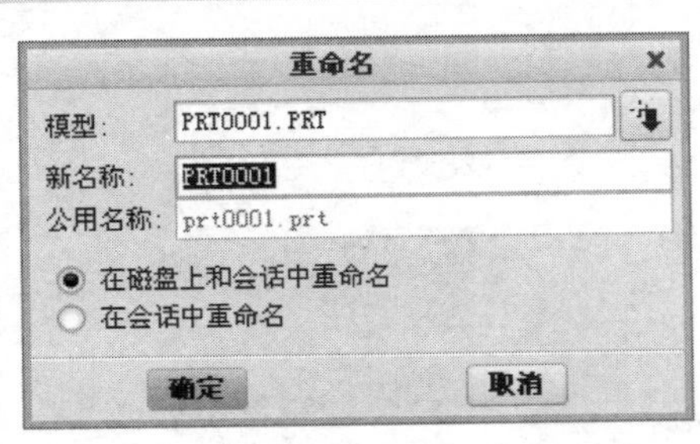

图 1-39 【重命名】对话框

选择【重命名】命令，弹出对话框如图 1-39 所示，其中两个选项解释如下。

（1）【在磁盘上和会话中重命名】：表示重命名内存及硬盘中的文件。

（2）【在会话中重命名】：表示重命名内存中的文件。

注意：

若一个零件为某组合件中的组件，或此零件用来产生某工程图，则此零件重新命名后会破坏其相关组合件或工程图的文件；但若此零件与其相关组合件或工程图同时存在于内存中，则零件的文件名更改不会影响其相关组合件或工程图的文件。

1.3.5 保存文件

单击【快速访问】工具栏上的【保存】按钮或选择【文件】|【保存】菜单命令后，打开【保存对象】对话框，如图 1-40 所示，对文件进行保存。

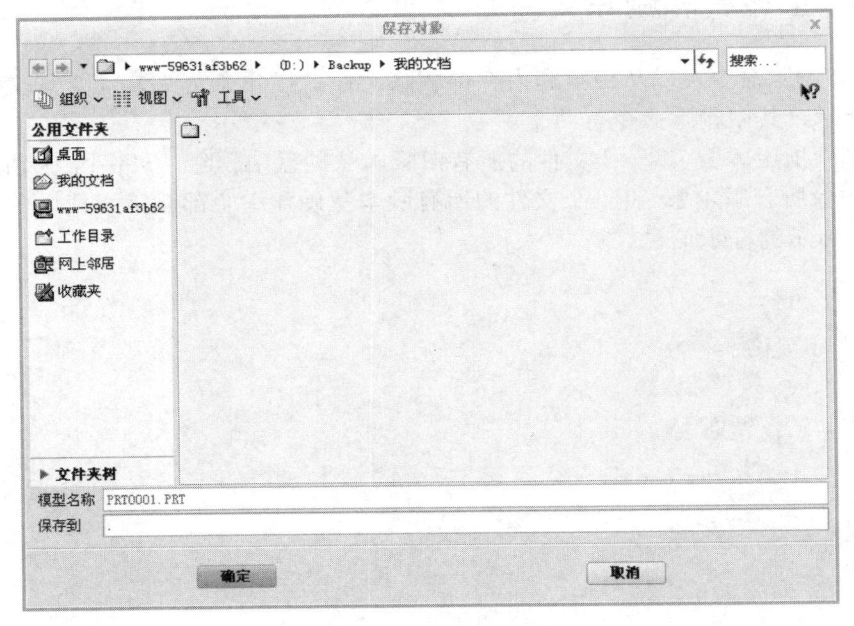

图 1-40 【保存对象】对话框

在【文件】选项卡中的【另存为】菜单下，有其他保存文件的方法，如图 1-41 所示。【保存副本】命令是将文件用一个新的文件名称保存，但保存时新版本的文件不会覆盖旧版本的文件，而是自动保存成新名称的文件。例如原有文件名为“car.prt”，执行【保存副本】命令后则产生一个名为“car.prt.2”的新文件，原有的“car.prt”文件仍然存在。【保存副本】

命令可将当前活动窗口中的文件用新文件名称保存，【保存副本】对话框如图 1-42 所示。

图 1-41 【另存为】菜单

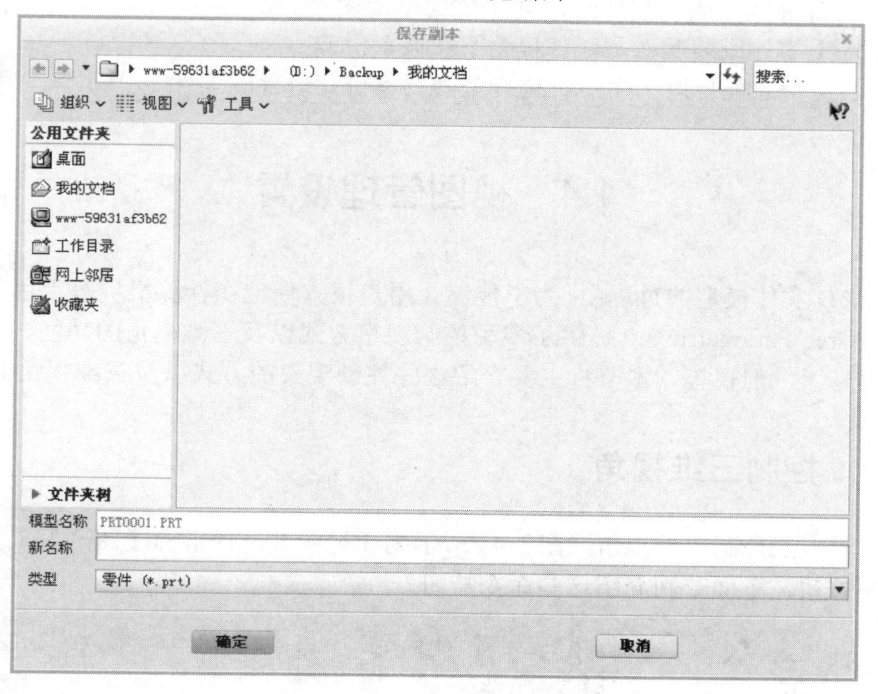

图 1-42 【保存副本】对话框

【文件】|【另存为】|【保存备份】菜单命令用于在磁盘中备份文件，但内存和活动窗口并不加载此备份文件，而是仍保留原文件名称，其对话框如图 1-43 所示。

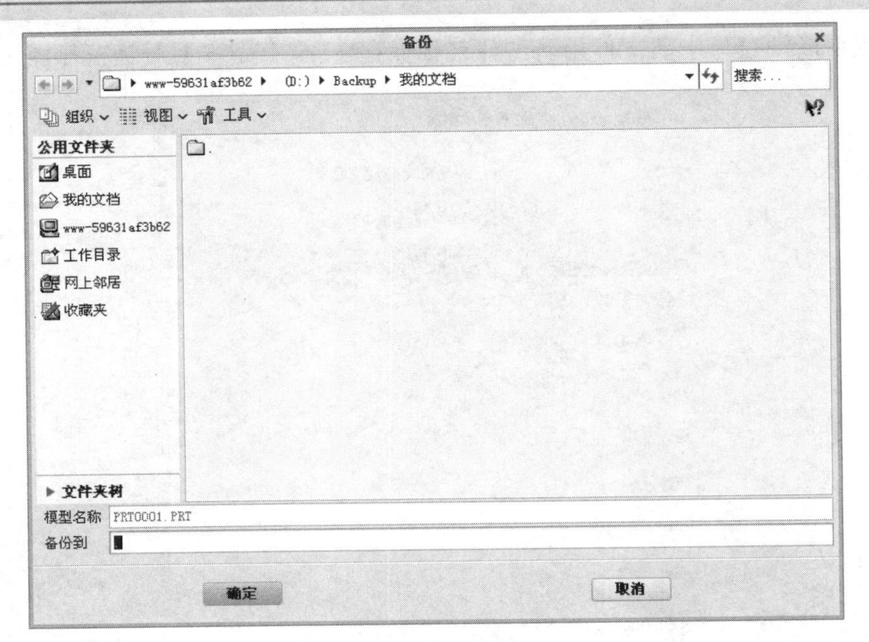

图 1-43 【备份】对话框

注意：

（1）当备份零件或装配件时，其相关的工程图也会被备份（但如果工程图的原文件名称不同于零件或装配件，则工程图不会被备份）。

（2）当备份装配件时，用户可选择是否要备份其所含的零件。

1.4 视图管理设置

在设计 3D 实体模型的过程中，为了能够让用户很方便地在计算机屏幕上用各种视角来观察实体，Creo Parametric 8.0 提供了多种控制观察方式以及三维视角的功能，包括视角、视距、彩色光影、剖视等。本节将主要介绍这些控制观察的方式以及三维视角的方法。

1.4.1 控制三维视角

有很多种方法控制三维视角，图 1-44 所示为【视图】选项卡和【图形】工具栏中的三维视角控制按钮，下面分别介绍这些命令按钮。

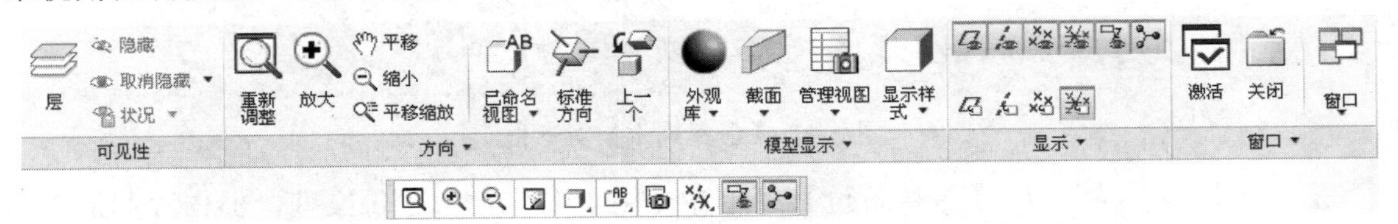

图 1-44 【视图】选项卡和【图形】工具栏

（1）【重画】按钮

将现有的绘图窗口重画，具有清屏的作用，相当于AutoCAD中的Redraw命令，其工具按钮为▢。

（2）【显示样式】命令

【图形】工具栏中的【显示样式】下拉列表框▢，可以生成各种模型视图样式。

（3）【方向】组

用来设定显示方向，介绍如下。

- 【放大】和【缩小】按钮：放大模型视图。
- 【上一个】按钮：将物体转为前一个视角。
- 【重新调整】：调整物体的大小，使其完全显示在屏幕上，其工具按钮为▢。
- 【重定向】：改变物体的3D视角，具体内容将在后面详细说明。
- 【已命名视图】下拉列表框：用来选择已有视图方向。

（4）【管理视图】下拉列表中的【视图管理器】按钮

【视图】选项卡【模型显示】组中的【管理视图】按钮和【图形】工具栏中的【视图管理器】按钮，用来设置视图的表示形式，其对话框如图1-45所示，其工具按钮为▢。

（5）【外观库】下拉列表

用来设置模型显示的颜色和外观，后面会进行详细介绍。

（6）【基准显示过滤器】下拉列表框

【基准显示过滤器】下拉列表框▢如图1-46所示，其中包括以下5个命令选项。

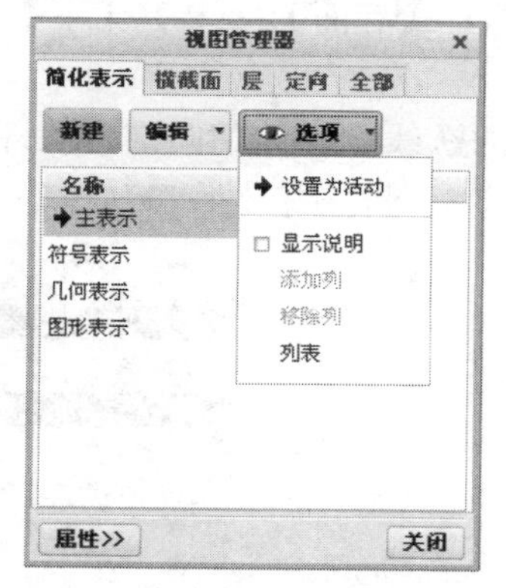

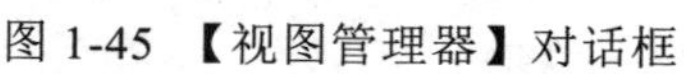
图1-45　【视图管理器】对话框

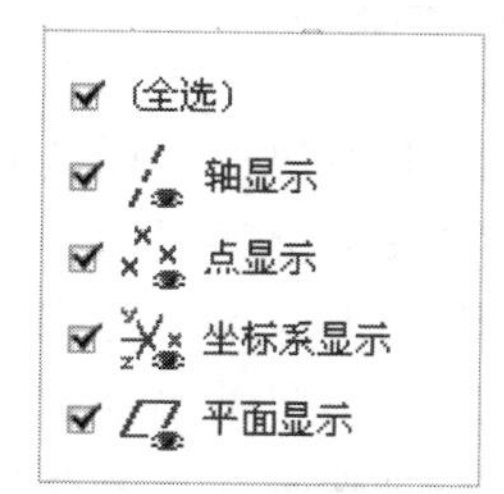

图1-46　【基准显示过滤器】下拉列表框

- 【轴显示】：控制基准轴是否显示在屏幕上。
- 【点显示】：控制基准点特征是否显示在屏幕上。
- 【坐标系显示】：控制基准坐标系特征是否显示在屏幕上。
- 【平面显示】：控制基准平面特征是否显示在屏幕上。
- 【全选】：将以上选择全部选中，控制基准的全部显示。

1.4.2　重定向

在设计3D零件或装配件时，常常需要观察3D零件或装配件的前视图、俯视图、右视图等，而视角方向通常都正视于 3D 零件设计时的草绘平面，因此对于视角方向的判定必须有清楚的认识。

（1）重定向的设置

单击【视图】工具栏【方向】组中的【重方向】按钮，弹出【方向】对话框如图 1-47 所示。

图 1-47 【方向】对话框

利用【方向】对话框，可以设置零件的前视、上视、右视等常用视角，并通过保存视图来保存这些视角。视角的设置方法就是在零件上依序指定“两个互相垂直的面”作为第一参考面及第二参考面，而参考面的方位包括【前】、【后面】、【上】、【下】、【左】、【右】、【竖直轴】和【水平轴】8 种，其定义如下。

- 【前】：用来指定某平面的正方向（即平面的法线方向）朝向前方（即正对于视者）。
- 【后面】：用来指定某平面的正方向朝向后方（即背对于视者）。
- 【上】：用来指定某平面的正方向朝向上方。
- 【下】：用来指定某平面的正方向朝向下方。
- 【左】：用来指定某平面的正方向朝向左方。
- 【右】：用来指定某平面的正方向朝向右方。
- 【竖直轴】：用来指定某平面的正方向沿着垂直轴。
- 【水平轴】：用来指定某平面的正方向沿着水平轴。

（2）旋转缩放 3D 物体

旋转 3D 物体比较快捷的方法是：按住鼠标中键并拖动来旋转物体。

还有一种方法，即打开【方向】对话框，在【类型】下拉列表框中选择【动态定向】选项，此时对话框中的旋转、移动及缩放命令提供了物体较细致的操作方式，可将物体平移、缩放或旋转，其对话框如图 1-48 所示。

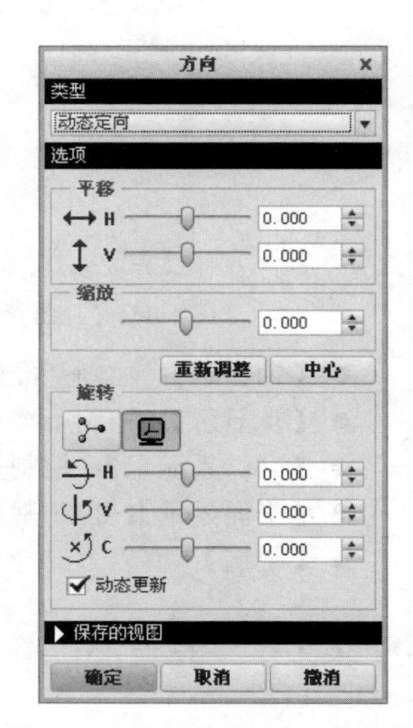

图 1-48 选择【动态定向】选项

其中旋转方式可分为下列两种：

- 使用旋转中心轴旋转：以屏幕上的旋转中心（红色

为 x 轴，绿色为 y 轴，淡蓝色为 z 轴）作为基准来旋转 3D 物体，如图 1-49 所示。

- 使用屏幕中心轴旋转：以窗口平面的水平轴、竖直轴或屏幕的垂直方向作为基准轴来旋转物体。除了相对旋转中心或屏幕中心旋转物体，还可以将【类型】设置为【首选项】，打开图 1-50 所示的对话框，设置以物体上的某个【点或顶点】、【边或轴】、【坐标系】等为旋转中心进行旋转。

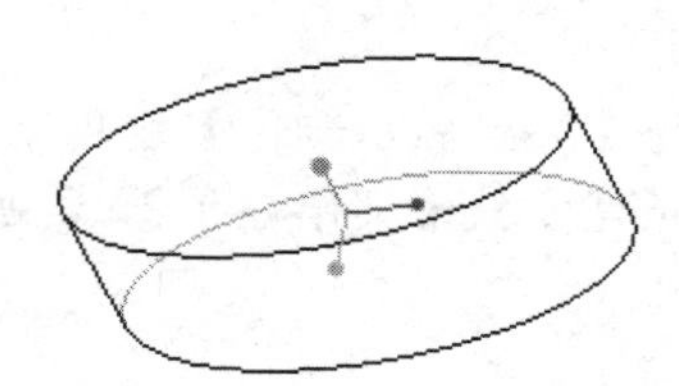

图 1-49　旋转中心

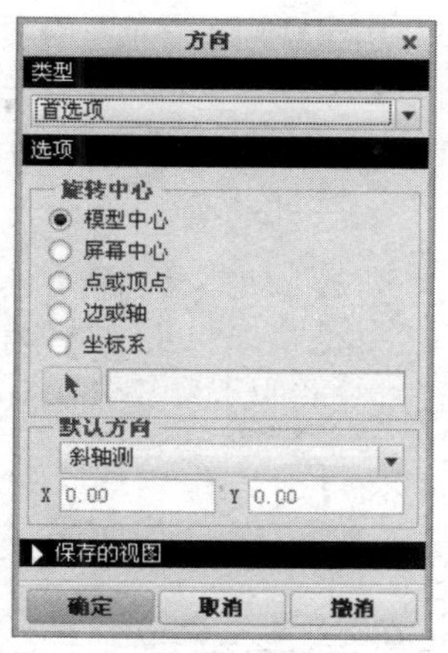

图 1-50　选择【首选项】类型

1.4.3　设置颜色和外观

零件或装配件可利用【视图】选项卡【模型显示】组中的【外观库】下拉列表着色，如图 1-51 所示，其颜色在默认情况下为亮灰色。若要改变颜色和外观，则可选择【外观库】下拉列表中的【外观过滤器】命令，打开的【外观管理器】对话框，如图 1-52 所示。在该对话框中可以设置零件的颜色、亮度等。

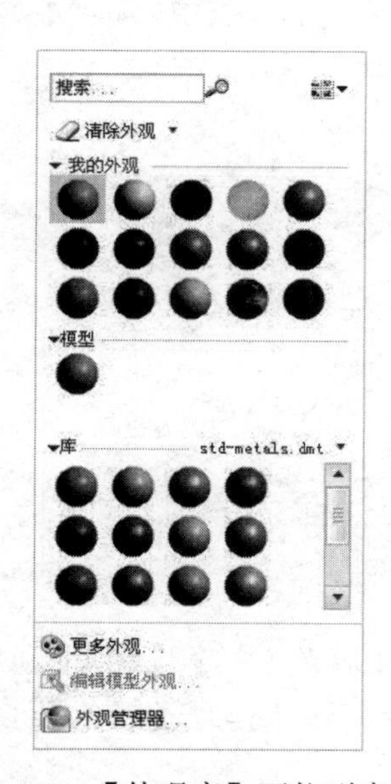

图 1-51　【外观库】下拉列表

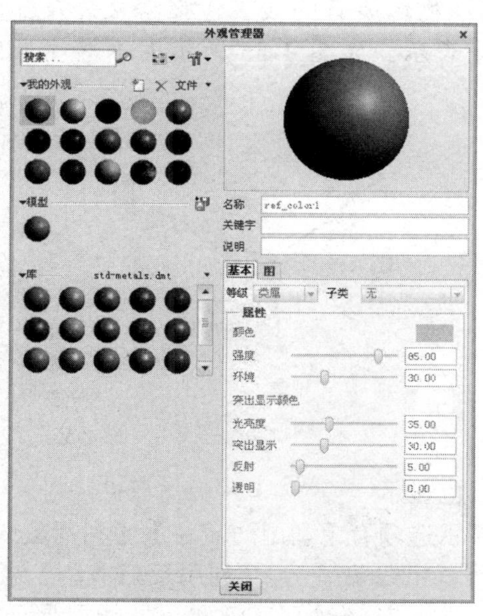

图 1-52　【外观管理器】对话框

下面讲解在【外观管理器】对话框中设置颜色和外观的方法。

（1）单击【我的外观】选项组中的【创建新外观】按钮或【删除选定的外观】按钮×，可以增加或删除外观球。

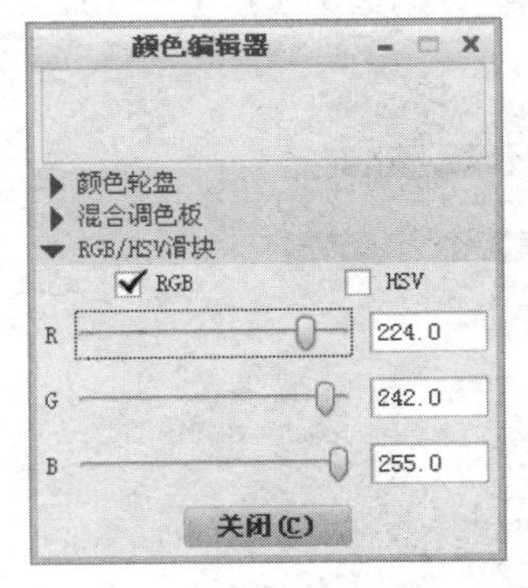

图 1-53 【颜色编辑器】对话框

（2）在【库】选项组中，可选择的对象包括很多种，只要在列表框中进行选择即可。

（3）【属性】设置，它主要用来设置外观的属性，包括颜色、亮度等多种属性。

单击【颜色】选项后的色块，打开【颜色编辑器】对话框（如图 1-53 所示），在其中可以调节环境光的颜色。而【颜色】选项下方的调节滑块可以调整环境的光亮【强度】和【环境】。

单击并拖动【突出显示颜色】选项下的调节滑块可以调节颜色的【光亮度】、【突出显示】、【反射】和【透明】参数。

1.4.4 设置显示样式

【图形】工具栏中的【显示样式】下拉列表框如图 1-54 所示，其中有多个选项可以用来设置模型的显示样式，下面依次介绍这些选项。

图 1-54 【显示样式】下拉列表框

（1）线型显示

该下拉列表框中有【消隐】、【隐藏线】和【线框】3 个线型显示选项。其中【消隐】表示物体的隐藏线不显示出来；【隐藏线】表示物体的隐藏线以暗线来表示；【线框】表示物体所有的线（包括隐藏线及非隐藏线）都以实线来表示。如图 1-55 所示为 3 种不同线型显示的模型。

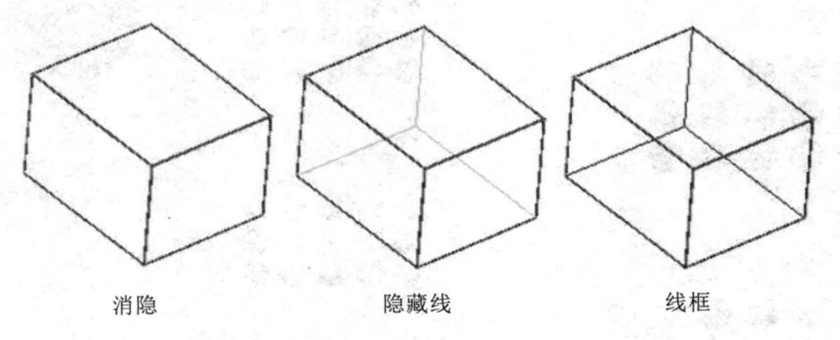

图 1-55 线型显示

（2）着色显示

着色显示选项有【利用边着色】、【利用反射着色】和【着色】3 个选项。【利用边着色】表示模型边以粗线条显示，【利用反射着色】表示模型显示反射阴影，【着色】表示普通的模型着色。如图 1-56 所示为 3 种不同线型显示的模型。

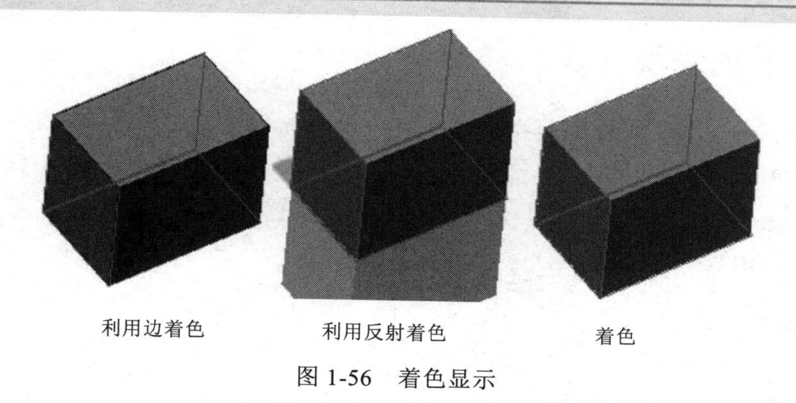

图 1-56 着色显示

1.5 环境设置

Creo Parametric 8.0 环境设置包括多个方面，其中主要的有软件元素的显示和各种颜色设置，草绘器设置、装配设置和数据交换设置，为了使软件使用起来更加得心应手，还可以对软件进行界面设置。

1.5.1 环境基本设置

单击【文件】|【选项】菜单命令，打开【Creo Parametric 选项】对话框，选择左侧列表中的各个选项，在右侧的各选项组中对选项内容进行设置，如图 1-57 所示为环境设置选项。

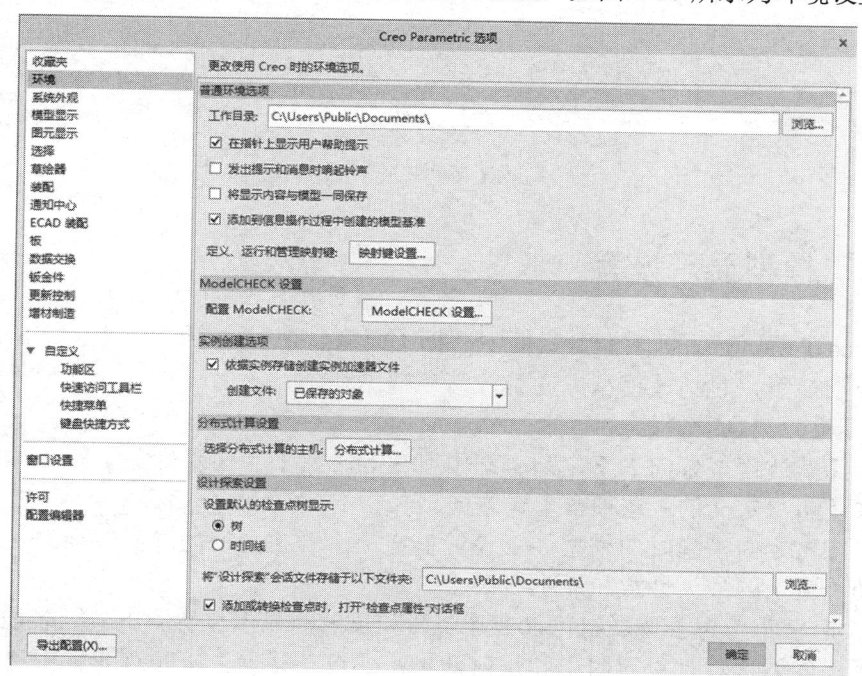

图 1-57 【Creo Parametric 选项】对话框

1.5.2 系统外观设置

在【Creo Parametric 选项】对话框中选择【系统外观】选项，如图 1-58 所示，可以设置系统内各个选项的颜色，包括【图形】、【基准】、【几何】、【草绘器】和【简单搜索】。打开相应的内容之后，单击各个选项之前的颜色块，设置系统预设的颜色，或者单击【更多颜色】按钮，自由设定颜色。

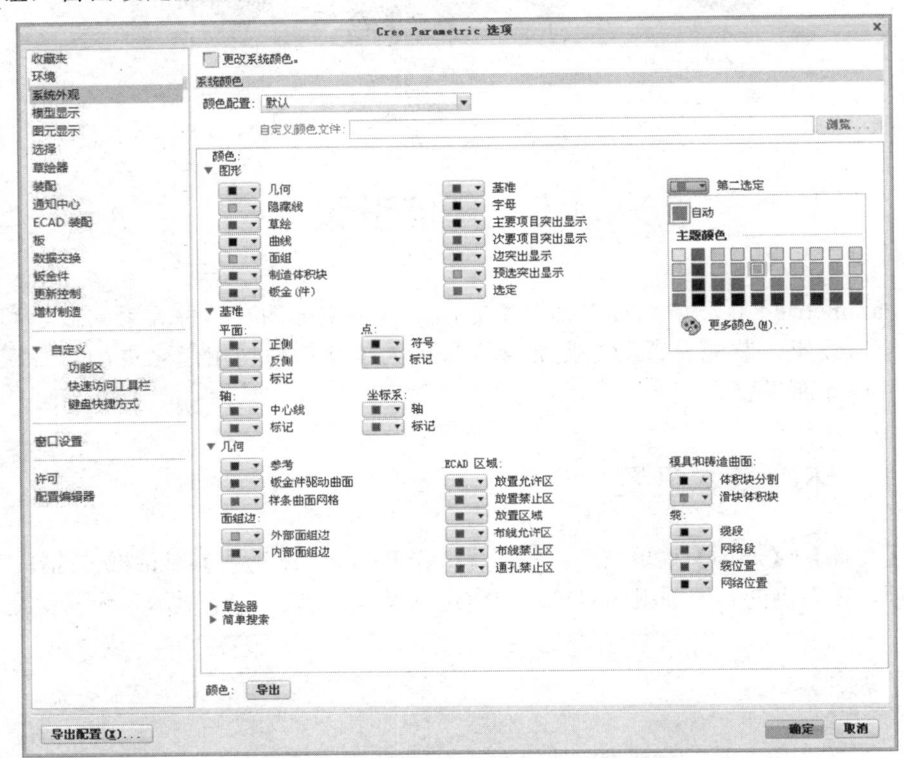

图 1-58 【系统外观】选项卡

1.5.3 模型显示设置

在【Creo Parametric 选项】对话框中选择【模型显示】选项，如图 1-59 所示，可以设置系统的模型显示，包括【模型方向】、【着色模型显示设置】、【重定向模型时的模型显示设置】、和【实时渲染设置】。

（1）在【默认模型方向】下拉列表框中有【等轴测】和【斜轴测】两个预设的类型，也可以选择【用户定义的】选项自设定方向。

（2）在【重定向模型时的模型显示设置】选项组的【显示动画】选项中，可以输入数字，设置动画显示的最大秒数和最小帧数。

（3）【实时渲染设置】选项组可以在【阴影和反射的显示位置】下拉列表框选择【透明地板】和【房间】选项，设置阴影和反射效果；通过在【壁】下拉列表框中选择不同的平面，设置渲染墙壁。

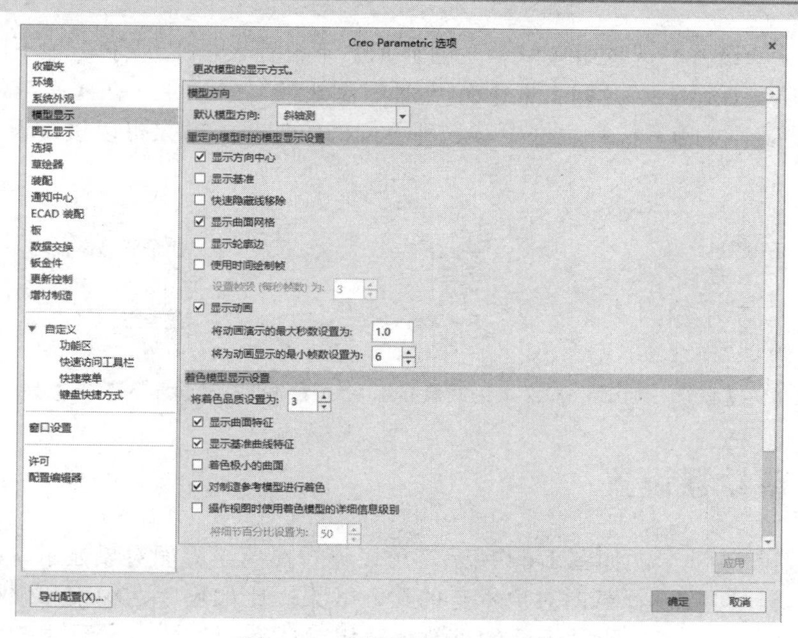

图 1-59 【模型显示】选项卡

1.5.4 图元显示设置

在【Creo Parametric 选项】对话框中选择【图元显示】选项，如图 1-60 所示，可以更改图元的显示方式。

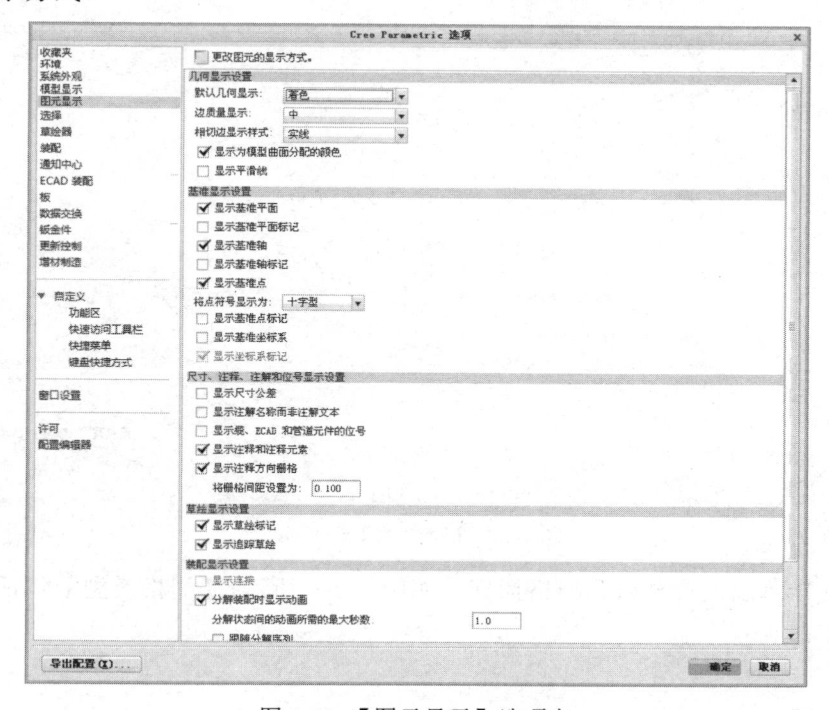

图 1-60 【图元显示】选项卡

在【几何显示设置】选项组【默认几何显示】下拉列表框中，有 6 种不同的几何显示效果；在【边质量显示】下拉列表框中有 5 种模型边的显示效果；在【基准显示设置】选项组【将点符号显示为】下拉列表框中有 5 种不同的点的显示效果可以进行设置，如图 1-61 所示。

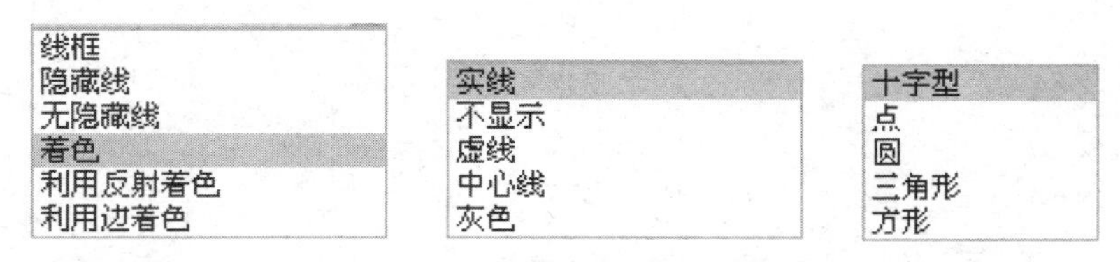

图 1-61 【默认几何显示】、【边质量显示】和【将点符号显示为】下拉列表框

1.5.5 草绘器设置

在【草绘器】选项卡，如图 1-62 所示，可以设置在草绘界面对象显示、栅格、样式和约束的选项。除了可以设置草图对象本身的显示效果，比如尺寸、约束和顶点，还可以设置草绘器的约束假设样式，尺寸标注的小数位及相对精度。

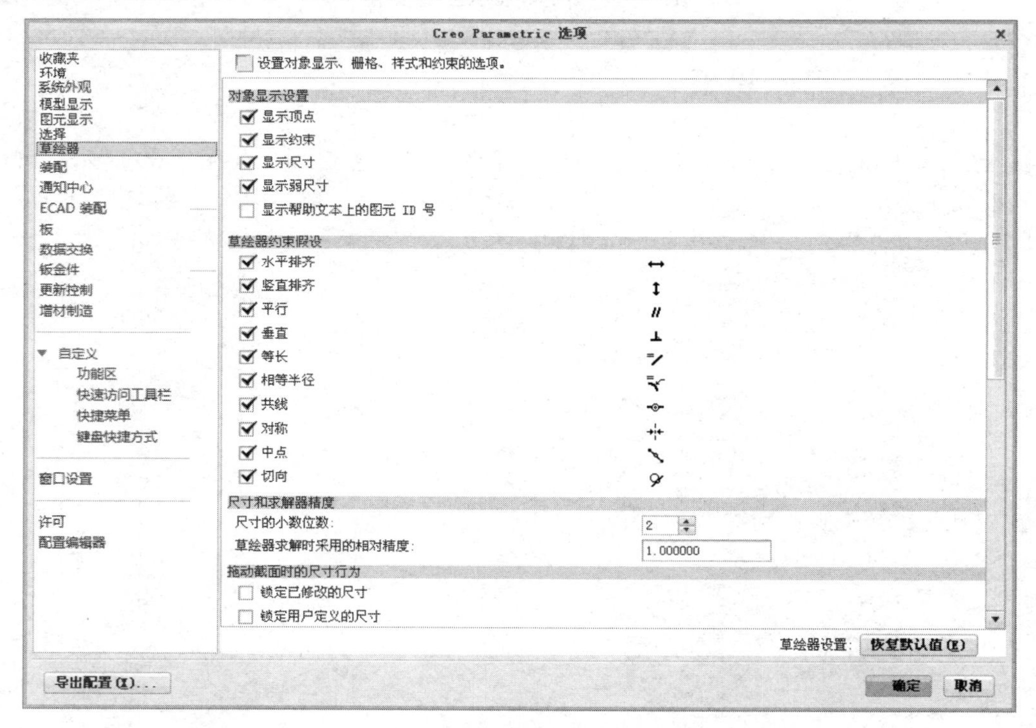

图 1-62 【草绘器】选项卡

草绘时同样可以设置栅格和栅格捕捉，如图 1-63 所示，【栅格类型】包括【笛卡儿】和【极坐标】两种。

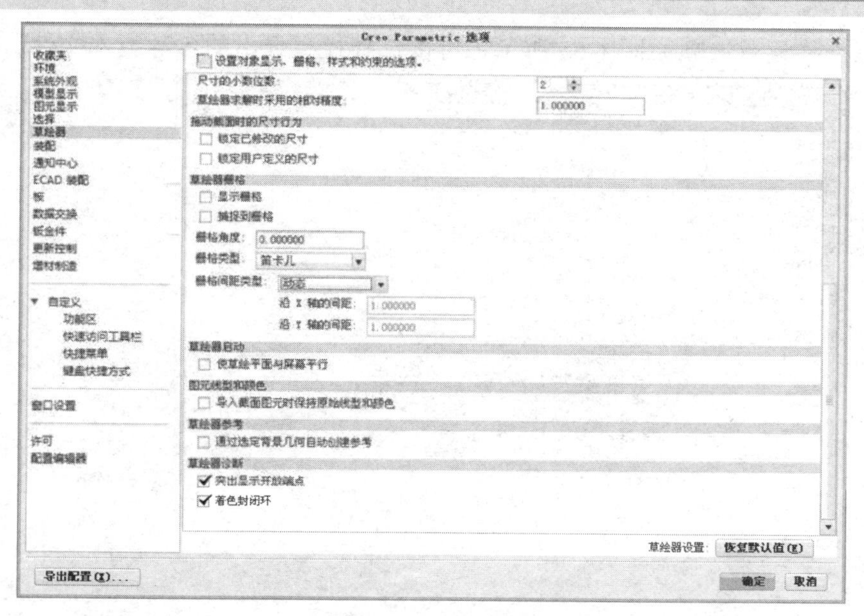

图 1-63 【草绘器】选项卡下部的参数

1.5.6 数据交换设置

打开【数据交换】选项卡，如图 1-64 所示，可以设置用于数据交换的选项，包括 3D 数据和 2D 数据。在【3D 数据交换设置】选项组，可以设置多种数据输出类型，包括 CATIA V5 不同版本的数据、STEP 不同的格式，以及导出文件的内容设置。在【CATIA V5 导出版本】下拉列表框中，可以设置 R16 到 R20 不同版本的格式。

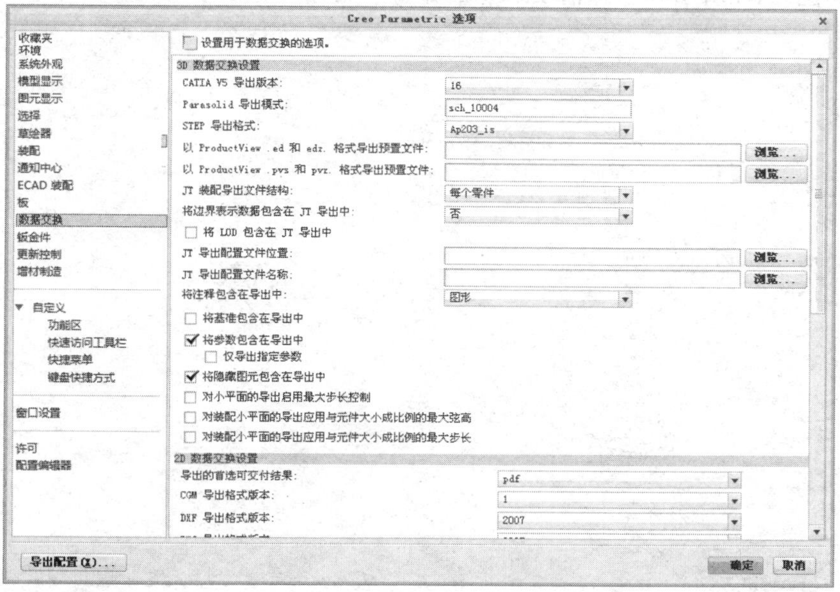

Creo Parametric 选项
设置用于数据交换的选项。
3D 数据交换设置
CATIA V5 导出版本: 16
Parasolid 导出模式: sch_10004
STEP 导出格式: Ap203_is
以 ProductView .ed 和 edz. 格式导出预置文件:
以 ProductView .pvs 和 pvz. 格式导出预置文件:
JT 装配导出文件结构: 每个零件
将边界表示数据包含在 JT 导出中: 否
将 LOD 包含在 JT 导出中
JT 导出配置文件位置:
JT 导出配置文件名称:
将注释包含在导出中: 图形
将基准包含在导出中
将参数包含在导出中
仅导出指定参数
将隐藏图元包含在导出中
对小平面的导出启用最大步长控制
对装配小平面的导出应用与元件大小成比例的最大弦高
对装配小平面的导出应用与元件大小成比例的最大步长
2D 数据交换设置
导出的首选可交付结果: pdf
CGM 导出格式版本: 1
DXF 导出格式版本: 2007
浏览...
导出配置(X)...
确定
取消

图 1-64 【数据交换】选项卡

2D 数据交换设置选项如图 1-65 所示，可以选择模型导出的各种版本文件。

Creo Parametric 选项

收藏夹
环境
系统外观
模型显示
图元显示
选择
草绘器
装配
通知中心
ECAD 装配
板
数据交换
钣金件
更新控制
增材制造
自定义
功能区
快速访问工具栏
快捷菜单
键盘快捷方式
窗口设置
许可
配置编辑器

设置用于数据交换的选项。
CGM 导出格式版本: 1
DXF 导出格式版本: 2007
DWG 导出格式版本: 2007
DXF 和 DWG 导出映射文件位置: 浏览...
导出时将样条和剖面线图元转换为: 样条和剖面线
将绘图比例导出为 DXF 或 DWG 格式
导出为 DXF 或 DWG 格式时缩放绘图视图
导出时支持 DXF 和 DWG 格式的 Unicode 编码
导出遮蔽的层
将多行文本注解导出为 AutoCAD MTEXT
将几何图元导出为三次 B 样条
将绘图视图信息导出为 IGES 格式
将绘图符号导出为 IGES 符号
将绘制剖面线导出为 IGES 格式: 分离几何图元
将绘图视图和关联的 3D 模型导出为 STEP 格式:
仅导出 2D 表示
DXF 和 DWG 导入映射文件位置: 浏览...
将块作为 DXF 和 DWG 格式的符号导入
将带有可变尺寸页面的导入的 IGES、DXF、DWG 和 STEP 文件放置在:
适当的可变尺寸格式
导入 AutoCAD 代理图元
导入 MTEXT 时创建多行注解
使导入的 IGES、DXF 和 DWG 尺寸与几何关联
导出配置(X)...
确定
取消

图 1-65 【数据交换】选项卡下部的参数

1.5.7 界面设置

Creo Parametric 软件的界面是可以自由定制的，如图 1-66 所示打开【自定义功能区】选项卡，在左侧下拉列表框中选择模块命令，如图 1-67 所示，在【自定义功能区】选择要定义的选项卡，如图 1-68 所示。选择需要调整的命令，使用【添加】和【移除】按钮进行设置。

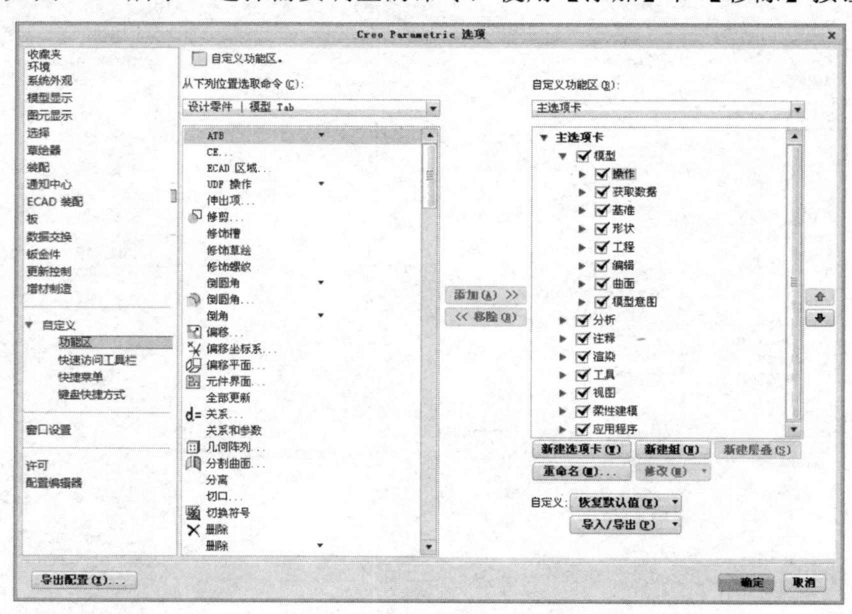

图 1-66 【自定义功能区】选项卡

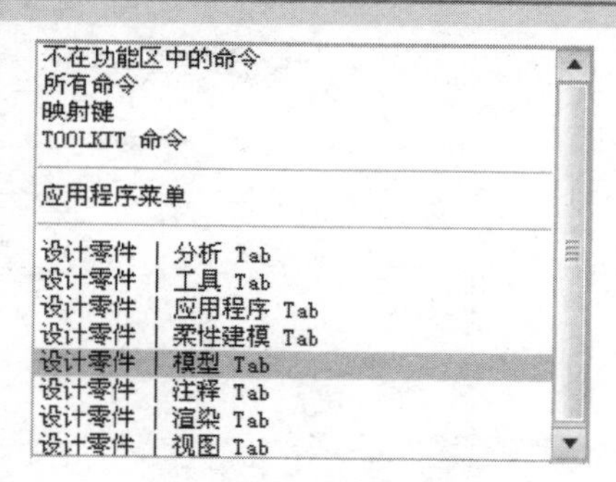

图 1-67　模块下拉列表框

图 1-68　【自定义功能区】下拉列表框

在【快速选择工具栏】选项卡，可以设置快速选择工具栏的命令按钮，如图 1-69 所示，操作方法和【自定义功能区】相似。

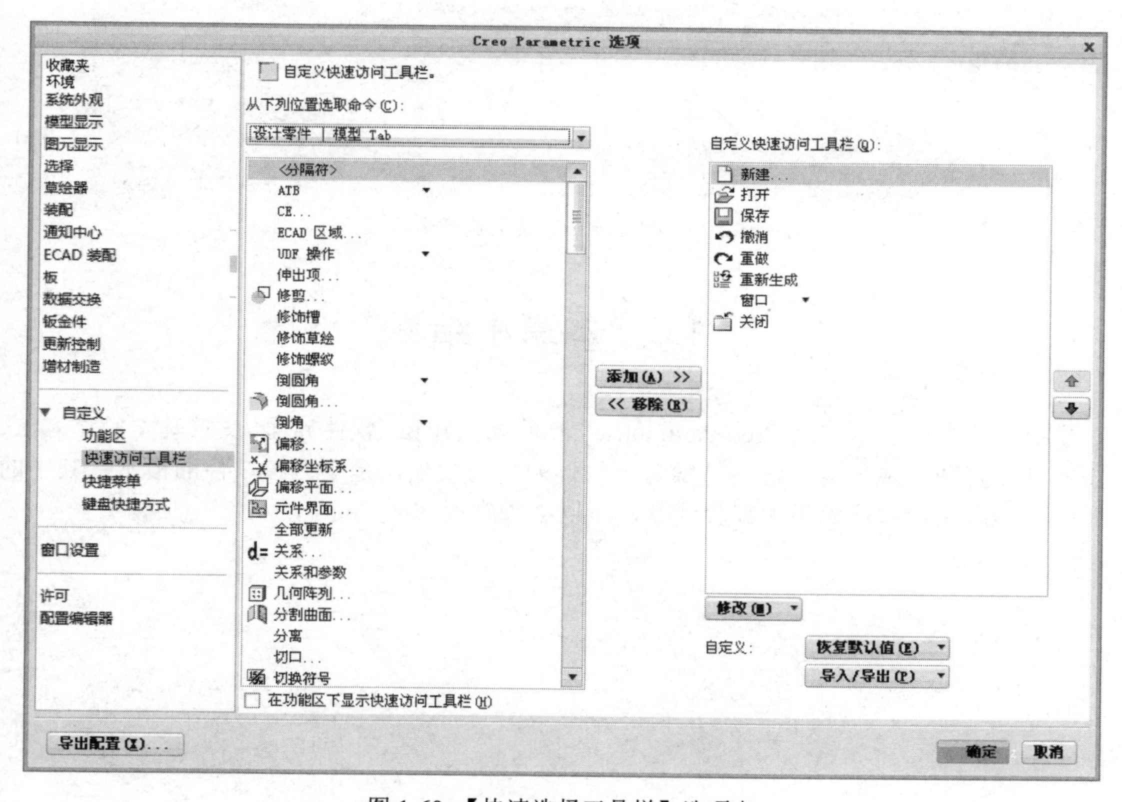

图 1-69　【快速选择工具栏】选项卡

打开【窗口设置】选项卡，如图 1-70 所示。可以分别设置导航选项卡、模型树、浏览器、辅助窗口和图形工具栏的参数和位置。比如【图形工具栏】主窗口的位置有 6 种显示方式，选择相应的选项即可设置。

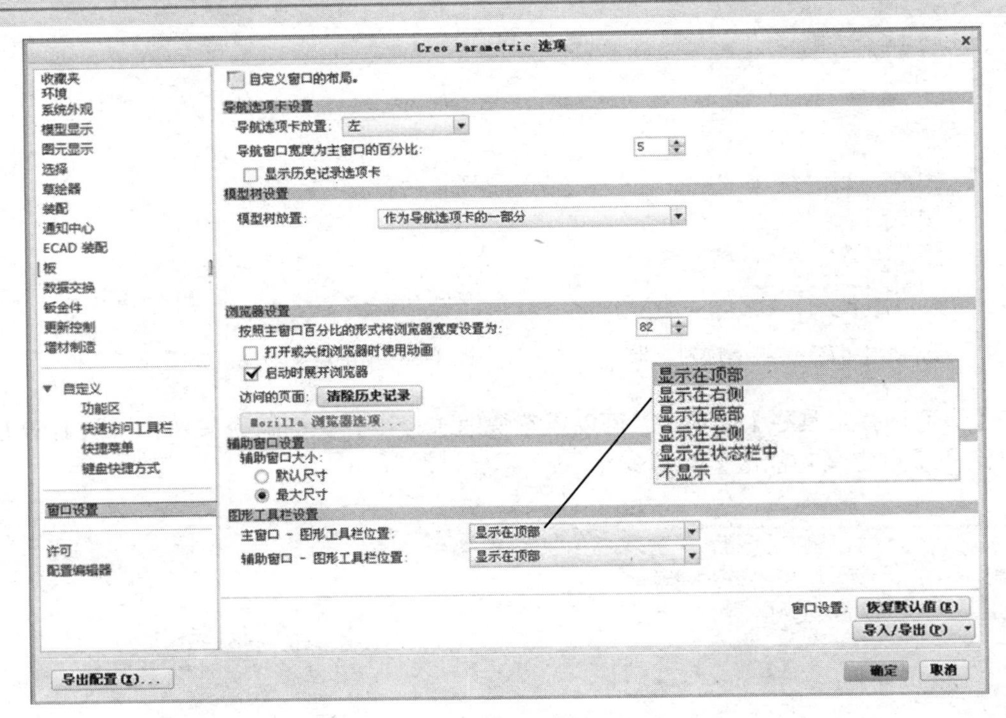

图 1-70 【窗口设置】选项卡

1.6 本章小结

本章主要介绍了中文版 Creo Parametric 8.0 的相关知识、软件界面、文件基本操作方法、视图管理设置和环境设置，这些是学习该软件的入门知识，是学习该软件的根本，其中的很多知识在后面的软件应用中都会涉及，所以必须掌握。

第2章 基准特征操作

本章导读

基准是创建一般特征的基础，可以和其他特征产生关系以便定位。例如，一个孔特征可以将一个基准轴当成其中心线，此基准轴也可作为孔半径标注的基准，也可建立相对于孔基准轴的其他特征，当基准轴移动时，孔和其他特征也随之移动。基准特征是指在创建几何模型及零件实体时，用来为实体添加定位、约束、标注等定义时的参照特征，它包括基准平面、基准点、基准轴线、基准坐标系和基准曲线5个特征。

本章主要介绍Creo Parametric 8.0基准操作的方法，包括基准平面、基准曲线、基准轴线、基准点和基准坐标系等。这些是用户使用Creo Parametric 8.0进行设计的基础，是熟练使用该软件进行产品设计的前提。

2.1 基准平面

基准平面是指系统或用户定义的、用作参照基准的平面，可以用于截面图元或特征，也可以作为尺寸标注的参照基准。

2.1.1 基准平面的用途

基准平面的用途如下。

（1）尺寸标注参考

开始进行零件三维设计时，最好先建立垂直于 x 轴、y 轴及 z 轴的3个基准平面。标注尺寸时，如果可选择零件上的面或原先建立的任一基准面，则最好选择基准面，以免造成不必要的特征父子关系。图2-1中的孔特征即是用基准面RIGHT及TOP来标注其位置的尺寸。

（2）决定视角方向

3D 物体的方向性需要两个互相垂直的面定义后才能决定，基准平面恰好可成为 3D 物体决定方向的参考平面。在图 2-2 中，要决定圆柱的方向时，因为圆柱并无互相垂直的两个面，所以必须建立一个基准面，使其垂直于底面，作为视角方向定义的参考面。

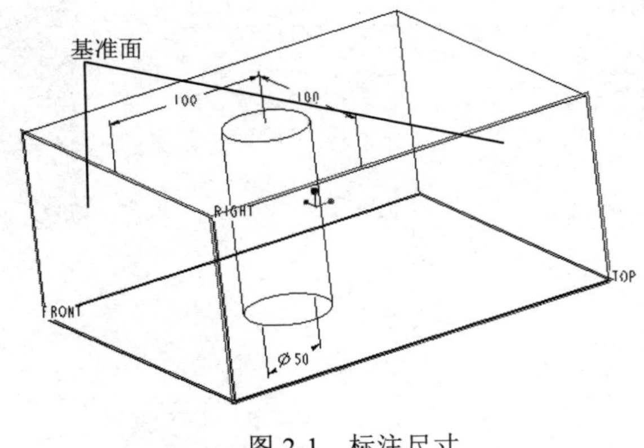

图 2-1　标注尺寸

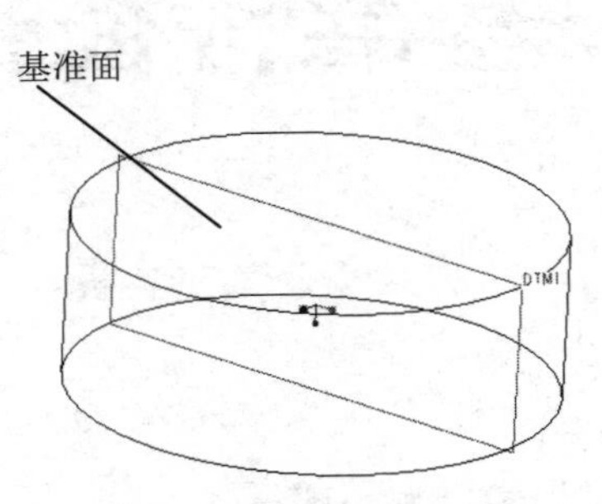

图 2-2　建立基准面

（3）作为草绘平面

创建特征时常需绘制 2D 截面，若 3D 物体在空间上无合适的绘图平面可以利用，则可建立基准面作为剖面的绘图面。在图 2-3 中，要在圆柱的侧面再建立一个圆柱，则必须通过空间中的基准面 DTM3 作为圆柱截面的草绘平面。

（4）作为装配零件时互相配合的参考面

零件在装配时可能会利用许多平面来定义匹配、对齐或插入，因此同样也可以将基准平面作为其参考依据。

（5）作为剖视图产生的平面

在图 2-4 所示的剖面结构图中，为清楚看出其内部结构，必须定义一个参考基准面，利用此基准面纵剖该模型，从而得到一个剖视图。

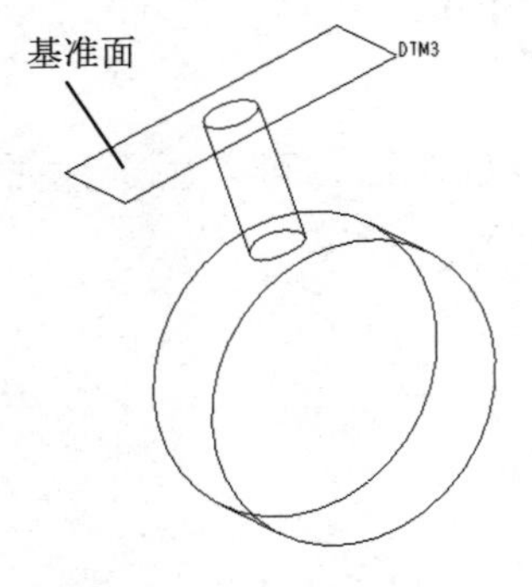

图 2-3　建立草绘平面

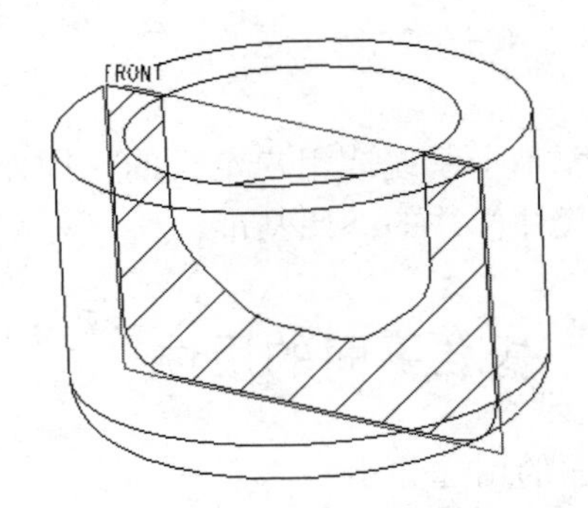

图 2-4　显示剖面

2.1.2　建立基准平面

Creo Parametric 8.0 建立基准面时，必须先决定能够完全描述与限定唯一平面的必要条

件，然后系统会自动产生符合条件的基准面。

单击【模型】选项卡中的【平面】按钮，打开【基准平面】对话框，如图 2-5 所示，在该对话框中设置基准平面的基本定义，包括放置位置、大小和方向以及平面名称等。

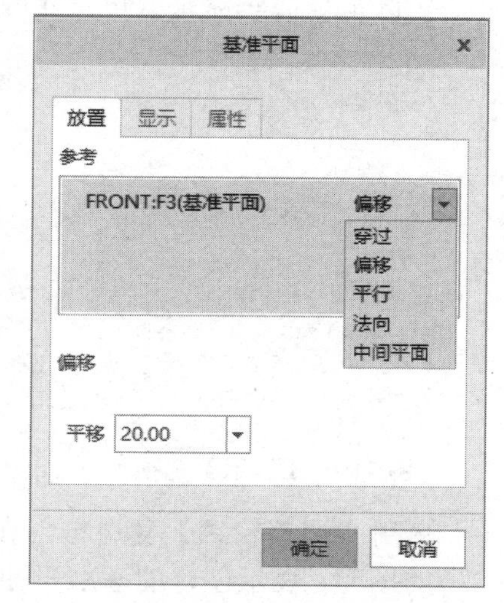

图 2-5 【基准平面】对话框

（1）定义基准平面的约束条件

打开【基准平面】对话框，默认进入【放置】选项卡。在该选项卡中可以选择基准平面的参照信息，包括参照基准的名称和定义约束类型等。

约束类型包括以下几种。

- 【偏移】：偏移选定参照放置新基准平面，如图 2-6 所示。
- 【穿过】：穿过选定参照放置新基准平面，如图 2-7 所示。
- 【平行】：平行于选定参照放置新基准平面，如图 2-8 所示。
- 【法向】：垂直于选定参照放置新基准平面，如图 2-9 所示。
- 【中间平面】：位于两个选定的参照中间放置新基准平面。

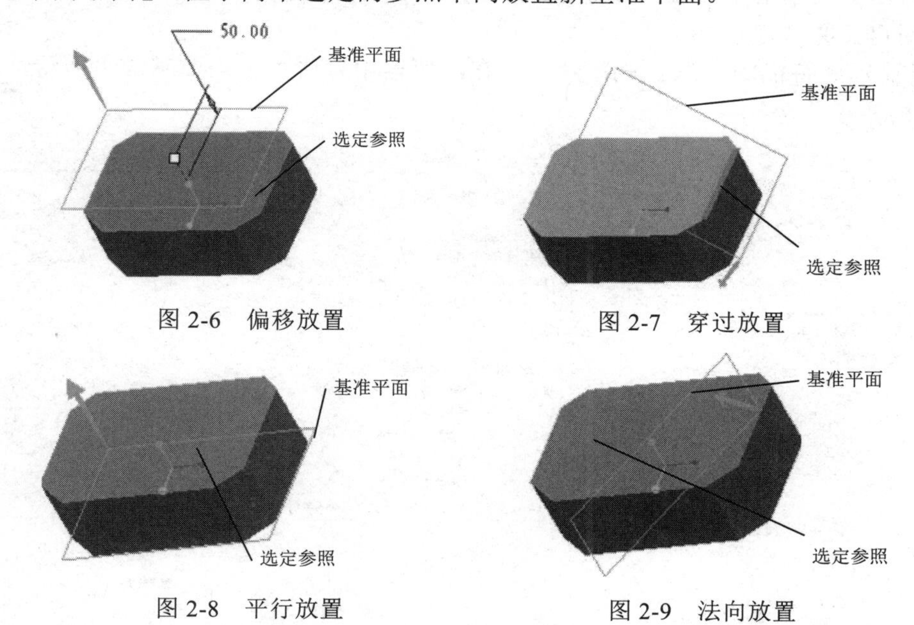

图 2-6　偏移放置

图 2-7　穿过放置

图 2-8　平行放置

图 2-9　法向放置

（2）调整基准平面的大小和方向

单击【显示】标签，切换到图 2-10 所示的【显示】选项卡。在此选项卡中可以调整基准平面的大小和方向。

单击【反向】按钮，可切换基准平面的法向。基准平面的法向不同于一般平面的法向定义，一个基准平面包括两个法向，都垂直于基准平面，且分别指向基准平面的两侧，系统默认以黄色箭头显示。单击【反向】按钮可以切换这两个法向，如图 2-11 所示。

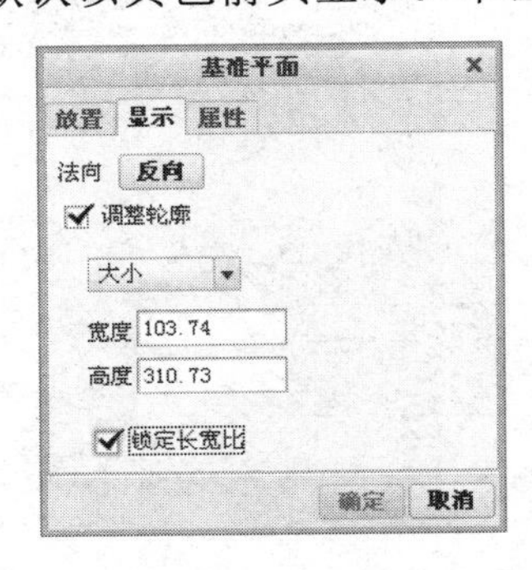

图 2-10 【显示】选项卡

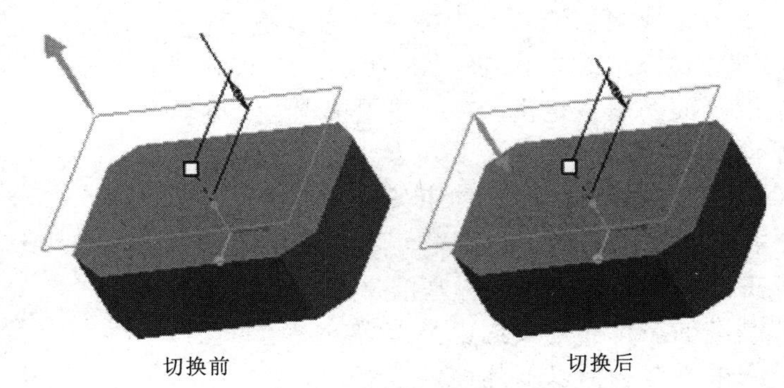

图 2-11 切换基准平面的法向

启用【调整轮廓】复选框，在该下拉列表框中选择【参考】选项时，绘图区可以显示参考的图元，表示创建的基准平面与该图元大小相当；选择【大小】选项时，【宽度】和【高度】文本框亮显，输入数值即可定义创建的基准平面大小。

（3）定义基准平面名称和查询详细信息

单击【属性】标签，切换到图 2-12 所示的【属性】选项卡。在此选项卡中可以设置基准平面的名称，或查询基准平面的详细信息。

在【名称】文本框中可指定创建的基准平面的名称，定义后在操作界面左侧的模型树中可以看到定义的名称。

单击【显示此特征的信息】按钮，可在浏览器中查看关于当前基准平面特征的信息，如图 2-13 所示。

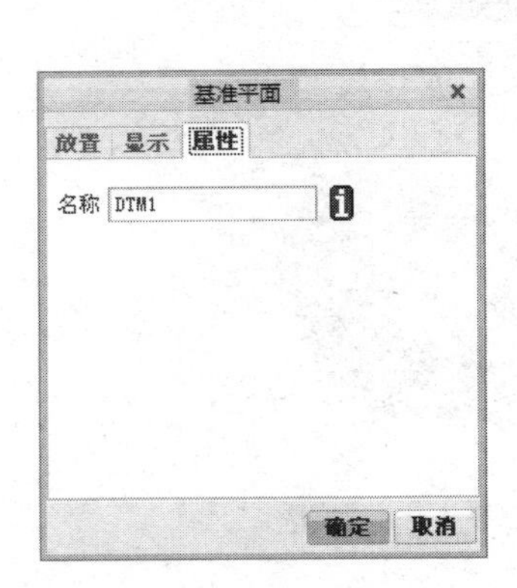

图 2-12 【属性】选项卡

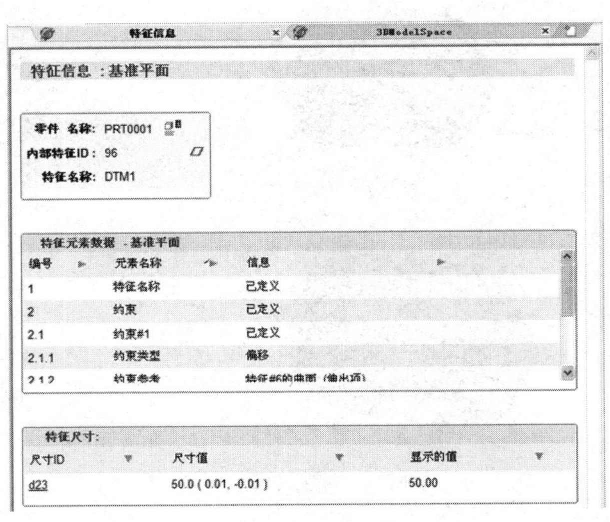

图 2-13 查看属性

2.1.3 修改基准平面

在【基准平面】对话框，切换到【放置】选项卡，用鼠标右键单击已经定义的参照名称，从弹出的快捷菜单中选择【移除】选项，即可删除参照，如图 2-14 所示；按住 Ctrl 键用鼠标单击参照可以实现添加操作。若要修改基准平面，可打开模型树，用鼠标右键单击要编辑的基准平面，从弹出的快捷菜单中选择【编辑定义】命令，如图 2-15 所示，修改约束类型、偏移距离以及夹角等，与创建基准平面过程中的定义一样，这里不做重复叙述。

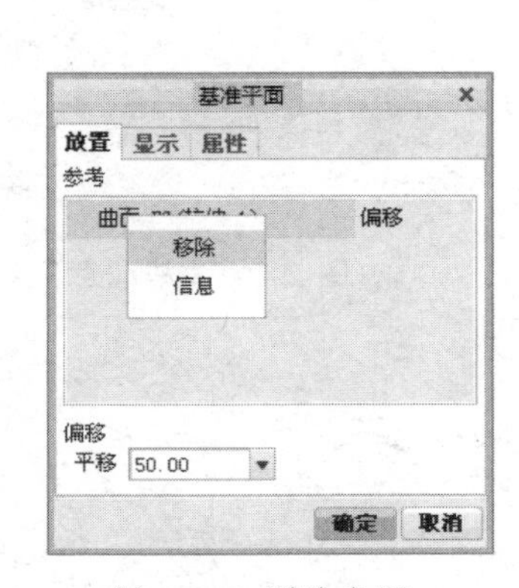

图 2-14　删除参照

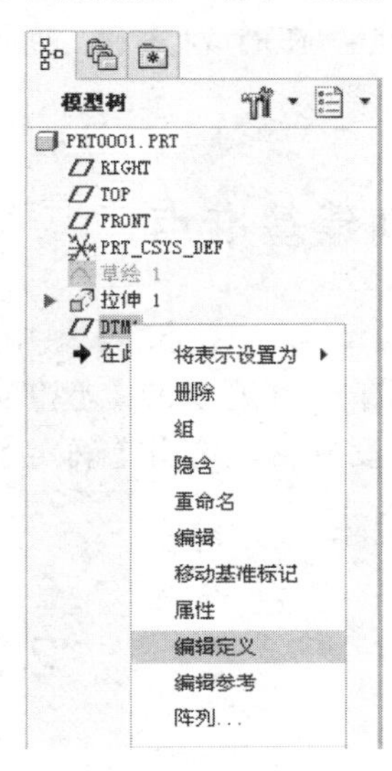

图 2-15　编辑基准面

2.2　基准点

基准点是指为定义基准而创建的点，可以用作几何建模时的辅助构造元素，或用于定义计算和分析模型的已知点，还可以用来定义有限元分析网格中的受力点。基准点的编号为 PNT0、PNT1、PNT2 等。

2.2.1　基准点的用途和类型

下面介绍基准点的用途和不同类型。

（1）基准点的用途

建立基准点大多用于定位，其建立的条件同一般几何点的建立差不多。

基准点的用途主要包括以下几方面。

- 某些特征需借助基准点来定义参数。
- 可用来定义有限元分析网格上的施力点。
- 在计算几何公差时，基准点可用来指定附加基准目标的位置。

（2）基准点的类型

根据各自不同的作用，基准点分为以下 4 种类型。

- 一般基准点：在图元上创建的基准点。
- 草绘基准点：通过草绘创建的基准点。
- 坐标系偏移基准点：通过自定义坐标系偏移所创建的基准点。
- 域基准点：在行为建模中用于分析的点。

2.2.2 创建基准点

单击【模型】选项卡【基准】组中的【点】按钮，打开如图 2-16 所示的【基准点】对话框，在其中进行设置后，单击【确定】按钮即可创建基准点。

图 2-16 【基准点】对话框

2.3 基准曲线

基准曲线主要用来建立几何的线结构，基准曲线主要作为绘制曲面时的参考曲线，例如用于创建扫描特征的轨迹以及创建圆角的参考等。

2.3.1 基准曲线的功能

基准曲线主要具有以下功能。

（1）可作为建立扫描特征的路径。

（2）定义曲面特征的边线。

（3）定义制造程序的切削路径。

2.3.2 创建基准曲线的方法

要创建基准曲线，可以直接手工绘制，也可以通过其他方式进行绘制，下面介绍绘制方法。

（1）通过点绘制基准曲线

单击【模型】选项卡【基准】组中【曲线】命令菜单的【通过点的曲线】命令（如图 2-17 所示），系统会打开如图 2-18 所示的【曲线：通过点】工具选项卡。

首先定义曲线上的点，依次选择点之后，【放置】面板显示添加的点，以及连接点的方式，即【样条】或者【直线】，最后单击【确定】按钮，完成曲线的创建。

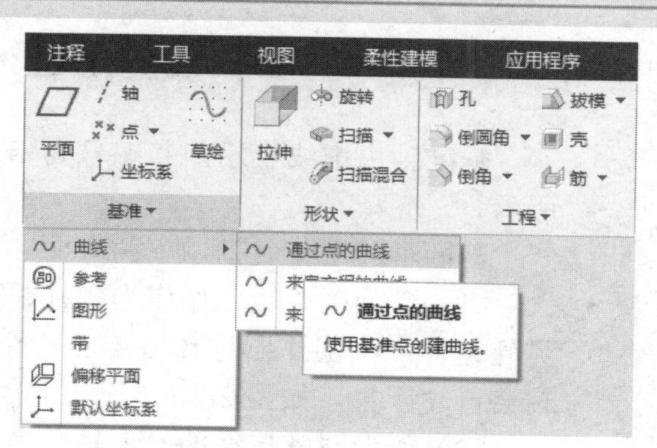

图 2-17 【通过点的曲线】命令

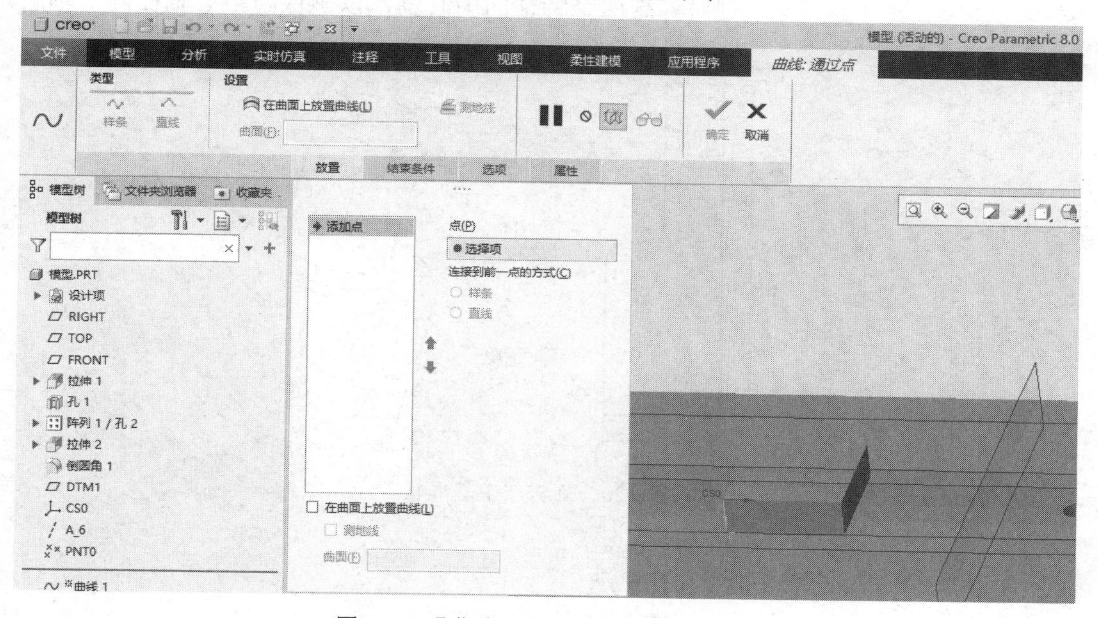

图 2-18 【曲线：通过点】工具选项卡

（2）根据方程建立基准曲线

单击【模型】选项卡【基准】组中【曲线】命令菜单的【来自方程的曲线】命令，在打开的【曲线：从方程】工具选项卡中选择坐标系类型，然后在【参考】组选择参考坐标系即可创建出基准曲线。

（3）根据横截面绘制基准曲线

单击【模型】选项卡【基准】组中【曲线】命令菜单的【来自横截面的曲线】命令，在打开的【曲线：来自横截面】工具选项卡中选取一个平面横截面，则这个截面的边界即为绘制的基准曲线。

2.4　基准轴线

下面介绍基准轴线的用途和创建方法。

2.4.1 基准轴线的用途

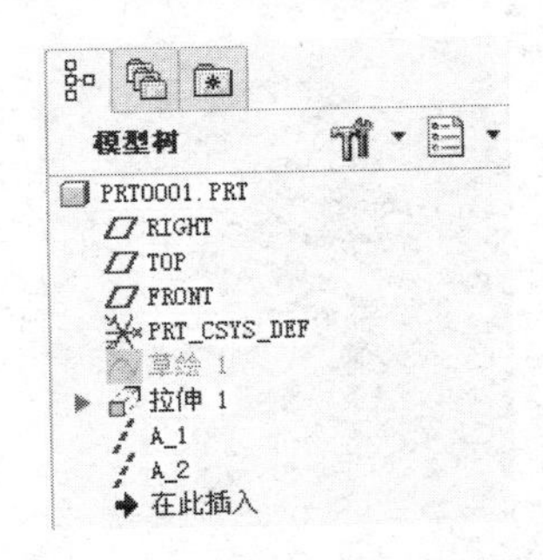

图 2-19 模型树中的基准轴

基准轴由虚线表示，其编号为 A_1、A_2 等，如图 2-19 所示。

基准轴的用途包括以下两方面。

（1）作为中心线：如作为圆柱、孔及旋转特征的中心线。另外延伸一个圆作圆柱体或旋转一个剖面作旋转体时，基准轴会自动产生，如图 2-20 所示。

（2）作为同轴特征的参考轴：当建立同轴的两个特征时，可对齐这两个特征的中心轴，以确保两中心轴在同一轴上。

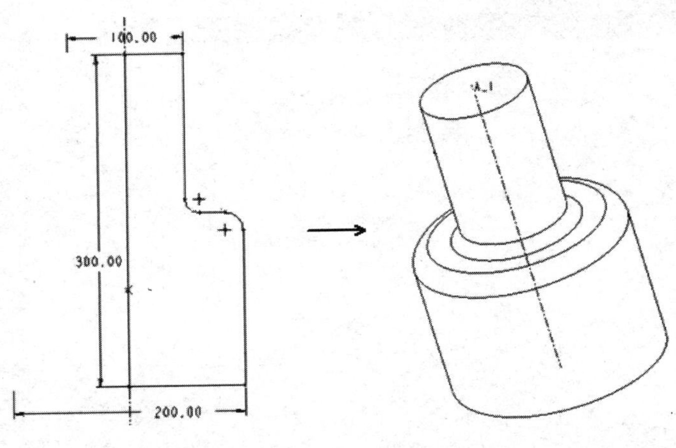

图 2-20 旋转产生基准轴

2.4.2 建立基准轴线的方法

单击【模型】选项卡【基准】组中的【轴】按钮，系统打开如图 2-21 所示的【基准轴】对话框，可以通过该对话框中的【放置】、【显示】和【属性】选项卡来定义基准轴。

（1）【放置】选项卡

该选项卡主要用于定义基准轴的约束条件，包括【参考】和【偏移参考】列表两部分。

【参考】列表用来定义放置新基准轴的参照，可以显示参考基准名称和定义约束类型，其中约束类型包括:【穿过】，可以定义基准轴穿过选定的参照；【法向】，可以定义基准轴垂直于选定的参照，选择此类型的约束还需要继续定义约束，使其能够完全约束该基准轴；【相切】，定义基准轴与参考对象相切。

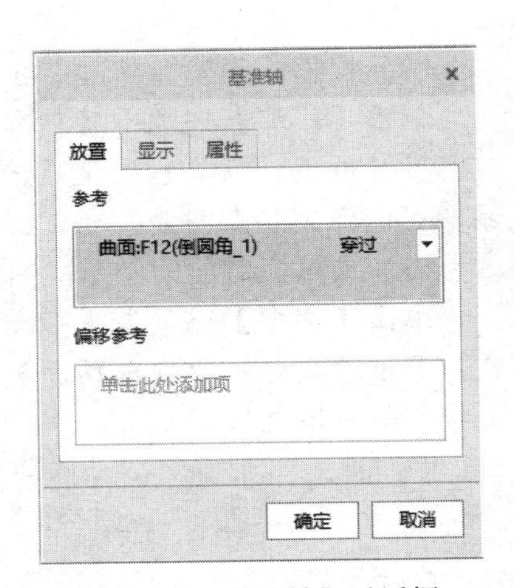

图 2-21 【基准轴】对话框

【偏移参考】列表主要用于基准轴的定位。当在【参考】列表的约束类型中选择【法向】

类型时，因为此时不能完全约束基准轴，所以要在此继续选取参考定义约束，直到能够完全约束该基准轴为止。

（2）【显示】选项卡

该选项卡用于设置参考轴的参数。

（3）【属性】选项卡

该选项卡用来定义创建的基准平面的名称和查询该基准平面特征的详细信息。

2.5　基准坐标系

在 Creo Parametric 系统中所建立的 3D 实体模型，基本上不需用到坐标系，所有的特征定位均采用相对位置的尺寸参数标注法，但当需要标注坐标原点以供其他系统使用或方便模型建立时，也可在其模型上加入基准坐标系。

2.5.1　基准坐标系的作用

基准坐标系可以用来定位点、曲线、平面等基准和特征，使用基准坐标系不仅能计算零件的质量和体积等属性，而且还能定位装配元件，或者为“有限元分析（FEA）”放置约束等。

系统默认的基准坐标系位于顶面（TOP）、前面（FRONT）和右侧面（RIGHT）3 个基准平面的相交处，如图 2-22 所示。

基准坐标系的具体作用如下。

（1）CAD 数据输入与输出：IGES、FEA 及 STL 等数据的输入与输出都必须设置坐标系。

（2）制造：欲创建 NC 加工程序时，必须有坐标系作为参考。

（3）质量的计算：要分析模型质量属性时，必须有坐标系的设置以计算质量。

（4）同一零件可有多个坐标系，默认的编号方式为 CS0、CS1、CS2 等（如图 2-23 所示）。

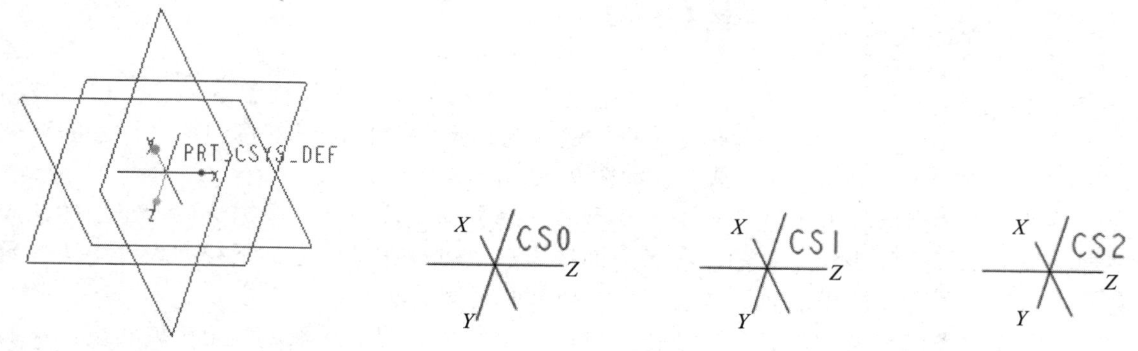

图 2-22　系统默认的基准坐标系

图 2-23　坐标系编号方式

2.5.2 基准坐标系的分类

Creo Parametric 8.0 的基准坐标系可以分为笛卡儿坐标系、柱坐标系和球坐标系 3 种类型，默认使用笛卡儿坐标系作为基准坐标系。

（1）笛卡儿坐标系：如图 2-24 所示，使用 X、Y 和 Z 来表示坐标值。

（2）柱坐标系：如图 2-25 所示，使用半径、半径与 X 轴夹角 θ 和 Z 表示坐标值。

（3）球坐标系：如图 2-26 所示，使用半径、半径与 X 轴夹角 Φ 和半径与 Z 轴夹角 θ 表示坐标值。

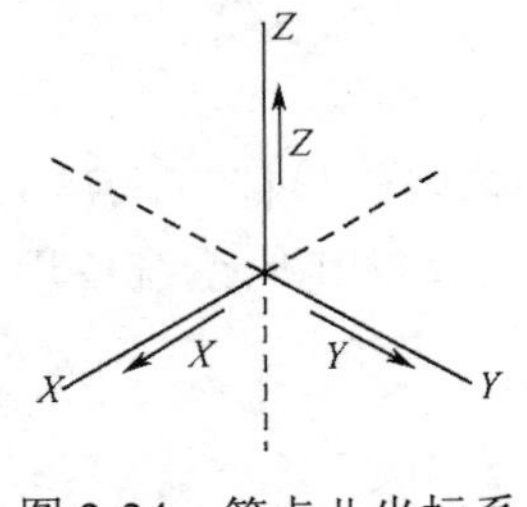

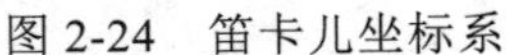
图 2-24　笛卡儿坐标系

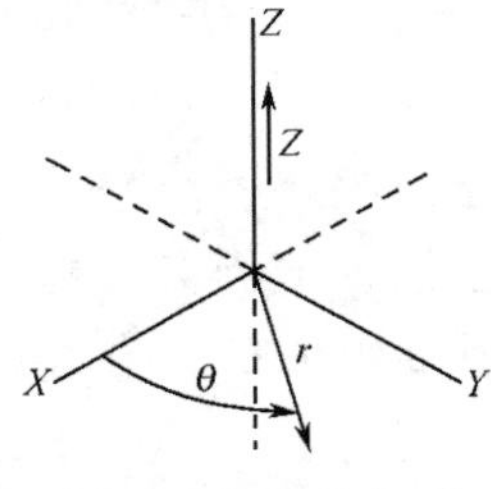

图 2-25　柱坐标系

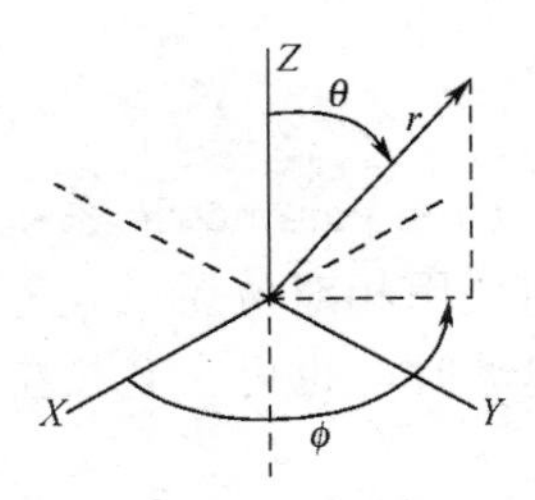

图 2-26　球坐标系

2.5.3 设置基准坐标系的参数

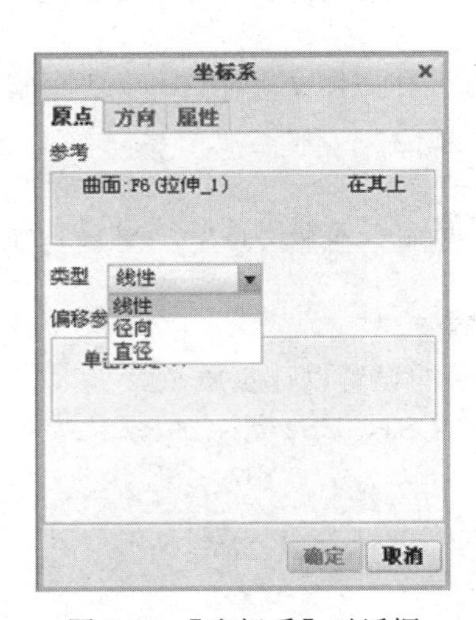

图 2-27 【坐标系】对话框

单击【模型】选项卡【基准】组中的【坐标系】按钮，打开如图 2-27 所示的【坐标系】对话框，该对话框包含【原点】、【方向】和【属性】3 个选项卡。

（1）【原点】选项卡

此选项卡用于定义坐标系的参考和类型。

（2）【方向】选项卡

此选项卡用于设置基准坐标系坐标轴的方向，如图 2-28 所示。

其中【参考】列表框中能够显示坐标系的参考特征；【类型】用于定义坐标系的表示形式，包括【线性】、【径向】和【直径】3 种。

（3）【属性】选项卡

与【基准平面】对话框的【属性】选项卡一样，它的主要功能是定义坐标系的名称，或者查询该坐标系的详细信息，如图 2-29 所示。

如果选中【定向根据】选项组中的【参考选择】单选按钮，可根据选取的平面的法向来定义基准坐标系的坐标轴方向，参考平面选定后，可以在【确定】下拉列表框中选择定义方向的坐标轴，单击【反向】按钮可以切换参照平面的法向。

如果选中【选定坐标轴】单选按钮，可以指定与选取的坐标轴成一定旋转角度，从而确定新建的基准坐标轴方向。

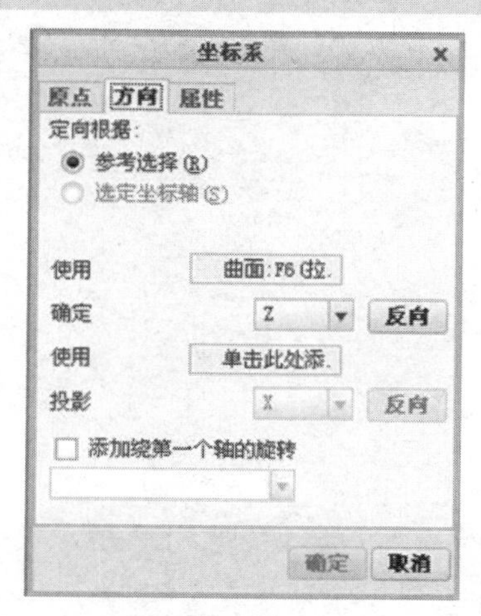

图 2-28 【定向】选项卡

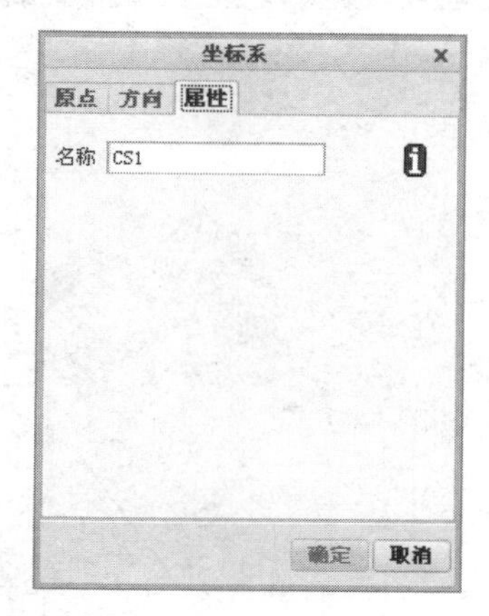

图 2-29 【属性】选项卡

2.6　设计范例

2.6.1　创建基准平面和基准坐标系操作制作范例

扫码看视频

本范例完成文件：范例文件/第 2 章/2-1.prt

多媒体教学路径：多媒体教学→第 2 章→2.6.1 范例

范例分析

本范例是 Creo Parametric 8.0 软件基准操作的练习，主要是进行创建基准平面和基准坐标系的操作。

范例操作

Step1 创建基准平面

①打开一个模型文件，单击【模型】选项卡【基准】组中的【平面】按钮。
②打开【基准平面】对话框，如图 2-30 所示。

Step2 设置平面参数

①选择 FRONT 平面作为参考，如图 2-31 所示。
②在【基准平面】对话框中，选择【偏移】选项，在【平移】选项中输入偏移距离 20。

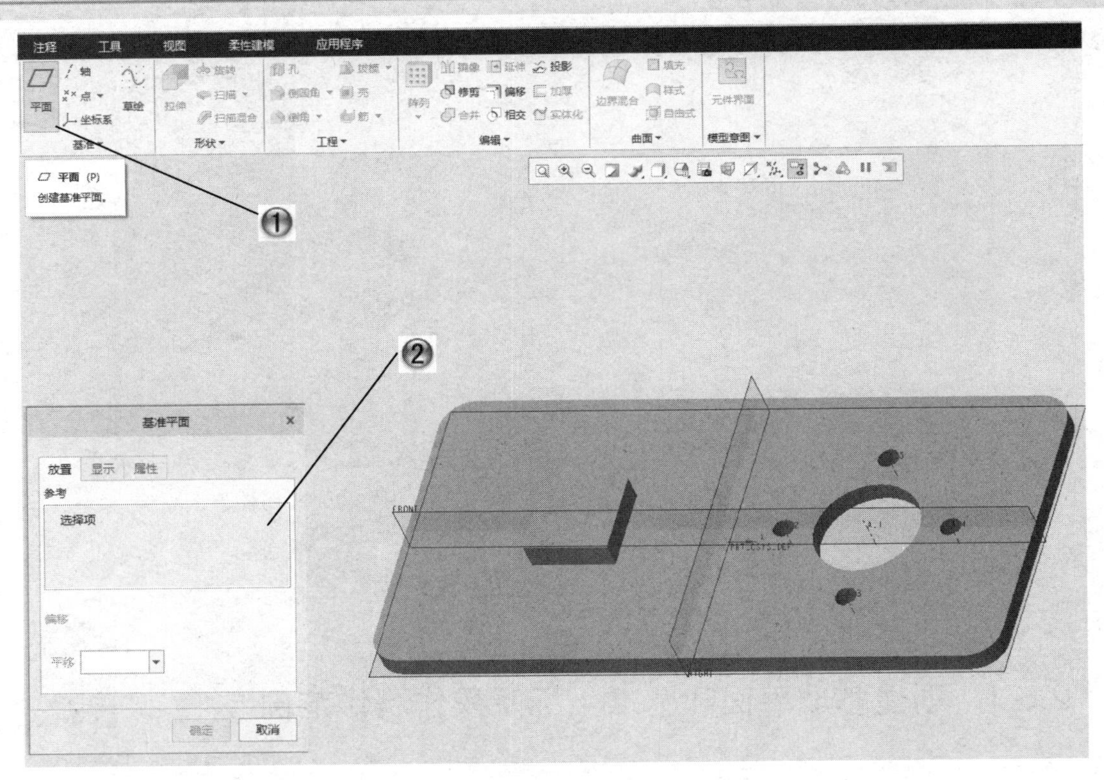

图 2-30　打开【基准平面】对话框

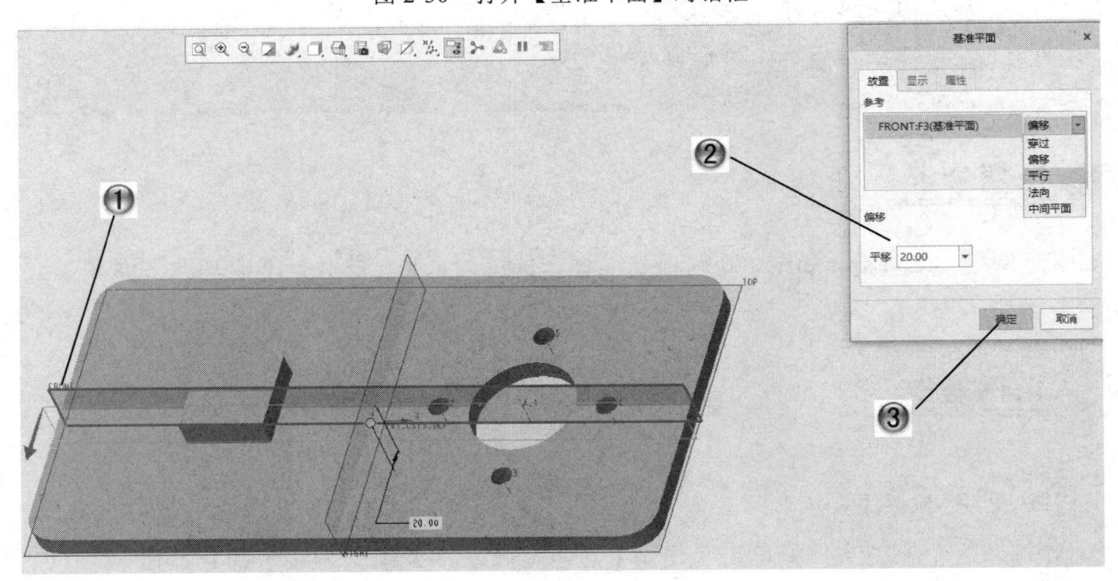

图 2-31　设置基准平面参数

③单击【基准平面】对话框的【确定】按钮，创建了 DTM1 基准平面，如图 2-32 所示。

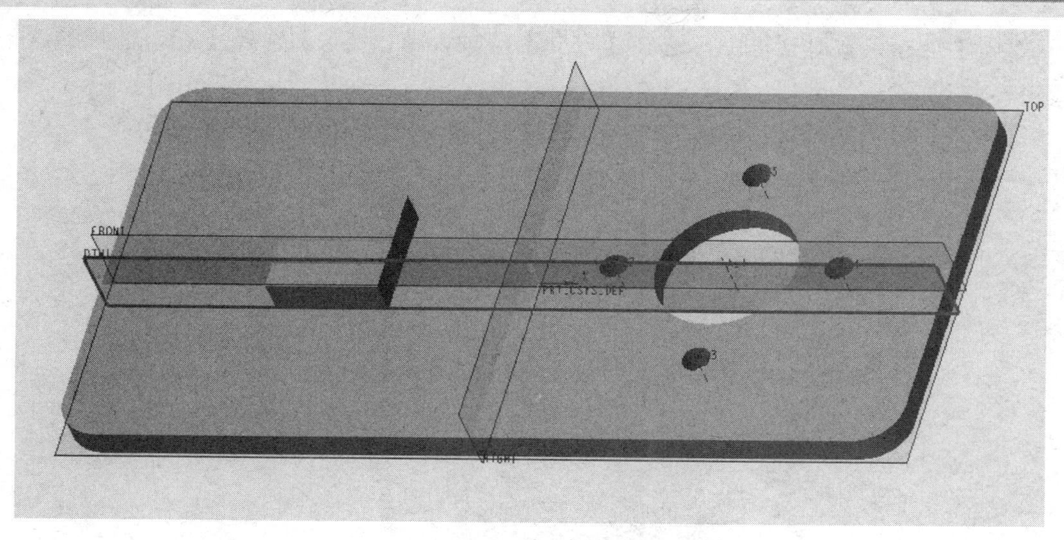

图 2-32　创建的 DTM1 基准平面

Step3 创建基准坐标系

①单击【模型】选项卡【基准】组中的【坐标系】按钮。
②打开【坐标系】对话框，如图 2-33 所示。

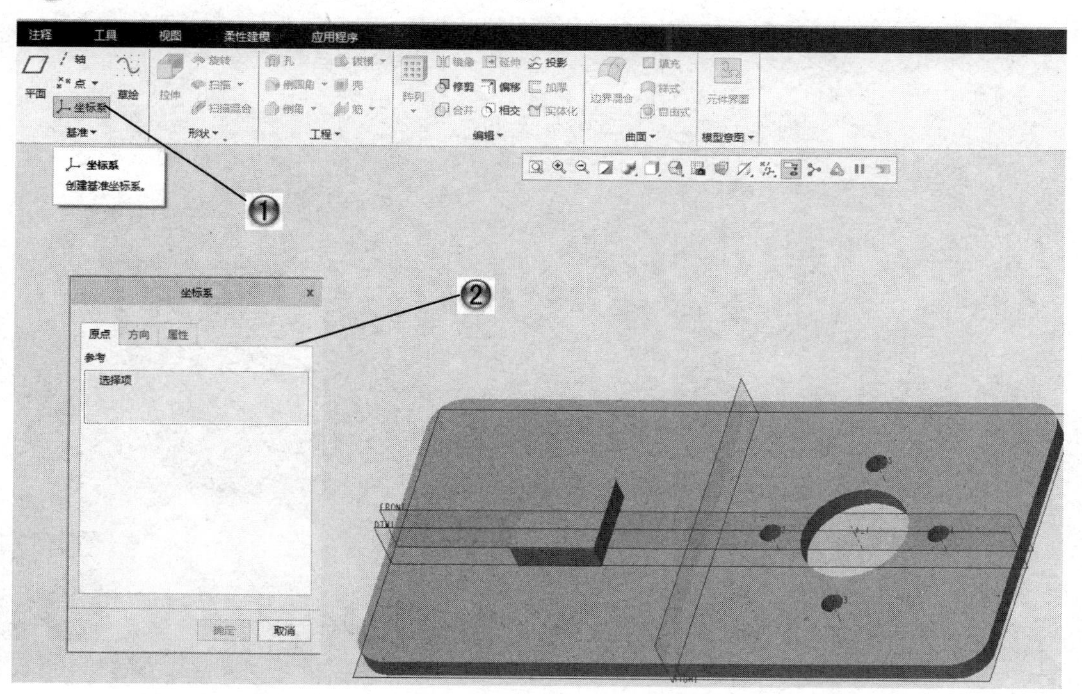

图 2-33　打开【坐标系】对话框

Step4 设置坐标系参数

①按住 CTRL 键，选择模型的两条相互垂直的边，如图 2-34 所示。

②在【坐标系】对话框中，选择【方向】选项，单击【X】选择【Z】，选择的这条边指向坐标系的 Z 轴。

③单击【坐标系】对话框的【确定】按钮，创建了 CS0 基准坐标系，如图 2-35 所示。至此，这个范例操作完成。

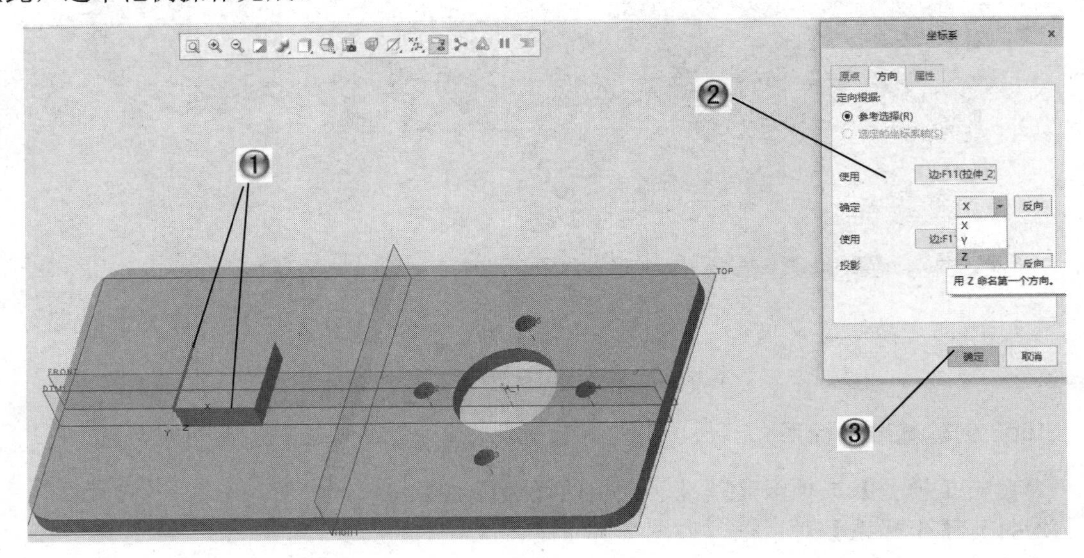

图 2-34　设置坐标系参数

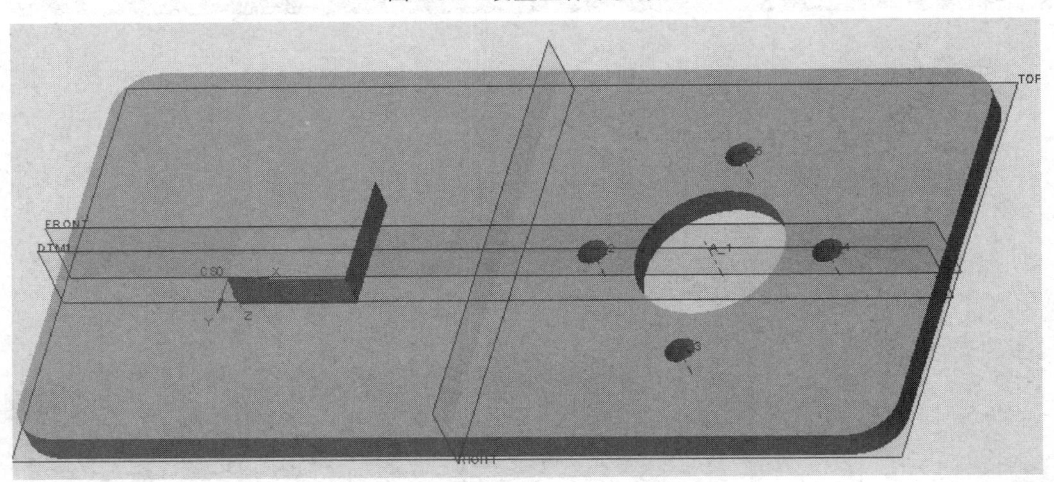

图 2-35　创建的 CS0 基准坐标系

2.6.2　创建基准轴、基准点和基准曲线操作范例

扫码看视频

本范例完成文件：范例文件/第 2 章/2-2. prt

多媒体教学路径：多媒体教学→第 2 章→2.6.2 范例

范例分析

本范例是在上一范例基础上，继续进行基准操作的练习，包括创建基准轴、基准点和基准曲线的操作，以使用户熟悉基准特征的实际操作方法。

范例操作

Step1 创建基准轴线

①打开上一范例的文件，单击【模型】选项卡【基准】组中的【轴】按钮。
②打开【基准轴】对话框，如图 2-36 所示。

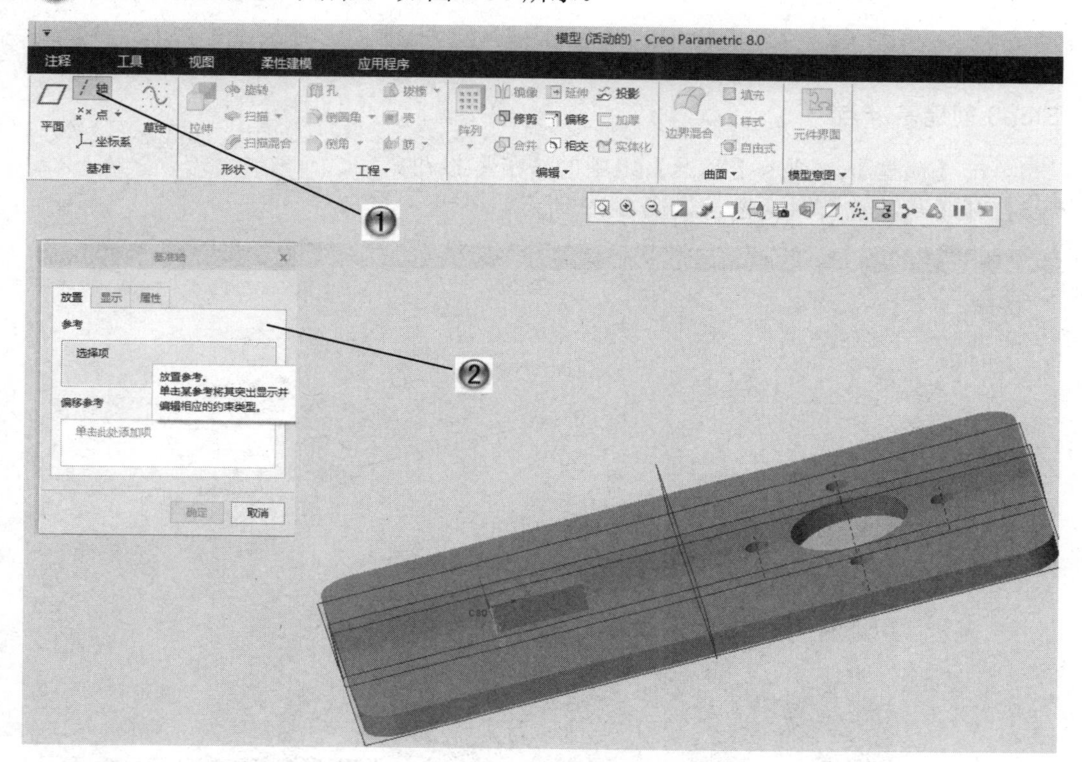

图 2-36　打开【基准轴】对话框

Step2 设置基准轴线参数

①选择零件圆角曲面，如图 2-37 所示。
②在【基准轴】对话框中，选择【穿过】选项。
③单击【基准轴】对话框【确定】按钮，在模型中创建了 A_6 基准轴，如图 2-38 所示。

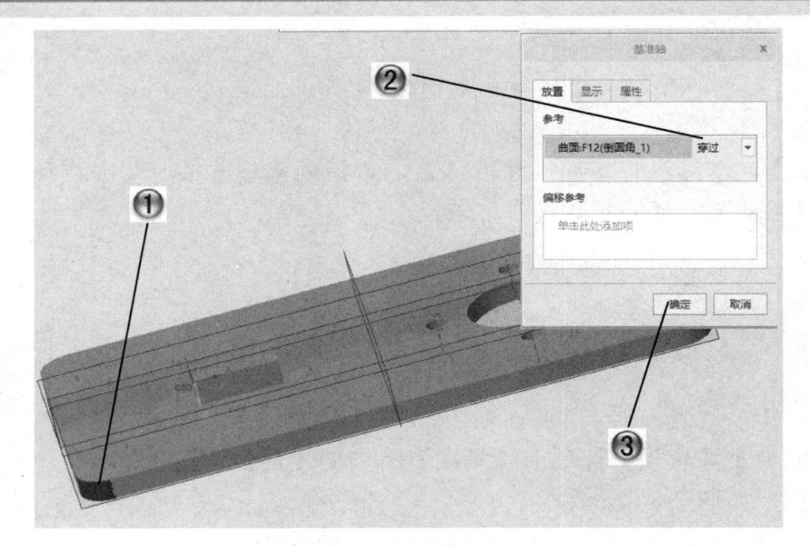

图 2-37　设置基准轴参数

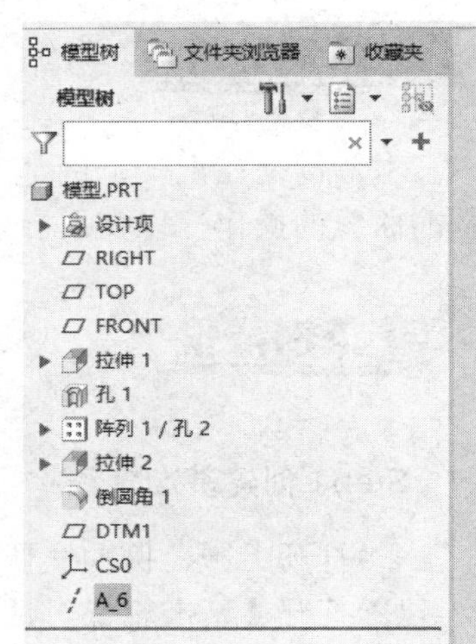

图 2-38　创建的 A_6 基准轴

Step3 创建基准点

①单击【模型】选项卡【基准】组中的【点】按钮。

②打开【基准点】对话框，如图 2-39 所示。

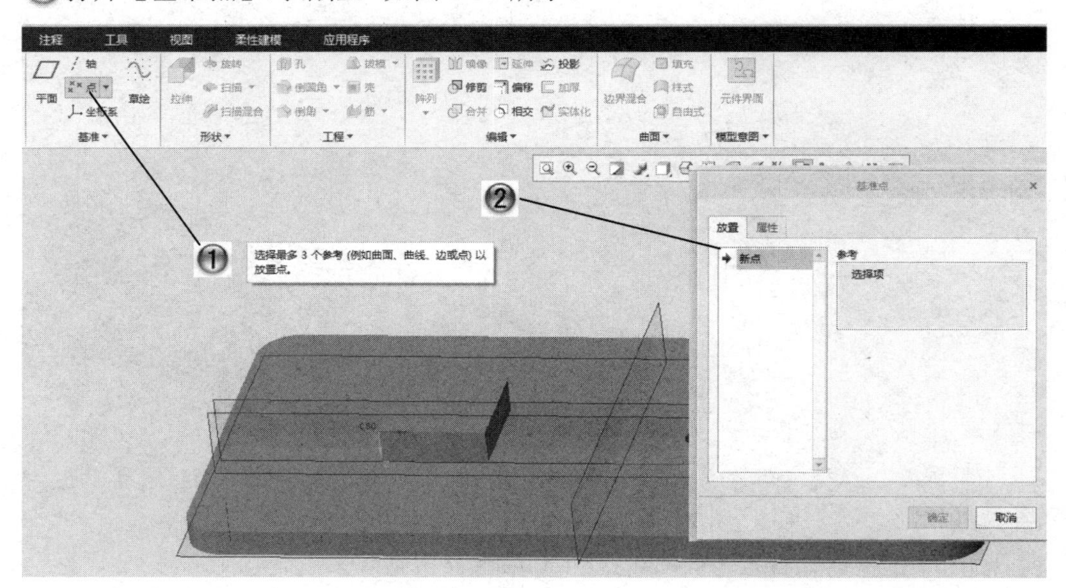

图 2-39　打开【基准点】对话框

Step4 设置基准点参数

①选择零件一条边，如图 2-40 所示。

②在【基准点】对话框中，选择【偏移】选项后选择实际值，输入 100。

③单击【基准点】对话框的【确定】按钮，创建了 PNT0 基准点，如图 2-41 所示。

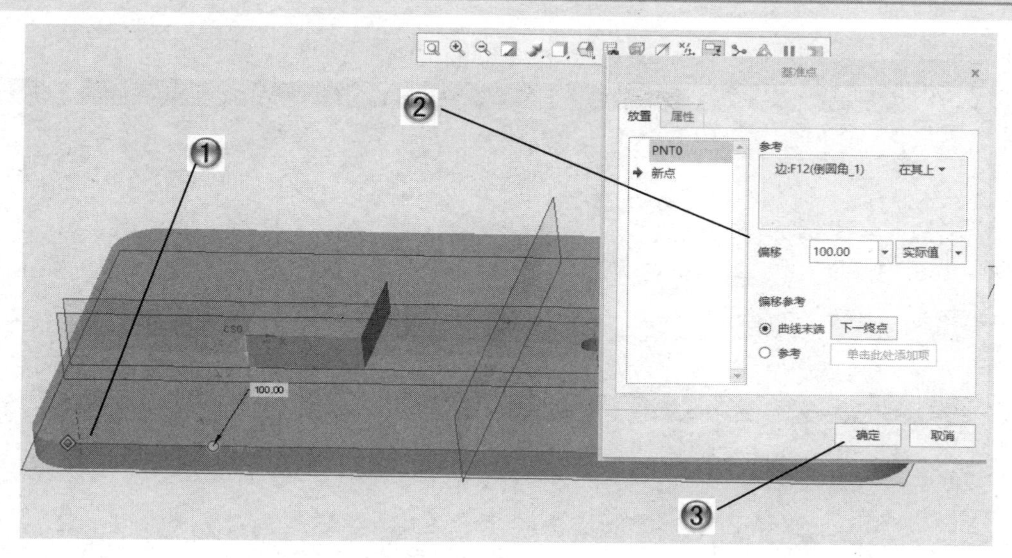

图 2-40　设置点参数

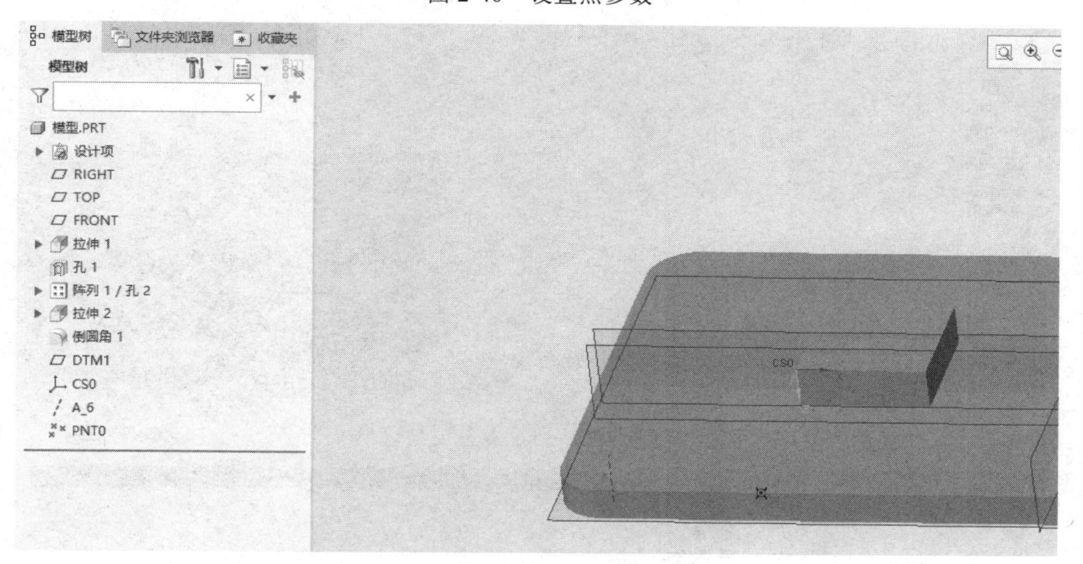

图 2-41　创建的 PNT0 基准点

Step5 创建基准曲线

①单击【模型】选项卡【基准】组中【曲线】命令菜单的【通过点的曲线】命令，如图 2-42 所示。

②打开【曲线：通过点】工具选项卡。

Step6 设置基准曲线参数

①选择零件上的四条边线端点，如图 2-43 所示。

②设置【曲线：通过点】工具选项卡中的参数。

③单击【确定】按钮，创建出名为曲线 1 的基准曲线，如图 2-44 所示。至此，这个范

例操作完成。

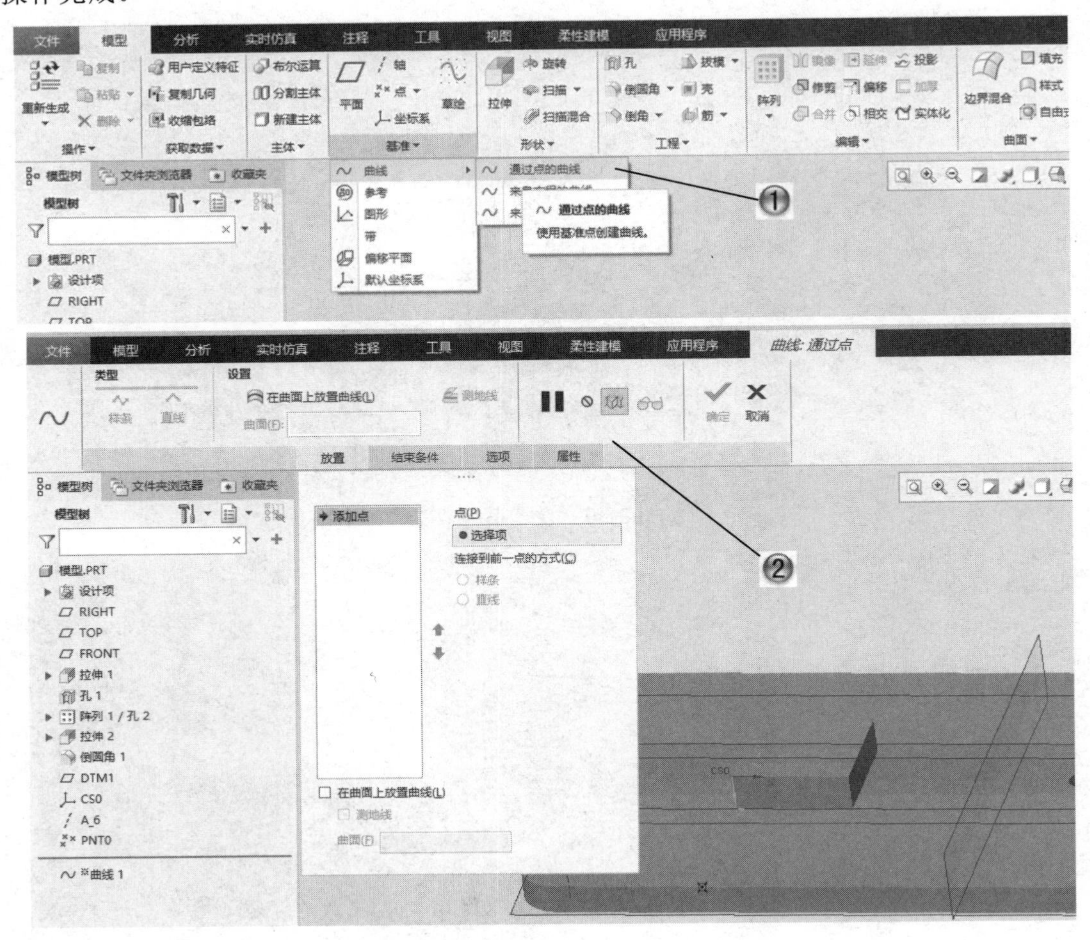

图 2-42 【曲线：通过点】工具选项卡

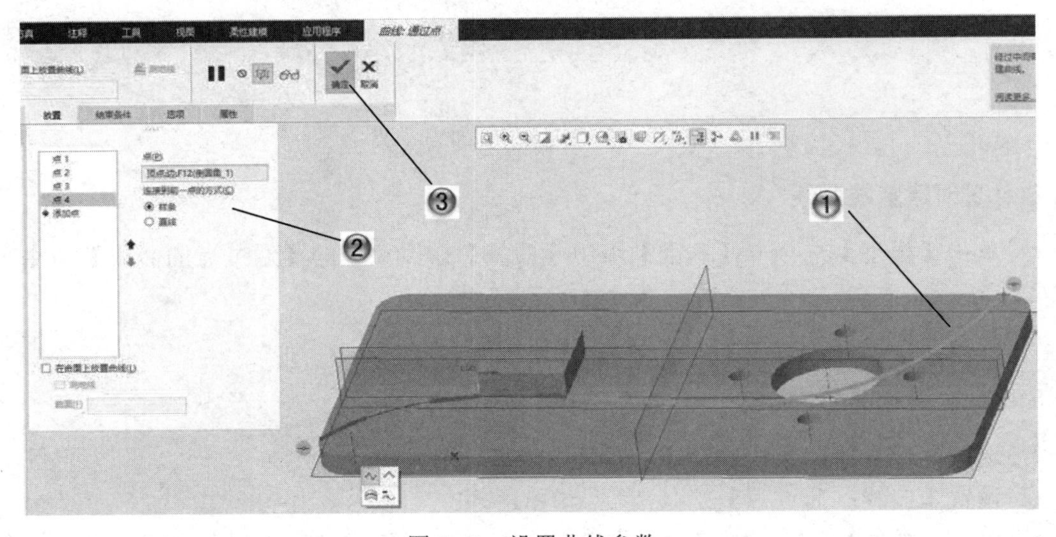

图 2-43 设置曲线参数

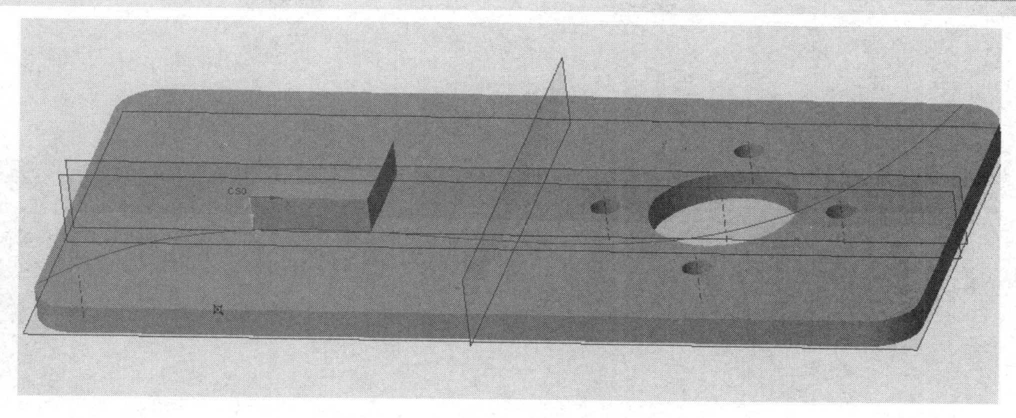

图 2-44　创建的曲线 1

2.7　本章小结

在设计中会经常创建基准平面、基准曲线、基准轴、基准点和基准坐标系等基准特征，基准平面的约束定位可以是穿过直线与参考平面成一定夹角、平行参考平面且平移一段距离，以及穿过三个基准点等；基准坐标系的定位约束可以是三个平面的交点或者对参照坐标系进行平移等；基准点的约束定义比较灵活，可以是放置在曲面上添加距离约束定位，也可以在曲线上定义、直接草绘创建等；基准轴的约束定位可以是通过两个基准点，也可以是通过一个基准点与一平面垂直，还可以是两个平面相交等；基准曲线的定位约束比较固定，但是它的创建方法比较灵活，能够直接草绘、由文件导入，或者由方程创建。以上是本章主要讲述的内容，希望读者能认真掌握。

第 3 章 草绘设计

进行三维零件设计时，必须先建立基本实体，然后就可对此实体进行各种加工，如圆角、倒圆角等，以得到所需要的实体外形。3D 实体可视为 2D 草图在第三维空间的变化，因此建立实体时，必须先绘制实体模型的草图，再利用拉伸、旋转、扫描和混合等方式建立 3D 实体模型。

草图的设计在 Creo Parametric 8.0 的 3D 零件建模中是非常重要的，Creo Parametric 的“参数式设计”特性也往往在草图设计中通过指定参数来得到。草图是零件实体的重要组成因素，一般是一个封闭的二维平面几何图形，能够表现出零件实体的某一部分的形状特征。通常，都会在草图的基础上进行实体的拉伸、旋转等操作，从而完成零件设计。因此，草图绘制是进行零件、曲面等模块学习的基础。

本章主要介绍草图绘制前的准备工作，以及绘制基本图元的命令；完成草图绘制后一般要进行草图编辑，才能达到所需的形状；最后介绍草图的文字和尺寸标注等。

3.1 草绘环境

下面讲解绘制草图的界面和使用的工具，使读者对绘制草图有初步的认识。

3.1.1 草图有关概念

草图是产生特征的 2D 几何图形，若将草图所产生的特征以“拉伸”或“扫描”的形式切断，就可以得到此特征的 2D 断面（在每一个草图都相同的 2D 断面）。草图是零件实体的基本组成要素。草图一般是一个封闭的二维平面几何图形，能够表现零件实体某一部分的形状特征。

构成草图的三要素分别为2D几何图形、尺寸及2D几何对齐数据。用户可在草绘环境下绘制2D几何图形（此为大致的形状，不须真实尺寸），然后经过尺寸标注，再修改尺寸值，系统即可自动以正确尺寸值来修正几何形状。另外，Creo Parametric对2D草图上的某些几何图形可自动假设某些关联性，如对称、相等和相切等限制条件，以减少尺寸标注的步骤，并得到完全约束的草图外形。

下面介绍一些有关草图的常用名词。

（1）图元：组成草图的图像元素，如直线、圆弧、圆、样条曲线、圆锥曲线、点、文本或坐标系等，如图3-1所示。

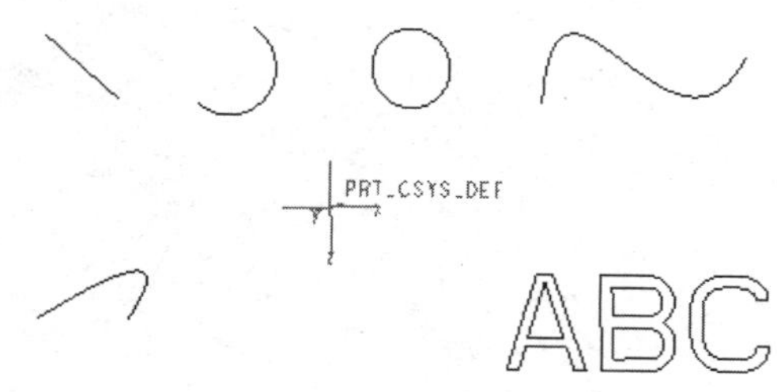

图3-1　图元示例

（2）约束：指草图中图元几何或图元之间关系的条件。

（3）视角：观看实体或草图的角度，系统可以定义前、后、左、右、顶、底6个特殊视图角度和一个标准视图角度。图3-2所示为一个标准视角查看零件模型的效果，图3-3所示为从其他视角查看的效果。

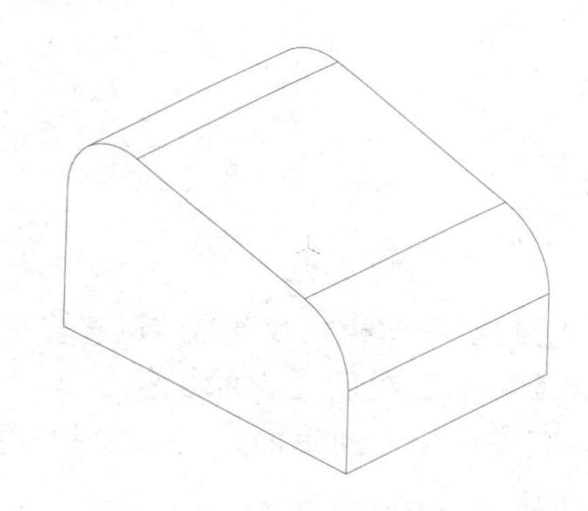
图3-2　零件模型的标准视角

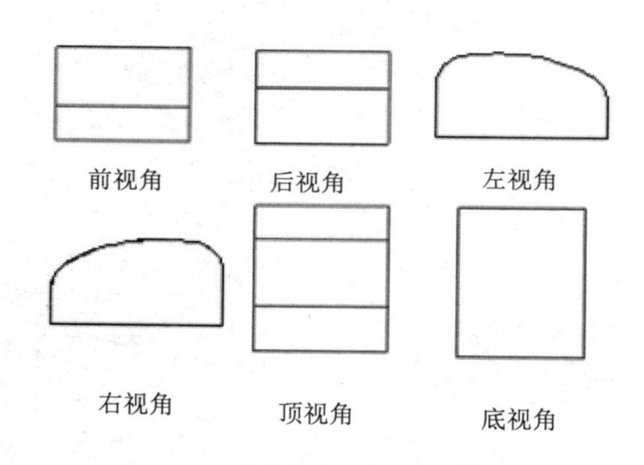

图3-3　零件模型的其他视角

图3-4　【新建】对话框

除此之外，读者还可以按住鼠标中键并拖动来随意定义零件模型的视角。一般系统将标准视角作为默认的视角，读者也可以自行定义其他视角作为默认视角。

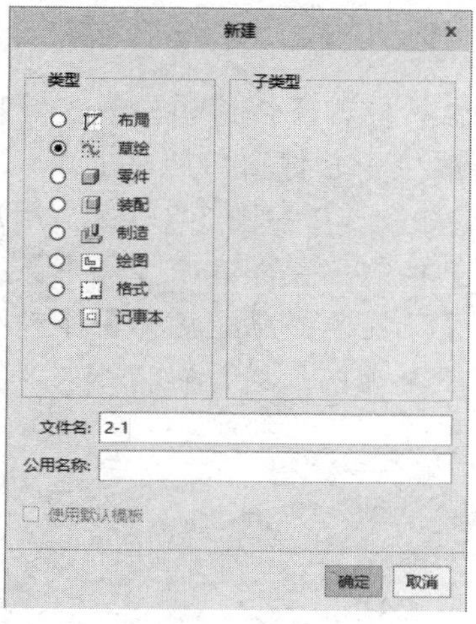

3.1.2　进入草绘环境

绘制2D草图时，首先要进入草图设计的界面，具体方法是：单击【快速访问】工具栏【新建】按钮，在打开的【新建】对话框中选中【草绘】文件类型，输入新建文件名，如图3-4所示。

单击【确定】按钮，即可进入绘制草图的用户界面，如图3-5所示。在此模式下就能进行草图绘制，并保存为“.sec”的文件形式，以供其后在进行实体模型设计时使用。绘制草图的用户界面包括工具栏、选项卡、命令提示栏和显示窗口等。

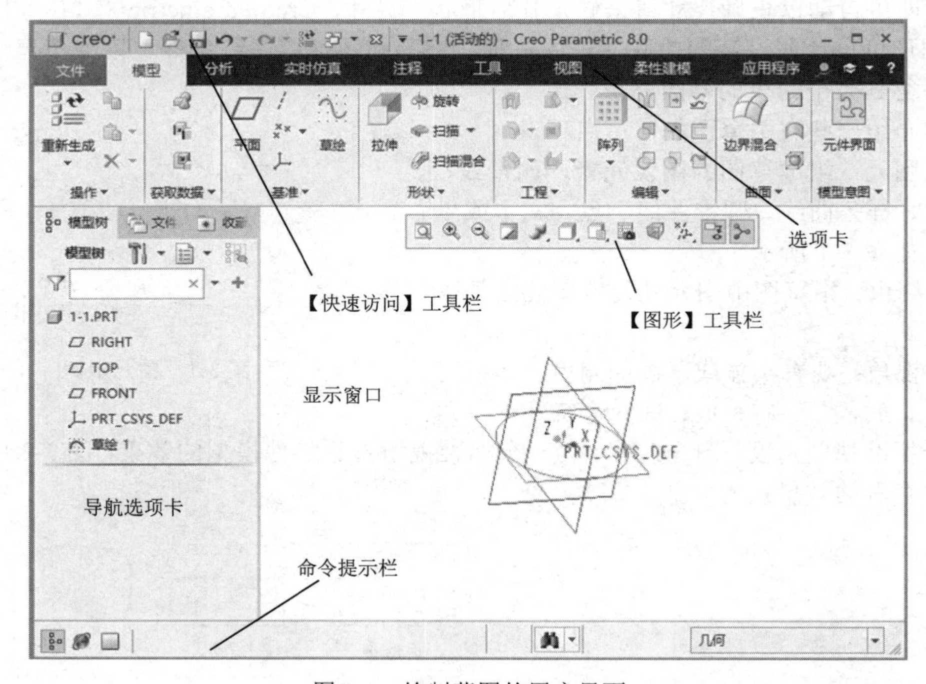

图 3-5　绘制草图的用户界面

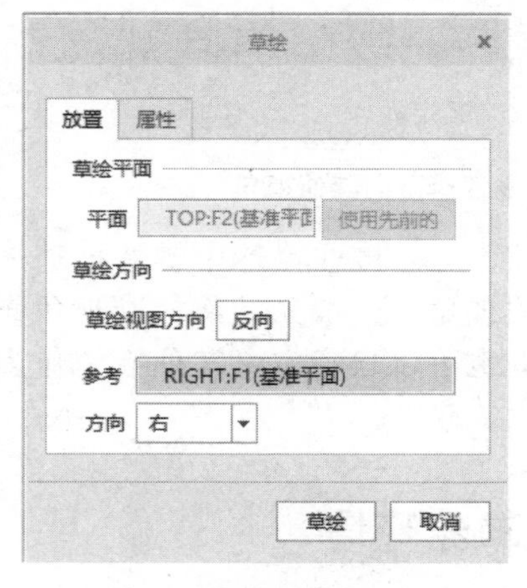

图 3-6 【草绘】对话框

创建草图也可以在零件建模模块绘制 3D 模型时，单击【模型】选项卡【基准】组的【草绘】按钮，在弹出的【草绘】对话框选择相应的平面来进行绘制，如图 3-6 所示，这是最常用的方法。

3.1.3　工具栏

创建草图时常用的工具栏有【快速访问】工具栏和【图形】工具栏，前者一般位于软件窗口的左上角，后者默认位于显示窗口上方，如图 3-7 和图 3-8 所示。用户也可以根据需要自定义工具栏的位置。其中【图形】工具栏比普通状态下多出了【草绘器显示过滤器】下拉列表框和【草绘视图】按钮，如图 3-9 所示。

图 3-7 【快速访问】工具栏

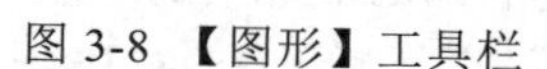

图 3-8 【图形】工具栏

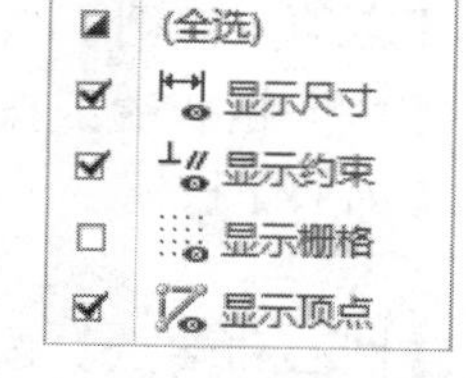

图 3-9 【草绘器显示过滤器】下拉列表框

3.1.4　草绘工具

在模型设计模块中，单击【模型】选项卡【基准】组的【草绘】按钮，弹出【草绘】工具选项卡，如图 3-10 所示，这是绘制草图图元的快捷工具按钮的集合。

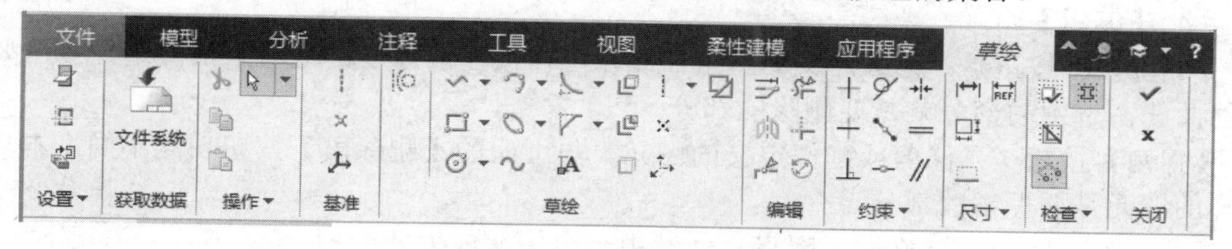

图 3-10　绘制草图的【草绘】工具选项卡

【草绘】工具选项卡中的按钮按照各自的功能，可以分为不同的组，有【设置】、【获取数据】、【操作】、【基准】、【草绘】、【编辑】、【约束】、【尺寸】、【检查】和【关闭】共 10 种，下面介绍主要绘图按钮的功能。

（1）【操作】组

选择下拉列表中的【依次】按钮：可以依次选择目标。单击该按钮后，可以结束图元的绘制操作并切换到选取模式，用户可以直接使用鼠标选择要编辑的图元；如果同时按住 Ctrl 键，则可依次选择多个图元，或者按住鼠标左键拖动生成一个矩形，使要选择的图元处于矩形内部，也可以达到同样的效果。

（2）【基准】组

【中心线】按钮：根据定义的起点和终点绘制中心线。

【点】按钮：设置草绘点，为草图绘制提供基准。

【坐标系】按钮：创建相对坐标系。

（3）【草绘】组

【线链】按钮：根据定义的起点和终点绘制几何直线。

【直线相切】按钮：根据定义的两个图元绘制与它们相切的几何直线。

【拐角矩形】按钮：根据定义的对角线的起点和终点绘制矩形。

【圆心和点】按钮：根据定义的圆心和半径绘制圆。

【同心】按钮：根据定义的圆心和半径绘制同心圆。

【3 点】按钮：根据定义的 3 个点绘制经过这 3 个点的圆。

【3 相切】按钮：根据定义的 3 个图元绘制与这 3 个图元都相切的圆。

【轴端点椭圆】按钮：根据定义的轴端点绘制椭圆。

【3 点/相切端】按钮：根据定义的 3 个点绘制经过这 3 个点的圆弧。

【同心】按钮：根据已定义的圆弧或圆心，绘制与该圆弧同圆心而不同半径和长度的圆弧。

【圆心和端点】按钮：根据定义的圆心和半径绘制不同长度的圆弧。

【3 相切】按钮：根据定义的 3 个图元绘制与这 3 个图元都相切的圆弧。

【圆锥】按钮：绘制锥形弧。

【圆角】按钮：根据定义的两个图元绘制与这两个图元相切的圆弧。

【椭圆形】按钮：根据定义的两个图元绘制与这两个图元相切的椭圆弧。

【样条】按钮：根据定义的多个点绘制样条曲线。

【偏移】按钮：对所选实体的边界进行平移后作为图元进行编辑。

【文本】按钮：定义文本输入。

（4）【编辑】组

【删除段】按钮：修剪定义的多余曲线，可以按住鼠标左键拖动来依次选择多个要修剪的曲线，选中的部分就是要删除的部分。

【拐角】按钮：修剪或延伸定义的图元。与上面的【删除段】按钮功能不同，本功能选择的图元是要保留的部分。

【分割】按钮：定义图元断点，使其由一个图元成为两个图元。

【镜像】按钮：镜像复制，根据定义的中心线，对选择的图元进行对称复制。

【旋转调整大小】按钮：缩放旋转，对选择的图元进行旋转和缩放，不进行复制。

【修改】按钮：编辑修改选定的尺寸或文字图元。

（5）【约束】组

【约束】组有 9 个按钮，可以编辑修改各图元之间的约束条件，分别是【竖直】按钮、【水平】按钮、【垂直】按钮、【相切】按钮、【中点】按钮、【重合】按钮、【对称】按钮、【相等】按钮和【平行】按钮。

（6）【尺寸】组

【法向】按钮：手工标注尺寸。

【周长】按钮：创建周长尺寸。

【参考】按钮：创建参考尺寸。

【基线】按钮：创建基线尺寸。

（7）【关闭】组

【确定】按钮：完成草图绘制。

【取消】按钮：放弃当前的草图绘制。

3.2 绘制基本几何图元

下面讲解绘制草图几何图形元素的具体方法和命令。

3.2.1 绘制点

在草绘界面下单击【草绘】工具选项卡【基准】组中的【点】按钮×，将鼠标移动至绘图区中的预定位置，单击鼠标左键即可绘制出一个草绘点。草绘点的用途包括：标明切点位置、显示线相切的接点、标明倒圆角的顶点等。

3.2.2 绘制直线

直线可分成两种线形，即几何线和中心线。几何线所指的是实线；中心线所指的是虚线，其作用为辅助几何图形的建立，但两者绘制直线的方法相同。

（1）几何线：在草绘界面下单击【草绘】工具选项卡【草绘】组中的【直线】下拉列表框，其列表框中依次为【线链】、【直线相切】两种直线，如图3-11所示。系统默认情况下为【线链】。

图3-11 【直线】下拉列表框

线链：用鼠标草绘的，连接两点产生的直线。单击【草绘】工具选项卡【草绘】组中的【线链】按钮，在绘图区单击第一个草绘点作为起点，然后单击第二个草绘点作为终点，单击鼠标中键即可完成直线的绘制，如图3-12所示。可以继续单击绘制其他线链。

直线相切：单击【草绘】工具选项卡【草绘】组中的【直线相切】按钮，绘制圆弧之间的相切直线，如图3-13所示，鼠标的位置是第二次单击的位置。

（2）中心线：在草绘界面下单击【草绘】工具选项卡【草绘】组中的【中心线】按钮，在绘图区单击第一个点作为中心线的轴，然后移动鼠标使中心线摆动到需要的角度，单击鼠标即可完成中心线的绘制，单击鼠标中键可取消绘制，如图3-14所示。

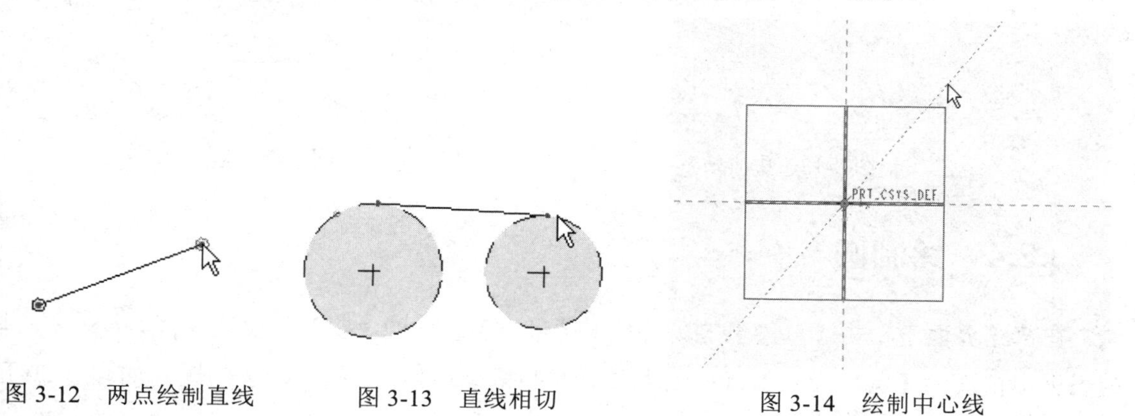

图3-12 两点绘制直线　　图3-13 直线相切　　图3-14 绘制中心线

3.2.3 绘制矩形

在草绘界面下单击【草绘】工具选项卡【草绘】组中的【矩形】下拉列表框，其列表框中依次为【拐角矩形】、【斜矩形】、【中心矩形】和【平行四边形】四种类型的矩形，如图 3-15 所示。系统默认情况下为【拐角矩形】。

（1）拐角矩形：单击起点作为矩形对角线的起点，然后移动鼠标绘制需要的矩形，最后单击直线的终点作为矩形对角线的终点即可完成矩形的绘制，如图 3-16 所示。单击鼠标中键可以取消绘制。

（2）斜矩形：单击起点作为矩形一条边的起点，然后移动鼠标至这条边的终点并单击鼠标。再移动鼠标绘制需要的矩形，再次单击鼠标即可完成矩形的绘制，如图 3-17 所示。单击鼠标中键可以取消绘制。

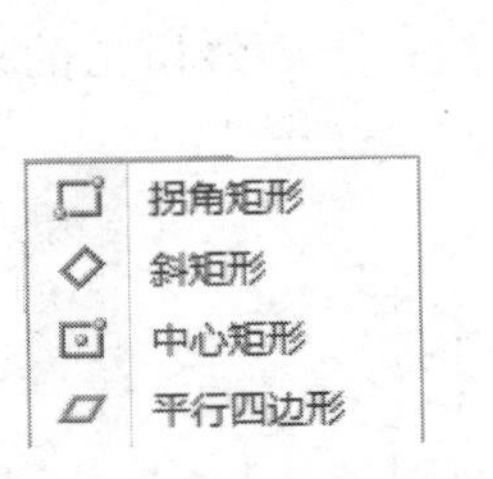

图 3-15 【矩形】下拉列表框

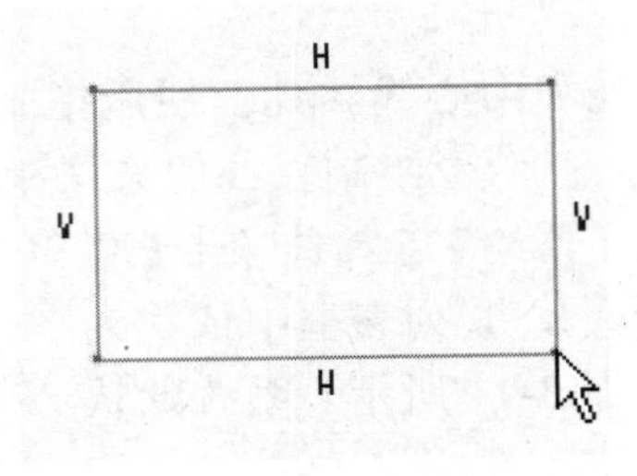

图 3-16 绘制拐角矩形

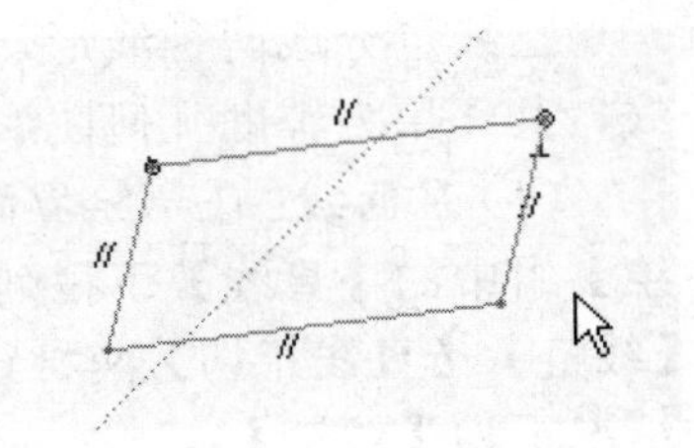

图 3-17 绘制斜矩形

（3）中心矩形：单击起点作为矩形的中心，然后移动鼠标至形成需要的矩形，再次单击鼠标完成矩形的绘制，如图 3-18 所示。单击鼠标中键可以取消绘制。

（4）平行四边形：单击起点作为平行四边形一条边的起点，然后移动鼠标至这条边的终点并单击鼠标。再移动鼠标绘制需要的平行四边形，再次单击鼠标即可完成平行四边形的绘制，如图 3-19 所示。单击鼠标中键可以取消绘制。

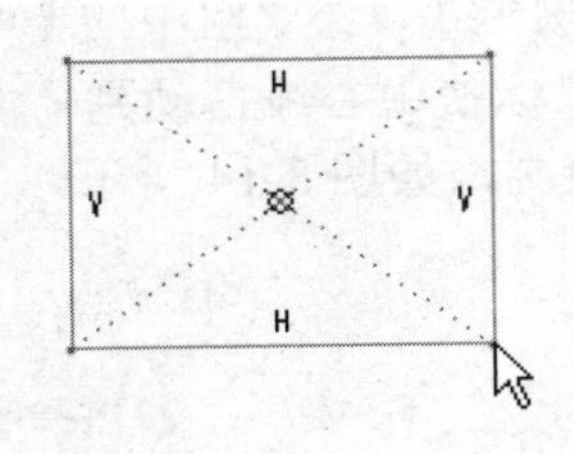

图 3-18 中心矩形

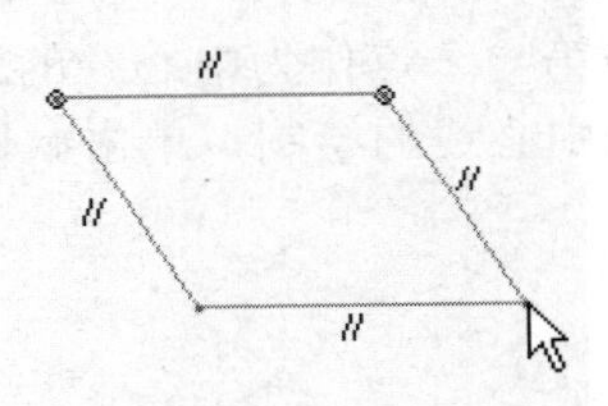

图 3-19 绘制平行四边形

3.2.4 绘制圆

在草绘界面下单击【草绘】工具选项卡【草绘】组中的【圆】下拉列表框 圆 ▾，其列表框中依次为【圆心和点】、【同心】、【3 点】和【3 相切】四种类型的圆，如图 3-20 所示。系统默认情况下为【圆心和点】。

（1）圆心和点绘圆：单击【草绘】工具选项卡【草绘】组中的【圆心和点】按钮，单击鼠标左键在绘图区选定圆心，然后移动鼠标指针确定半径，即可完成圆的绘制，如图 3-21 所示。

（2）同心圆：单击【草绘】工具选项卡【草绘】组中的【同心】按钮，单击一个已存在的圆或圆心，移动鼠标指针确定半径，即可绘制一个同心圆。

移动鼠标指针到另一位置后单击，可以绘制一系列的同心圆，如图 3-22 所示。单击鼠标中键或者单击【操作】组【选择】下拉列表中的【依次】按钮结束绘制。

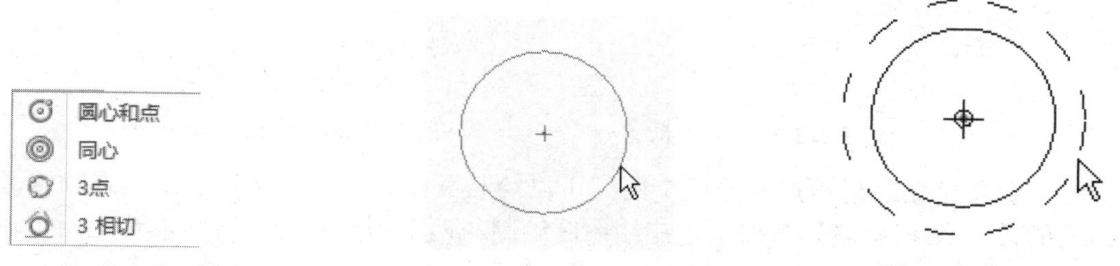

图 3-20 【圆】下拉列表框　　图 3-21 通过【圆心和点】绘制的圆　　图 3-22 绘制同心圆

（3）3 点绘圆：另外通过不共线的 3 个点也可以绘制圆。单击【草绘】工具选项卡【草绘】组中的【3 点】按钮，单击鼠标左键在绘图区选定两个点，移动鼠标指针到合适位置后单击鼠标左键，即可绘制出经过这 3 个点的圆，如图 3-23 所示。

（4）3 相切绘圆：使用【3 相切】命令还可以绘制与已知 3 个图元相切的圆。单击【草绘】工具选项卡【草绘】组中的【3 相切】按钮，单击鼠标左键在绘图区选定两个图元，移动鼠标指针到第 3 个图元后单击鼠标左键，即可绘制出与这些图元相切的圆，如图 3-24 所示。

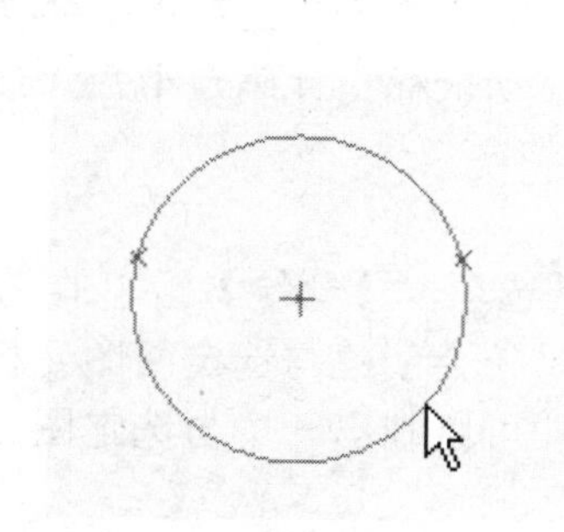

图 3-23 通过【3 点】绘制的圆

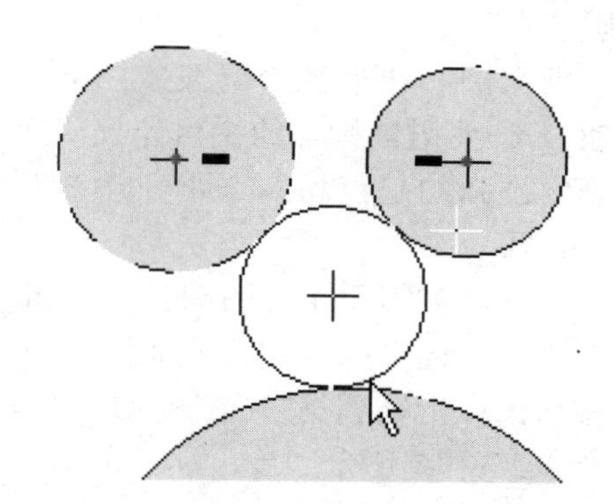

图 3-24 绘制与 3 个图元相切的圆

3.2.5 绘制圆弧

在草绘界面下单击【草绘】工具选项卡【草绘】组中的【弧】下拉列表框，其列表框中依次为【3 点 / 相切端】、【圆心和端点】、【3 相切】、【同心】和【圆锥】5 种类型的弧。因为【圆锥】不属于圆弧的范畴，因此【圆锥】会在接下来的绘制曲线中进行仔细介绍，本节不再赘述。如图 3-25 所示，系统默认情况下为【3 点/相切端】。

（1）3 点/相切端

3 点定弧：根据定义的 3 个点可以绘制圆弧。单击【草绘】工具选项卡【草绘】组中的【3 点/相切端】按钮，在绘图区选定两个点作为圆弧的起点和终点，然后移动鼠标指针确定半径后单击鼠标左键，即可绘制出经过这 3 个点的圆弧，如图 3-26 所示。

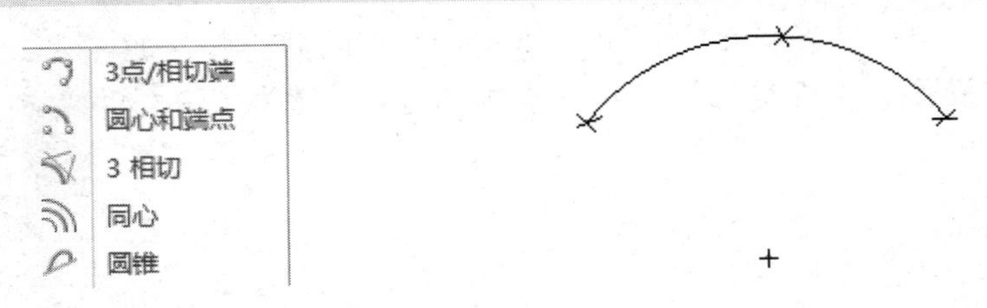

图 3-25 【弧】下拉列表框　　　　图 3-26　绘制圆弧

相切端定弧：根据定义的两个图元可以绘制圆弧。单击【草绘】工具选项卡【草绘】组中的【3 点/相切端】按钮，在绘图区绘制与两个图元相切的圆弧，选定两个图元，即可绘制与选定两图元相切的圆弧，如图 3-27 所示。

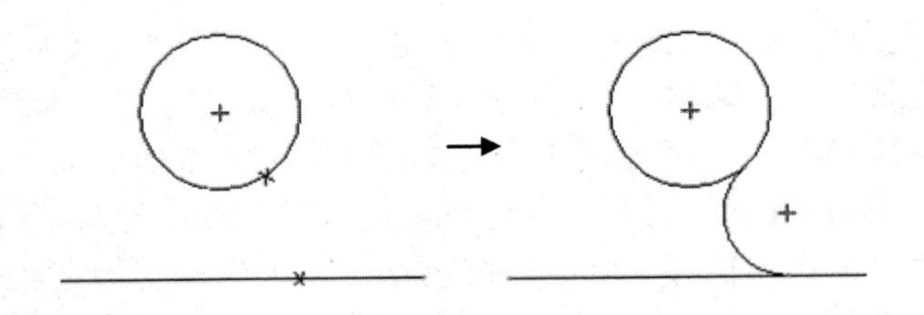

图 3-27　绘制相切圆弧

（2）圆心和端点

也可以根据圆心和半径绘制圆弧。单击【草绘】工具选项卡【草绘】组中的【圆心和端点】按钮，使用鼠标在绘图区定义一个圆心，然后移动鼠标指针确定半径，最后移动鼠标指针确定圆弧的起点和终点即可。

（3）3 相切

下面绘制与多个图元相切的圆弧。单击【草绘】工具选项卡【草绘】组中的【3 相切】按钮，在绘图区选定两个图元，如图 3-28 左图所示，系统会创建与选定两图元相切的圆弧；然后移动鼠标指针到第 3 个图元后单击鼠标左键，即可绘制出一个与选定图元相切的圆弧，如图 3-28 右图所示。

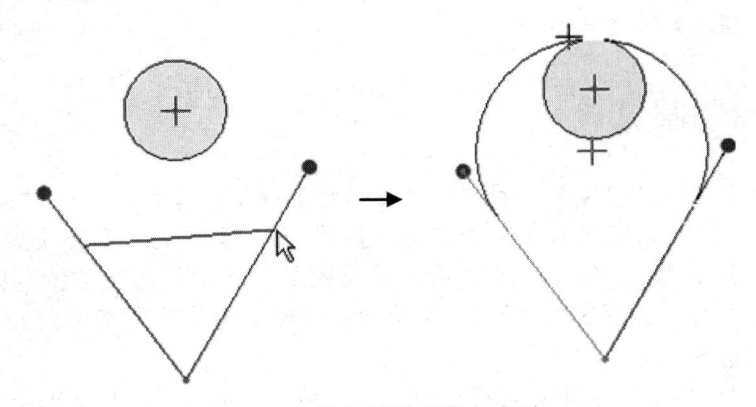

图 3-28　选定图元并确定圆弧

（4）同心

还可以根据圆绘制同心圆弧。单击【草绘】工具选项卡【草绘】组中的【同心】按钮，

使用鼠标选定已经创建的圆弧或圆弧的圆心，定义为与其同圆心（如图 3-29 左图所示），然后移动鼠标指针确定半径（如图 3-29 中图所示），最后移动鼠标指针确定圆弧的起点和终点即可（如图 3-29 右图所示）。

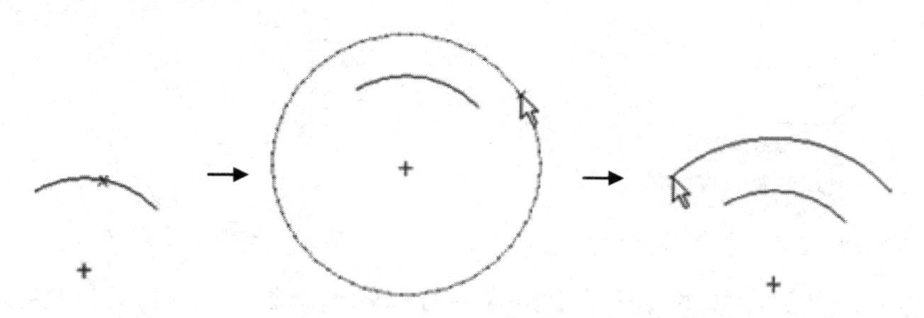

图 3-29　选择圆弧、确定圆弧半径和确定圆弧端点

（5）另外两种绘制圆弧的方法

方法 1：单击【草绘】工具选项卡【草绘】组中的【圆弧】按钮，在绘图区绘制与两个图元相切的圆弧，选定两个图元，即可绘制与选定两图元相切的圆弧，如图 3-30 所示。

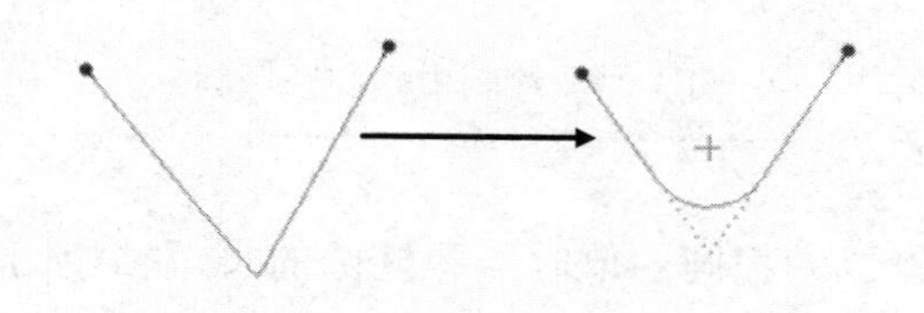

图 3-30　绘制圆弧

方法 2：单击【草绘】工具选项卡【草绘】组中的【椭圆弧】按钮，在绘图区选定两个图元，即可绘制与选定两图元相切的圆弧，如图 3-31 所示。

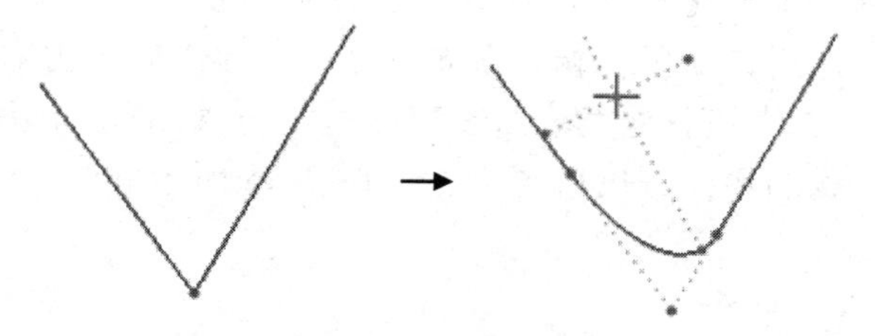

图 3-31　绘制椭圆弧

3.2.6　绘制椭圆

在草绘界面下单击【草绘】工具选项卡【草绘】组中的【椭圆】下拉列表框，其列表框中依次为【轴端点椭圆】和【中心和轴椭圆】两种类型的椭圆，如图 3-32 所示。系统默认情况下为【轴端点椭圆】。

（1）轴端点椭圆：在草绘界面下单击【草绘】工具选项卡【草绘】组中的【轴端点椭圆】按钮，单击鼠标左键选定一个端点，移动鼠标指针到合适位置后再单击鼠标左键确定长轴，第三次单击确定椭圆短轴即可绘制一个椭圆，如图 3-33 所示。系统会自动标注已绘制椭圆的长轴和短轴尺寸，并可以对这些尺寸进行修改。

图 3-32 【椭圆】下拉列表框　　　　图 3-33　绘制轴端点椭圆

（2）中心和轴椭圆：单击【草绘】组【中心和轴椭圆】按钮，可以绘制先确定圆心再确定长短轴的椭圆，如图 3-34 所示。

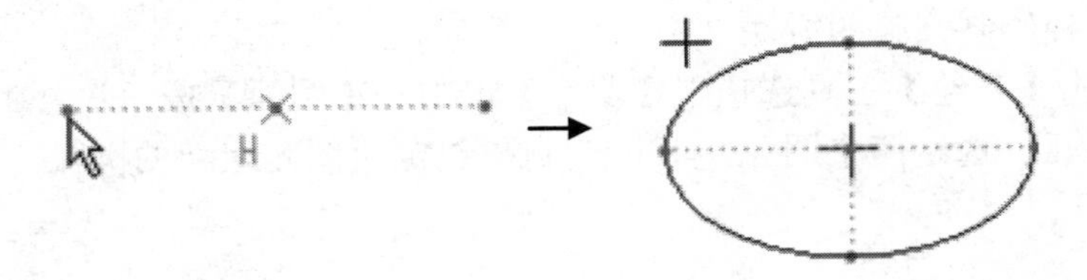

图 3-34　绘制中心和轴椭圆

注意：

当椭圆 Rx 和 Ry 设置为相同的值时，即椭圆的长短轴相同，则椭圆就被修改成一个圆。

3.2.7　绘制圆锥曲线

单击【草绘】工具选项卡【草绘】组中的【圆锥】按钮，在绘图区选定两个点确定圆锥曲线的两个端点，然后移动鼠标指针确定曲线的 rho 值后单击即可。

rho 值是指圆锥曲线的曲度，是表示曲线弯曲程度的量。rho 可以在 0.05~0.95 的范围内取值，它的值越大，曲线的弯曲程度就越大，如图 3-35 所示。

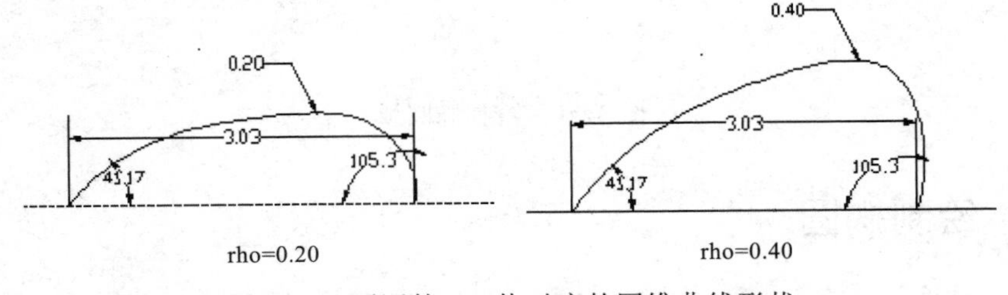

图 3-35　不同的 rho 值对应的圆锥曲线形状

3.2.8　绘制样条曲线

单击【草绘】工具选项卡【草绘】组中的【样条】按钮，在绘图区选定若干个点，然后单击鼠标中键，即可完成样条曲线的绘制，如图 3-36 所示。

绘制样条曲线的方法比较简单，但是样条曲线往往要经过多次修改编辑之后才能满足设计要求，所以读者必须熟练地掌握样条曲线的修改方法。

双击尺寸标注，在显示的文本框中直接输入数值后，按 Enter 键即可完成修改（如果输入的是负值，则曲线向反方向延伸），如图 3-37 所示。

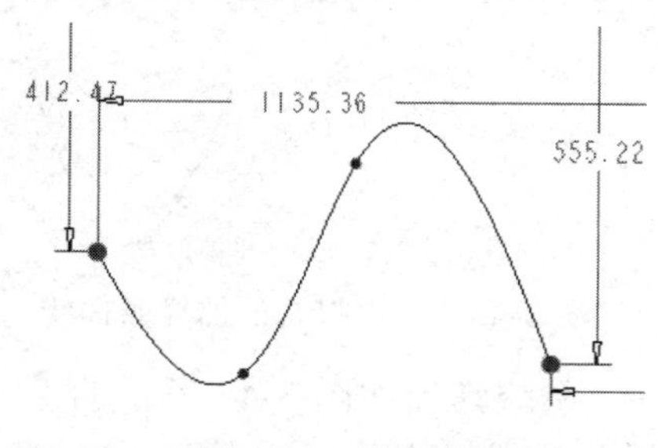

图 3-36　样条曲线

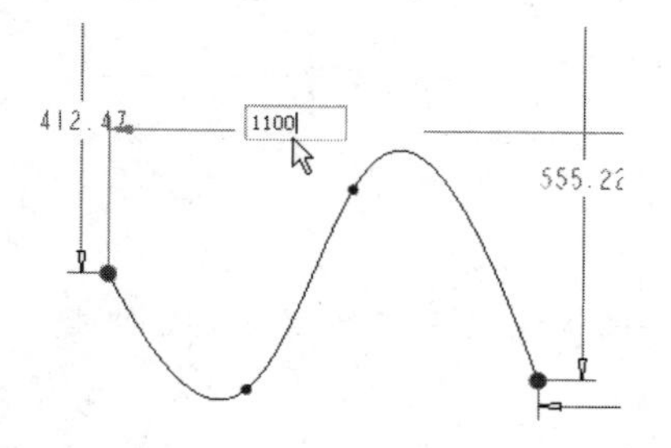

图 3-37　样条曲线的尺寸修改

另外，还可以使用鼠标直接拖动样条曲线的控制点的方法对其进行修改，如图 3-38 所示。

双击样条曲线会打开如图 3-39 所示的【样条】工具选项卡。下面详细介绍如何使用该组工具对样条曲线进行修改。

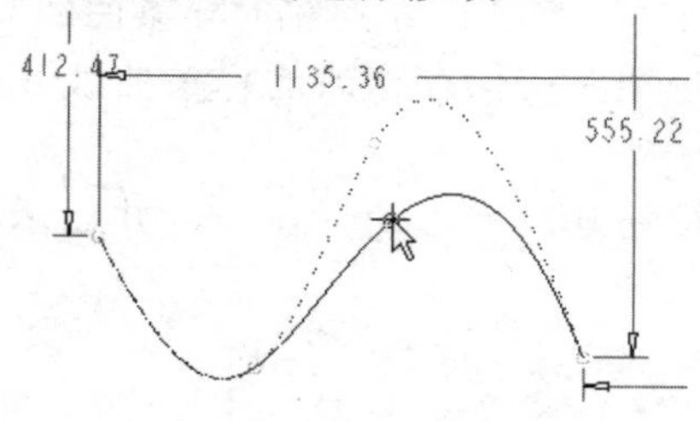

图 3-38　样条曲线的修改

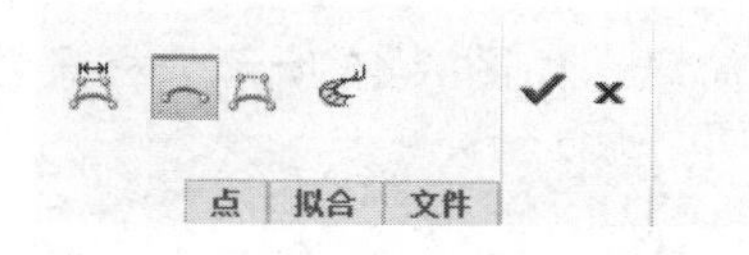

图 3-39 【样条】工具选项卡

（1）单击【点】标签，系统弹出如图 3-40 所示的【点】面板。当在样条曲线上选定一个控制点后，【选定点的坐标值】选项的【X】、【Y】数值文本框中即可显示该控制点的坐标值，直接输入数值并按 Enter 键即可完成修改。

（2）单击【拟合】标签，系统弹出如图 3-41 所示的【拟合】面板。【稀疏】选项的功能是简化样条曲线的控制点，其值越大，简化的控制点就越多，简化后曲线的变化就越大，如图 3-42 所示为样条曲线进行稀疏拟合后的形状；【平滑】选项的功能是使样条曲线变平滑，其值越大，曲线就会变得越平滑，如图 3-43 所示为样条曲线进行平滑拟合后的形状。

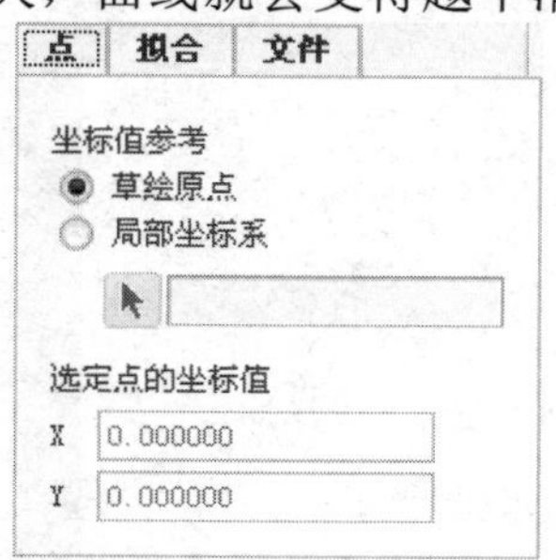

图 3-40 【点】面板

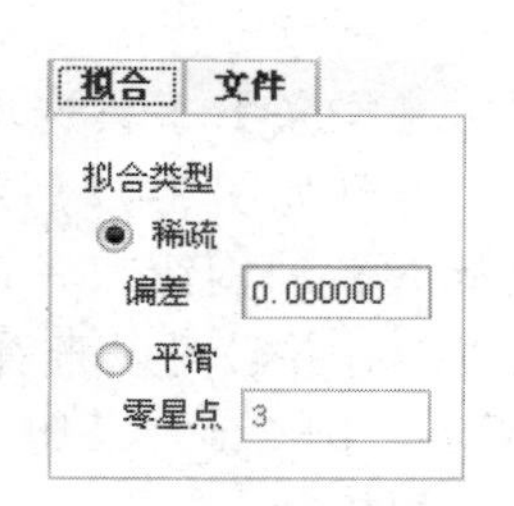

图 3-41 【拟合】面板

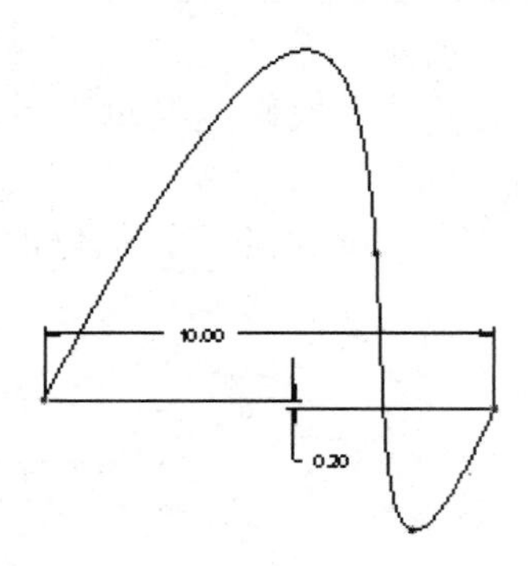

图 3-42　稀疏拟合后的样条曲线

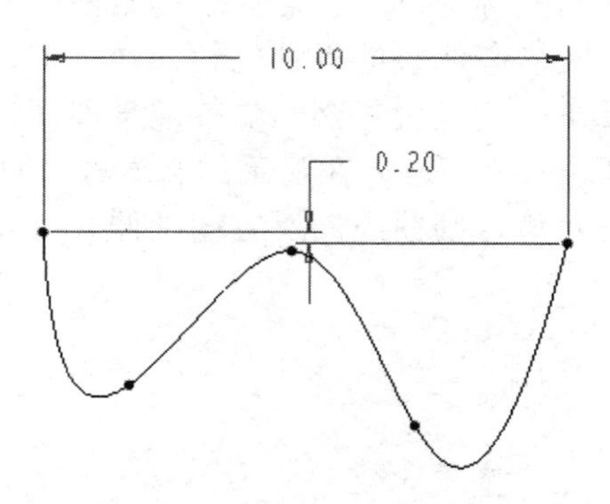

图 3-43　平滑拟合后的样条曲线

图 3-44 【文件】面板

（3）单击【文件】标签，系统弹出如图 3-44 所示的【文件】面板。它的功能是将当前的样条曲线以文件形式保存，这里需要定义一个参考坐标，选定一个参考坐标后，才可以激活上方的 3 个功能按钮。

以下是该面板中各按钮的功能。

【从文件读取点坐标】按钮：打开已经存在的样条曲线。

【将点坐标保存到文件】按钮：保存当前的样条曲线（文件名后缀为.pts）

【显示样条的坐标信息】按钮：弹出信息窗口，并显示样条曲线的详细信息。如图 3-45 所示为样条曲线信息。

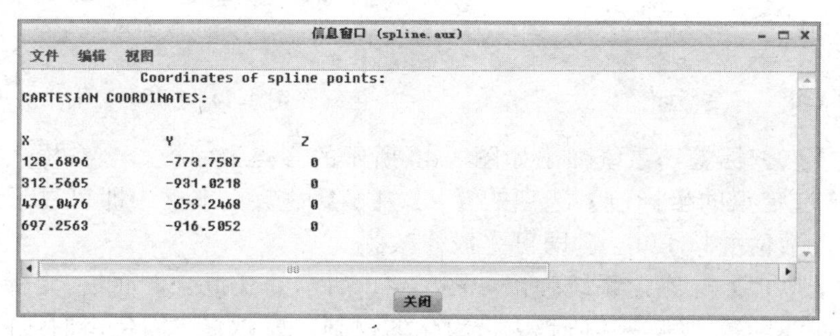

图 3-45　样条曲线的【信息窗口】

（4）单击【样条】工具选项卡中的【切换到控制多边形模式】按钮，可以创建与样条曲线相切的多边形，仍可对控制点进行拖动编辑，如图 3-46 所示。

（5）单击【样条】工具选项卡中的【曲率分析工具】按钮，打开如图 3-47 所示的样条曲线曲率定义框。拖动鼠标并转动旋钮或者直接改变相应数值可调整比例和密度值，并且可以查看修改曲线的曲率效果，如图 3-48 所示。按 Ctrl+Alt 键，并在绘图区单击鼠标可以增加曲线的控制点。

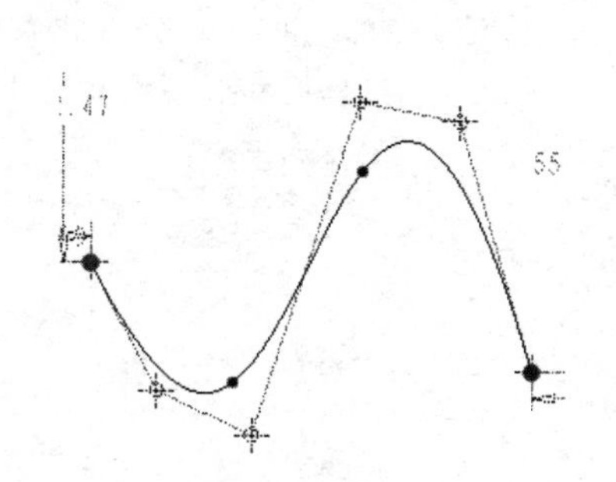

图 3-46　样条曲线的相切多边形

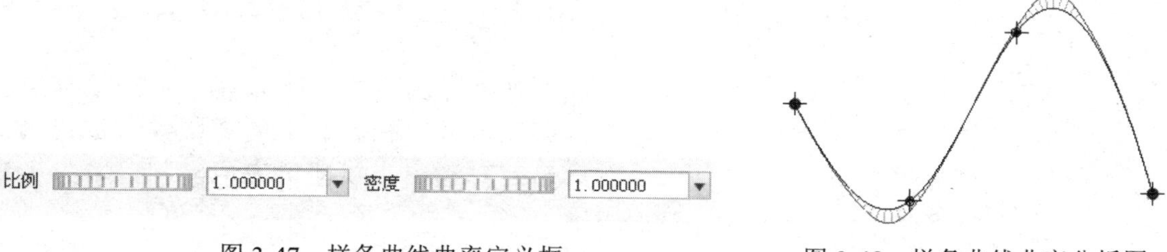

图 3-47　样条曲线曲率定义框

图 3-48　样条曲线曲率分析图

3.2.9　绘制文本

单击【草绘】工具选项卡【草绘】组中的【文本】按钮，打开【文本】对话框，如图 3-49 所示，在其中【文本】参数框中输入文本，设置【字体】、【对齐】和【选项】参数后，在绘图区单击，即可完成文本的绘制。

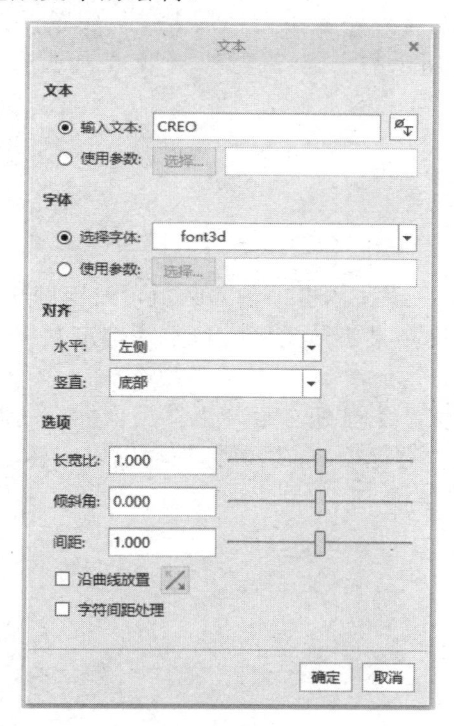

图 3-49　【文本】对话框

3.3　编辑草图

在编辑图元的过程中，对于一些比较对称的图元使用缩放、旋转与复制命令，可以更加方便快捷地完成绘制。

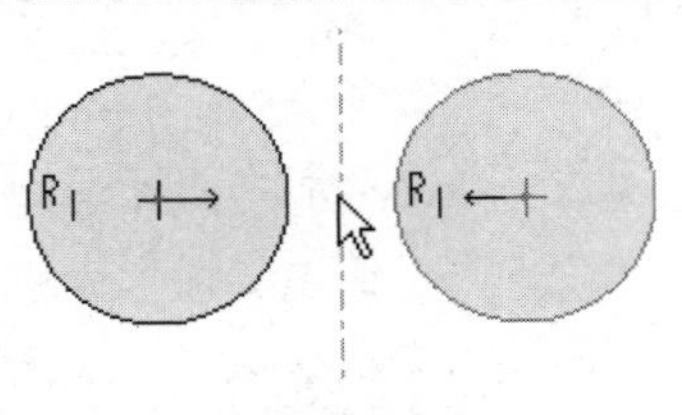

图 3-50　镜像复制图元

3.3.1　图元的镜像复制

选取要镜像复制的图元后，单击【草绘】工具选项卡【半径】组中的【镜像】按钮，然后选定对称中心线即可完成复制，如图 3-50 所示。

提　示

如果要对被复制的图元进行修改，那么修改后其对应的复制图元也会发生同样的变化。

3.3.2　图元的缩放旋转

选取要旋转的图元，单击【草绘】工具选项卡【编辑草图】组中的【旋转调整大小】按钮，系统弹出如图 3-51 所示的【旋转调整大小】工具选项卡。

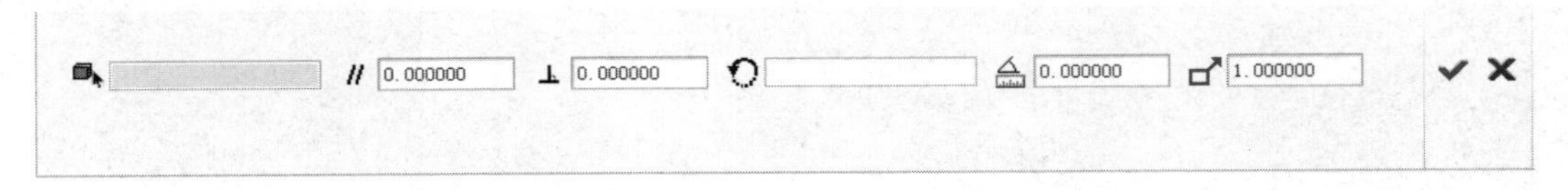

图 3-51　【旋转调整大小】工具选项卡

选取图元后，在【缩放因子】文本框中输入数值可设定旋转后图元的放大倍数，在【旋转角度】文本框中输入数值则定义旋转角度，单击【确定】按钮即可完成图元的缩放和旋转。

另外，单击【旋转调整大小】按钮后，直接用鼠标拖动旋转标记可以进行旋转，用鼠标拖动图中的缩放标记可以进行缩放，用鼠标拖动图中的移动标记则可改变图形的位置，如图 3-52 所示。

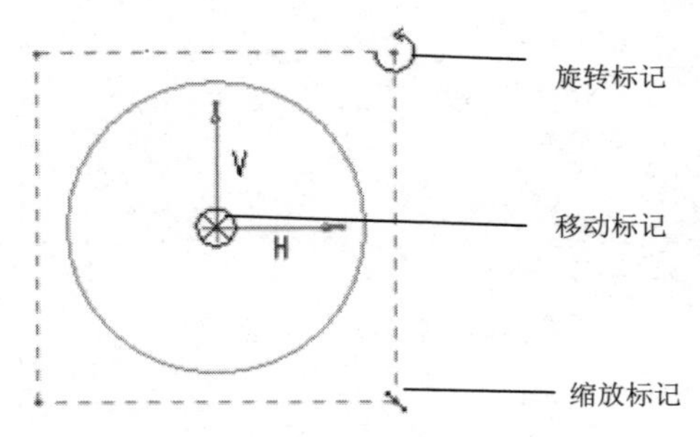

图 3-52　缩放、旋转、移动标记

3.3.3　修剪图元

草图的修剪功能不仅仅只是修剪，还有延伸及分割图元等功能，下面进行详细讲解。

（1）动态修剪

单击【草绘】工具选项卡【编辑】组中的【删除段】按钮，按住鼠标左键拖动需要修剪的图元，与拖动的轨迹相交的图元就是要修剪的图元，如图 3-53 所示。选择结束后释放鼠标左键即可完成修剪，如图 3-54 所示。

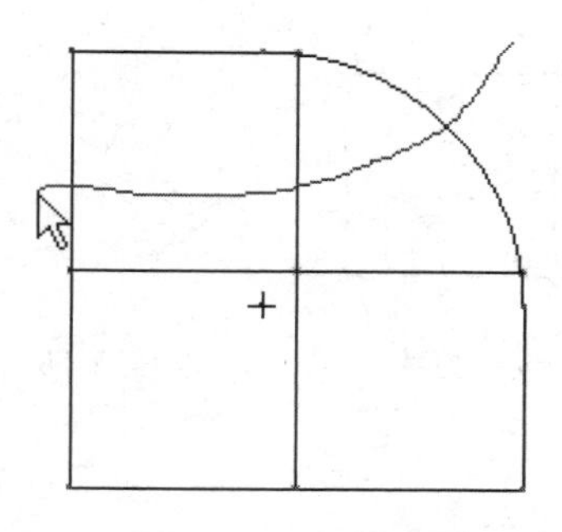

图 3-53　选择图元

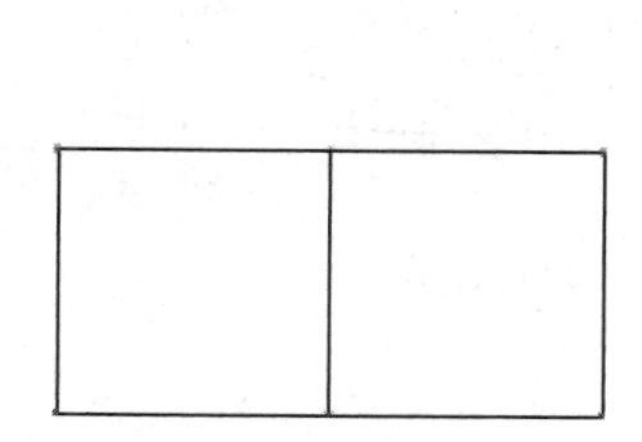

图 3-54　修剪后的草图

提　示

使用鼠标依次单击需要修剪的图元，也可以完成上述修剪操作。

（2）修剪与延伸

单击【草绘】工具选项卡【编辑】组中的【拐角】按钮，依次选择需要修剪的两个图元，如图 3-55 所示，单击鼠标中键即可结束修剪，如图 3-56 所示。

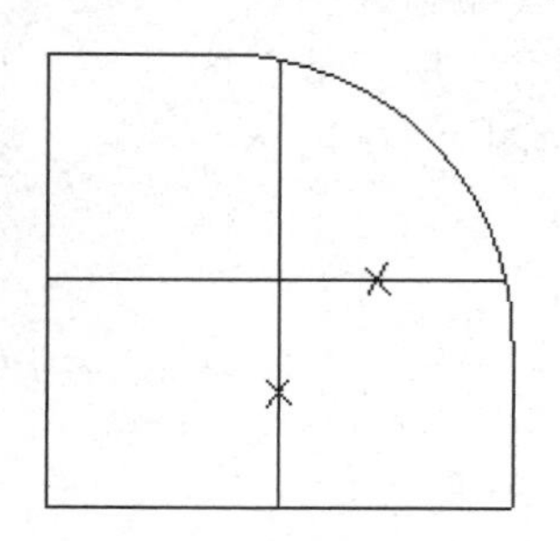

图 3-55　选择图元

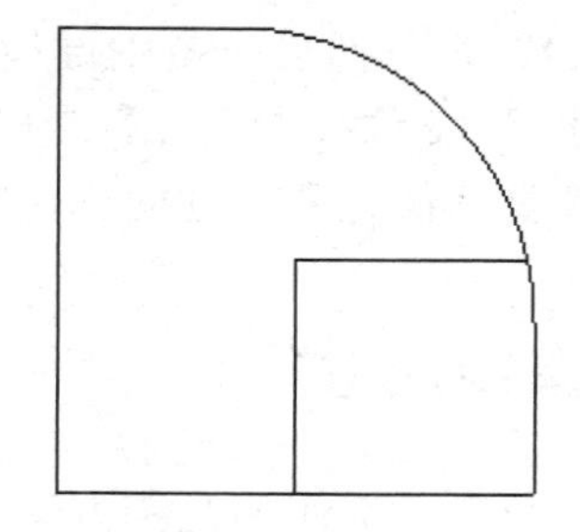

图 3-56　修剪后的草图

注意：

如果选择两条平行线则该操作无效。

比较这两种修剪结果，很容易看出它们的功能差别。动态修剪是剪切掉选择的图元；而这里的修剪功能是保留选择的部分图元，此外修剪还具有延伸功能，在下面的操作中可以加深理解修剪的延伸功能。

使用鼠标依次选择图 3-57 中所示的两条线段，会产生图 3-58 所示的延伸和修剪结果。

（3）设置断点

设置断点可以将一个图元分割成为两个图元。

单击【草绘】工具选项卡【编辑】组中的【分割】按钮，在要剪断的图元上设置断点位置并单击，则该图元分为两个图元，按鼠标中键结束设置断点，如图 3-59 所示。

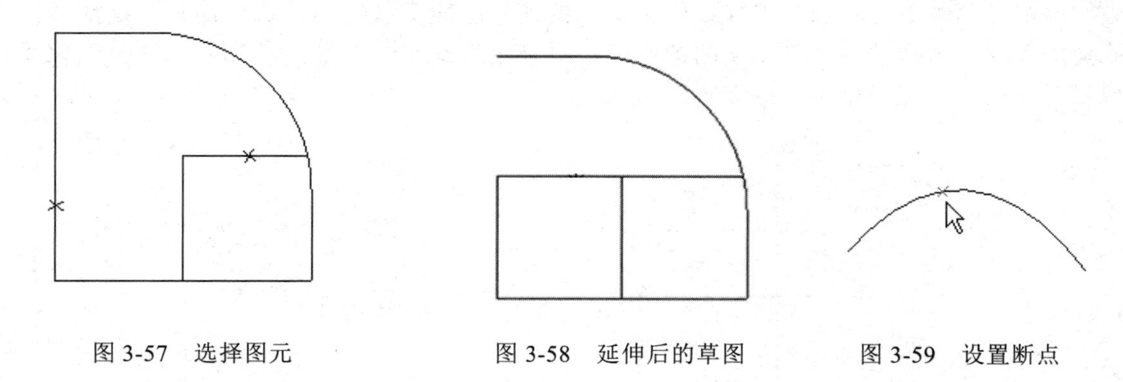

图 3-57 选择图元　　图 3-58 延伸后的草图　　图 3-59 设置断点

3.4 尺寸标注

尺寸是在草图外形完成后，将可以控制设计的尺寸指定为参数，此参数即可作为将来修改及控制设计的尺寸。

3.4.1 尺寸标注使用方法

选择尺寸命令后，单击鼠标左键选取几何元素（如圆、圆弧、直线、点、中心线等），然后单击中键指定参数（尺寸）所要放置的位置，即可完成尺寸标注，【尺寸】组中的按钮，如图 3-60 所示。下面详细介绍各类几何元素尺寸的标注方式。

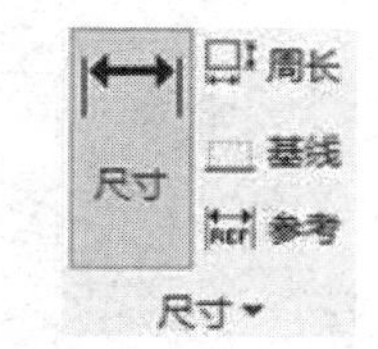

图 3-60 【尺寸】组

3.4.2 直线尺寸标注

下面介绍直线尺寸标注的几种方法。

（1）线段长度

单击【草绘】工具选项卡【尺寸】组中的【尺寸】按钮，再单击鼠标左键选取线段（或线段的两端点），然后单击鼠标中键指定尺寸参数的放置位置，如图 3-61 所示。

（2）线到点距离

单击【草绘】工具选项卡【尺寸】组中的【尺寸】按钮，再单击鼠标左键选取一线与一点，然后单击鼠标中键指定参数的放置位置，如图 3-62 所示。

（3）线到线距离

单击【草绘】工具选项卡【尺寸】组中的【尺寸】按钮，再单击鼠标左键选取两平行线，然后单击鼠标中键指定参数的放置位置，如图 3-63 所示。

（4）点到点距离

单击【草绘】工具选项卡【尺寸】组中的【尺寸】按钮，再单击鼠标左键选取两点，

然后单击鼠标中键指定参数放置的适当位置，即可产生两点距离的尺寸参数，如图 3-64 所示。

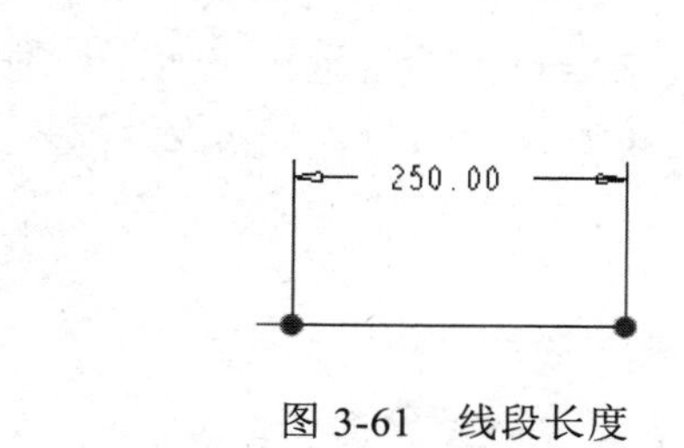

图 3-61　线段长度

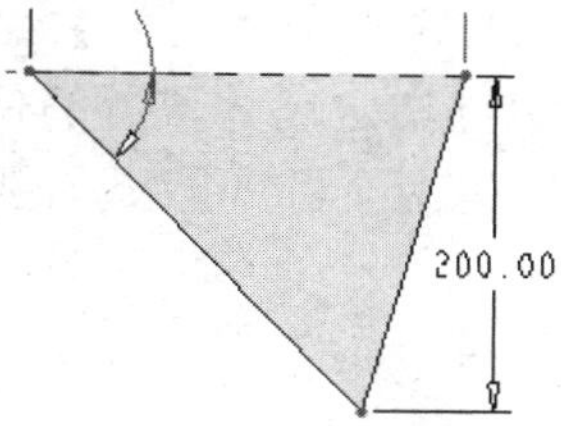

图 3-62　线到点的长度

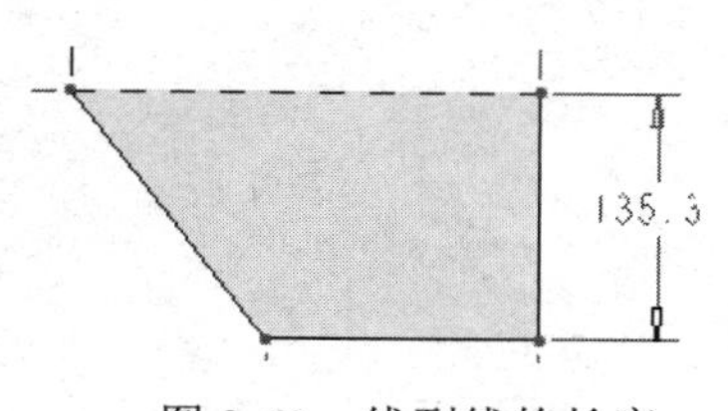

图 3-63　线到线的长度

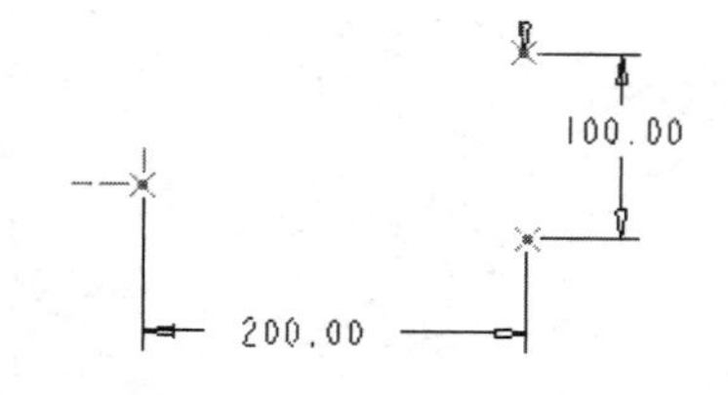

图 3-64　点到点的长度

3.4.3　圆或弧尺寸标注

下面介绍几种不同的圆或弧的尺寸标注方法。

（1）半径和直径标注

单击【草绘】工具选项卡【尺寸】组中的【尺寸】按钮，再单击鼠标左键选取圆或圆弧，然后单击鼠标中键指定尺寸参数的放置位置，即可标注出半径尺寸，如图 3-65 右图所示。

完成圆绘制后，单击【草绘】工具选项卡【尺寸】组中的【尺寸】按钮，用鼠标左键双击该圆，即可标出直径，如图 3-65 左图所示。

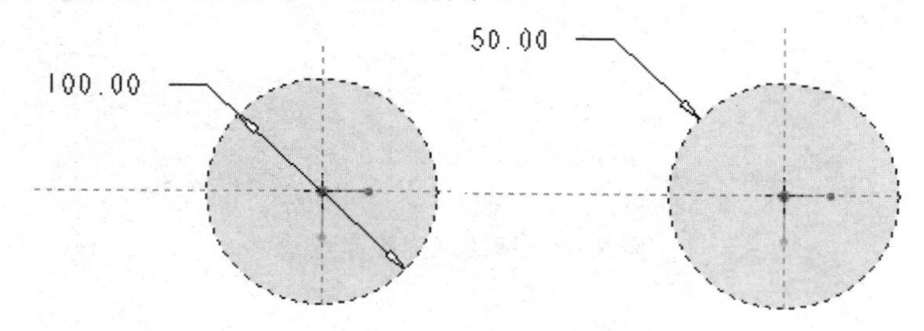

图 3-65　标注圆尺寸

（2）标注旋转草图的直径

单击【草绘】工具选项卡【尺寸】组中的【尺寸】按钮，用鼠标先单击旋转草图的圆柱边线，接着单击中心线，然后再单击旋转草图的圆柱边线，最后单击鼠标中键指定参数放置的位置，如图 3-66 所示。

（3）圆心到圆心标注

单击【草绘】工具选项卡【尺寸】组中的【尺寸】按钮，用鼠标选取两个圆或圆弧的圆心，然后单击中键指定尺寸放置的位置，系统会根据单击的位置定义水平、垂直及倾斜的尺寸标注，可产生两个圆或圆弧的圆心的距离尺寸参数，如图 3-67 所示。

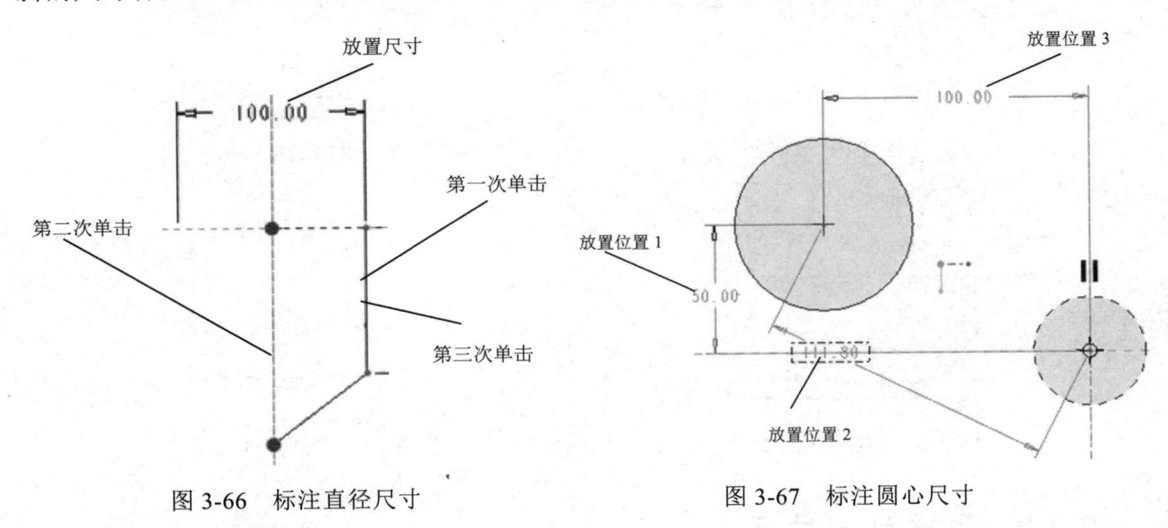

图 3-66　标注直径尺寸　　　　图 3-67　标注圆心尺寸

（4）圆周到圆周标注

单击【草绘】工具选项卡【尺寸】组中的【尺寸】按钮，用鼠标单击两个圆或圆弧的圆周，然后单击鼠标中键指定尺寸放置的位置，不同的选择位置会产生不同的尺寸标注，如图 3-68 所示。

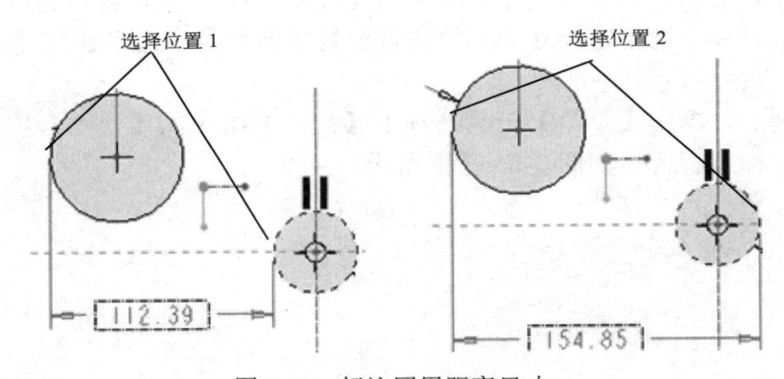

图 3-68　标注圆周距离尺寸

3.4.4　角度标注

下面介绍两种角度标注的方法。

（1）两线段夹角标注

单击【草绘】工具选项卡【尺寸】组中的【尺寸】按钮，用鼠标左键选取两线段，然后用鼠标中键指定尺寸参数的放置位置，即可标注出其角度，如图 3-69 所示。

（2）圆弧角度标注

单击【草绘】工具选项卡【尺寸】组中的【尺寸】按钮，用鼠标左键选取圆弧两端点，再选取圆弧上任意一点，然后用鼠标中键指定尺寸参数的放置位置，即可标注出其角度，如图3-70所示。

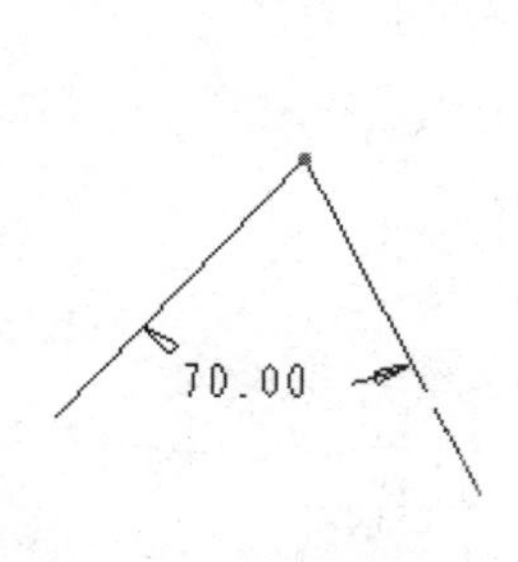

图3-69　两线段夹角

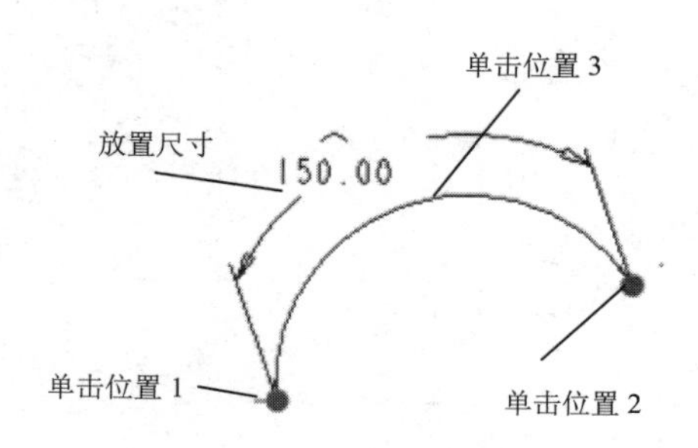

图3-70　弧角度

3.4.5　修改约束条件

约束条件是指一系列的尺寸组合，它可以唯一地确定草图的形状特征。例如一个三角形的约束条件可以是两个角和一条边，或者是两条边和一个角，还可以是三条边。

在【草绘】工具选项卡【约束】组选择需要的按钮对草图进行约束。

组中各按钮的功能如下。

【竖直】按钮+：使一条直线保持竖直状态，在图上标记为V；也可以使两个点保持竖直状态，在图上标记为¦。

【水平】按钮+：使一条直线保持水平状态，在图上标记为H；也可以使两个点保持水平状态，在图上标记为--。

【垂直】按钮⊥：使两条直线保持垂直状态，在图上标记为⊥。

【相切】按钮：使两个图元保持相切状态，在图上标记为T。

【中点】：使一个点保持为一条直线的中点状态，在图上标记为M。

【重合】按钮：使两个点保持同一位置状态，在图上标记为○；也可以使两条线段保持共线状态，在图上标记为═。

【对称】按钮：使一条线段或两个点保持关于中心线对称状态，在图上标记为→←。

【相等】按钮═：使两条直线保持长度相等状态，在图上标记为L；也可以使两个圆或圆弧的曲率或半径保持相等状态，在图上标记为R。

【平行】按钮//：使两条直线保持平行状态，在图上标记为//。

注意：

当设定好约束条件后，系统将时刻都保持着该约束条件对应的几何关系。

根据设计需要，有时需要删除已经创建的约束条件，下面介绍约束条件的删除方法。

选择要删除的约束标记，选择【草绘】工具选项卡【操作】组中的【删除】命令，如图3-71所示。

如果一个草图的约束条件和强化尺寸的个数，多于能确定这个草图形状的最少尺寸个数时，将会产生约束冲突，系统会打开如图 3-72 所示的【解决草绘】对话框，只要按照提示进行操作即可。

图 3-71　删除约束条件

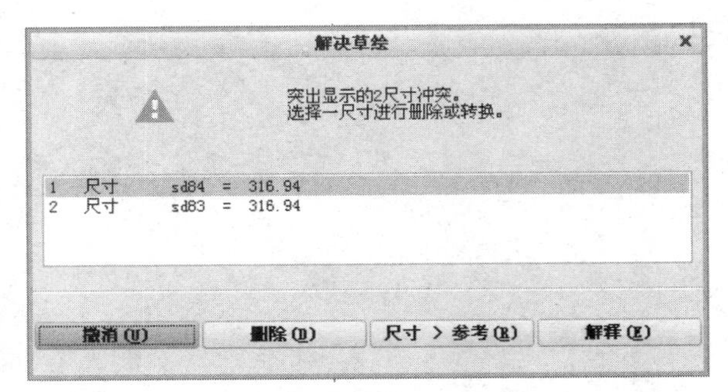

图 3-72　【解决草绘】对话框

3.5　设计范例

扫码看视频

3.5.1　绘制轴座草图

本范例完成文件：范例文件/第 3 章/3-1.prt

多媒体教学路径：多媒体教学→第 3 章→3.5.1 范例

范例分析

本范例是绘制一个轴座零件的草图，首先选择草绘面，然后使用草图绘制工具进行图形绘制，最后进行尺寸标注。

范例操作

Step1 选择草绘面

①新建一个文件，然后单击【模型】选项卡【基准】组的【草绘】按钮，打开【草绘】对话框，选择草绘面，如图 3-73 所示。

②单击【草绘】对话框中的【草绘】按钮。

Step2 绘制圆形

①单击【草绘】工具选项卡【草绘】组中的【圆心和点】按钮，如图 3-74 所示。

②绘制直径为 100 的圆形。

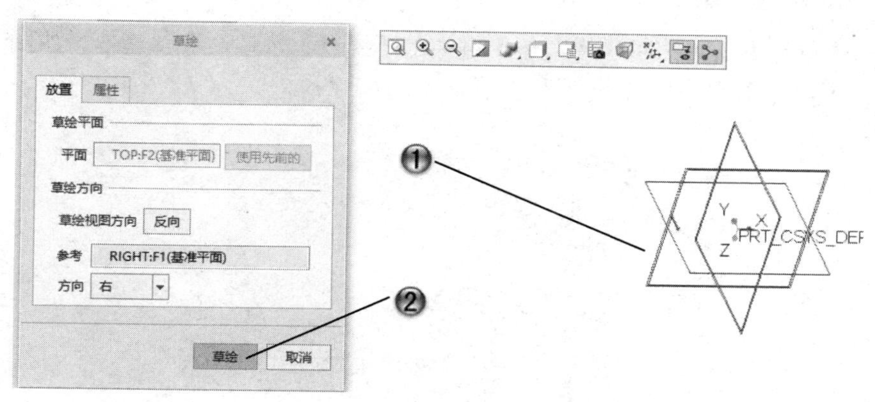

图 3-73 选择草绘面

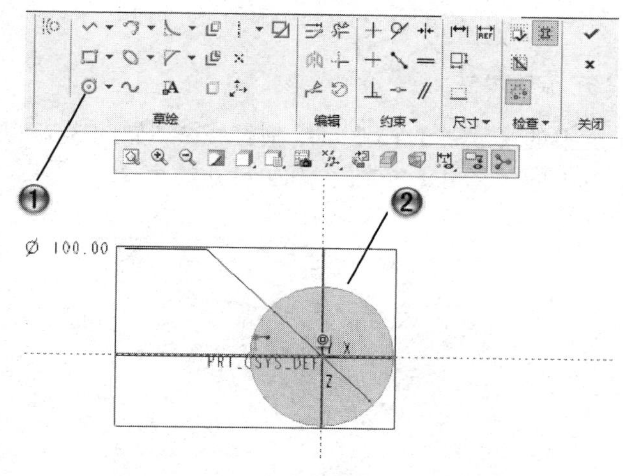

图 3-74 绘制圆形

Step3 绘制两个同心圆

①以前面绘制的圆的圆心为圆心，绘制直径为 50 的同心圆形，如图 3-75 所示。
②绘制直径为 30 的同心圆形。

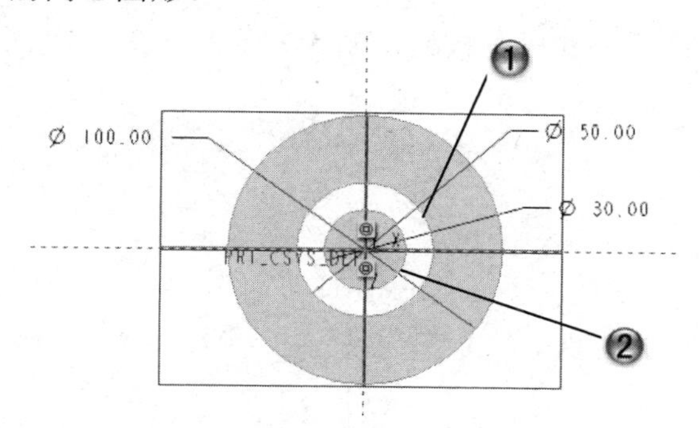

图 3-75 绘制两个同心圆

Step4 绘制直线并设置尺寸约束

①单击【草绘】工具选项卡【草绘】组中的【线链】按钮，绘制直线，如图 3-76 所示。
②单击【尺寸】组中的【尺寸】按钮，添加尺寸约束。

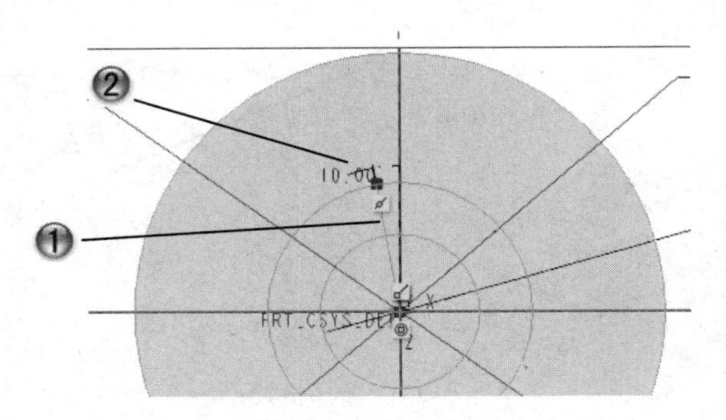

图 3-76　绘制直线并添加尺寸约束

Step5 绘制直线 2 并添加尺寸

①单击【草绘】组中的【线链】按钮，绘制直线 2，如图 3-77 所示。
②单击【尺寸】组中的【尺寸】按钮，添加尺寸约束 2。

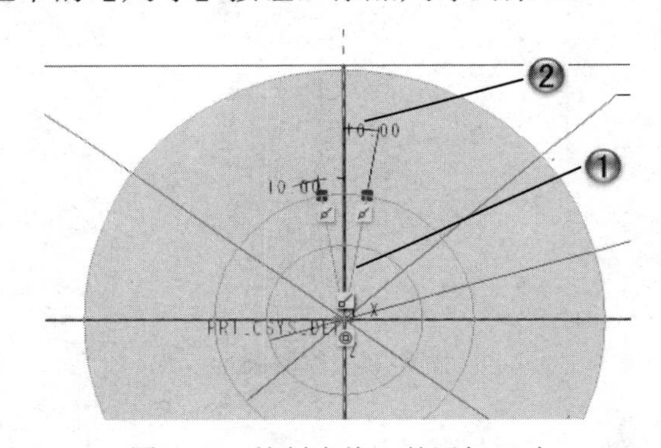

图 3-77　绘制直线 2 并添加尺寸

Step6 删除线条

单击【编辑】组中的【删除段】按钮，删除线条，如图 3-78 所示。

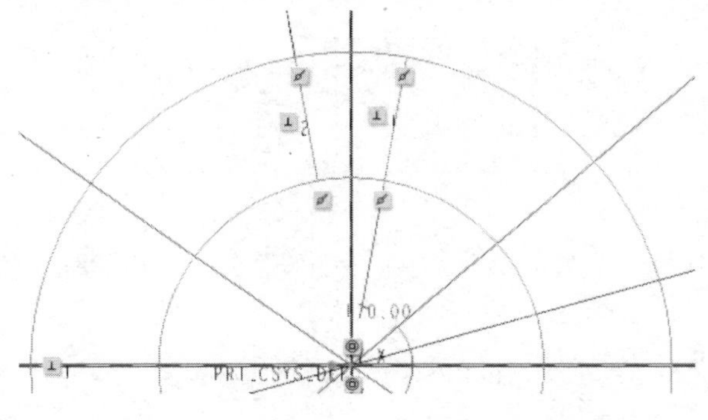

图 3-78　删除线条

Step7 镜像草绘

①单击【草绘】组中的【中心线】按钮，绘制中心线，如图 3-79 所示。
②单击【编辑】组中的【镜像】按钮，以中心线为轴线，将线段进行镜像。

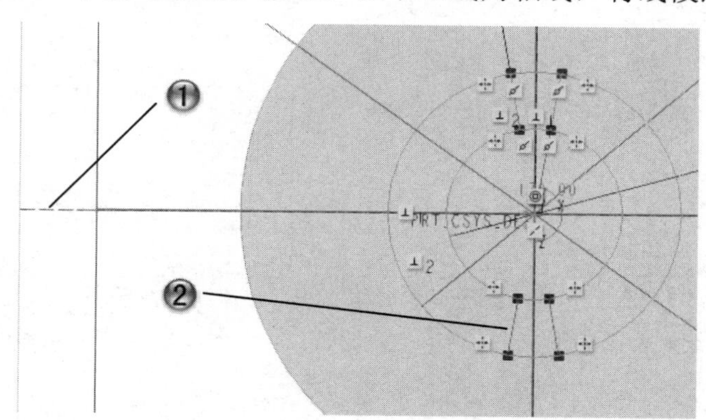

图 3-79　镜像草绘

Step8 再次删除线条

单击【编辑】组中的【删除段】按钮，再次删除两条线中的线条，如图 3-80 所示。

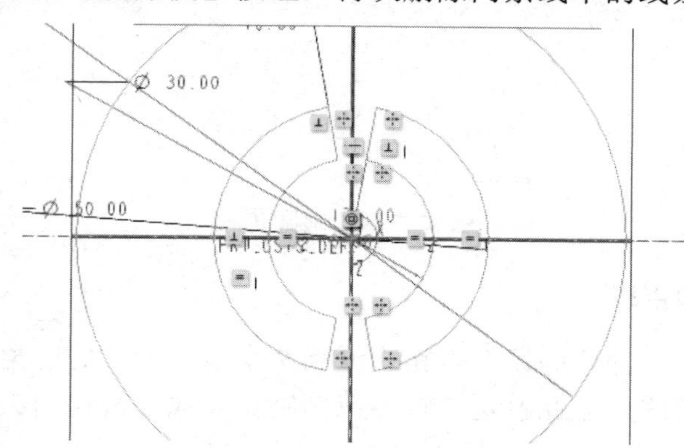

图 3-80　再次删除线条

Step9 绘制两个矩形

①单击【草绘】组中的【拐角矩形】按钮，绘制第 1 个拐角矩形，如图 3-81 所示。
②再次绘制第 2 个矩形。

Step10 添加矩形的尺寸

单击【尺寸】组中的【尺寸】按钮，添加矩形的尺寸，如图 3-82 所示。

Step11 绘制圆角

①单击【草绘】组中的【圆角】按钮，绘制两个半径为 5 的圆角，如图 3-83 所示。

② 再绘制两个半径为 8 的圆角。

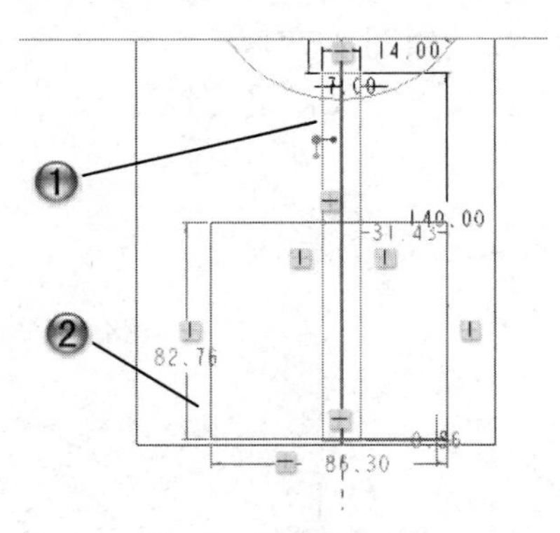

图 3-81 绘制两个矩形

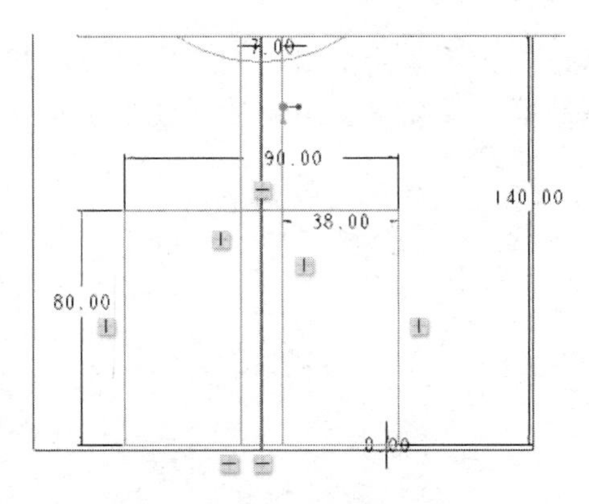

图 3-82 添加矩形的尺寸

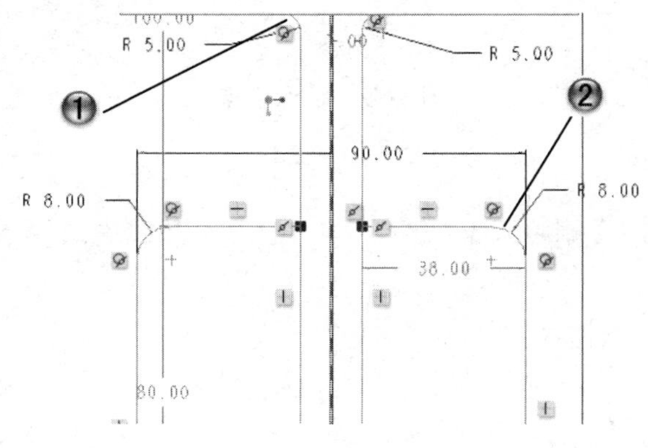

图 3-83 绘制圆角

Step12 绘制圆角和直线

① 单击【草绘】组中的【圆角】按钮，绘制两个半径为 5 的圆角，如图 3-84 所示。
② 绘制一条竖直直线。至此，这个草图范例制作完成，最终结果如图 3-85 所示。

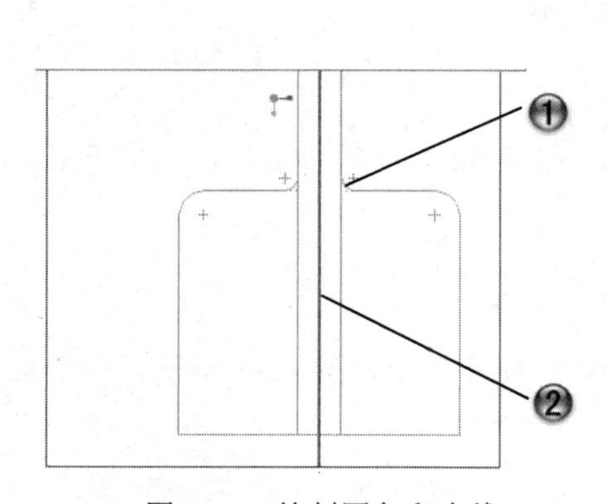

图 3-84 绘制圆角和直线

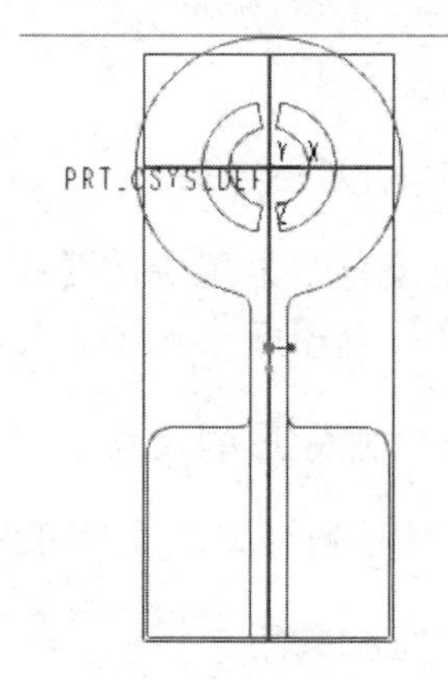

图 3-85 轴座零件草图结果

3.5.2　绘制文字板草图

本范例完成文件：范例文件/第 3 章/3-2.prt

多媒体教学路径：多媒体教学→第 3 章→3.5.2 范例

扫码看视频

范例分析

本范例是绘制一个文字板草图，首先选择草绘面，然后绘制草图形状并在上面绘制出文本，最后进行尺寸标注。

范例操作

Step1 选择草绘面

①新建一个文件，然后单击【模型】选项卡【基准】组的【草绘】按钮，打开【草绘】对话框，选择 TOP 基准面作为草绘面，如图 3-86 所示。

②单击【草绘】对话框中的【草绘】按钮。

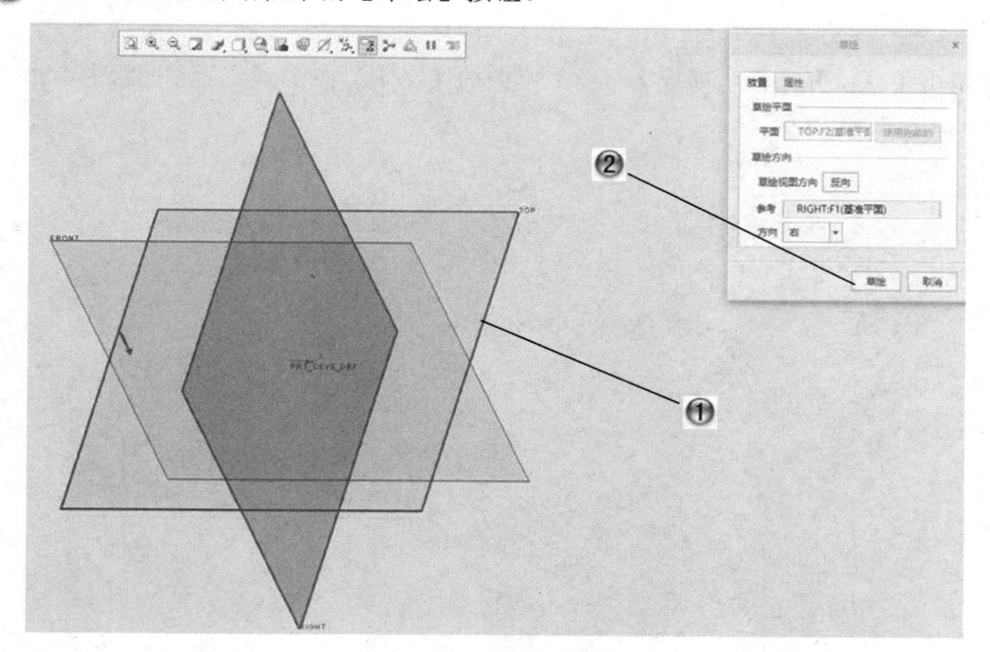

图 3-86　选择草绘面

Step2 绘制草图形状

①单击【草绘】工具选项卡【草绘】组中的【中心线】按钮，绘制中心线，如图 3-87

所示。

②单击【草绘】组中的【线链】按钮，在中心线的左侧绘制两条线段。

③单击【编辑】组中的【镜像】按钮，以中心线为轴线，将两条线段镜像。

④单击【草绘】组中的【弧】的【3 点 / 相切端】按钮，先选择左边线段的上端点，再选择右边线段的上端点，将鼠标移动到中心线上，出现相切符号时单击鼠标，绘制出弧线。

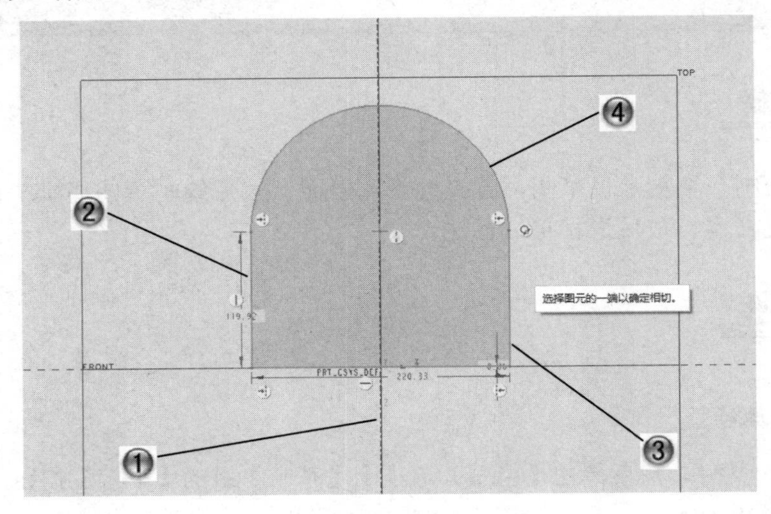

图 3-87 绘制草图形状

Step3 绘制文本

①单击【草绘】工具选项卡【草绘】组中的【文本】按钮，在草图形状中单击确定文本位置，如图 3-88 所示。

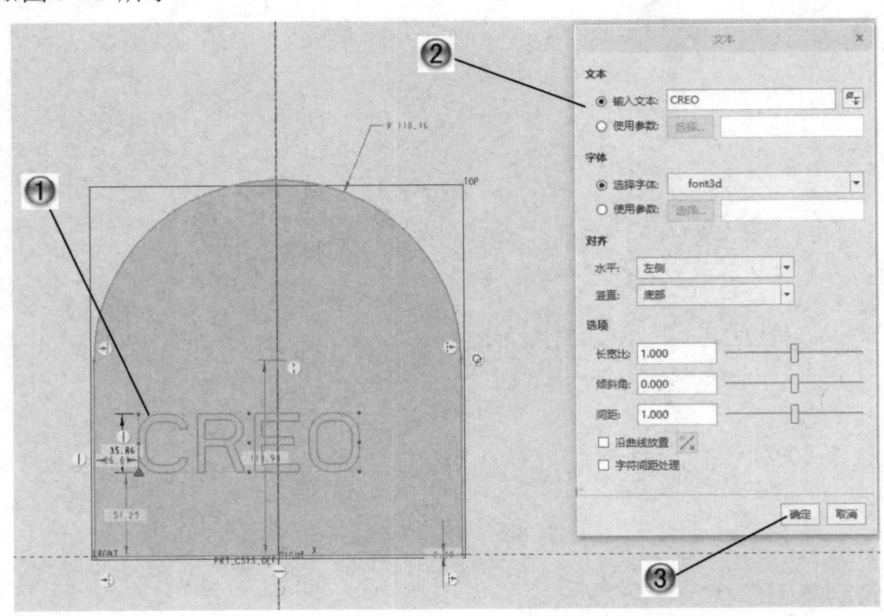

图 3-88 绘制文本

②此时打开【文本】对话框，在其中输入文本并设置文本的参数。

③单击【文本】对话框中的【确定】按钮，得到文本图形，如图 3-89 所示。

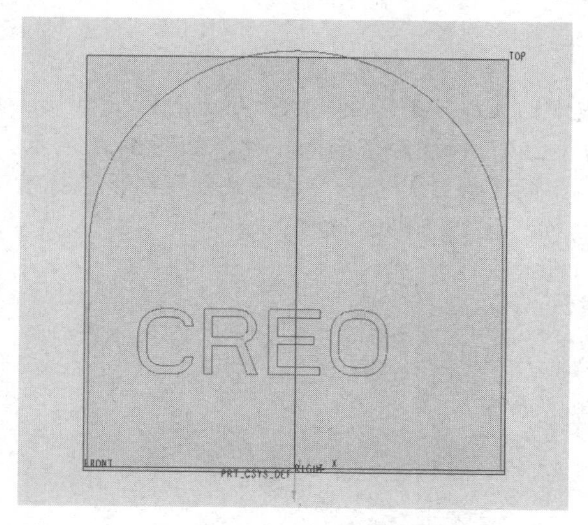

图 3-89　文本图形结果

Step4 标注竖向尺寸

①单击【草绘】工具选项卡【尺寸】组中的【尺寸】按钮，选择底部一条直线，再选择圆弧，在图形左边位置按下鼠标中键，输入标注数值 270，标注出草图高度，如图 3-90 所示。

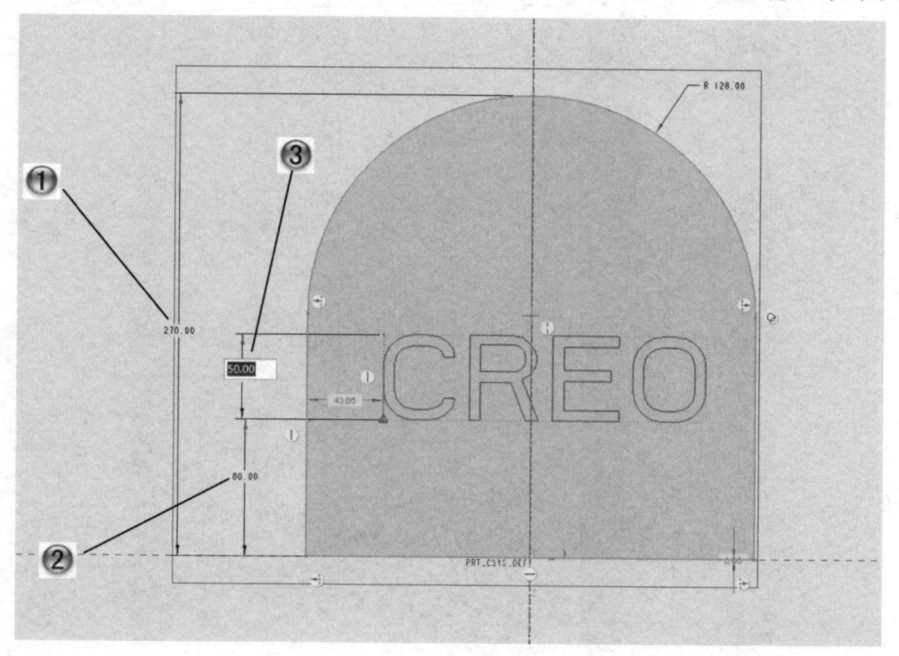

图 3-90　标注竖向尺寸

②单击【尺寸】组中的【尺寸】按钮，选择底部一条直线，再选择文字的左下端点，在图形左边位置单击鼠标中键，输入标注数值 80，标注文字的垂直方向尺寸。

③再单击【尺寸】按钮，选择文字的左下端点后再选择文字的左上端点，单击鼠标中键，输入 50，标注文字的高度。

Step5 标注横向尺寸

①单击【尺寸】组中的【尺寸】按钮，选择左边的直线和中心线，再次选择左边的直线，单击鼠标中键，输入 260，标注底部横向尺寸，如图 3-91 所示。

②单击【约束】组中的【重合】命令，选择底部直线再选择参考水平的虚线，消除 0 的尺寸。至此范例制作完成，结果如图 3-92 所示。

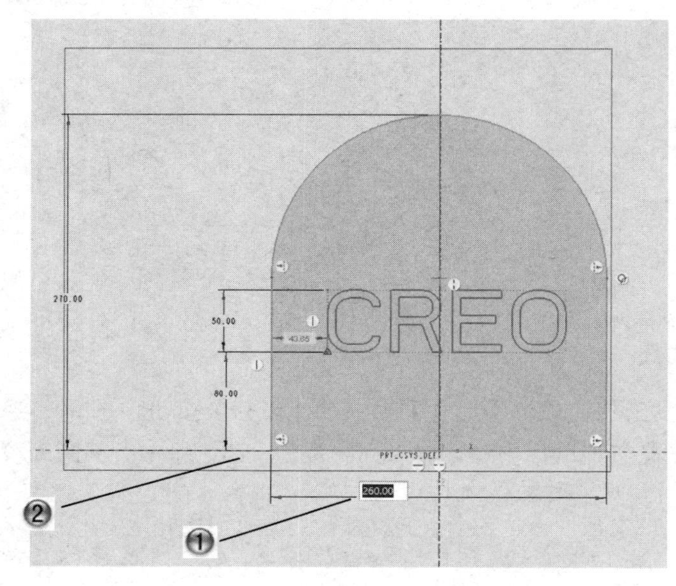

图 3-91　标注横向尺寸

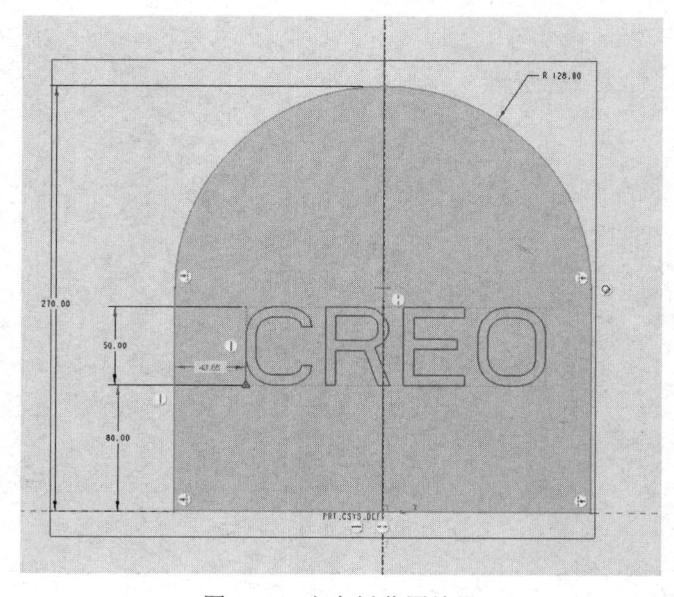

图 3-92　文字板草图结果

3.6　本章小结

通过本章的学习，读者已经对 Creo Parametric 8.0 的草绘环境等内容有了一定的认识，对各种草绘工具的功能和使用方法有一定的了解，而且通过草绘案例掌握了一些基本技能。但是这些还远远不够，希望读者能够进行大量练习，这样才能将草绘技巧融会贯通，从而为后面实体特征的学习打下基础。

第4章

三维设计基础

本 章 导 读

Creo Parametric 8.0 是基于特征的实体造型软件。实体特征是具有工程含义的实体单元，包括拉伸、旋转、扫描、混合、倒角、圆角、孔、壳、筋等，这些特征在机械工程设计中几乎都有对应的对象，因此采用特征设计具有直观、工程性强的特点。同时，特征技术也是 Creo Parametric 操作的基础。

本章将详细介绍实体特征设计方法，通过本章的学习，读者可以掌握在 Creo Parametric 中利用特征进行零件模型建模的方法和步骤。

4.1 零件设计思路和方法

首先对零件设计的概念和思路进行介绍。

4.1.1 概述

Creo Parametric 是基于特征的实体造型软件。所谓特征就是可以用参数驱动的实体模型。“基于特征”的含义为：零件模型的构建是由各种特征生成的，零件模型的设计就是特征的累计过程。

Creo Parametric 中所应用的特征可以分为 3 类。

（1）基准特征：起辅助作用，为基本特征的创建和编辑提供操作的参考。基准特征没有物理容积，也不对几何元素产生影响。基准特征包括基准平面、基准轴、基准曲线、基准坐标系、基准点等。

（2）基本特征：也可以称作草绘特征，用于构建基本空间实体。基本特征通常要求先草绘出特征的一个或多个截面，然后根据某种形式生成基本特征。基本特征包括拉伸特征、旋转特征、扫描特征、混合特征和薄板特征等。本章主要介绍基本特征的构建方法和操作步骤。

（3）工程特征：也可以称作拖放特征，用于针对基本特征的局部进行细化操作。工程特征是系统提供或自定义的一类模板特征，其几何形状是确定的，构建时只需要提供工程特征的放置位置和尺寸即可。工程特征包括倒角特征、圆角特征、孔特征、拔模特征、壳特征、筋特征等。

零件实体设计即基本特征的创建，相对来说比较简单易懂，但由于涉及后续各种特征的创建和修改，以及由此引发的父子特征依赖性等问题，因此在零件实体设计之初，就应当从全局入手，认真考虑，合理安排特征的建立顺序，以及每个特征的草绘截面直至截面的参考对象、参考方式、尺寸标注等。因为如果要设计一个比较复杂的零件的话，这些基本特征就是所有复杂特征的基础，正如地基之于大厦的重要性，不可不重视。虽然 Creo Parametric 提供了很多功能帮助用户快捷地更改顺序、修正截面、编辑参数，但是随着零件复杂程度的提高，这些功能的可用性与基础的好坏是紧密相关的，一个零件，无论是否高手都能做出来，但水平高低往往就体现在其中反映的设计理念、基础好坏、可修改性等方面。正因为如此，虽然从技术构建本身来说，零件实体设计比较简单，但在学习过程中要时刻考虑到将来的工程加工、模型修正、系列化效率、变形设计等问题，养成良好的设计习惯，注重基础、灵活应用，在掌握技术的同时更要形成自己的设计思想。

Creo Parametric 中零件设计的基本过程如图 4-1 所示。

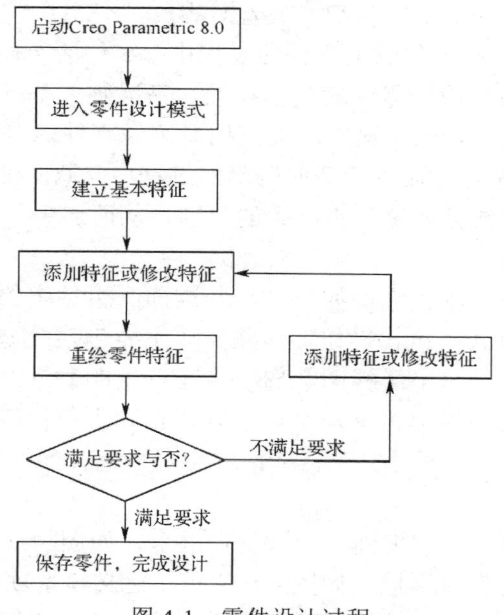

图 4-1　零件设计过程

4.1.2　创建特征的方法技巧

在 Creo Parametric 8.0 中建立实体特征，需要达到方便快捷的目的。下面介绍使用 Creo Parametric 8.0 进行实体建模时的方法技巧。

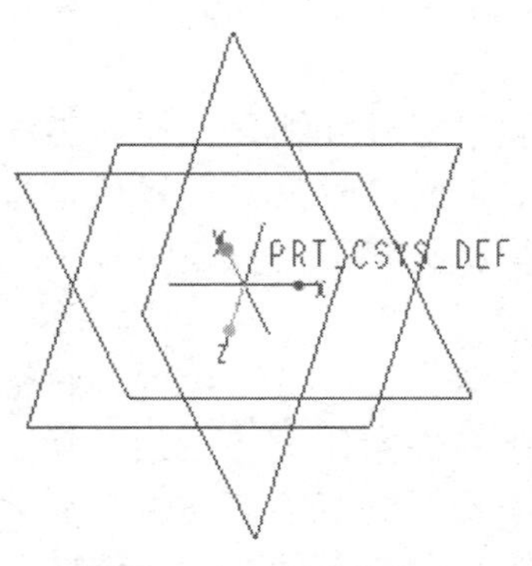

图 4-2 默认基准的建立

（1）建立基准平面、曲线、轴

在实体建模过程中，可以使用【模型】选项卡【基准】组中的命令，在还没有参考的零件上创建基准平面、基准轴、基准曲线；或者当没有合适的平面时，可以在创建的基准平面上草绘或放置特征，建立合适的实体特征。例如，在开始创建 3D 模型前，可以先创建默认的基准坐标系、基准平面，如图 4-2 所示为系统默认的基准。

初始基准创建完成后，其他特征就可以在这些基础上进行创建。创建最基本的基准特征，可以保证诸多实体零件的基础统一性，其作用可以归结如下。

① 有助于实体建模：以默认基准面作为截面的草绘平面、参考基准。以这种方式所建立的实体或曲面，由于是以默认基准面作为参考基准，减少了上下特征之间的父子关系，可以使 3D 几何模型建立或修改的成功率大大提高。

② 有助于模型视角的建立：对于每个实体零件，可以通过默认的基准平面，创建基本的视角，例如正视图、俯视图、右视图、左视图等，在实体建模的过程中，方便设计者进行零件的设计和修补。

③ 方便组件的装配：在零件的装配过程中，利用基准平面、基准轴、基准曲线进行零件的相互装配，可以避免零件特征修改后，产生的组件缺少配合特征的情况，减少组件的装配失败；也方便了零件间的基准匹配，或者对齐。

④ 基准布局的利用：在组件装配零件的过程中，零件的布局与组件的整体自动装配有着很大的关系。在创建布局中，零件的基准平面、基准轴、基准坐标系等默认基准可以作为全局声明，在组件中就可以使用这些全局声明，来做零件的自动装配。

⑤ 方便截面尺寸的标注：在草绘截面图形的过程中，截面形状可以尺寸约束到参考平面，避免了实体建模中草绘截面定位不准确的问题，从而避免了基准偏差和对齐问题。

（2）建立与使用层

层提供了一种组织模型项目（诸如特征、基准面、组件中的零件，甚至其他层）的手段，以便于那些项目可以共同执行操作。这些操作主要包括模型中项目的显示方式，诸如显示或屏蔽、选择和隐含。单击【视图】选项卡【可见性】组中的【层】按钮，在【层树】导航选项卡中用鼠标右键单击某一个层选项，在弹出的快捷菜单中选择【层属性】命令，如图 4-3 所示；打开【层属性】对话框，定义层所包含的零件项目特征，【层属性】对话框如图 4-4 所示。

在【层属性】对话框中，切换到【规则】选项卡，如图 4-5 所示，单击【编辑规则】按钮，打开【规则编辑器】对话框，如图 4-6 所示。定义模型项目的规则。

在【层属性】对话框中，切换到【注解】选项卡，给所创建的层定义注释，方便零部件文件的共享，如图 4-7 所示。

（3）视图管理器的使用

视图管理器也是一种组织模型项目的手段，主要针对零部件进行管理，以便于那些项目可以共同执行操作，方便零部件的特征创建以及分析。这些操作主要包括模型中项目的显示方式以及创建、编辑项目等。单击【视图】选项卡【模型显示】组中的【视图管理器】

按钮，打开【视图管理器】对话框，如图 4-8 所示。在【视图管理器】对话框的【简化表示】选项卡中，可以对视图进行定义，定义后的简化视图表示如图 4-9 所示。

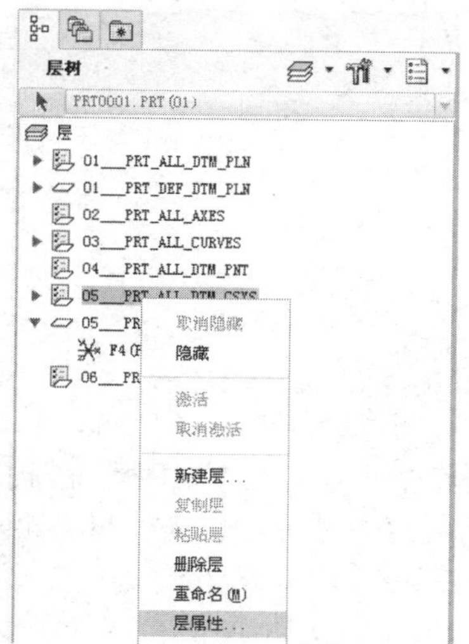

图 4-3　选择【层属性】命令

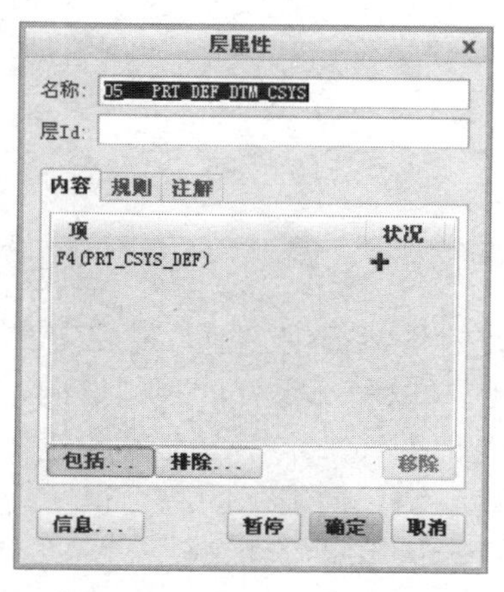

图 4-4　【层属性】对话框

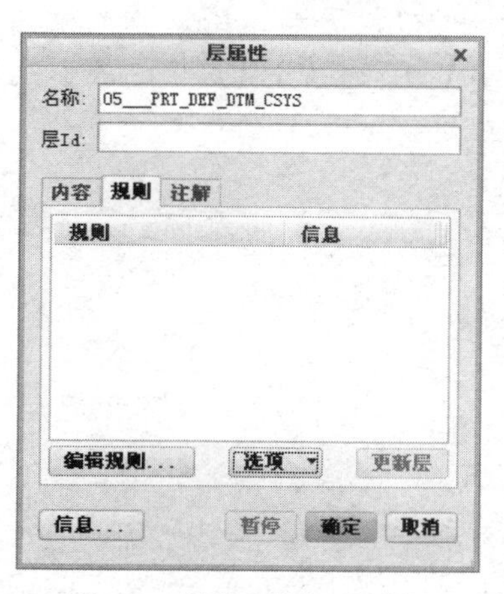

图 4-5　【层属性】对话框

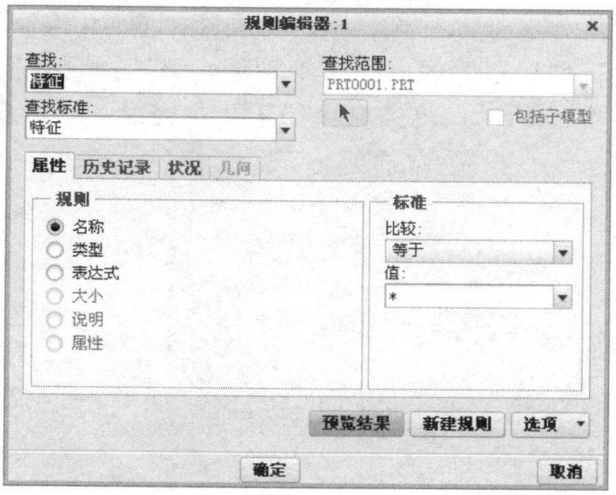

图 4-6　【规则编辑器】对话框

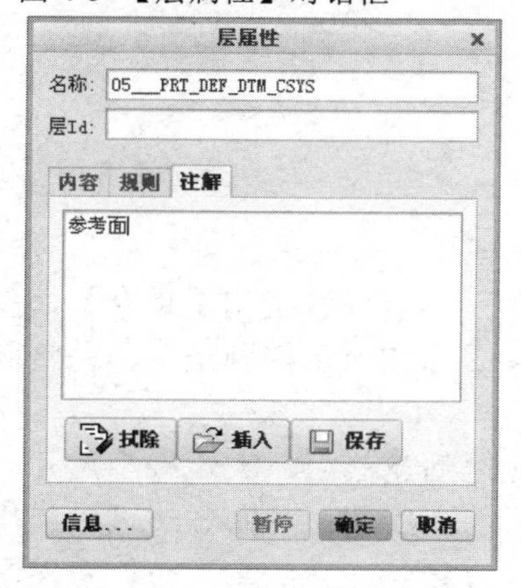

图 4-7　设置【注解】选项卡

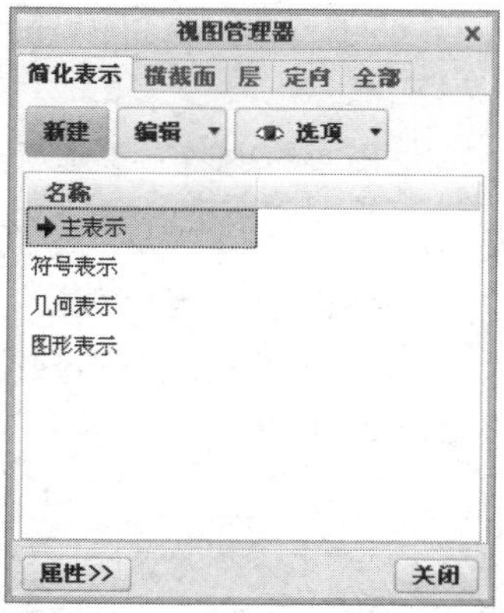

图 4-8　【视图管理器】对话框

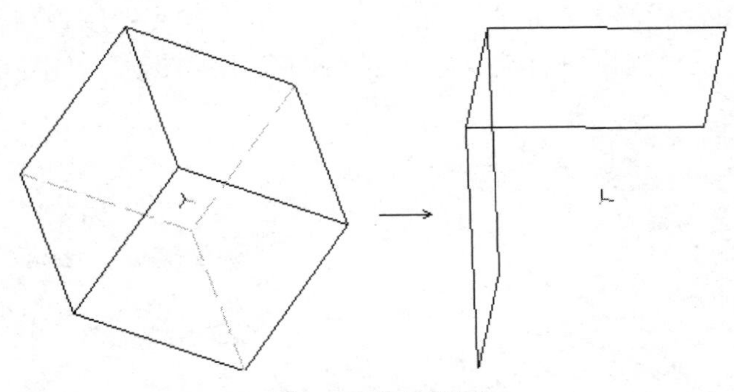

图 4-9　简化视图

一般在零件特征创建前，需要定义基本的六个视图方向（Front，Back，Top，Bottom，Right，Left），以利于零件的视图取向，方便零件特征的创建。在【视图管理器】对话框中，切换到【全部】选项卡，单击【新建】按钮创建新的视图名称，在【编辑】菜单中，可以定义简化表示和定向表示的综合视图，如图 4-10 所示。

（4）灵活运用草绘约束

草绘几何时，系统使用某些假设来帮助定位几何。有效地使用剖面绘制中的一些命令，如竖直、水平、垂直、相切、中点、重合、对称、相等、平行，灵活运用这些约束命令，将能在创建草绘截面中事半功倍。这些命令按钮在【草绘】工具选项卡的【约束】组中，如图 4-11 所示。这些命令在第 3 章已经介绍，这里不再赘述。

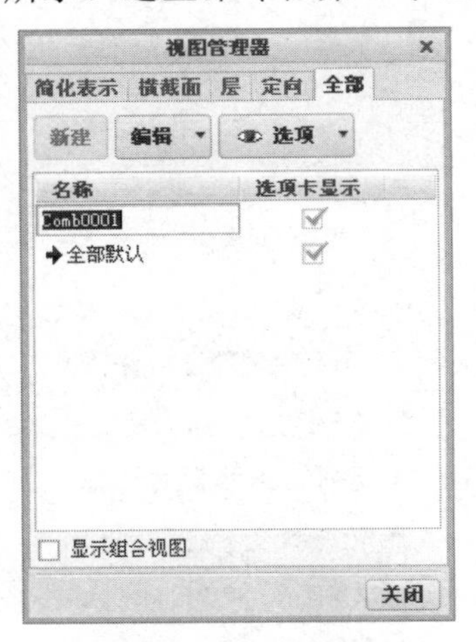

图 4-10　【全部】选项卡

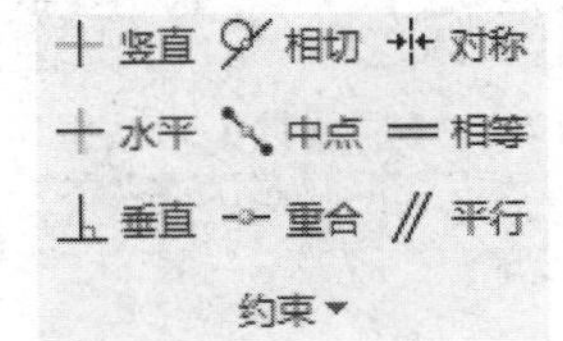

图 4-11　【约束】组

在 Creo Parametric 8.0 中进行草绘截面，尽量避免使用尺寸约束，尽量利用实体的边线、已经创建的基准曲线来定位截面。例如图 4-12 左图所示，若没有使用【重合】命令，则必须标注圆心的位置尺寸，否则圆心无法定位，而图 4-12 右图所示椭圆定位即是将圆心定位至两个基准平面交点。

使用对称、相等、平行约束命令，可以方便快捷地创建截面，大大减少尺寸约束的使用，有利于后续零件实体的修改。例如创建正六边形的草绘截面，六条边可以使用相等约束，定点的对称，中心点的对齐等约束方法。如图 4-13 所示正六边形定位，左图是没有经过图元定位的截面，需要增加多个尺寸约束，才能准确规定截面的形状，而右图是经过图元定位的，形状定位准确，修改方便。

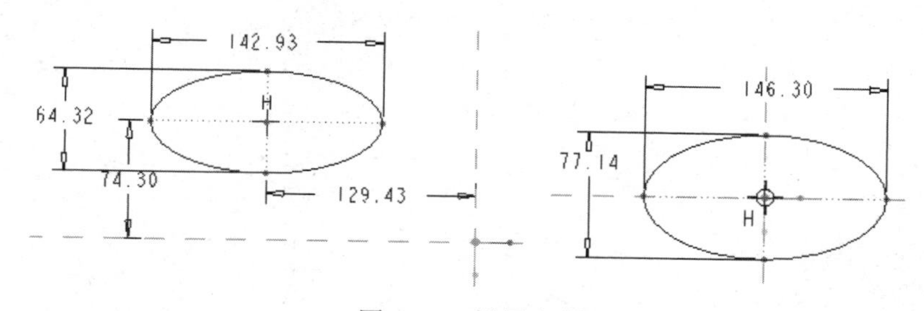

图 4-12　椭圆定位

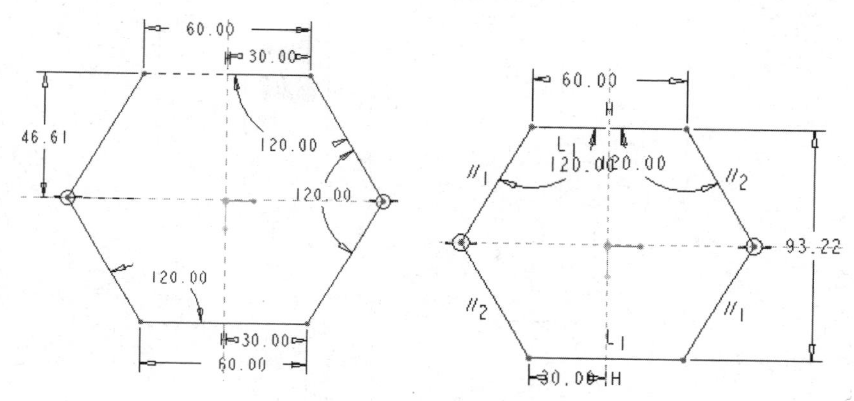

图 4-13　正六边形定位

还可以利用已经创建的实体边线，创建约束。如图 4-14 所示，利用实体边线对草绘图形进行约束。

在创建草绘截面时，需要灵活运用图元约束，配合尺寸约束创建等价的零件实体，才能运用好系统在参数化建模思想。

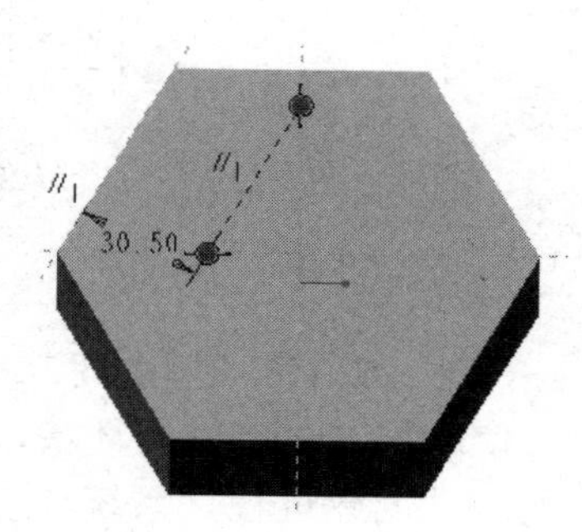

图 4-14　使用实体边线约束

（5）巧用关系与参数

关系（也被称为参数关系）是用户自定义的符号尺寸和参数之间的等式或者不等式。系统允许用户通过关系、参数化关系捕获特征之间、参数之间或组件之间的设计关系，来控制修改模型。

关系是捕获设计知识和意图的一种方式。和参数一样，它们用于驱动模型，改变关系也就改变了模型。所以，关系可用于控制修改模型、定义零件和组件中的尺寸值、为设计条件担当约束（例如，指定与零件的边相关的孔的位置）。

它们用在设计过程中来描述模型或组件的不同部分之间的关系。关系可以是简单值或复杂的条件分支语句。

在建模的过程中，合理运用参数关系，对于模型的设计和修改有很大的帮助，也减少了建模失败的产生。

在零件设计过程中，经常有已经创建的特征应实际需要而做局部的调整，这时就要对实体零件进行尺寸上的改动，如图 4-15 参数化零件所示，没有加注设计关系的零件在改动中需要调整每个相应的尺寸；而加注了尺寸间的关系的模型，在改动关键尺寸后，所有相关的尺寸在关系的约束下，一起改动，保证了零件实体的准确修改。

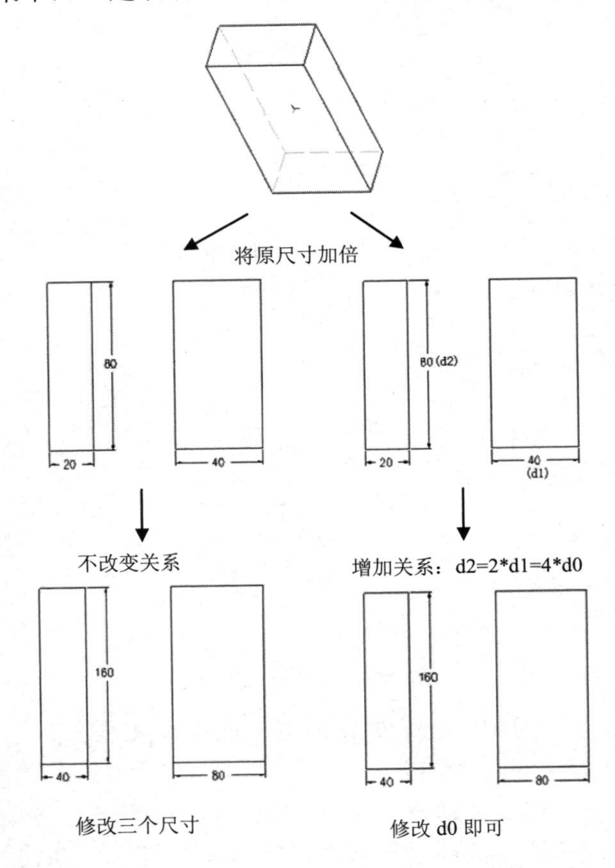

图 4-15　参数化零件修改

（6）　预设置环境的建立

使用预先设定好的环境，可以帮助我们顺利地在自己熟悉的环境中工作，减少零件实体的基础创建过程。系统环境可以通过系统配置文件进行编辑，通过定制屏幕，编辑自己熟悉的操作环境；默认作图环境，一般包括基础零件的基准平面、基准坐标系、六个视图方向和一个等轴测图，以及给出零件的属性特征。具体的预作图环境需要根据设计人员的技术特性进行设置。

4.2　拉伸特征

拉伸特征是将一个截面沿着与截面垂直的方向延伸，进而形成实体的造型方法。拉伸特征适合创建比较规则的实体。拉伸特征是最基本和常用的特征造型方法，而且操作比较简单，工程实践中的多数零件模型，都可以看作是多个拉伸特征相互叠加或切除的结果。

4.2.1　创建拉伸特征的步骤

创建拉伸特征的一般操作步骤如下。

（1）单击【模型】选项卡【形状】组中的【拉伸】按钮，打开【拉伸】工具选项卡。

（2）在【拉伸】工具选项卡中单击【实心】按钮，用于生成实体特征。

（3）单击【放置】标签，切换到【放置】面板，单击【断开】按钮，再单击【编辑】按钮，进入草绘状态。

（4）绘制拉伸特征的截面图形。

（5）单击【草绘】选项卡中的【确定】按钮，退出草绘状态。

（6）在【拉伸】工具选项卡中，设置计算拉伸长度的方式。

（7）在【拉伸】工具选项卡中，设置拉伸特征的拉伸长度。如果要相对于草绘平面来反转特征创建的方向，可单击选项卡中的按钮。

（8）在【拉伸】工具选项卡中，单击【特征预览】按钮进行预览，无误后单击【确定】按钮，完成拉伸特征的创建。

4.2.2　拉伸特征参数设置

单击【模型】选项卡【形状】组中的【拉伸】按钮，可以打开如图4-16所示的【拉伸】工具选项卡，使用拉伸方式建立实体特征。

下面首先对【拉伸】工具选项卡中的一些相关按钮、选项进行说明。

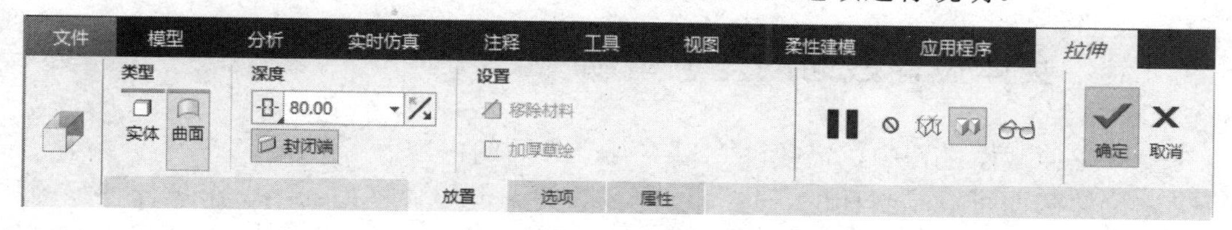

图4-16　【拉伸】工具选项卡

（1）【类型】参数

【实体】按钮：用于生成实体特征。

【曲面】按钮：用于生成曲面特征。

（2）【深度】参数

【拉伸方式】下拉列表：用于设置计算拉伸长度的方式。

数值框：用于输入拉伸的长度值。

【拉伸方向】按钮：用于选择拉伸方向。

（3）【设置】参数

【移除材料】按钮：用于选择去除材料。

【加厚草绘】按钮：用于选择生成薄壁特征。

（4）【暂停】、【无预览】、【分离】、【连接】、【特征预览】、【确定】、【取消】按钮

可以预览生成的拉伸特征，进而完成或取消拉伸特征的建立。

（5）【放置】面板

打开【拉伸】工具选项卡【放置】面板，如图 4-17 所示，此时可以选择已有曲线作为拉伸特征的截面，也可以断开特征与草图之间的联系。

（6）【选项】面板

【拉伸】工具选项卡中【选项】面板的内容，如图 4-18 所示，在其中可以设置计算拉伸长度的方式和拉伸长度。

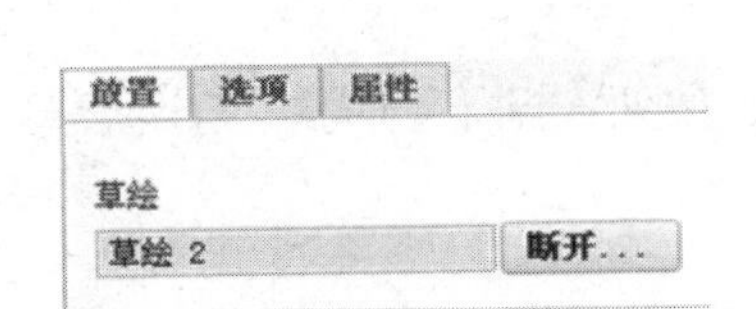

图 4-17 【放置】面板

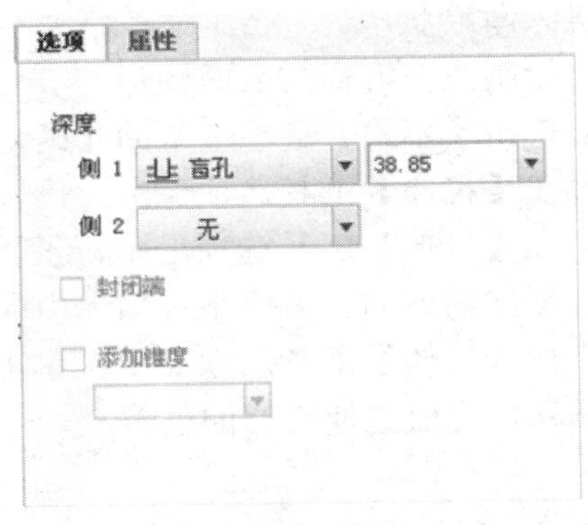

图 4-18 【选项】面板

（7）【属性】面板

【拉伸】工具选项卡中的【属性】面板用于显示或更改当前拉伸特征的名称，单击【显示此特征的信息】按钮，可以显示当前拉伸特征的具体信息。

4.2.3 实体拉伸截面的注意事项

在实体拉伸截面过程中，需要注意以下几个方面的内容。

（1）拉伸截面可以是封闭的，也可以是开放的。但零件模型的第一个拉伸特征的拉伸截面必须是封闭的。

（2）如果拉伸截面是开放的，那么只能有一条轮廓线，所有的开放截面必须与零件模型的边界对齐。

（3）封闭的截面可以是单个或多个不重叠的环线。

（4）封闭的截面如果是嵌套的环线，最外面的环线被用作外环，其他环线被当作洞来处理。

4.3 旋转特征

旋转特征也是常用的特征造型方法，它是将一个截面围绕一条中心线旋转一定角度，进而形成实体的造型方法，适合创建轴、盘类等回转形的实体。

4.3.1　创建旋转特征的步骤

创建旋转特征的操作步骤如下。

（1）单击【模型】选项卡【形状】组的【旋转】按钮，打开【旋转】工具选项卡。

（2）在【旋转】工具选项卡中单击【作为实体旋转】按钮，用于生成实体特征。

（3）在【放置】面板中单击【断开】按钮，再单击【编辑】按钮，进入草绘状态。

（4）绘制旋转特征的旋转轴及截面图形。

（5）单击【草绘】选项卡中的【确定】按钮，退出草绘状态。

（6）在【旋转】工具选项卡中，设置计算旋转角度的方式。

（7）在【旋转】工具选项卡中，设置旋转特征的旋转角度。如果要相对于草绘平面来反转特征创建的方向，可单击选项卡中的按钮。

（8）在【旋转】工具选项卡中，单击【特征预览】按钮进行预览，无误后单击【确定】按钮，完成旋转特征的创建。

4.3.2　旋转特征参数设置

单击【模型】选项卡【形状】组中的【旋转】按钮，可以打开如图 4-19 所示的【旋转】工具选项卡，即可采用旋转方式建立实体特征。

下面对【旋转】工具选项卡中的主要按钮、选项进行说明。

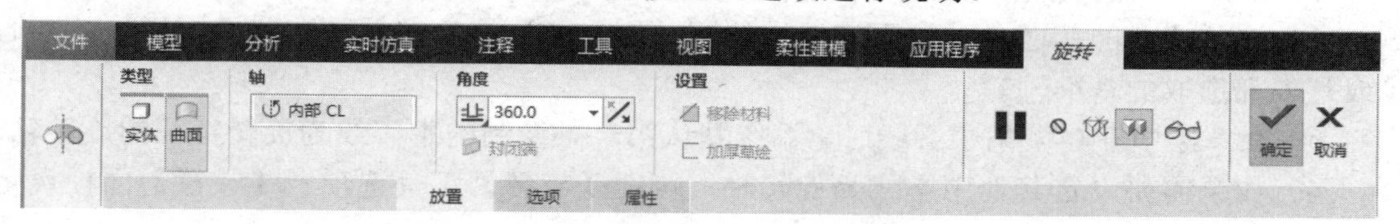

图 4-19　【旋转】工具选项卡

（1）【类型】参数

【实体】按钮：用于生成实体特征。

【曲面】按钮：用于生成曲面特征。

（2）【角度】参数

【旋转方式】下拉列表：用于设置计算旋转角度的方式。

数值框：用于输入旋转角度。

【旋转方向】按钮：用于选择旋转方向。

（3）【设置】参数

【移除材料】按钮：用于选择去除材料。

【加厚草绘】按钮：用于选择生成薄壁特征。

（4）【暂停】、【无预览】、【分离】、【连接】、【特征预览】、【确定】、【取消】按钮

可以预览生成的旋转特征，进而完成或取消旋转特征的建立。

（5）【放置】面板

【旋转】工具选项卡中【放置】面板的内容如图 4-20 所示，可以选择已有曲线作为旋

转特征的截面，也可以草绘旋转特征的截面。

【旋转】工具选项卡中【选项】面板的内容如图 4-21 所示，可以设置计算旋转角度的方式和旋转角度。

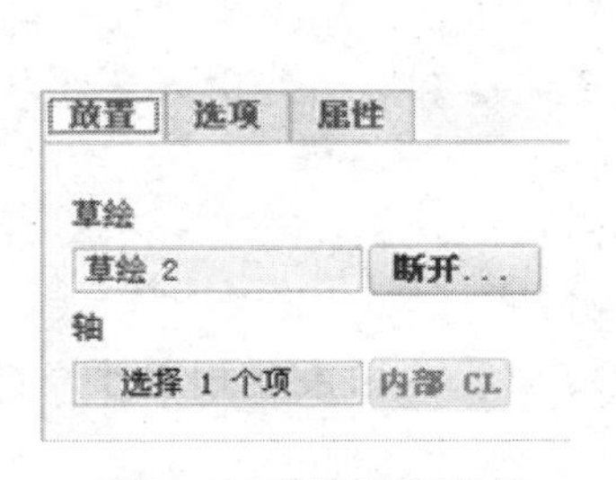

图 4-20 【放置】面板

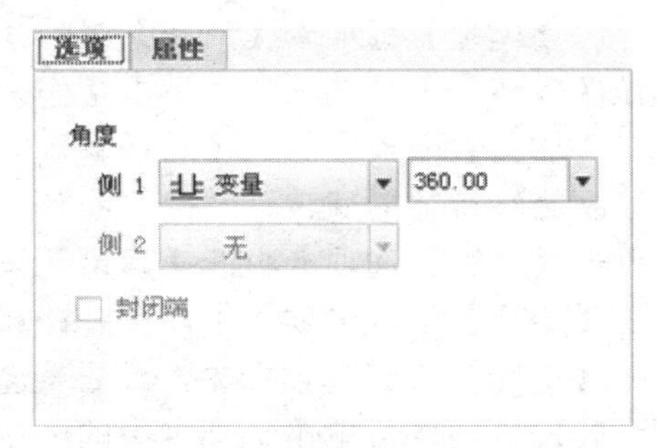

图 4-21 【选项】面板

【旋转】工具选项卡中的【属性】面板用于显示或更改当前旋转特征的名称，单击【显示此特征的信息】按钮，可以显示当前旋转特征的具体信息。

4.3.3 设置旋转截面和旋转轴的注意事项

在设置旋转截面和旋转轴的时候，需要注意以下几点。

（1）增加材料的旋转特征的截面必须是封闭的。

（2）旋转特征的截面必须位于旋转轴的同一侧，无论该旋转轴是在草绘中添加的中心线或是外部选取的基准轴。

（3）在草绘中存在多条中心线时，系统默认第一条绘制的中心线为旋转特征的旋转轴。

（4）如果需要设定其他中心线为旋转轴，可在【旋转】工具选项卡【放置】面板设定旋转轴。

4.4 扫描特征

扫描特征是单一截面沿一条或多条扫描轨迹生成实体的方法，在扫描特征中，截面虽然可以按照轨迹的变化而变化，但其基本形态是不变的。如果需要在一个实体中实现多个形态各异的截面，就可以考虑使用混合特征。

4.4.1 扫描特征操作步骤

创建扫描特征的一般操作步骤如下。

（1）单击【模型】选项卡【形状】组中的【扫描】按钮，打开【扫描】工具选项卡。

（2）在【扫描】工具选项卡中单击【实体】按钮，用于生成实体特征。

（3）单击按钮，使沿扫描轨迹的草绘截面保持不变。

（4）在显示窗口选择扫描轨迹。

（5）单击按钮，创建扫描截面。

（6）单击【草绘】选项卡中的【确定】按钮，退出草绘状态。

（7）在【扫描】工具选项卡中，单击【特征预览】按钮进行预览，无误后单击【确定】按钮，完成扫描特征的创建。

4.4.2　三维扫描

单击【模型】选项卡【形状】组中的【扫描】按钮，可以打开如图 4-22 所示的【扫描】工具选项卡，使用扫描方式建立实体特征。

下面首先对【扫描】工具选项卡中的一些相关按钮、选项进行说明。

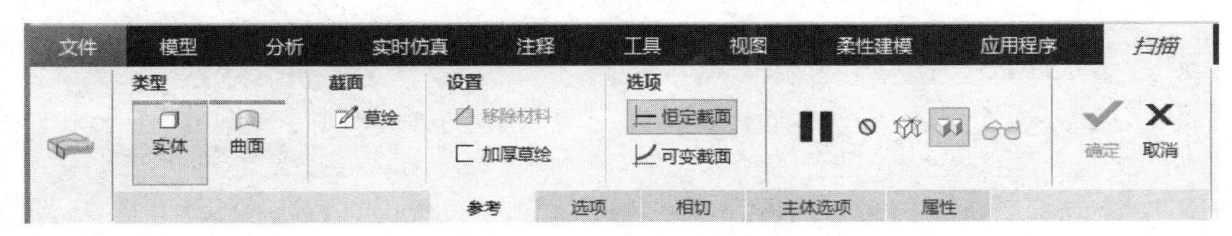

图 4-22　【扫描】工具选项卡

（1）【类型】参数

【实体】按钮：用于生成实体特征。

【曲面】按钮：用于生成曲面特征。

（2）【截面】参数

单击【草绘】按钮，可以创建或编辑扫描截面。

（3）【设置】参数

【移除材料】按钮：用于去除材料。

【加厚草绘】按钮：用于生成薄壁特征。

【恒定截面】按钮：沿扫描轨迹的草绘截面保持不变。

【可变截面】按钮：允许截面根据参数化参考或沿扫描的轨迹进行变化。

（4）【暂停】、【无预览】、【分离】、【连接】、【特征预览】、【确定】、【取消】按钮

可以预览生成的扫描特征，进而完成或取消扫描特征的建立。

（5）【参考】面板

打开【扫描】工具选项卡【参考】面板，如图 4-23 所示，此时可以选择已有曲线作为扫描轨迹，也可以单击【细节】按钮，在弹出的【链】对话框中设置参考，如图 4-24 所示。

（6）【选项】面板

【扫描】工具选项卡中【选项】面板的内容，如图 4-25 所示，在其中可以设置扫描端是【封闭端点】或【合并端】，并可以选择草绘放置点。

（7）【相切】面板

【扫描】工具选项卡中【相切】面板的内容，如图 4-26 所示，在其中可以查看所选的轨迹并指定轨迹切线的参考方向。

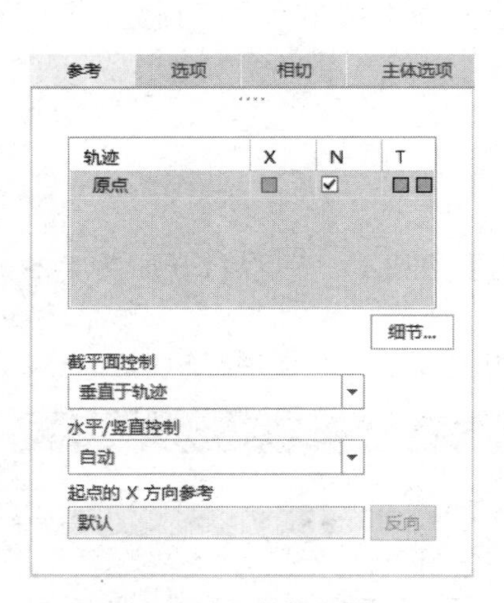

图 4-23 【参考】面板

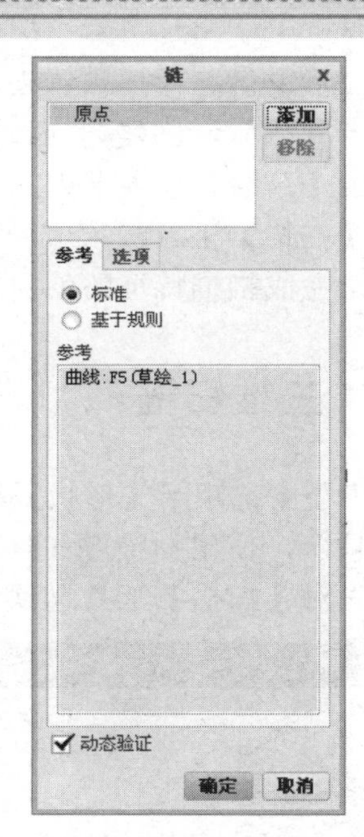

图 4-24 【链】对话框

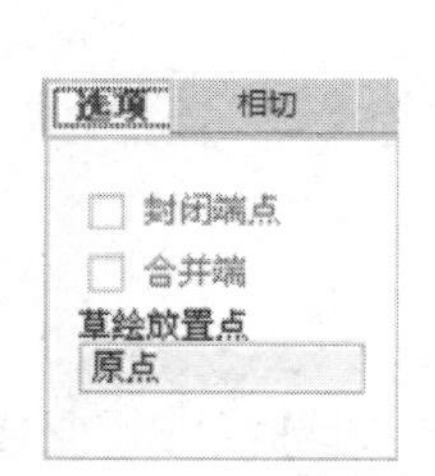

图 4-25 【选项】面板

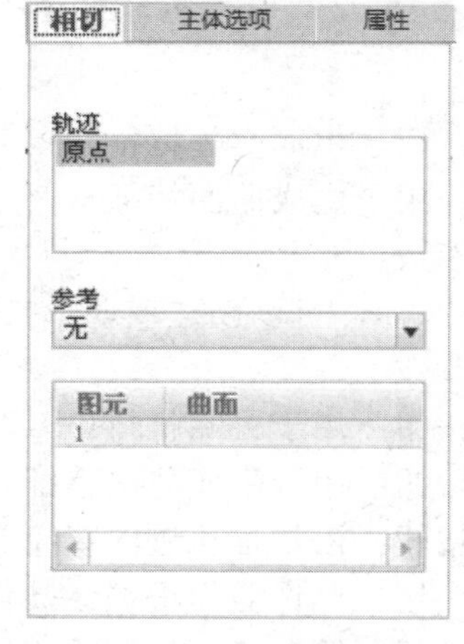

图 4-26 【相切】面板

（8）【主体选项】面板

【扫描】工具选项卡中的【主体选项】面板用于设置扫描中的部分路径参数。

（9）【属性】面板

【扫描】工具选项卡中的【属性】面板用于显示或更改当前拉伸特征的名称，单击【显示此特征的信息】按钮，可以显示当前扫描特征的具体信息。

4.4.3 创建可变截面扫描

以扫描方式创建实体或曲面时，截面必须垂直于轨迹线，但很多零件的截面与轨迹并不垂直，使用“可变截面扫描”的方法可创建这类实体或曲面特征。在给定的截面较少、

轨迹尺寸较明确，且轨迹较多的场合，适合使用可变截面扫描。

绘制完扫描轨迹后，单击【模型】选项卡【形状】组中的【扫描】按钮，先选择原点轨迹线，接着按住 Ctrl 键不放单击选取额外轨迹线（使用 Ctrl 键可选取多个轨迹，使用 Shift 键可选取一条链中的多个图元），如图 4-27 所示。

（1）主要参数设置

单击【可变截面】按钮，使截面根据参数化参考或沿扫描的轨迹进行变化，即创建可变剖面扫描实体。单击【实体】按钮，使用可变剖面扫描方式创建实体。若单击【曲面】按钮，即可使用可变剖面创建曲面。

（2）参数面板设置

单击选项卡上的各个按钮便会显示各面板的内容。

【参考】面板的作用是显示各轨迹线及指定各轨迹线，如图 4-28 所示。

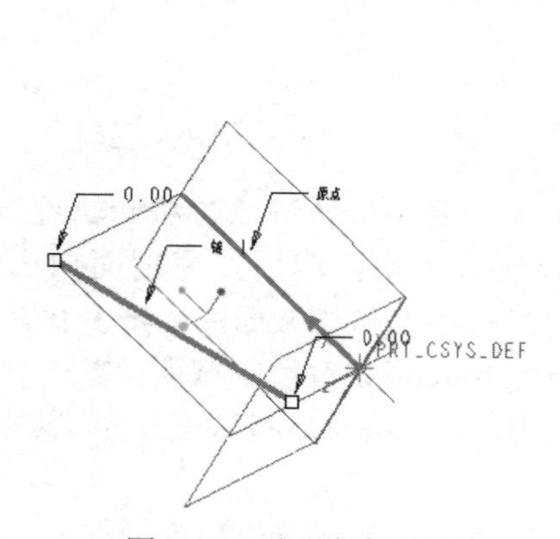

图 4-27　选取扫描轨迹

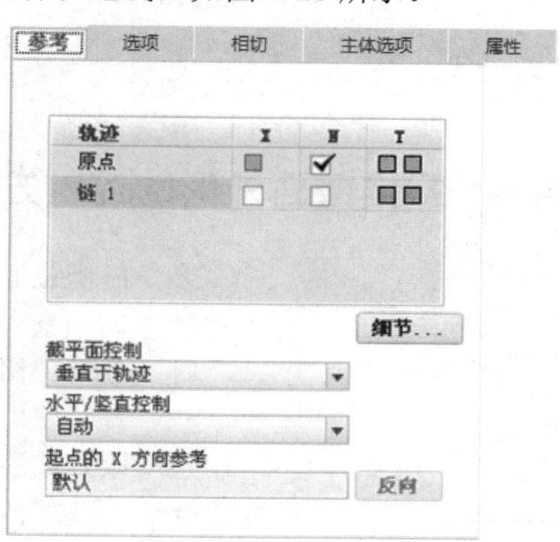

图 4-28 【参考】面板

通过【选项】面板可以指定采取何种扫描截面端点处理方式，如图 4-29 所示。

【相切】面板的作用是指定扫描轨迹线的切线参考方向，如图 4-30 所示。

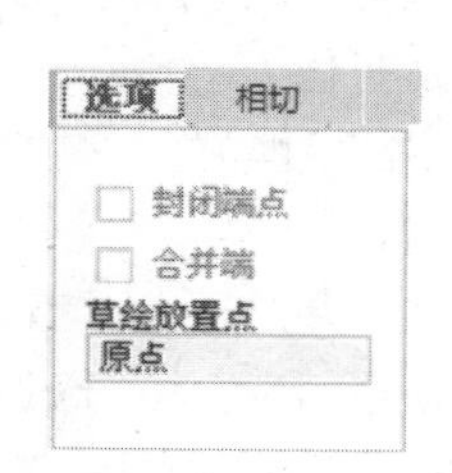

图 4-29 【选项】面板

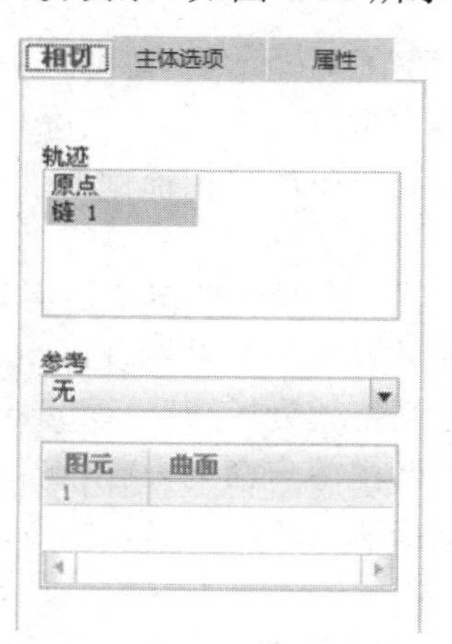

图 4-30 【相切】面板

扫描轨迹线依次选取后，单击【草绘】按钮，创建扫描截面，沿选定轨迹草绘扫描截面，如图 4-31 所示。

草绘截面创建完成后，单击【草绘】选项卡中的【确定】按钮返回【扫描】工具选项卡，单击【特征预览】按钮进行预览，无误后单击【确定】按钮，完成扫描实体的创建，如图 4-32 所示。

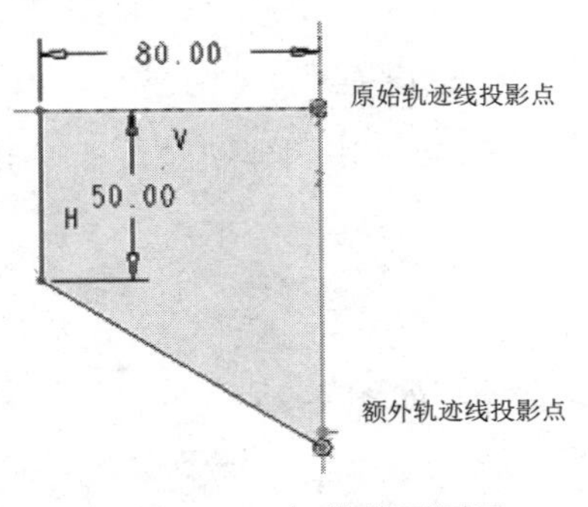

图 4-31　扫描截面图示

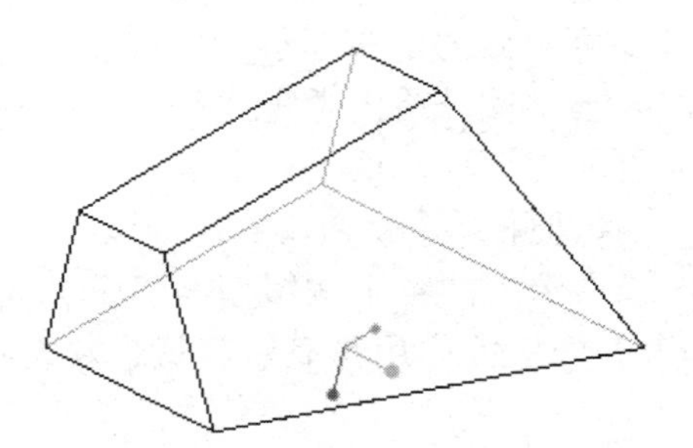

图 4-32　完成后的扫描实体

4.4.4　扫描截面外形的控制方式

扫描截面的外形，除了受原点轨迹线、法向轨迹线、*X* 轴方向轨迹线等因素控制外，实际应用可变剖面扫描工具时，也常使用下列两种方式控制扫描截面的外形变化。

（1）使用关系式搭配 trajpar 参数控制截面参数变化

该方式的定义格式为：sd#=trajpar+参数变化量。其中 sd# 代表要变化的参数。

在创建扫描实体过程中，当绘制完成扫描截面后，单击【工具】选项卡【模型意图】组中的【关系】按钮，弹出【关系】对话框，此时绘制完成的扫描轨迹如图 4-33 所示。

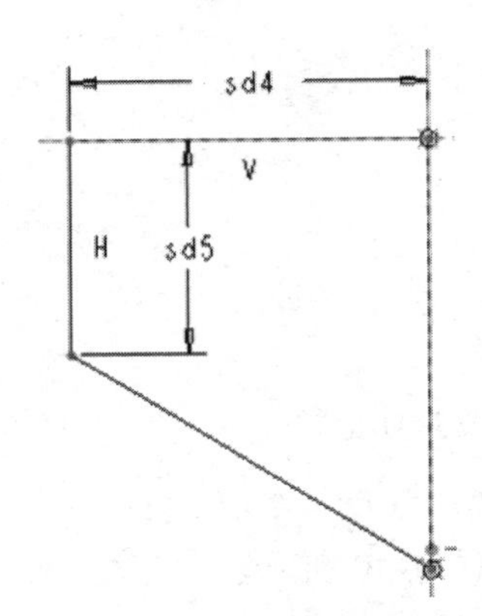

图 4-33　选择【关系】命令后的扫描截面

若要改变扫描截面的高度或宽度，只需在弹出的【关系】对话框中编辑相应的变化参数即可实现。如对扫描特征的表面宽度进行修改，可输入如图 4-34 所示的语句。

单击【确定】按钮后，扫描截面外形将发生改变，如图 4-35 所示。

草绘截面修改完成后，单击【草绘】工具选项卡中的【确定】按钮，再单击【特征预览】按钮进行预览，无误后单击【确定】按钮，完成扫描实体特征的创建，如图 4-36 所示。

（2）使用关系式搭配基准图及 trajpar 参数控制截面参数变化

该方式的定义格式为：sd#=evalgraph（“基准图名”，扫描行程）。

其中基准图名由用户命名，扫描行程=trajpar×参数变化量。

首先绘制扫描轨迹（包含原始轨迹线和额外轨迹线）。然后单击【模型】选项卡【基准】组中的【平面】按钮，弹出【基准平面】对话框，命名基准平面名称为“height”，单击【确定】按钮，如图 4-37 所示。在创建的基准面上绘制草图，如图 4-38 所示。图中曲线的长度对应用户指定的扫描实体长度值（即扫描轨迹线的长度）。

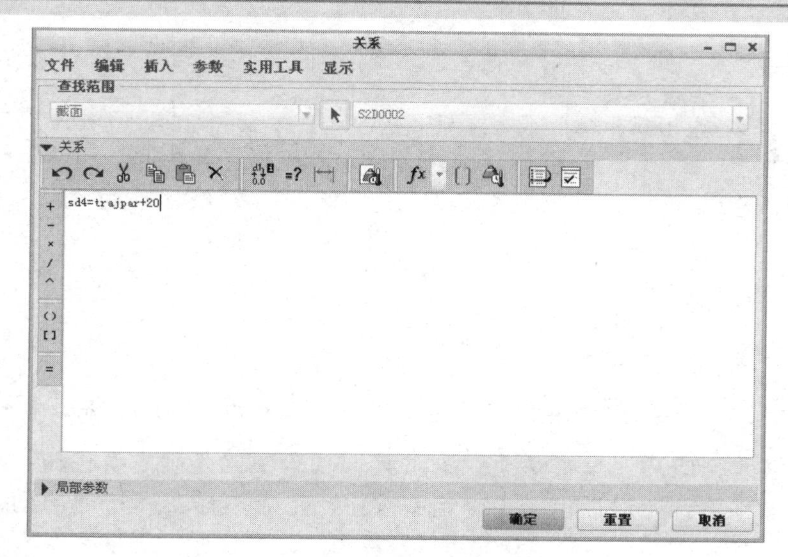

图 4-34　宽度修改语句

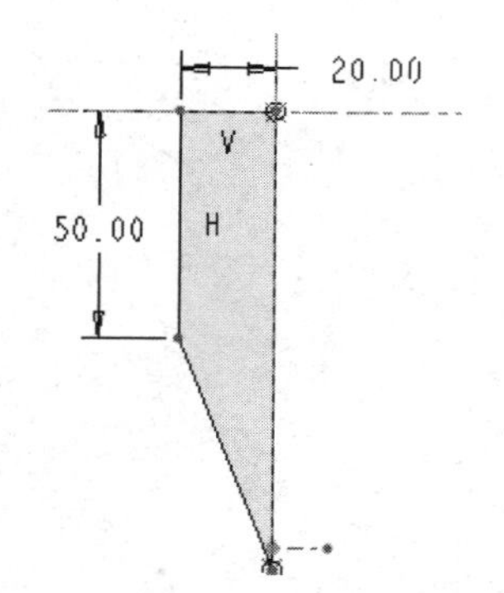

图 4-35　修改后的扫描截面

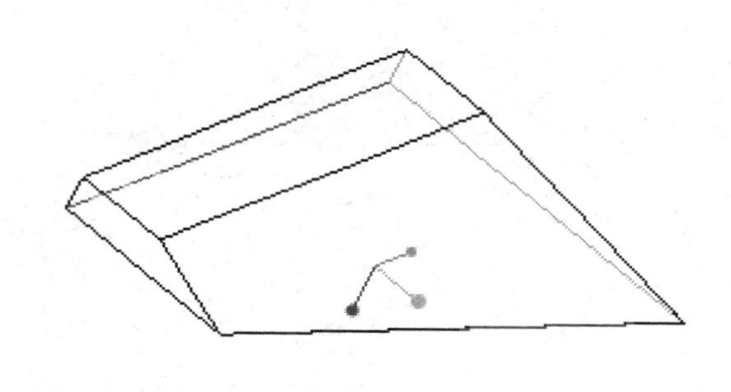

图 4-36　修改后的扫描实体

图 4-37 【基准平面】对话框

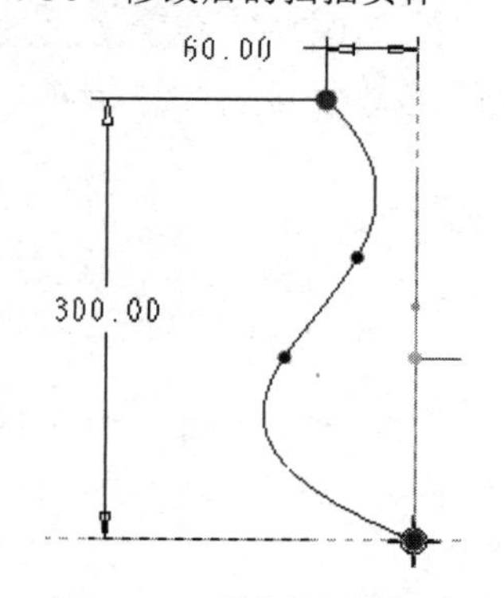

图 4-38　绘制基准草图

单击【模型】选项卡【形状】组中的【扫描】按钮，单击【恒定截面】按钮。扫描轨迹线依次选好后，单击【草绘】按钮，沿选定轨迹草绘扫描截面，如图 4-39 所示。

当扫描轨迹绘制完成后，单击【工具】选项卡【模型意图】组中的【关系】按钮，此时扫描截面如图 4-40 所示。在弹出的【关系】对话框中输入关系式，如图 4-41 所示。

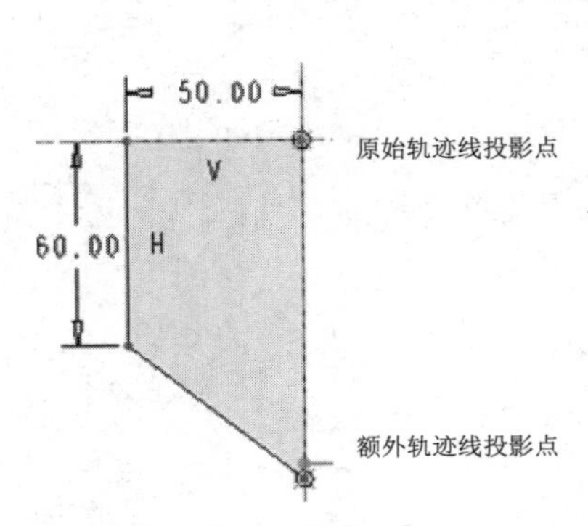

图 4-39　扫描截面

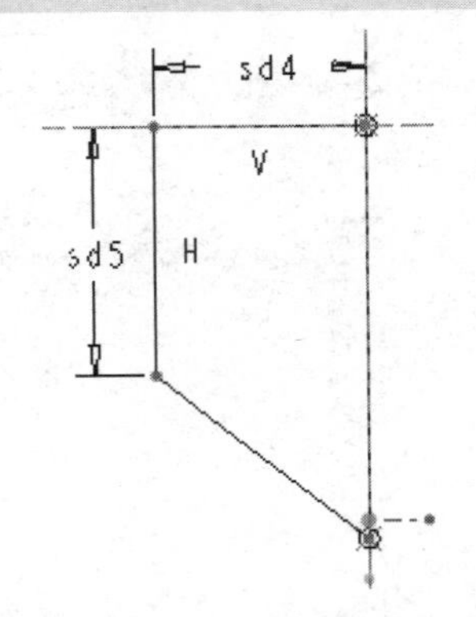

图 4-40　选择【关系】命令后的扫描截面

草绘截面修改完成后，单击【草绘】工具选项卡中的【确定】按钮，再单击【特征预览】按钮进行预览，无误后单击【确定】按钮，完成扫描实体特征的创建，如图 4-42 所示。

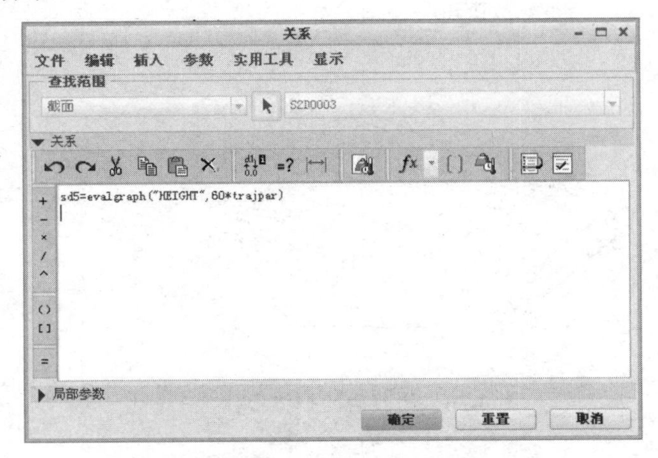

图 4-41　按基准图元修改扫描外形语句

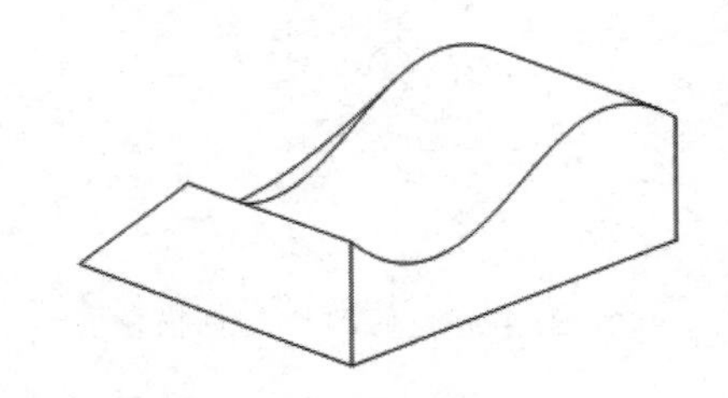

图 4-42　按基准图元扫描生成的实体特征

4.5　混合特征

混合特征就是将一组截面（两个或两个以上）沿其外轮廓线用过渡曲面连接，从而形成的一个连续特征。每个截面的每一段与下一个截面的一段匹配，在对应段间形成过渡曲面。

4.5.1　混合特征参数

在【模型】选项卡中的下拉菜单中选择【混合】命令，弹出【混合】工具选项卡，如图 4-43 所示。

打开【混合】工具选项卡中的【截面】和【选项】面板，如图 4-44 和图 4-45 所示，前者可以选择已有草绘图形作为混合截面，也可以单击【移除】按钮，重新绘制；后者可以设置混合方式。

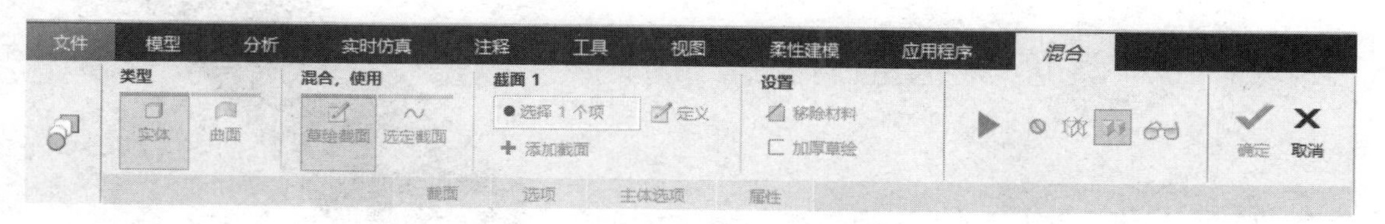

图 4-43　【混合】工具选项卡

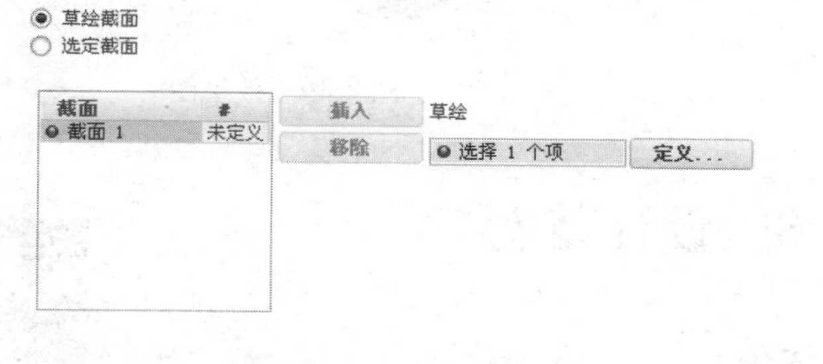

图 4-44　【截面】面板

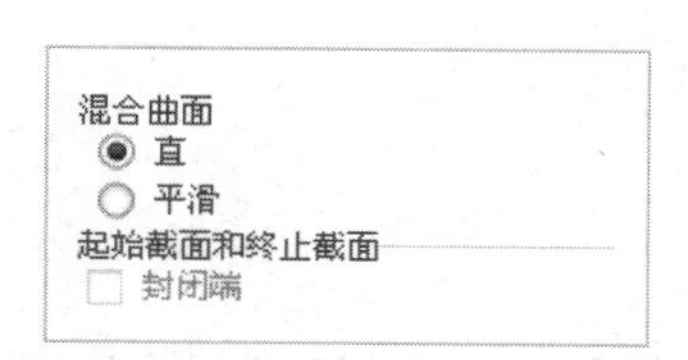

图 4-45　【选项】面板

4.5.2　创建混合特征

创建混合特征的一般方法如下。

在【模型】选项卡中的下拉菜单中选择【混合】命令，然后单击【混合】工具选项卡的【截面】按钮，打开【截面】面板，单击【定义】按钮，选择草绘平面绘制截面图形，如图 4-46 所示，单击【草绘】选项卡中的【确定】按钮✔。

单击【截面】按钮，如图 4-47 所示，设置截面 1 的偏移距离，单击【草绘】按钮绘制截面 2，如图 4-48 所示，单击【草绘】选项卡中的【确定】按钮。最终完成效果如图 4-49 所示。

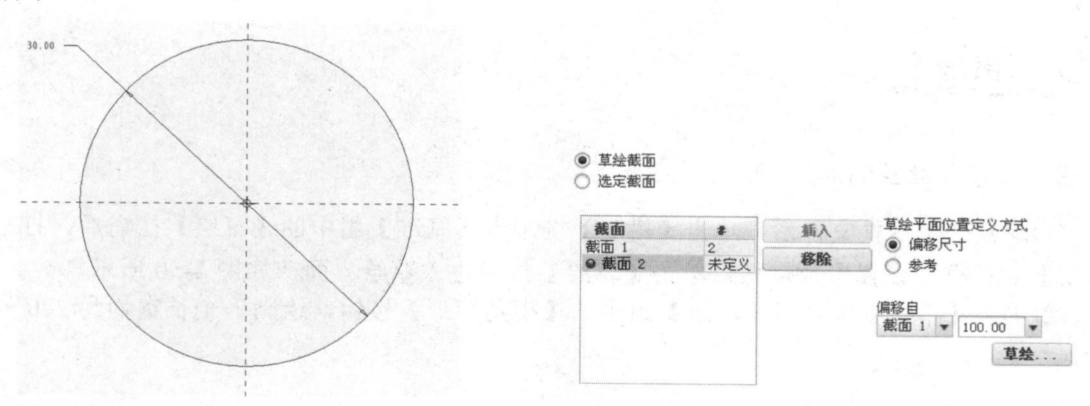

图 4-46　截面图形

图 4-47　设置偏移距离

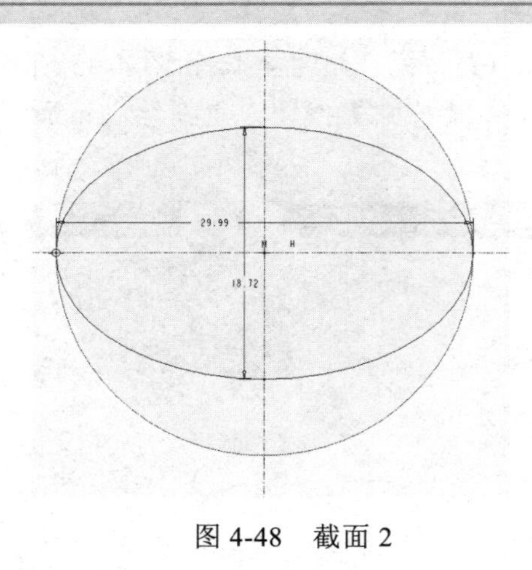

图 4-48　截面 2

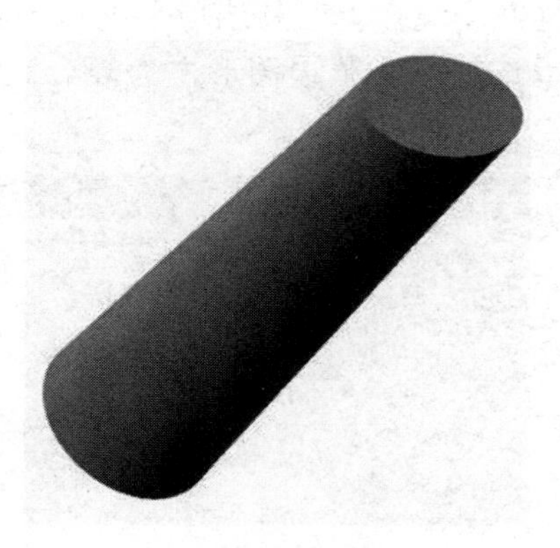

图 4-49　效果图

4.6　设计范例

扫码看视频

4.6.1　制作变形座模型范例

本范例完成文件：范例文件/第 4 章/4-1.prt

多媒体教学路径：多媒体教学→第 4 章→4.6.1 范例

范例分析

本范例是使用基本的特征工具（如拉伸等）绘制变形座零件的三维模型，主要熟悉基本的三维特征命令。

范例操作

Step1 绘制草绘图形 1

① 新建一个零件文件后，单击【模型】选项卡【基准】组中的【草绘】按钮后，打开【草绘】对话框中设置参数，然后单击【草绘】按钮进入草绘界面，如图 4-50 所示。

② 单击【草绘】选项卡【草绘】组中的【拐角矩形】按钮，绘制一个长宽均为 200 的矩形。

Step2 拉伸矩形为底座

① 单击【模型】选项卡【形状】组中的【拉伸】按钮，选择草绘 1，如图 4-51 所示。

②在打开的【拉伸】工具选项卡中设置拉伸参数，拉伸出底座。

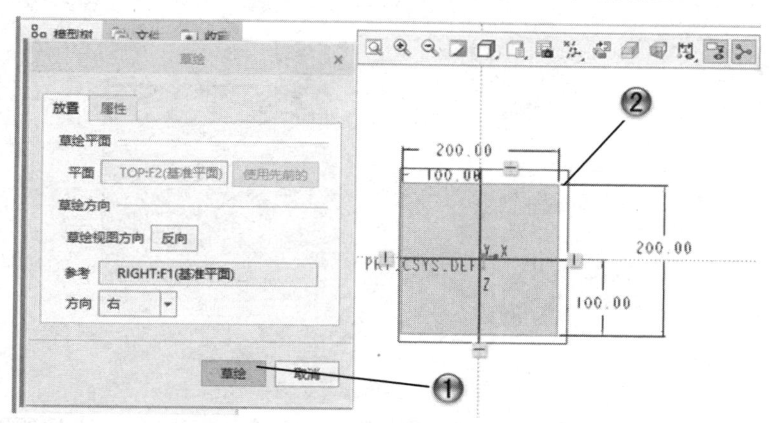

图 4-50　绘制草绘图形 1

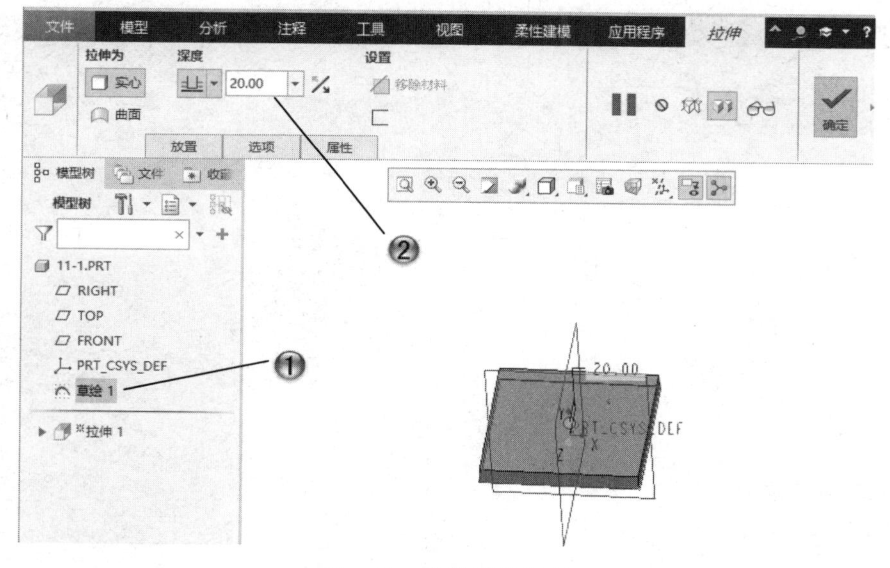

图 4-51　拉伸矩形底座

Step3 绘制草绘 2

①再次单击【模型】选项卡【基准】组中的【草绘】按钮后，在打开【草绘】对话框中设置矩形底座的上表面为基准面进行草绘，如图 4-52 所示。

②单击【草绘】选项卡【草绘】组中的【圆心和点】按钮，绘制一个直径为 160 的圆形。

Step4 拉伸草绘 2

①单击【模型】选项卡【形状】组中的【拉伸】按钮，选择草绘 2，如图 4-53 所示。

②在打开的【拉伸】工具选项卡中设置拉伸参数，拉伸出上面的圆柱。

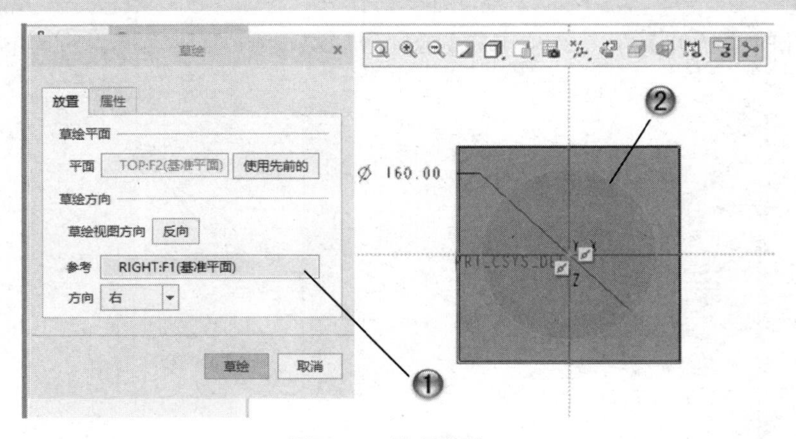

图 4-52　绘制草绘 2

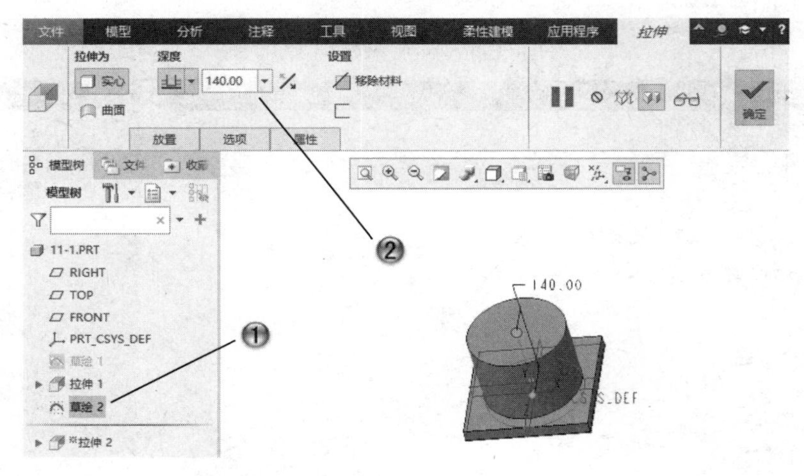

图 4-53　拉伸草绘 2

Step5 绘制草绘 3

①再次打开【草绘】对话框，设置参数后进行草绘，如图 4-54 所示。
②绘制一个直径为 100 的圆形。

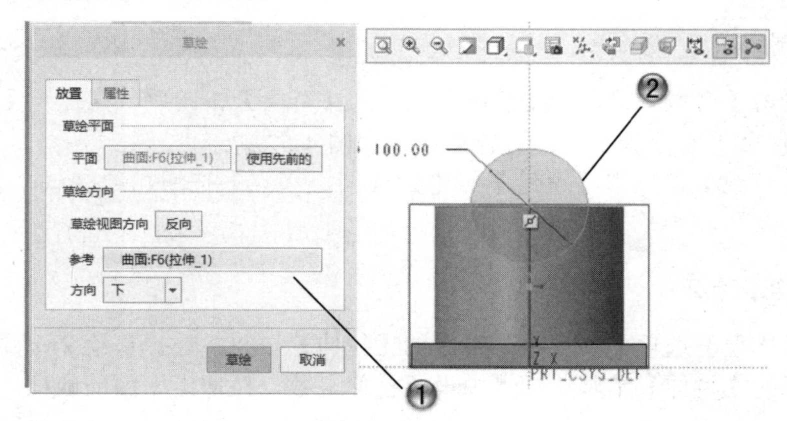

图 4-54　绘制草绘 3

Step6 拉伸草绘 3

①单击【模型】选项卡【形状】组中的【拉伸】按钮，选择草绘 3，如图 4-55 所示。

②在打开的【拉伸】工具选项卡中设置拉伸参数，并选择【移除材料】，拉伸移除草绘 3 得到上面的形状。

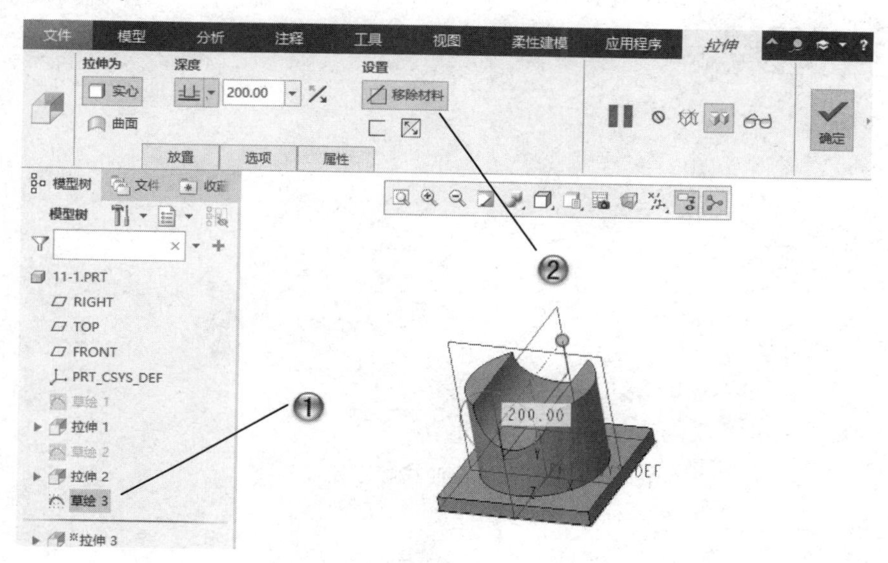

图 4-55　拉伸移除草绘 3

Step7 绘制草绘 4

再次进入草绘，绘制一个直径为 100 的圆形，如图 4-56 所示。

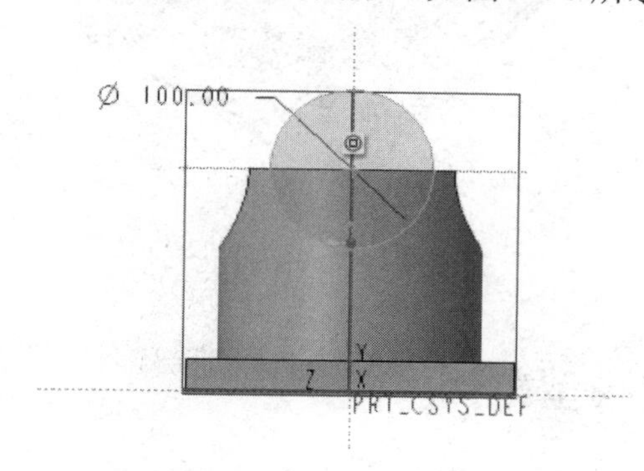

图 4-56　绘制草绘 4

Step8 拉伸草绘 4 完成范例

①单击【模型】选项卡【形状】组中的【拉伸】按钮，选择草绘 4，在打开的【拉伸】工具选项卡中设置拉伸参数，选择【移除材料】，如图 4-57 所示。

②单击【确定】按钮完成拉伸操作。至此范例操作完成，范例结果如图 4-58 所示。

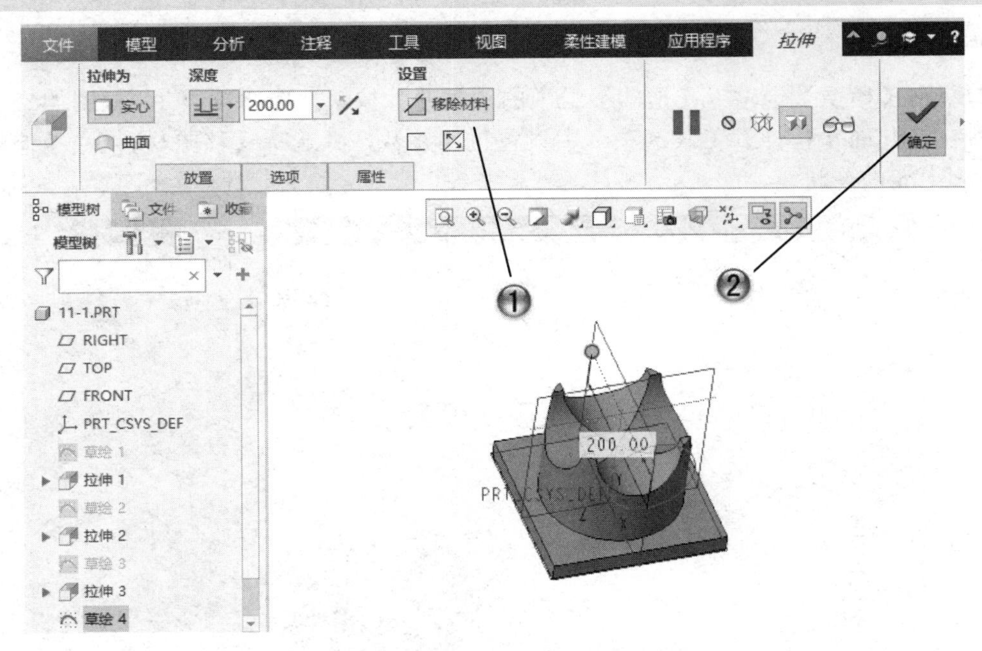

图 4-57　拉伸移除草绘 4

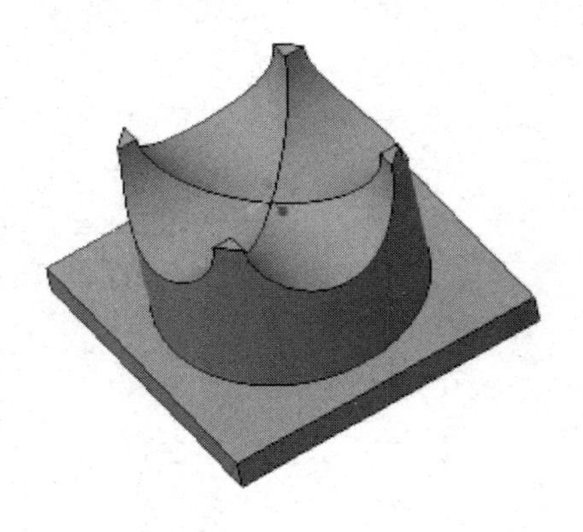

图 4-58　范例结果

4.6.2　制作卯栓模型范例

扫码看视频

本范例完成文件：范例文件/第 4 章/4-2.prt

多媒体教学路径：多媒体教学→第 4 章→4.6.2 范例

范例分析

本范例是建立一个卯栓的三维模型，主要还是使用拉伸等基础三维特征的设计方法，

同时进行进一步的操作，希望广大读者能认真学习并掌握方法。

范例操作

Step1 绘制草绘 1

①新建一个零件文件后，单击【模型】选项卡【基准】组中的【草绘】按钮后，在打开的【草绘】对话框中设置参数，然后单击【草绘】按钮进入草绘界面，如图 4-59 所示。

②单击【草绘】选项卡【草绘】组中的【圆心和点】按钮，绘制一个直径为 100 的圆形。

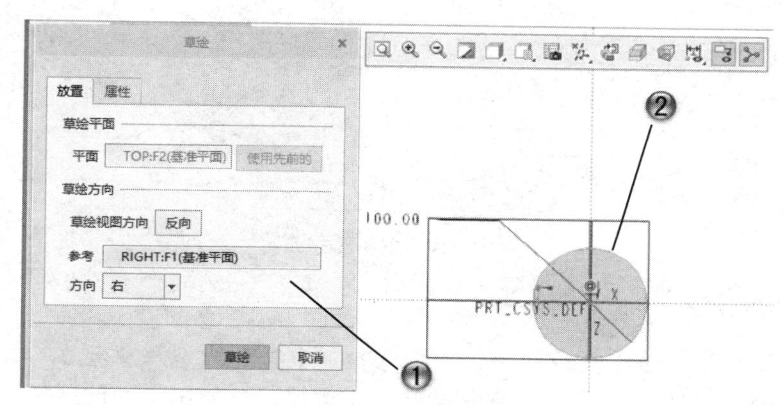

图 4-59　绘制草绘 1

Step2 拉伸草绘 1

①单击【模型】选项卡【形状】组中的【拉伸】按钮，选择草绘 1，如图 4-60 所示。

②在打开的【拉伸】工具选项卡中设置拉伸参数，拉伸草绘 1 为圆盘。

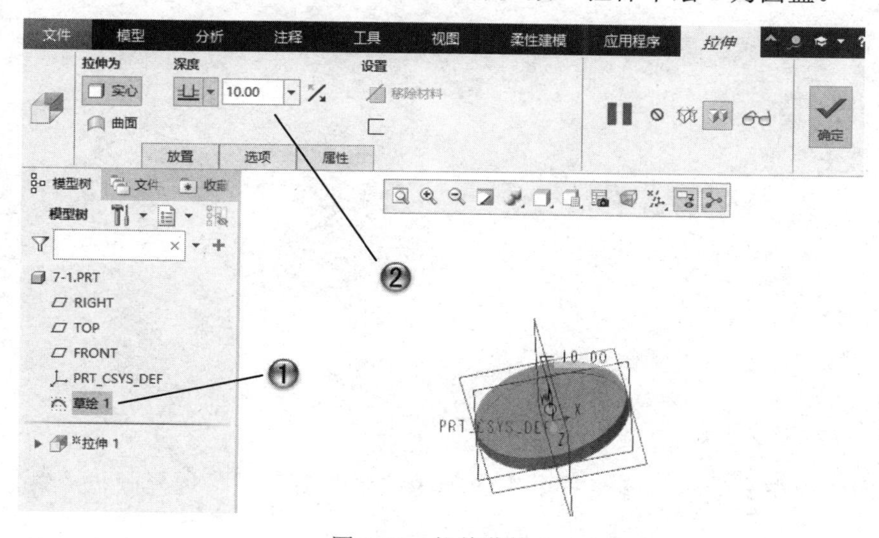

图 4-60　拉伸草绘 1

Step3 绘制草绘 2

①再次单击【模型】选项卡【基准】组中的【草绘】按钮后，在打开的【草绘】对话框中设置圆盘的上表面为基准面，进行草绘，如图 4-61 所示。

②单击【草绘】选项卡【草绘】组中的【圆心和点】按钮，绘制一个直径为 20 的圆形。

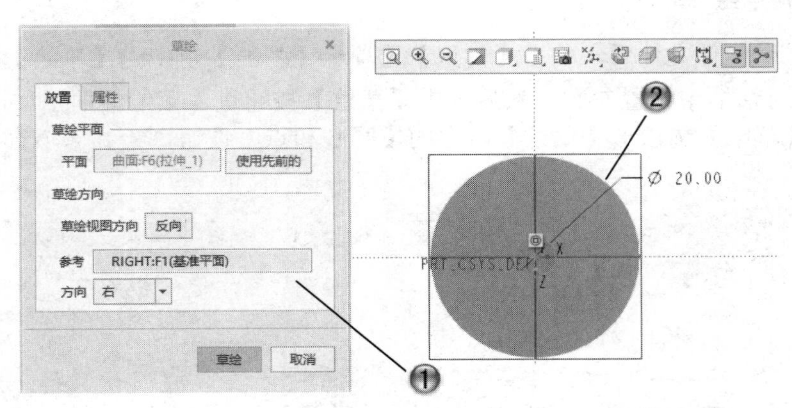

图 4-61　绘制草绘 2

Step4 拉伸草绘 2

①单击【模型】选项卡【形状】组中的【拉伸】按钮，选择草绘 2，如图 4-62 所示。

②在打开的【拉伸】工具选项卡中设置拉伸参数，拉伸出上面的圆柱。

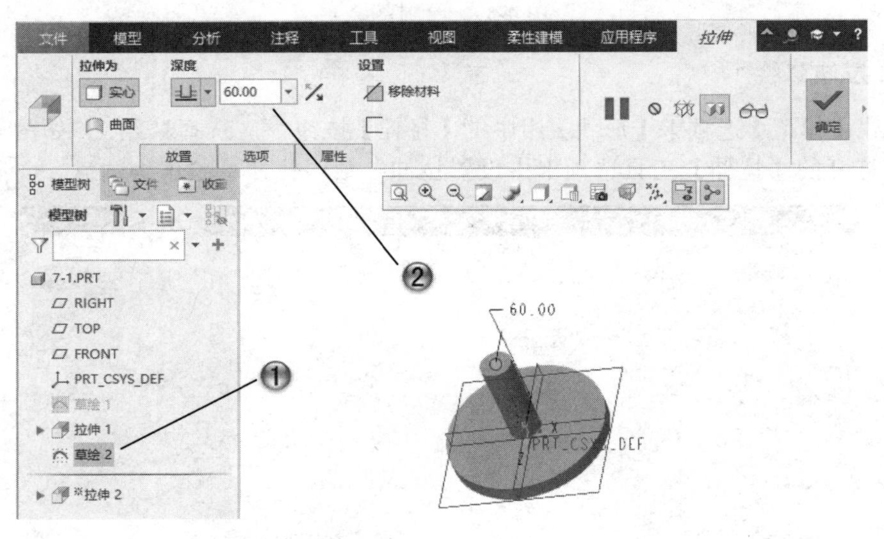

图 4-62　拉伸草绘 2

Step5 创建边倒角 1

①单击【模型】选项卡【工程】组中的【边倒角】按钮，选择圆盘边线，如图 4-63 所示。

②设置倒角参数，创建边倒角 1。

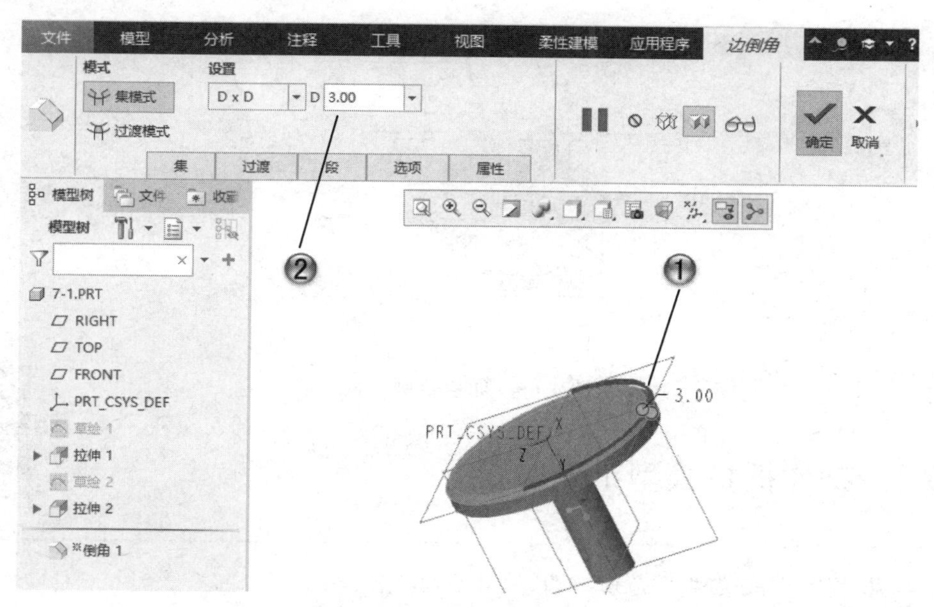

图 4-63　创建边倒角 1

Step6 创建边倒角 2 完成范例

①单击【模型】选项卡【工程】组中的【边倒角】按钮，选择圆盘边线，如图 4-64 所示。

②设置倒角参数，创建边倒角 2，至此完成范例的制作，结果如图 4-65 所示。

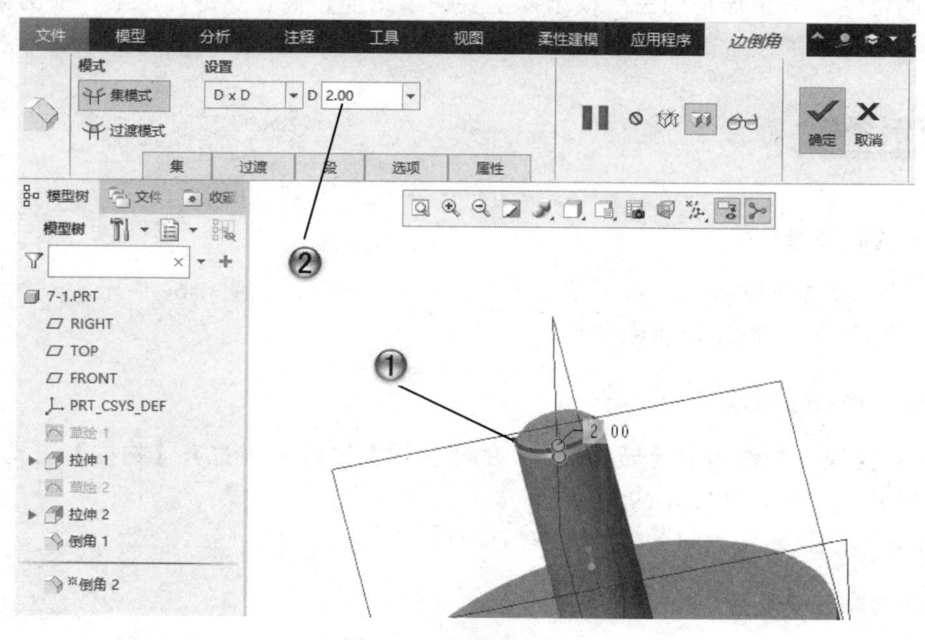

图 4-64　创建边倒角 2

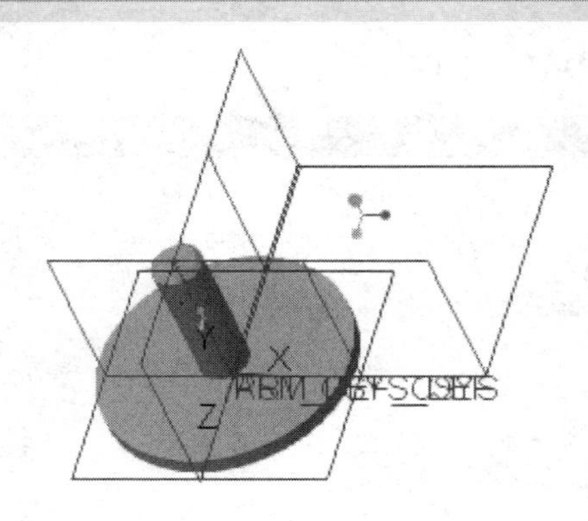

图 4-65　卯栓范例模型

扫码看视频

4.6.3　制作摇把模型范例

本范例完成文件：范例文件/第 4 章/4-3.prt

多媒体教学路径：多媒体教学→第 4 章→4.6.3 范例

范例分析

本范例是建立一个摇把的三维模型，主要使用扫描和混合等基础三维特征的设计方法进行操作，希望广大读者能认真学习并掌握方法。

范例操作

Step1 绘制草绘 1

①新建一个零件文件后，进入草绘界面，绘制草绘 1，如图 4-66 所示。
②在绘图区中绘制草绘 1 的图形。

Step2 选择扫描轨迹

①单击【模型】选项卡【形状】组中的【扫描】按钮，打开【扫描】工具选项卡，设置其中轨迹的参数，如图 4-67 所示。
②选择上一步骤完成的草绘 1 作为扫描特征的轨迹。

Step3 绘制扫描截面

单击【扫描】工具选项卡【截面】参数的【草绘】按钮，进入草绘界面，以两条中

心线的交点为圆心绘制一个直径为 10 的圆，作为扫描截面，如图 4-68 所示。

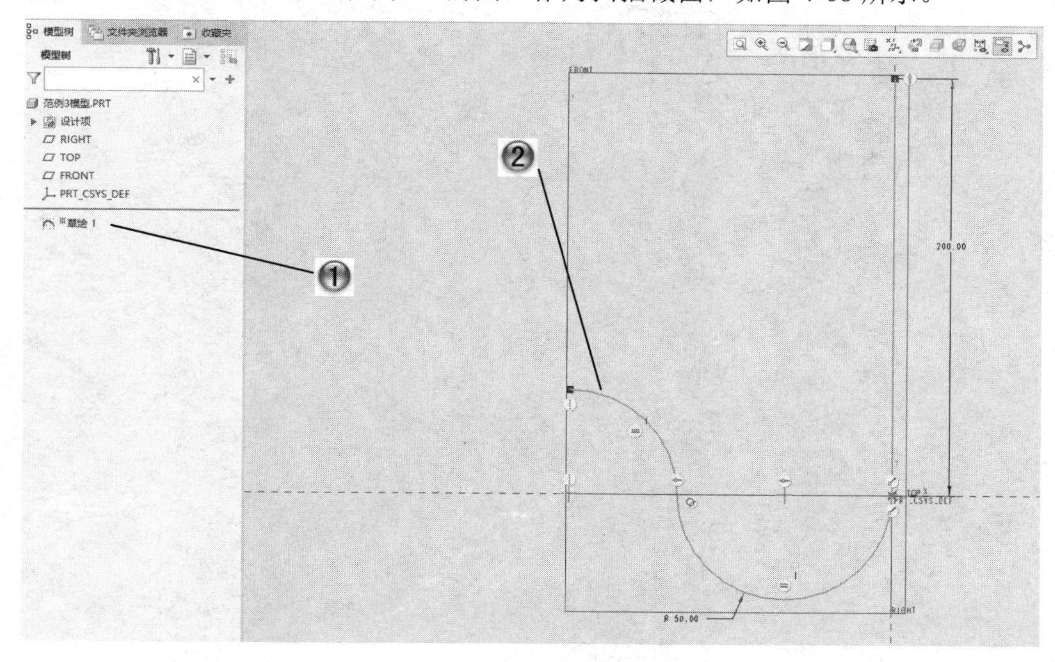

图 4-66　绘制草绘 1

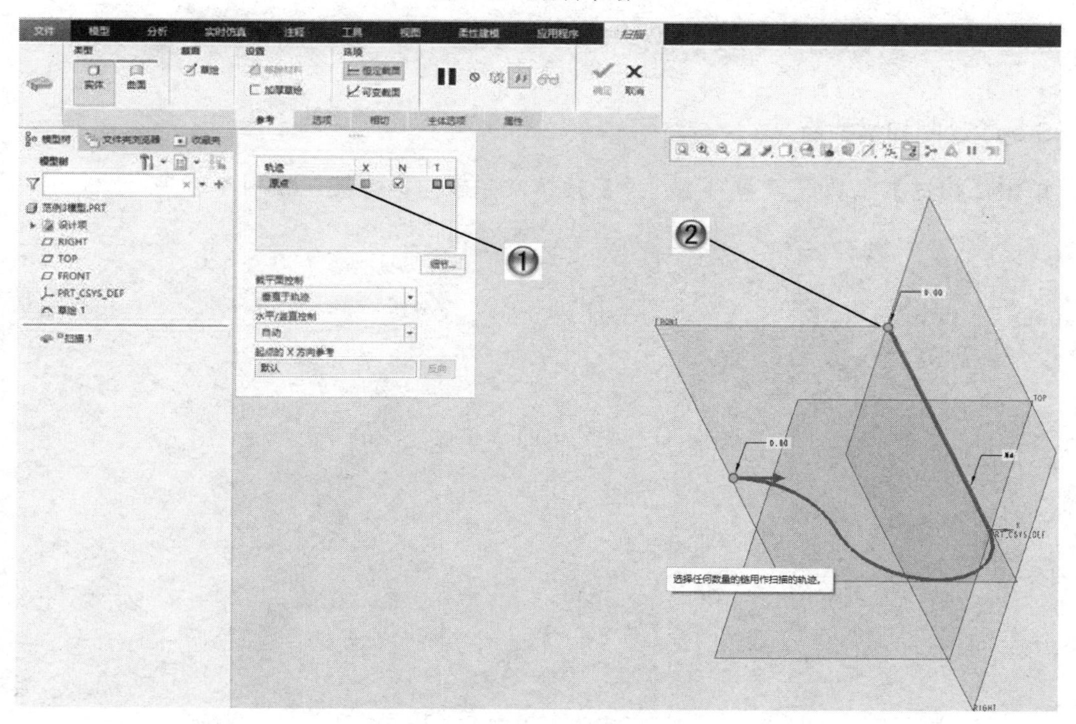

图 4-67　选择扫描轨迹

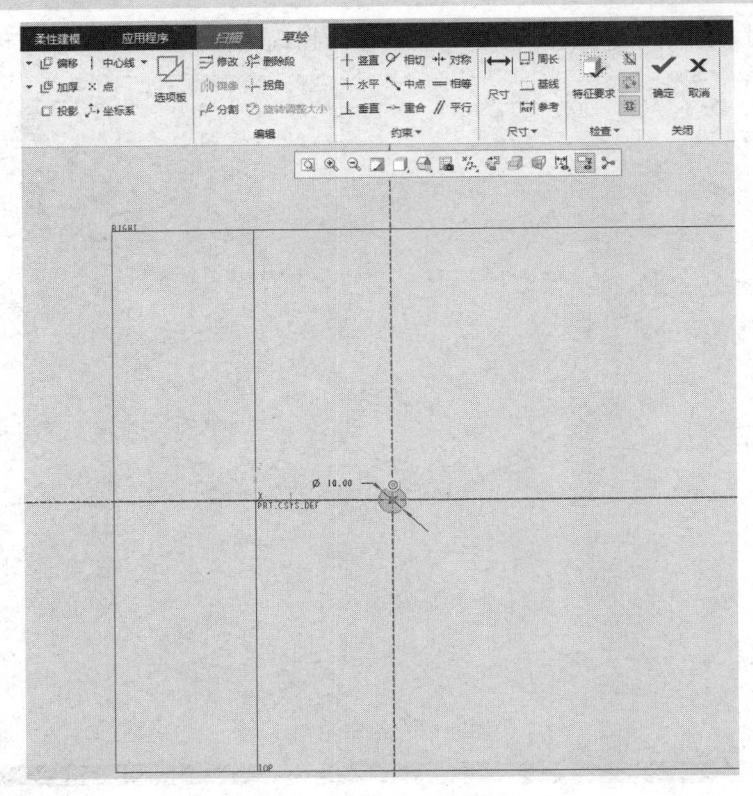

图 4-68　绘制扫描截面

Step4 绘制扫描截面

单击【扫描】工具选项卡的【确定】按钮，完成扫描特征，如图 4-69 所示。

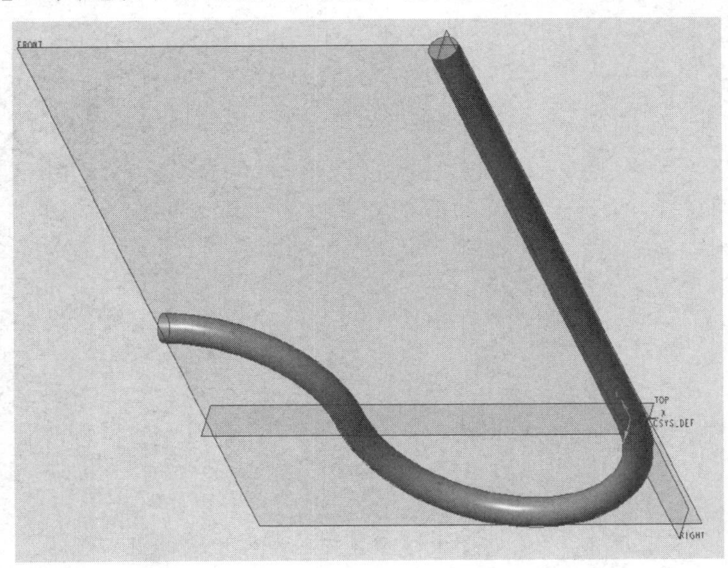

图 4-69　完成扫描特征

Step5 进行混合特征操作

①在【模型】选项卡中的下拉菜单中选择【混合】命令，弹出【混合】工具选项卡，单击【截面 1】参数中的【定义】按钮，打开【草绘】对话框，如图 4-70 所示。

②选择零件的端面作为草绘基准面。

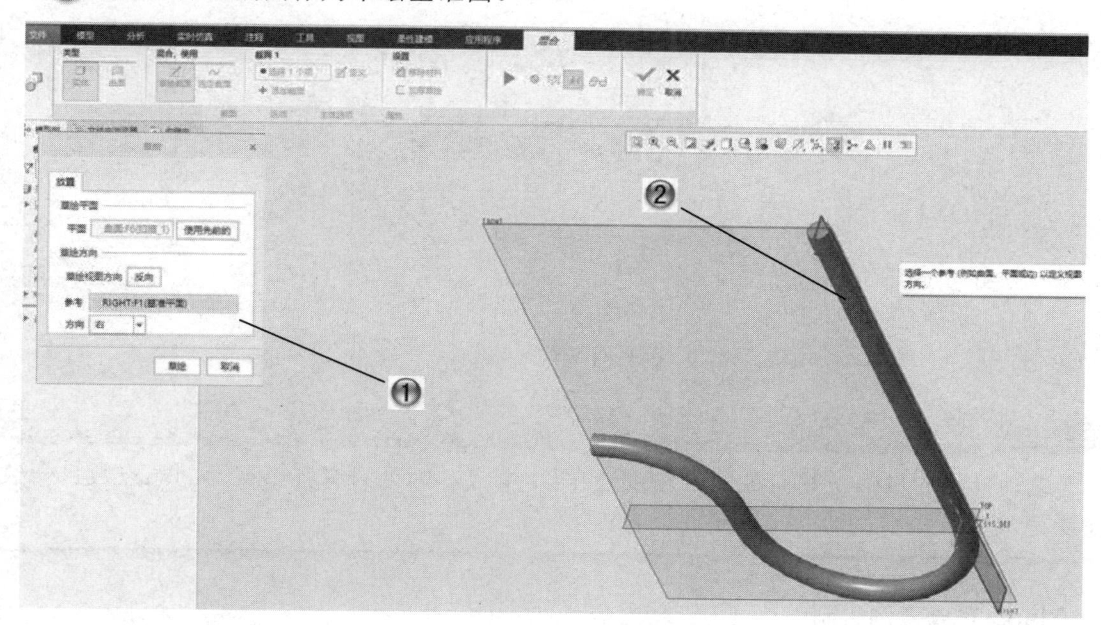

图 4-70　进入混合操作

Step6 绘制混合草绘截面 1

①进入草绘截面，绘制两条相互垂直并且与参考重合的中心线，如图 4-71 所示。

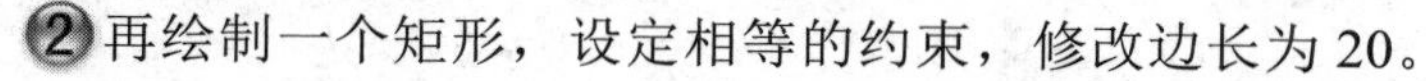

②再绘制一个矩形，设定相等的约束，修改边长为 20。

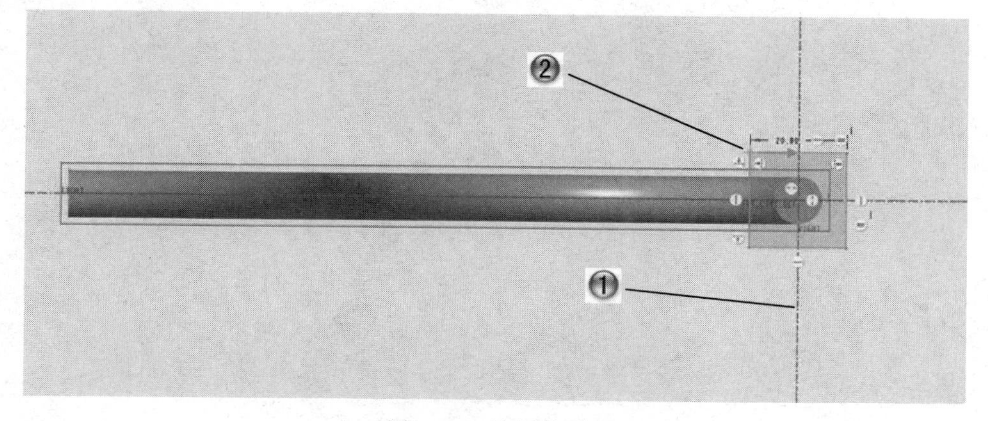

图 4-71　绘制截面 1

Step7 绘制混合截面 2

①完成截面 1 绘制后返回【混合】命令对话框，设置截面 2 与截面 1 偏移 100，进入

截面 2 草绘界面，绘制一个直径为 40 的圆，如图 4-72 所示。

②使用【分割】命令，在圆的四个象限点各点击一次，将圆分割成四段圆弧。

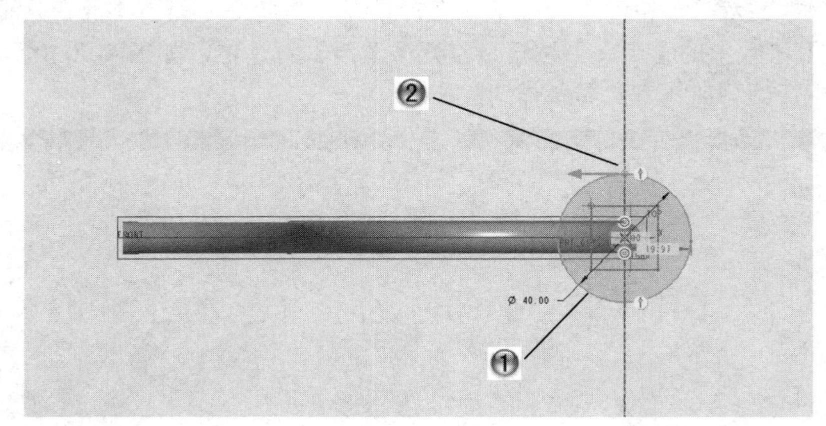

图 4-72　绘制截面 2

提　示

进行分割的目的是呼应截面 1 矩形的四个端点，因为只有各个截面的端点数目一致才能完成混合特征。

Step8 完成范例绘制

完成截面 2 绘制后返回【混合】命令对话框，单击【确定】按钮完成混合特征，至此完成范例的绘制，结果如图 4-73 所示。

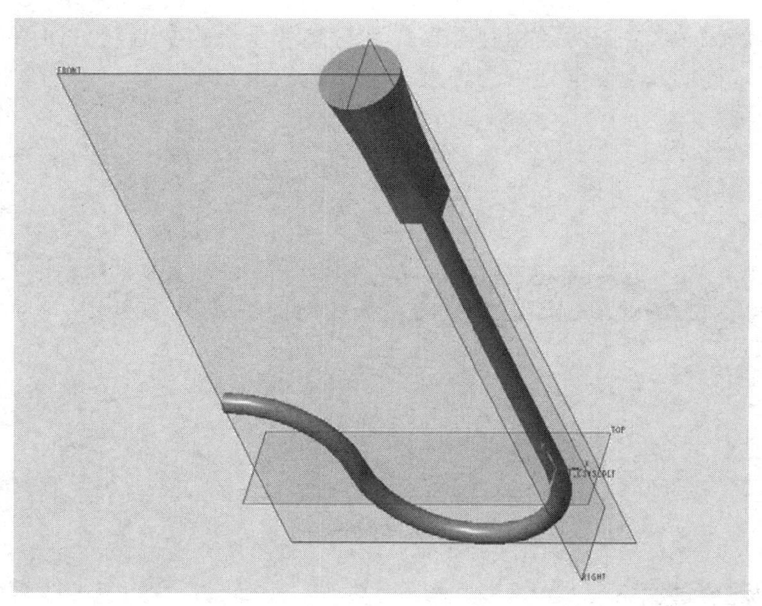

图 4-73　摇把范例模型

4.7　本章小结

本章详细介绍了基准特征和实体特征的创建方法，除此之外，还对多种特征的创建方法进行了比较，可以在实际应用中为读者提供选择依据。通过本章的学习，希望读者能够掌握基本的实体特征创建方法并在实际工作中加以运用。

第 5 章

工程特征设计

本 章 导 读

Creo Parametric 8.0 中的工程特征可以看作是基本实体特征的扩展。工程特征是系统提供或自定义的一类模板特征，用于针对基本特征的局部进行细化操作。工程特征的几何形状是确定的，构建时只需要提供工程特征的放置位置和尺寸即可。工程特征包括倒角特征、圆角特征、孔特征、抽壳特征、筋特征和螺纹特征等。

本章将在前面章节介绍基本实体特征的基础上，详细介绍工程特征的创建方法。在【工程】组中用户可以找到这些工程特征的命令按钮。通过本章的学习，读者可以掌握在 Creo Parametric 8.0 中利用工程特征进行零件建模的方法和步骤。

5.1 倒角和圆角特征

在零件模型中添加倒角特征，通常是为了使零件模型便于装配，或者防止锐利的边角割伤人。在零件模型中添加圆角特征，通常是为了增加零件造型的变化使其更为美观，或者为了增加零件造型的强度。在 Creo Parametric 8.0 中，所有圆角特征的控制选项都放在【倒圆角】工具选项卡中。

5.1.1 边倒角特征设置

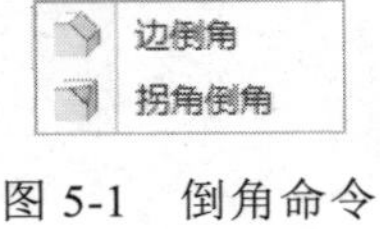

Creo Parametric 8.0 中的倒角特征分为边倒角和拐角倒角两种类型，如图 5-1 所示。

图 5-1 倒角命令

【边倒角】：在棱边上进行操作的倒角特征。

【拐角倒角】：在棱边交点处进行操作的倒角特征。

单击【模型】选项卡【工程】组中的【边倒角】按钮，可以打开如图 5-2 所示的【边倒角】工具选项卡，以进行边倒角操作。

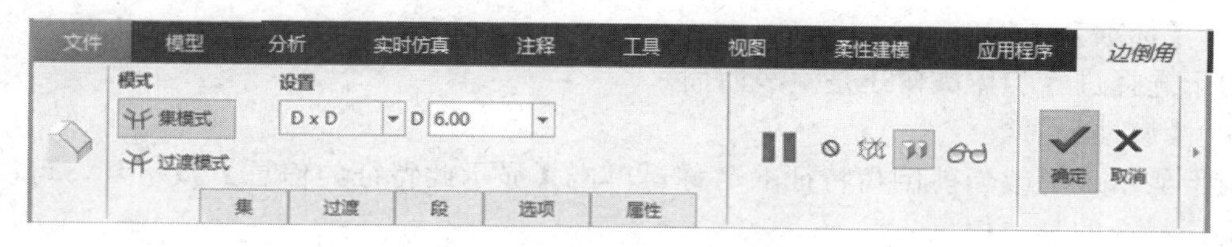

图 5-2 【边倒角】工具选项卡

下面首先对【边倒角】工具选项卡中的一些相关按钮、选项进行说明。

（1）【模式】参数

【集模式】按钮：用于选择设置模式生成倒角特征，为 Creo Parametric 8.0 的默认方式。

【过渡模式】按钮：用于选择过渡模式生成倒角特征。

（2）【设置】参数

【类型】下拉列表框用于选择倒角类型。边倒角有【D×D】、【D1×D2】、【角度×D】、【45×D】、【O×O】和【O1×O2】6 种类型。

【D×D】：倒角边与相邻曲面的距离均为 D，随后要输入 D 的值。Creo Parametric 默认选取此选项。

【D1×D2】：倒角边与相邻曲面的距离一个为 D1，另一个为 D2，随后要输入 D1 和 D2 的值。

【角度×D】：倒角边与相邻曲面的距离为 D，与该曲面的夹角为指定角度，只能在两个平面间使用该类型，随后要输入角度和 D 的值。

【45×D】：倒角边与相邻曲面的距离为 D，与该曲面的夹角为 45° 角，只能在两个垂直面的交线上使用该类型，随后要输入 D 的值。

【O×O】和【O1×O2】两种类型并不常用，这里不再详细介绍。

（3）【暂停】、【无预览】、【分离】、【连接】、【特征预览】、【确定】、【取消】按钮

可以预览生成的倒角特征，进而完成或取消倒角特征的建立。

（4）【集】面板

图 5-3 所示为【边倒角】工具选项卡中的【集】面板，主要参数介绍如下。

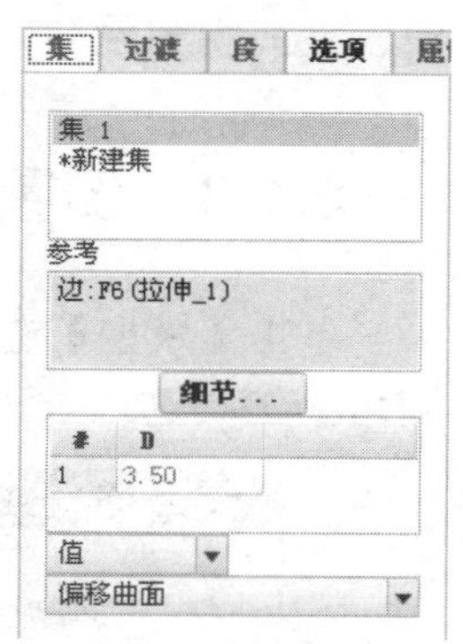

图 5-3 【集】面板

【集】列表框：对应不同的倒角集，可以用鼠标右键单击来进行添加、删除的操作。

【参考】：对应的是倒角边，可以通过用鼠标右键单击进行删除、显示信息的操作。

倒角创建方式：可分为【偏移曲面】和【相切距离】两种。当倒角的两个相邻面之间相互垂直时，这两种倒角创建方式的生成结果没有区别。

（5）【过渡】面板

主要对应于使用过渡模式生成倒角时过渡方式的选择。

（6）【段】面板

用于执行倒角段的管理。

（7）【选项】面板

用于选择进行实体操作还是生成曲面。

（8）【属性】面板

用于显示或更改当前倒角特征的名称，单击【显示此特征的信息】按钮，可以显示当前倒角特征的具体信息。

注意：

在进行倒角特征的建立过程中，需注意以下几方面内容：

（1）倒角特征对于凸棱边是去除材料，对于凹棱边是添加材料。

（2）在【边倒角】工具选项卡中选择使用过渡模式生成倒角时，系统会针对倒角特征的不同情形，在列表中只列出可用的过渡类型，用户可以根据需要选择。

（3）在工程实践中，由于使用过渡模式生成倒角的情况并不多见，所以不再详细介绍。

5.1.2 拐角倒角特征操作

拐角倒角特征创建的操作步骤如下。

（1）单击【模型】选项卡【工程】组中的【拐角倒角】按钮，打开【拐角倒角】工具选项卡。

（2）选择要倒角的顶点。

（3）在 D1 文本框定义顶点到第一条相邻边的距离。

（4）在 D2 文本框定义顶点到第二条相邻边的距离。

（5）在 D3 文本框定义顶点到第三条相邻边的距离。

（6）在该选项卡中可以通过单击【特征预览】按钮进行预览，无误后单击【确定】按钮，完成拐角倒角特征的创建。

5.1.3 倒圆角特征设置

单击【模型】选项卡【工程】组中的【倒圆角】按钮，可以打开如图 5-4 所示的【倒圆角】工具选项卡，以进行倒圆角操作。

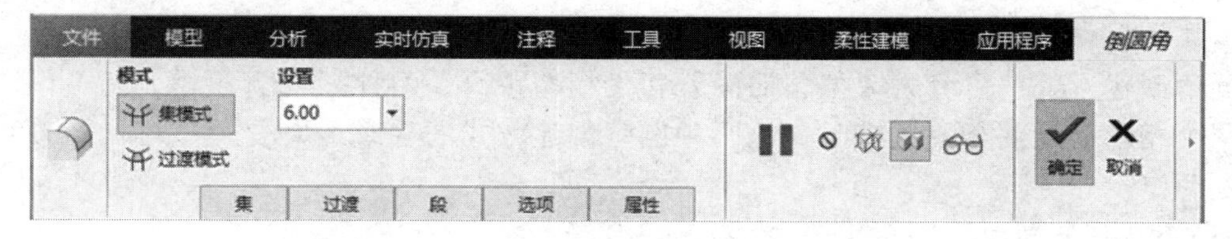

图 5-4 【倒圆角】工具选项卡

下面首先对【倒圆角】工具选项卡中的一些相关按钮、选项进行说明。

（1）【模式】参数

【集模式】按钮：用于选择设置模式生成圆角特征，为 Creo Parametric 8.0 的默认方式。

【过渡模式】按钮：用于选择过渡模式生成圆角特征。

（2）【设置】参数

数值框用于输入圆角半径。

（3）【暂停】、【无预览】、【分离】、【连接】、【特征预览】、【确定】、【取消】按钮

可以预览生成的圆角特征，进而完成或取消圆角特征的建立。

（4）【集】面板

图 5-5 所示为【倒圆角】工具选项卡中的【集】面板，主要参数介绍如下。

【集】列表框：对应不同的倒圆角集，可以通过单击鼠标右键来进行添加、删除的操作。

圆角截面形状：可分为【圆形】、【圆锥】、【C2 连续】、【D1×D2 圆锥】和【D1×D2 C2】。

圆角创建方式：可分为【滚球】和【垂直于骨架】。选择【滚球】选项，表示所创造的圆角如同圆球滚过两个面间的效果。选择【垂直于骨架】选项，表示所创建的曲面如同一段圆弧沿着所选的骨架扫掠而过。

【延伸曲面】按钮：启用倒圆角以在连接曲面的延伸部分继续展开，而非转换为边至曲面倒圆角。

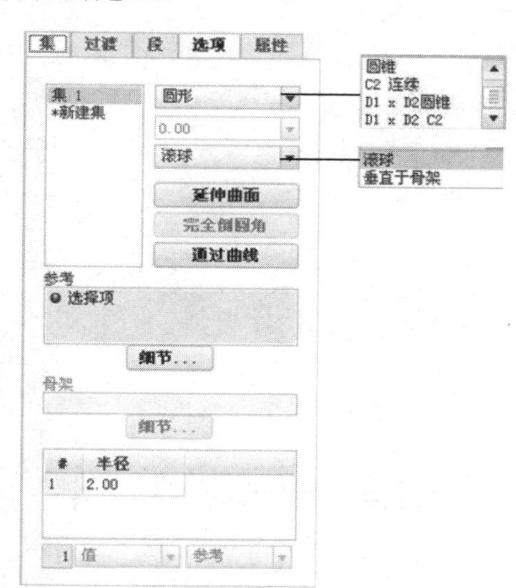

图 5-5 【倒圆角】工具选项卡【集】面板

【完全倒圆角】按钮：将选定的面以圆角面取代。

【通过曲线】：建立通过曲线驱动的倒圆角，使用这种方式，驱动曲线可以比实体边短，不足的部分系统会自动沿曲线的切线方向延伸。

【参考】：对应的是圆角边，可以通过单击鼠标右键来进行删除、显示信息的操作。

【半径】：在圆角半径输入框中输入半径值。

（5）【过渡】面板

对应于使用过渡模式生成圆角时过渡方式的选择。

（6）【段】面板

用于执行倒圆角段的管理。可查看倒圆角特征的全部倒圆角集，查看当前倒圆角集中的全部倒圆角段，修剪、延伸或排除这些倒圆角段，以及处理放置模糊等问题。

（7）【选项】面板

用于选择进行实体操作还是生成曲面。

（8）【属性】面板

用于显示或更改当前圆角特征的名称，单击【显示此特征的信息】按钮，可以显示当前圆角特征的具体信息。

图 5-6 所示为 Creo Parametric 8.0 中常见的 4 种倒圆角类型的示意图。

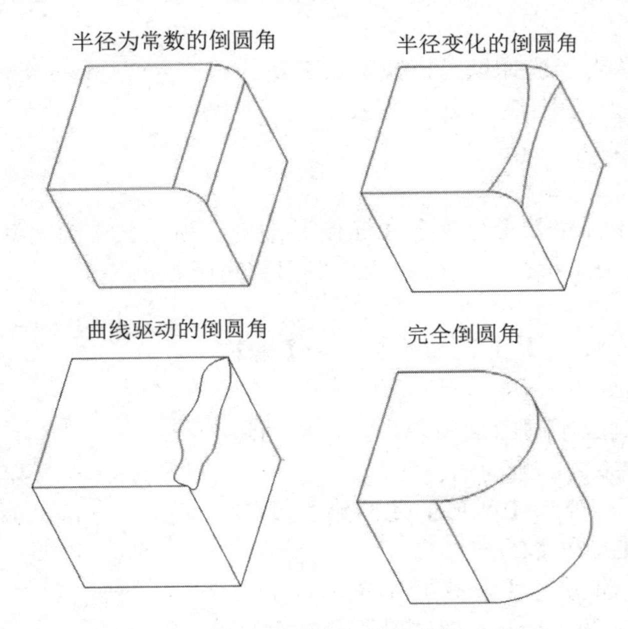

图 5-6　倒圆角类型示意图

5.1.4　过渡部分设计

下面对圆角的过渡部分设计进行介绍。

（1）过渡模式

当需要对多个圆角集相接处的几何形状进行特殊控制时，可以使用过渡模式生成圆角。虽然使用过渡模式生成圆角时，过渡区几何形状可以有多种不同的选择，但通常以设置模式生成的圆角也能构建出令人满意的结果，所以两者优劣要视设计需求而定。

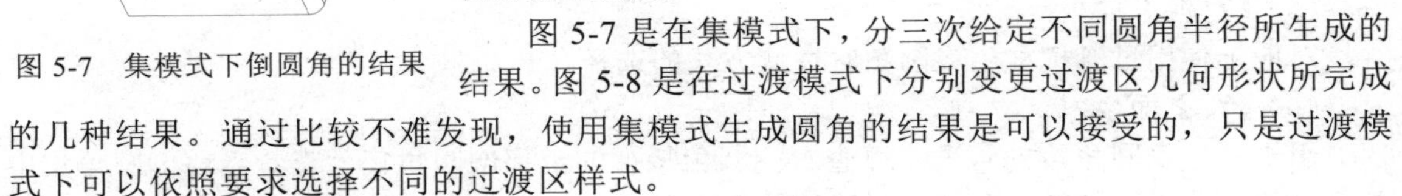

图 5-7　集模式下倒圆角的结果

图 5-7 是在集模式下，分三次给定不同圆角半径所生成的结果。图 5-8 是在过渡模式下分别变更过渡区几何形状所完成的几种结果。通过比较不难发现，使用集模式生成圆角的结果是可以接受的，只是过渡模式下可以依照要求选择不同的过渡区样式。

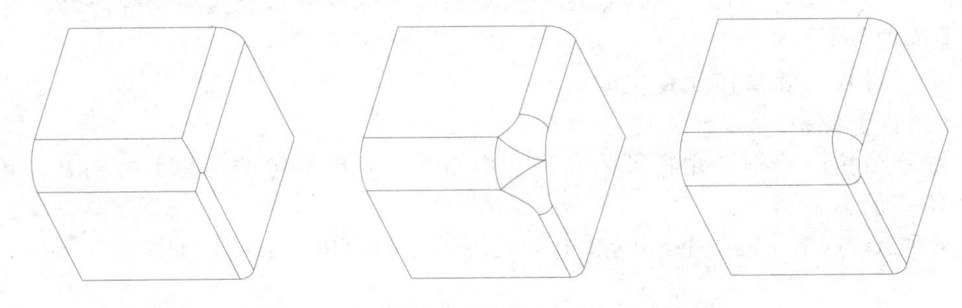

图 5-8　不同过渡区几何形状的几种结果

（2）过渡区几何形状的说明

【仅限倒圆角 1】：未规定过渡区几何形状，类似于使用简单圆角完成后的结果。

【相交】：相邻的圆角集直接延伸相接。

【拐角球】：过渡区几何形状为球形曲面，半径不小于最大圆角集半径，仅限于三个圆角集的情况。

【曲面片】：使用补片方式，利用过渡区的数个边补成一个嵌面来构建过渡区，适用于三个或四个圆角集的情况，并且可在圆角相交处加上圆角。

为了便于直观认识，将不同过渡区几何形状完成后的效果整理为表 5-1。

表 5-1　不同过渡区几何形状的完成效果

过渡区形式	完　成　前	完　成　后
仅限倒圆角 1	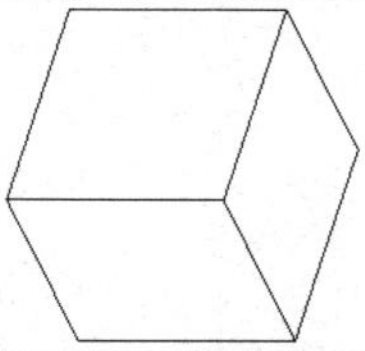	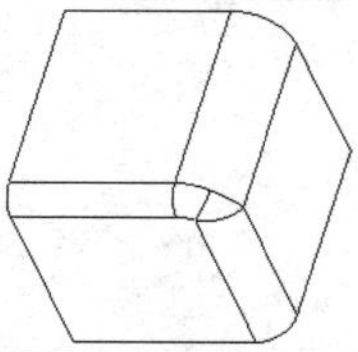
	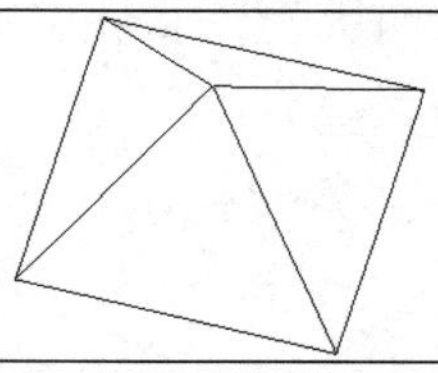	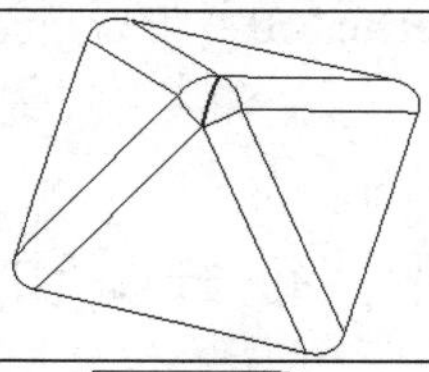
相交	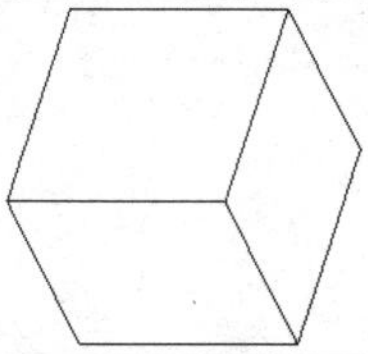	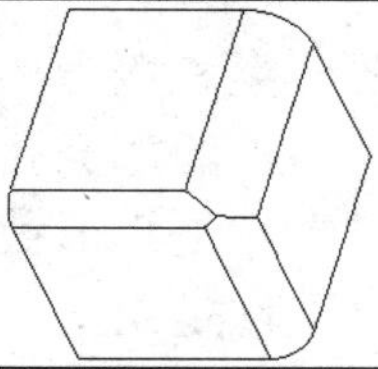
	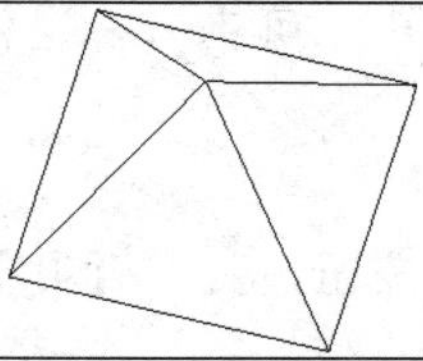	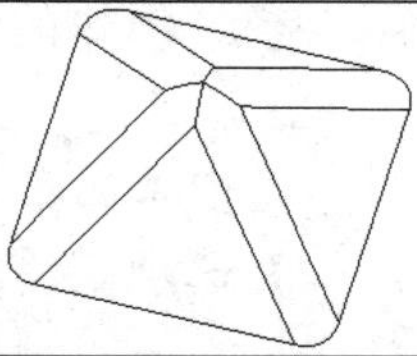
拐角球	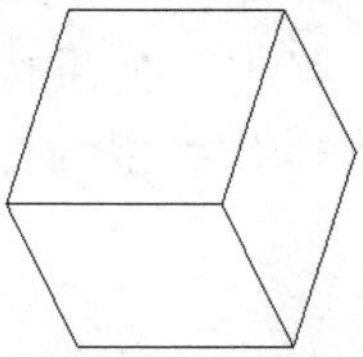	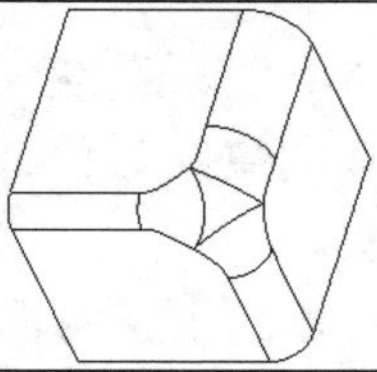
曲面片	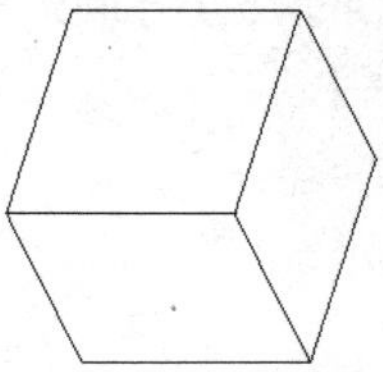	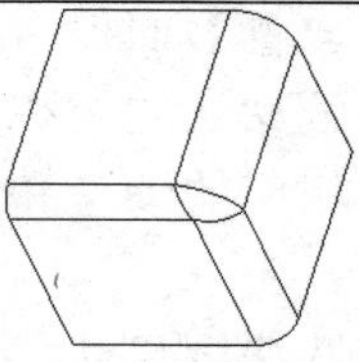 过渡区未指定圆角 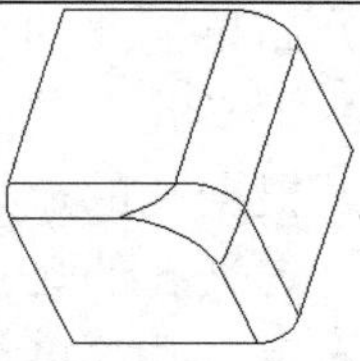 过渡区指定以前面为参考的圆角

续表

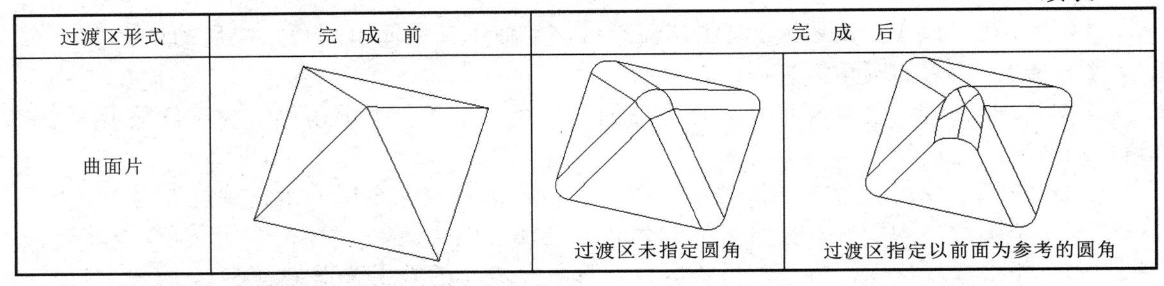

过渡区形式	完成前	完成后	
曲面片		过渡区未指定圆角	过渡区指定以前面为参考的圆角

系统默认为【仅限倒圆角 1】方式。

在过渡区几何形状下拉菜单中选择不同的几何形状类型，在屏幕绘图区能够立即看到完成后的结果，用户可以根据设计需要进行选择。

5.2　孔特征

Creo Parametric 8.0 中的孔特征分为直孔和标准孔两大类，直孔又可细分为简单孔和草绘孔两种。

5.2.1　孔特征分类和创建方法

孔特征的主要分类和概念如下。

（1）直孔：最简单的一类孔特征。

简单孔：可以看作是矩形截面的旋转切除。

草绘孔：可以看作是由草绘截面定义的旋转切除。

（2）标准孔：由系统创建的基于相关工业标准的孔，可带有标准沉孔、埋头孔等不同的末端形状。

创建孔特征的操作步骤如下。

（1）单击【模型】选项卡【工程】组中的【孔】按钮，打开【孔】工具选项卡，以进行孔特征的操作。

（2）选择孔的类型，系统默认孔类型为简单直孔。其中：如果选择孔类型为草绘孔，可以选择打开已有的草绘截面或创建新的截面；如果选择孔类型为标准孔，则设定相应的直径、深度等属性。

（3）定义孔放置的主参考面。

（4）如果需要的话，可在【放置】面板卡中定义孔的放置方向。

（5）定义孔的放置类型，系统默认的类型为【线性】。

（6）根据孔的放置类型定义相应的参考和定位尺寸。

（7）定义孔的直径。

（8）定义孔深度的计算方式及深度尺寸。

（9）单击【特征预览】按钮进行预览，无误后单击【确定】按钮，完成孔特征的创建。

5.2.2　孔特征参数设置

单击【模型】选项卡【工程】组中的【孔】按钮，可以打开如图 5-9 所示的【孔】工具选项卡，以进行孔特征的创建。

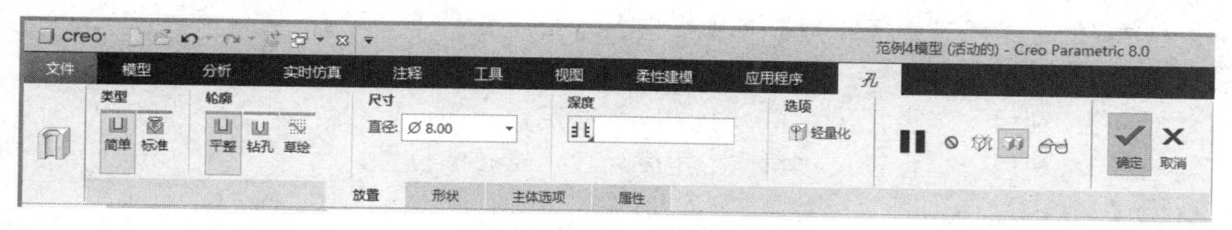

图 5-9 【孔】工具选项卡

下面首先对【孔】工具选项卡中的一些相关按钮、选项进行说明。

（1）【类型】参数

【简单】按钮：用于生成直孔。

【标准】按钮：用于生成标准孔，单击【标准】按钮后的【孔】工具选项卡如图 5-10 所示。

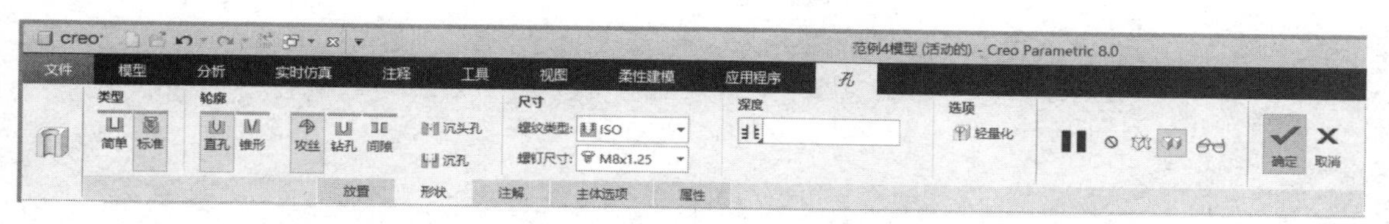

图 5-10　单击【标准】按钮后的【孔】工具选项卡

标准孔包括 ISO、UNF 和 UNC 等 3 种标准体系，其中 ISO 与我国的 GB 最为接近，也是采用最为广泛的机械类标准。

（2）【轮廓】参数

这里主要介绍直孔的参数，主要参数如下。

【平整】按钮：用于选择生成直孔，是系统默认方式。尺寸和深度文本框用于输入孔的参数。

【钻孔】按钮：用于生成标准孔。与拉伸特征相似，孔深度计算方式也有多种类型。

【草绘】按钮：用于生成草绘孔。

注意：

生成草绘孔时，草绘截面中必须有一个竖直放置的中心线作为旋转轴，并至少有一个垂直于这个旋转轴的图元。

（3）【尺寸】参数和【深度】参数

这两个参数的文本框主要用于输入直孔的直径和深度的参数，对于标准孔，有更多的类型等参数需要设置。

（4）【选项】参数

这个参数主要设置是否对孔特征进行轻量化处理。

（5）【暂停】、【无预览】、【分离】、【连接】、【特征预览】、【确定】、【取消】按钮

可以预览生成的孔特征，进而完成或取消孔特征的建立。

（6）【放置】面板

图 5-11 所示为【孔】工具选项卡中的【放置】面板，用于检查和修改孔特征的主、次参考。其中【放置】参数用于设定孔的放置面，可以在收集栏中进行添加或删除操作。

孔位置的主参考设定【类型】有【线性】、【径向】和【直径】3 种。

【线性】：利用两个线性尺寸定位孔的位置。

【径向】：利用一个半径尺寸和一个角度尺寸定位孔的位置。

【直径】：利用一个直径尺寸和一个角度尺寸定位孔的位置。

（7）【形状】面板

图 5-12 所示为【孔】工具选项卡中的【形状】面板，用于预览当前孔特征的 2D 视图和修改孔特征的深度、直径等属性。

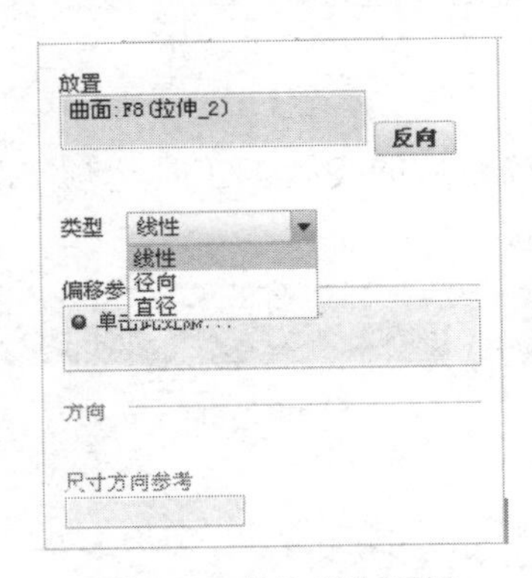

图 5-11 【放置】面板

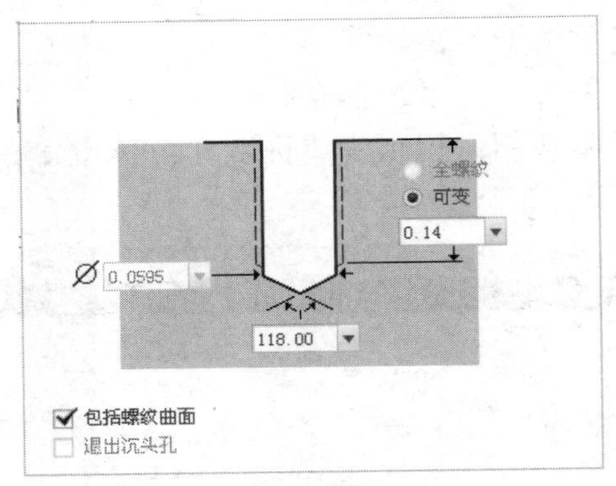

图 5-12 【形状】面板

（8）【注解】面板

图 5-13 所示为【孔】工具选项卡中的【注解】面板，仅用于标准孔，可预览孔特征的注释说明。

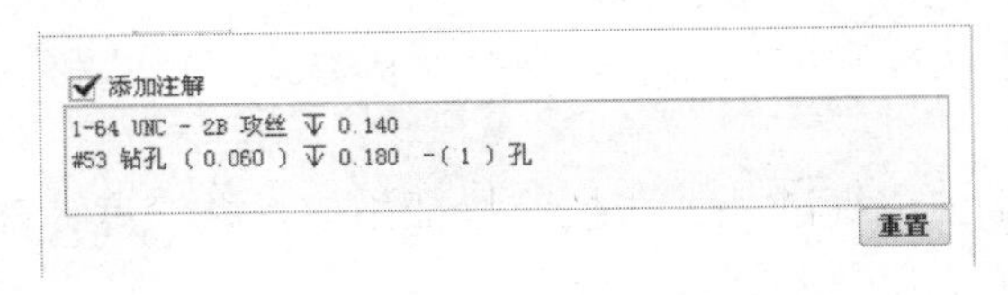

图 5-13 【注解】面板

（9）【孔】工具选项卡中的【属性】面板

用于显示或更改当前孔特征的名称，单击【显示此特征的信息】按钮，可以显示当前孔特征的具体信息。

5.3 筋特征

筋特征又称为“加强肋”特征，是实体曲面间连接的薄翼或腹板，对零件外形尤其是

薄壳外形有提升强度的作用。筋特征的外形通常为薄板，位于相邻实体表面的连接处，用于加强实体的强度，也常用于防止实体表面出现不需要的折弯。筋特征的构建与拉伸特征相似。在选定的草绘平面上，指定筋的参考绘制筋的外形，并指定筋的生成方向及厚度值。筋特征分为两大类，即轨迹筋特征和轮廓筋特征。

5.3.1　轨迹筋特征

轨迹筋特征是在平面上建立筋特征的轨迹，之后根据轨迹自动拉伸形成的筋特征。

在【模型】选项卡的【工程】组中单击【轨迹筋】按钮，弹出【轨迹筋】工具选项卡，如图 5-14 所示。在绘图区按住鼠标右键两秒，在弹出的快捷菜单中选择【定义内部草绘】命令，或者单击【轨迹筋】工具选项卡【放置】面板中的【定义】按钮，选择创建筋特征的草绘平面。

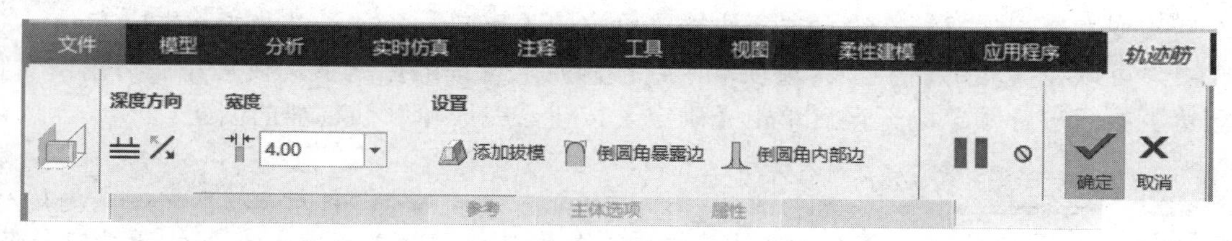

图 5-14 【轨迹筋】工具选项卡

系统弹出【草绘】对话框，选择适当的草绘平面及参考平面后，单击【草绘】按钮，进入草绘模式。

进入草绘模式后，绘制筋的路径草图。完成后单击【确定】按钮，返回【轨迹筋】工具选项卡。

用户可以在【轨迹筋】工具选项卡中直接修改筋特征的厚度值，或者筋的附属类型，设置完成后单击【确定】按钮，完成轨迹筋特征的创建。

5.3.2　轮廓筋特征

轮廓筋特征是在草绘平面绘制筋的轮廓，根据参考拉伸成筋的特征。

在【模型】选项卡的【工程】组中单击【轮廓筋】按钮，弹出【轮廓筋】工具选项卡，如图 5-15 所示。在绘图区按住鼠标右键两秒，在弹出的快捷菜单中选择【定义内部草绘】命令，或者单击【轮廓筋】工具选项卡【参考】面板中的【定义】按钮，选择筋特征创建草绘视图。

图 5-15 【轮廓筋】工具选项卡

系统弹出【草绘】对话框，选择适当的草绘平面和参考平面后，单击【草绘】按钮，进入草绘模式。

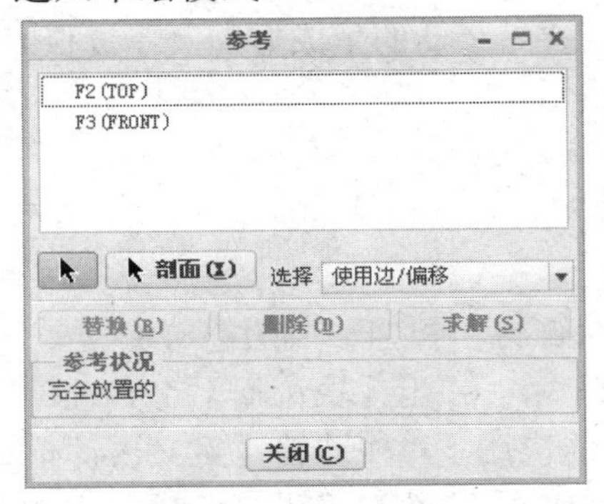

图 5-16　筋【参考】对话框

进入草绘模式后，单击【草绘】选项卡【设置】面板中的【参考】按钮，为即将创建的筋特征指定参考。系统弹出图 5-16 所示的【参考】对话框，在显示窗口选择参考。参考选取完成后，单击【关闭】按钮，关闭筋【参考】对话框。

使用草图工具，创建筋特征截面，单击【确定】按钮，返回【轮廓筋】工具选项卡。

绘制完成筋特征截面后，在零件实体上会出现筋特征生成方向箭头和筋特征图形。如果没有看到筋特征图形，可单击箭头改变筋生成方向，或将鼠标指针移到箭头附近，箭头变亮后按住鼠标右键，选择快捷菜单中的【反向】命令，以改变筋生成方向。

用户可以在【轮廓筋】工具选项卡中直接修改筋特征的厚度值，设置完成后单击【特征预览】按钮进行预览，无误后单击【确定】按钮，完成轮廓筋特征的创建。

提　示

轨迹筋特征的草绘轨迹无须与特征相交，轮廓筋特征侧截面草绘线条的两端应与筋所连接的实体边线相交。

5.4　螺纹特征

同其他实体造型特征一样，螺纹特征是实体造型特征的一种，除了标准孔的螺纹设置，Creo Parametric 8.0 还提供了一种表示螺纹直径的修饰特征——修饰螺纹，本节将重点介绍螺纹修饰特征的创建过程。

5.4.1　创建修饰螺纹

创建修饰螺纹特征的操作步骤如下。

（1）单击【模型】选项卡【工程】组中的【修饰螺纹】按钮，打开【螺纹】工具选项卡，以进行螺纹特征的操作。

（2）依次选择螺纹修饰曲面、螺纹起始曲面、螺纹生成方向、螺纹深（长）度及主直径。

（3）单击【特征预览】按钮进行预览，无误后单击【确定】按钮，完成螺纹特征的创建。

5.4.2　修饰螺纹参数设置

单击【模型】选项卡【工程】组中的【修饰螺纹】按钮，打开【螺纹】工具选项卡，如图 5-17 所示。修饰螺纹又分为简单螺纹和标准螺纹。

创建外螺纹时，选择零件外表面为螺纹修饰曲面即可；创建内螺纹则选择零件内表面为螺纹修饰曲面。此时可依次定义螺纹修饰曲面、螺纹起始曲面、螺纹生成方向、螺纹深（长）度及主直径，主要参数设置如下。

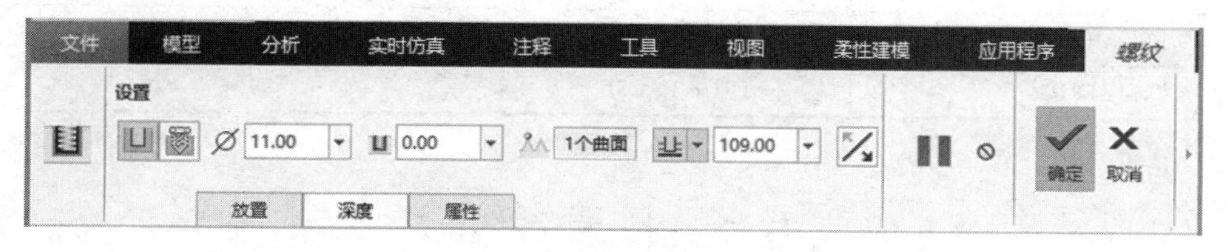

图 5-17　简单【螺纹】工具选项卡

（1）定义螺纹修饰曲面

【螺纹】工具选项卡中【放置】面板用于选择放置螺纹的曲面。

注意：

不能从非平面曲面定义，使用螺纹深度参数（盲螺纹）的螺纹。如果螺纹内径等于放置曲面的直径，那么盲孔的外修饰螺纹将会失败。对于外螺纹，默认外螺纹小径值比轴的直径约小 10%；对于内螺纹，默认内螺纹大径值比孔的直径约大 10%。

（2）定义螺纹深（长）度

【螺纹】工具选项卡中【深度】面板用于选择螺纹的起始面以及深度选项，如图 5-18 所示。

（3）定义螺纹直径

当定义的螺纹直径不符合要求时，可以在显示窗口直接观察到。打开【属性】面板，系统弹出螺纹修饰的参数窗口，如图 5-19 所示。

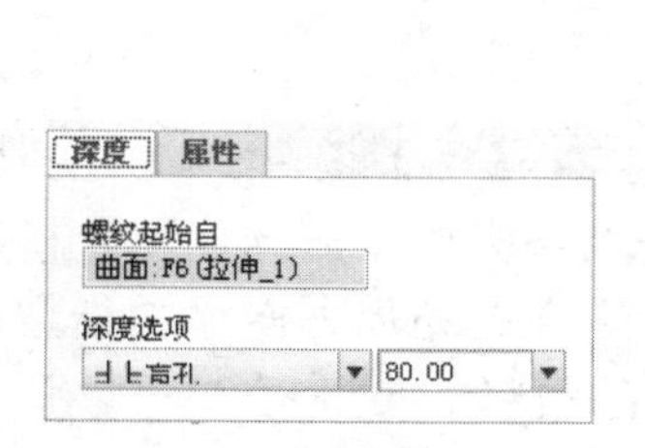

图 5-18 【深度】面板

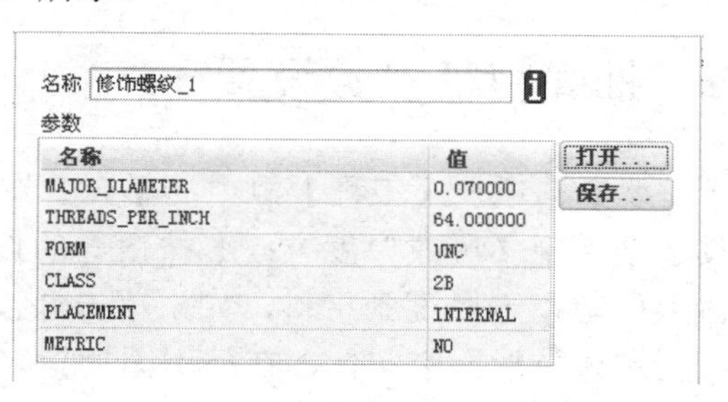

图 5-19 【属性】面板

表 5-2 列出了可用于定义螺纹的参数，或后面要添加的螺纹。该表中的螺距是指两个螺纹之间的距离。

表 5-2　螺纹参数列表

参 数 名 称	参　数　值	参 数 描 述
MAJOR_DIAMETER	数量	螺纹外径
THREADS_PER_INCH	数量	每英寸的螺纹数（1/螺距）

续表

参 数 名 称	参 数 值	参 数 描 述
FORM	字符串	螺纹形式
CLASS	数量	螺纹等级
PLACEMENT	字符	螺纹放置（A：外部，B：内部）
METRIC	TRUE/FALSE	螺纹为公制

5.5 抽壳特征

抽壳特征是指将零件实体的一个或几个表面去除，然后挖空实体的内部，留下一定壁厚的壳的构造方式。壳特征常见于注塑或铸造零件，默认情况下，壳特征的壁厚是均匀的。

5.5.1 创建抽壳特征

创建抽壳特征的操作步骤如下。

（1）单击【模型】选项卡【工程】组中的【壳】按钮，打开【壳】工具选项卡，以进行抽壳特征的操作。

（2）选择移除的曲面。

（3）进行抽壳厚度设置。

（4）单击【特征预览】按钮进行预览，无误后单击【确定】按钮，完成壳特征的创建。

5.5.2 抽壳特征参数设置

单击【模型】选项卡【工程】组中的【壳】按钮，打开【壳】工具选项卡，如图 5-20 所示。工具选项卡中【更改厚度方向】按钮的作用是调整壳厚度方向，默认情况下，将在模型实体上保留指定厚度到材料，如果单击该按钮，则会在相反方向添加指定厚度的材料，即按模型实体外形掏空实体，在外围添加指定厚度的材料。

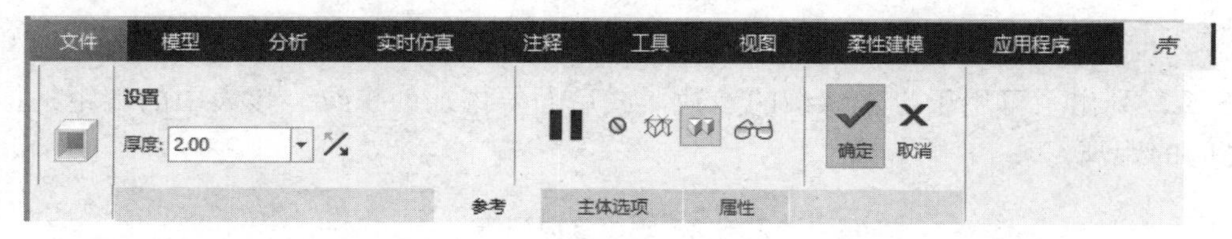

图 5-20 【壳】工具选项卡

抽壳操作如图 5-21 所示，单击【壳】工具选项卡中的【参考】面板，即可显示其中所包含的内容，如图 5-22 所示。

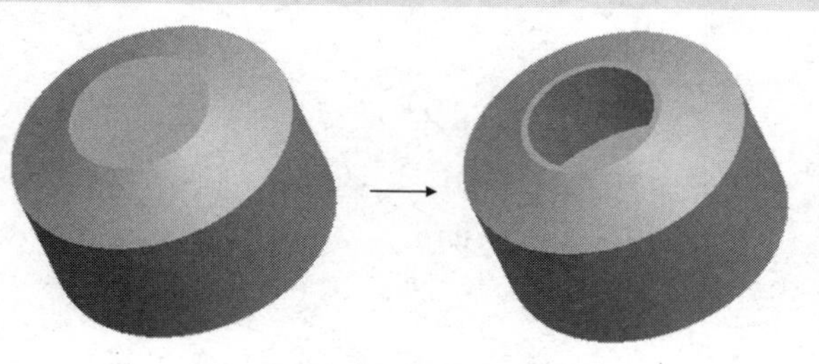

图 5-21　抽壳特征的建立

图 5-22 【参考】面板

在【参考】面板中有【移除的曲面】和【非默认厚度】两个选项。

(1)【移除的曲面】：显示用户创建壳特征时从实体上选择的要删除的曲面。若用户没有选择任何曲面，则系统默认创建一个内部中空的封闭壳。激活该列表框后，用户可以从实体表面选择一个或多个移除曲面。选择多个曲面的方法是按住 Ctrl 键配合视角调整来选取移除曲面。

(2)【非默认厚度】：在创建壳特征时，系统默认的厚度是均匀的，用户可以为此处选取的每个曲面指定单独的厚度值，剩余的曲面将统一使用默认厚度。图 5-23 所示为设置不同抽壳厚度所生成的零件模型。

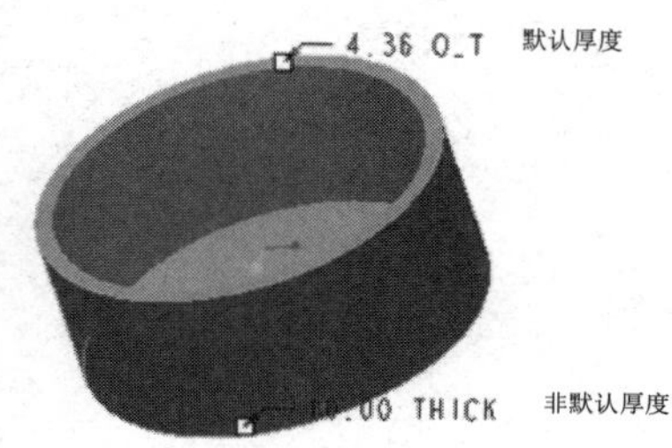

图 5-23　设置抽壳厚度

移除曲面选取完成后，单击【特征预览】按钮进行预览，无误后单击【确定】按钮，完成壳特征的创建。

提　示

当零件特征需要倒圆角或拔模时，应先建立倒圆角或拔模特征，再创建薄壳特征，否则将导致壳厚度不均匀。在创建壳特征时，被移除的曲面与其他曲面相切时必须有相同的厚度，否则会导致薄壳特征创建失败。

5.6　设计范例

5.6.1　制作穿孔座板模型范例

扫码看视频

本范例完成文件：范例文件/第 5 章/5-1.prt

多媒体教学路径：多媒体教学→第 5 章→5.6.1 范例

本范例是制作一个穿孔座板的零件模型，首先使用拉伸特征设计出底板，然后主要使用圆角和拔模等工程特征设计的方法，从而完成一个完整的零件模型，使读者对工程特征

的实战操作有进一步的了解和把握。

范例操作

Step1 草绘矩形

①新建一个零件文件后，单击【模型】选项卡【基准】组中的【草绘】按钮，在打开的【草绘】对话框中设置参数，然后单击【草绘】按钮进入草绘界面，如图 5-24 所示。

②单击【草绘】选项卡【草绘】组中的【拐角矩形】按钮，绘制一个长宽均为 80 的矩形。

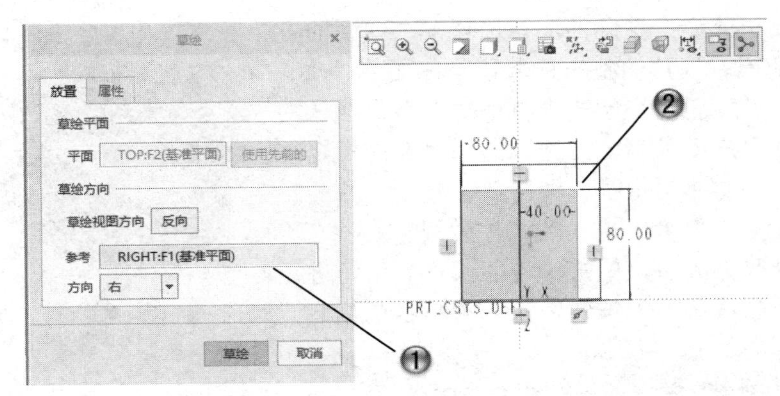

图 5-24　绘制矩形

Step2 拉伸矩形板

①单击【模型】选项卡【形状】组中的【拉伸】按钮，选择草绘 1，如图 5-25 所示。

②在打开的【拉伸】工具选项卡中设置拉伸参数，拉伸出底板。

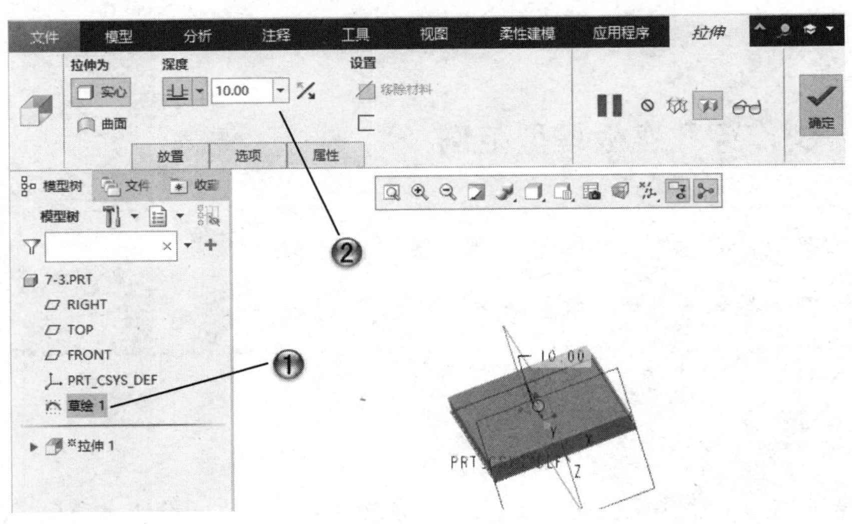

图 5-25　拉伸矩形板

Step3 创建圆角

①单击【模型】选项卡【工程】组中的【倒圆角】按钮，选择圆角的边线，如图 5-26 所示。

②在【倒圆角】工具选项卡中设置圆角参数，完成圆角特征。

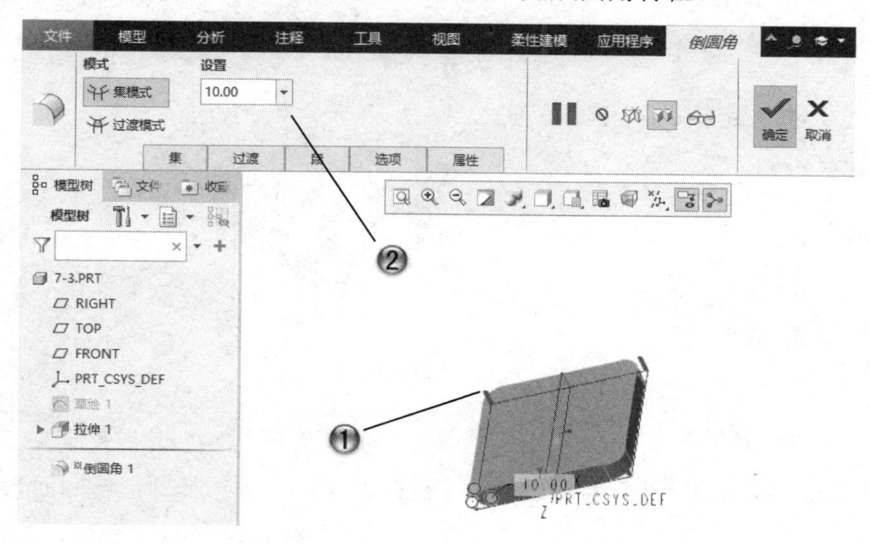

图 5-26　创建圆角

Step4 草绘圆形

选择板的上表面作为草绘基准，绘制直径为 40 的圆形，如图 5-27 所示。

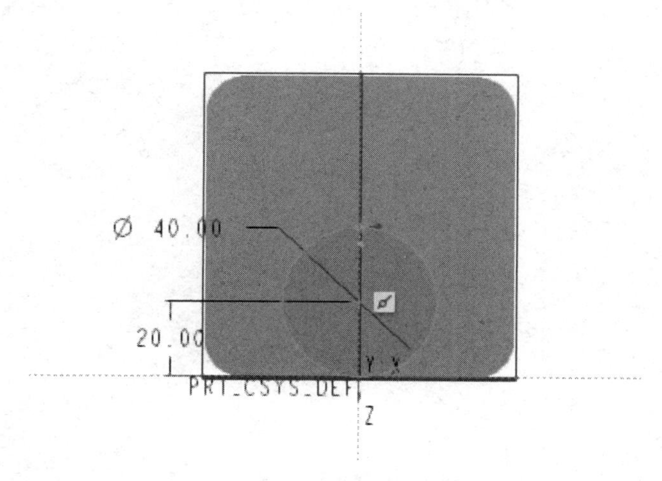

图 5-27　绘制圆形

Step5 拉伸圆形座

①单击【模型】选项卡【形状】组中的【拉伸】按钮，选择草绘 2，如图 5-28 所示。

②在打开的【拉伸】工具选项卡中设置拉伸参数，拉伸出圆形座。

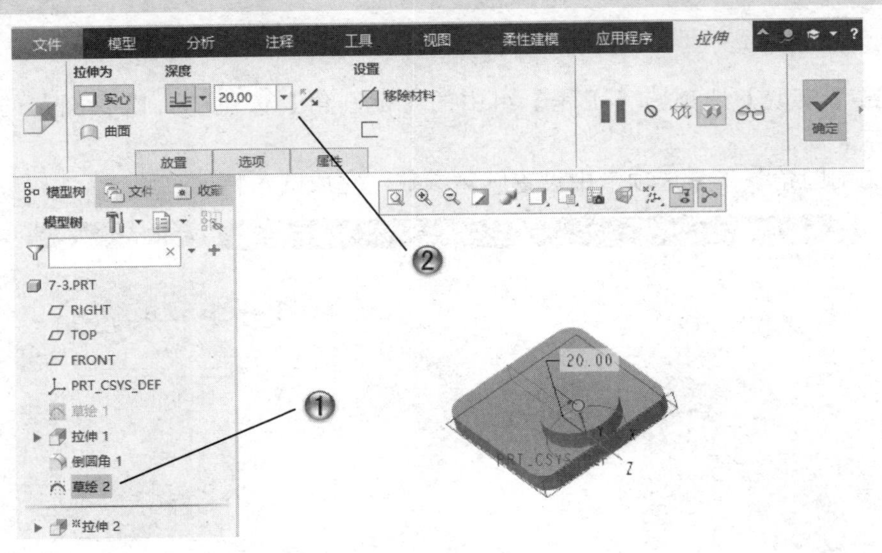

图 5-28　拉伸圆形座

Step6 创建拔模特征

①单击【模型】选项卡【工程】组中的【拔模】按钮，选择圆形座侧面为拔模曲面，如图 5-29 所示。

②在【拔模】工具选项卡中设置拔模参数，完成拔模特征。

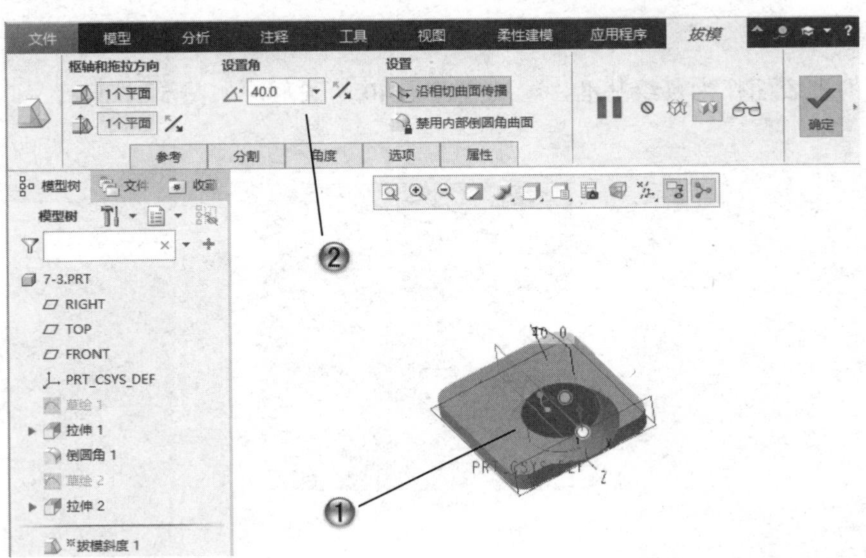

图 5-29　创建拔模特征

Step7 绘制穿孔的截面

选择圆形座的上表面作为草绘基准，绘制直径为 40 的圆形的草绘 3 作为穿孔的截面，如图 5-30 所示。

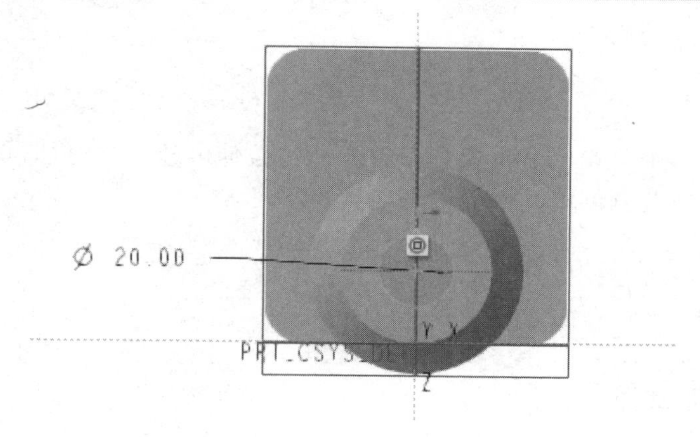

图 5-30　绘制截面草绘 3

Step8 拉伸出穿孔完成范例

① 单击【模型】选项卡【形状】组中的【拉伸】按钮，选择草绘 3，如图 5-31 所示。

② 在打开的【拉伸】工具选项卡中设置拉伸参数，选择【移除材料】，拉伸切除出穿孔，至此该范例制作完成。

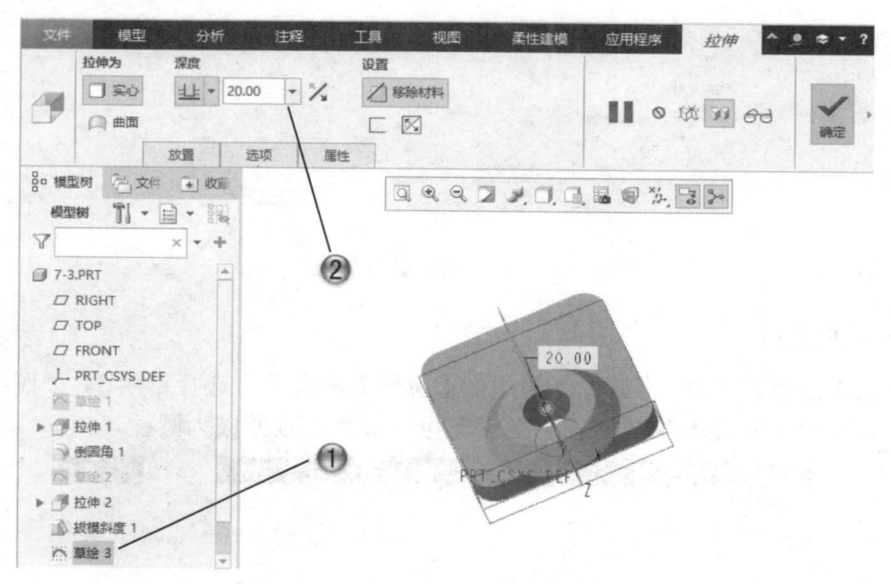

图 5-31　穿孔座板范例模型

5.6.2　制作风帽模型范例

扫码看视频

本范例完成文件：范例文件/第 5 章/5-2.prt

多媒体教学路径：多媒体教学→第 5 章→5.6.2 范例

范例分析

本范例是制作一个风帽的三维模型，首先通过拉伸创建基本特征，然后主要使用圆角和抽壳工程特征完成范例创建，希望读者能认真学习。

范例操作

Step1 绘制圆形草图

①新建一个零件文件后，单击【模型】选项卡【基准】组中的【草绘】按钮，在打开的【草绘】对话框中设置参数，然后单击【草绘】按钮进入草绘界面，如图 5-32 所示。

②单击【草绘】选项卡【草绘】组中的【圆心和点】按钮，绘制一个直径为 40 的圆形。

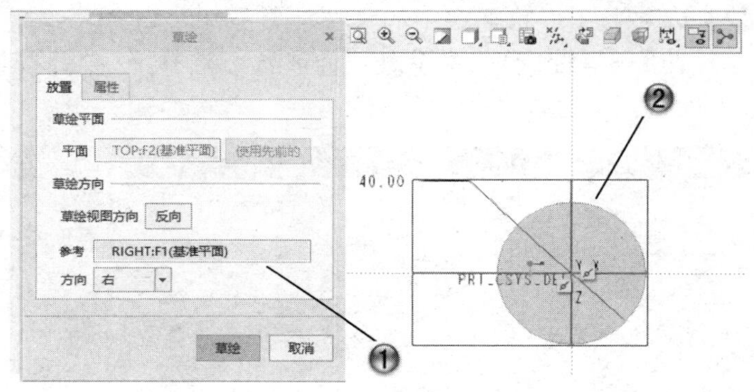

图 5-32 绘制圆形草图

Step2 拉伸圆柱

①单击【模型】选项卡【形状】组中的【拉伸】按钮，选择草绘 1，如图 5-33 所示。

②在打开的【拉伸】工具选项卡中设置拉伸参数，拉伸成为圆柱。

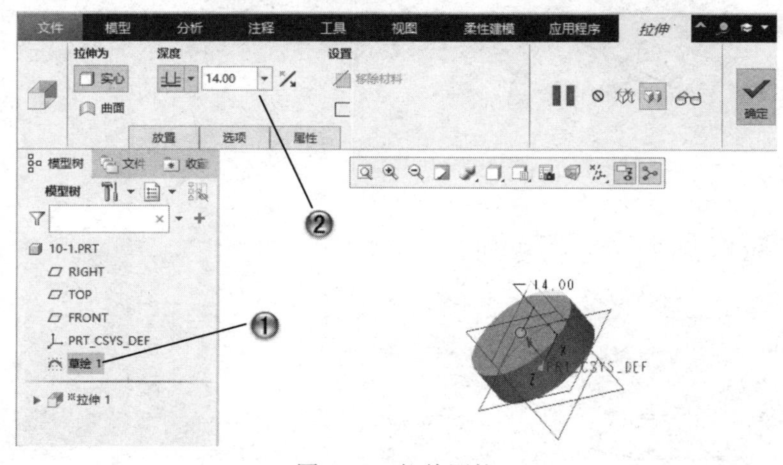

图 5-33 拉伸圆柱

Step3 绘制圆形草绘 2

选择圆柱的上表面作为草绘基准，绘制直径为 34 的圆形，如图 5-34 所示。

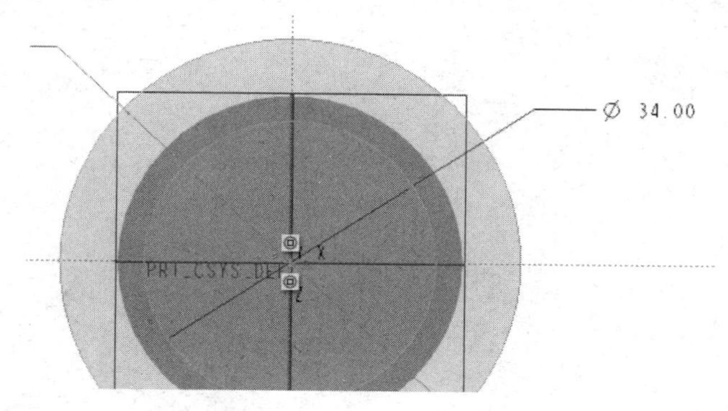

图 5-34　绘制圆形草绘 2

Step4 拉伸圆柱 2

①单击【模型】选项卡【形状】组中的【拉伸】按钮，选择草绘 2，如图 5-35 所示。
②在打开的【拉伸】工具选项卡中设置拉伸参数，拉伸出圆柱 2。

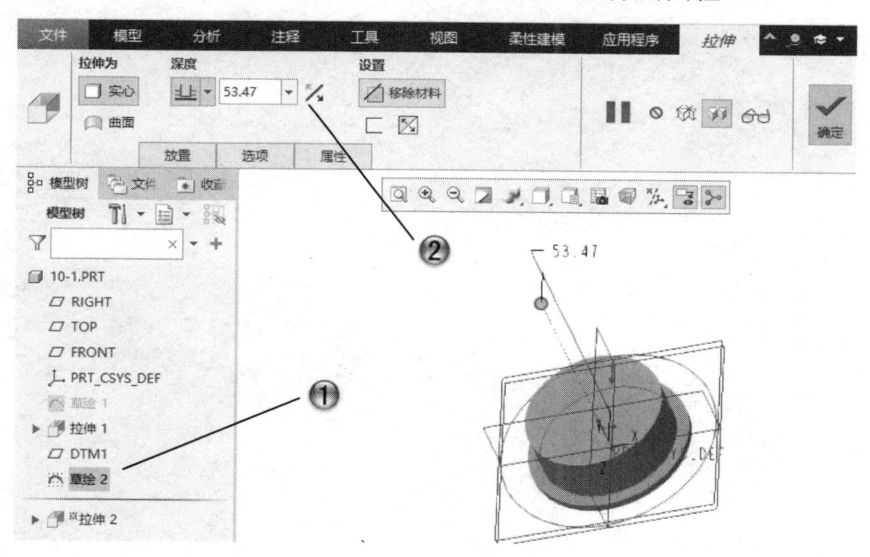

图 5-35　拉伸圆柱 2

Step5 创建圆角

①单击【模型】选项卡【工程】组中的【倒圆角】按钮，选择圆角的边线，如图 5-36 所示。

②在【倒圆角】工具选项卡中设置圆角参数，完成圆角特征。

Step6 创建抽壳特征完成范例

①单击【模型】选项卡【工程】组中的【壳】按钮，选择平面，如图 5-37 所示。

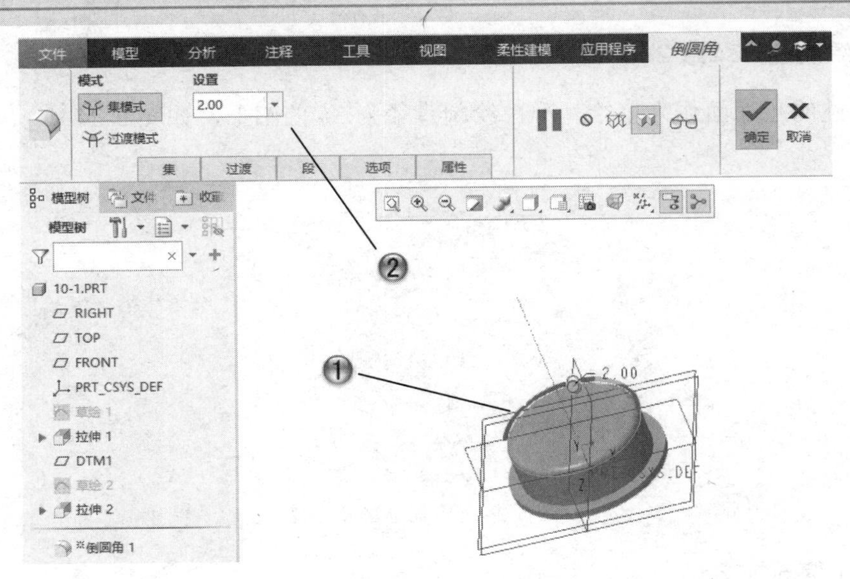

图 5-36　创建圆角

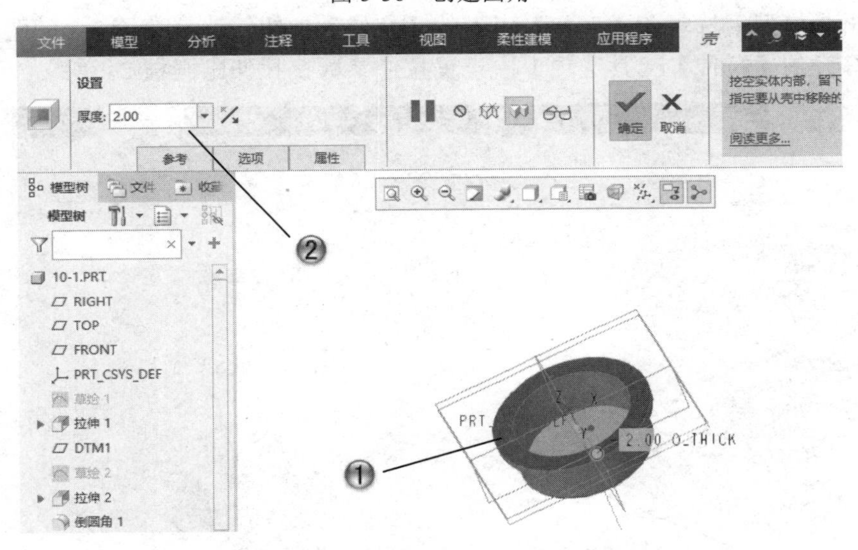

图 5-37　创建抽壳特征

②打开【壳】工具选项卡，设置其中的参数，完成抽壳特征。至此完成范例的制作，结果如图 5-38 所示。

图 5-38　风帽范例模型

5.6.3　制作支座模型范例

本范例完成文件：范例文件/第 5 章/5-3.prt

多媒体教学路径：多媒体教学→第 5 章→5.6.3 范例

范例分析

本范例是制作一个支座的三维模型，主要是使用工程特征中的筋特征和孔特征来完成范例建模，希望读者能认真学习。

扫码看视频

范例操作

Step1 开始制作筋特征

①打开一个底座零件的基本形体文件后，在【模型】选项卡的【工程】组中单击【轨迹筋】按钮，弹出【轨迹筋】工具选项卡，如图 5-39 所示。

②单击【参考】面板中的【定义】按钮，在打开的【草绘】对话框中设置参数，选择 FRONT 平面。

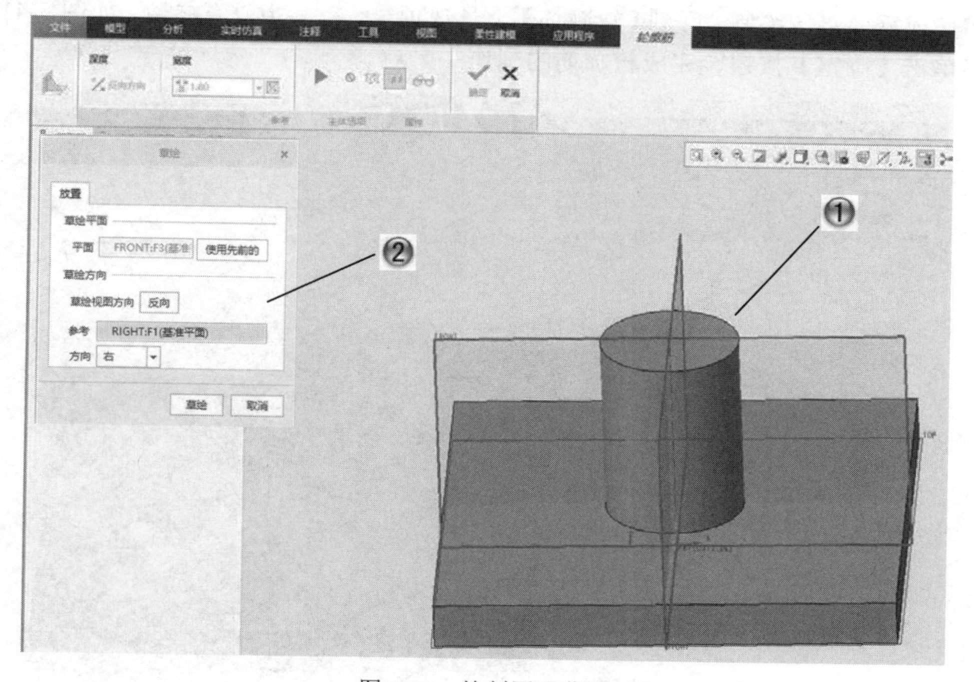

图 5-39　绘制圆形草图

Step2 绘制截面

①进入草绘界面，选择圆柱面的轮廓线和底座上端面作为参考，绘制一条连接两条参考的直线，如图 5-40 所示。

②修改尺寸参数，然后单击【确定】按钮完成截面绘制。

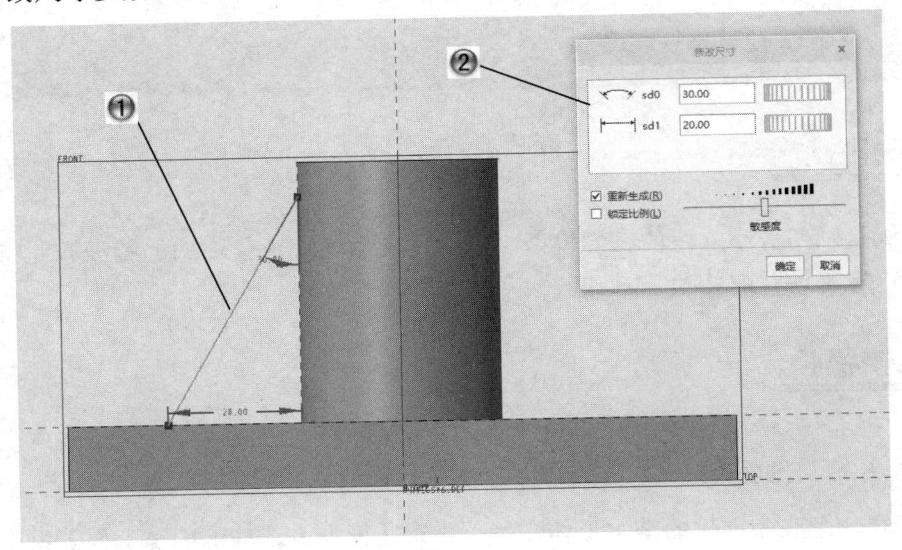

图 5-40　绘制截面

Step3 制作轮廓筋

①完成截面草图绘制，回到【轮廓筋】工具选项卡，在其中设置参数，如图 5-41 所示。

②单击【确定】按钮，完成轮廓筋的制作。

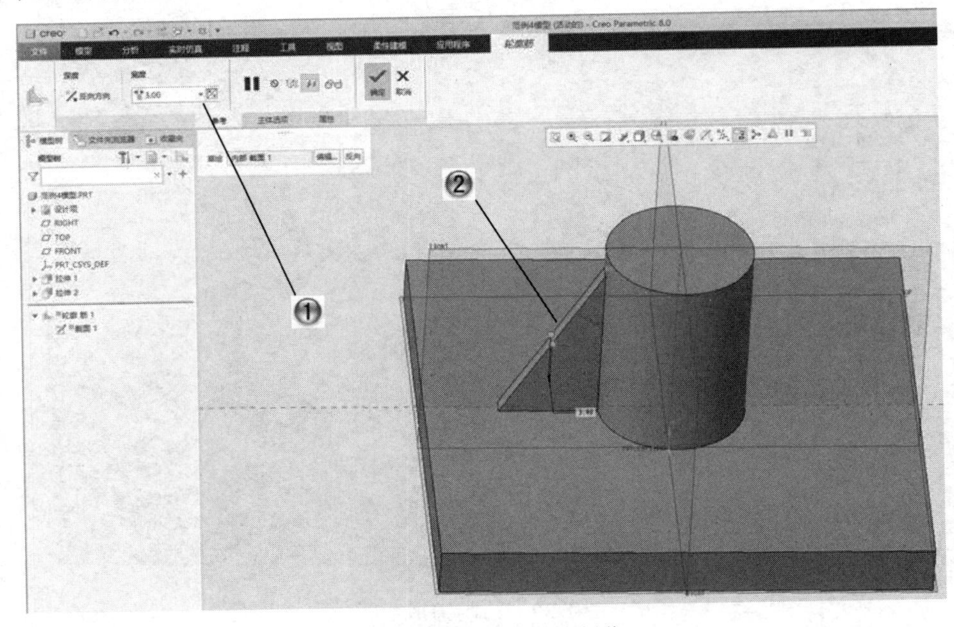

图 5-41　完成轮廓筋制作

Step4 阵列轮廓筋

①选择轮廓筋，单击【模型】选项卡【编辑】组中的【阵列】按钮，打开【阵列】工具选项卡，在【类型】下拉菜单中选择【轴】命令，选择圆柱的轴线，如图 5-42 所示。

②在【阵列】工具选项卡中设置参数，设置成员数为 4，成员间的角度为 90°，单击【确定】按钮，完成阵列轮廓筋的操作。

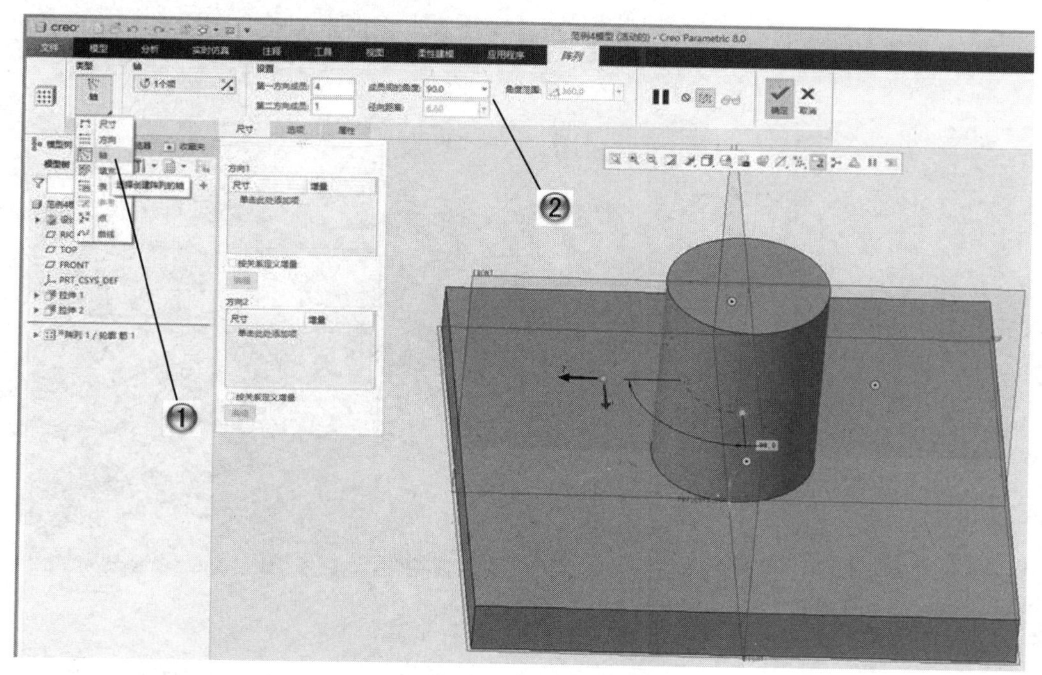

图 5-42　阵列轮廓筋

Step5 制作孔特征

①单击【模型】选项卡【工程】组中的【孔】按钮，单击底座的上端面，出现两个手柄，将它们分别拖动到 RIGHT 平面和 FRONT 平面，如图 5-43 所示。

②在【孔】工具选项卡中设置参数，其中设置直径为 8，【深度】中选择【穿透】方式，单击【确定】按钮，完成孔特征的操作。

Step6 阵列孔

①选择轮廓筋，单击【模型】选项卡【编辑】组中的【阵列】按钮，打开【阵列】工具选项卡，设置【类型】为【尺寸】阵列，设置阵列【成员数】，如图 5-44 所示。

②在【尺寸】面板中设置【方向 1】和【方向 2】的参数，单击【确定】按钮，完成阵列孔的操作，结果如图 5-45 所示。

Step7 制作螺纹孔完成范例

①单击【模型】选项卡【工程】组中的【孔】按钮，打开【孔】工具选项卡，设置其

中的螺纹参数，螺纹类型选择 ISO，螺钉尺寸选择 M8x1.25，如图 5-46 所示。

②打开【形状】面板，设置螺纹形状。

③选择圆柱上端面为基准，单击【确定】按钮，完成螺纹孔操作。至此范例制作完成，支座模型范例的结果如图 5-47 所示。

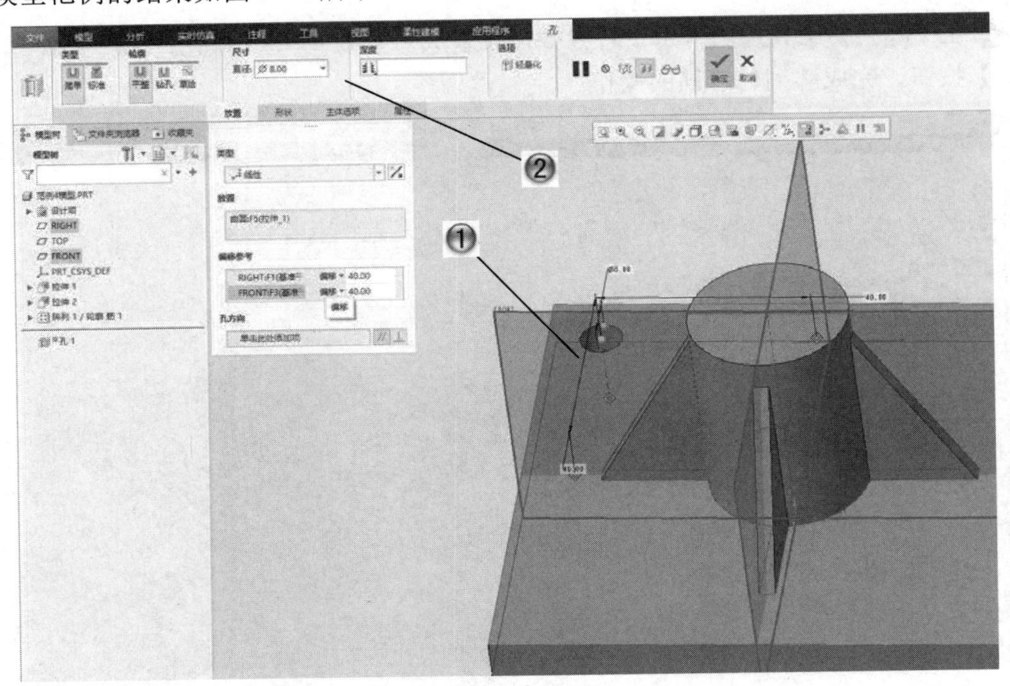

图 5-43　制作孔

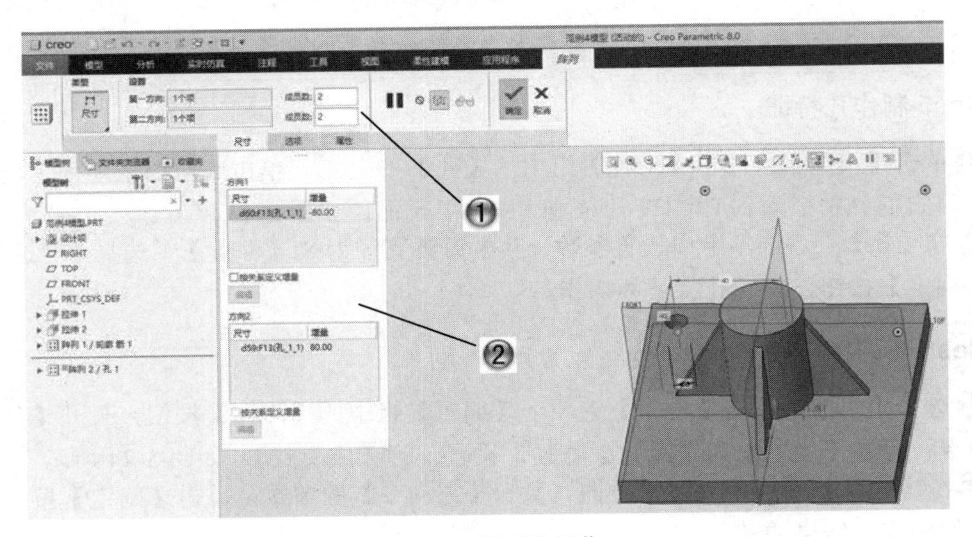

图 5-44　阵列孔操作

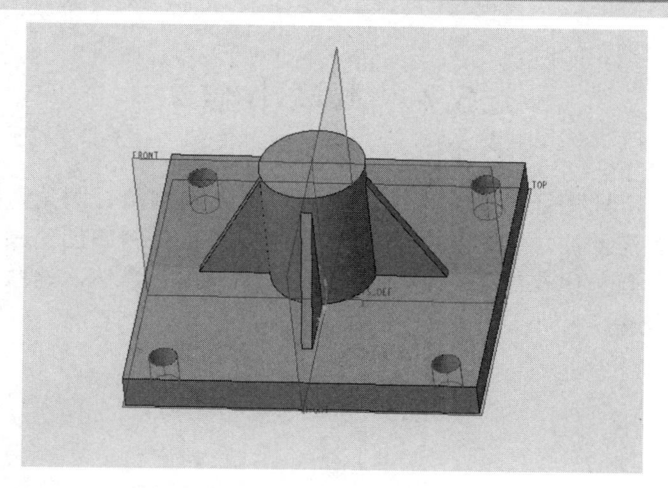

图 5-45　阵列孔的结果

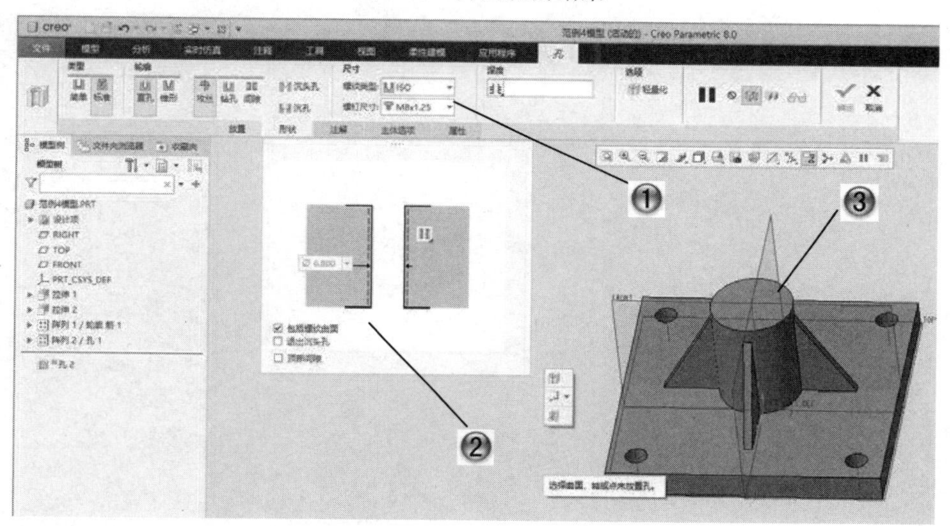

图 5-46　制作螺纹孔

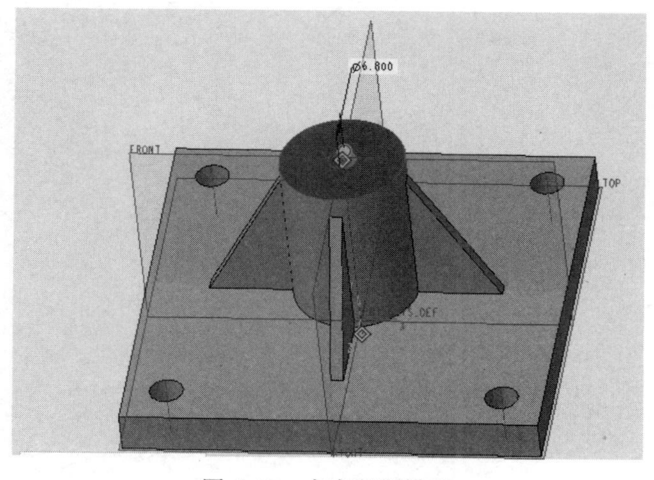

图 5-47　支座范例模型

5.7 本章小结

本章主要讲述了工程特征的设计方法，内容包括创建倒角、圆角、抽壳、筋和螺纹特征的创建过程，读者需要注意创建这些特征时的关键问题。例如创建圆角特征要注意定义的圆角半径不要大于圆角所在的边，否则会导致创建失败。当然，这些内容需要读者在进一步的实践中加深理解。

第6章 特征操作和程序设计

本章导读

本章重点介绍零件创建过程中的一些常用操作，如特征的复制与阵列操作、查看特征间的父子关系，以及后续处理中的一些常用操作，如对特征进行修改、重定义、删除、隐含和隐藏、重新排序以及参考特征等操作。通过这些常用操作的学习，使读者能够修改和完善特征，使其最终达到满意的设计效果。

另外，在 Creo Parametric 8.0 中，系统对每个零件模型都使用程序文件记录其建立步骤与形成条件，其中包括所有特征的建立过程、变量设置、尺寸及关系式等内容。通过程序设计就可以控制零件模型中特征的出现与否、尺寸的大小和装配件中零件的出现与否、零件个数等。零件模型的程序设计完成后，当读取该零件模型时，根据设计的各种情况，通过问答方式，就可以得到不同的几何形状，使产品设计更具有弹性，从而更容易建立产品零件库，以实现产品设计的要求。

6.1 特征复制操作

特征复制操作是将零件模型中单个特征、数个特征或组特征，通过复制操作产生与原特征相同或相近的特征，并将其放置到当前零件指定位置上的一种特征操作方法。

6.1.1 镜像复制

在特征复制操作中，被复制的特征可以从当前模型中选取，也可以从其他模型文件中选取，经复制生成的特征的外形、尺寸、参考等元素可以与原特征相同，也可以不同，由复制操作的具体方式决定。

在特征复制的众多方法中，镜像是最简单的操作方法。单击【模型】选项卡【编辑】

组中的【镜像】按钮，打开【镜像】工具选项卡，如图 6-1 所示。选取要复制的对象（原特征）后，指定【镜像平面】，然后单击【确定】按钮，即可实现特征的镜像复制，如图 6-2 所示。

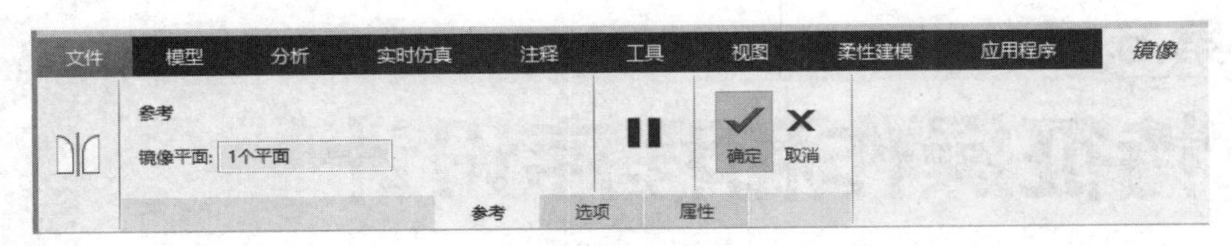

图 6-1 【镜像】工具选项卡

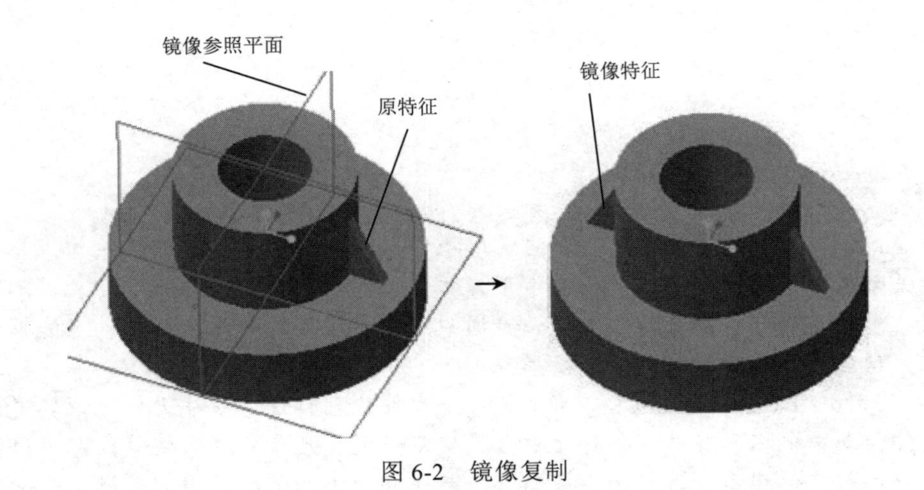

图 6-2 镜像复制

6.1.2 特征复制

除镜像的特征复制方式以外，系统还提供了特征复制方式，主要操作方法如下。

（1）在模型树中选择要复制的特征，然后在【模型】选项卡【操作】组中单击【复制】按钮。

（2）在【模型】选项卡【操作】组中单击【粘贴】按钮，将特征粘贴到模型上，即可生成复制特征。

6.1.3 特征阵列

特征阵列是将指定特征创建为一定数量的、按某种规则有序排列的、与原特征形状相同或相近组结构的特征操作方法，它也是复制的一种方式。

（1）打开阵列特征选项卡的方法

首先在零件上选取要阵列的对象（即原特征），单击【模型】选项卡【编辑】组中的【阵列】按钮。此时可打开【阵列】工具选项卡，如图 6-3 所示。

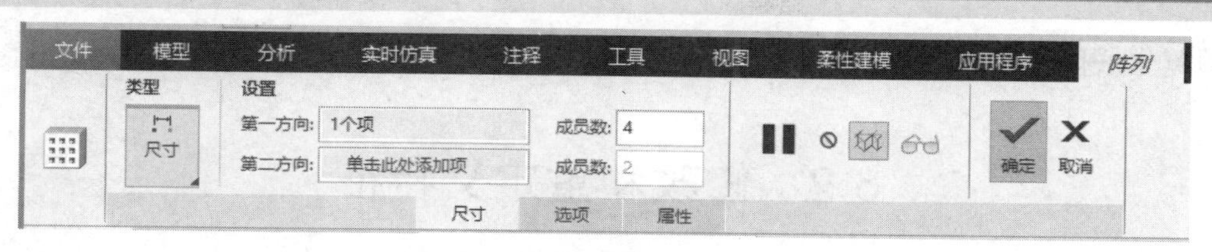

图 6-3 【阵列】工具选项卡

阵列【类型】下拉列表框中主要包括以下几个选项的阵列方式。

- 尺寸：通过特征生成时的定位尺寸，并指定变化的增量来控制生成阵列。
- 方向：通过一个或两个方向，并指定变化的增量来控制生成阵列。
- 轴：通过围绕一选定轴的角度增量和径向增量来控制生成阵列。
- 填充：通过栅格用实例填充区域来控制生成阵列。
- 表：通过阵列表，为每一个阵列实例指定尺寸值来控制生成阵列。
- 参考：通过参考其他阵列来控制生成阵列。
- 曲线：通过草绘曲线轨迹分布及指定变化的增量来控制生成阵列。
- 点：通过一点来指定阵列位置。

（2）选择阵列类型

选择不同的阵列类型，【阵列】工具选项卡包含的内容也有所不同，下面对选项卡中的内容加以说明。

【尺寸】阵列类型下的【尺寸】面板如图 6-4 所示。

在尺寸阵列方式中，可以选取两个参考方向，在各自的选择栏中定义参考方向的选择及变更，并指定增量变化量。若只选择一个参考方向，则只生成该方向上指定数目的阵列特征，若同时选取两个参考方向，则阵列的特征数目是两者之积。

【轴】阵列类型下的【阵列】工具选项卡与【尺寸】阵列相似，增量为组元素沿参考轴旋转的角度变化量，组成员个数与增量之积为 360°。

曲线阵列的创建由用户选择曲线或沿草绘样条曲线来生成特征，生成的阵列特征将按指定间距沿样条曲线的形状排列。

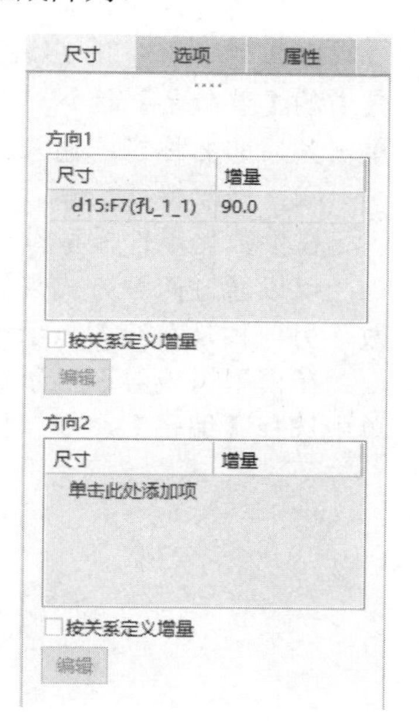

图 6-4 【尺寸】阵列方式下的【尺寸】面板

（3）选择阵列再生方式

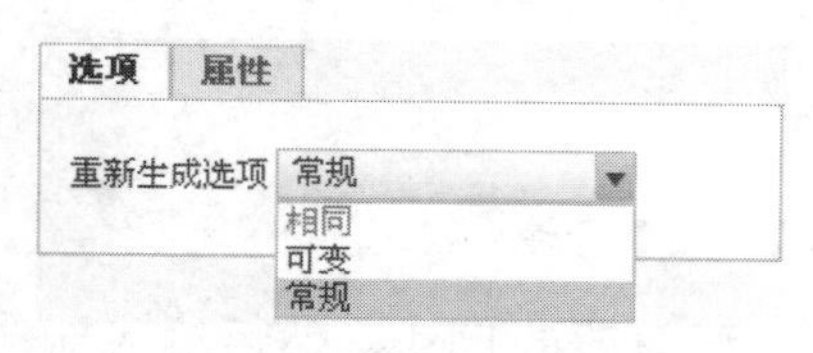

图 6-5　选择阵列再生方式

若单击【阵列】工具选项卡中的【选项】面板，弹出图 6-5 所示的阵列再生选项设置。这几个选项的意义如下。

【相同】：阵列后的特征与原始特征完全相同，产生的每个特征与原始特征在同一平面上，且彼此之间互不干涉。

【可变】：阵列后的特征与原始特征可以不同，其外形、尺寸和放置平面可以改变，但彼此之间互不干涉，否则会提示出错。

【常规】：阵列后的特征与原始特征可以不同，其外形、尺寸和放置平面可以改变，彼此之间允许存在干涉。

预览生成阵列的效果，确定无误后单击【确定】按钮。

6.2 修改和重定义特征

对于在 Creo Parametric 8.0 中创建的零件模型，不但可以修改特征的参数值，还可以对特征进行其他方面的修改。

6.2.1 修改特征

特征修改包括修改特征的名称、使特征成为只读、修改特征的尺寸标注等。

（1）修改特征名称

在模型树中选取要修改名称的特征，单击鼠标右键弹出图 6-6 所示的快捷菜单，选择其中的【重命名】命令，然后输入特征的新名称即可；或者在模型树中选择要修改的特征，单击其后的名称栏，输入新名称即可。

（2）修改特征尺寸

在参数化零件模型设计中，修改特征的尺寸是常用的手段之一。

可以通过两种方式来修改特征的尺寸，一是通过模型树中特征的右键快捷菜单进行修改，另一种是在绘图显示窗口中直接修改。

在模型树或绘图显示窗口选中需要修改尺寸的特征，单击鼠标右键，在弹出的快捷菜单中选择【编辑】命令，如图 6-7 所示。

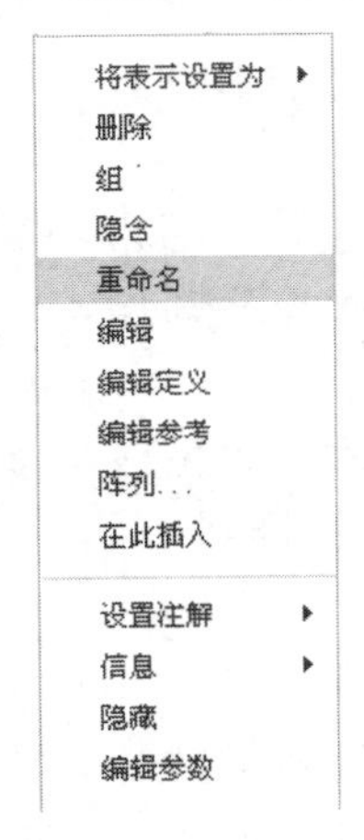

图 6-6 选择【重命名】命令

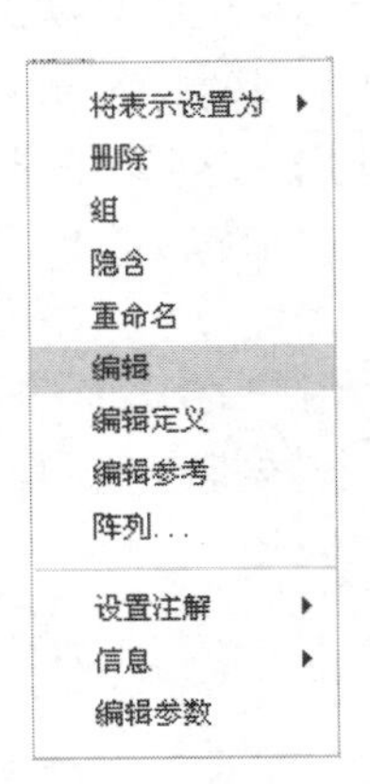

图 6-7 选择【编辑】命令

此时绘图显示窗口将显示所选特征的所有尺寸参数，双击要修改的尺寸，然后输入新的尺寸值，即可改变特征尺寸，如图 6-8 所示。

如果选中尺寸，右键单击尺寸，在快捷菜单中选择【属性】命令，如图 6-9 所示，系统弹出如图 6-10 所示的【尺寸属性】对话框，在其中可改变尺寸属性、尺寸文本或尺寸文本样式等。

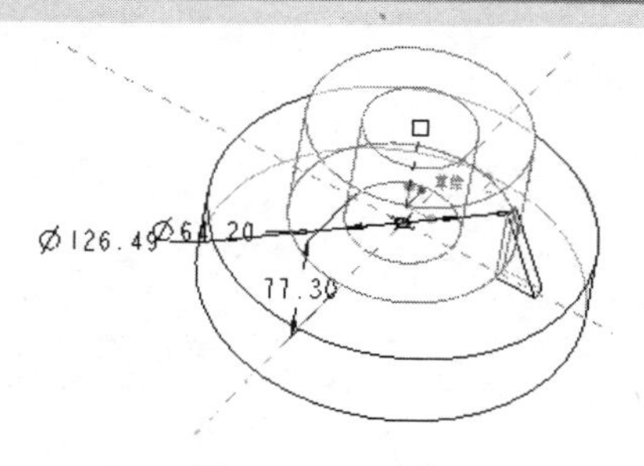

图 6-8　尺寸修改

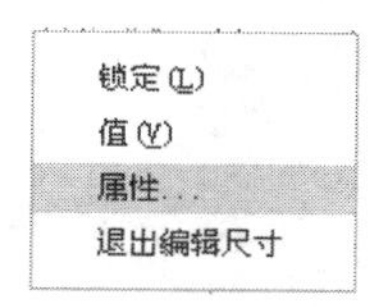

图 6-9　尺寸快捷菜单

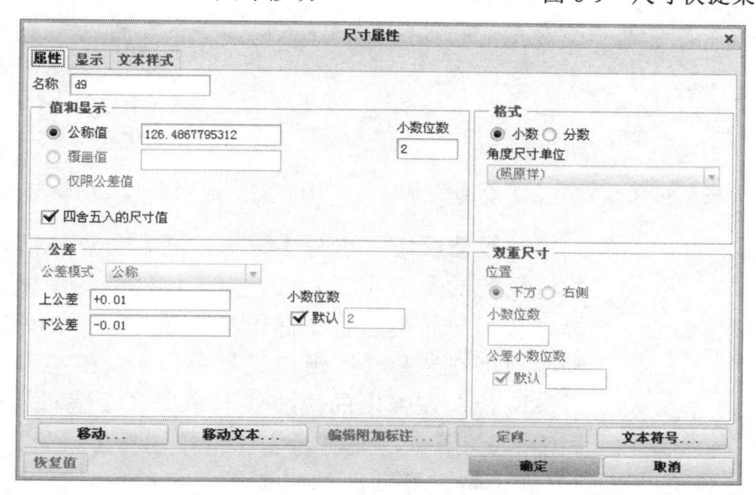

图 6-10 【尺寸属性】对话框

6.2.2　重定义特征

Creo Parametric 8.0 是基于特征的参数化设计系统，其零件模型是由一系列的特征组成的。在完成零件模型设计后，如果某个特征不符合设计要求，便可以对该特征进行重新定义，以使其达到设计要求。

重定义是指重新定义特征的创建方式，包括特征的几何数据、绘图平面、参考平面和二维截面等。

（1）操作方法 1

在模型树中选中要重新定义的特征，单击鼠标右键，在弹出的快捷菜单中选择【编辑定义】命令，如图 6-11 所示。系统会打开特征生成时的选项卡或定义对话框，在其中可选择相应的选项进行重定义操作。

或者在绘图显示窗口中选择要重定义的特征后，按住鼠标右键两秒，在弹出的快捷菜单中选择【编辑定义】命令，如图 6-12 所示。

（2）操作方法 2

在绘图区中选择要重定义的特征后，在【模型】选项卡【操作】组中，选择【操作】|【编辑定义】命令，也可以进行重定义特征的操作。

删除
组
隐含
编辑定义
编辑参考
阵列...
设置注解
信息
显示尺寸
显示草绘尺寸
编辑参数

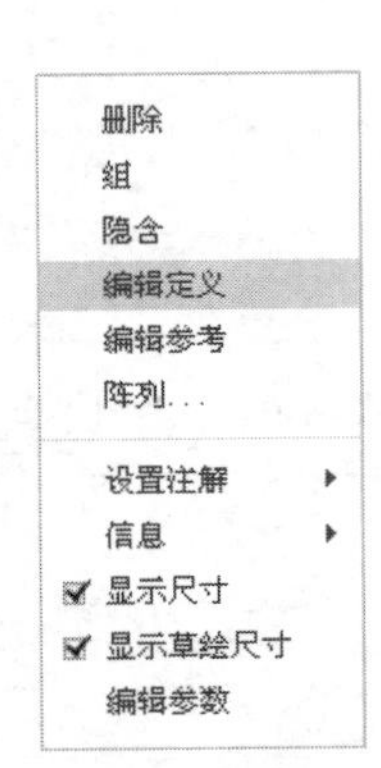

图 6-11　模型树【编辑定义】命令

删除
组
隐含
编辑定义
编辑参考
阵列...
设置注解
信息
编辑参数
选择组
显示图元锁定
显示拖动器
显示尺寸
显示草绘尺寸
自动重新生成

图 6-12　显示窗口【编辑定义】命令

编辑内部草绘...
清除
对称
显示截面尺寸

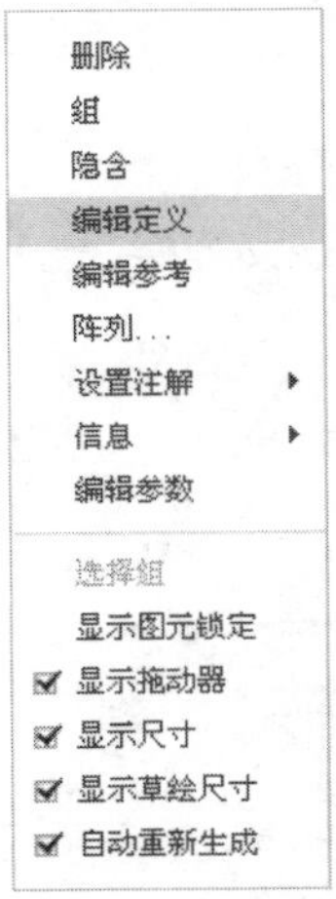

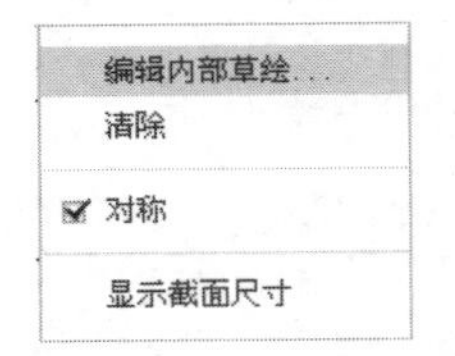

图 6-13 【编辑内部草绘】命令

一般情况下，选择【编辑定义】命令后，系统进入生成实体特征前的最后定义界面，如实体特征的深度定义、生成方向等。若用户希望进行更深一步的重定义，如重定义草绘视图，则用户可在选择【编辑定义】命令后，在实体特征处按住鼠标右键两秒，在弹出的快捷菜单中选择【编辑内部草绘】命令，如图 6-13 所示，即可对实体草绘图样进行重定义。

当用户对零件模型特征的尺寸、特征截面、编辑关系或变更尺寸表等进行修改后，需要对零件模型进行再生操作，以重新计算发生变化的特征及被影响的特征。单击【模型】选项卡【操作】组中的【重新生成】按钮，即可重新生成零件模型。

提　示

编辑定义与编辑有时候具有相同的作用，但编辑定义是进行设计改变的几种方法中功能最为强大的一种。

6.3　特征之间的父子关系

在创建实体零件的过程中建立模块时，可使用各种类型的 Creo Parametric 特征。有时某些特征需要优先于设计过程中的其他多种从属特征。这些从属特征从属于先前为尺寸和几何参考所定义的特征，这就是通常所说的父子关系。

使用 Creo Parametric 8.0 中的命令来建立实体零件的模型特征的过程中，一些特征是以其他特征为参考建立起来的，即这些特征是依赖或从属于先前定义的特征的，这些特征即为子特征，先前的特征即为父特征，二者之间的关系即所说的父子关系。因此，了解特征的父子关系及其产生的原因是很有必要的，用户在编辑、修改和重定义特征时必须考虑特征间的这种关联性。

6.3.1　父子关系产生的原因

特征间的父子关系形成于以一定顺序创建特征的过程中，其父子关系的确立主要取决于特征创建过程中的参考关系以及创建的次序。产生父子关系的原因主要有以下几点。

（1）设置基准特征时的几何参考：在创建一些特征的过程中，需创建一些如基准平面、基准点、基准轴、基准曲线或坐标系等基准特征，而创建这些基准特征需要一些已存在的几何参考以指定其约束，而这些已存在的几何参考所属的特征就成为基准平面、基准点、基准轴、基准曲线或坐标系等基准特征的父特征。

（2）参考点：当创建一些特征时，常需要选择一个点作为参考点，则这个参考点所属的特征就成了此新建特征的父特征。

（3）参考平面：当创建一些特征时，常需要选择一个水平或垂直的平面作为参考平面，从而确定绘图平面的方位，则这个参考平面所属的特征就成了此新建特征的父特征。

（4）特征放置边或参考边：当创建一些特征时，常需要选择一个边作为参考边或放置边，则这个参考边或放置边所属的特征就成了此新建特征的父特征。

（5）特征放置面或参考面：当创建一些特征时，常需要选择一个面来作为参考面或放置面（如 RIGHT、TOP、FRONT 基准面），则这个参考面或放置面所属的特征就成了此新建特征的父特征。

（6）绘图平面：当创建一些特征时，常需要选择一个面来作为绘图平面，则这个绘图平面所属的特征就成了此新建特征的父特征。

（7）尺寸标注几何参考：当创建一些特征时，常进行二维图形的绘制，而这时常需要选用一些已存在的特征的几何参考，作为二维图形的位置尺寸的标注或设置约束，则这些已存在的特征便成了此新建特征的父特征。

6.3.2　查看父子关系

在模型树中选取要查看父子关系的特征，单击鼠标右键，在弹出的快捷菜单中选择【信息】|【参考查看器】命令，如图 6-14 所示。或者在绘图显示窗口选择要查看父子关系的特征，按住鼠标右键不放，在弹出的快捷菜单中选择【信息】|【参考查看器】命令，如图 6-15 所示。

选择【参考查看器】命令之后，将打开图 6-16 所示的【参考查看器】对话框。

【参考查看器】对话框右侧显示出当前零件特征的所有父项特征和子项特征，可以进行相关操作。

特征之间的父子关系能够保证设计者轻松地实现模型修改，为设计带来极大方便。但是，也因为父子关系非常复杂，使得模型的结构也变得更加复杂，如果修改不当将会导致模型再生失败。因此，当用户对某一特征进行修改而希望不影响其他特征时，首先需要学会断开或变更特征之间的这种父子关系。

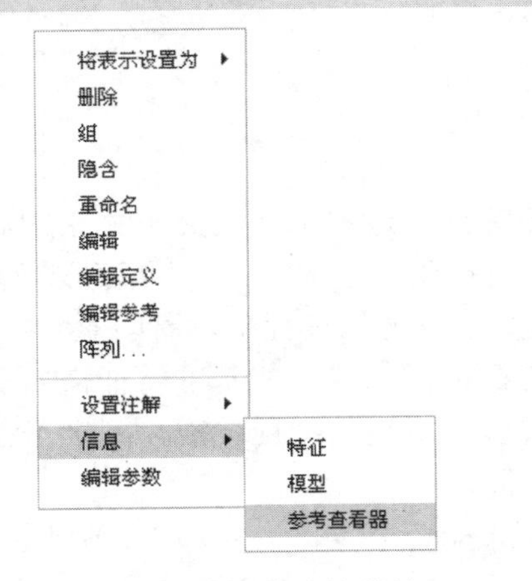

图 6-14　模型树快捷菜单

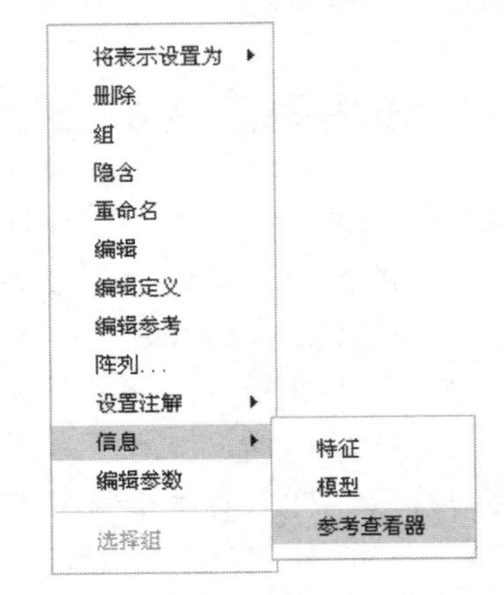

图 6-15　绘图显示窗口快捷菜单

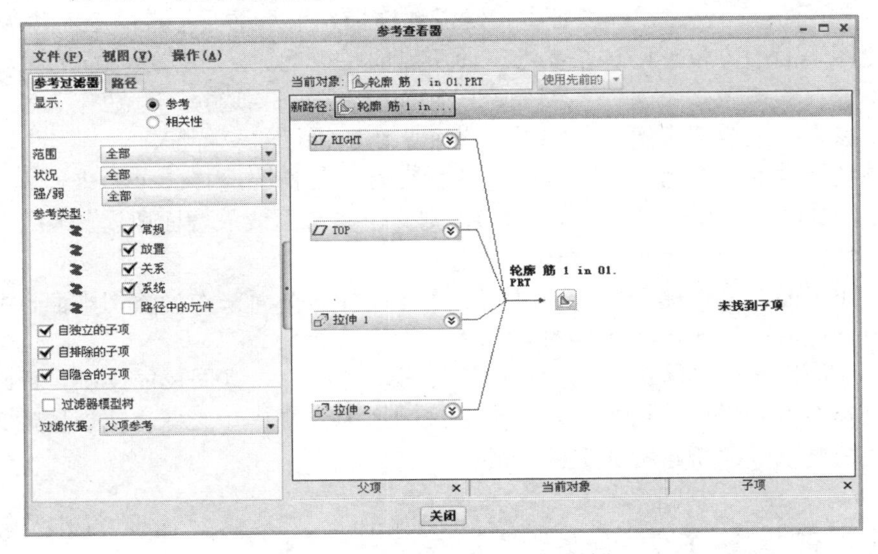

图 6-16 【参考查看器】对话框

6.4　特征的删除、隐含和隐藏

用户可以随时利用恢复功能来显示被隐含的特征或元件。隐含的特征不再参与任何计算和再生，因此隐含零件模型中的某些复杂特征，可以提高零件模型的显示与再生速度。

6.4.1　删除（或隐含）特征

删除特征和隐含特征的操作过程十分相似，所不同的是删除特征是从零件模型中永久地移除该特征且不能恢复，而隐含特征只是将特征暂时地抑制，随时可以对隐含的特征进行恢复，所以下面将特征的删除和隐含操作方式一起介绍给读者。

（1）删除（或隐含）特征的操作方式

特征的删除（或隐含）操作方式分为两种，一种是通过快捷菜单选择删除（或隐含）选项，另一种则是通过单击【操作】组中的按钮来完成。

在模型树中用鼠标右键单击要删除（或隐含）的特征，在弹出的快捷菜单中选择【删除】（或【隐含】）命令，如图 6-17 所示。

也可以在绘图显示窗口直接选中要删除（或隐含）的特征，然后按 Delete 键直接删除，或者用鼠标右键单击特征两秒，在弹出的快捷菜单中选择【删除】（或【隐含】）命令，如图 6-18 所示。

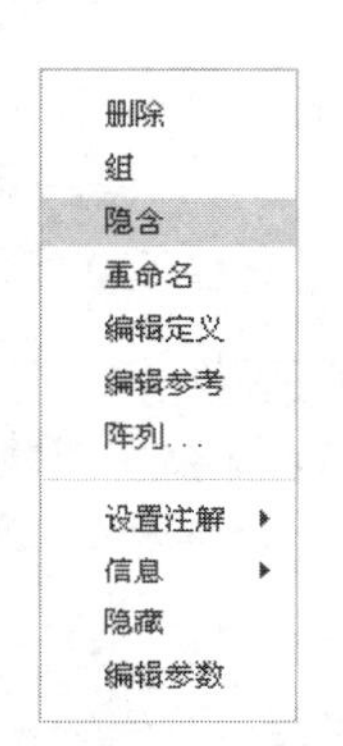

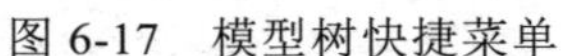
图 6-17　模型树快捷菜单

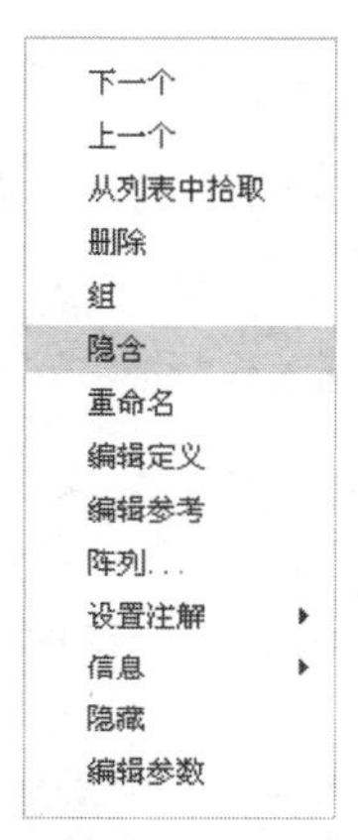

图 6-18　绘图显示窗口快捷菜单

此时会弹出相应的提示对话框，在对话框中单击【确定】按钮，即可删除（或隐含）选定的特征，如图 6-19 或图 6-20 所示。

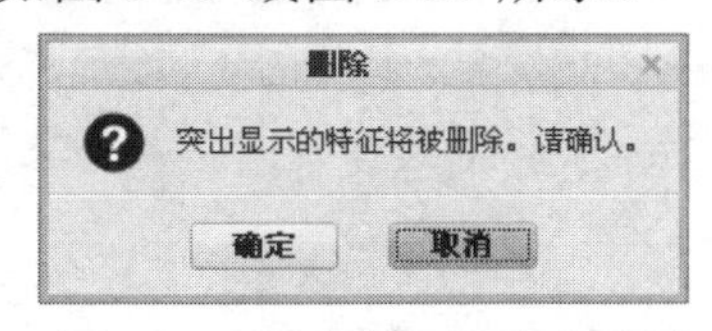

图 6-19　【删除】提示对话框

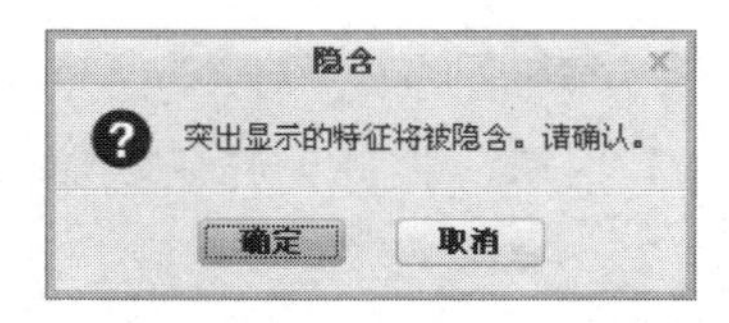

图 6-20　【隐含】提示对话框

在绘图显示窗口中选择要删除（或隐含）的特征后，单击【模型】选项卡【操作】组中的【删除】按钮或者【隐含】按钮，在弹出的相应子菜单中选择【删除】或【隐含】命令，也可以进行删除（或隐含）特征的操作，其子菜单中各包括 3 个命令，如图 6-21 所示。

子菜单中各选项的意义如下（以隐含操作为例，删除操作与之类似）。

● 【隐含】：只隐含用户所选当前模型中的特征，如图 6-22 所示。

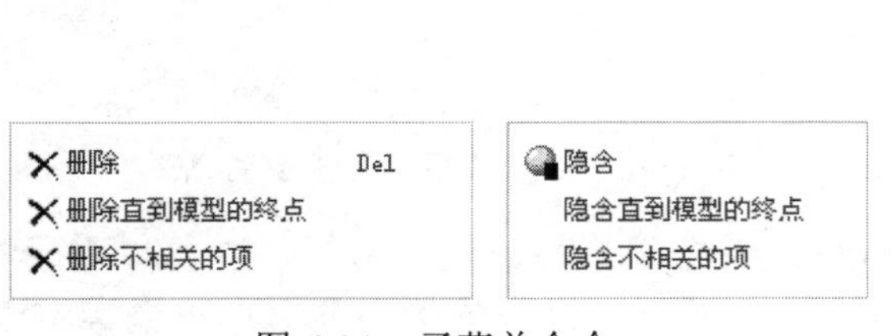

图 6-21　子菜单命令

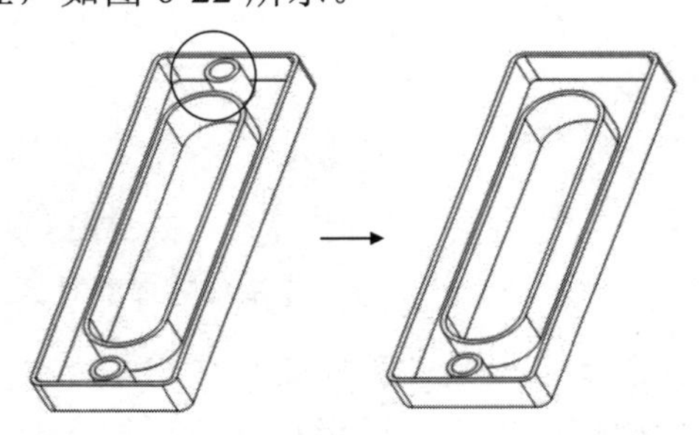

图 6-22　选择【隐含】选项时的结果

- 【隐含直到模型的终点】：隐含用户所选当前模型特征生成前的模型终点，隐含结果如图 6-23 所示。
- 【隐含不相关的项】：隐含当前模型中除用户所选特征以外的特征，隐含结果如图 6-24 所示。

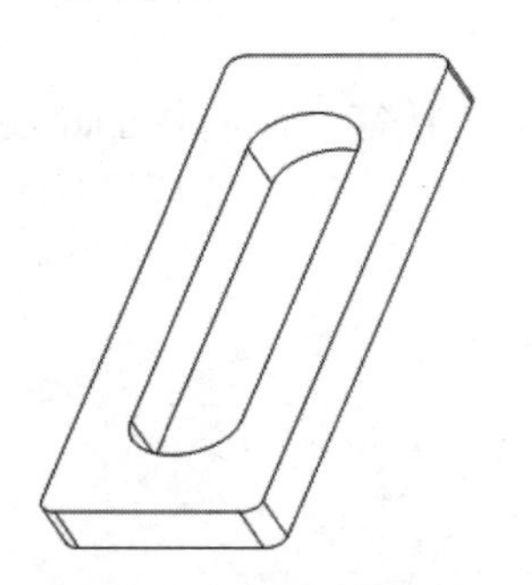

图 6-23　选择【隐含直到模型的终点】时的结果

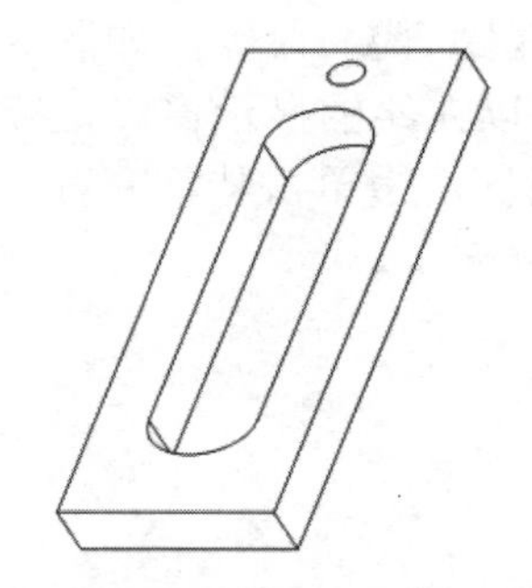

图 6-24　选择【隐含不相关的项】时的结果

（2）绘图区中都会突出显示特征删除（或隐含）的高级操作

如果要删除（或隐含）的特征包括子特征，而要进行删除（或隐含）该特征时，选定特征及其子特征在模型树突出显示，选择删除（或隐含）命令后，弹出的提示对话框如图 6-25 或图 6-26 所示。

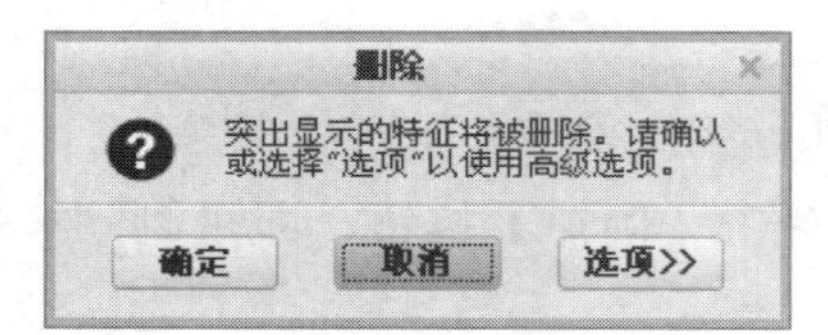

图 6-25　含子特征的【删除】提示对话框

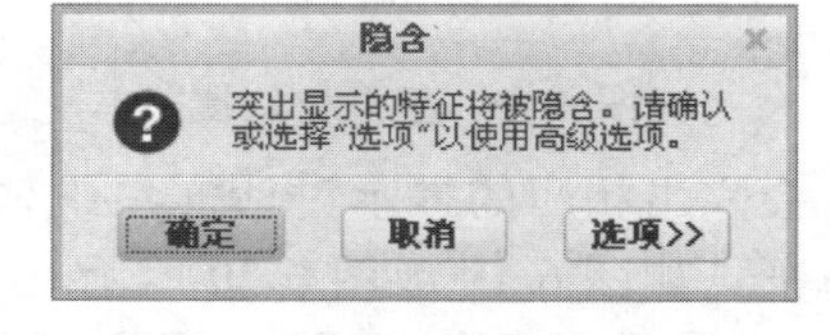

图 6-26　含子特征的【隐含】提示对话框

单击【选项】按钮，将分别弹出如图 6-27 或图 6-28 所示的特征【子项处理】对话框。

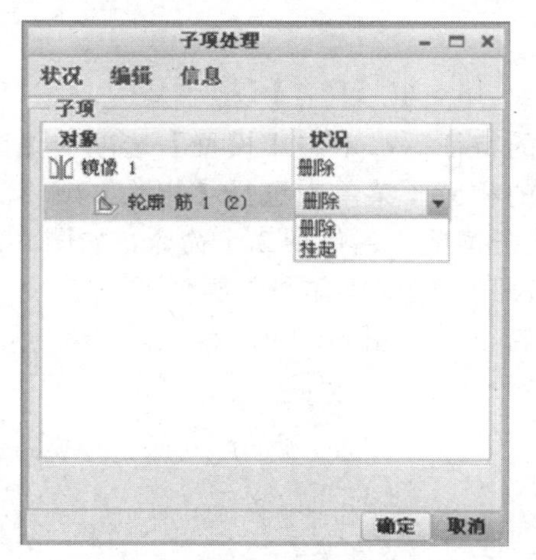

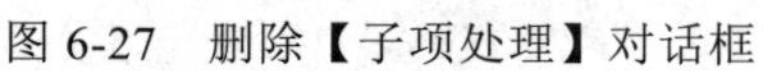

图 6-27　删除【子项处理】对话框

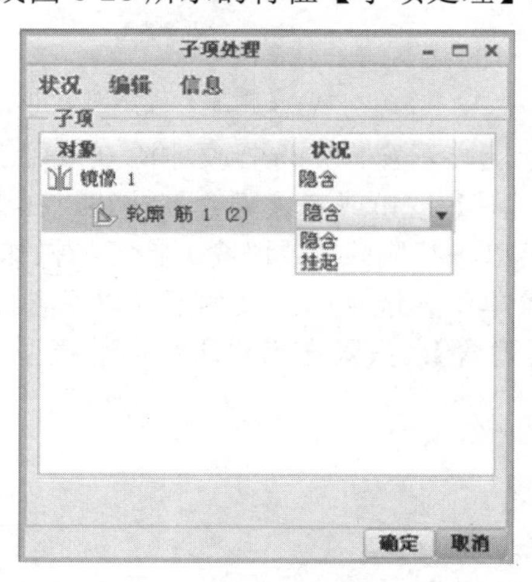

图 6-28　隐含【子项处理】对话框

在【子项处理】对话框中可以查看要删除（或隐含）特征的子特征，并可以对子特征进行操作。用户可以选择子特征后在对话框中选择要进行操作的子特征，单击鼠标右键，

在弹出的快捷菜单中选择要进行的操作，如图 6-29 所示，使用菜单命令和快捷菜单共包含以下几项操作。

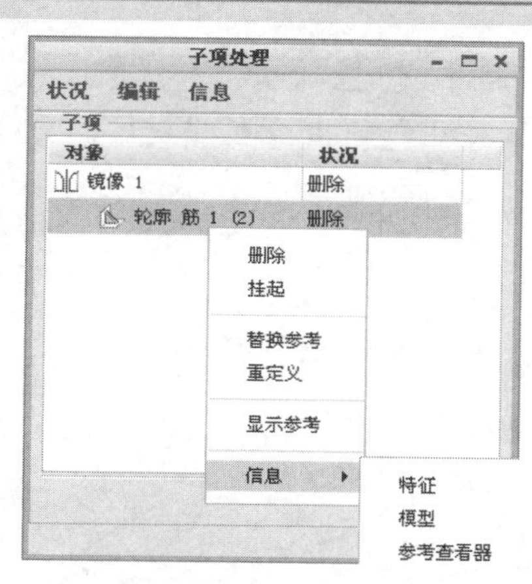

图 6-29　【子项处理】快捷菜单

- 【删除】(或【隐含】)：删除（或隐含）该子特征。
- 【挂起】：不删除（或不隐含）该子特征，但需要重新定义该子特征的参考。
- 【替换参考】：重定义所选子特征的参考。
- 【重定义】：重定义所选子特征。若重定义对象，会出现相应的特征中选项卡或特征对话框。
- 【显示参考】：显示所选子特征所使用的几何参考（快捷菜单中可见）。
- 【信息】命令包括 3 个操作选项：【特征】、【模型】、【参考查看器】。

（3）删除（或隐含）特征的恢复

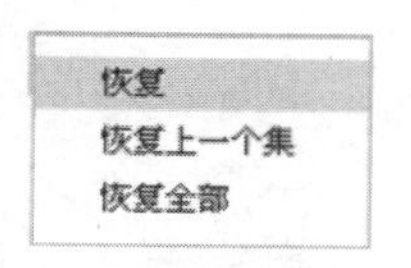

图 6-30　选择【恢复】菜单命令

用户要想恢复被删除（或隐含）的子特征，可以单击【撤销】按钮，或者在【模型】选项卡【操作】组中单击相应的按钮。对于隐含特征，还可以使用图 6-30 所示的【操作】组中的【恢复】下拉菜单命令，进行恢复特征的操作。

其中，【恢复】命令可恢复当前所选的特征；【恢复上一个集】命令用来恢复最后一个隐含的特征；【恢复全部】命令可以恢复所有隐含的特征。

6.4.2　隐藏特征

隐藏对象时可先在模型树中选择需要隐藏的特征，单击鼠标右键在弹出的快捷菜单中选择【隐藏】命令，如图 6-31 所示。恢复被隐藏特征的方法是在模型树中选择被隐藏的对象，按住鼠标右键，在弹出的快捷菜单中选择【取消隐藏】命令，如图 6-32 所示。

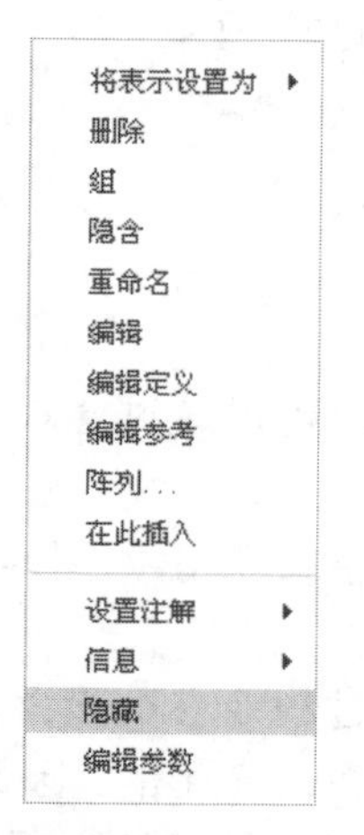

图 6-31　【隐藏】特征命令

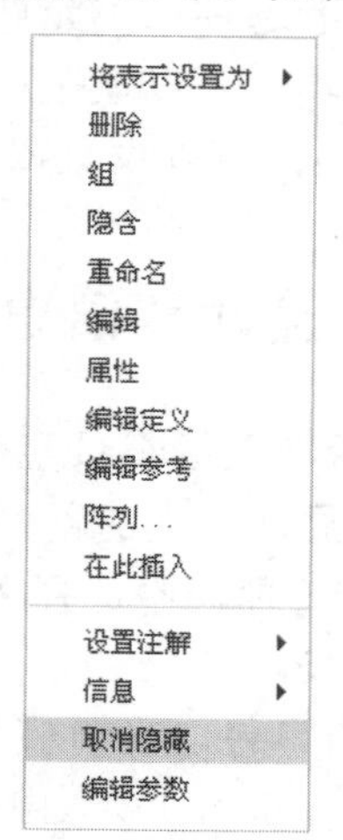

图 6-32　选择【取消隐藏】命令

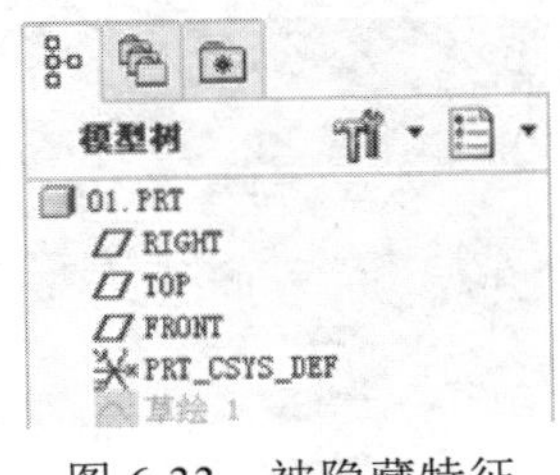

图 6-33　被隐藏特征

被隐藏的特征将以暗灰色底纹显示在模型树中，如图 6-33 所示。

可以隐藏的特征主要有以下几种：基准平面（如 RIGHT、TOP、FRONT）、基准轴、基准点、基准面、曲面、元件及含有轴（如孔特征）、平面和坐标系的特征等。

6.5　程序设计

通过程序设计可以控制零件模型中特征的出现与否、尺寸的大小和装配件中零件的出现与否、零件个数等。

6.5.1　启动程序

要启动 Creo Parametri c8.0 的程序工作环境，可在零件设计或装配件设计环境中，在【模型】选项卡的【模型意图】组中，选择【模型意图】|【程序】命令，如图 6-34 所示。

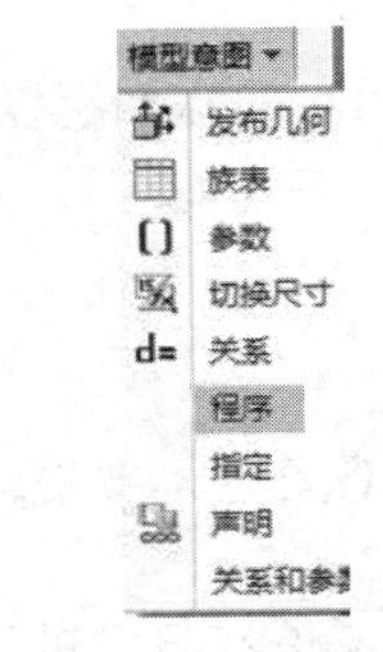

图 6-34　【模型意图】|【程序】命令

系统打开【程序】菜单管理器，在菜单管理器中选择相应的选项，即可进入程序环境。

- 【显示设计】选项：显示当前程序的内容与参数状态，可以查看但无法编辑其内容。
- 【编辑设计】选项：编辑当前程序的内容，可以通过记事本打开并编辑程序内容。
- 【允许替换】选项：允许程序控制哪些零件模型。
- 【不允许替换】选项：不允许程序控制哪些零件模型。
- 【实例化】选项：可以使用程序建立零件族表中的子零件。
- 【J-Link】选项：可以设置在零件模型中使用 Java 程序。

6.5.2　显示设计和信息窗口

零件模型建立后，系统记录整个模型的建立过程，可以通过【程序】菜单管理器中的【显示设计】选项来显示产生的程序内容。

在【程序】菜单管理器中选择【显示设计】选项，系统弹出如图 6-35 所示的信息窗口，在其中显示程序的内容。

信息窗口中的内容包含当前模型所有特征的建立过程及参数设置、尺寸以及关系式等信息，在 Creo Parametric 8.0 中，由于大部分程序是由系统产生的，因此程序有严格、统一、规范的结构，每个模型特征的建立过程及具体内容虽有差异，但在程序信息窗口中，所有的模型内容均由以下 5 个部分组成。

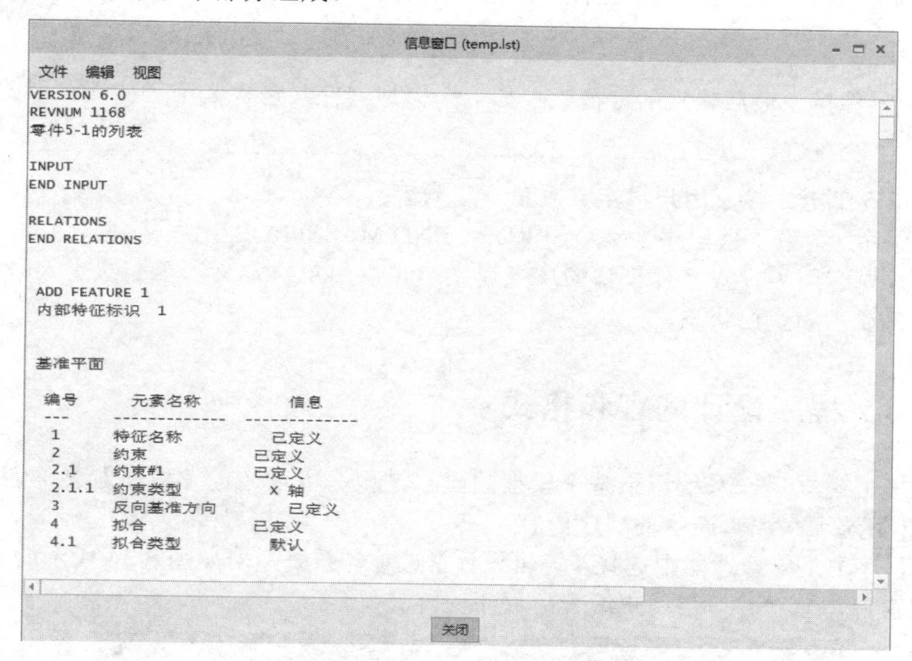

图 6-35　显示程序内容的信息窗口

（1）第 1 部分：显示标题

这部分内容由系统自动产生，用户不需编辑。标题共有 3 行，包括软件版本信息、程序修改信息和零件模型名称。

（2）第 2 部分：显示用户自定义输入提示

输入...结束输入（INPUT...END INPUT）

这部分内容由用户自定义，第一次进入时，未经过用户编辑，显示为空白状态。此处是设置输入提示和参数的位置，使用户在执行程序时，可以输入尺寸值或其他设计信息。如“请输入孔特征深度值”“请为镜像特征指定参照”“请输入螺旋特征节距”等用户自定义提示，这样使程序更加清晰明了。

（3）第 3 部分：显示用户自定义关系式

关系式...结束关系式（RELATIONS...END RELATIONS）

这部分内容也由用户自定义，第一次进入时，未经过用户编辑，显示为空白状态。此处是设置关系式的位置。既可以在关系式窗口中设置关系式，也可以在程序中设置，二者是相通的。关系式窗口通过在【模型】选项卡【模型意图】组中，选择【模型意图】|【关系】命令打开。

（4）第 4 部分：模型零件各特征建立过程与参数设置显示

添加特征 1...结束添加（ADD FEATURE1...END ADD）

……

添加 n 个特征结束添加（ADD FEATUREn...END ADD）

这部分内容由程序自动生成，每一组“ADD FEATURE”到“END ADD”之间为零件的 n 个特征中的 1 个特征的建立过程与参数设置信息。

注意：

n 为零件模型最后建立的特征数，如一个模型零件共包含 8 个子特征，则此处的 n 为 8。

（5）第 5 部分：显示用户自定义质量程序内容

质量程序...结束质量程序（MASSPROP... END MASSPROP）

这部分内容用于设置零件模型的质量属性，也由用户自定义，第一次进入时，未经过用户编辑，显示为空白状态。

6.5.3 程序设计内容和格式

零件模型建立后，系统记录整个模型的建立过程，可以通过【程序】菜单管理器中的【编辑设计】选项来编辑产生的程序内容。

在【程序】菜单管理器中选择【编辑设计】选项，系统弹出如图 6-36 所示的【记事本】程序编辑窗口，显示并可由用户编辑的程序内容。

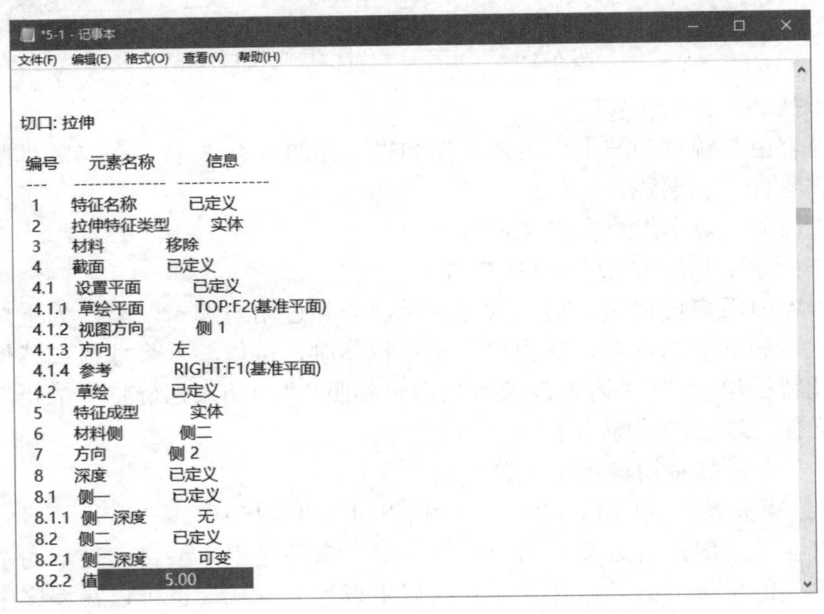

图 6-36 【记事本】程序编辑窗口

前面提到的显示设计【信息窗口】中，显示的就是此处该记事本中的内容，即此处包含了程序构成的 5 个部分，用户编辑设计程序也在这 5 个部分中进行，只要在记事本程序窗口中找到需要修改编辑的地方，根据程序的语法进行编辑即可。

下面分别介绍程序编辑设计的内容和语法格式。

（1）输入提示信息

在“INPUT”与“END INPUT”之间添加输入提示信息，当重新生成零件或装配件时，

系统将在提示栏中显示提示信息，提示输入有关参数。

语法格式为：

```
INPUT
参数名 参数值类型
提示行
END INPUT
```

参数名由用户定义。参数值类型有 3 种："Number"，参数值为一个数字；"String"，参数值为一个字符串；"Yes_No"，参数值为"Yes"或"No"。

提示行是用双引号引起的提示语句，执行时全部显示在信息提示行。

（2）输入关系式

在"RELATIONS"与"END RELATIONS"之间加入关系式。

语法格式为：

```
RELATIONS
关系式
END RELATIONS
```

（3）加入特征或零件

在"ADD FEATURE"与"END ADD"之间加入特征或零件。

语法格式为：

```
ADD FEATURE (PART) #
特征创建信息或零件
END ADD
```

特征操作包括以下几种。

- 特征的删除：找出对应于特征的"ADD FEATURE"与"END ADD"之间的程序内容，将其全部删除即可。
- 特征的隐含：找出对应于特征的"ADD FEATURE"与"END ADD"之间的程序内容，在"ADD"后加入"SUPPRESSED"命令即可。
- 特征的恢复：找出对应于特征的"ADD FEATURE"与"END ADD"之间的程序内容，将"ADD"后的"SUPPRESSED"命令删除即可。
- 特征顺序的更换：找出对应于两个特征的"ADD FEATURE"与"END ADD"之间的程序内容，将各自的程序内容更换即可。
- 特征尺寸的修改：直接修改程序中的尺寸，系统并不反映，必须在尺寸参数之前加入"MODIFY"命令，修改后的尺寸才起作用。

（4）执行程序

"EXECUTE"命令是在装配件中用于执行零件程序，即在当前装配件程序中去执行某零件的程序。

语法格式为：

```
EXECUTE part (part_name)
表达式
END EXECUTE
```

（5）暂停程序

“INTERACT”命令用以暂停程序的执行。暂停时，只能进行特征的建立。加入一个新的特征后，系统询问是否加入新的特征，可以回答“Yes”继续加入新的特征，直到回答“No”后，系统才执行后面的程序。

（6）条件控制语句

条件控制语句“IF ...ELSE”语句的功能和用法与一般的程序语言类似，在此不再赘述。

在程序编辑中，“IF ...ELSE”语句主要可分为下列两种语法格式：

语法格式 1 为：

```
IF 判断语句
操作 1
ENDIF
```

语法格式 2 为：

```
IF 判断语句
操作 1
ELSE
操作 2
ENDIF
```

其中，判断语句使用的判断符号共有以下 3 种：

- 大于号：“>”，A>B，表示参数 A 大于参数 B。
- 小于号：“<”，A<B，表示参数 A 小于参数 B。
- 等于号：“=”，A=B，表示参数 A 等于参数 B。

以上判断符号既可以用于参数值的比较，如尺寸值，也可以用于字符串的比较或“Yes_No”的判断上，若用于字符串的比较，则必须为互相比较的字符串打上双引号，如“字符串 A”“字符串 B”。

6.6 设计范例

6.6.1 制作异形垫片模型范例

扫码看视频

本范例完成文件：范例文件/第 6 章/6-1.prt

多媒体教学路径：多媒体教学→第 6 章→6.6.1 范例

范例分析

本范例是制作一个异形垫片，主要是综合利用特征的创建和编辑设计方法，进行综合操作后制作出范例结果，希望读者能认真学习。

范例操作

Step1 绘制垫片异形草绘面

①新建一个零件文件后，单击【模型】选项卡【基准】组中的【草绘】按钮后，进入草绘界面，绘制一个梯形，如图 6-37 所示。

②再绘制一个圆形，然后删除线段，得到异形草绘面，如图 6-38 所示。单击【确定】按钮完成草绘。

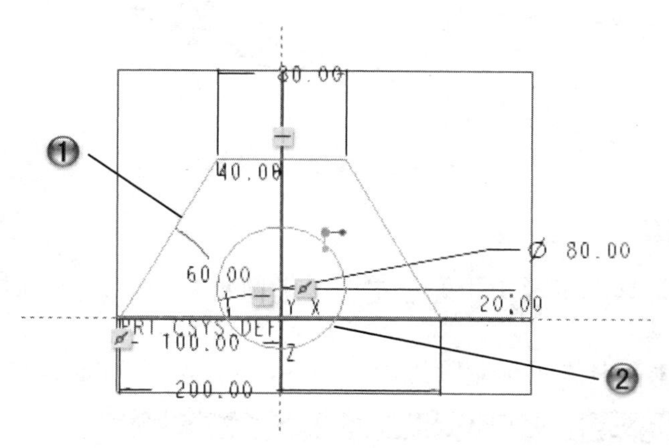

图 6-37　绘制梯形和圆形

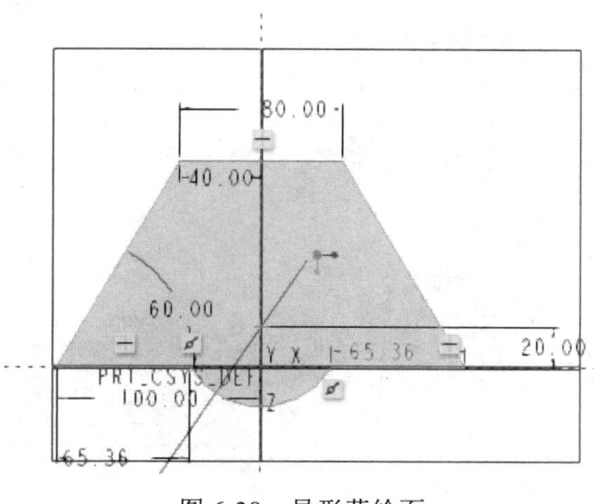

图 6-38　异形草绘面

Step2 拉伸垫片主体

①单击【模型】选项卡【形状】组中的【拉伸】按钮，选择草绘 1，如图 6-39 所示。

②在打开的【拉伸】工具选项卡中设置拉伸参数，拉伸出垫片主体。

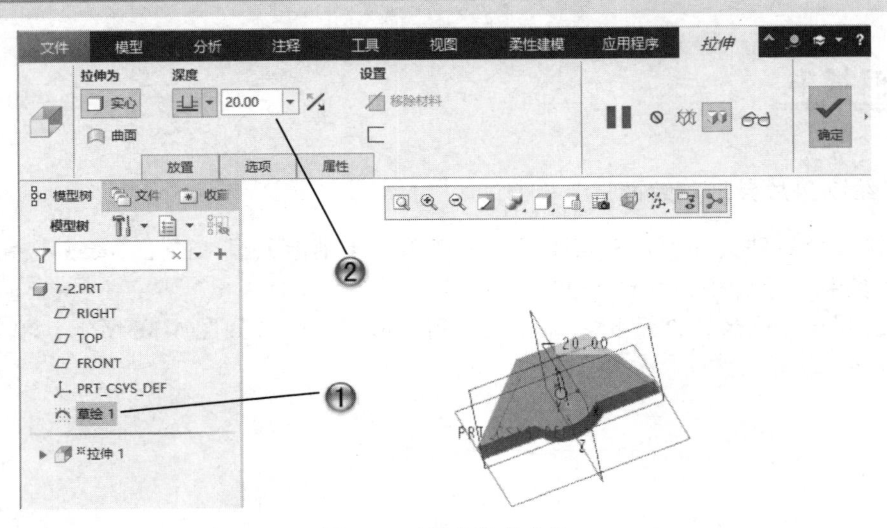

图 6-39　拉伸垫片主体

Step3 创建倒圆角

①单击【模型】选项卡【工程】组中的【倒圆角】按钮，选择圆角的边线，如图 6-40 所示。

②在【倒圆角】工具选项卡中设置圆角参数，完成圆角特征。

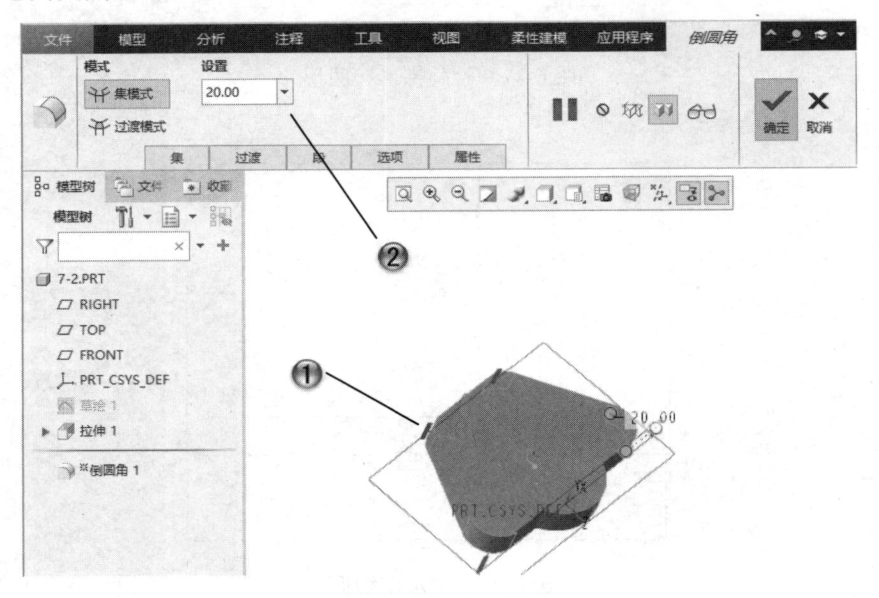

图 6-40　创建倒圆角

Step4 绘制孔截面草绘 2

选择垫片的上表面作为草绘基准，使用矩形和圆的命令绘制出草绘 2 作为孔截面，如图 6-41 所示。

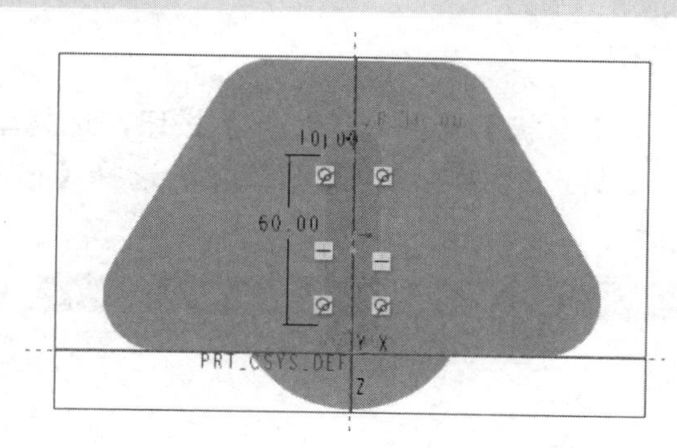

图 6-41　草绘 2

Step5 制作中间孔

①单击【模型】选项卡【形状】组中的【拉伸】按钮，选择草绘 2，如图 6-42 所示。

②在打开的【拉伸】工具选项卡中设置拉伸参数，选择【移除材料】，拉伸切除出中间孔。

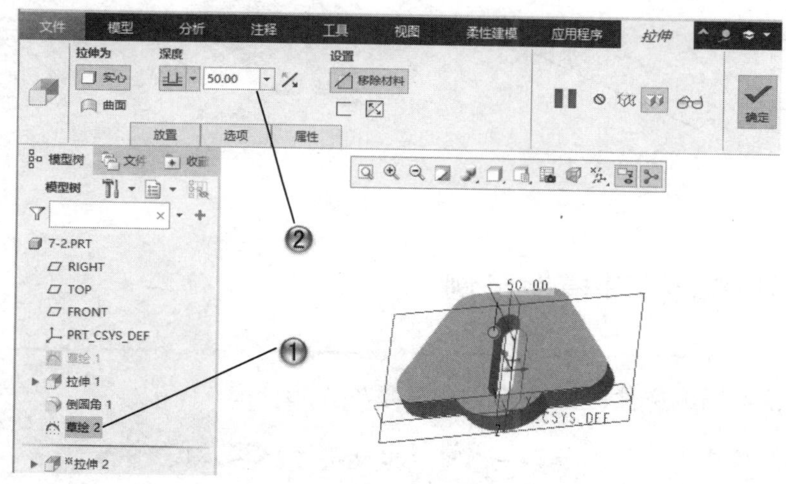

图 6-42　制作中间孔

Step6 绘制圆形

选择垫片的上表面作为草绘基准，绘制两个直径为 16 的圆形，如图 6-43 所示。

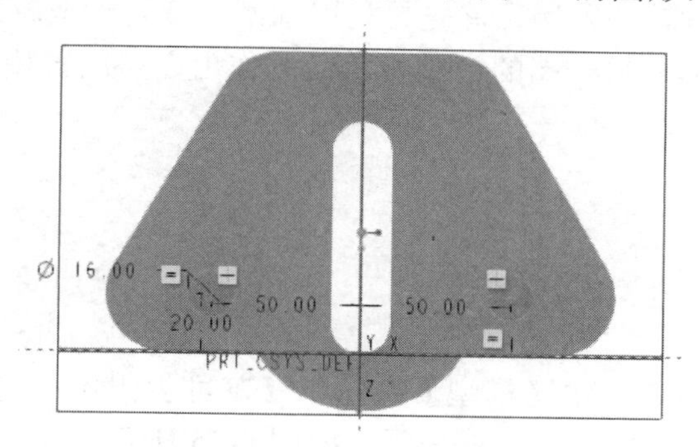

图 6-43　绘制两个圆形

Step7 制作圆孔完成范例

①单击【模型】选项卡【形状】组中的【拉伸】按钮，选择草绘 3，如图 6-44 所示。

②在打开的【拉伸】工具选项卡中设置拉伸参数，选择【移除材料】，拉伸切除出两个圆孔，至此范例制作完成。

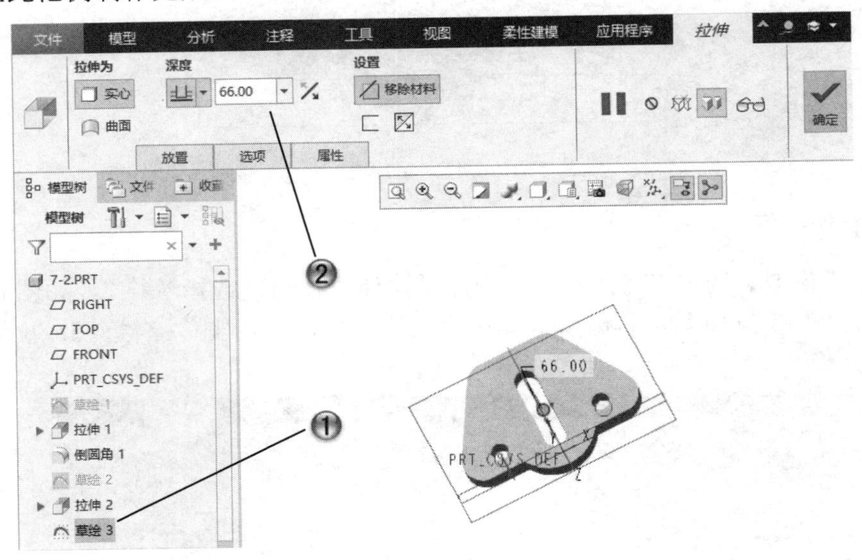

图 6-44　制作圆孔

扫码看视频

6.6.2　制作键槽轴模型范例

本范例完成文件：范例文件/第 6 章/6-2.prt

多媒体教学路径：多媒体教学→第 6 章→6.6.2 范例

范例分析

本范例是制作一个键轴的范例，首先是利用轴剖面旋转形成轴，然后绘制键槽和倒角，最后使用镜像复制操作形成另一端的键槽，从而制作出完整的键槽轴模型。

范例操作

Step1 绘制草绘 1

新建一个零件文件后，单击【模型】选项卡【基准】组中的【草绘】按钮后，进入草绘界面，绘制草绘 1，为一根轴的半剖平面，如图 6-45 所示。

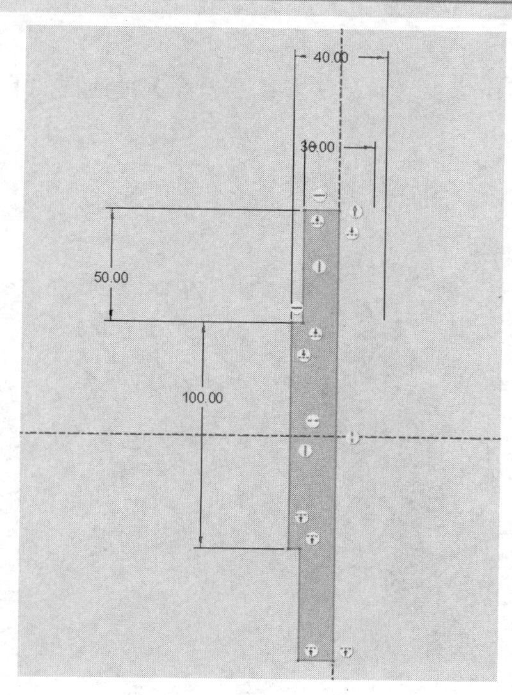

图 6-45　绘制草绘 1

Step2 创建轴基体

①单击【模型】选项卡【形状】组中的【旋转】按钮，选择草绘 1，如图 6-46 所示。
②在打开的【旋转】工具选项卡中设置拉伸参数，旋转出轴基体。

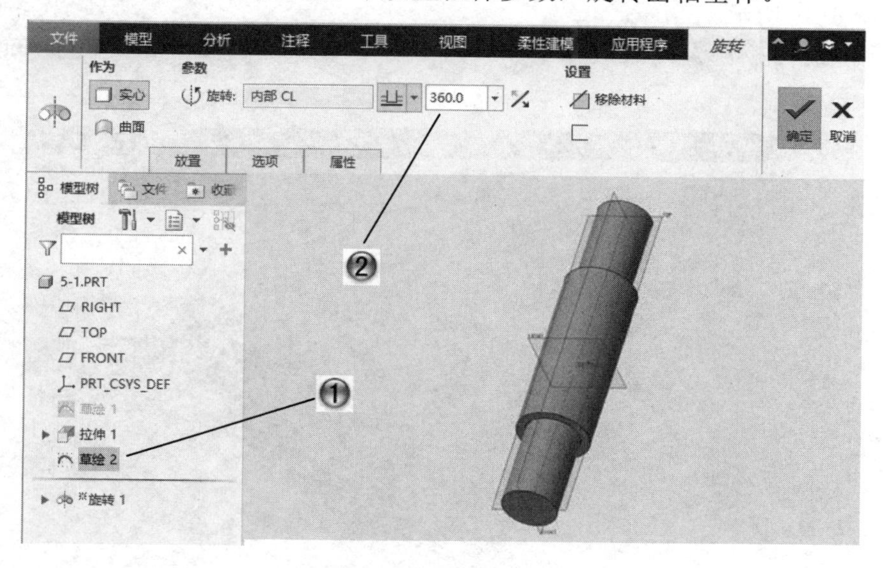

图 6-46　创建轴基体

Step3 创建基准平面

①单击【模型】选项卡【基准】组中的【平面】按钮，打开【基准平面】对话框，设

置其中的参数，如图 6-47 所示。

②选择轴基体的曲面作为参考，单击【基准平面】对话框的【确定】按钮，创建 DTM1 的基准平面。

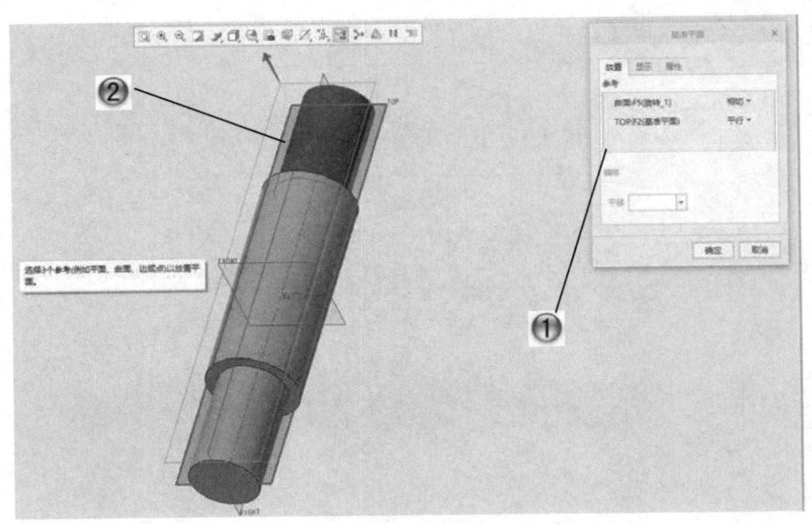

图 6-47　创建基准平面

Step4 制作键槽

①单击【模型】选项卡【形状】组中的【拉伸】按钮，打开【拉伸】工具选项卡，在【放置】面板中单击【定义】按钮，选择上 DTM1 平面为草绘平面，选择绘制键槽平面草绘 2，如图 6-48 所示。

②在打开的【拉伸】工具选项卡中设置拉伸参数，选择【移除材料】，拉伸切除出键槽。

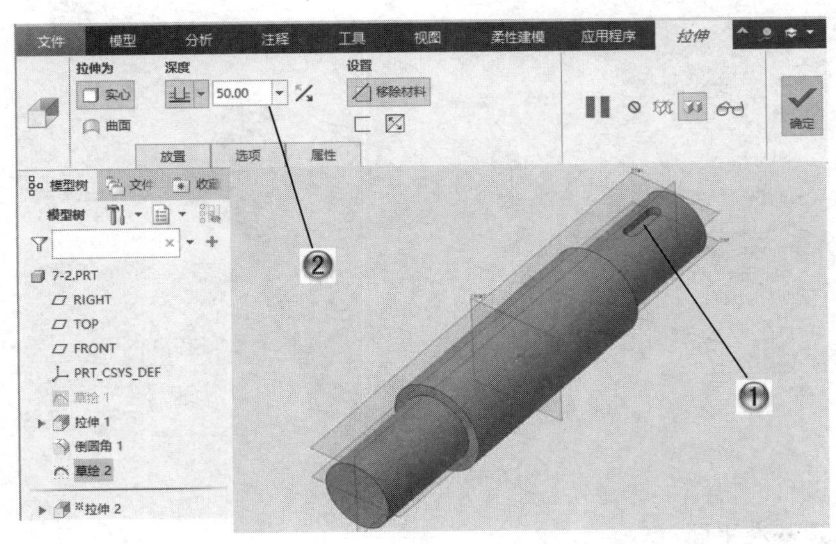

图 6-48　制作键槽

Step5 创建边倒角

①单击【模型】选项卡【工程】组中的【边倒角】按钮，选择轴两端边线作为边倒角的边线，如图 6-49 所示。

②在【边倒角】工具选项卡中设置倒角参数，设置 D 值为 2，单击【确定】按钮完成边倒角特征。

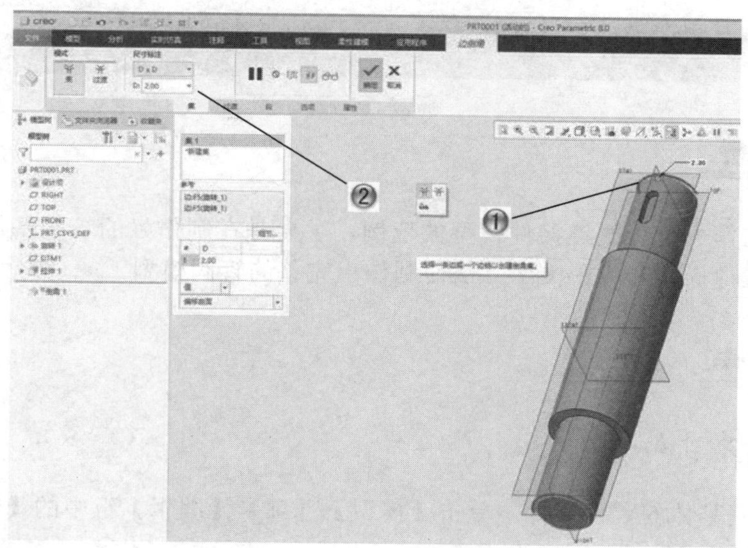

图 6-49　创建边倒角

Step6 镜像键槽完成范例

①单击【模型】选项卡【编辑】组中的【镜像】按钮，选择前面制作好的键槽，如图 6-50 所示。

②镜像平面选择 FRONT 平面，在【镜像】工具选项卡中设置镜像的参数，单击【确定】按钮完成镜像操作，至此这个范例制作完成。

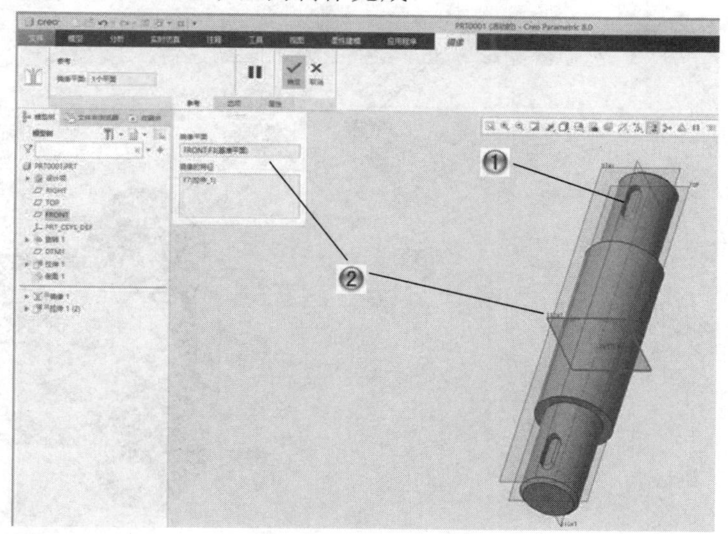

图 6-50　镜像键槽

6.6.3 制作管阀模型范例

本范例完成文件：范例文件/第 6 章/6-3.prt

多媒体教学路径：多媒体教学→第 6 章→6.6.3 范例

范例分析

本范例是制作一个管阀连接件模型的范例，主要是在制作好的管阀基体上进行孔的阵列，然后进行镜像操作和投影文字，从而制作出完整的管阀模型。

扫码看视频

范例操作

Step1 阵列孔

①打开管阀基体的零件文件，单击【模型】选项卡【编辑】组中的【阵列】按钮，选择孔特征作为阵列对象，如图 6-51 所示。

②打开【阵列】工具选项卡，设置【类型】为【尺寸】阵列，设置阵列【成员数】的数量为 4。

③在【尺寸】面板中设置【方向 1】和【方向 2】的参数，单击【确定】按钮，完成阵列孔的操作。

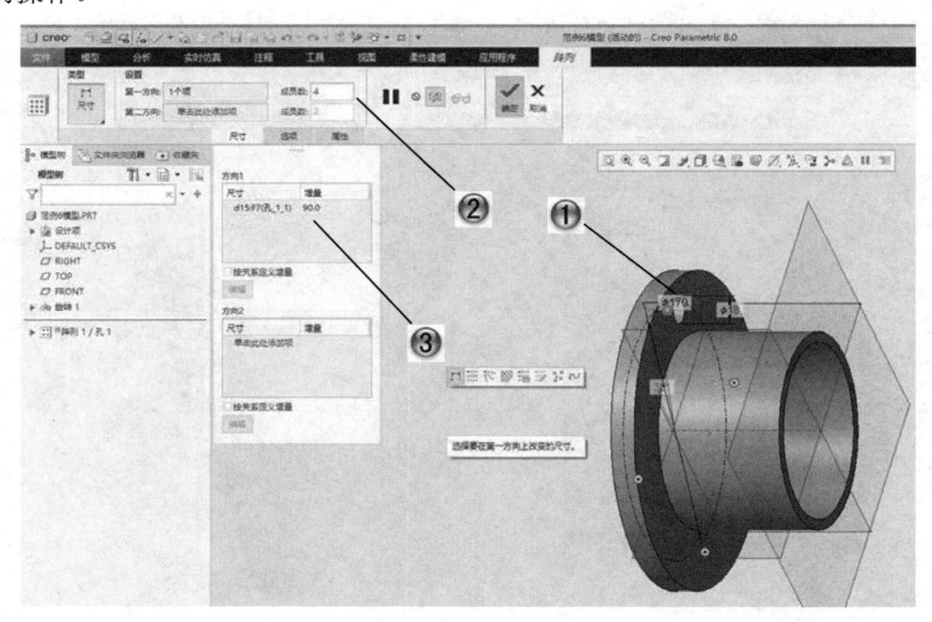

图 6-51　阵列孔操作

Step2 镜像整体

①单击【模型】选项卡【编辑】组中的【镜像】按钮，选择整体的零件，如图6-52所示。

②镜像平面选择RIGHT平面，在【镜像】工具选项卡中设置镜像参数，单击【确定】按钮完成镜像操作。

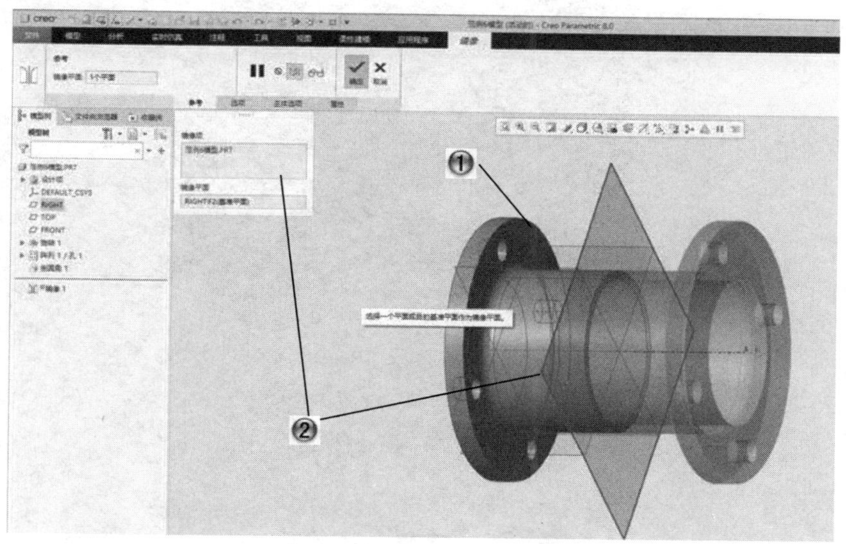

图6-52　镜像操作

Step3 投影文字完成范例

①单击【模型】选项卡【编辑】组中的【投影】按钮，打开【投影曲线】工具选项卡，投影类型选择【草绘】，绘制文字DN100，如图6-53所示。

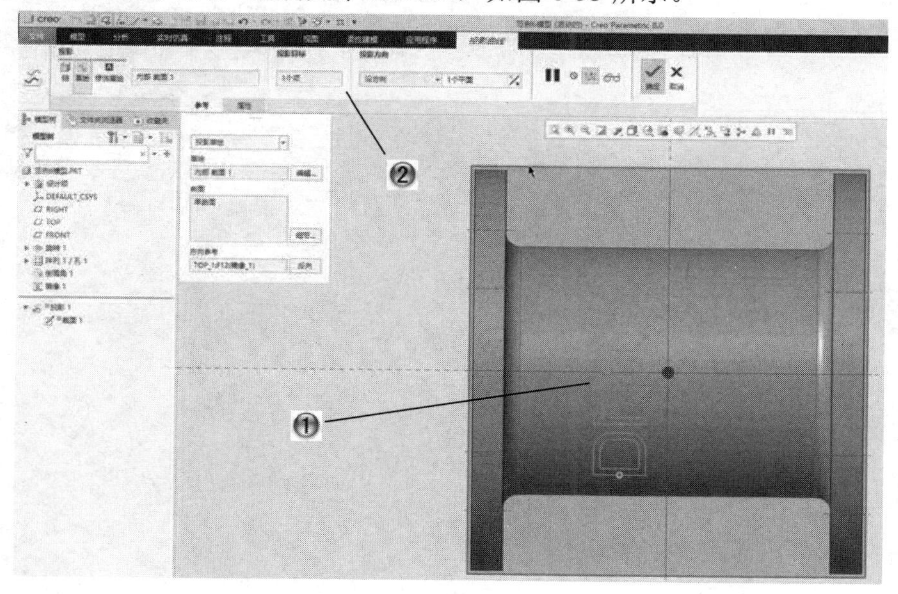

图6-53　投影文字

②在【投影曲线】工具选项卡中设置参数，投影目标选择圆管曲面，单击【确定】按钮完成投影操作。至此这个范例制作完成，结果如图 6-54 所示。

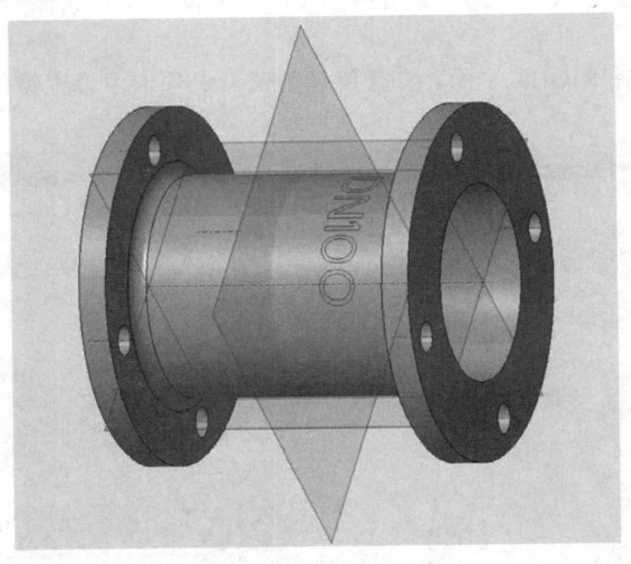

图 6-54　管阀范例模型

6.7　本章小结

本章详细介绍了特征的操作方法，包括修改和重定义特征、删除特征、隐含和隐藏特征，以及特征的复制和阵列等操作，最后介绍了零件程序设计的方法，零件程序设计是模型设计的精髓，这些方法会对今后的建模和模型的修改优化提供很有效的支持，希望读者能够认真掌握这些内容。

第7章 装配设计

本章导读

Creo Parametric 8.0 功能强大，不仅可以设计简单的零件，而且可以指定零件与零件之间的配合关系，进行装配设计。通过零件装配，能够对要设计的结构有更加全面的认识。读者在学习本章后，能够深刻理解装配特征的设计意图及设计方法在设计思想上的集中体现，同时结合分解状态及材料清单的生成和管理，以深入了解 Creo Parametric 8.0 装配中的后期处理。

本章主要介绍了 Creo Parametric 8.0 中有关装配的一些基本概念及环境配置方法，并讲解了装配中相当重要的概念——装配约束，同时还介绍了装配的调整、修改、复制，在装配体中定义新的零件及子装配体的方法，生成装配的分解状态及生成材料清单的方法，以及自顶向下装配设计的方法等内容。

7.1 装配基础和装配约束

本节主要介绍 Creo Parametric 8.0 中有关装配的一些基础知识和装配约束，以便于设计人员总体把握该软件的装配功能，并能够根据自己的需要配置软件环境，从而提高设计效率。

7.1.1 创建装配

所谓“装配”是指由多个零件或零部件按一定约束关系组成的装配件，也就是主装配体，装配中的零件称为“元件”。

创建装配之前必须有创建好的基本元件，然后才能创建或装配附加的装配到现有的装配中。在进行装配时，可采用两种加入元件的方式，一种是在装配模式下添加元件，另一种是在装配模式下创建元件。

在【快速访问】工具栏中单击【新建】按钮，系统弹出【新建】对话框，如图 7-1 所示。选中【类型】选项组中的【装配】单选按钮，并在【子类型】选项组中选中【设计】单选按钮，在【名称】文本框中输入文件名，单击【确定】按钮，就可进入装配环境界面，如图 7-2 所示。

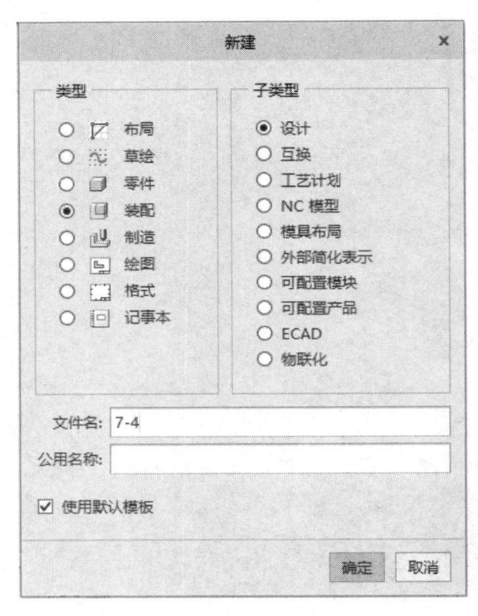

图 7-1 【新建】对话框

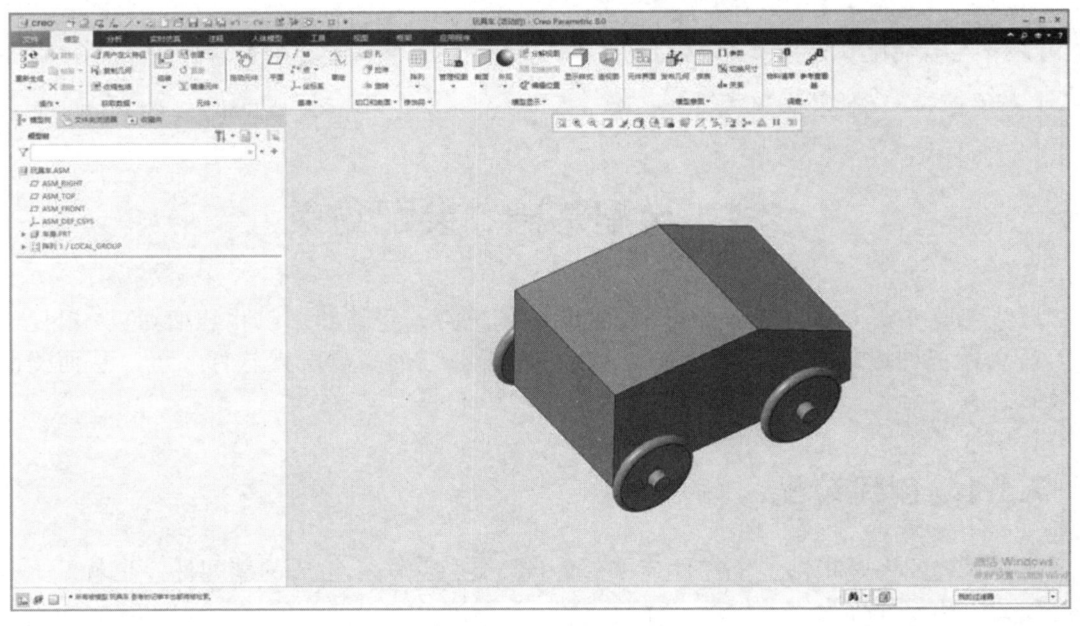

图 7-2 装配环境界面

在【新建】对话框中，可以选择以下两种模式。

（1）使用默认模板

启用【使用默认模板】复选框，直接单击【确定】按钮，就会产生相互垂直的 3 个基准平面，如图 7-3 所示。

注意：

必须在系统配置文件“config.pro”中将“template_designasm”设定为“mmns_asm_design”，才能使默认的装配设计模板为公制单位。

（2）不使用默认模板

取消启用【使用默认模板】复选框，单击【确定】按钮，系统弹出【新文件选项】对话框，如图 7-4 所示，选择要使用的模板，单击【确定】按钮进入装配环境界面。

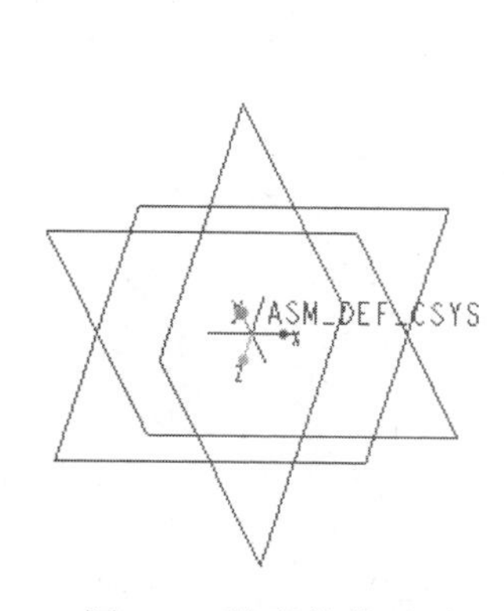

图 7-3　装配基准平面

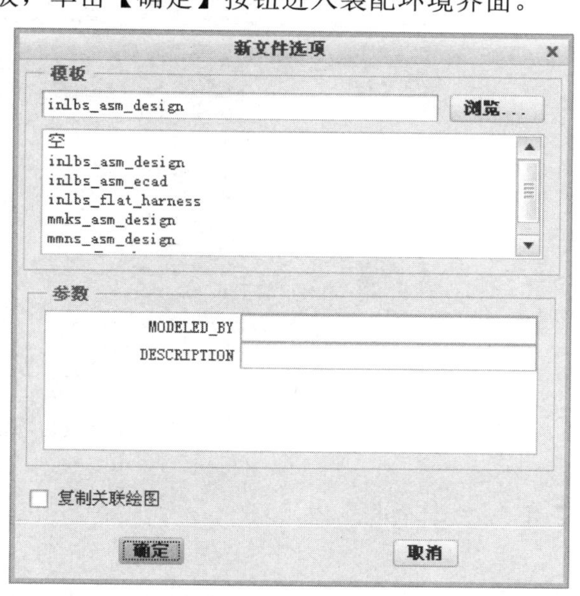

图 7-4　【新文件选项】对话框

7.1.2　装配模型树

模型树是零件文件中所有元件特征的列表。在装配文件中，模型树显示装配文件名称，并在名称下显示所包括的零件文件。模型树内的模型结构以分层形式显示，根对象位于树的顶部，附属对象位于下部。模型树结构如图 7-5 所示。

在默认情况下，模型树位于 Creo Parametric 8.0 主窗口左侧。单击导航选项卡中的【模型树】标签，可显示模型树。在模型树中可以选取对象，而无须首先指定要对其进行何种操作。用户可以使用“模型树”选取元件、零件或特征，而不能选取构成零件特征的单个几何特征。

单击其中的【设置】按钮，系统弹出下拉菜单，如图 7-6 所示。在该菜单中选择【树过滤器】命令，将弹出【模型树项】对话框，如图 7-7 所示，在其中可以设置模型树中所显示的模型特征类型。

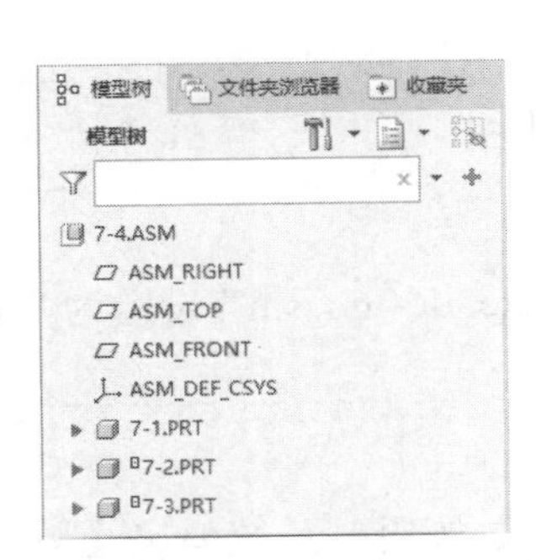

图 7-5　模型树结构图

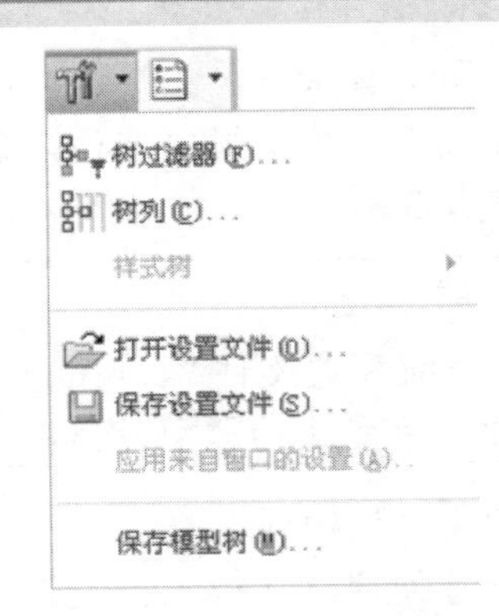

图 7-6　【设置】下拉菜单

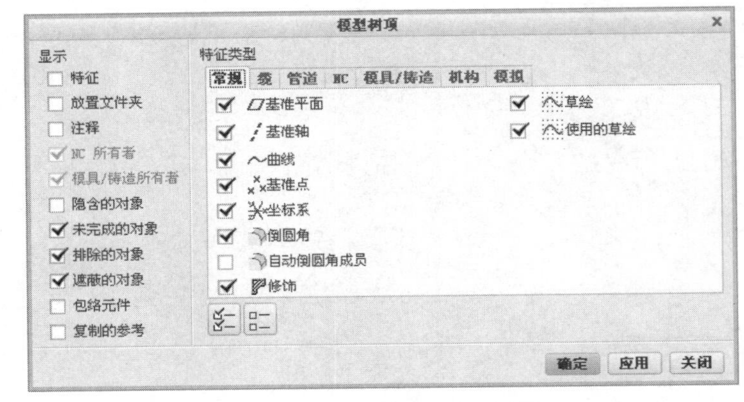

图 7-7　【模型树项】对话框

7.1.3　装配元件

在创建了装配文件之后，就可以向装配中装配其他元件，既可以装配单个元件，也可以装配子装配。

（1）装配单个元件

添加已设计完成的元件：单击【模型】选项卡【元件】组中的【组装】按钮，在【打开】对话框中选择需要添加的元件，单击【打开】按钮，元件就显示在主视窗口中；单击【元件放置】工具选项卡中的【放置】标签，系统切换到【放置】面板，如图 7-8 所示，选择不同的约束类型将元件装配到相应的位置上。

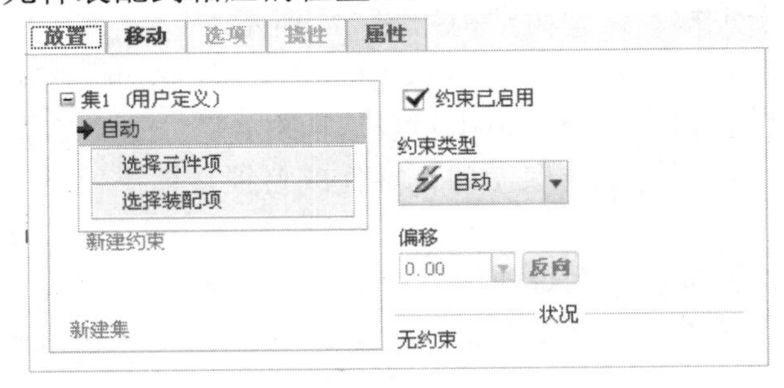

图 7-8　【放置】面板

在机械设计中，一般装配元件就是将元件的 6 个自由度完全约束（在某些特殊情况下为部分约束或全约束）。在 Creo Parametric 8.0 中也一样，只有将元件的 6 个自由度完全约束以后，才能成功装配元件。用户可以根据该思想合理利用约束类型，达到定位元件的目的。

在装配模式下创建元件并装配，在某些情况下，需要在装配体中另外创建元件时可以使用此方法。

（2）装配子装配

在装配较复杂的机械结构时，一般将整个机构按照功能的不同分为几个部分，先将这几个部分分别装配成几个子装配，然后再将这些子装配装配到机械主体上。

在 Creo Parametric 中，创建子装配实际上就是创建一个装配文件，与创建装配的操作方法相同。

添加已创建的子装配：单击【模型】选项卡【元件】组中的【装配】按钮，在【打开】对话框中选择需要添加的子装配；与添加元件一样，需要在【放置】面板中设置约束类型。

在创建装配模式下，创建子装配并装配到主装配体上。单击【模型】选项卡【元件】组中的【创建】按钮，系统弹出【创建元件】对话框，如图 7-9 所示。

在【子类型】选项组中选中【标准】单选按钮，单击【确定】按钮，系统弹出【创建选项】对话框，如图 7-10 所示，其主要的创建方法介绍如下。

图 7-9 【创建元件】对话框

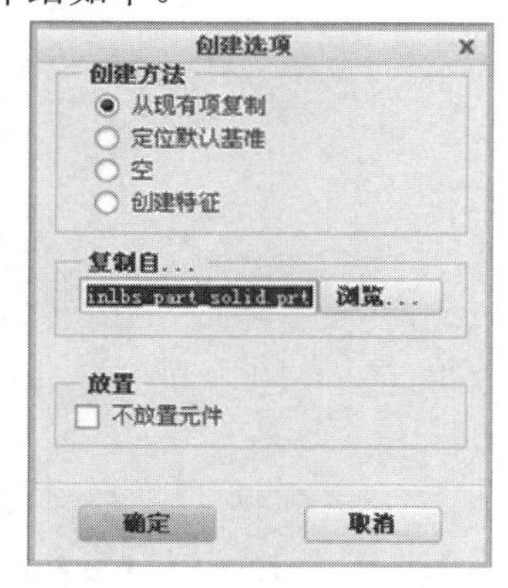

图 7-10 【创建选项】对话框

【从现有项复制】选项：表示复制一个装配模型环境，并不是复制子装配，即复制的文件中不应包含元件，而只是一个创建装配的模型环境。复制完成后，在模型树列表中显示新复制的子装配，在子装配下级只有被复制文件的默认的 3 个相互正交的基准平面。在主装配体的装配环境下，子装配已装配完成，不用再对子装配进行设置约束。

【定位默认基准】选项：表示在主装配体的装配模式下选取基准特征。选取完成后，在模型树列表中出现新创建的装配文件名，单击鼠标右键，在弹出的快捷菜单中选择【打开】命令，如图 7-11 所示。系统打开一个装配模式窗口，在主视窗口中显示的基准特征与刚才选取的基准特征一致。在此环境下创建的子装配件装配到主装配体上时，以

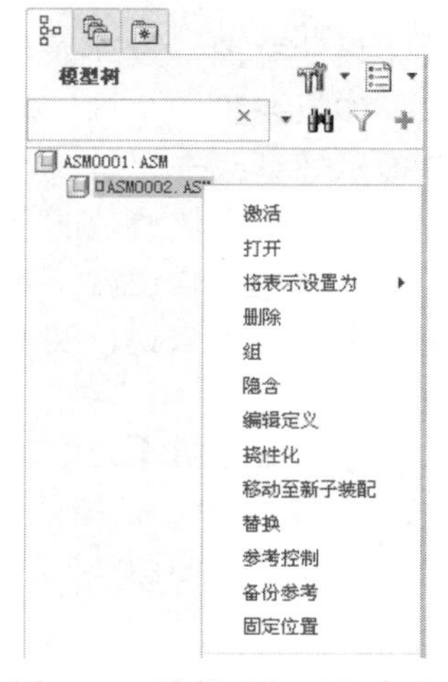

图 7-11 选择【打开】命令

此基准特征进行自动约束。

【创建特征】选项：表示可以创建基准特征，也可以创建其他特征，其功能与【定位默认基准】类似。

7.1.4 装配约束

在装配零件的过程中，为了将每个零件固定在装配体上，需要确定零件之间的装配约束，以确定零件之间的关系。在 Creo Parametric 8.0 中，零件装配通过定义零件模型之间的装配关系来实现。零件之间的装配约束关系，就是实际环境中零件之间的设计关系在虚拟环境中的映射。

当引入的元件放置到装配中时，单击【放置】标签，系统会切换到如图 7-12 所示的【放置】面板，在【约束类型】下拉列表框中列出了十多种约束类型。根据零件的几何外形选择约束类型，就可以限制零件间的相互关系。

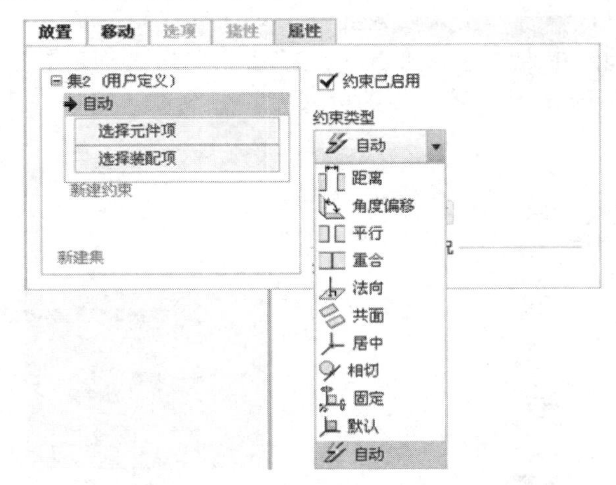

图 7-12 【放置】面板中的【约束类型】下拉列表框

无论是在元件中创建特征，还是在装配体中添加装配，均要通过约束来说明如何建立参数化设计意图。设计人员应知道：设计的目的就是建立当对象发生更改时的对象表现。例如，如果要将一个螺钉放入螺纹孔中，那么当删除孔或将孔移到另一位置时，参数约束就会提示螺钉应去哪里。

设计人员应该清楚的是，建立装配约束方案的目的并不是建立设计意图，而是要去掉装配的所有运动自由度。也就是说，通过约束组合，使装配相对于装配体以参数化的形式固定下来。一般来说，装配约束使用的顺序无关紧要，只要它们能够提供一个全约束条件即可。

下面依次介绍【约束类型】下拉列表框中的约束类型。

【距离】约束：是指两个面之间偏差一定距离的约束。选择后，在【偏移】文本框中可以设置距离值，如图 7-13 所示。距离约束的示意图如 7-14 所示。

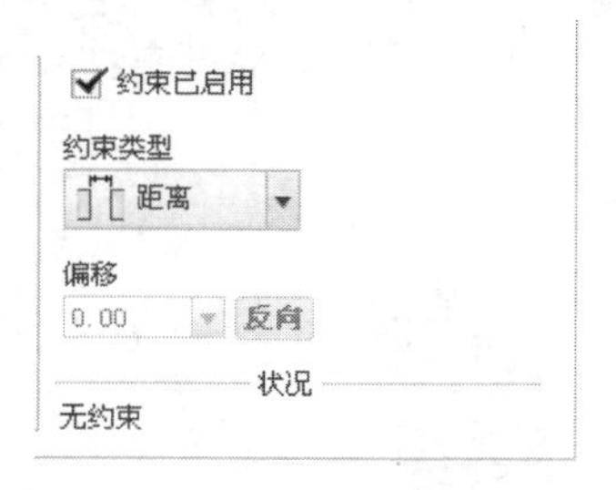

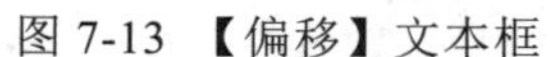
图 7-13 【偏移】文本框

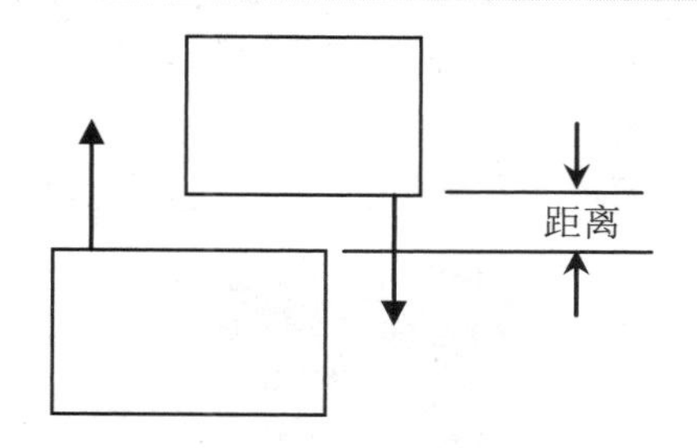

图 7-14　距离约束

注意：

如果使距离方向为反向，可以将偏移量指定为负值。使用距离约束时，两个参考必须为同一类型，即平面对平面。

【角度偏移】约束：可以设置两个面之间的角度值，选择后在【偏移】文本框输入值，如图 7-15 所示。当选择两个元件平面进行角度约束时，以第一个选择的平面为基准，第二个平面进行旋转，如图 7-16 所示。

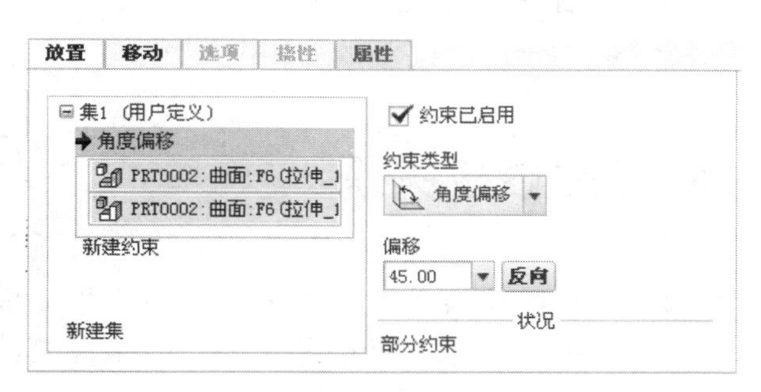

图 7-15　角度偏移约束

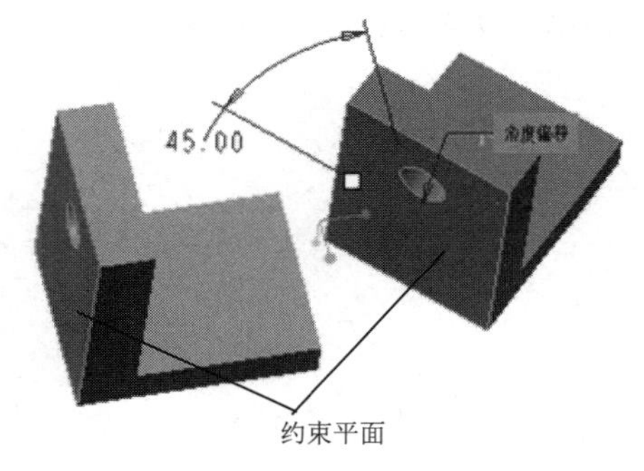

图 7-16　平面角度偏移约束

【平行】约束：可以使两个平面处于平行关系。

【重合】约束：可以使两个面完全重合，如图 7-17 所示的两个面在选择重合约束时会完全贴合。

【法向】约束：进行【法向】约束时两个面会完全垂直。

【共面】约束：与【重合】约束类似，不同的是两个面不贴合，如图 7-18 所示。

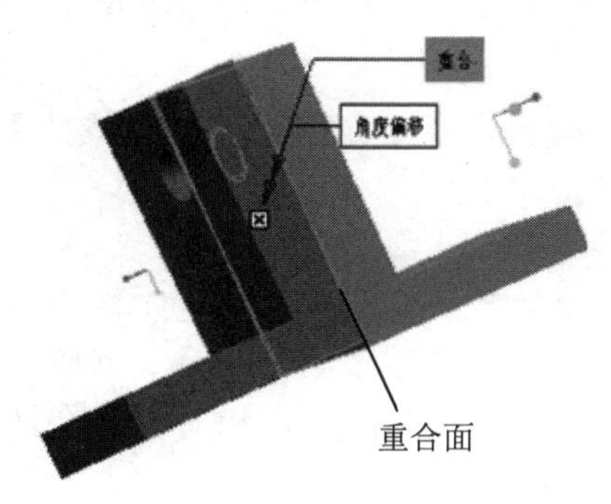

图 7-17　重合约束

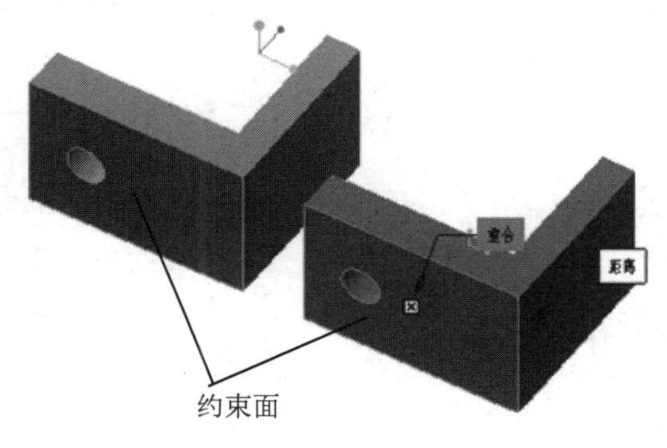

图 7-18　共面约束

【居中】约束：可以控制对象面的几何中心位于一条直线，或者点位于直线中心，如图 7-19 所示为两个孔的居中约束。

【相切】约束：可以约束面与面之间的相切关系，如图 7-20 所示。

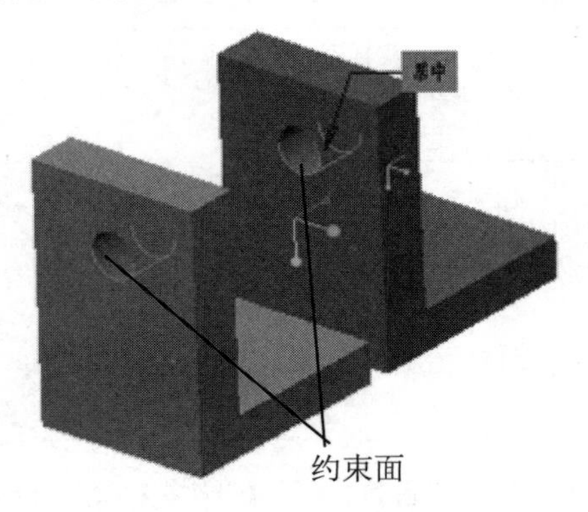

图 7-19　居中约束

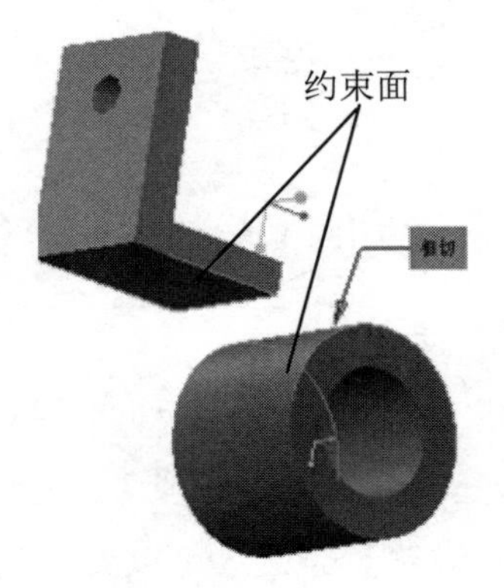

图 7-20　曲面相切

【固定】约束：用来固定被移动或打包的元件的当前位置。

【默认】约束：用来将系统创建的元件的缺省坐标系与系统创建的装配的默认坐标系对齐。

7.2　调整元件和装配修改关系

本节主要讲解在装配的过程中如何精确调节元件的位置关系，以便能够更好地完成装配设计的功能。通过本节的学习，读者应当对装配中单独元件的装配操作有更深刻的理解。

7.2.1　调整元件

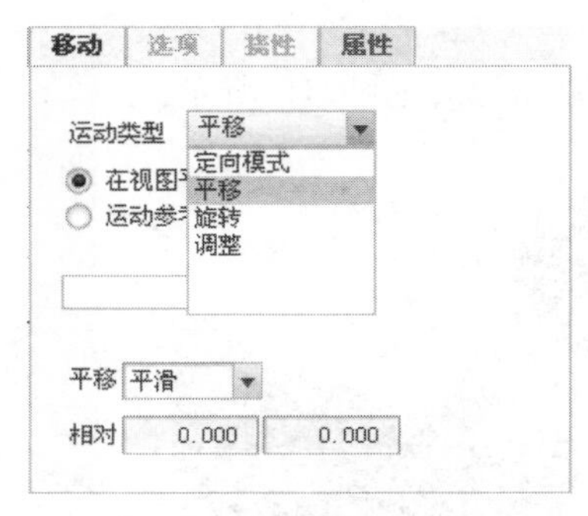

图 7-21　【移动】面板

通过【移动】面板可调节要在装配中放置的元件的位置，如图 7-21 所示。要移动元件时，在图形窗口中按下鼠标左键，然后拖动鼠标即可。要停止移动，在图形窗口中单击，结束操作。

【移动】面板中的运动类型有 4 种类型：【定向模式】、【平移】、【旋转】和【调整】。

（1）定向模式

【定向模式】类型主要是激活定向模式和定向模式快捷菜单。【定向模式】可以提供除标准的旋转、平移、缩放之外的更多查看功能。选择【定向模式】后，可相对于特定几何重定向视图，并可更改视图重定向样式。

定向模式打开时，在显示窗口单击鼠标右键，系统弹出如图 7-22 所示的快捷菜单。方向中心通过图形对象显示，当使用鼠标中键单击该图形对象时，可采用多种方式重定向模型。旋转、平移或缩放时，方向中心可见。方向中心被锁定在旋转中心，但在禁用旋转中心后，可将其设置在图形窗口中的任何位置。

启用定向模式时，可从定向模式快捷菜单中选取下列查看样式。

定向对象
隐藏旋转中心
动态(D)
固定(N)
延迟(L)
速度(V)
退出定向模式

图 7-22 【定向模式】快捷菜单

（2）平移

【平移】类型是拖动与选定参考平行的元件。这是一个默认选项。

在装配元件的过程中，往往会出现所装配的元件在屏幕中的位置不合适，例如两个元件的距离太远等情况。为了提高装配效率，方便设计人员操作，在元件进行设置约束关系前或设置过程中，经常需要对元件进行必要的移动操作，包括平移、旋转和调整。

在向支架上装配如图 7-23 所示的螺栓时，螺栓距离支架较远，为了便于进行后续操作，应该将螺栓移动到支架的近处，此时，打开【移动】面板，如图 7-24 所示。选择【运动类型】下拉列表框中的【平移】选项，在工作窗口中单击，然后拖动鼠标，螺母就随着鼠标在工作窗口内移动，当移动到合适位置时，再一次在工作窗口中单击，就可以将螺栓放置在指定位置。

图 7-23 螺栓的初始位置

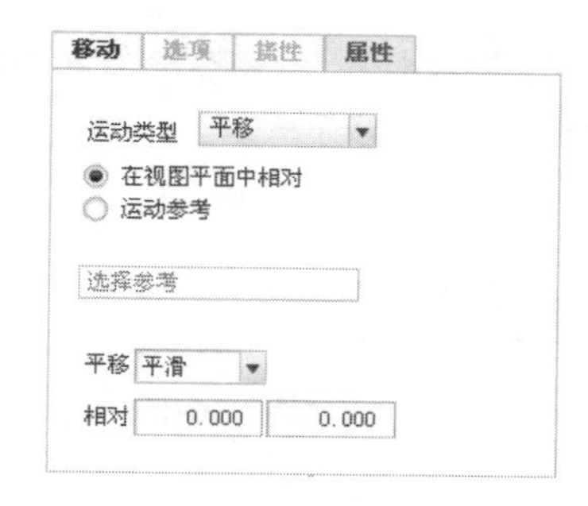

图 7-24 选择【平移】选项

上述平移方式所用的运动参考是【在视图平面中相对】，此种方式下螺栓可以在视图平面内任意移动。若选中【运动参考】单选按钮，此时需选定装配（即支架）中的某一平面作为运动参考，此时螺栓平移时就要垂直或平行于支架的运动参考平面。

（3）旋转

【旋转】类型是绕选定参考旋转元件。

当元件平移到合适位置仍不能达到装配要求时，可以对元件进行旋转操作，以使元件达到合适的角度，便于装配。在【移动】面板中，选择【运动类型】下拉列表框中的【旋转】选项，运动参考选中【在视图平面中相对】单选按钮，这意味着旋转参考为视图平面，如图 7-25 所示。

在向支架中装配螺栓时，若选择旋转方式，可在绘图区中单击该螺栓。此时若移动鼠标，螺栓就将以鼠标单击的位置为旋转轴进行旋转。当螺栓移动到合适位置后，再一次单击就可以完成旋转，旋转后的图形效果如图 7-26 所示。

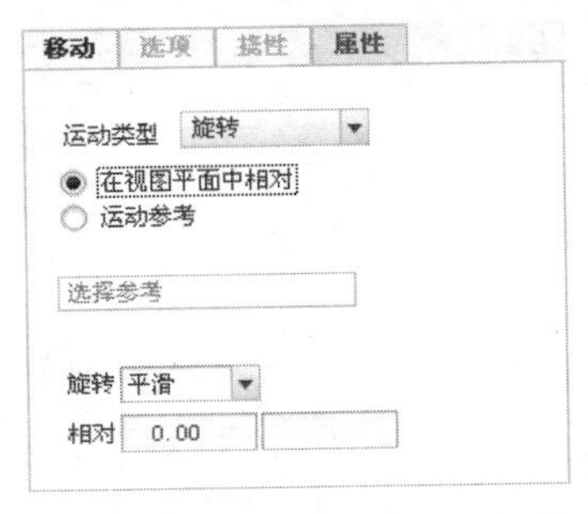

图 7-25　选择【旋转】选项

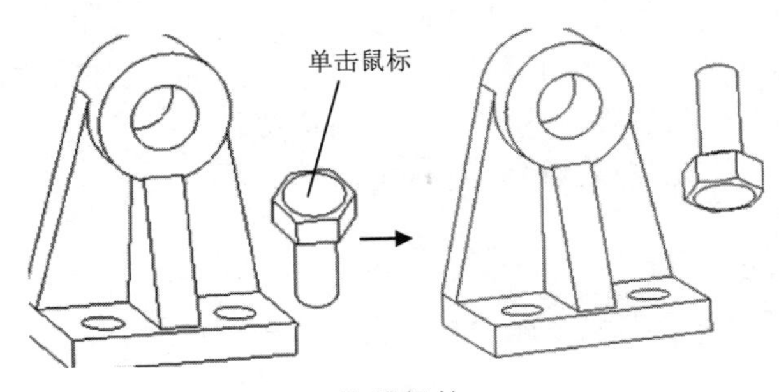

图 7-26　旋转螺栓

上述旋转方式所用的运动参考是【在视图平面中相对】，这种方式下螺栓可以在视图平面内旋转。若选择【运动参考】单选按钮，此时需选定装配（即支架）中的某一平面作为运动参考，此时螺栓就只能在垂直或平行于支架的运动参考平面的平面中旋转。若鼠标单击的位置在较远处，螺栓的旋转半径将增大。

（4）调整

【调整】类型是使用临时约束调整元件位置。

要对装配元件进行调整时，可在【移动】面板的【运动类型】下拉列表框中选择【调整】选项，运动参考选中【在视图平面中相对】单选按钮，这意味着旋转参考为视图平面，如图 7-27 所示。调整模式下必须选择调整参考，并要选中其后的【配对】或【对齐】单选按钮，每选择一次调整参考（螺栓中的某个平面），该参考就与视图平面配对或对齐，其效果如图 7-28 所示。

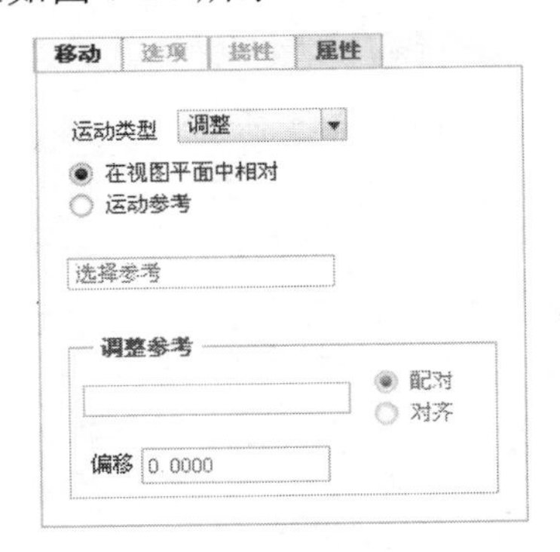

图 7-27　选择【调整】选项

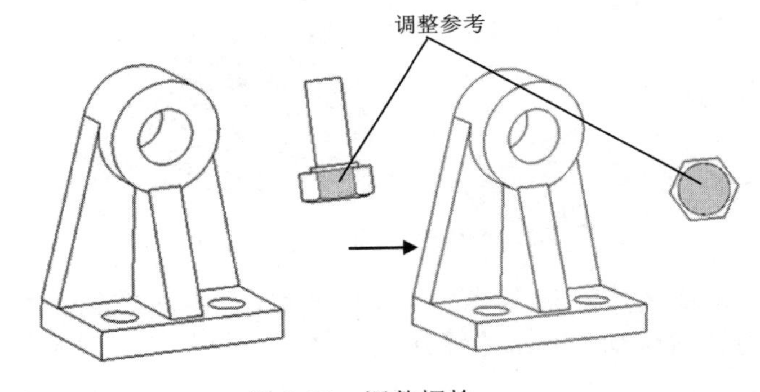

图 7-28　调整螺栓

若选中【运动参考】单选按钮，此时需选定装配（即支架）中的某一平面作为运动参考，此时当选择螺栓的某一平面为调整参考时，该平面就与支架上的运动参考垂直或平行，效果如图 7-29 所示。

（5）其他参数

【移动】面板中的其他选项介绍如下。

- 【在视图平面中相对】单选按钮：平行于视图平面移动元件。
- 【运动参考】单选按钮：相对于运动参考移动元件。
- 【相对】参数：显示元件相对于移动操作前的位置。

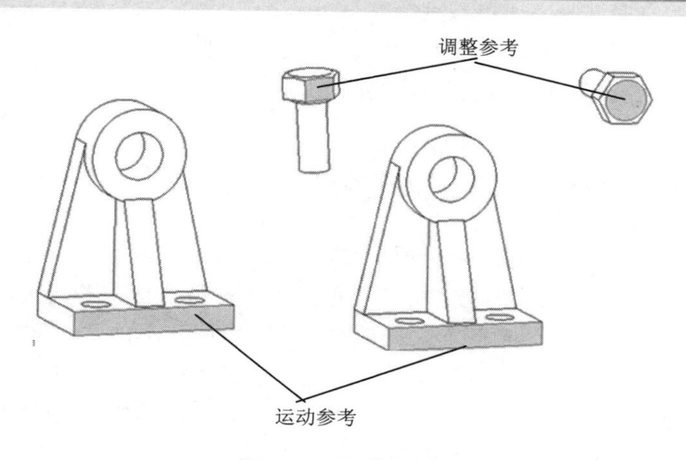

图 7-29　调整螺栓

7.2.2　修改装配关系

如果由于某种原因需要修改零件之间的装配约束关系时，在 Creo Parametric 8.0 中可以很方便实现，只需要重新定义组件即可。

在已经装配好的组件中，可以对元件进行修改，重新进行装配约束。用户可以在【放置】对话框中重新装配，还可以在主窗口中直接修改。

在模型树或视图中选择需要修改的元件，单击鼠标右键，打开快捷菜单，选择【编辑定义】命令，再单击【放置】标签，就重新切换到了该元件的【放置】面板，如图 7-30 所示。

在【放置】面板中修改约束的方法如下。

移除或添加约束。如果要删除元件的放置约束，可选取约束区所列的某个约束并单击鼠标右键，在弹出的快捷菜单中选择【删除】选项，就可以删除该约束。单击【新建约束】按钮重新添加约束，然后在【约束类型】下拉列表框中选取一种约束，如图 7-31 所示为元件和组件选取参照，将不限顺序定义放置约束。

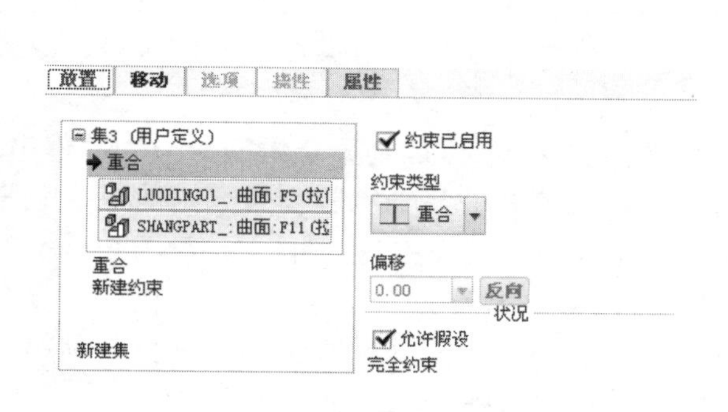

图 7-30　【放置】面板

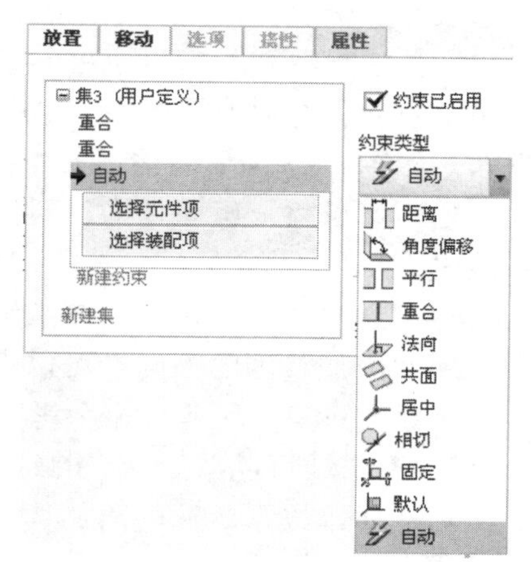

图 7-31　【约束类型】下拉列表框

在【放置】面板约束区域的列表中选取一个约束条件，可以改变组件参照及指定新组件参照，例如将组件上的曲面改变为元件要与之对齐的曲面。

7.2.3 定义新零件

在传统的产品设计中，都是首先将所有的零件制作完成，最后再生成装配，这样做的缺点是在零件设计时，设计人员对各零件之间的相互关系比较难以把握，常常在装配时才发现问题，然后再到零件中去修改，这样就增加了设计人员的工作量。这时可以在 Creo Parametric 8.0 装配模式下直接定义新零件，或者通过模型的合并、切除等方法定义新的零件。在装配中定义新零件丰富了定义新零件的方式，为用户的实际工作带来了便利。因此，在装配模式中有以下几种定义新零件的方法。

（1）创建实体零件及特征

直接在装配模式下定义新零件。在零件模式下创建新的特征时，往往需要参考已有的特征进行尺寸上的约束。当一个特征成了参考特征，在本零件特征构造完成时，该参考特征就成了一个父特征。在装配特征模块中也同样存在特征和特征之间的参考关系，即父子关系。在装配模式下定义的新零件，如果参考了另外一个零件，就形成了一个外部参考的元素。外部参考可以限制将来零件的使用，设计人员应该特别注意。

用户可以先创建一个无初始几何形状的零件，以后再对其进行编辑和操作。

（2）以相交方式创建零件

在装配模式中，可以通过对几个现有的元件求交来创建零件，这些零件不需要有相同的测量单位。例如可以将装配中的现有零件与另一个零件求交，具体步骤如下。

单击【模型】选项卡【元件】组中的【创建】按钮，打开【创建元件】对话框，如图 7-32 所示。

在【类型】选项组中选中【零件】单选按钮，然后在【子类型】选项组中选中【相交】单选按钮。

接受默认名称，也可输入新的名称，然后单击【确定】按钮。

选取要求交的零件。新零件代表所选元件的公共部分。

（3）在装配中合并或切除两个零件来定义新零

在【模型】选项卡【元件】组中选择【元件】|【元件操作】命令，弹出【元件】菜单管理器，如图 7-33 所示。选择其中的【合并】或【切除】选项。当把两组零件放置到一个装配中后，可以将一组零件的材料添加到另一组零件中，或将一组零件的材料从另一组零件中除去。

【合并】选项可以将选定的第二组的每一个零件的材料，添加到第一组的每一个零件中。根据可用的附加选项的不同，可以将第二组零件的特征和关系，复制到第一组的每一个零件，也可以通过第一组零件来参考它们。此步骤创建的特征被称为合并。

【切除】选项可以从第一组的每个零件中，减去第二组的每个零件的材料。同使用【合并】选项一样，根据所选的附加选项的不同，可以将第二组零件的特征和关系复制到第一组零件或由第一组零件参考。这个步骤创建的特征称为切除。

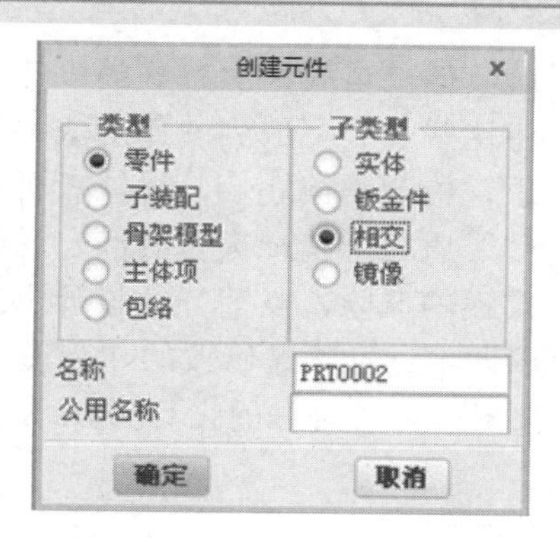

图 7-32 【创建元件】对话框

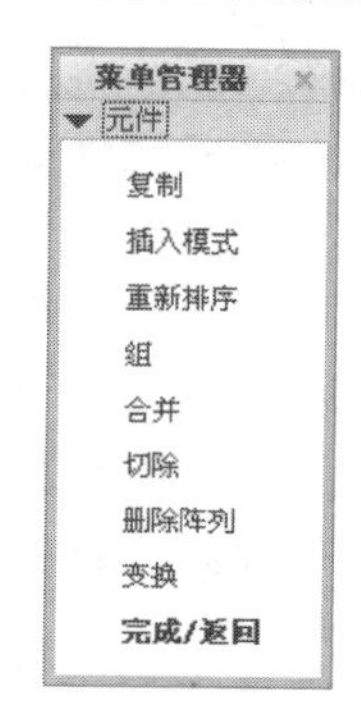

图 7-33 【元件】菜单管理器

装配的第一组零件包含要修改、要添加材料或要删除材料的零件。该组还包含创建合并或切除的零件时选定的第一组零件。第二组零件中包含要添加到第一组零件中，或要从第一组零件中删除的几何特征。该组还包含该过程中选取的第二组零件。

当正在合并的零件有不同的精度时，会出现一条消息提示新零件的精度，精度最多可达 6 位小数。要撤销合并或切除时，可删除第一组零件的合并/切除特征。

7.3　自顶向下装配设计

对任何产品的设计开发来说，都需要考虑到产品的最终设计期限、产品成本和产品的市场灵活性等要求，如果在 Creo Parametric 8.0 中一开始就马上设计模型，而不是进行规划，将会导致大量的设计失误。因此，为使设计具有价值，能够创造出在市场需求变化的驱动下不断更新设计趋势的好产品，一定要通过规划来实现。要规划设计，设计师需要对产品有宏观的基本了解。也就是说，需要了解产品的整体功能、形式和基本装配关系。主要包括以下几个方面：总体尺寸、基本模型特点、装配方法、装配将包含的元件的大概数量和用于制造模型的方法。总之，在开始设计产品前便构想出模型，就可避免在特征建模中出现不必要的问题，从而节省时间并提高设计精度。因此，本节将主要讲解自顶向下设计方法。

7.3.1　基本介绍

自顶向下装配设计是一种高级的装配设计思想，是通过成品对产品进行逐步分析，然后向下设计。具体地说，可以从主装配开始，将其分解为若干个装配和子装配，然后标识主装配元件及其关键特征，最后了解装配内部及装配之间的关系，并确定产品的装配方式。掌握了这些信息，就能规划设计并在模型中体现总体设计意图。在我国，自顶向下设计主要用于设计频繁修改的产品，或者用于设计各种更新快的产品。

（1）自顶向下装配设计基础

相对于自顶向下装配设计来说，还有一种自底向上的设计，也就是传统的设计方法。这种方法要求用户从元件级开始分析产品，然后向上设计直到主装配。注意，成功的自底向上设计，也要求设计者对主装配有基本的了解，但是自底而上方式的设计不能完全体现设计意图。设计者将元件放到子装配中，然后将这些子装配放到一起形成顶级装配，但常常会在创建装配后发现这些模型不符合设计要求，检测出问题后，设计者再手工调整每个模型，这样，随着装配的增大，检测及纠正这些矛盾将会消耗大量时间，尽管可能与自顶向下设计的结果相同，但却加大了设计冲突和错误的风险，从而导致设计上的不灵活。这种方法主要在设计相似产品或不需要在其生命周期中进行频繁修改的产品设计中采用。

图 7-34 所示为自顶向下的装配体设计示意图。自底向上的设计方法示意图如图 7-35 所示。

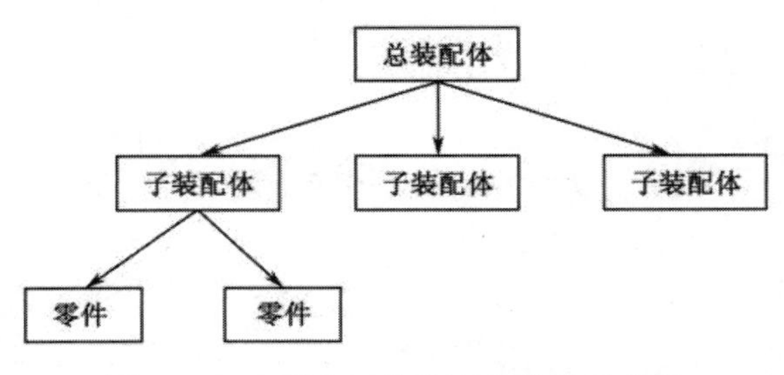

图 7-34　自顶向下的装配体设计示意图

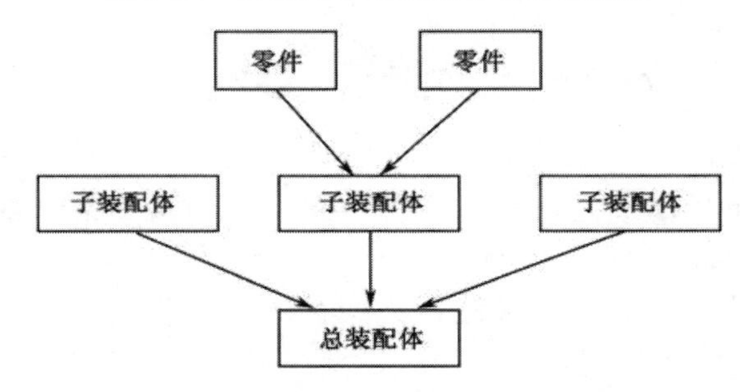

图 7-35　自底向上的装配体设计示意图

（2）自顶向下装配的优点

自顶向下装配的设计方法有很多优点，一般来说可以用于管理大型装配、组织复杂装配设计、支持更加灵活的装配设计等，具体说明如下。

① 自顶向下装配的设计方法可以方便用户在内存中只检索装配的骨架结构，再进行必要的修改，从而管理大型的装配设计。由于骨架包含了重要的设计标准，例如安装位置、子系统和零件的空间需求及设计参数等。用户可以对骨架进行更改，并且将更改传递到整个设计的各个子系统中。

② 组织化的装配结构可以让信息在装配的不同级别之间共享，如果在一个级别中进行了更改，则该更改将会在所有其他与之相关的装配或元件中共享。这样可以支持多个设计小组或个人拥有不同的子系统和元件的团队设计环境。

③ 自顶向下装配的设计方法组织并帮助强制执行装配元件之间的相互作用和从属关系。在实际的装配设计中，存在很多的相互作用和从属关系，在设计模型中应该能够捕捉它们，例如某零件的安装孔位置与另一个零件上相应位置之间的关系称为期望的从属关系，如果修改了某一个安装孔的位置，则从属关系零件上相应的安装孔也要移动。

（3）自顶向下装配设计的步骤

自顶向下装配设计方法的基本步骤如图 7-36 所示，下面对其基本步骤做详细说明。

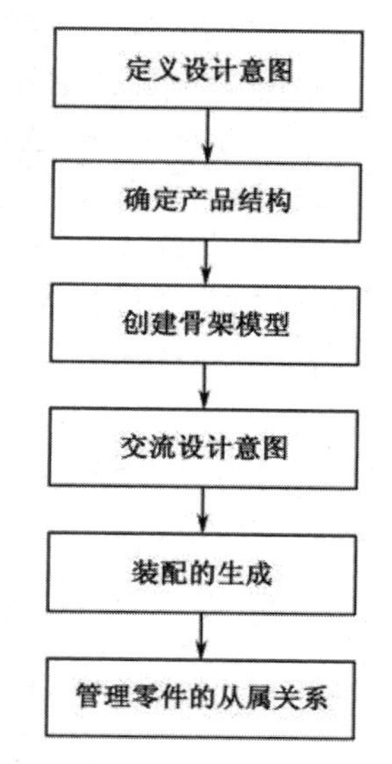

图 7-36　自顶向下的装配体设计步骤

定义设计意图：设计人员在设计产品时都要做一些初步的设计规划，包括产品的设计目的、功能以及设计的草绘、想法和规范。设计人员通过预先制定好的设计计划能够更好地理解产品的结构组成，并进行详细的产品设计。在 Creo Parametric 中，设计人员能够利用这些信息定义设计的结构和单个元件的详细要求。

确定产品结构：在 Creo Parametric 中，不需要创建任何几何模型就能够创建子装配和零件，从而创建产品结构，同时现有的子装配和零件也可以添加到产品结构中，而不必进行实际的组装。

创建骨架模型：骨架模型是根据装配内的上下关系创建的特殊零件模型。使用骨架模型不必创建元件，只需要参考骨架设计零件，并将其装配在一起，就可以作为设计规范。骨架模型是装配的 3D 布局，可以用于子系统之间共享设计信息，并作为控制这些子系统之间的参考手段。

交流设计意图：产品的顶级设计信息可以放置在顶级装配骨架模型中，然后根据需要将信息分配到各个子装配骨架模型中。这样，子装配只包含其应有的相关设计信息，设计者只能设计各自的装配部分。因此，在 Creo Parametric 中，多个设计者可以共同参考同一个顶级设计信息，同时开发出的装配在第一次装配时就能够配合在一起。

装配的生成：定义完装配的骨架并分配顶级设计信息后，就可以开始设计单个元件。使用具体零件组装装配结构的方法有很多，可以组装现有元件，或在装配中创建元件，在此过程中也可以使用其他功能，例如装配元件、骨架模型、布局和合并特征等。

管理零件的从属关系：参数化建模易于修改设计，可以有组织地管理设计中各元件间的从属关系，这允许将一个设计中的元件用于另一个设计中，并提供一种控制整个装配设计的修改和更新的方法。

7.3.2　骨架设计基础

骨架设计是自顶向下设计过程的重要部分。

骨架模型是根据装配内的上下关系创建的特殊零件模型。使用骨架不必创建元件，只需参考骨架设计零件，并将其装配在一起，就可以作为设计规范。骨架模型是装配的一个 3D 布局，创建装配时可以将骨架用作构架。

骨架通常由曲面和基准特征组成，尽管它们也可具有实体几何。骨架在 BOM 中不显示（除非要对其进行排列），对质量或曲面属性也没有影响。

（1）应用途径

骨架模型作为应用途径之一的三维设计外形，能以多种方式使用，其用途如下。

① 装配体空间要求。自顶向下的装配体设计通常需要在设计小的细节元件之前，设计大的和外部的元件。例如，汽车的外形可能在设计发动机之前设计出来，在设计发动机的过程中，必须在分配的空间中进行。在表明主要设计部件的要求空间时，可以使用骨架模型。

② 运动控制。通过骨架模型，可以控制和设计装配体的运动仿真。真正的元件轮廓由基准轴、基准线以及作为部件的轮廓建立的元件创建，每个零件之间的相对运动都可以用轮廓元件进行设计和修改。优化设计时，实际的元件可以沿轮廓建立。

③ 共享信息。在大型制造企业里，会有不同的团队分别进行几个主要部件的设计工作，骨架模型可以从一个部件到另一个部件传递设计信息，以达到设计规范的统一。

④ 自顶向下的设计控制。在自顶向下的设计概念中，设计意图从上一级传递到下一级，骨架模型的作用就是在部件设计过程中，描述并传达上一级的设计意图。

（2）设计目标

骨架模型是装配的一种特殊元件，在装配中使用骨架可以实现下列目标。

① 可以划分空间声明，即可以使用骨架创建自装配的空间声明，这样能够在模型中建立主装配和自装配之间的界面关系。

② 可以作为元件间的设计界面来创建和使用骨架。

③ 确定装配的运动。在装配上采用骨架模型进行运动分析，即首先创建骨架模型的放置参考，然后修改骨架尺寸以模仿运动。

7.3.3 骨架设计方法

创建一个骨架模型的基本步骤如下。

（1）单击【模型】选项卡【元件】组中的【创建】按钮，打开【创建元件】对话框，如图 7-37 所示。

（2）在该对话框的【类型】选项组中选中【骨架模型】单选按钮，接受默认名称或者输入新的骨架模型名称，单击【确定】按钮。

（3）系统弹出【创建选项】对话框，如图 7-38 所示。在【创建选项】对话框中，可以选择不同的创建方法。

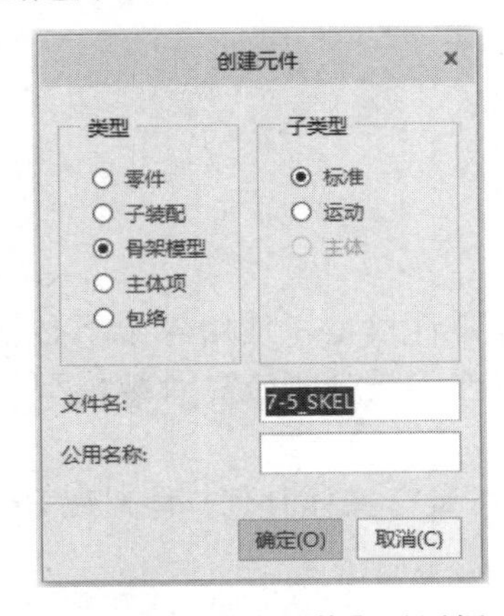

图 7-37 【创建元件】对话框

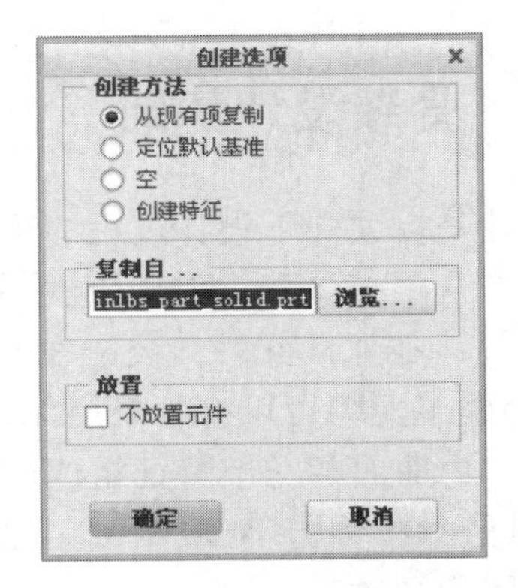

图 7-38 【创建选项】对话框

【从现有项复制】选项：选择该项后，可以输入要复制的骨架名称（或单击【浏览】按钮，在弹出的对话框中选取要复制元件的名称，单击【打开】按钮，选定的元件名称将出现在【复制自】文本框中）。

【空】选项：选中该单选按钮，将在装配中创建一个没有几何的空骨架模型子装配。

（4）单击【确定】按钮，将创建一个顶级骨架。

7.4 装配分解和物料清单

创建装配的分解状态，是在装配的实际应用中常用到的一项功能，它能够比较直观地反映装配中各零部件之间的相互关系，并可以清晰地表示出未分解前无法观察或不易观察到的部分。通过分解视图能够详细地表达产品装配/分解状态，使装配件变得易于观察。“物料清单”（BOM）列出了当前装配或装配绘图中的所有零件和零件参数，可保存为HTML或文本格式。

7.4.1 装配分解

下面介绍装配分解的概念和方法。

（1）生成装配分解状态

零件按照装配关系被加入装配件后，它们就被放置在预设的位置上。一般情况下，这种浏览装配件的方法可观察性不强，缺乏描述性。此时，生成装配件的分解状态就显得比较重要。分解视图又称为爆炸视图，它是将装配件的各零件显示位置打开，而不改变零件间的实体距离。通过分解视图能够详细地表达产品装配/分解状态，使得装配件变得易于观察。如图7-39所示为一典型的装配体的分解视图和装配图。

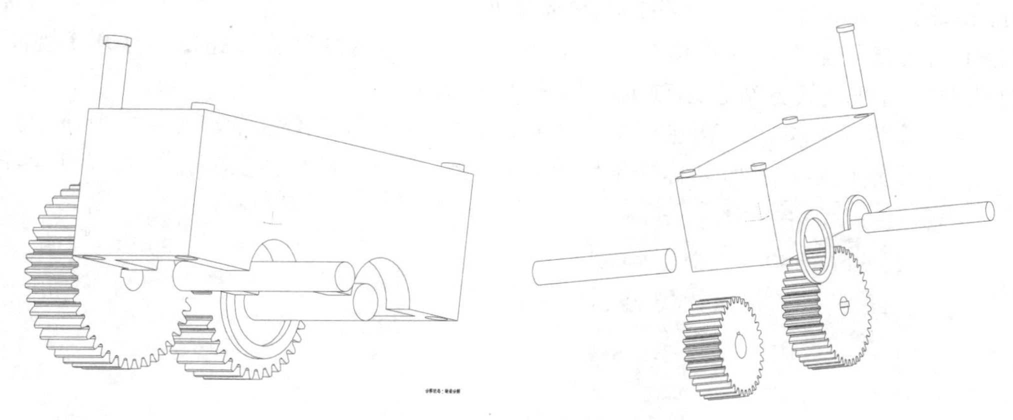

图7-39 分解视图和装配图

（2）分解状态的主要特点

装配件分解状态的主要特点如下。

① 在装配中创建并修改多个分解状态，以定义所有元件的分解位置。还可以创建和修改偏距线，以显示分解元件在分解位置时的对齐情况。

② 分解一个装配只影响该装配的显示，而不改变元件间实际的设计距离。创建分解状态可以定义所有元件的分解位置。对于每个分解状态，都可以切换元件的分解状态，改变元件的分解位置，并创建分解偏距线。

③ 用户可以为每个装配定义多个分解状态，然后可随时任选其中一个分解装配。还可以为装配的每个视图设置一个分解状态。

④ 系统为每个元件指定一个由放置约束确定的默认分解位置。

此外，使用分解功能时还需要注意下面几个问题。

① 可以选取单个元件或整个子装配来编辑其分解状态。

② 若在更高级装配范围内分解子装配，系统不会分解子装配中的元件。用户可以为每个子装配指定要使用的分解状态。

③ 关闭分解状态时，不会丢失元件的分解信息。系统会保留该信息，以便在重新打开状态时，元件仍然有相同的分解位置。

④ 同一子装配的多个元件在更高级装配中，可以有不同的分解特性。

（3）生成装配的分解状态的基本方法

方法一：一般来说，对于比较简单的装配，直接单击【模型】选项卡【模型显示】组中的【分解视图】按钮，就能直接生成一个装配状态，此装配状态是系统默认的分解状态，也就是系统根据元件之间的相互约束关系，自动生成的分解位置所构成的状态。该操作非常简单，可以直接生成。如果需要的话，可以再加入偏距线来表示分解元件的相互关系，或者表示分解元件的相互对立关系。

方法二：对于相对较复杂的装配，系统直接生成的默认分解状态，不太符合用户所需要的分解位置，此时可以由用户自定义各元件的位置，使用“拖动”的方式在屏幕上随意摆放元件位置，以形成装配的分解状态。这样的分解状态可以生成多个并且互不干扰，用户可以通过【视图管理器】来调用不同的分解状态并使用，当然也可以随时生成偏距线。

方法二的操作相对比较多一些，具体步骤如下。

① 单击【模型】选项卡【模型显示】组中的【视图管理器】按钮，打开【视图管理器】对话框，切换到【分解】选项卡，如图 7-40 所示。

② 单击【新建】按钮，新建一个分解状态，系统立刻在【名称】列表框中显示新的状态，并指定一个默认名称且此名称处于修改状态，此时用户可以自定义名称，如图 7-41 所示。

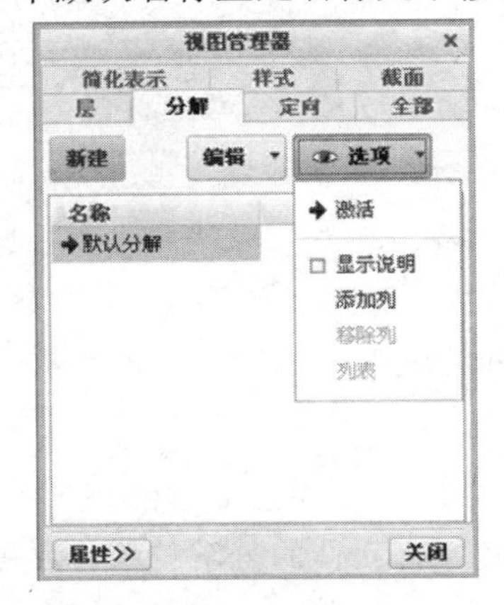

图 7-40 【视图管理器】对话框

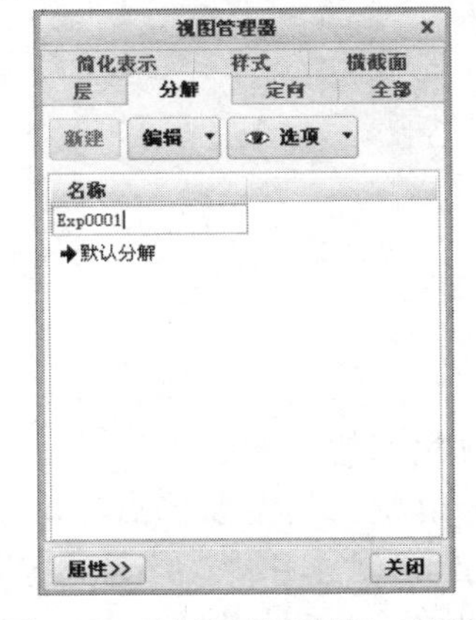

图 7-41 【视图管理器】对话框

③ 设定名称后，按 Enter 键确认。此时新建的状态自动切换为当前状态（即在名称前显示一个红色的箭头图标）。单击【编辑】按钮打开其下拉菜单，选择其中命令可对当前分解状态进行编辑，如图 7-42 所示。

④ 完成新视图创建后，可以使用【分解工具】选项卡来拖动元件。单击【模型】选项卡【模型显示】组中的【编辑位置】按钮，打开【分解工具】选项卡，如图 7-43 所示。

⑤ 单击【参考】面板中的【要移动的元件】选择框，选中要设置的元件，如图 7-44 所示。

⑥ 选择要移动的零件或子装配后，还要根据设计者的意图来选取运动类型。系统提供了 3 种按钮定义零件的移动方式。

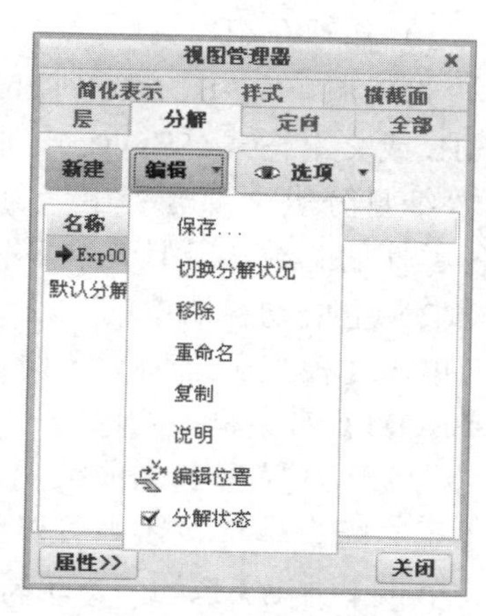

图 7-42 【编辑】下拉菜单

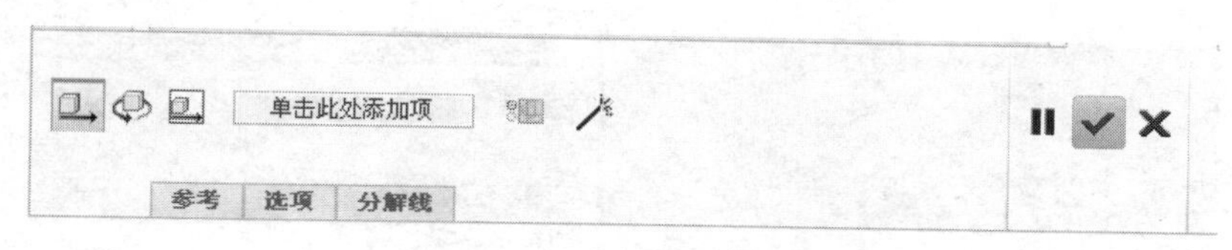

图 7-43 【分解工具】选项卡

- 【平移】按钮：直接拖动零件或子装配在移动参考方向上平移。
- 【旋转】按钮：使零件或子装配在参考轴上旋转。
- 【视图平面】按钮：选取零件到系统默认的位置。

⑦ 选择【选项】面板，如图 7-45 所示，可以复制位置和设置【运动增量】。设计人员可以按照设计意图来选择合适的运动增量，一般情况下，使用默认的【平滑】选项来任意移动选中的零件。

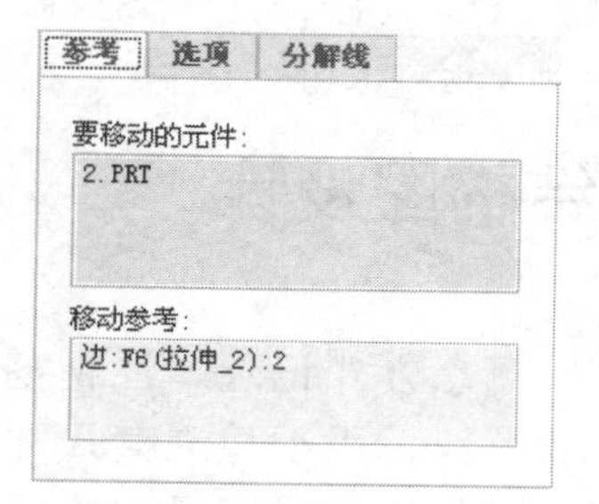

图 7-44 【参考】面板

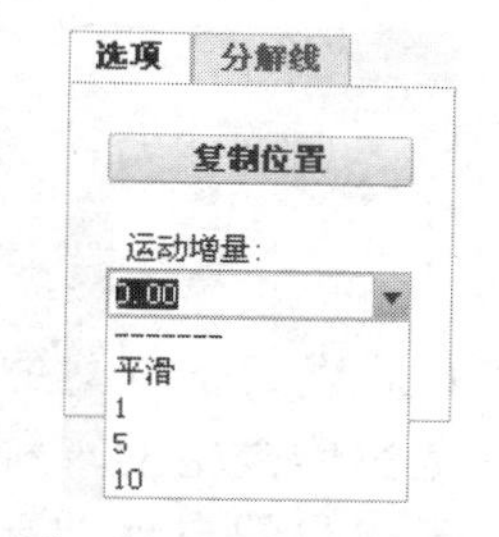

图 7-45 选取运动增量

7.4.2 物料清单

当完成了一个复杂的装配件时，从整体上对整个装配体的信息进行把握就显得十分重要。对总装配体中包括的子装配、零件列出其分类归纳信息是 Creo Parametric 8.0 的一项重要功能。

（1）基础介绍

“物料清单”（BOM）列出了当前装配或装配绘图中的所有零件和零件参数，可保存为HTML 或文本格式。BOM 分为两部分：细目分类和概要。

“细目分类”部分列出当前组件或零件中包含的内容；“概要”部分列出包括在装配中的各零件的总数，并且是从零件级构建装配所需全部零件的列表。

（2）生成物料清单的方法

单击【模型】选项卡【调查】组中的【物料清单】按钮，系统将打开如图 7-46 所示的【BOM】对话框。

在【选择模型】选项组中，选中【顶级】单选按钮可以获得主装配件的材料清单，选中【子装配】单选按钮则可以获取子装配件的材料清单。

单击【确定】按钮，系统将自动在浏览器中显示如图 7-47 所示的装配件材料清单信息，主要包括所有子装配件、子装配件中零件的标号、名称和类型。

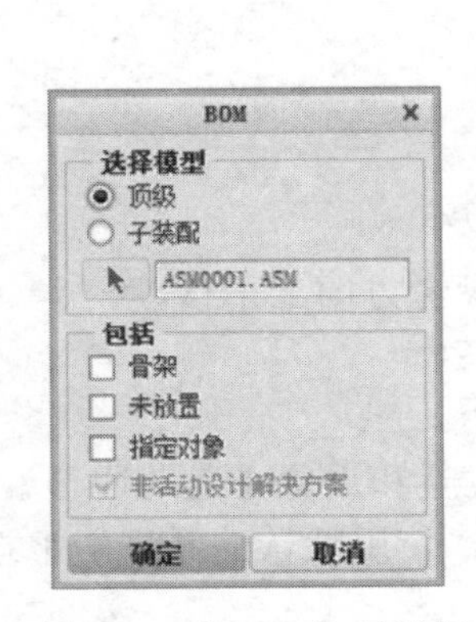

图 7-46 【BOM】对话框

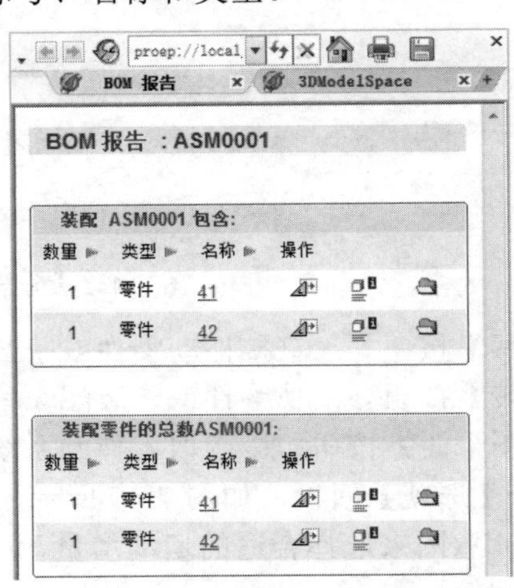

图 7-47 装配件材料清单信息

7.5 布局和产品结构图设计

布局是在布局模式下创建的二维草绘，用于以概念方式记录、注释零件和装配。例如，布局可以是实体模型的一种概念性图表或参考草绘，用于建立其尺寸和位置的参数和关系，以便于成员的自动装配。布局不是比例精确的绘图，而且与实际的三维模型几何不相关。

7.5.1 产品设计二维布局

本节主要介绍产品设计的二维布局，产品的二维布局主要用于表现设计初期零件之间的装配关系，这些对将来的三维装配设计起着决定和主导作用，也可以大大节省设计的时间和精力。

在产品设计初期，设计人员经常会将零件的摆放位置和零件之间的装配关系，用简单的二维图来表示，在 Creo Parametric 8.0 中使用布局可以实现此目的。

在进行产品设计时，根据二维布局，设计者可以进一步进行详细的三维零件设计，当完成所有的零件设计后，系统就可以根据二维布局的规划，将所有零件自动装配在一起。如果要进行产品修改，并且修改的部位仅仅涉及单一的零件，就可以直接在三维零件上进行修改；若修改涉及多个零件的相对位置或整个装配体的规划时，则可以在二维布局上进行必要的修改。当二维布局图变动后，装配体也会自动更新，不需要再修改三维装配体，体现了 Creo Parametric 8.0 的单一数据库特性。

布局是 Creo Parametric 8.0 的一个模块，单击【快速访问】工具栏中的【新建】按钮，打开【新建】对话框，选中【布局】单选按钮，如图 7-48 所示。

【布局】功能的相关内容如下。

（1）布局图创建

单击【快速访问】工具栏中的【新建】按钮，打开【新建】对话框，选中【布局】单选按钮，单击【确定】按钮。

此时系统弹出如图 7-49 所示的【新布局】对话框，该对话框用来设置布局图纸的各项属性。

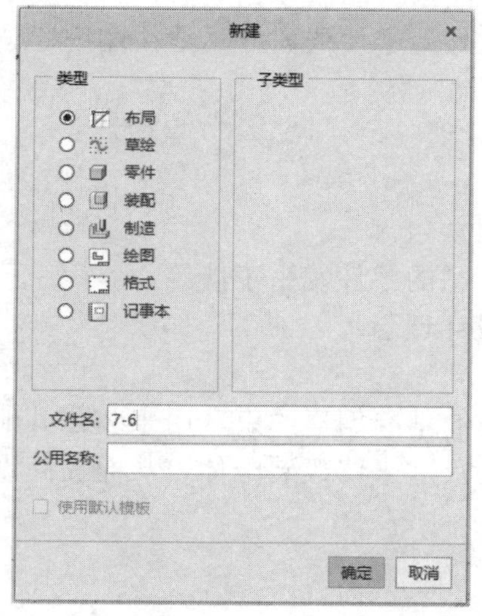

图 7-48　选择【布局】单选按钮

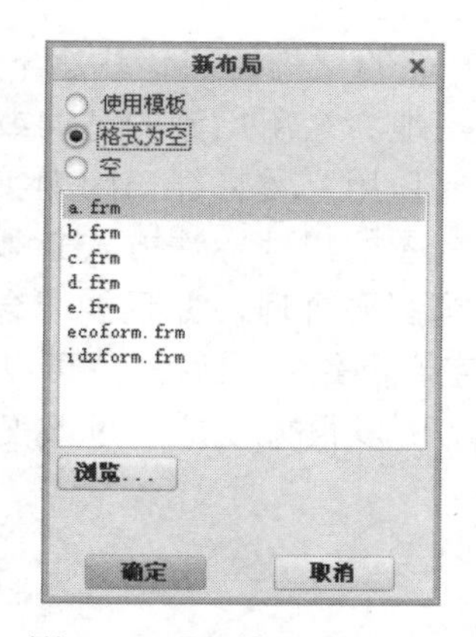

图 7-49　【新布局】对话框

（2）绘制工具

利用【绘制】组中的命令按钮，包括【线】、【圆】、【弧】、【矩形】等工具，可以绘制产品的简易外形，如图 7-50 所示。

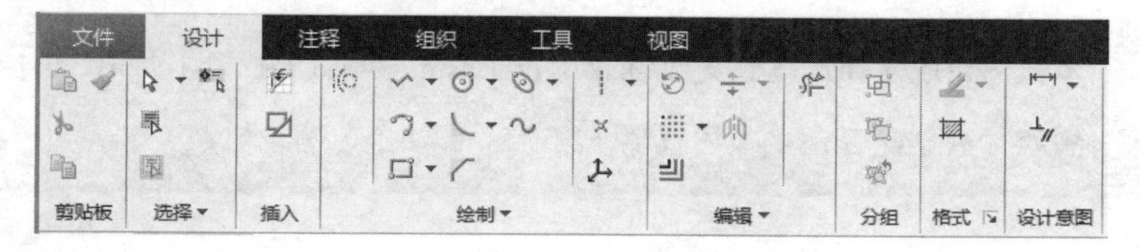

图 7-50　【绘制】组中的命令按钮

（3）辅助命令

打开【设计】选项卡【设计意图】组中的【尺寸】列表，如图 7-51 所示，可以设置各零件装配的重要尺寸或零件装配时的装配尺寸，这些尺寸将作为装配的整体尺寸。

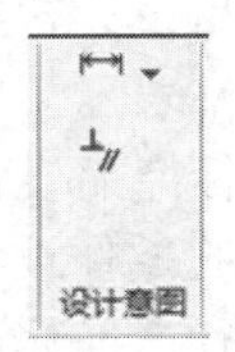

图 7-51 【尺寸】列表

7.5.2 产品结构图设计

产品结构图用来表示一个产品的结构，是处理大型装配的一种重要工具。

（1）基本概念

所谓产品结构图，就是用来表示一个产品结构的图样，它是处理大型装配的一种重要工具。零部件可以按照产品结构图的结构进行装配，并且可以避免传统装配方法中零件装配间的父子参考关系。此外，产品结构图还可以应用到机构仿真与测试中，使得设计和修改装配变得更加方便，在处理大型装配时更加体现出其优越性。

产品结构图就是以基准平面、基准点、基准坐标系统、轴线等基准特征来创建零件之间的结构关系。它可以用来分析产品的设计、规划产品的空间位置、决定重要的长度，也可以用来指定产品中各零件装配的配合位置。产品结构图创建完成后，它就成了产品的架构，零件装配时可根据结构图自动完成装配。此外，零件依据产品结构图进行装配时，被结构图所约束，可以通过修改结构图的方法来驱动零件。

（2）注意事项

创建产品的结构图应该注意下列事项。

- 适当地命名所用到的基准或曲面特征。
- 不要使用实体特征，因为实体特征会和产品的零件发生干涉等。
- 结构图的尺寸标注方式必须配合产品的设计理念。
- 结构图要合理，并且能配合设计的功能。

装配完产品结构图后，就可以按照结构图中的基准创建约束，用来装配其他零件，这种装配方法可以很方便地通过改变产品结构图的尺寸来修改装配体，从而提高设计人员的工作效率。

7.6 设计范例

扫码看视频

7.6.1 自底向上装配敞箱玩具车范例

本范例完成文件： 范例文件/第 7 章/7-1.asm、7-1-1.prt、7-1-2.prt、7-1-3.prt

多媒体教学路径： 多媒体教学→第 7 章→7.6.1 范例

范例分析

本范例是敞箱玩具车的装配范例，主要通过自底向上装配的方法将车身、车轴和轮子进行装配，使广大读者熟悉基本的装配操作方法。

范例操作

Step1 创建装配模型

①单击【新建】按钮，系统弹出【新建】对话框，选中【类型】选项组中的【装配】单选按钮，如图 7-52 所示。

②设置文件名称等参数后，单击【确定】按钮创建装配模型。

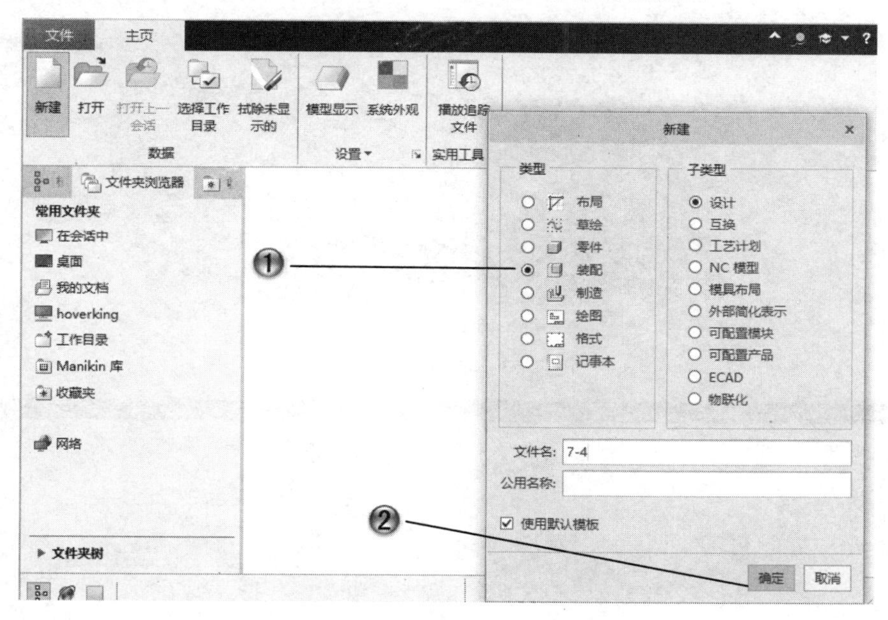

图 7-52　创建装配文件

Step2 放置车身零件

①单击【模型】选项卡【元件】组中的【组装】按钮，选择车身零件（7-1-1）导入，如图 7-53 所示。

②在打开的【元件放置】工具选项卡中设置参数，单击【确定】按钮完成车身零件放置。

Step3 组装前车轴

①单击【模型】选项卡【元件】组中的【组装】按钮，选择车轴零件（7-1-2）导入，

如图 7-54 所示。

②在【元件放置】工具选项卡中设置参数，在【当前约束】的类型中选择【重合】，选择零件的平面 FRONT 和 ASM_FRONT 这两个基准面作为重合面，单击【确定】按钮完成前车轴组装。

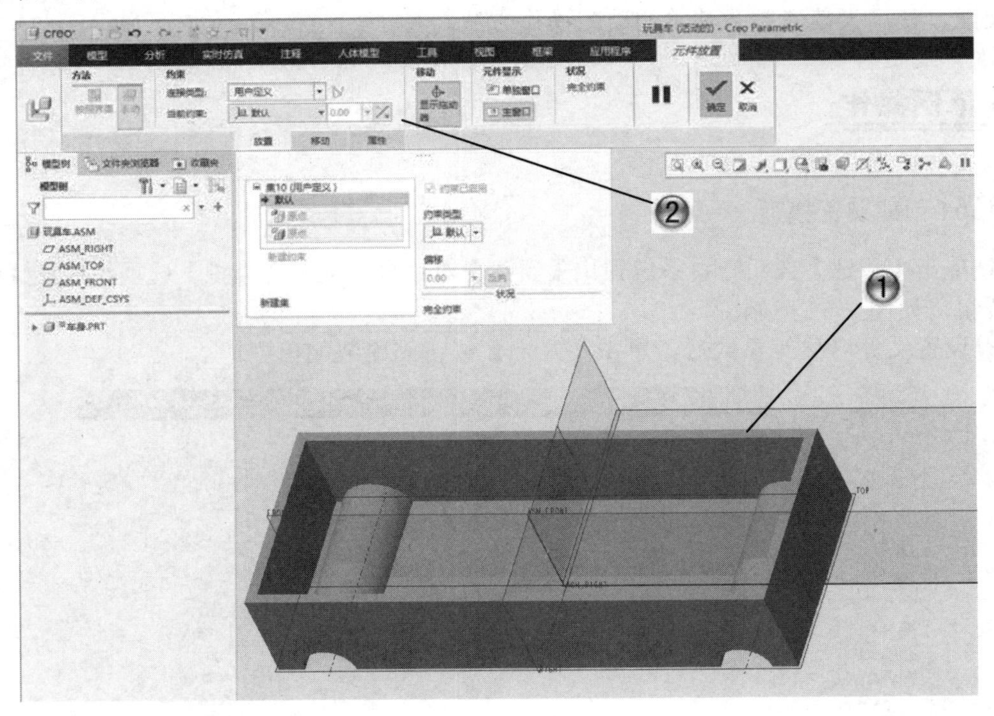

图 7-53　放置车身零件

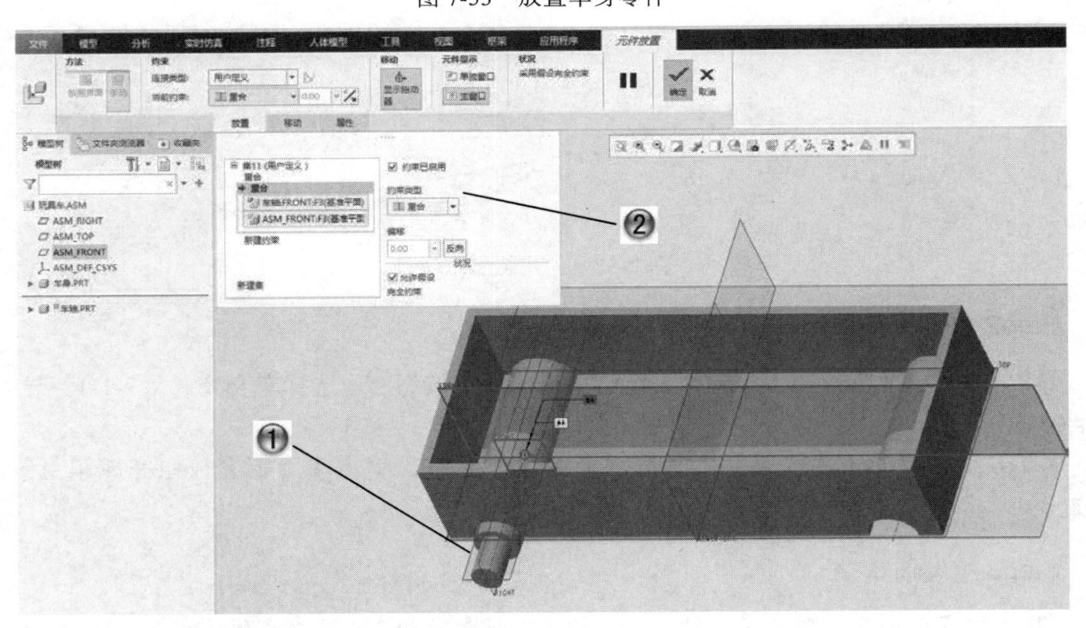

图 7-54　组装前车轴

Step4 组装右前轮

①单击【模型】选项卡【元件】组中的【组装】按钮，选择轮子零件（7-1-3）导入，如图 7-55 所示。

②在【元件放置】工具选项卡中设置参数，在【当前约束】的类型中选择【重合】，选择车轮的端面和车轴的端面作为重合面，单击【确定】按钮完成右前轮组装。

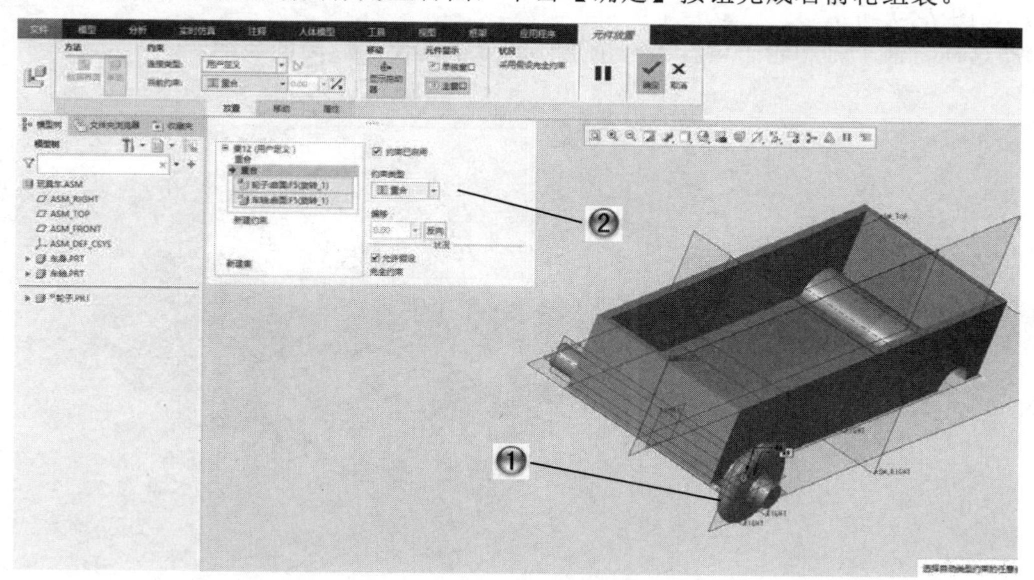

图 7-55　组装右前轮

Step5 组装左前轮

①单击【模型】选项卡【元件】组中的【组装】按钮，再次选择轮子零件导入，如图 7-56 所示。

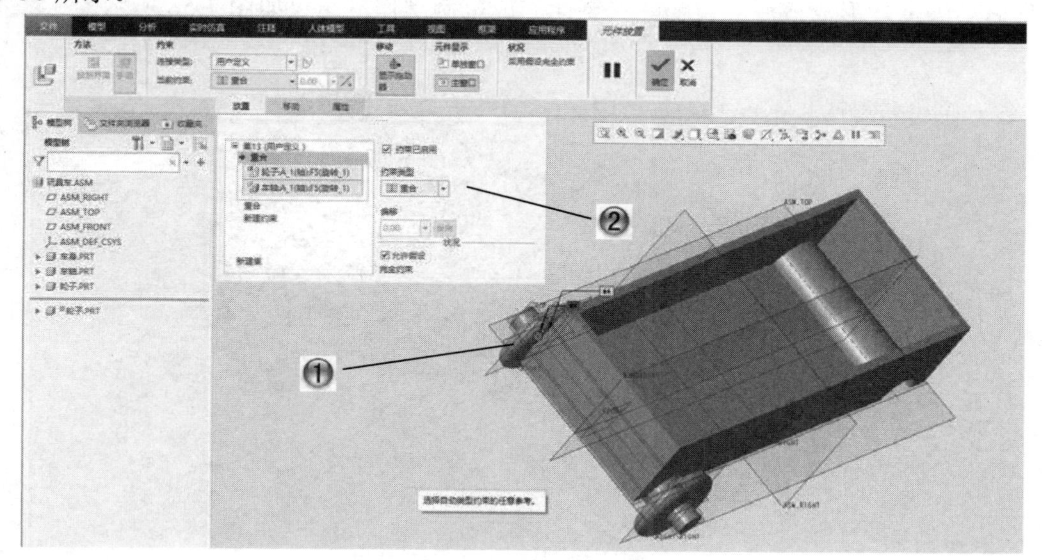

图 7-56　组装左前轮

②按照上一步的方法在【元件放置】工具选项卡中设置参数，单击【确定】按钮完成左前轮组装。

Step6 设置零件分组

①在模型树中选择“车轴”和两个“轮子”零件，在弹出的快捷命令中选择【分组】命令，如图 7-57 所示。

②这样将前车轴和轮子设置为一个整体的分组，便于后面的装配。

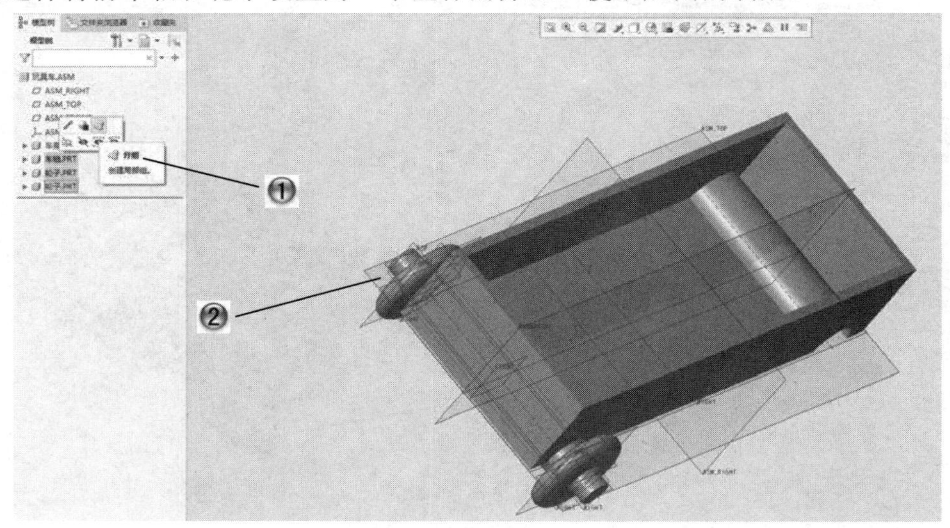

图 7-57　设置零件分组

Step7 组装后车轴轮子完成范例

选择上一步骤生成的分组单击右键，在弹出的快捷菜单中选择【组装】命令，将分组组装到后车轴上，形成最后的装配件。至此完成范例制作，结果如图 7-58 所示。

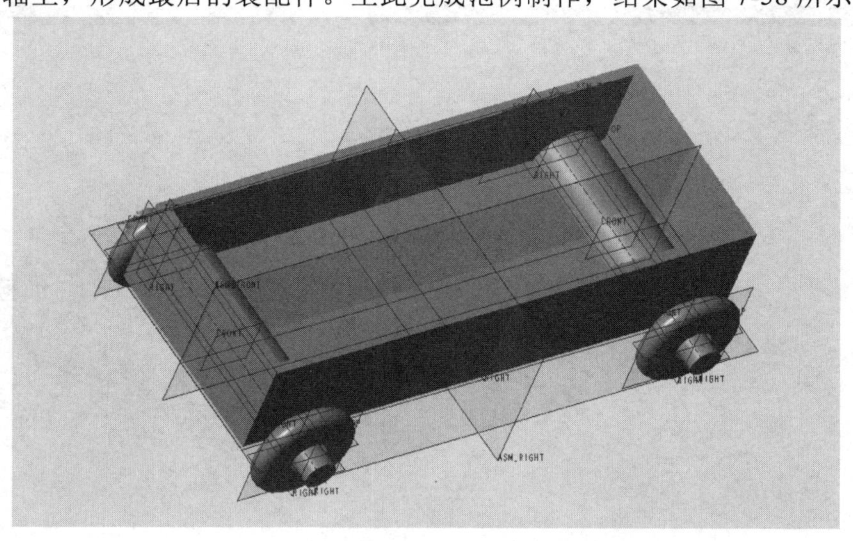

图 7-58　敞箱玩具车装配模型

7.6.2　自顶向下装配玩具车范例

本范例完成文件：范例文件/第 7 章/7-2.asm、7-2-1.prt、7-2-2.prt、7-2-3.prt、总装图.lay

多媒体教学路径：多媒体教学→第 7 章→7.6.2 范例

范例分析

扫码看视频

本范例是装配另一种玩具车的范例，主要通过自顶向下装配的方法将玩具车装配文件进行修改操作，使广大读者熟悉自顶向下的装配操作方法。

范例操作

Step1 创建记事本文件

①单击【新建】按钮，系统弹出【新建】对话框，选中【类型】选项组中的【记事本】单选按钮，如图 7-59 所示。

②设置文件名称为“总装图”后，单击【确定】按钮创建装配记事本文件。

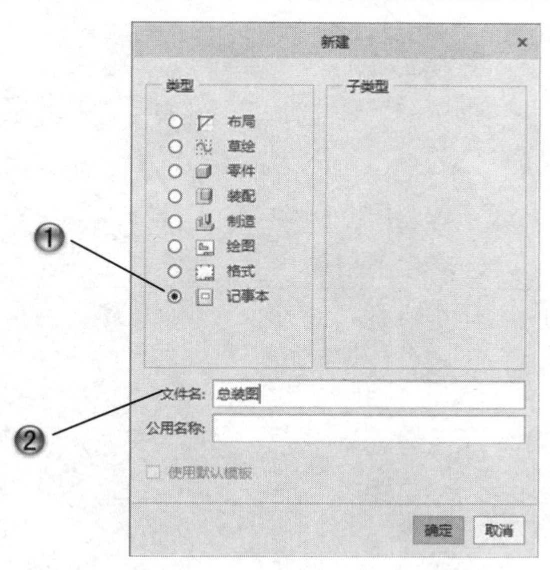

图 7-59　创建记事本文件

Step2 进入骨架绘制

此时进入记事本绘图界面，使用【线】工具，绘制装配骨架基本图形，如图 7-60 所示。

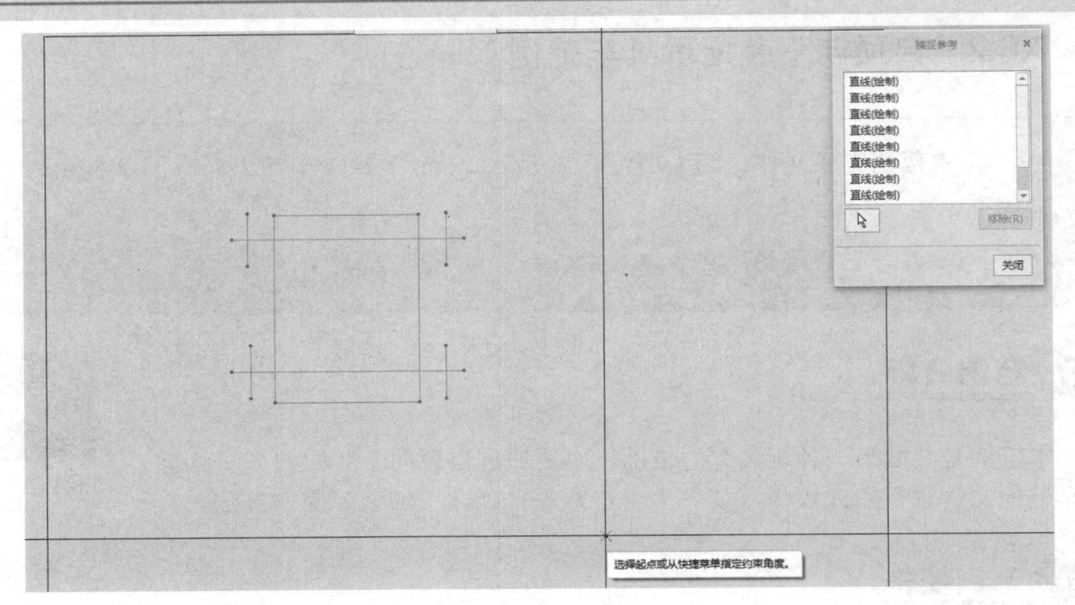

图 7-60　进入骨架绘制

Step3 绘制尺寸

①在【注释】工具选项卡中单击【尺寸-公共参考】按钮，选择水平直线的两端点，按鼠标中键确定，选择水平标注，【值】输入“200”，【符号】输入“车宽”，如图 7-61 所示。

②点选竖直直线的两端点，按鼠标中键确定，选择垂直标注，【值】输入“400”，【符号】输入“轴距”。

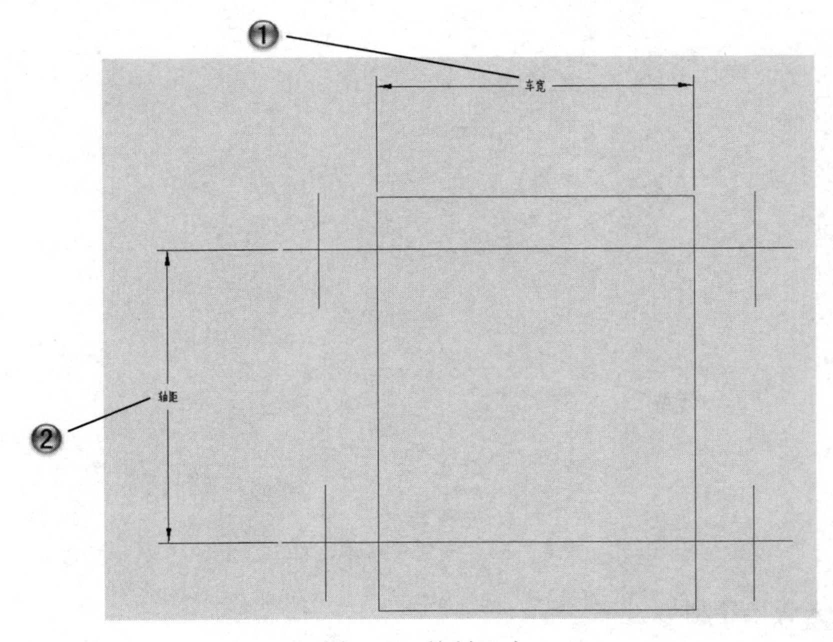

图 7-61　绘制尺寸

Step4 设置表

①单击【注释】工具选项卡中的【表】按钮，区域类型设置为【简单】，创建一个 2×1 的表格，如图 7-62 所示。

②双击表格左边单元，在出现的【报告符号】对话框中选择【name】选项，双击表格右边单元，在【报告符号】对话框中选择【value】选项。

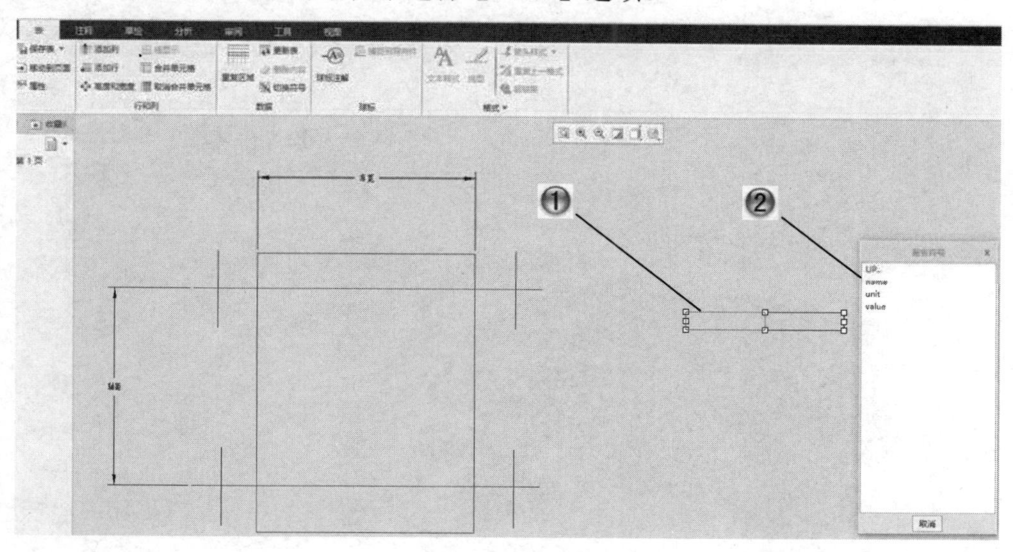

图 7-62　设置表

Step5 完成布局图

在【表】工具选项卡中单击【更新表】按钮，完成产品装配的布局图，如图 7-63 所示。

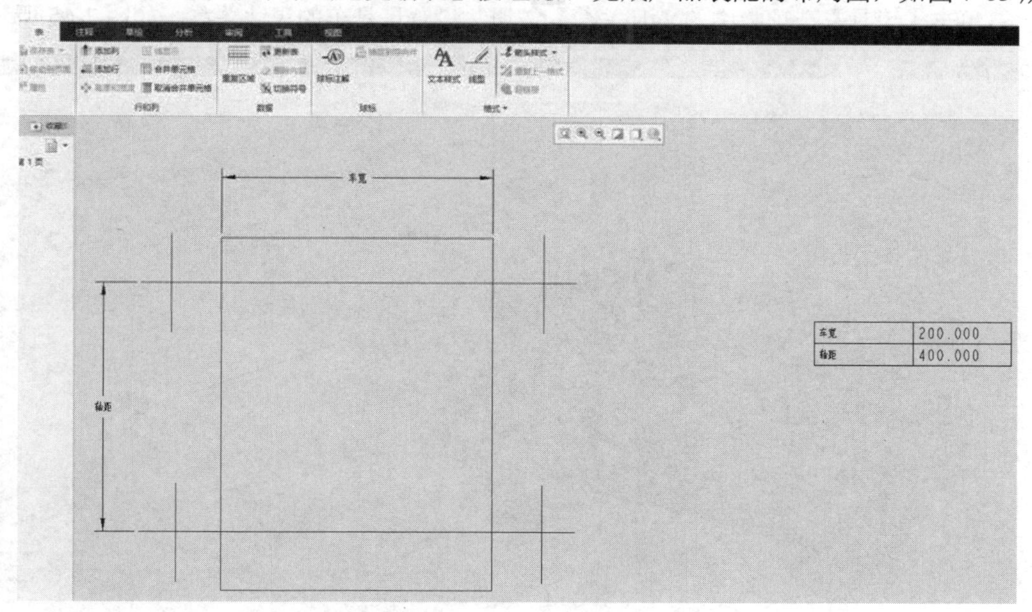

图 7-63　产品布局图

Step6 声明记事本

①打开“玩具车”装配文件（7-2.asm），如图 7-64 所示。

②在菜单中选择【管理文件】|【声明】命令，然后选择前面创建的记事本“总装图”。

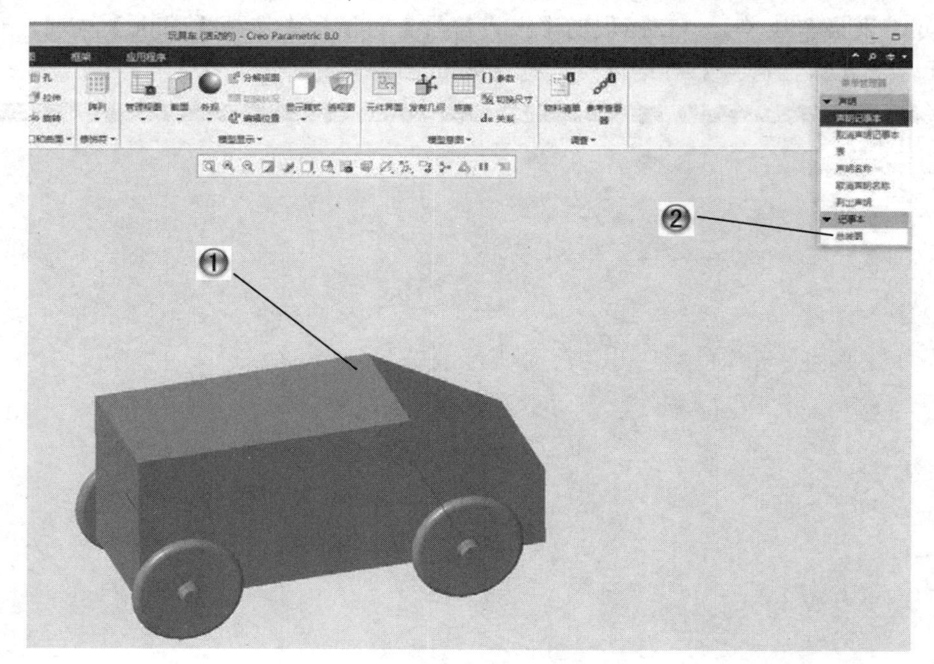

图 7-64　声明记事本

Step7 设置关系参数

①单击【工具】选项卡中的【d=关系】按钮，设置玩具车的尺寸关系，如图 7-65 所示。

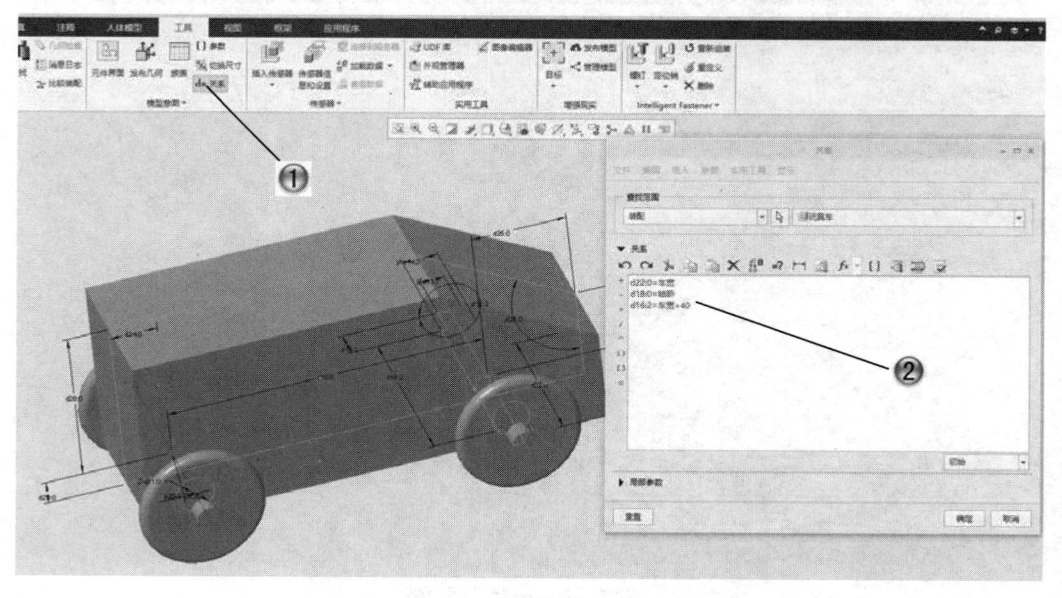

图 7-65　设置关系参数

②在弹出的【关系】对话框中输入以下数值：d22:0=车宽，d18:0=轴距，d16:2=车宽+40。

Step8 修改总装图参数完成范例

①切换到“总装图”的记事本（总装图.lay），将表格中的“车宽”后的数值改成300，设置玩具车的尺寸关系，如图7-66所示。

②将表格中的“轴距”数值改成300，这时切换回装配文件，可以看到改变后的结果，如图7-67所示，至此范例制作完成。

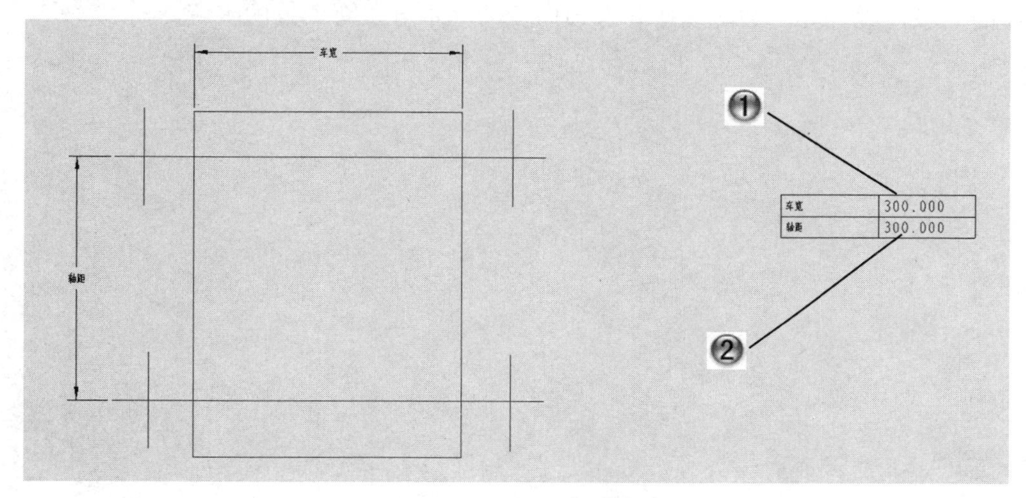

图7-66　修改总装图参数

图7-67　玩具车装配结果

7.7 本章小结

本章详细介绍了装配设计中所用到的基本概念和环境设置、装配约束的基本概念，同时讲解了装配的调整、修改以及装配关系的修改等操作，然后讲解了自顶向下装配设计、生成装配的分解状态和生成物料清单的方法，最后讲解了布局和产品结构图设计方法。这些方法非常利于灵活地进行复杂的装配设计。通过本章内容学习，读者能够基本掌握创建装配体的一般过程，并对装配操作和自顶向下的基本方法有大致的了解。

第8章 曲面设计

曲面设计是三维建模中非常重要的一个环节。在 Creo Parametric 8.0 中除了实体造型工具，曲面造型工具是另一种非常有效的工具，特别是对于形状复杂的零件，利用 Creo Parametric 8.0 提供的强大而灵活的曲面造型工具，可以更为有效地创建三维模型。

曲面特征是没有厚度、没有质量的，但具有边界，可以利用多个封闭曲面来生成实体特征。这是建立曲面特征的最终目的。

8.1 简单曲面

对于简单、规则的零件，使用实体特征方式就能迅速方便地建模。但对于形状复杂，特别是表面形状不规则的零件，使用实体特征方式进行建模就比较困难，甚至不可能完成。但是，只要能够绘制出零件的轮廓曲线，就可以由曲线建立曲面，用多个单一曲面组合起来可以完整地表示零件的曲面模型，最后再用填充材料的方式来生成实体。简单曲面分为以下几种基本类型：拉伸曲面、旋转曲面、混合曲面和扫描曲面。

8.1.1 创建拉伸曲面

创建拉伸曲面类似于创建拉伸实体，拉伸曲面的创建过程如下。

（1）单击【模型】选项卡【形状】组的【拉伸】按钮，打开【拉伸】工具选项卡。

（2）在【拉伸】工具选项卡中单击【曲面】按钮，如图 8-1 所示。

（3）在工具选项卡中打开【放置】面板，单击【定义】按钮，弹出【草绘】对话框。

（4）选择一个基准平面为草绘平面，其余接受系统默认设置，单击对话框中的【草绘】按钮，进入草绘模式。

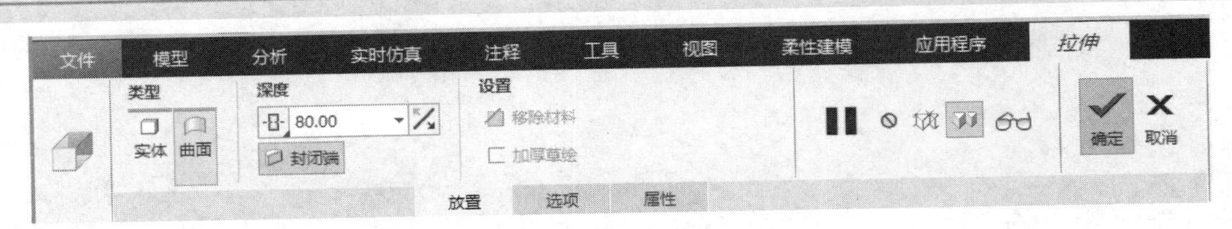

图 8-1 【拉伸】工具选项卡

（5）绘制如图 8-2 所示的草图，完成后单击【草绘】工具选项卡中的【确定】按钮，退出草绘模式。

（6）深度选项可以采用系统默认的选项，输入深度值为“200”，按 Enter 键确认；单击【确定】按钮，创建的拉伸曲面特征如图 8-3 所示。

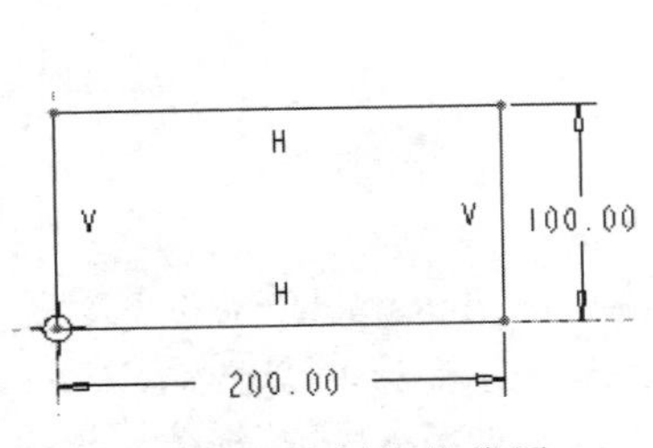

图 8-2 绘制拉伸草图

图 8-3 拉伸曲面特征

如果想绘制封闭的拉伸曲面，可以单击工具选项卡中的【选项】标签，打开【选项】面板，启用【封闭端】复选框，如图 8-4 所示，生成的封闭拉伸曲面如图 8-5 所示。

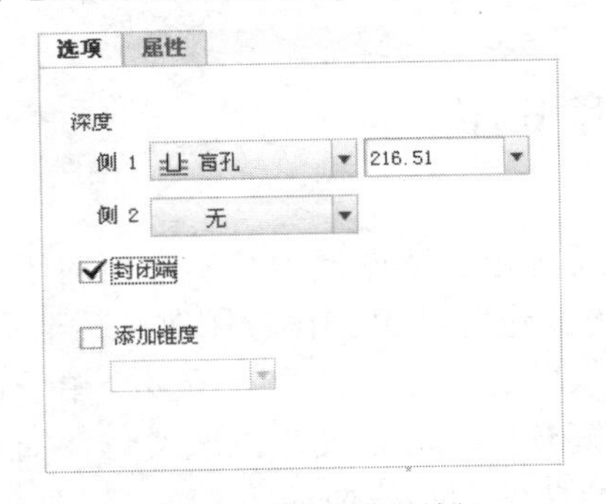

图 8-4 【选项】面板

图 8-5 拉伸曲面特征（封闭）

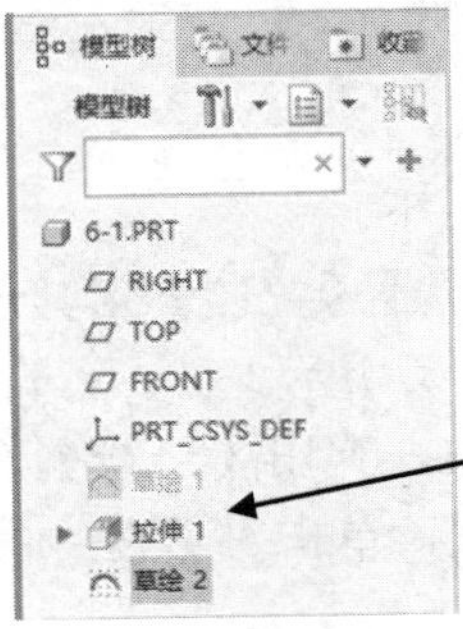

拉伸曲面特征和拉伸实体特征在模型树中的标识相同，如图 8-6 所示。

图 8-6 拉伸曲面特征模型树

8.1.2 创建旋转曲面

旋转曲面的创建方法和创建旋转实体的类似，旋转曲面的创建过程如下。

（1）单击【模型】选项卡【形状】组中的【旋转】按钮，打开【旋转】工具选项卡。

（2）在【旋转】工具选项卡中单击【曲面】按钮，如图 8-7 所示。

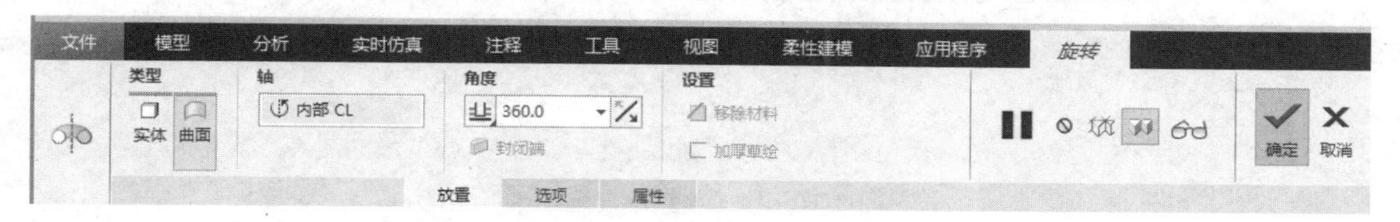

图 8-7 【旋转】工具选项卡

（3）在【放置】面板中单击【定义】按钮，弹出【草绘】对话框。

（4）选择一个基准平面为草绘平面，其余接受系统默认设置，单击对话框中的【草绘】按钮，进入草绘模式。

（5）绘制如图 8-8 所示的图形，完成后单击【草绘】工具选项卡中的【确定】按钮，退出草绘模式。

（6）选择一条旋转轴，如 *z* 轴，设置旋转角度为默认参数值“360”。

（7）最后单击【确定】按钮，完成旋转曲面的创建，如图 8-9 所示。

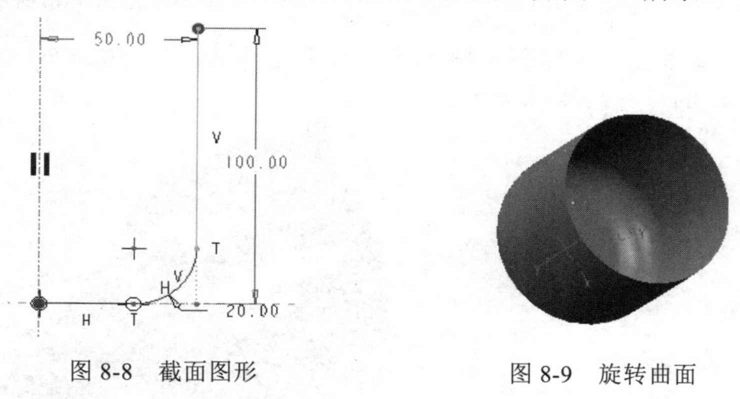

图 8-8　截面图形　　　　图 8-9　旋转曲面

8.2　扫描和混合类型的曲面

扫描和混合类型的曲面包括混合曲面、扫描曲面、扫描混合曲面和边界混合曲面等，这里主要介绍常用的三种：可变截面扫描曲面、扫描混合曲面和边界混合曲面。

8.2.1　创建可变截面扫描曲面

当创建可变截面扫描曲面特征时，创建过程如下。

（1）单击【模型】选项卡【形状】组中的【扫描】按钮，打开【扫描】工具选项卡，如图 8-10 所示，单击【曲面】按钮，选择【可变截面】选项。

（2）选择两条或多条轨迹，如图 8-11 所示。

（3）单击【创建或编辑扫描曲面】按钮，绘制截面草图，如图 8-12 所示，单击【草绘】工具选项卡中的【确定】按钮。

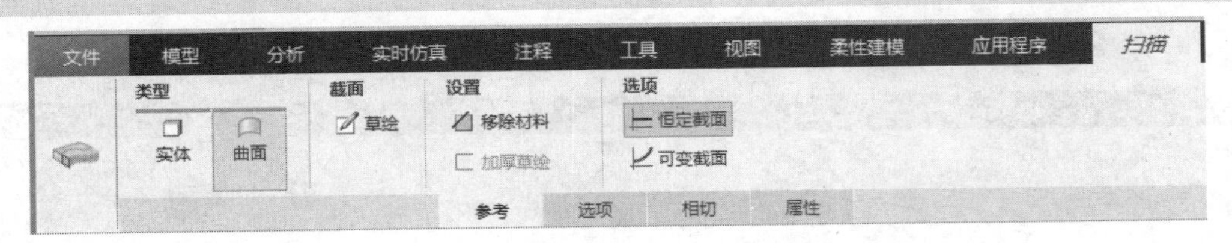

图 8-10 【扫描】工具选项卡

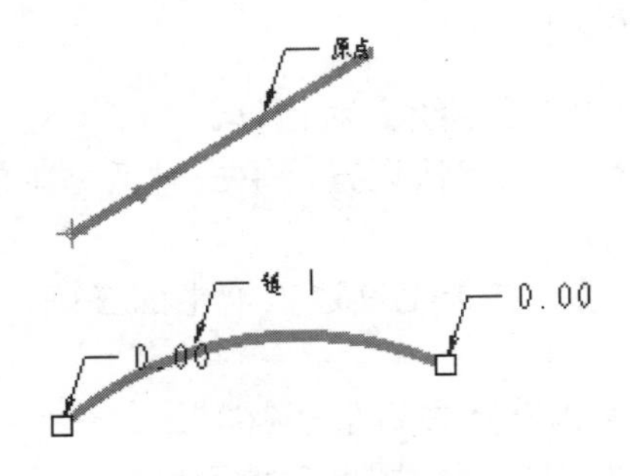

图 8-11 选择扫描曲线

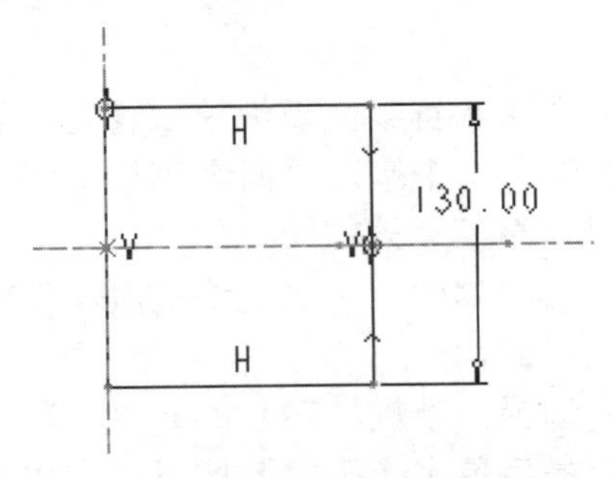

图 8-12 绘制截面草图

（4）在【选项】面板中，如图 8-13 所示，启用【封闭端点】复选框，可以建立封闭曲面，如图 8-14 所示的可变扫描曲面特征。

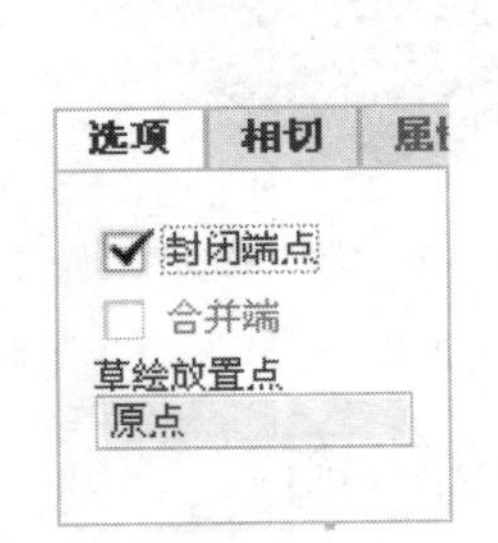

图 8-13 【选项】面板

图 8-14 可变剖面扫描曲面特征

8.2.2 创建扫描混合曲面

当创建扫描混合曲面特征时，创建过程如下。

（1）单击【模型】选项卡【形状】组中的【扫描混合】按钮，打开【扫描混合】工具选项卡，如图 8-15 所示。

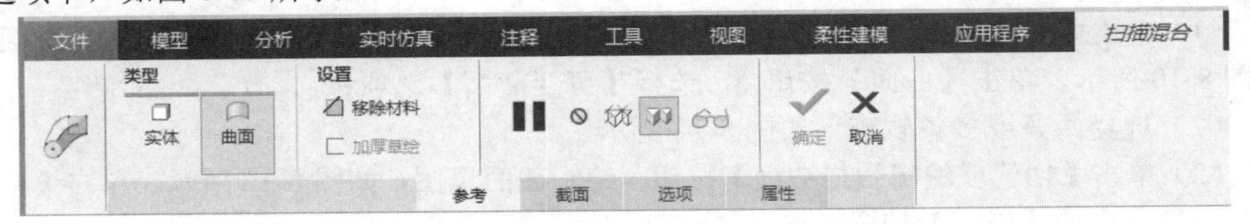

图 8-15 【扫描混合】工具选项卡

（2）单击【曲面】按钮，选择轨迹，如图 8-16 所示。

图 8-16　扫描混合轨迹线

（3）打开【截面】面板，如图 8-17 所示，单击【草绘】按钮，绘制第一个截面草图，如图 8-18 所示，单击【草绘】工具选项卡中的【确定】按钮。

（4）再单击【截面】面板中的【插入】按钮，插入截面，单击【草绘】按钮，进行截面 2 草图的绘制，如图 8-19 所示，单击【草绘】工具选项卡中的【确定】按钮。

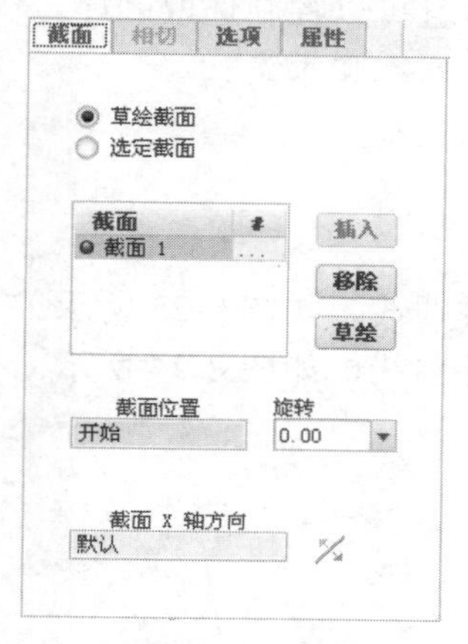

图 8-17 【截面】面板

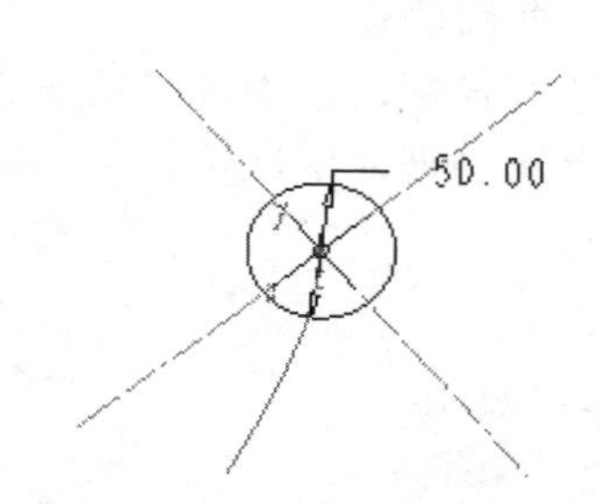

图 8-18　绘制第一个截面草图

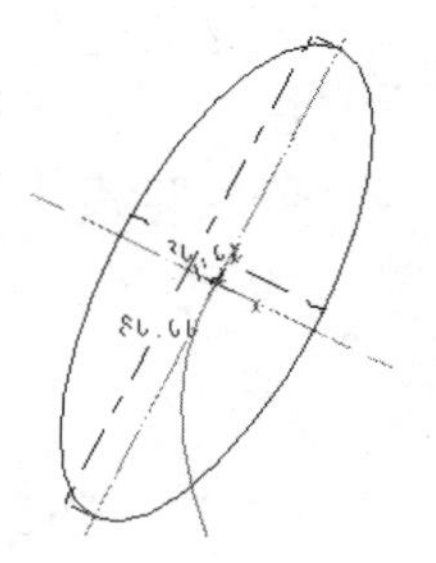

图 8-19　截面 2

（5）在【选项】面板可以设置曲面是否封闭，如图 8-20 所示。查看扫描预览，无误后单击【确定】按钮，完成扫描混合曲面特征的创建，如图 8-21 所示。

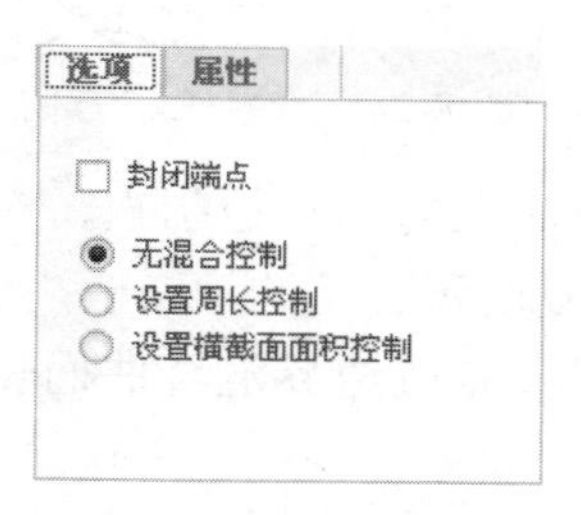

图 8-20 【选项】面板

图 8-21　扫描混合曲面特征

8.2.3　创建扫描混合曲面

当需要建立的零件没有明显的剖面和轨迹时，可以利用边线来混合成曲面，这就是边界混合曲面，其创建过程如下。

（1）单击【模型】选项卡【曲面】组中的【边界混合】按钮，打开如图 8-22 所示的【边界混合】工具选项卡。

工具选项卡中有两个参考：【第一方向】参考和【第二方向】参考。

当创建单向的边界混合曲面时，只使用【第一方向】参考选择框；当创建双向边界混合曲面时，两个参考选择框都使用。

图 8-22 【边界混合】工具选项卡

选项卡中有如下 5 个面板：

- 【曲线】面板：选择在一个方向上混合时所需要的曲线，而且可以控制选取顺序。
- 【约束】面板：指边界曲线的约束条件，包括自由、切线、曲率和垂直。
- 【控制点】面板：为精确控制曲线形状，可以在曲线上添加控制点。
- 【选项】面板：选取曲线来控制混合曲面的形状和逼近方向。
- 【属性】面板：边界混合曲面的命名。

（2）单击【第一方向】参考选择框，依次选择第一方向上的各曲线，如图 8-23 所示。

（3）单击【第二方向】参考选择框，依次选择第二方向上的各曲线，如图 8-24 所示。

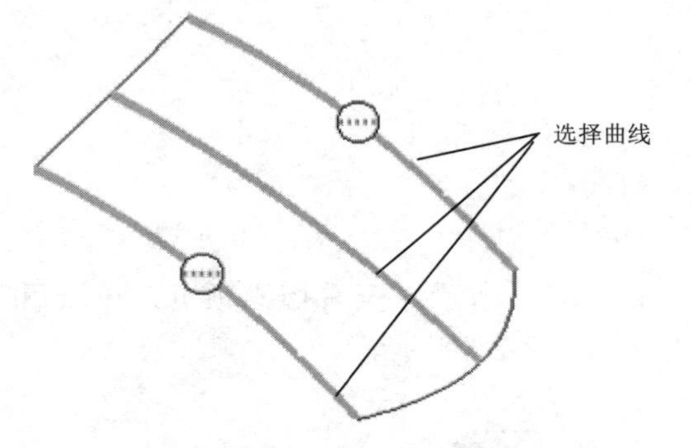

图 8-23 选择第一方向的曲线

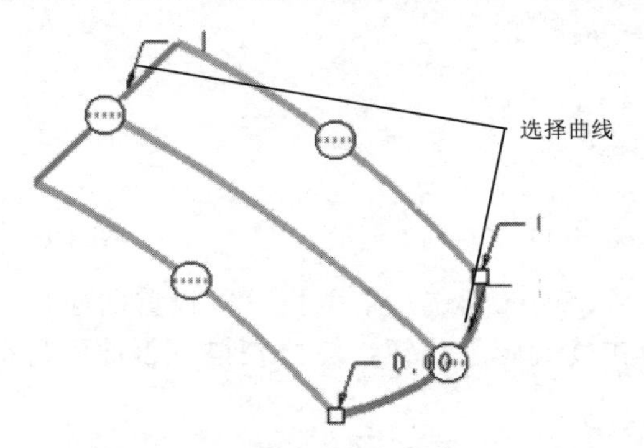

图 8-24 选择第二方向上的曲线

（4）在【控制点】面板中可以设置边界混合曲面上的形状控制点，在【选项】面板中可以添加曲面的形状控制曲线，如图 8-25 和图 8-26 所示。

（5）查看扫描预览，无误后单击【确定】按钮，完成边界混合曲面特征的创建，如图 8-27 所示。

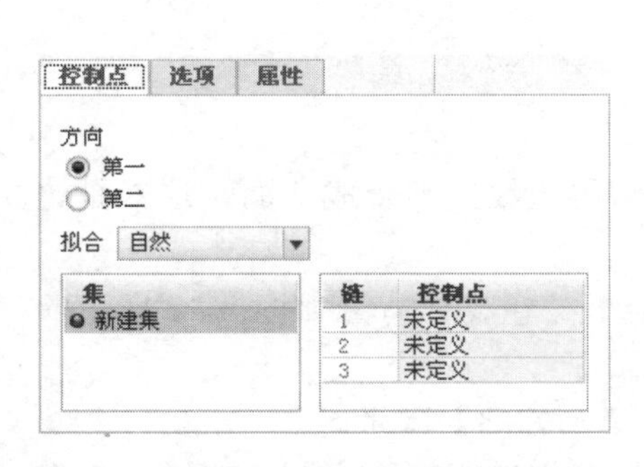

图 8-25 【控制点】面板

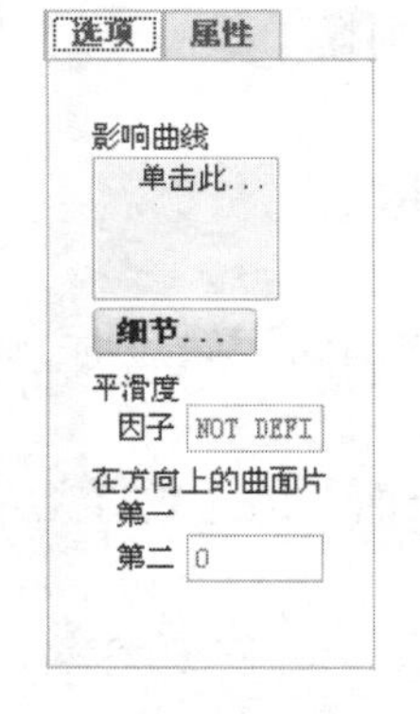

图 8-26 【选项】面板

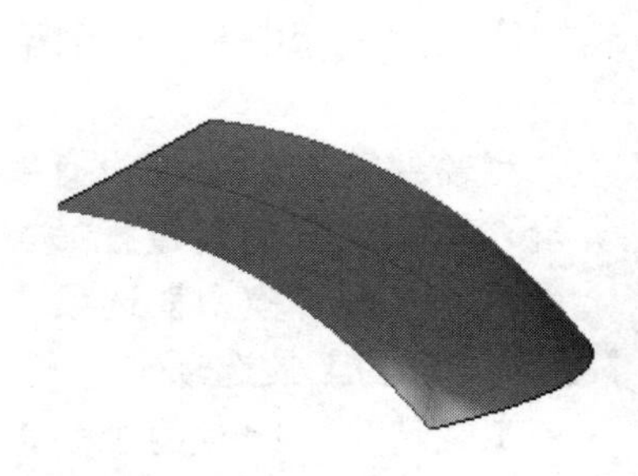

图 8-27 边界混合曲面

8.3　自由曲面

自由曲面也称交互式曲面设计（ISDX），它提供了更加方便的 3D 曲线创建的功能，能快速缩短产品的开发周期。自由曲面可以方便迅速地创建自由形式的曲线和曲面，它可以包含无数曲线和曲面，并能够将它们组合成为一个超级特征。自由曲面的设计方法主要包括自由曲线的生成、自由曲线的编辑、自由曲面的生成和自由曲面的编辑。

8.3.1　创建自由式曲面的方法

单击【模型】选项卡【曲面】组中的【自由式】按钮，打开如图 8-28 所示的【自由式】工具选项卡。

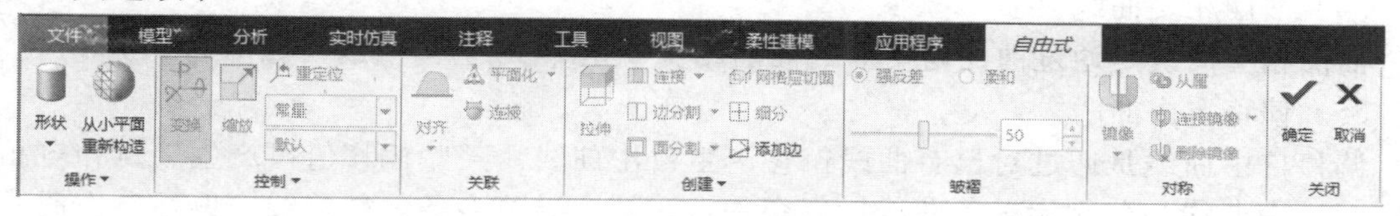

图 8-28　【自由式】工具选项卡

在其中的【操作】组中可以选择自由曲面操作的形状，如图 8-29 所示。

其他还有【控制】组、【关联】组、【创建】组、【皱褶】组、【对称】组和【关闭】组的参数可以进行自由曲面设置。

下面介绍自由曲线和曲面的生成和编辑方法。

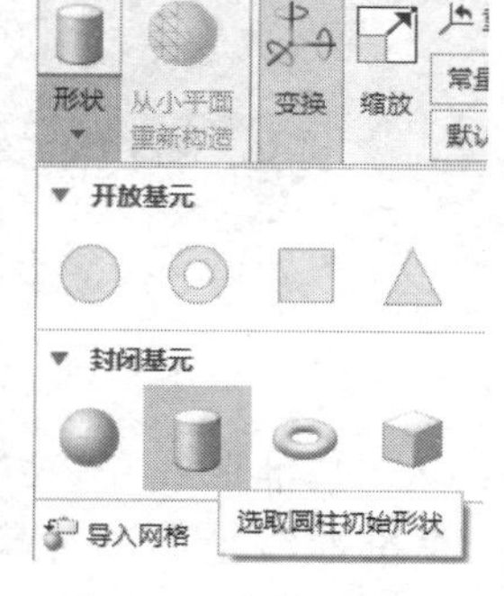

图 8-29　操作的形状

8.3.2　生成自由曲线

自由曲线可位于三维空间中的任何地方，自由曲线如图 8-30 所示。生成的自由曲线种类主要有以下几种。

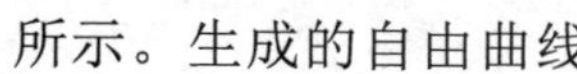

（1）平面自由曲线

平面自由曲线位于指定的平面上，编辑平面自由曲线时不能将曲线上的点移出指定平面，平面自由曲线如图 8-31 所示。

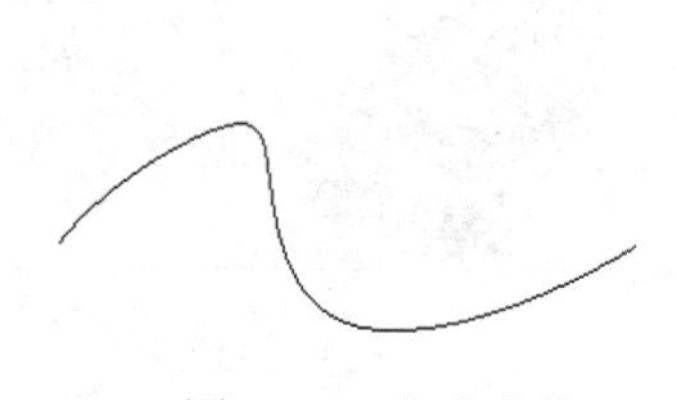
图 8-30　自由曲线

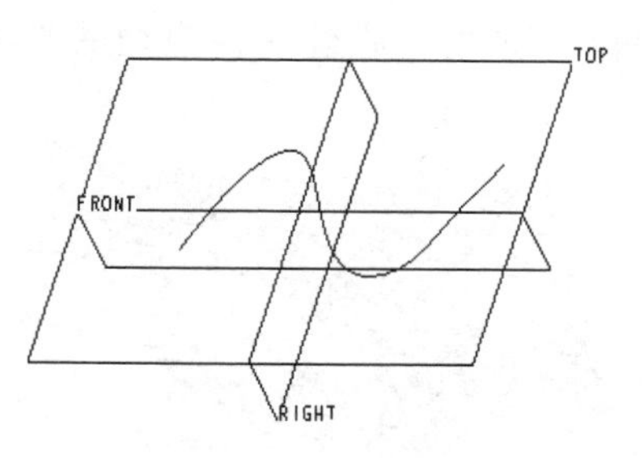

图 8-31　平面自由曲线

（2）COS 自由曲线

COS 自由曲线上的全部点都被约束在单个曲面上，因此该曲线在曲面上，COS 自由曲线如图 8-32 所示。

（3）投影自由曲线

投影自由曲线是通过将自由曲线投影到曲面上来创建 COS 自由曲线，如图 8-33 所示。

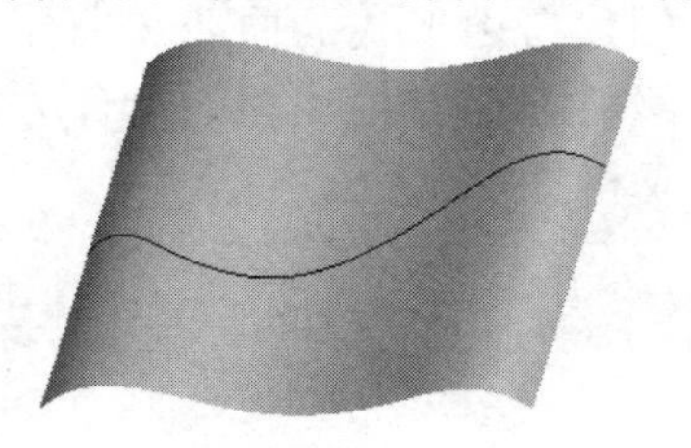

图 8-32　COS 自由曲线

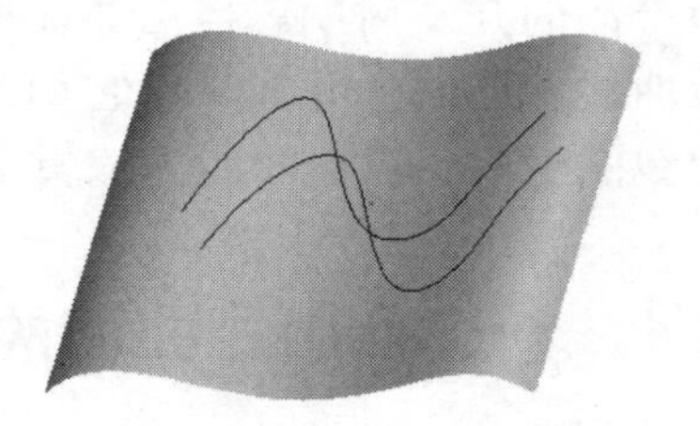

图 8-33　投影自由曲线

（4）曲面相交曲线

曲面相交曲线是通过曲面与平面或曲面相交产生 COS 自由曲线，如图 8-34 所示。

（5）偏移自由曲线

偏移自由曲线是通过对已有曲线偏移产生自由曲线，某些偏移值可产生尖点和自相交曲线，其中曲线会分割为多条曲线以保留尖点，这会导致多条偏移曲线。偏移自由曲线如图 8-35 所示。

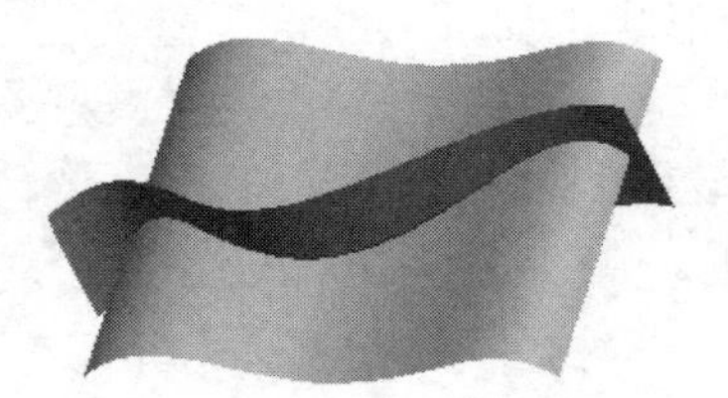

图 8-34　曲面相交

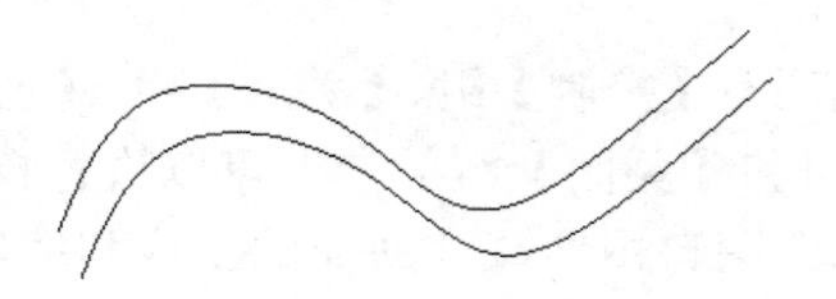

图 8-35　偏移自由曲线

（6）基准曲线

基准曲线是通过对基准曲线的复制来创建自由曲线。

（7）曲面自由曲线

曲面自由曲线是通过选取曲面上的一点，将曲线放置在曲面上来创建自由曲线，如图 8-36 所示。

（8）捕捉自由曲线

捕捉自由曲线是通过捕捉模型的参考位置来创建自由曲线，如图 8-37 所示。

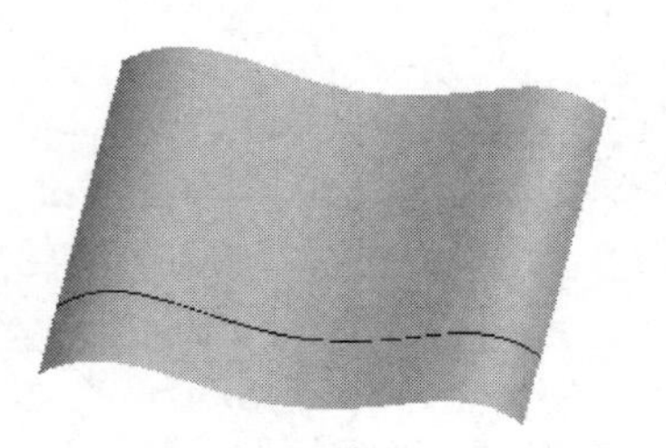

图 8-36　曲面自由曲线

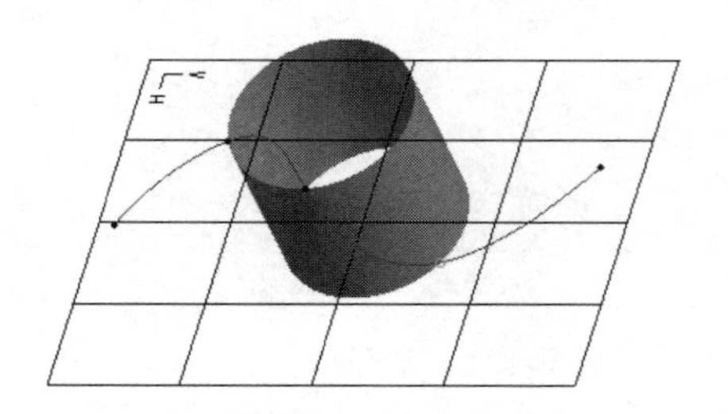

图 8-37　捕捉自由曲线

8.3.3　编辑自由曲线

下面介绍编辑自由曲线的方法。

（1）修改形状

通过修改自由曲线上点的位置来改变自由曲线的形状，如图 8-38 所示。

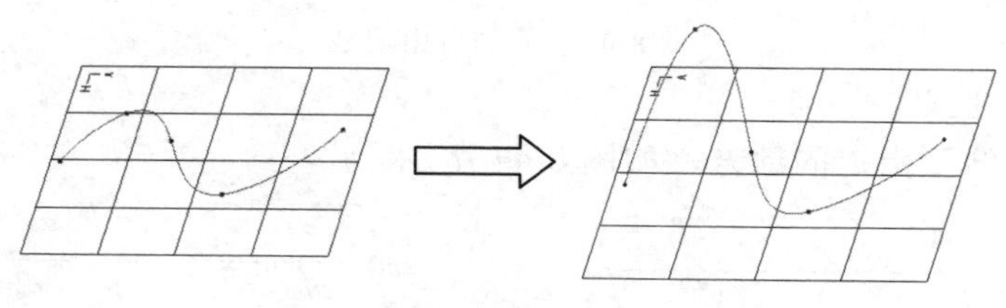

图 8-38　修改形状

（2）添加点

在自由曲线上可以添加任意点或中点。当自由曲线添加点后，自由曲线会根据定义点的位置改变其形状，如图 8-39 和图 8-40 所示。

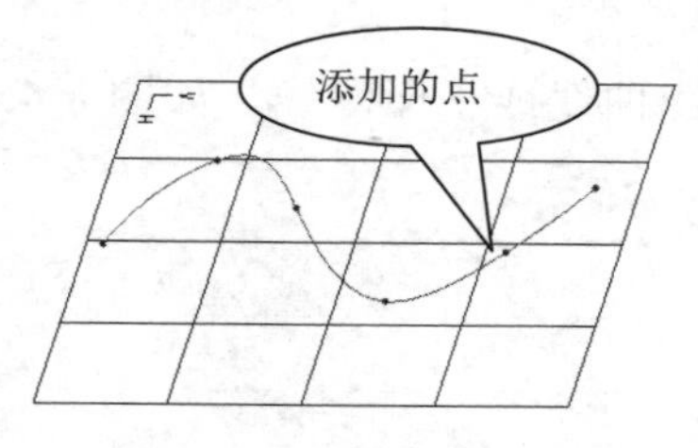

图 8-39　添加点

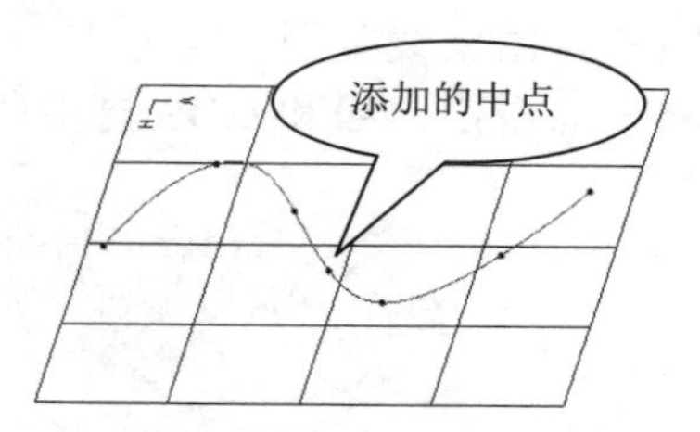

图 8-40　添加中点

（3）创建软点

将自由曲线上的点约束到模型的参考位置上来定义自由曲线，如图 8-41 所示。

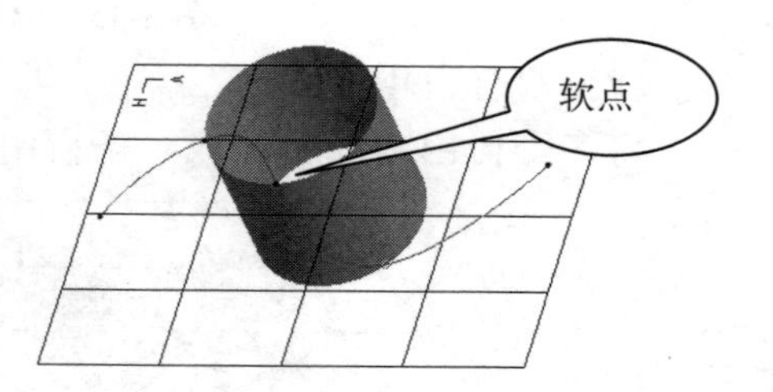

图 8-41　创建软点

（4）删除点

删除自由曲线上不需要的点来改变自由曲线的形状，如图 8-42 所示。

（5）分割自由曲线

通过选取点将一条自由曲线分成两部分，两条自由曲线由位于其端点的软点连接在一起，如图 8-43 所示。

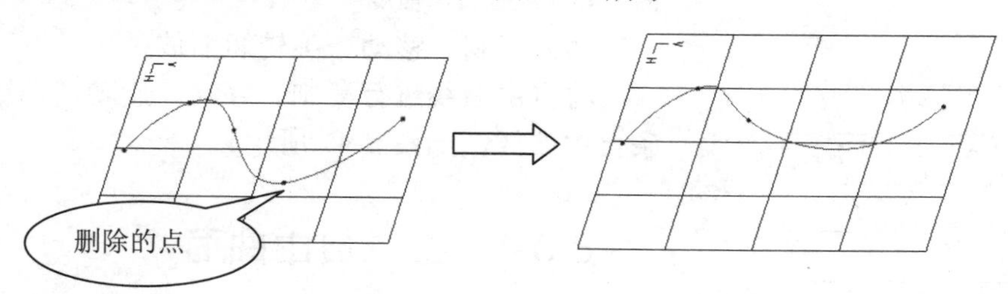

图 8-42　删除点

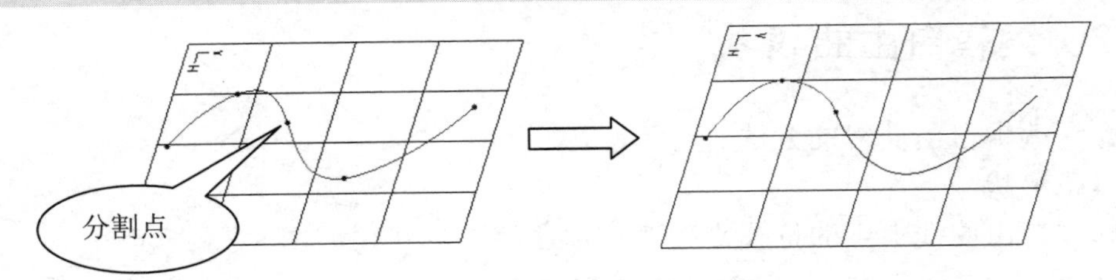

图 8-43　分割自由曲线

（6）延伸自由曲线

将自由曲线延伸到指定的地方，如图 8-44 所示。

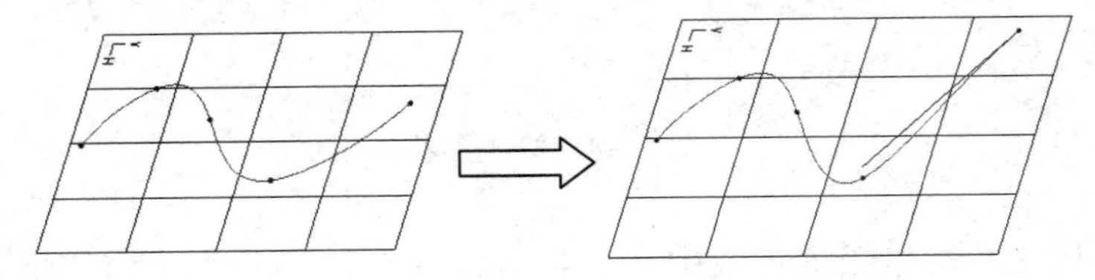

图 8-44　延伸自由曲线

（7）改变自由曲线类型

可以将平面自由曲线和 COS 自由曲线转换成自由曲线或平面曲线，如图 8-45 所示。

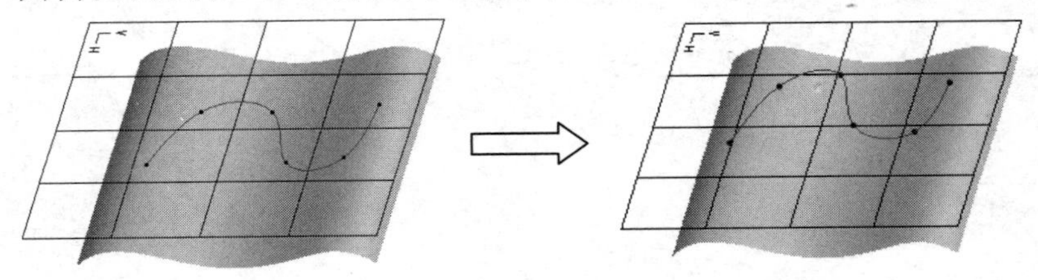

图 8-45　COS 自由曲线转变为平面自由曲线

（8）组合自由曲线

将多个自由曲线合并成一条自由曲线，但它们需首尾相连，如图 8-46 所示。

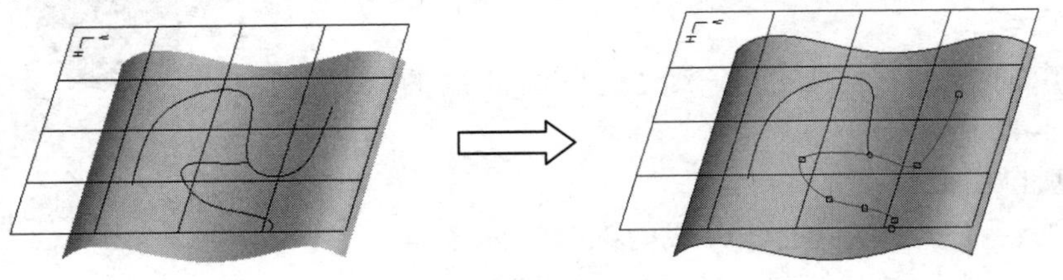

图 8-46　组合自由曲线

（9）复制、移动、旋转和缩放

将自由曲线进行复制、移动、旋转或缩放来创建一条自由曲线，如图 8-47 所示。

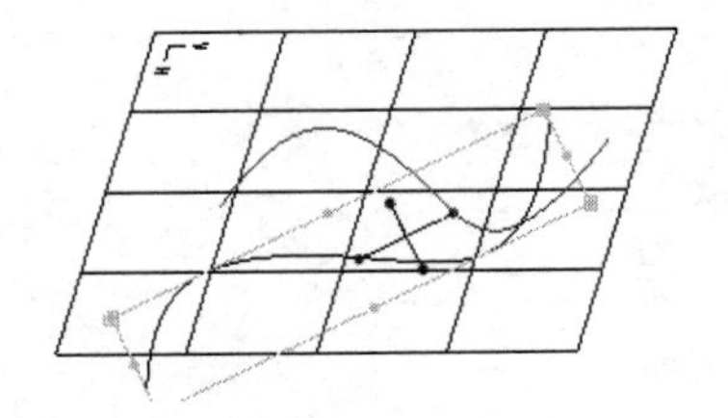

图 8-47　复制、移动、旋转和缩放自由曲线

8.3.4　生成自由曲面

下面介绍生成的各类自由曲面。

（1）边界曲面

创建边界曲面需要有矩形或三角形边界曲线，还可以选择内部曲线的一组主曲线定义曲面的完整边界。边界曲面如图 8-48 所示。

（2）放样曲面

由指向同一方向的一组非相交曲线创建而得到放样曲面，如图 8-49 所示。

（3）混合曲面

混合曲面由一条或两条主曲线和至少一条交叉曲线创建而得，交叉曲线是与一条或多条主曲线相交的曲线。混合曲面如图 8-50 所示。

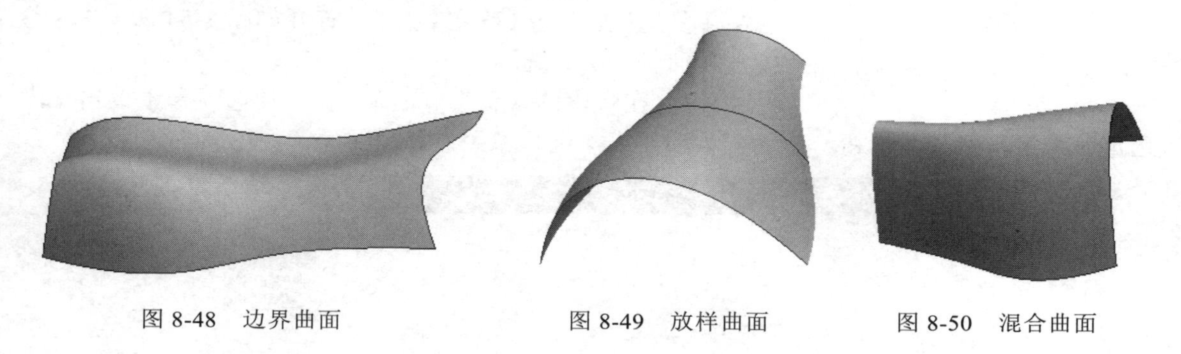

图 8-48　边界曲面　　图 8-49　放样曲面　　图 8-50　混合曲面

8.3.5　修剪自由曲面

在自由曲面中，可以使用一组曲线来修剪曲面和面组。可以保留或删除所得到的被修剪面组部分。在默认情况下，自由曲面不删除任何被修剪的部分，如图 8-51 所示。

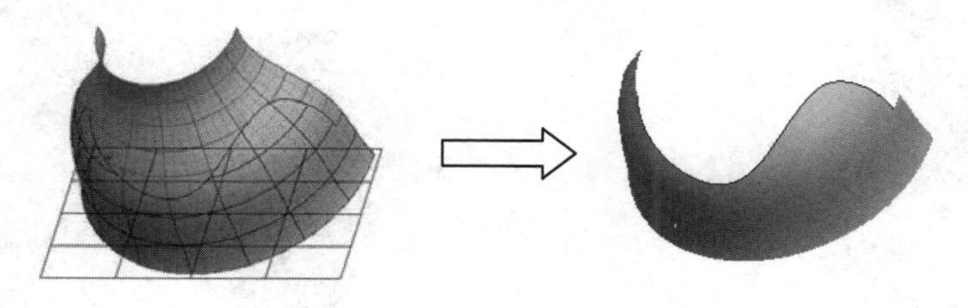

图 8-51　修剪曲面

8.4　曲面编辑修改

创建曲面特征之后，根据具体的需要，还可以对其进行一系列的编辑和修改。包括复制、偏移、修剪、合并、镜像、移除、阵列和延伸等操作，同时还可以将曲面加厚或实体化，最终完成一个完整特征的创建，其主要编辑方式在【模型】选项卡【编辑】组中，如图 8-52 所示。下面介绍几种主要的曲面编辑修改操作方法，其余方法可以通过范例等进行练习。

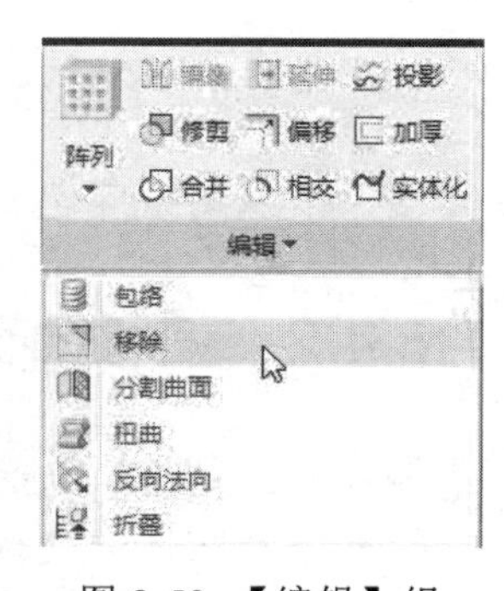

图 8-52 【编辑】组

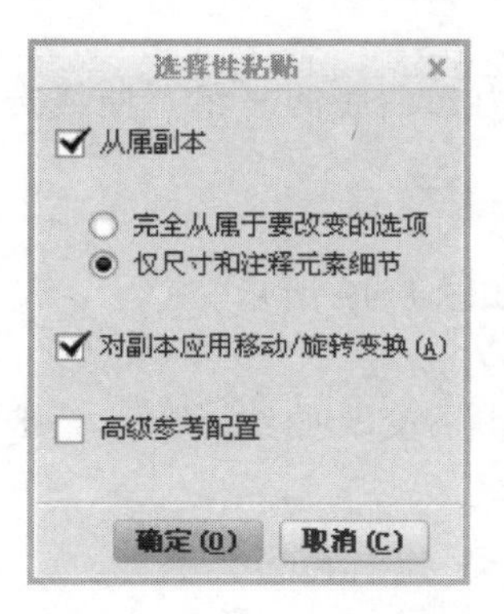

图 8-53 【选择性粘贴】对话框

8.4.1 复制曲面

曲面的移动和旋转复制是将原来的曲面，通过平移和旋转的方式生成新的曲面，其创建步骤如下。

（1）打开文件，选择其中的曲面。

（2）单击【模型】选项卡【操作】组中的【复制】按钮，然后再单击【选择性粘贴】按钮，打开如图 8-53 所示的【选择性粘贴】对话框，选择【对副本应用移动/旋转变换(A)】复选框，单击【确定】按钮。打开如图 8-54 所示的【移动（复制）】工具选项卡。

（3）在弹出的【移动（复制）】工具选项卡中单击【沿选定参考平移特征】按钮，输入移动距离，选择参照，移动曲面，如图 8-55 所示。

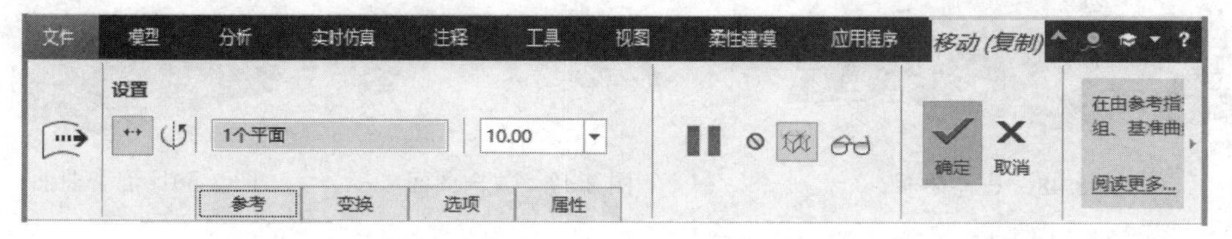

图 8-54 【移动（复制）】工具选项卡

（4）在弹出的【移动（复制）】工具选项卡中单击【相对选定参考旋转特征】按钮，输入旋转角度，选择参照，旋转曲面，如图 8-56 所示。

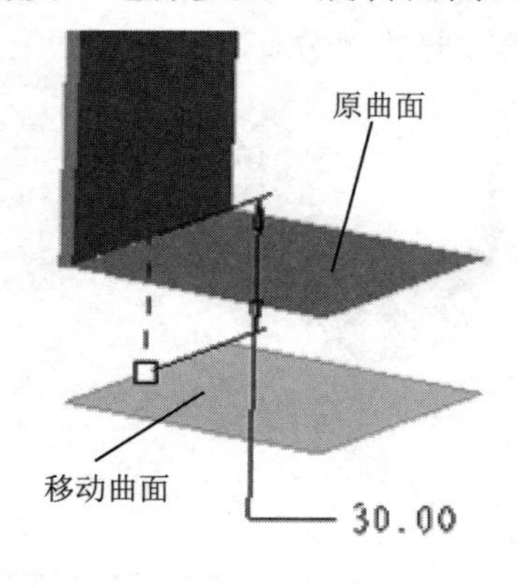

图 8-55 曲面移动

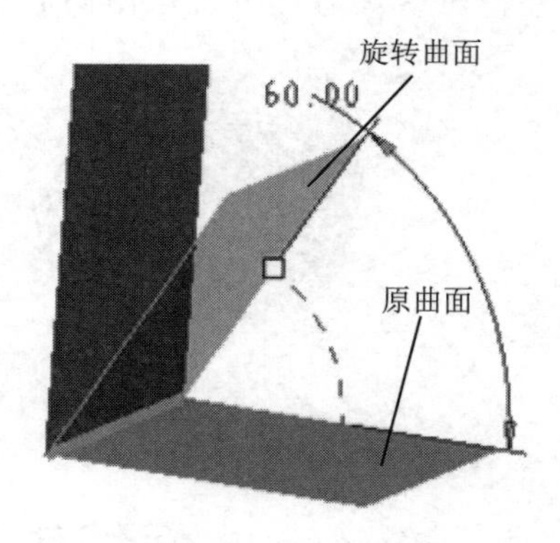

图 8-56 曲面旋转

（5）单击工具选项卡中的【确定】按钮，完成曲面旋转操作。

8.4.2 偏移曲面

偏移曲面是将原来的曲面偏移指定的距离，以生成新的曲面，其创建步骤如下。

（1）打开文件，选择曲面。

（2）单击【模型】选项卡【编辑】组中的【偏移】按钮，打开如图 8-57 所示的【偏移】工具选项卡，在【设置】中输入偏移距离。

图 8-57　【偏移】工具选项卡

（3）在【选项】面板中，如果选择【创建侧曲面】复选框，则创建的曲面带有侧曲面，反之，创建的曲面没有侧曲面，如图 8-58 所示。【选项】面板中分别有 3 个选项：【垂直于曲面】、【自动拟合】和【控制拟合】。其效果分别如图 8-59、图 8-60 和图 8-61 所示。

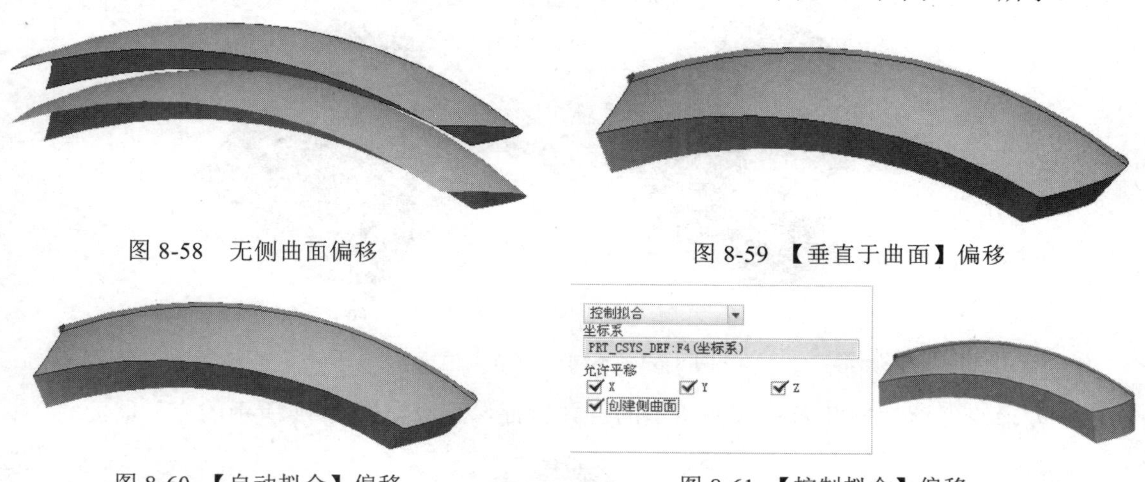

图 8-58　无侧曲面偏移

图 8-59　【垂直于曲面】偏移

图 8-60　【自动拟合】偏移

图 8-61　【控制拟合】偏移

（4）最后单击【确定】按钮完成偏移曲面操作。

8.4.3　合并曲面

合并曲面通过求交或连接操作使两个独立的曲面合并为一个新的曲面面组，该面组是单独存在的，将其删除后，原始参照曲面仍然保留，其操作方法如下。

（1）打开文件，先选择绘图区中的任意一个曲面，再按 Ctrl 键选择另外一个曲面。

（2）单击【模型】选项卡【编辑】组中的【合并】按钮，打开【合并】工具选项卡，如图 8-62 所示。

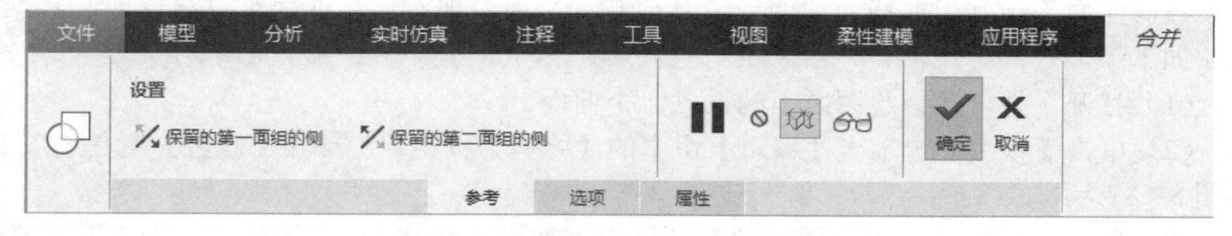

图 8-62　【合并】工具选项卡

（3）分别单击工具选项卡中的【保留的第一面组的侧】按钮和【保留的第二面组的

侧】按钮，会得到不同的合并结果，如图 8-63 所示。

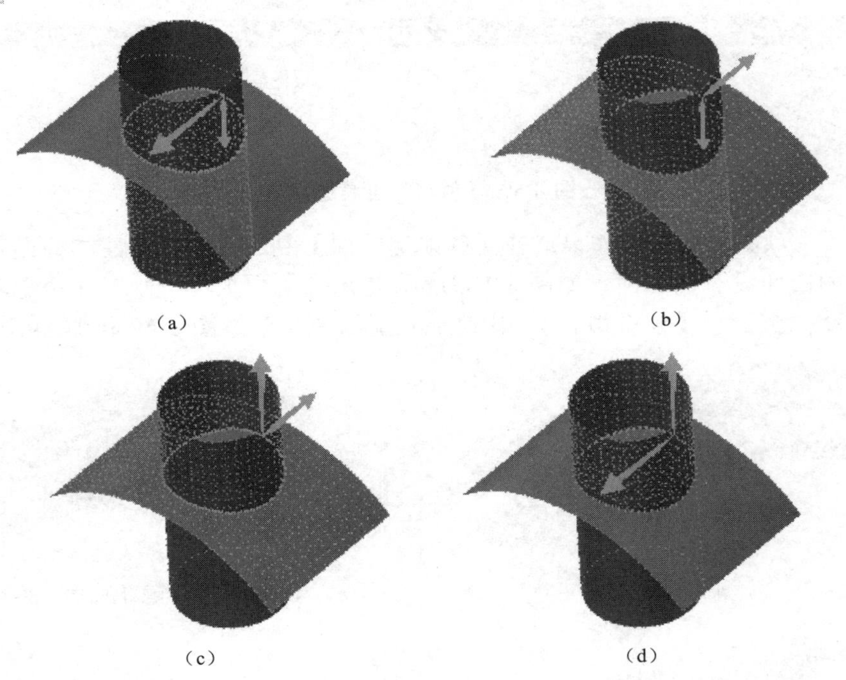

(a)　(b)　(c)　(d)

图 8-63　不同合并结果预览

（4）最终保留如图 8-119（d）所示的合并特征，生成如图 8-64 所示的合并曲面。

图 8-64　合并曲面特征

8.4.4　修剪曲面

修剪曲面是指利用曲线、曲面或者其他基准平面对现有曲面或面组进行修剪，其操作方法如下。

（1）打开文件，选择绘图区中的任意一个曲面。

（2）单击【模型】选项卡【编辑】组中的【修剪】按钮，打开【修剪】工具选项卡，如图 8-65 所示。

（3）单击选择另外一个曲面，此时环境中的曲面如图 8-66 左图所示。图中带网格的部分是要保留的，箭头指向要保留部分，单击箭头可以改变要保留的部分，如图 8-66 右图所示。

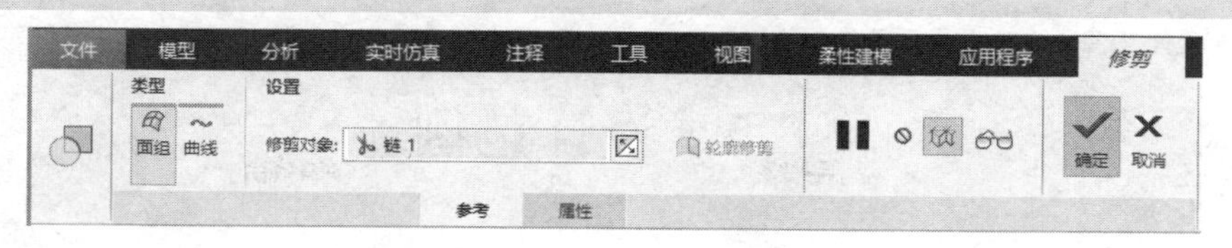

图 8-65 【修剪】工具选项卡

（4）单击【确定】按钮，完成修剪曲面特征，选择不同的保留曲面，产生不同的结果，如图 8-67 所示。

图 8-66　预览修剪曲面　　　　图 8-67　修剪曲面

8.4.5　加厚曲面

加厚曲面是指在选定的曲面特征、曲面组几何特征中，添加薄材料而得到厚度均匀的实体，其操作方法如下。

（1）首先在绘图区选择一个曲面，单击【模型】选项卡【编辑】组中的【加厚】按钮，打开【加厚】工具选项卡，如图 8-68 所示。

图 8-68 【加厚】工具选项卡

（2）在【选项】面板中，可以选择加厚的方向，包括【垂直于曲面】、【自动拟合】和【控制拟合】3 种，单击【排除曲面】选择框，可以在绘图区选择不需要加厚的曲面。

（3）在工具选项卡中设置加厚的厚度值为“3”，生成的预览加厚特征如图 8-69 左图所示。图中箭头为加厚的方向，拖动改变其方向可以得到如图 8-69 右图所示的加厚效果。

（4）单击【确定】按钮，完成效果如图 8-70 所示。

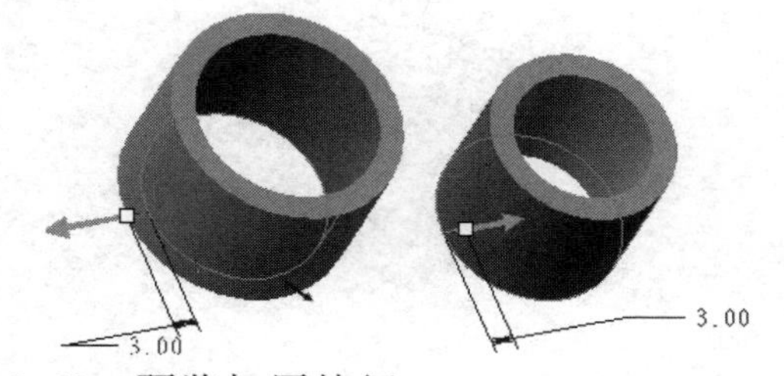

图 8-69　预览加厚特征

图 8-70　加厚特征

8.5 设计范例

扫码看视频

8.5.1 制作茶壶曲面模型范例

本范例完成文件：范例文件/第 8 章/8-1.prt

多媒体教学路径：多媒体教学→第 8 章→8.5.1 范例

范例分析

本范例是制作一个茶壶的曲面模型，主要利用曲面设计中的旋转和扫描混合建立曲面的方法，并对曲面进行加厚编辑，从而得到范例最终效果。

范例操作

Step1 创建旋转曲面

①新建一个文件，单击【模型】选项卡【形状】组中的【旋转】按钮，打开【旋转】工具选项卡，在【放置】面板中单击【定义】按钮，草绘平面选择 FRONT，进入草绘中绘制截面和中心线，如图 8-71 所示。

②在【旋转】工具选项卡中设置【类型】为【曲面】，设置旋转参数。

③单击【确定】按钮，完成旋转曲面的创建，形成壶体曲面。

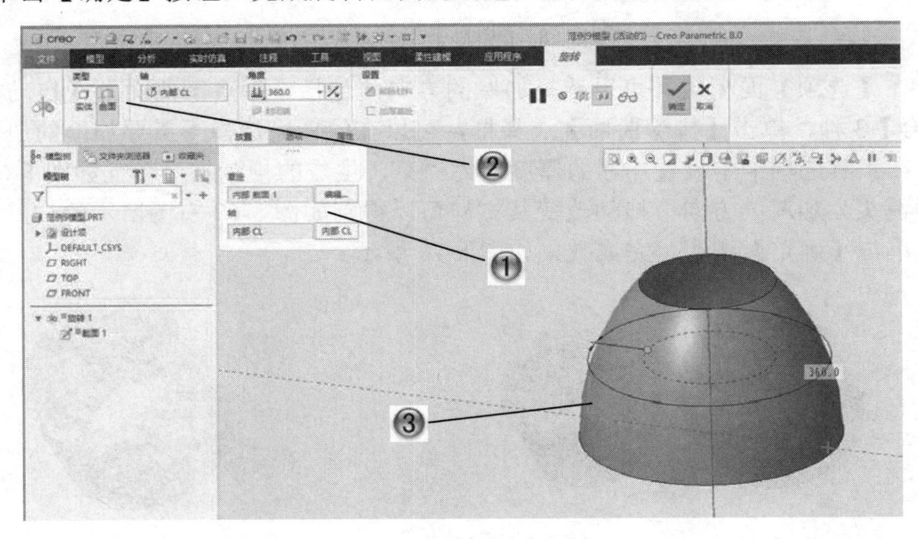

图 8-71 创建旋转曲面

Step2 绘制轨迹曲线

单击【草绘】按钮，进入草绘模式，在壶体曲面外绘制一条圆弧，作为扫描混合的轨迹线，如图 8-72 所示。

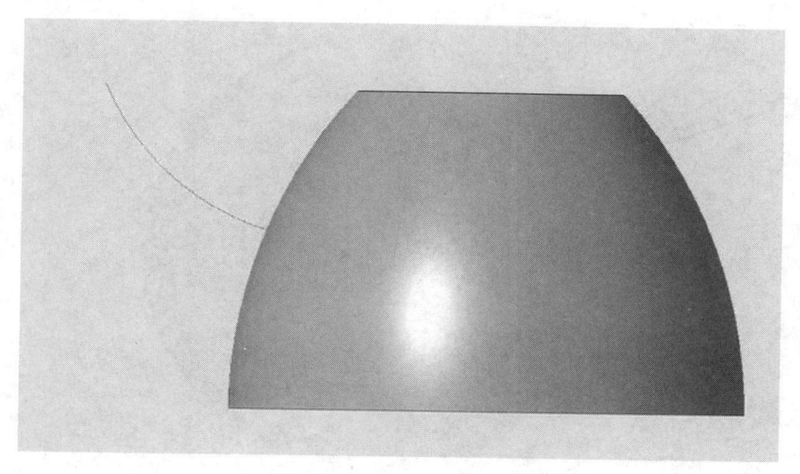

图 8-72　绘制轨迹曲线

Step3 进入扫描混合

①单击【模型】选项卡【形状】组中的【扫描混合】按钮，打开【扫描混合】工具选项卡，单击【曲面】按钮，如图 8-73 所示。

②选择上一个步骤生成的圆弧作为轨迹线。

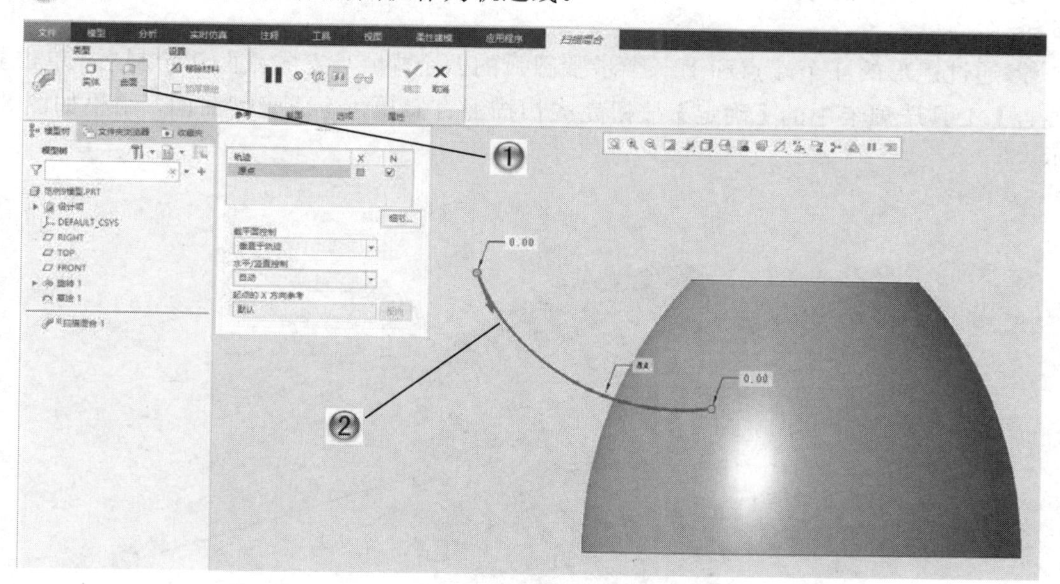

图 8-73　进入扫描混合

Step4 绘制混合截面 1

①在【扫描混合】工具选项卡中截面 1 右侧单击【草绘】按钮，进入草绘，绘制一个

圆，如图 8-74 所示。

②单击【分割】按钮，将圆分割成四段圆弧，这一步骤的目的是为生成四段端点，单击【确定】按钮完成截面 1 的绘制。

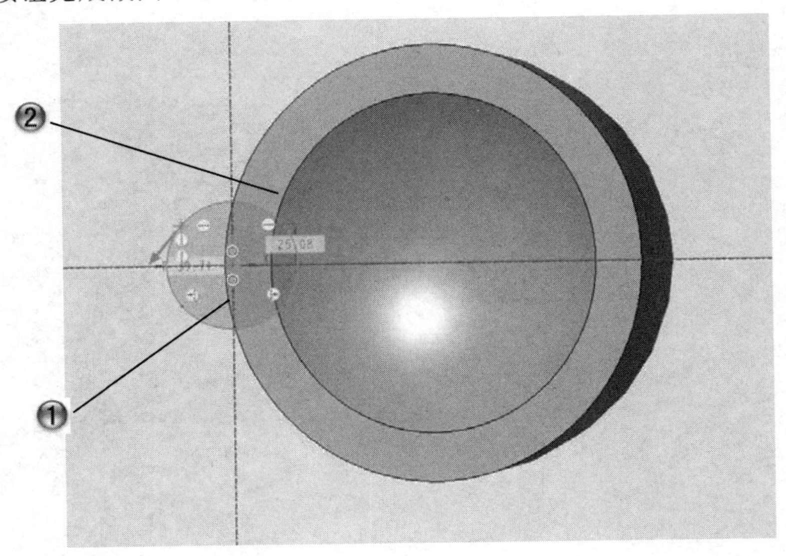

图 8-74　绘制截面 1

Step5 绘制截面 2 完成扫描混合

①单击截面下的【插入】按钮，生成截面 2，单击【草绘】按钮，绘制一个矩形，如图 8-75 所示。

②通过矩形的 4 个端点和上一个步骤圆弧的四个端点，完成截面 2 绘制后，单击【扫描混合】工具选项卡中的【确定】按钮完成扫描混合操作，生成壶嘴曲面，结果如图 8-76 所示。

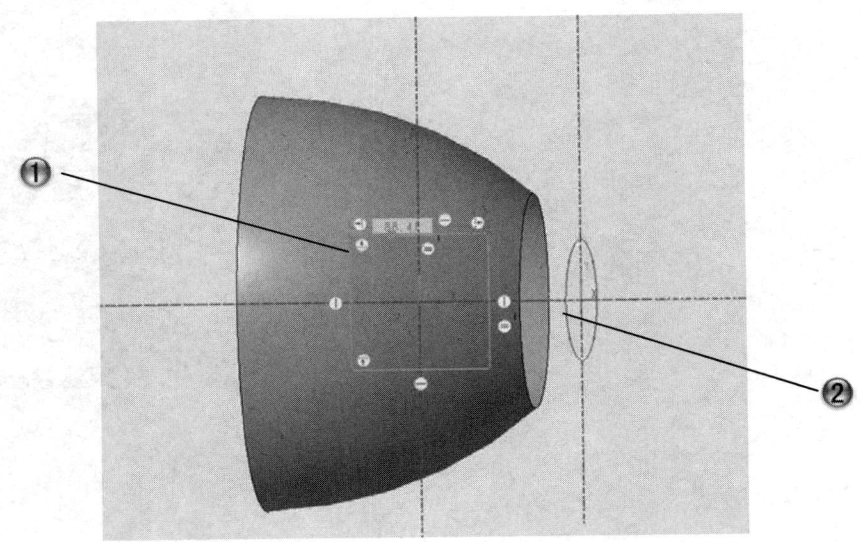

图 8-75　绘制截面 2

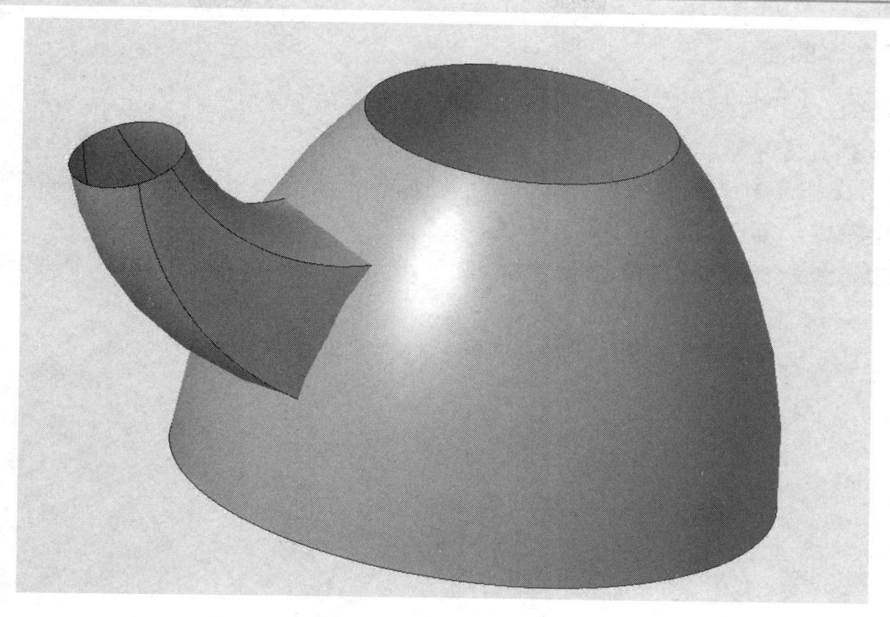

图 8-76　生成壶嘴曲面

Step6 合并曲面

①按住 CTRL 键选择前面绘制的两个曲面，单击【模型】选项卡【编辑】组中的【合并】按钮，打开【合并】工具选项卡，如图 8-77 所示。

②在【合并】工具选项卡中设置其中参数，然后单击【确定】按钮完成合并操作。

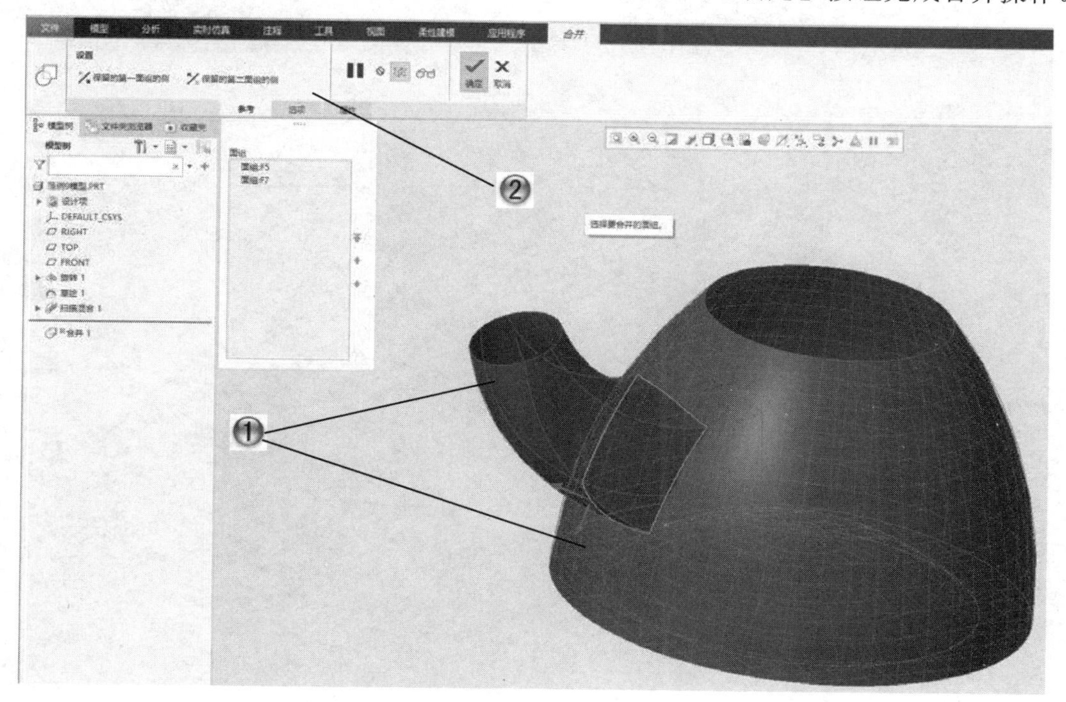

图 8-77　合并曲面

Step7 加厚曲面

①选择上一步骤合并后的曲面，单击【模型】选项卡【编辑】组中的【加厚】按钮，打开【加厚】工具选项卡，如图 8-78 所示。

②设置【加厚】工具选项卡中的参数，然后单击【确定】按钮完成加厚操作。至此这个范例制作完成，范例结果如图 8-79 所示。

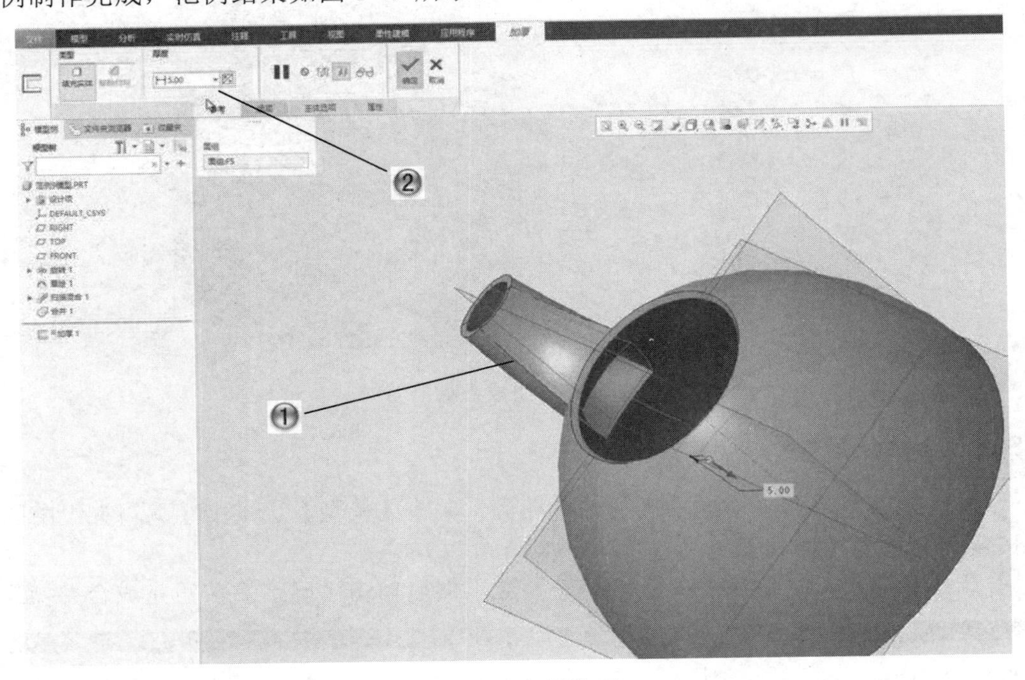

图 8-78 加厚曲面

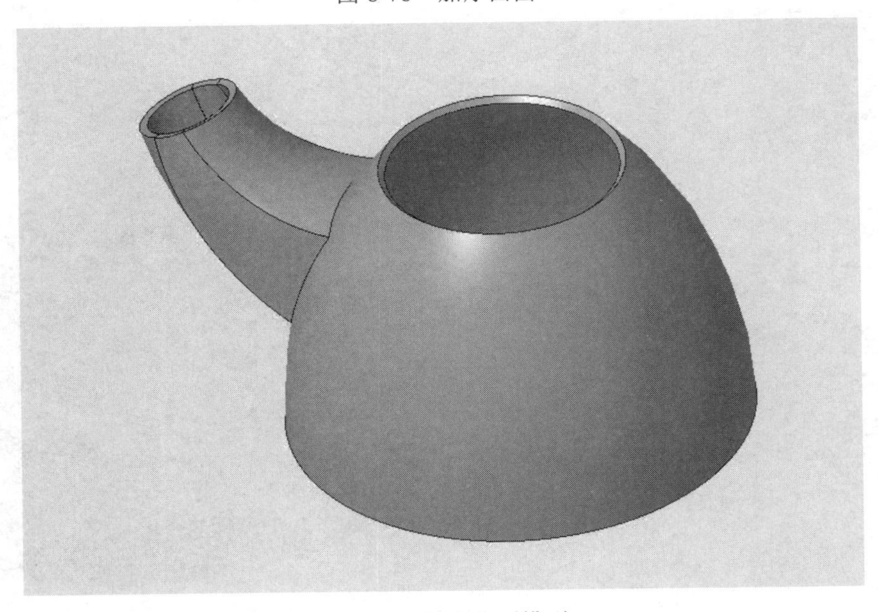

图 8-79 茶壶曲面模型

8.5.2　制作水瓶曲面模型范例

本范例完成文件：范例文件/第 8 章/8-2.prt

多媒体教学路径：多媒体教学→第 8 章→8.5.2 范例

范例分析

扫码看视频

本范例是使用自由曲面设计的方法制作一个水瓶曲面，首先使用自由式曲面命令创建一个自由曲面，然后进行修剪和加厚，生成范例最终曲面。

范例操作

Step1 创建圆柱自由曲面

①新建文件，单击【模型】选项卡【曲面】组中的【自由式】按钮，打开【自由式】工具选项卡，在【形状】展开菜单下选择【封闭基元】下的圆柱体图标，如图 8-80 所示。

②在绘图区中绘制一个圆柱自由曲面。

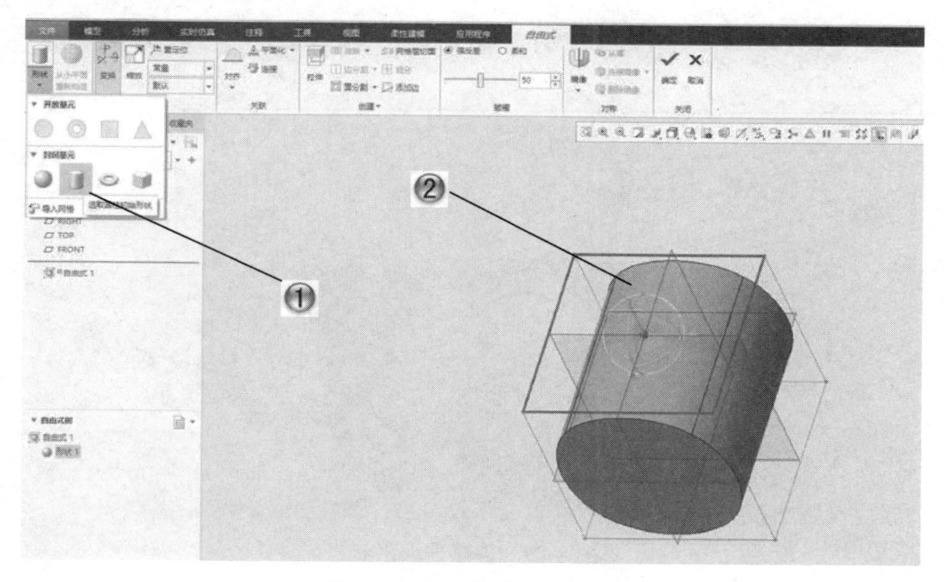

图 8-80　绘制圆柱自由曲面

Step2 拉伸截面为椭圆

在生成的圆柱体周围出现六个面，单击一个平面后，出现三个方向的箭头，选择一个箭头拖动它，之后圆柱体截面变成了椭圆，如图 8-81 所示。

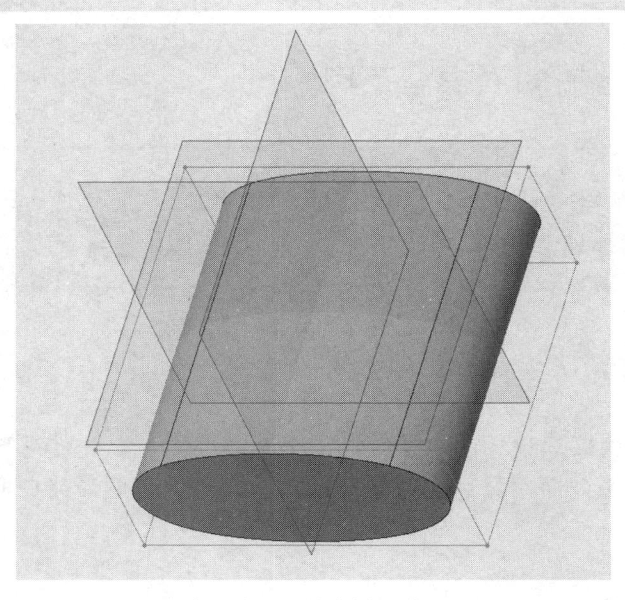

图 8-81　拉伸为椭圆曲面

Step3 调整曲面形状

①单击另一个平面，将高度降低，如图 8-82 所示。
②选择一条边进行拖动，然后再拖动对边，调整好曲面形状。

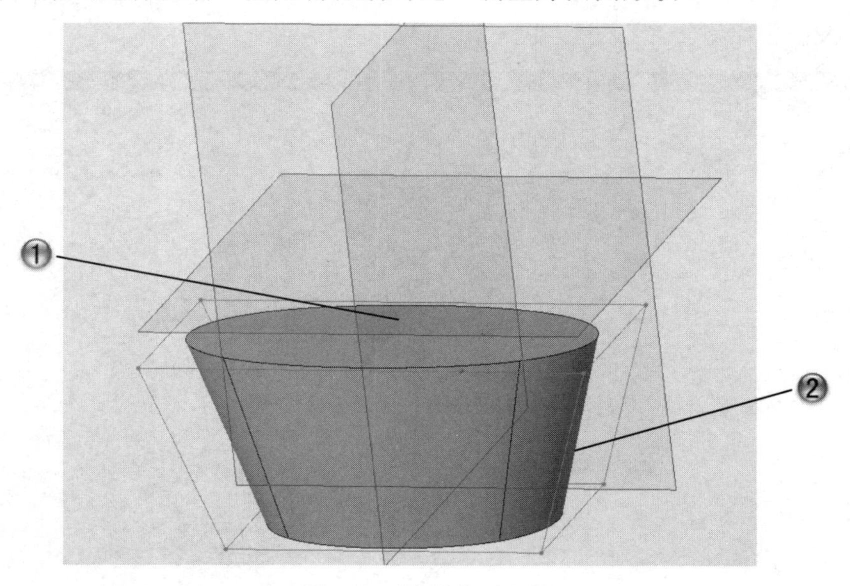

图 8-82　调整曲面形状

Step4 完成自由曲面

①在【自由式】工具选项卡中单击【拉伸】按钮，在零件的上平面再增加一个曲面，如图 8-83 所示。

②选择曲面的各条边调节曲面，单击【自由式】工具选项卡中的【确定】按钮完成自由曲面。

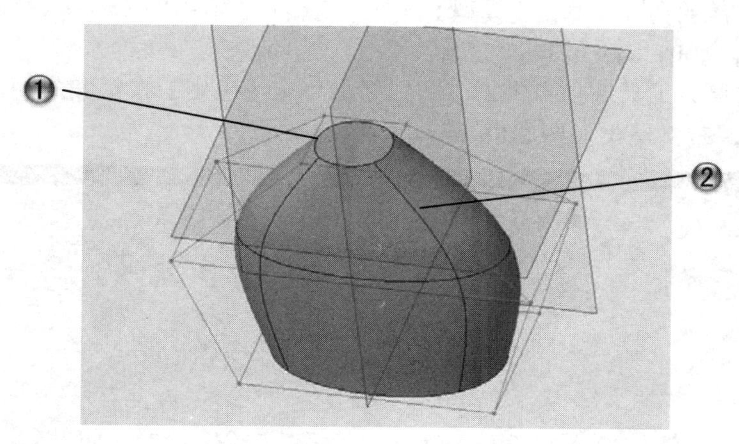

图 8-83　完成自由曲面

Step5 修剪曲面

①单击【模型】选项卡【编辑】组中的【修剪】按钮，打开【修剪】工具选项卡，设置其中的参数，修剪的面组选择上一个步骤创建的曲面，如图 8-84 所示。

②修剪对象选择为瓶口的四条边，修剪对话框右侧有一个双向箭头，用于调整修剪后要保留的曲面，出现网格的曲面就是保留的曲面。

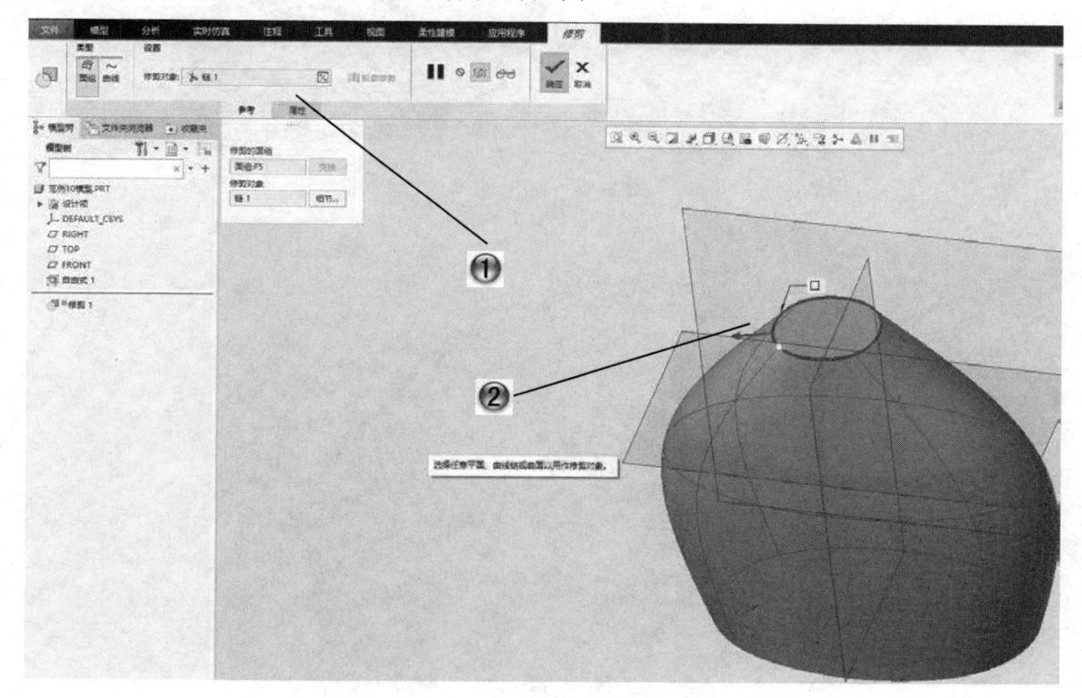

图 8-84　修剪曲面

Step6 加厚曲面

①选择修剪后的曲面，单击【模型】选项卡【编辑】组中的【加厚】按钮，打开【加厚】工具选项卡，如图 8-85 所示。

②设置【加厚】工具选项卡中的参数，然后单击【确定】按钮完成加厚操作。至此这个范例制作完成，范例结果如图 8-86 所示。

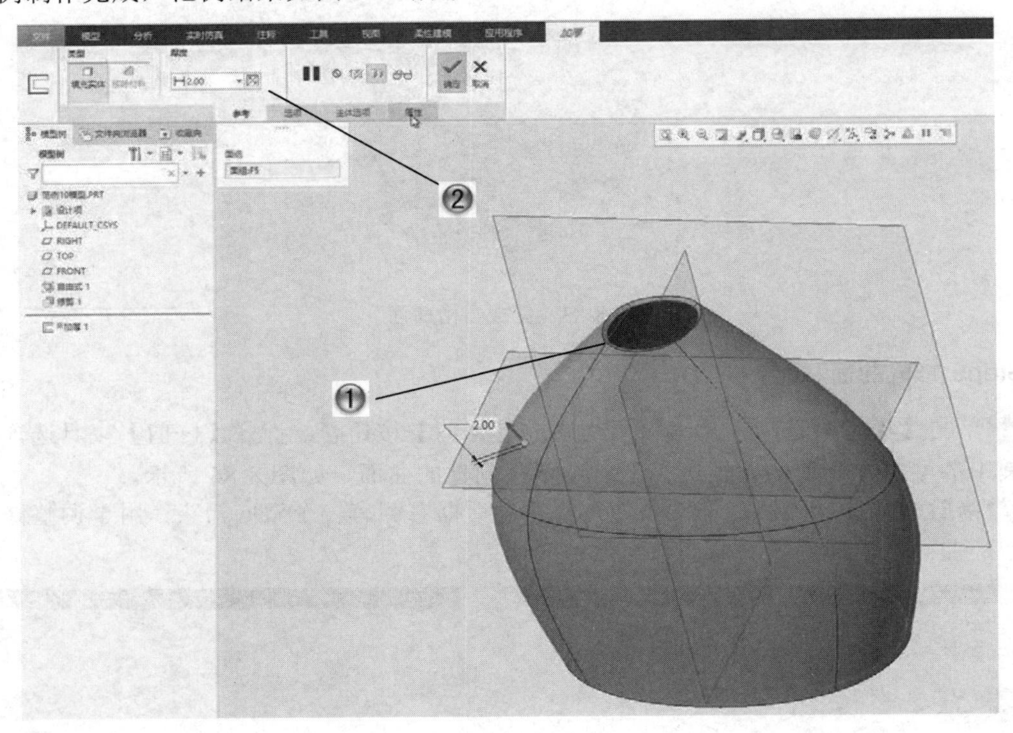

图 8-85　加厚曲面

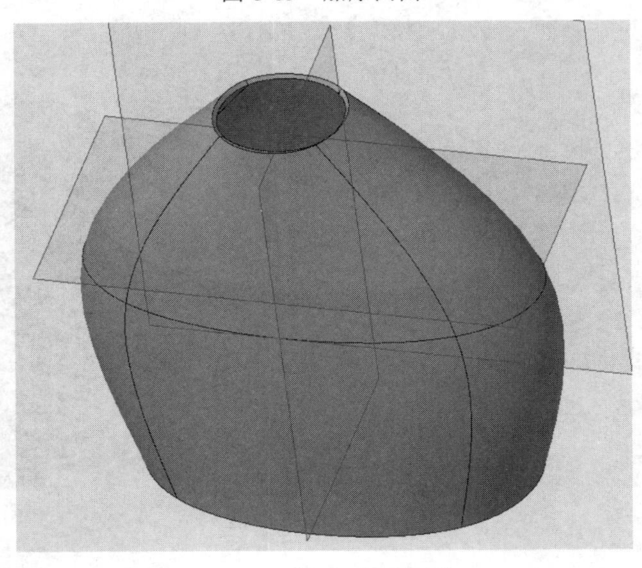

图 8-86　水瓶曲面模型

8.5.3　制作提篮曲面模型范例

本范例完成文件：范例文件/第 8 章/8-3.prt

多媒体教学路径：多媒体教学→第 8 章→8.5.3 范例

扫码看视频

本范例是制作一个提篮的曲面模型，首先采用拉伸曲面创建提篮的篮子基本曲面，然后使用修剪曲面和倒角进行编辑，接着采用混合曲面创建提手，并进行合并等编辑，从而生成最终的提篮曲面模型，这个范例对曲面的设计应用较为综合，希望读者能认真学习并掌握。

范例操作

Step1 创建拉伸曲面

①新建一个文件，单击【模型】选项卡【形状】组的【拉伸】按钮，打开【拉伸】工具选项卡，单击【曲面】按钮，草绘截面后返回【拉伸】工具选项卡，如图 8-87 所示。

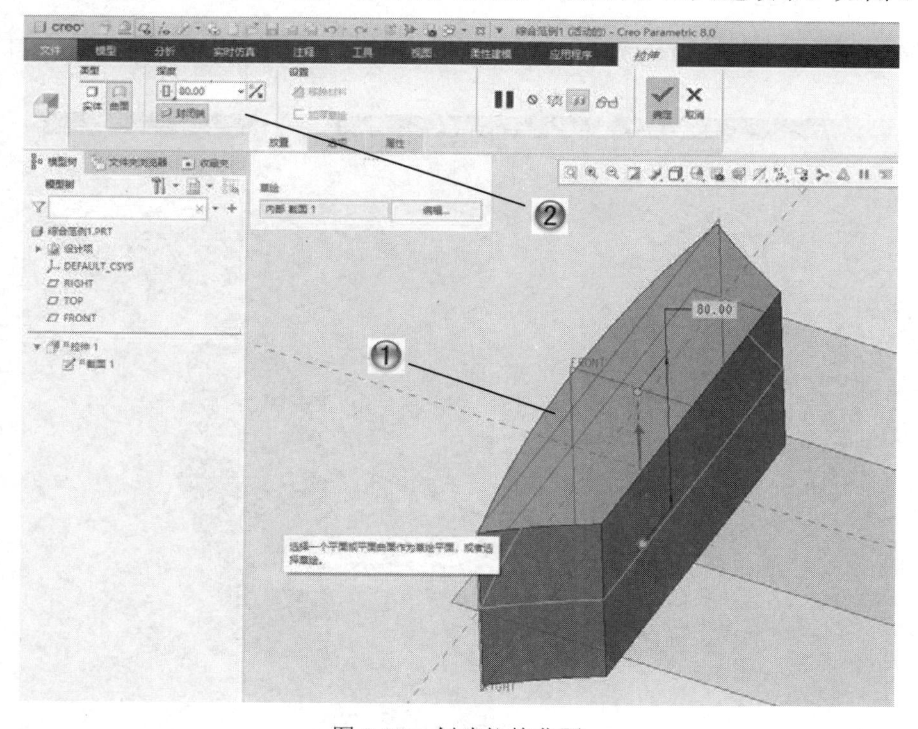

图 8-87　创建拉伸曲面

②在【拉伸】工具选项卡中设置参数，设置【深度】后面为对称方式，设置深度值为80，单击【封闭端】按钮，单击【确定】按钮创建出拉伸曲面。

Step2 绘制草绘圆弧

①进入草绘模式，绘制一段圆弧草图，在另一个平面绘制相同的圆弧，如图 8-88 所示。

②选择 FRONT 基准平面作为草绘平面，绘制一段圆弧。

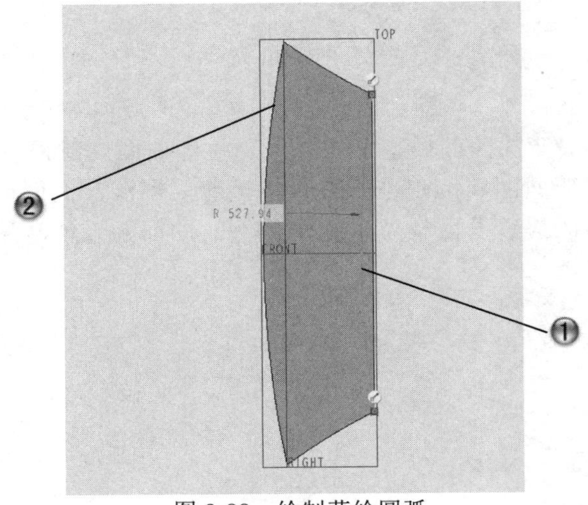

图 8-88　绘制草绘圆弧

Step3 绘制投影曲线

①单击【草绘】组的【投影】按钮，打开【投影曲线】工具选项卡，设置其中的参数，如图 8-89 所示。

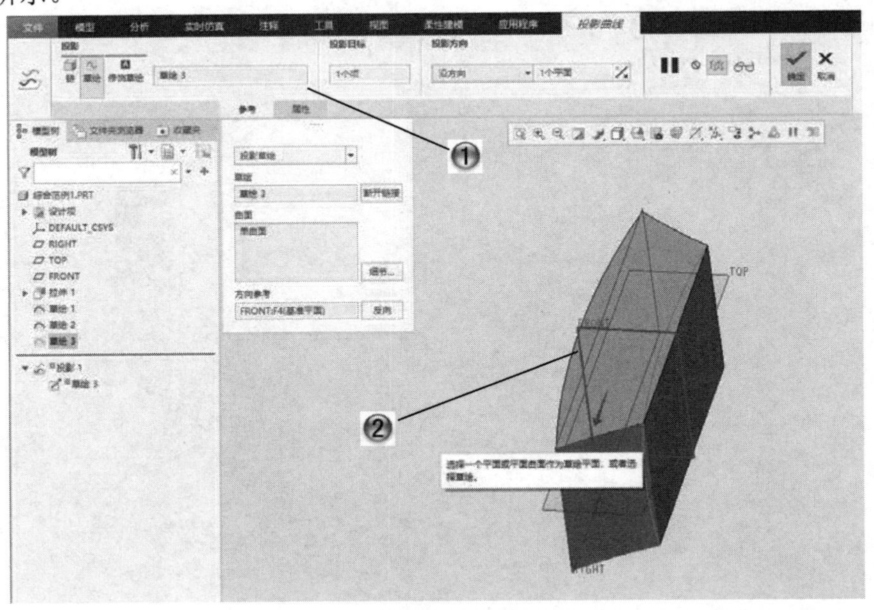

图 8-89　绘制投影曲线

②选择投影平面，完成投影曲线绘制。

Step4 镜像曲线

①单击【镜像】按钮，打开【镜像】工具选项卡，设置其中参数，如图 8-90 所示。
②选择 FRONT 基准面作为镜像平面，对曲线进行镜像。

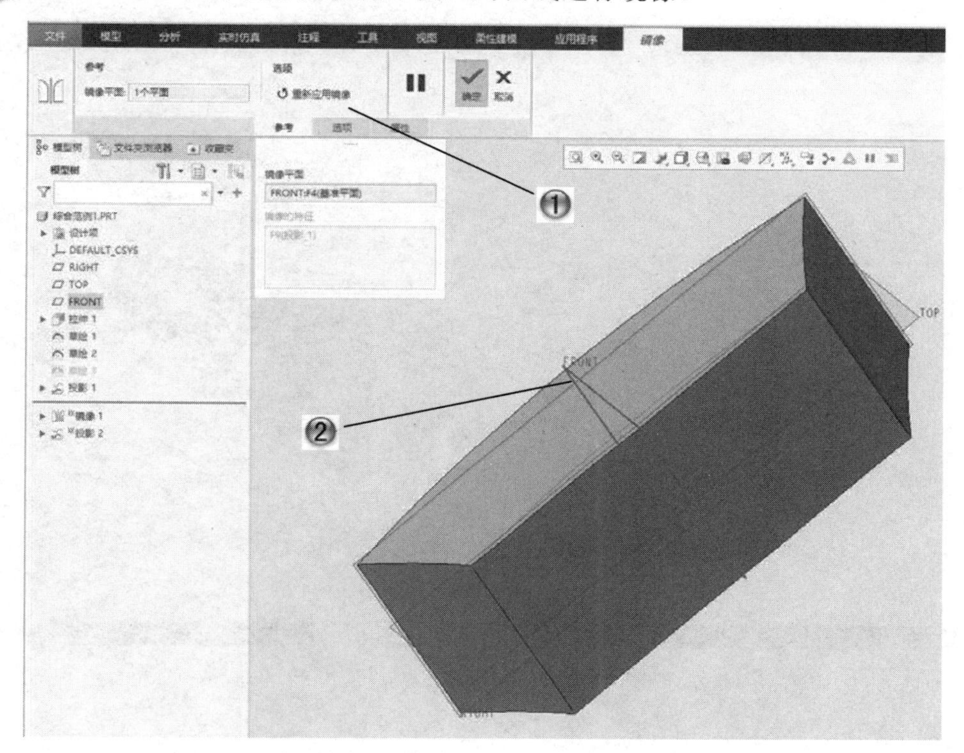

图 8-90　镜像曲线

Step5 修剪曲面

①单击【模型】选项卡【编辑】组中的【修剪】按钮，选择前面绘制的拉伸曲面作为修剪面组，如图 8-91 所示。

②修剪对象选择为前面绘制好的四根曲线，单击箭头选择要保留曲面的一侧，进行曲面修剪。

Step6 曲面倒圆角

①单击【模型】选项卡【工程】组中的【倒圆角】按钮，打开【倒圆角】工具选项卡，设置其中参数，如图 8-92 所示。
②按住 CTRL 键，选择四条边线作为倒圆角边进行倒圆角。

Step7 偏移曲面

①单击【模型】选项卡【编辑】组中的【偏移】按钮，打开【偏移】工具选项卡，

选择偏移曲面，如图 8-93 所示。

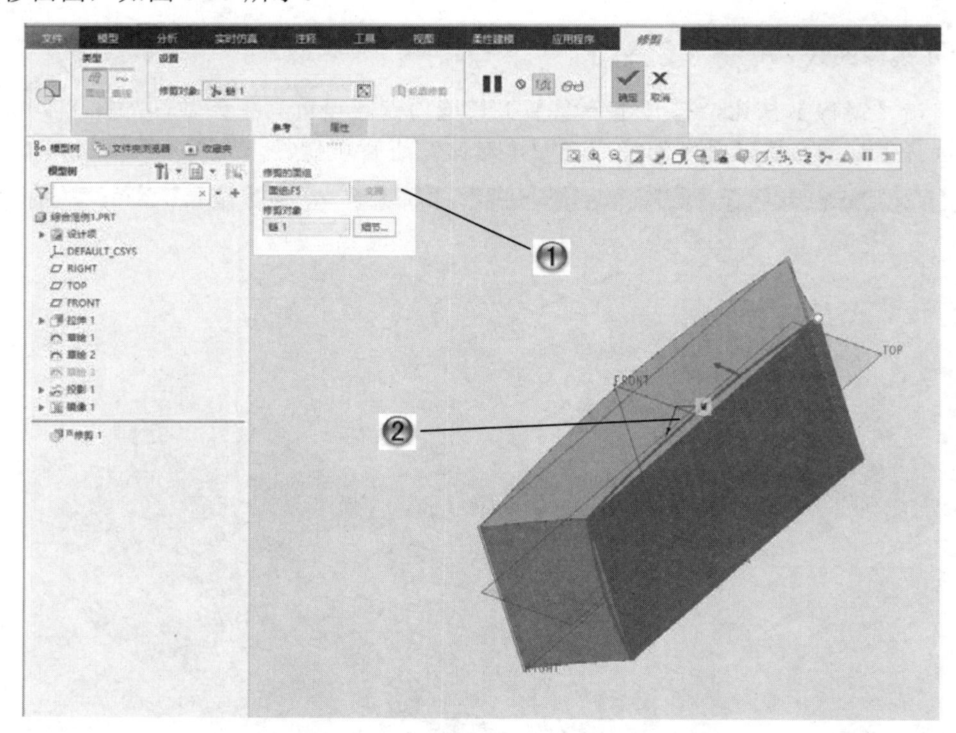

图 8-91　修剪曲面

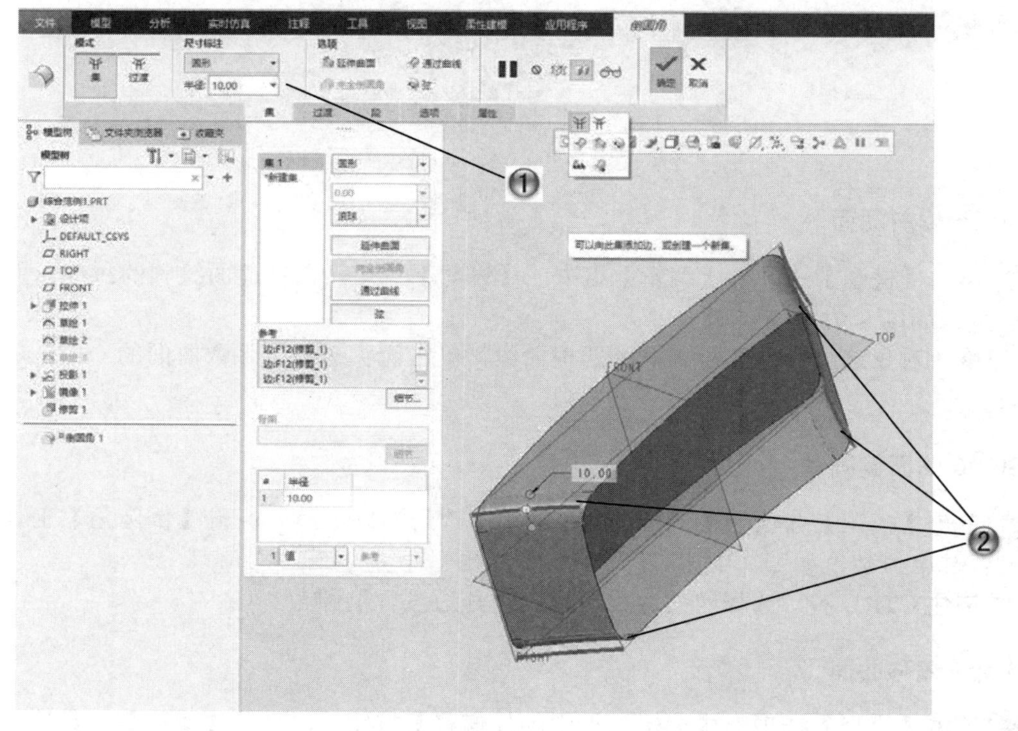

图 8-92　曲面倒圆角

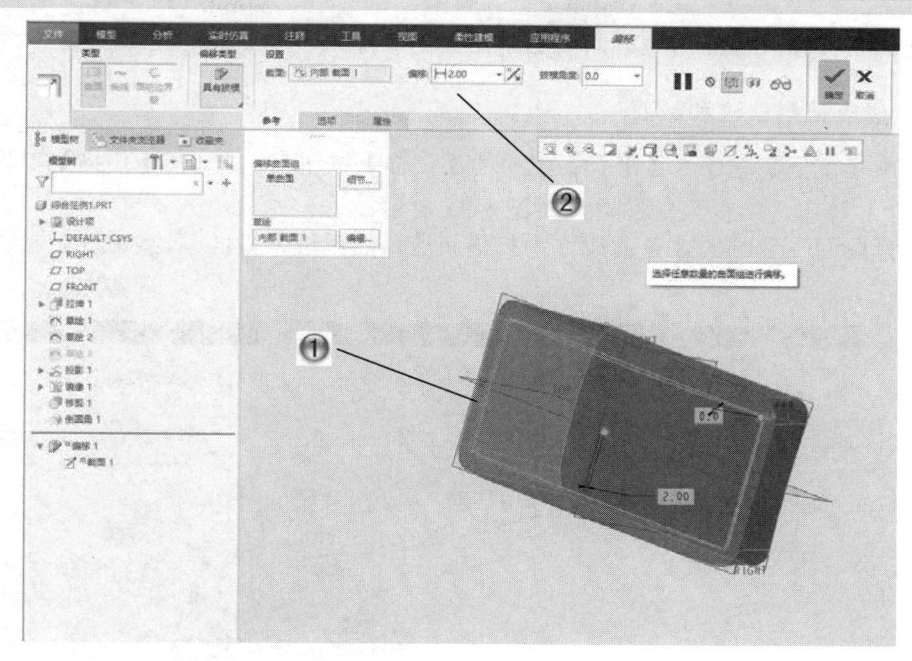

图 8-93　偏移曲面

②绘制偏移轮廓线后返回【偏移】工具选项卡，设置其中参数，【偏移】的距离值为 2，单击箭头确定偏移方向后完成偏移。

Step8 移除曲面

①单击【模型】选项卡【编辑】组中的【移除】按钮，打开【移除】工具选项卡，设置其中参数，如图 8-94 所示。

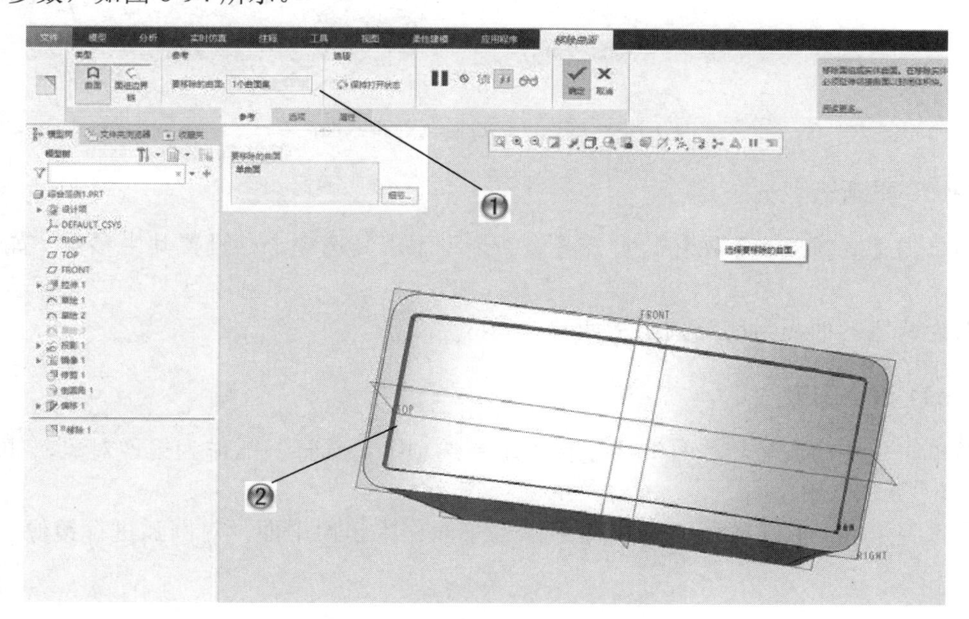

图 8-94　移除曲面

②选择要移除的曲面，完成四个圆角曲面的移除。

Step9 建立扫描轨迹和截面

①单击【模型】选项卡【形状】组中的【扫描】按钮，打开【扫描】工具选项卡，单击【曲面】按钮，设置其中参数，如图 8-95 所示。

②选择曲面开放端的 8 条曲线作为扫描轨迹，然后进入截面草绘，绘制一条直线作为扫描截面。

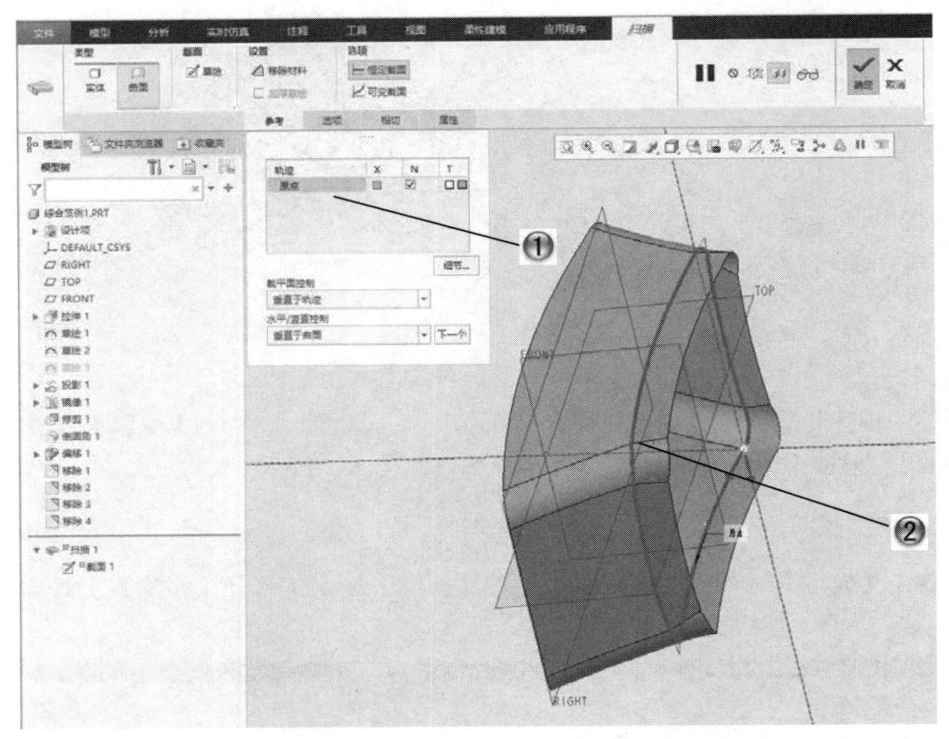

图 8-95　建立扫描轨迹和截面

Step10 重新造型

①单击【重新造型】按钮，打开【重新造型】工具选项卡，设置其中参数，如图 8-96 所示。

②为两侧的曲面封闭分别绘制两端曲线。

Step11 镜像圆弧

①单击【镜像】按钮，打开【镜像】工具选项卡，选择圆弧作为镜像对象，如图 8-97 所示。

②选择 FRONT 基准面偏移距离 41.4 的平面作为镜像平面，对圆弧进行镜像。

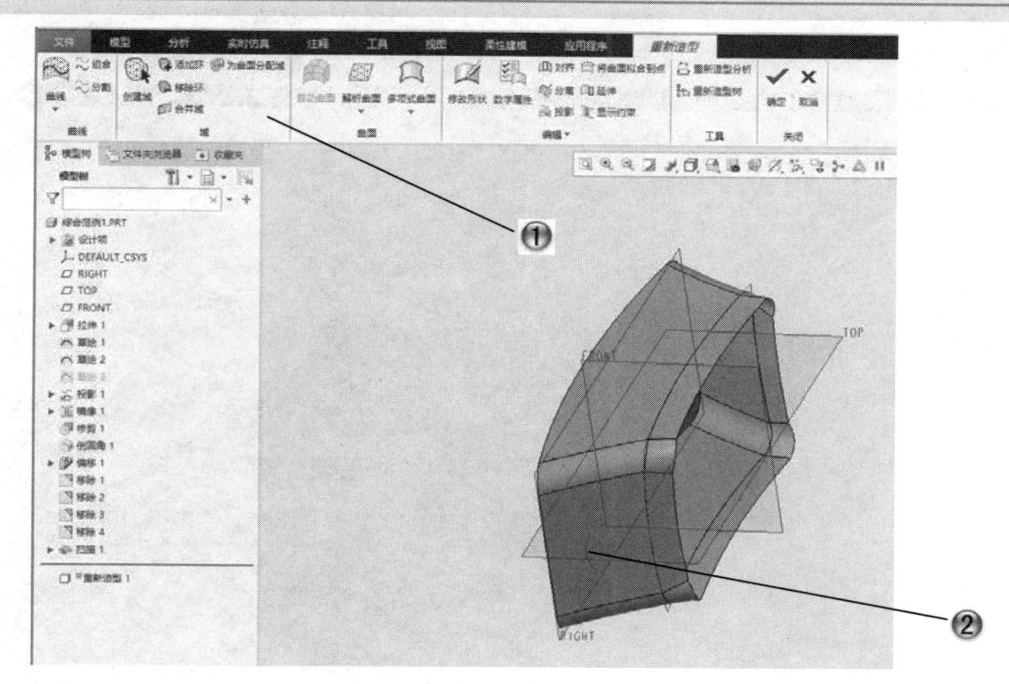

图 8-96　重新造型

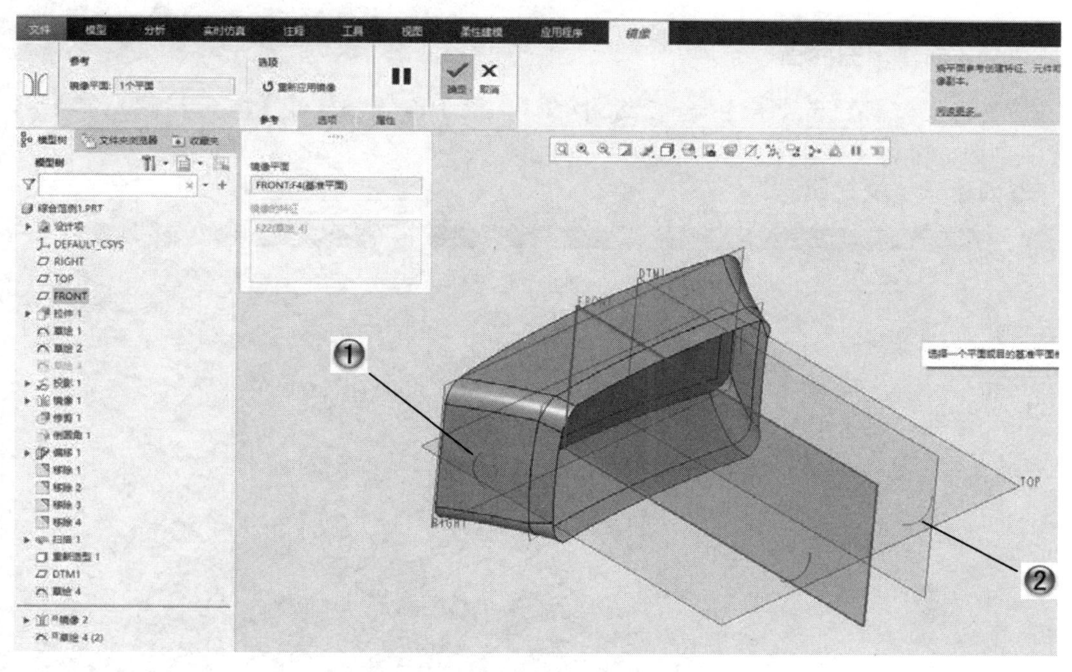

图 8-97　镜像圆弧

Step12 创建混合曲面

①单击【模型】选项卡【曲面】组中的【边界混合】按钮，打开【边界混合】工具选项卡，设置其中参数，如图 8-98 所示。

②选择前面绘制完成的四条曲线，单击【确定】按钮完成混合曲面的创建。

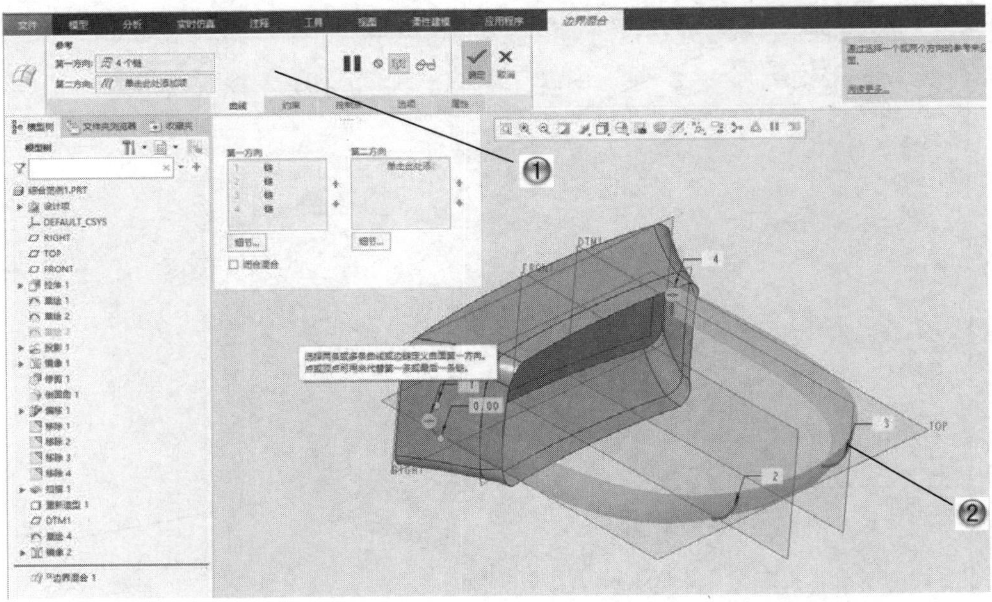

图 8-98　创建混合曲面

Step13 创建填充曲面

①单击【模型】选项卡【编辑】组中的【填充】按钮，打开【填充】工具选项卡，设置其中参数，如图 8-99 所示。

②创建一个填充曲面。

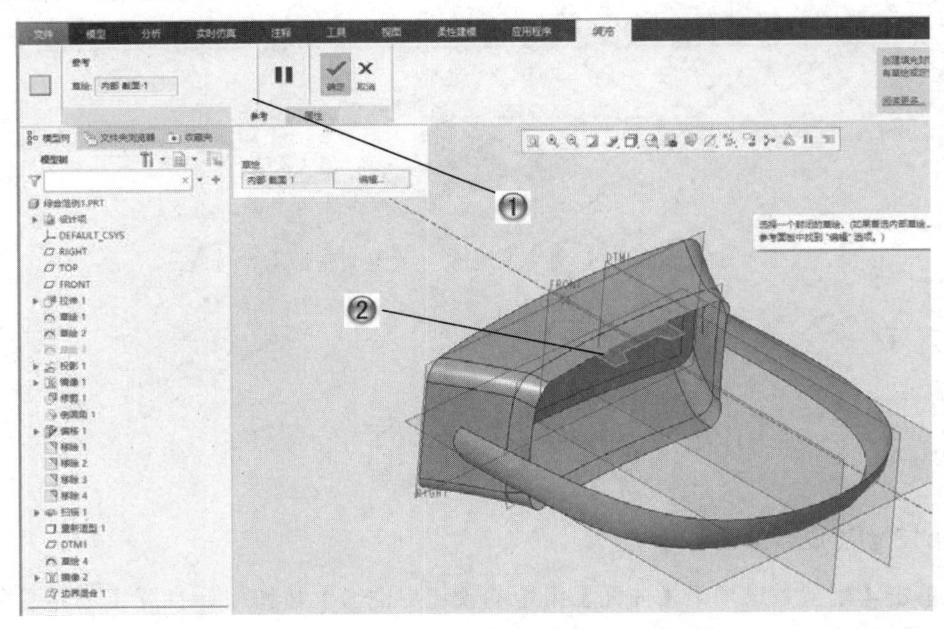

图 8-99　创建填充曲面

Step14 合并曲面

①单击【模型】选项卡【编辑】组中的【合并】按钮，打开【合并】工具选项卡，选择 F5、F19、F26 三个曲面，如图 8-100 所示。

②单击【确定】按钮，完成曲面合并。

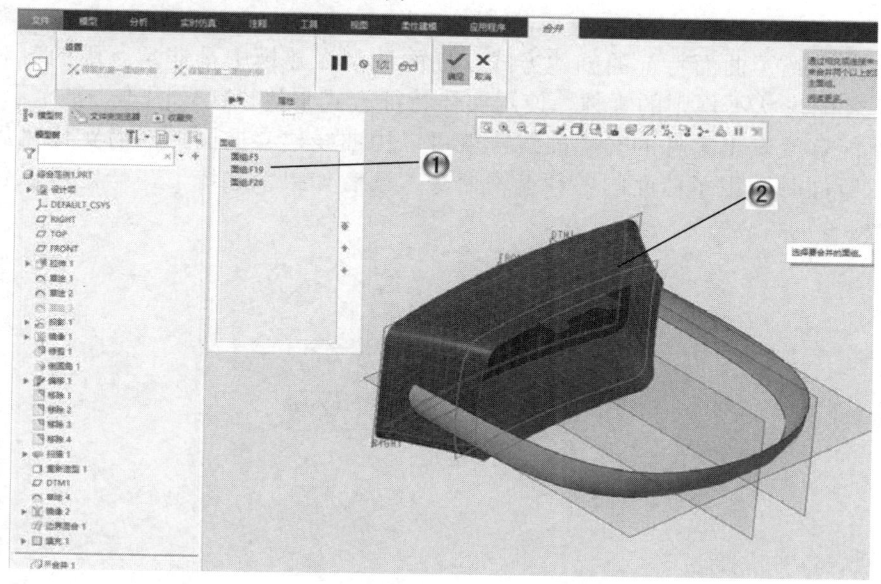

图 8-100 合并曲面

Step15 顶点倒圆角完成范例

①单击【顶点倒圆角】按钮，打开【顶点倒圆角】工具选项卡，设置其中参数，如图 8-101 所示。

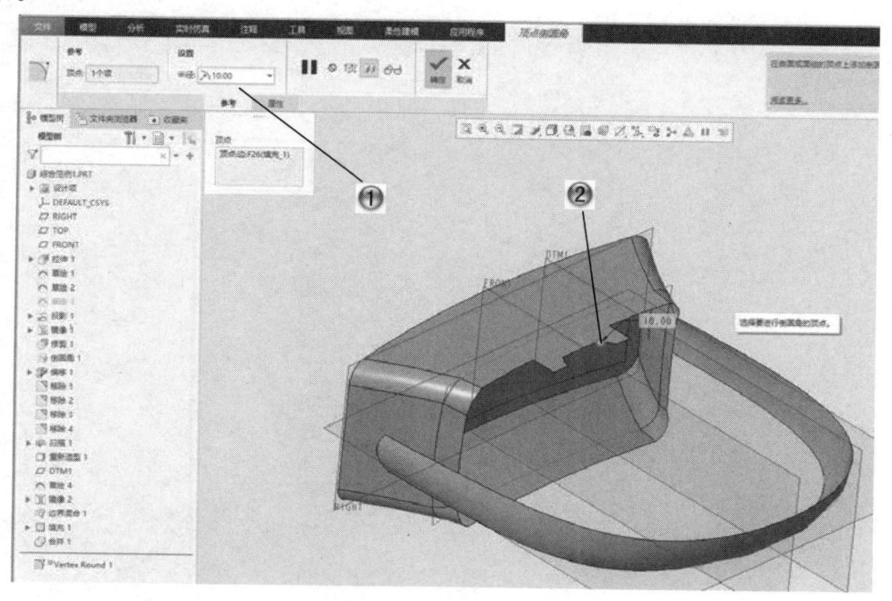

图 8-101 顶点倒圆角

②选择曲面顶点，单击【确定】按钮，完成倒圆角。至此范例制作完成。

8.6 本章小结

本章主要介绍了曲面特征的创建方式，曲面造型在建模中是非常有用的，对于形状复杂，特别是表面形状不规则的零件，使用实体特征方式来建模比较困难，甚至不可能实现。但是，只要能够绘制出零件的轮廓曲线，就可以由曲线建立曲面，然后实体化后就能够建立完成。本章同时介绍了曲面的各种编辑命令，读者如果多加练习，一定可以建立出任何想要的模型。

第 9 章 工程图设计

本章导读

在工程设计实践中，除了少量产品设计的数据需要直接转到数控设备加工，大多数的设计最终都要输出为工程图，一方面是为了方便产品设计人员之间的交流，另一方面可以根据工程图纸来完成产品制造。

Creo Parametric 8.0 可在零件模型、装配组件创建完成后，直接建立相应工程图。工程图中所有的视图都相互关联，当修改某个视图中的尺寸时，系统将自动更新其他相关视图；更为重要的是，工程图与相依赖的零件模型关联，在零件模型中修改的尺寸会关联到工程图，同时在工程图中修改尺寸也会在零件模型中自动更新，这种关联性不仅仅是尺寸的修改，也包括添加和删除某些特征。

在 Creo Parametric 8.0 工程图中可以创建多种不同类型的视图，主要包括一般视图、投影视图、详细视图、辅助视图和旋转视图。在创建视图的过程中，可以指定视图的显示模式，设置是否使用截面，或者单独为某个视图设置显示比例等。通常使用一般视图和投影视图即可完成一个零件模型的表达。

本章将介绍工程图的环境界面、创建方法及工程图的基本操作，并详细介绍一般视图、剖视图和特殊视图的创建方法、创建尺寸和标注，以及工程图打印的操作方法。

9.1 基本工程图和配置文件

当 3D 零件或装配件完成之后，便可利用零件或装配件来产生各种 2D 工程图。工程图与零件或装配件之间相互关联，其中一个有更改，另一个也会自动更改。

9.1.1 进入工程图设计环境

进入 Creo Parametric 8.0 界面后，选择【文件】|【新建】菜单命令或单击【快速访问】

工具栏中的【新建】按钮，打开【新建】对话框，如图 9-1 所示，在【类型】选项组中选中【绘图】单选按钮，并在【文件名】文本框中输入工程图的名称。

在该对话框中单击【确定】按钮，出现如图 9-2 所示的【新建绘图】对话框。

（1）在【默认模型】文本框中指定想要创建工程图的零件模型（或装配组件），如果内存中有零件模型，则在【默认模型】文本框中会显示零件模型的文件名称；如果内存中没有零件模型，则在此文本框中显示【无】，单击【浏览】按钮可以进行零件模型的指定。

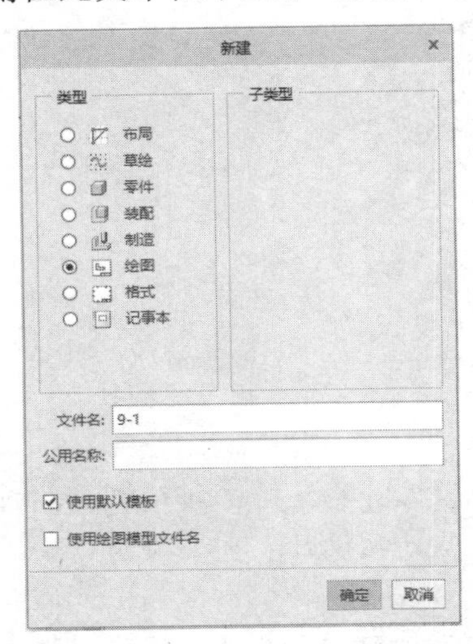

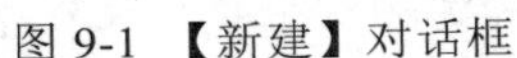
图 9-1 【新建】对话框

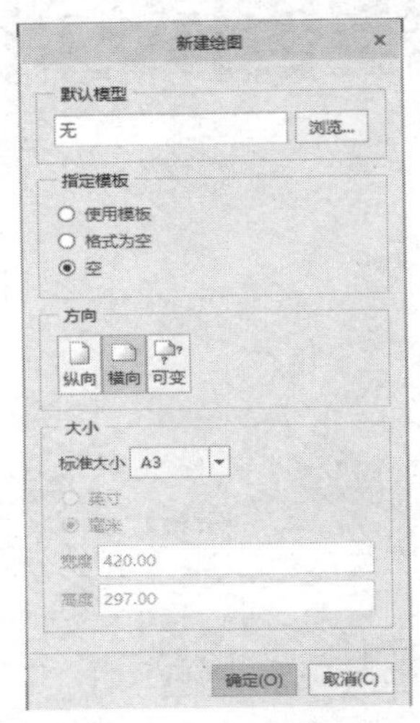

图 9-2 【新建绘图】对话框

（2）【指定模板】选项组用于指定创建工程图的方式，用户可根据需要选择合适的方式，下面分别介绍几个选项的含义。

【使用模板】：该项指使用模板生成新的工程图，生成的工程图具有模板的所有格式与属性。当选中【使用模板】单选按钮后，【新建绘图】对话框显示如图 9-3 所示，在【模板】列表框中会显示许多系统自带的模板如“a0_drawing”“b_drawing”等，分别对应不同图纸，用户可以从中选择工程图的绘制模板。

【格式为空】：该项指使用格式文件生成新的工程图，生成的工程图具有格式文件的所有格式与属性。如果选中【格式为空】单选按钮，则【新建绘图】对话框如图 9-4 所示，【格式】下拉列表框中显示为【无】。

此时单击【格式】选项组中的【浏览】按钮，在如图 9-5 所示的【打开】对话框中，选择系统提供的格式文件。

在【打开】对话框中选择一个格式文件，当指定零件文件后，单击【打开】按钮，工作区即出现如图 9-6 所示的空白图框。这时用户就可以向空白图框中添加一般视图、投影视图等。

【空】：选择该项生成一个空的工程图，在生成的工程图中，除了系统配置文件和工程图配置文件设定的属性，没有任何图元、格式和属性。如果选中【空】单选按钮，则【新建绘图】对话框如图 9-7 所示，在【指定模板】选项组下方将出现【方向】和【大小】两个选项组。如果选择【方向】选项组中的【纵向】按钮或【横向】按钮，图纸使用标准大小尺寸（如 A4）作为当前用户所需绘制的工程图的大小；选择【可变】按钮则允许用户自定义工程图的大小尺寸，这时在【大小】选项组中的【宽度】和【高度】文本框中输入用户自定义的数值即可。

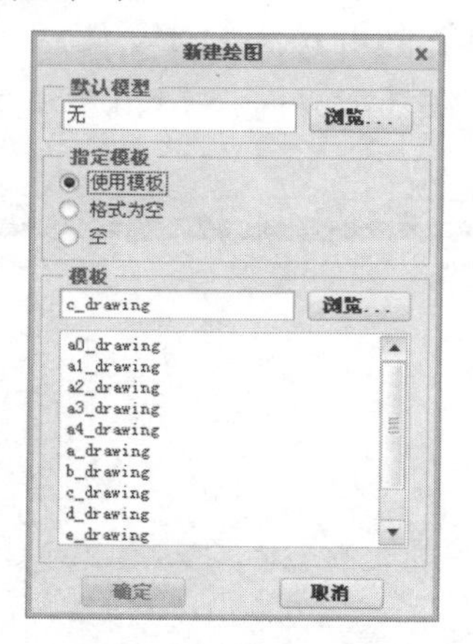

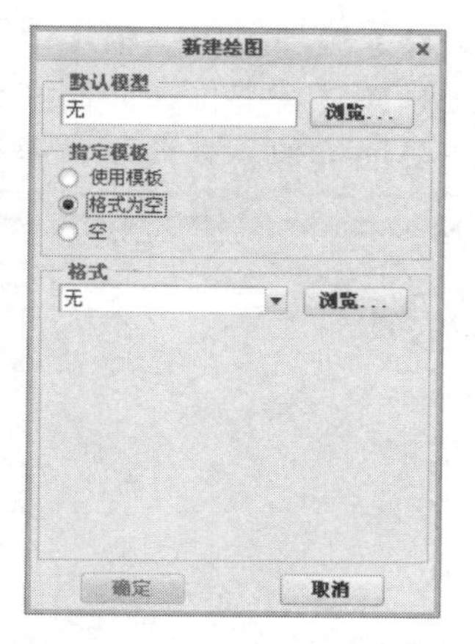

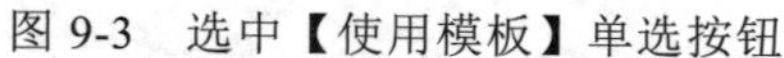

图 9-3　选中【使用模板】单选按钮　　　　图 9-4　选中【格式为空】单选按钮

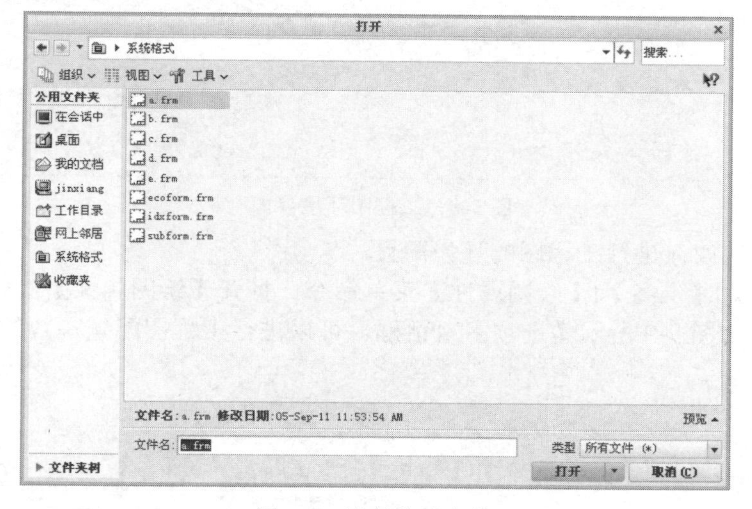

图 9-5　选择格式文件

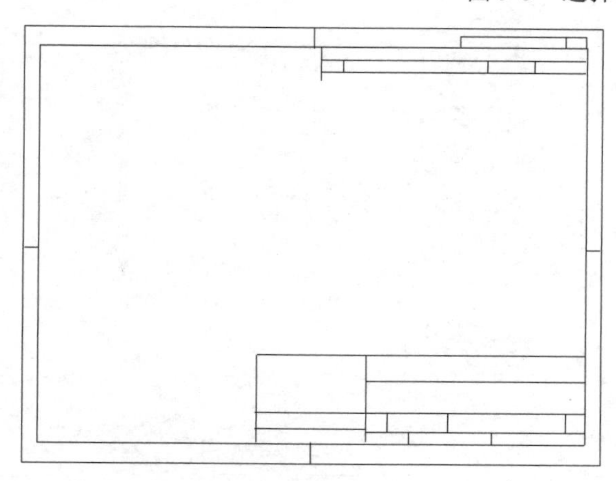

图 9-6　出现的空白图框

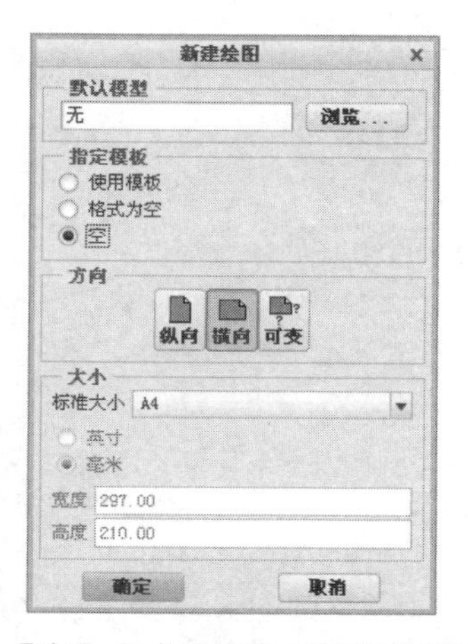

图 9-7　【空】方式对应的【新建绘图】对话框

在实际应用中，【空】这种方式不多用，所有的工程图不是通过模板就是通过格式新建而成。

在【指定模板】选项组中选中【使用模板】单选按钮并选择零件文件后，单击【确定】按钮即可进入工程图环境界面，如图 9-8 所示。工程图环境界面与 Creo Parametric 8.0 中其他模式下的环境界面类似，在此不再赘述。

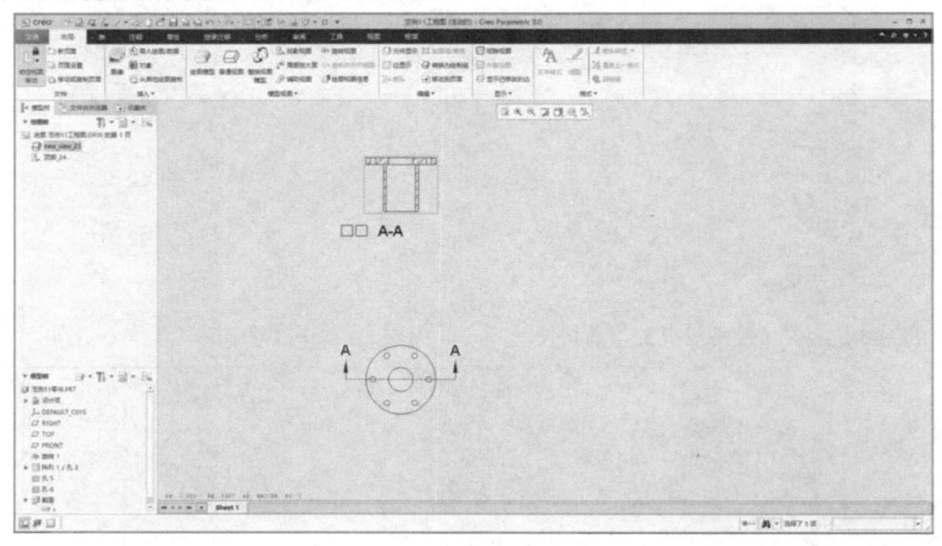

图 9-8　工程图环境界面

（3）下面讲述如何进行工程图的环境配置。

选择【文件】|【准备】|【绘图属性】菜单命令，打开【绘图属性】对话框后单击【更改】按钮，打开如图 9-9 所示【选项】对话框，可以进行工程图配置参数的设置。

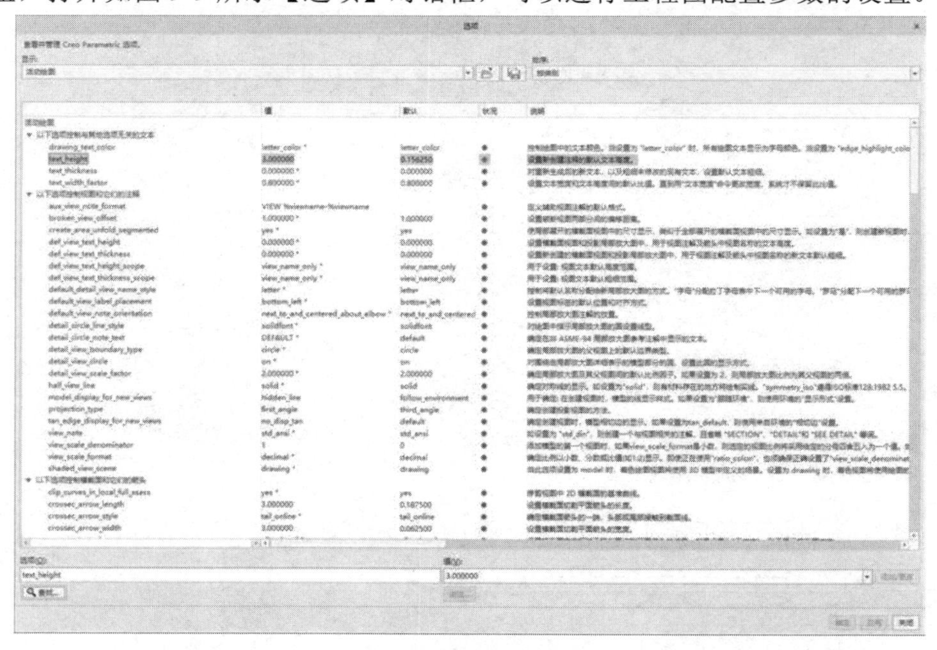

图 9-9 【选项】对话框

9.1.2　创建工程图的过程

下面介绍创建工程图的一般过程。

（1）通过新建一个工程图文件，进入工程图模块环境

选择【文件】|【新建】菜单命令或单击【快速访问】工具栏中的【新建】按钮，打开【新建】对话框，在【类型】选项组中，选中【绘图】单选按钮；输入工程图文件名称、选择模型、工程图图框格式或模板。

（2）创建视图

添加主视图；添加主视图的投影图（左视图、右视图、俯视图、仰视图）；如有必要，添加详细视图（放大图）、辅助视图等。

（3）调整视图

利用视图移动命令，调整视图的位置；设置视图的显示模式，如视图中不可见的孔，可进行消隐或用虚线显示。

（4）尺寸标注

显示模型尺寸，将多余的尺寸拭除；添加必要的草绘尺寸。

（5）公差标注

添加尺寸公差；创建基准，标注几何公差。

（6）表面光洁度标注

（7）注释、标题栏标注

9.2　一般视图和剖视图

在创建工程图时，表达一个零件模型或装配组件一般需要多个视图。在我国机械制图标准中，基本以三视图，即主视图、俯视图和左视图为主体。

9.2.1　创建三视图

在 Creo Parametric 8.0 中，主视图的类型通常为一般视图，俯视图和左视图的类型通常为投影视图。常规视图通常是在一个新的工程图页面中添加的第一个视图，是最容易变动的视图，可以根据设置对其进行缩放和旋转。

单击【布局】选项卡【模型视图】组中的【绘图模型】按钮，弹出【绘图模型】菜单管理器，如图 9-10 所示，选择【添加模型】命令，打开需要创建工程图的零件模型，此时【绘图模型】菜单管理器变为如图 9-11 所示。

单击【布局】选项卡【模型视图】组中的【普通视图】按钮，弹出【选择组合状态】对话框，选择【组合状态名称】，如图 9-12 所示，单击【确定】按钮。在工程图页面中的合适位置单击，即视图放置位置单击，系统打开如图 9-13 所示的【绘图视图】对话框。

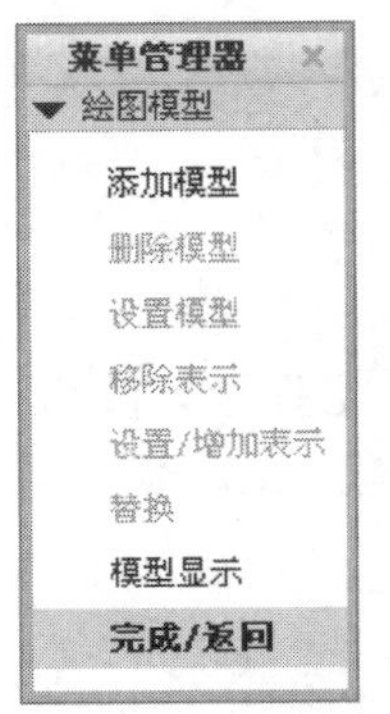

图 9-10 【绘图模型】菜单管理器

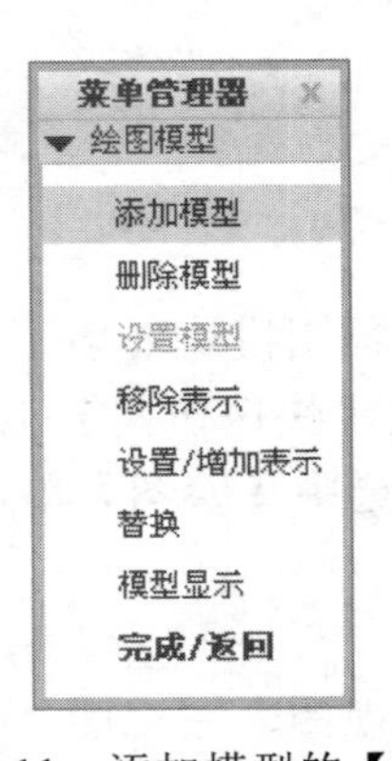

图 9-11 添加模型的【绘图模型】菜单管理器

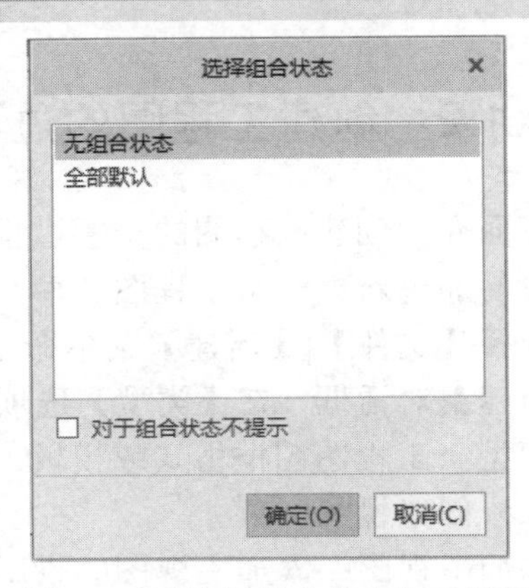

图 9-12 【选择组合状态】对话框

（1）设置【视图类型】选项

在【视图类型】选项卡中，需要设置的选项如图 9-13 所示。

在【类型】下拉列表框中可以选择视图类型，如果在页面中没有视图，则不能选择视图类型，只能为一般视图。

在【视图方向】选项组包括下面几个选项。

- 【查看来自模型的名称】：在【模型视图名】列表框中列出了在模型中保存的各个定向视图名称；在【默认方向】下拉列表框中可以选择设置方向的方式。
- 【几何参考】：使用来自绘图中预览模型的几何参考进行定向。系统给出两个参考选项。
- 【角度】：使用选定参考的角度或定制角度进行定向，如图 9-14 所示，在【参考角度】列表框中列出了用于定向的参考。

图 9-13 【绘图视图】对话框

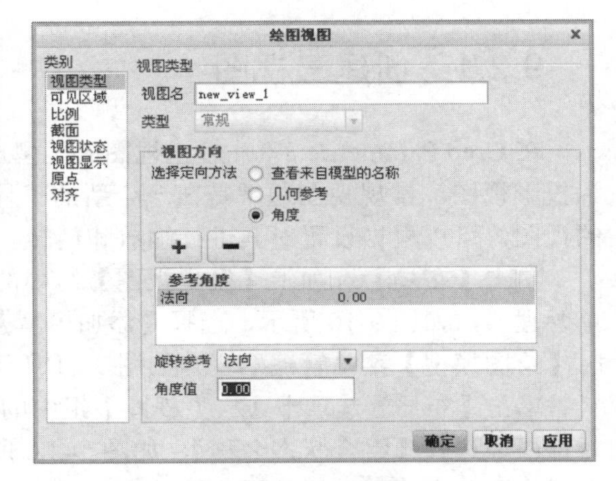

图 9-14 选择【角度】选项

在【旋转参考】下拉列表框中提供了几种旋转参照方式。

- 【法向】：绕通过视图原点并和绘图页面的法线有一定角度的轴旋转模型。
- 【竖直】：绕通过视图原点并垂直于绘图页面的轴旋转模型。
- 【水平】：绕通过视图原点并与绘图页面保持水平的轴旋转模型。
- 【边/轴】：绕通过视图原点并根据与绘图页面成指定角度的轴旋转模型。

（2）设置比例

在【比例】选项卡中需要设置的选项如图 9-15 所示。

在设置比例和透视图选项时，可选择下面 3 个选项。

- 【页面的默认比例】：系统默认的比例一般为 1，也就是与模型的实际尺寸相等。
- 【自定义比例】：指自定义比例，输入的比例值大于 1 表示放大视图；输入的比例值小于 1 表示缩小视图。
- 【透视图】：在机械制图中很少用到，在此不做介绍。

当创建详图视图或常规视图时，可以指定一个独立的比例值，该比例值仅控制该视图及其相关的子视图。

（3）设置视图显示

在【视图显示】选项卡中需要设置的选项如图 9-16 所示。

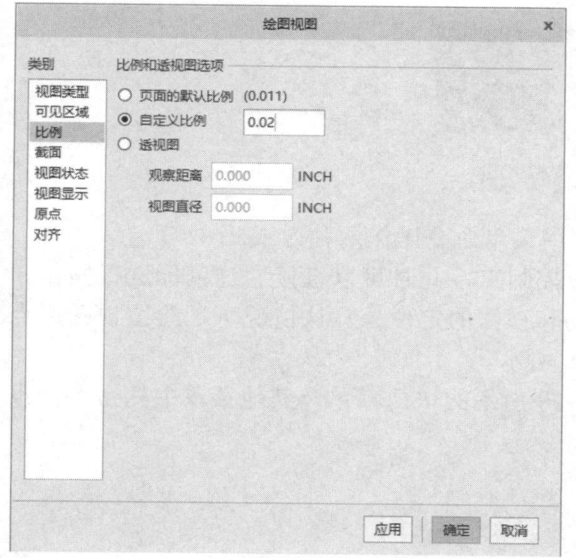

图 9-15 【比例】选项卡

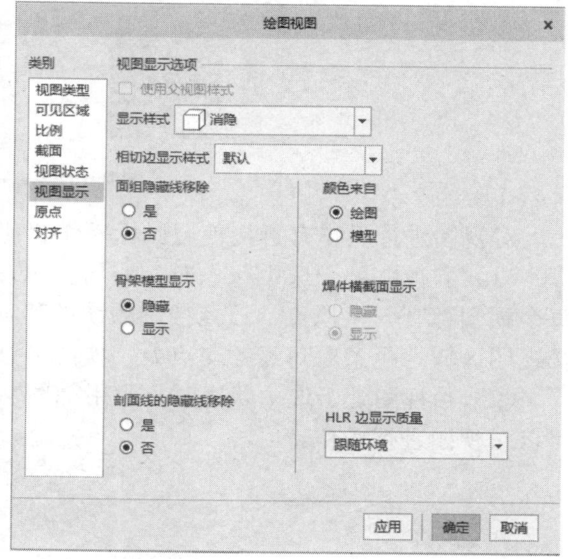

图 9-16 【视图显示】选项卡

控制视图显示包括控制隐藏线、骨架模型的显示以及模型几何的颜色等。

使用隐藏线和骨架模型显示。隐藏线和骨架模型的显示可在工程图设置文件中进行初始设置，也可在单个视图中或在工程图中通过环境显示设置进行控制。其首选方法是手动设置单个视图的显示，这将允许用户覆盖环境显示设置，这些环境显示的设置在每次打开工程图时可能是不同的。

模型几何的颜色。在工程图中，用户可在指定的工程图颜色和原始模型中所使用的颜色之间切换，以设置所选视图的颜色显示。由于只需执行一个命令即可在工程图中重新使用模型颜色，因此可以节约时间。

完成设置后，单击【确定】按钮，可以完成主视图的创建。

（4）制作投影视图

投影视图是父视图沿水平或垂直方向的正交投影。投影视图放置在投影通道中，位于父视图的上方、下方或位于其左边、右边。因为没有父视图就没有所谓的投影视图，所以只有当创建一般视图后，才能创建投影视图。

单击【布局】选项卡【模型视图】组中的【投影视图】按钮，在主视图的下方单击，可以完成俯视图的制作。单击【布局】选项卡【模型视图】组中的【投影视图】按钮，在主视图的右方单击，可以完成左视图的制作。

9.2.2 视图的操作

在工程图中创建视图后，可随时对其进行下面的操作：改变位置、方向和视图的原点，删除视图，修改视图，修改视图比例，修改视图边界、标准和参考点等。

对视图进行操作时，首先必须选中视图，然后才能进行操作。

如图 9-17 所示，从左至右依次是一个视图在未选中和选中两个状态的变化。

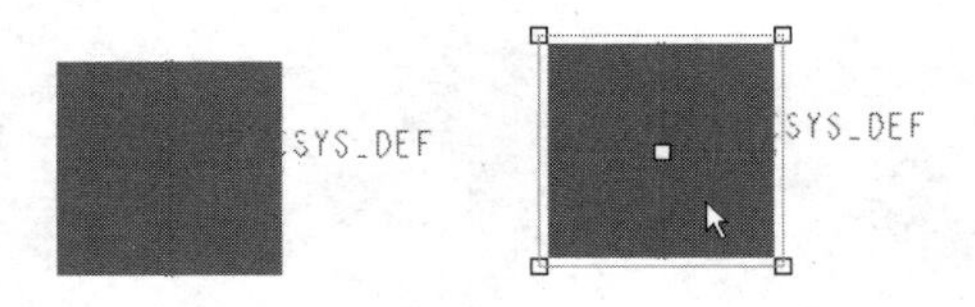

图 9-17 视图的状态显示

对视图进行操作有直接使用鼠标操作和使用菜单命令操作两种方式。

（1）当视图处于选中状态时，四周会出现控制点，此时可以直接通过鼠标进行操作。每个视图都有一个原点，该点控制系统的移动和视图的定位。默认情况下，绘图视图原点在视图区域内两条对角线的交点处，如图 9-18 所示。

（2）当视图处于选中状态时，利用如图 9-19 所示的快捷菜单及其他菜单中的命令，也可以对视图进行操作。

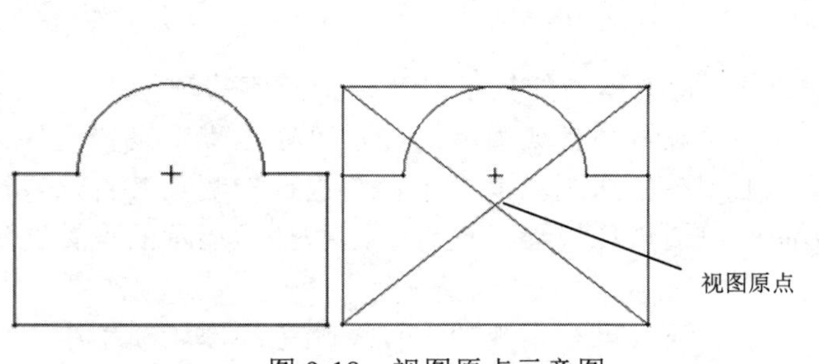

图 9-18 视图原点示意图

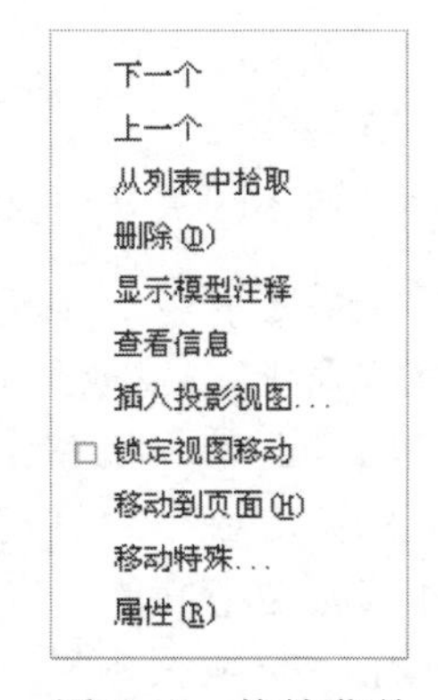

图 9-19 快捷菜单

9.2.3 创建全剖视图

创建剖视图与创建投影视图的方法相同，也需要先创建一般视图，当一般视图创建完毕后，再利用它创建剖视图。

机械制图中的剖视图有多种形式，如全剖视图、半剖视图、局部剖视图等。在【绘图视图】对话框中切换到【截面】选项卡，可以创建不同类型的剖视图。

在【截面】选项卡中需要设置的选项如图 9-20 所示。

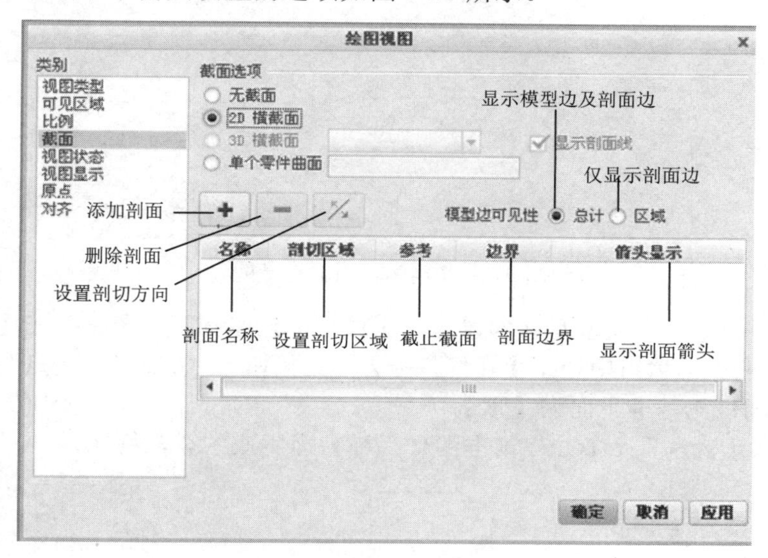

图 9-20 【截面】选项卡

（1）在【截面选项】选项组中系统默认为选中【无截面】单选按钮。

（2）选中【2D 横截面】单选按钮后可以自定义剖面，各选项如图 9-20 所示。

单击【添加剖面】按钮[+]，系统将弹出如图 9-21 所示的【横截面创建】菜单管理器，在其中可设置剖面特征。

设置完成后选择【完成】命令，系统提示输入剖截面的名称，输入名称后，按 Enter 键确定。

系统出现如图 9-22 所示的【设置平面】菜单管理器，用于选取或创建剖面。

图 9-21 【横截面创建】菜单

图 9-22 【设置平面】菜单

完成后，【绘图视图】对话框如图 9-23 所示，单击【确定】按钮即可完成全剖视图的创建。

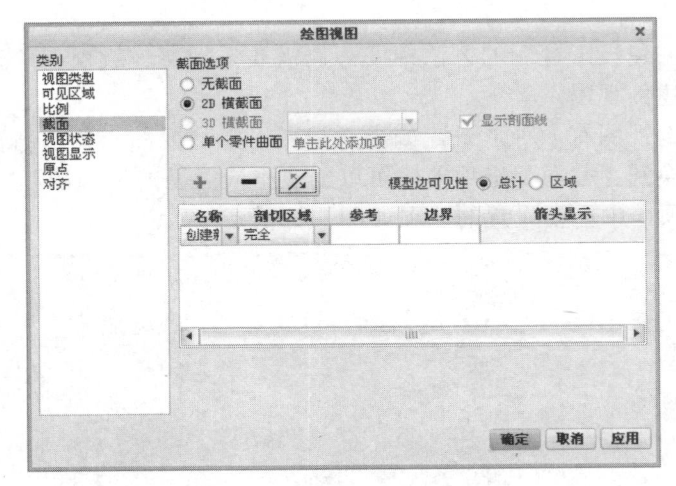

图 9-23 【绘图视图】对话框

如图 9-24 所示为一个模型及其创建的一般视图，创建一般视图时，在【视图类型】选项卡的【视图方向】选项组中选中【几何参考】单选按钮，然后选择“TOP”基准面为【前面】，选择“RIGHT”基准平面为【顶】。

如图 9-25 所示为选取“TOP”基准面作为横截面生成的全剖视图。

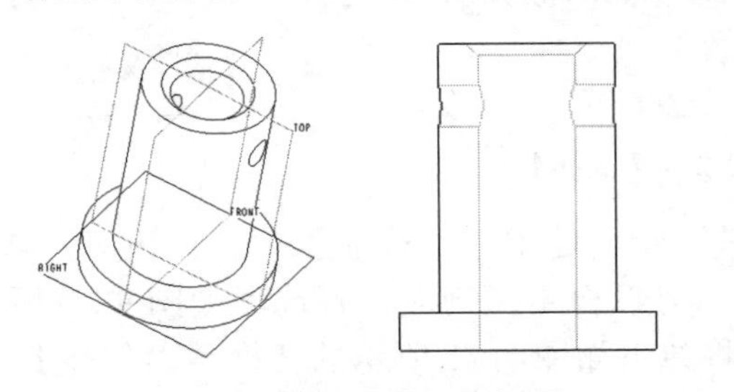

图 9-24 模型及其一般视图

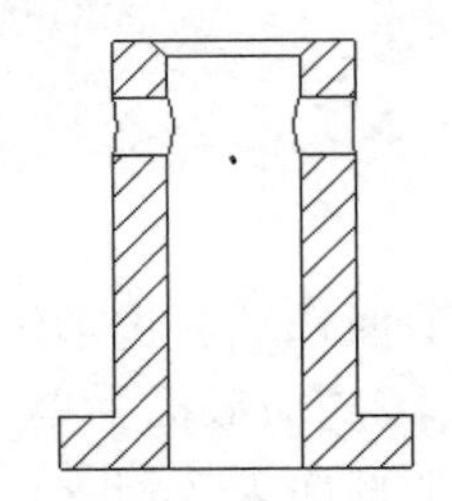

图 9-25 全剖视图

（3）选中【3D 横截面】单选按钮，表示选择设计模型时所创建的剖面视图。

9.2.4 创建半剖视图

在全剖视图的基础上，通过设置剖切区域可以创建半剖视图。

在【绘图视图】对话框的【截面】选项卡中，如果在【剖切区域】下拉列表框中选择【一半】，系统提示“为半截面创建选取参考平面”，选取对应的参考面后，在页面的一般视图上将显示一个箭头，系统提示“拾取侧”，即定义剖开方向，在需要的一侧单击即可。此时【绘图视图】对话框中的相应设置如图 9-26 所示，单击【确定】按钮即可完成半剖视图的创建。

如图 9-27 所示为选取“FRONT”基准面作为剖切横截面，并且剖开方向在右侧时所生成的半剖视图。

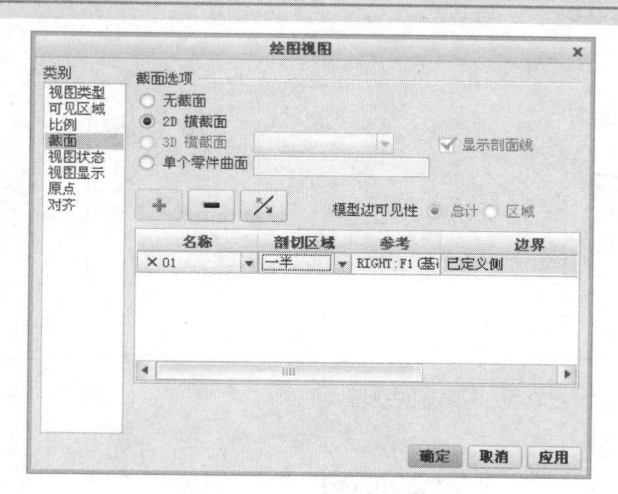

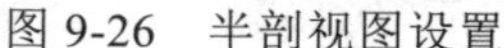
图 9-26　半剖视图设置

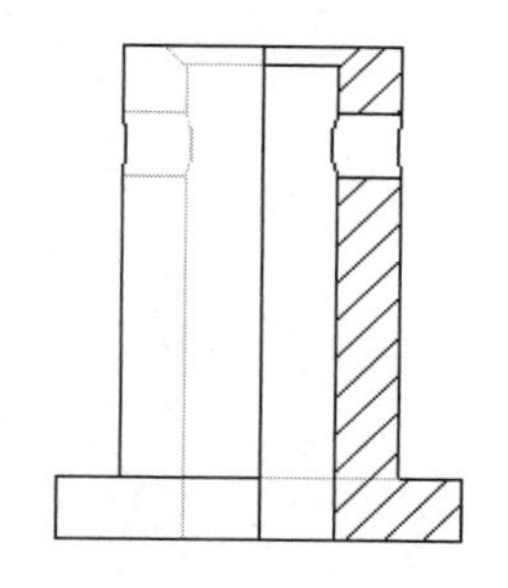
图 9-27　半剖视图

9.2.5　创建局部剖视图

在全剖视图的基础上，通过设置可以创建局部剖视图。

在【绘图视图】对话框中切换到【截面】选项卡，在【剖切区域】下拉列表框中选择【局部】选项，系统提示选取局部的中心点，选取对应的点后，以样条曲线方式绘制边界，绘制完成后单击鼠标中键，此时【绘图视图】对话框的相应设置如图 9-28 所示，单击【确定】按钮即可完成局部剖视图的创建。

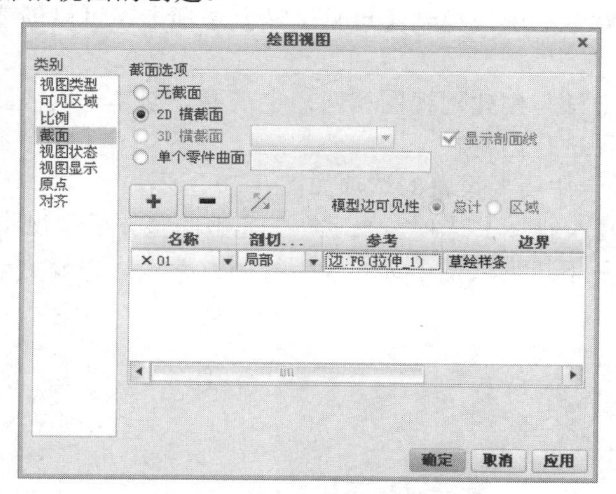

图 9-28　局部剖视图设置

如图 9-29 所示为选取局部区域中点、绘制局部边界曲线后所生成的局部剖视图。

注意：

在绘制局部区域边界曲线时，不能使用【草绘】选项卡中的【样条】按钮启动样条草绘，而应直接在页面中单击开始绘制。如果使用草绘工具按钮，则局部剖视图将被取消，只能绘制样条曲线图元。

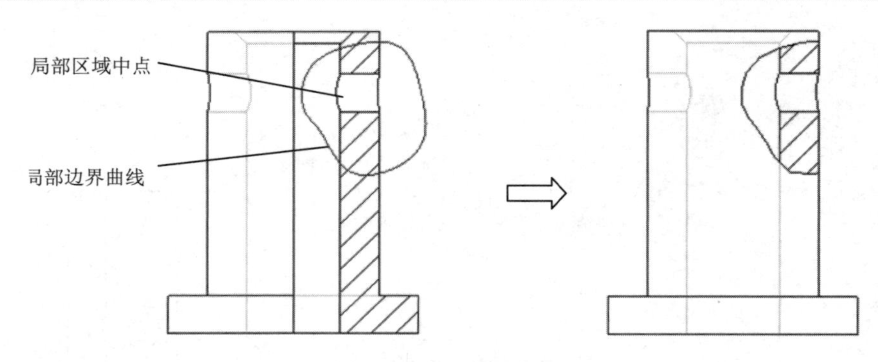

图 9-29　局部剖视图

9.3　特殊视图

特殊视图主要包括制作半视图、破断视图以及局部视图，本章除了介绍这几种视图的创建方法，还会介绍旋转视图、辅助视图等的创建方法。

9.3.1　创建半视图

与全视图不同，半视图、局部视图或破断视图会隐藏一部分视图。半视图在机械制图中通常用于表达具有对称结构的模型，属于简化画法。

在【绘图视图】对话框中切换到【可见区域】选项卡，可以创建全视图、半视图、局部视图和破断视图。

这些视图的创建方法与创建剖视图相同，也需要先创建一般视图，当一般视图创建完毕后，再利用一般视图进行创建。

【可见区域】选项卡中需要设置的选项如图 9-30 所示。

系统默认为选择【全视图】选项，表示产生完整的整体模型视图。

在【视图可见性】下拉列表框中选择【半视图】选项，将显示一半视图，此时各选项如图 9-31 所示。

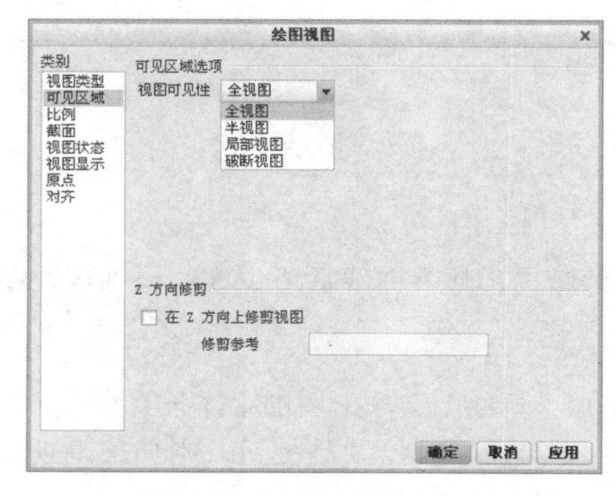

图 9-30 【可见区域】选项卡

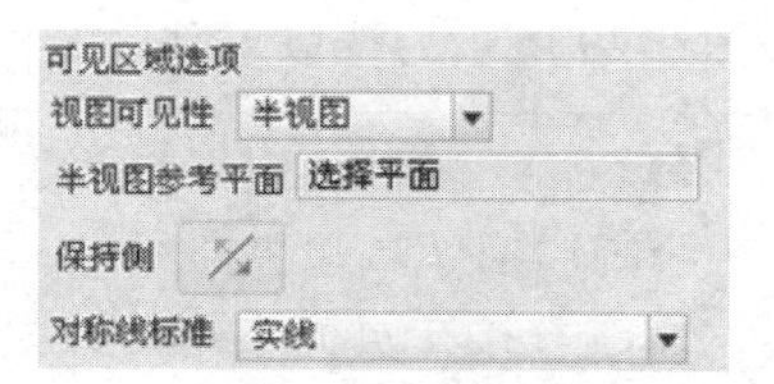

图 9-31 【半视图】设置选项

如图 9-32 所示为一个模型及其创建的一般视图，创建一般视图时在【视图类型】选项卡的【视图方向】选项组中选中【几何参考】单选按钮，然后选择“TOP”基准面为【前面】，选择“RIGHT”基准平面为【顶】。

如图 9-33 所示为选取“FRONT”基准面作为对称面，并保留上面部分所生成的半视图。

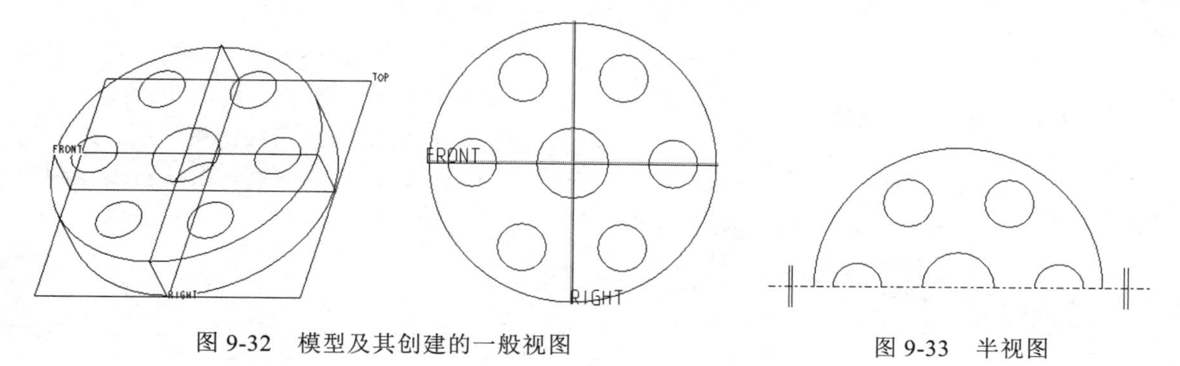

图 9-32　模型及其创建的一般视图　　　　图 9-33　半视图

9.3.2　创建局部视图

半视图、局部视图或破断视图会隐藏一部分视图，每一种类型使用不同的方法来确定要显示或隐藏的部分，可单独使用这些命令或在必要时以组合方式使用。

当创建局部视图时，可切换到【绘图视图】对话框的【可见区域】选项卡，然后在【视图可见性】下拉列表框中选择【局部视图】选项，这种视图用于表达模型的某一局部，各选项如图 9-34 所示。

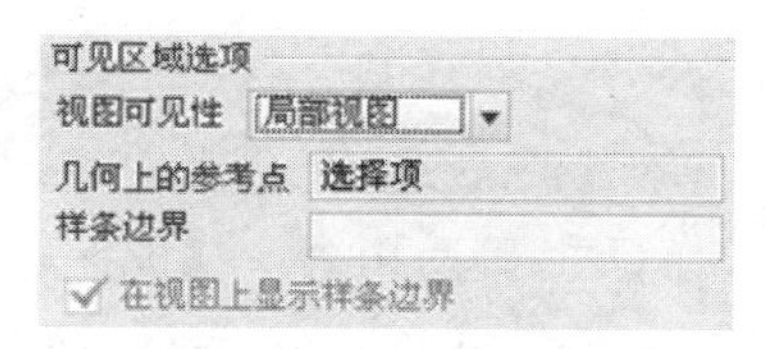

图 9-34 【局部视图】设置选项

如图 9-35 所示为选取局部区域中点、绘制局部边界曲线后，所生成的局部视图。

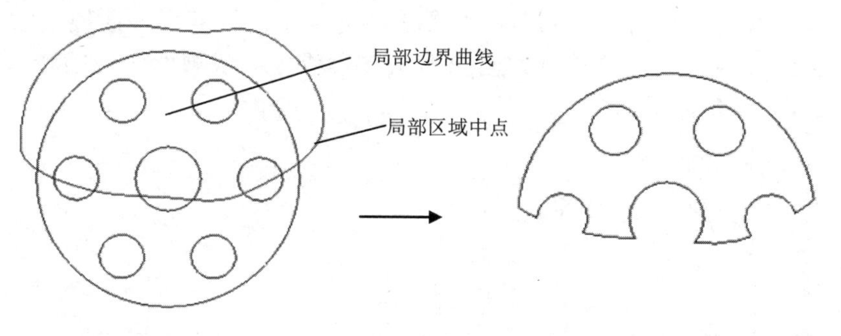

图 9-35　局部视图

9.3.3　创建破断视图

破断视图是指移除两选定点或多个选定点间的部分模型，并将剩余的两部分合拢在一个指定距离内。可进行水平、垂直，或同时进行水平和垂直打断，并使用打断的各种图形

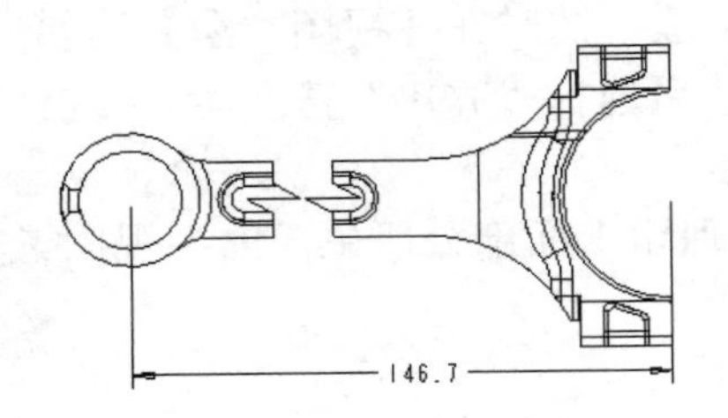

图 9-36　破断视图示意图

边界样式。图 9-36 即为破断视图的示意图。

在创建破断视图时，可切换到【绘图视图】对话框的【可见区域】选项卡，然后在【视图可见性】下拉列表框中选择【破断视图】选项，这种视图常用于轴、连杆等较长的模型，可断开后缩短绘制，各选项如图 9-37 所示。

单击【添加断点】按钮，系统提示“绘制一条水平或竖直的破断线”，在页面中单击一条水平线，开始绘制第一条垂直破断线，在适当位置单击鼠标左键结束绘制，绘制后系统提示“拾取一个点定义第二条破断线”，在第一条破断线旁单击一点，系统自动绘制两条破断线。此时工作界面内视图的显示如图 9-38 所示。

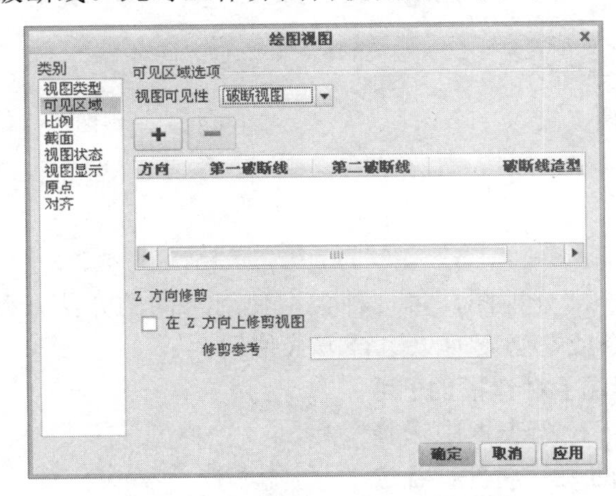

图 9-37　【破断视图】设置选项

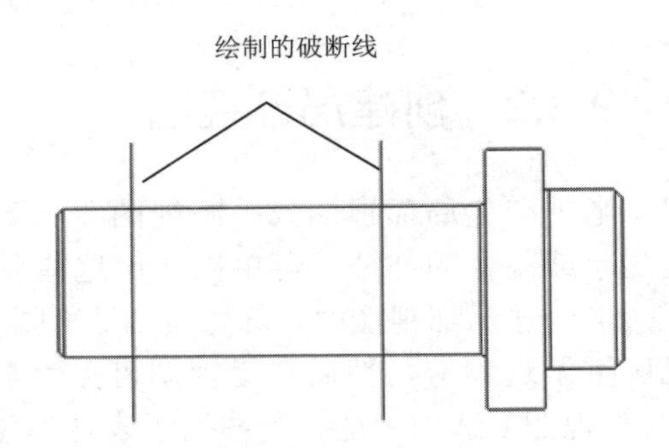

图 9-38　视图显示状态

在机械制图中，破断线一般为样条曲线，所以需要改变破断线的线体。在【绘图视图】对话框的【破断线造型】下拉列表框中选择【草绘】选项后，可以在绘图区中绘制一条通过断点的样条曲线，系统自动将两条破断线更新为两条同样的样条曲线，如图 9-39 所示。

破断视图通常用于表达沿长度方向上形状一致或按一定规律变化的较长的模型，属于简化画法，如图 9-40 所示。

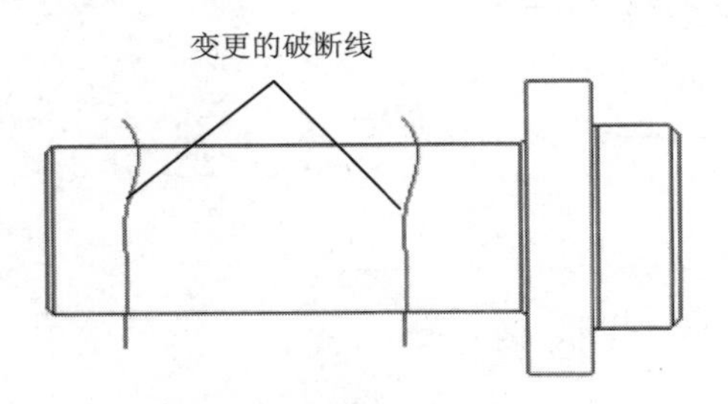

图 9-39　更新破断线样式后的显示

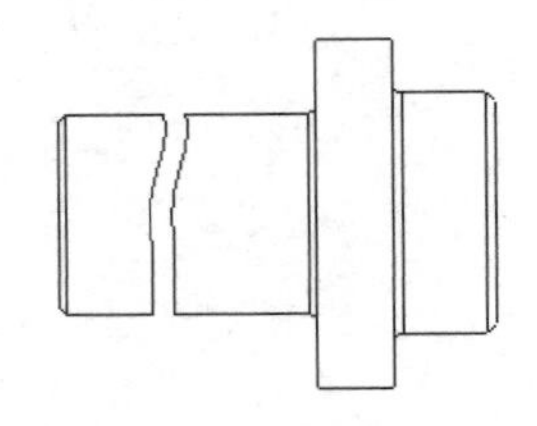

图 9-40　破断视图

9.3.4　创建旋转视图

旋转视图是现有视图的一个剖面，它绕切割平面投影旋转 90 度。将在 3D 模型中创建

的剖面用作切割平面，或者在放置视图时即时创建一个剖面，如图 9-41 所示。旋转视图和剖视图的不同之处在于它包括一条标记视图旋转轴的线。

创建旋转视图的一般过程如下。

（1）单击【布局】选项卡【模型视图】组中的【旋转视图】按钮。系统提示“选择旋转界面的父视图”，即旋转视图的父视图，选取一个视图，该视图将加亮显示。

（2）在绘图区单击鼠标确定一个位置，以显示旋转视图。系统打开如图 9-42 所示的【绘图视图】对话框，在其中可以修改视图名称，但不能修改视图类型。

（3）在【横截面】下拉列表框中可以选取一个已经创建的剖面或创建一个新的剖面。

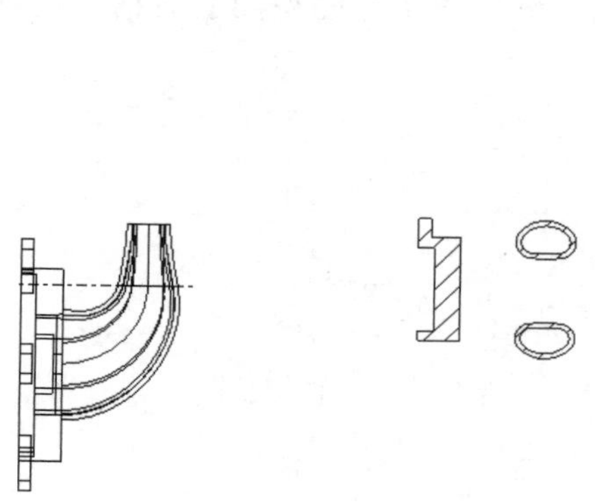
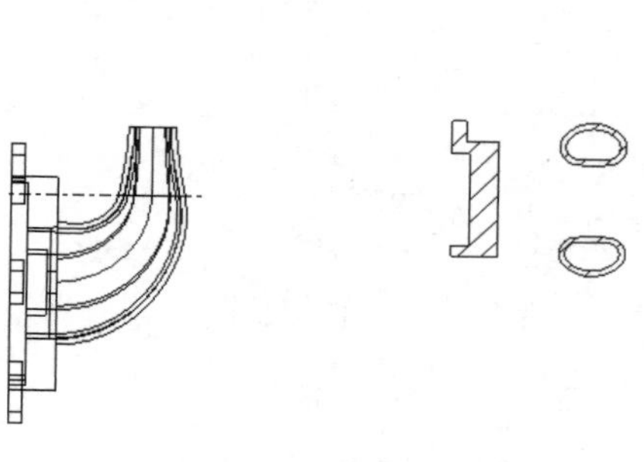

图 9-41　旋转视图示例

图 9-42　【绘图视图】对话框

（4）完成剖截面的创建后，系统提示选取对称轴或基准，以对其参照放置旋转视图。如要撤消操作时，一般使用中键取消即可。

（5）在【绘图视图】对话框中单击【确定】按钮，生成旋转视图。

（6）在【绘图视图】对话框中进行其他相应设置，然后单击【确定】按钮即可完成旋转视图的创建。

9.3.5　创建辅助视图

辅助视图通常用于表达模型中的倾斜部分，是将倾斜部分以垂直角度向选定曲面或轴进行投影后生成的视图，是一种投影视图。选定曲面的方向确定投影通道，父视图中的参照必须垂直于屏幕平面。

创建辅助视图的一般过程如下。

（1）单击【布局】选项卡【模型视图】组中的【辅助】按钮。系统提示“在主视图上选择穿过前侧曲面的轴作为基准曲面的前侧曲面的基准平面”，在要创建辅助视图的父视图中选取倾斜部分的边、轴、基准平面或曲面。

（2）此时父视图投影通道方向出现代表辅助视图的方框，在绘图区单击鼠标确定一个位置，以显示辅助视图。

（3）如果需要修改辅助视图的属性，可双击辅助视图打开【绘图视图】对话框进行修改。

9.3.6 创建详细视图

详细视图通常用于表达模型中局部的详细情况。创建详细视图的一般过程如下。

（1）单击【布局】选项卡【模型视图】组中的【详细视图】按钮。系统提示“在一现有视图上选择要查看细节的中心点”，单击需要查看细节部分的中心点。

（2）系统提示“草绘样条，不相交其他样条，来定义一轮廓线”，直接在中心点附近绘制轮廓线，单击鼠标中键结束绘制。

（3）如图 9-43 所示为系统自动将轮廓线变为规则圆形，以表示详细视图区域。

（4）系统提示“选取绘制视图的中心点”，在绘图区单击鼠标确定一个位置，以显示详细视图。

（5）如果需要修改详细视图的属性，可双击详细视图打开【绘图视图】对话框进行修改，如图 9-44 所示为生成的详细视图。

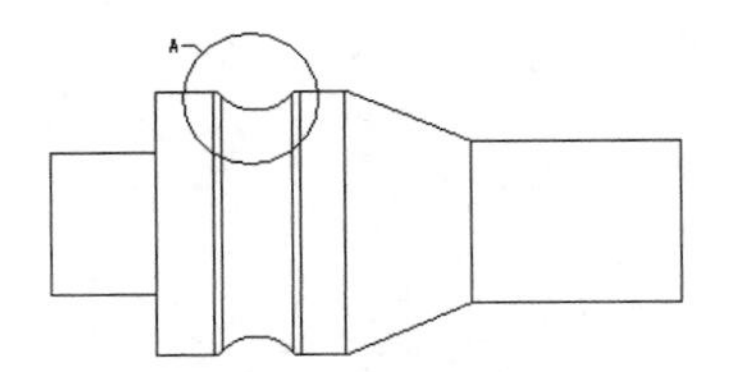

图 9-43　表示详细视图区域的圆形

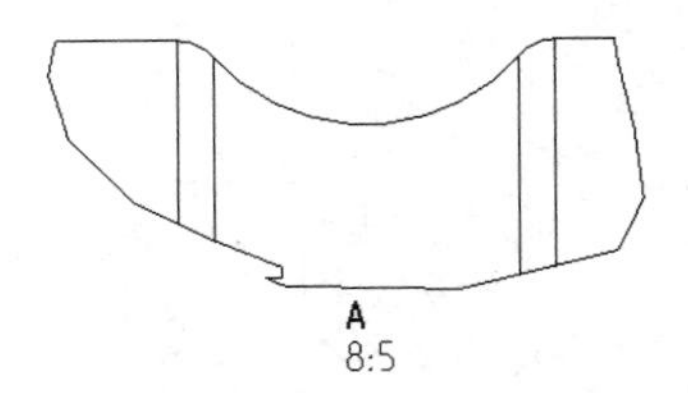

图 9-44　零件模型的详细视图

9.3.7 创建参考立体视图

Creo Parametric 8.0 工程图中为了更好地表达模型，可以在页面中插入模型的立体视图。创建立体视图的方法与创建一般视图的方法相同。

单击【布局】选项卡【模型视图】组中的【常规视图】按钮，在绘图区适当位置单击鼠标左键，打开如图 9-45 所示的【绘图视图】对话框。

选择【类别】为【视图类型】，在【视图方向】选项组的【模型视图名】列表框中选择【标准方向】或【默认方向】选项，其他根据需要进行设置，单击【确定】按钮即可完成立体视图的创建。如图 9-46 所示为生成的立体视图。

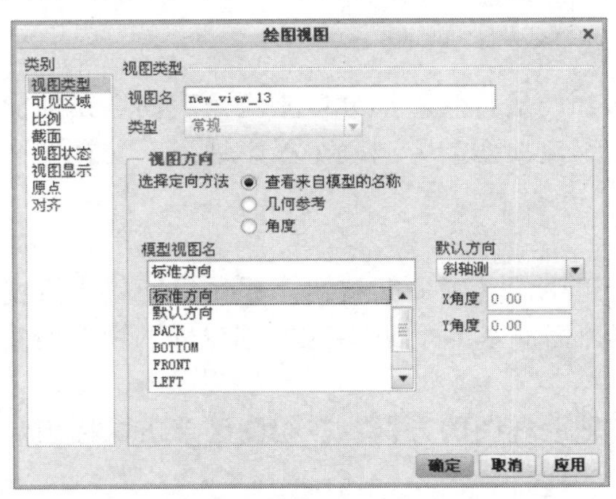

图 9-45　【绘图视图】对话框的设置

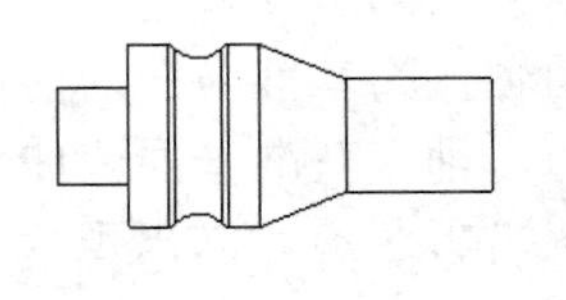

图 9-46　零件模型的立体视图

9.4　尺寸、标注和注释

页面中的视图只能表达模型的形状，模型各部分的真实大小及准确相对位置则需要靠尺寸和标注来确定。在讲解尺寸之前，首先要说明的是，为减少重复性工作，应在详细绘图时显示零件和组件的尺寸。标注是在工程图中加入作为支持信息的文本，工程图标注有文本和符号，读者也可以将参数化的信息包括在标注中，在 Creo Parametric 8.0 系统更新时包含在标注中的参数化信息，也同时更新以反映所有改变。

9.4.1　显示尺寸

在创建尺寸之前，为避免重复性工作并保持关联性，应先显示零件模式或组件模式中创建的尺寸和其他详图项目。

要显示尺寸，可以按照以下两种方式来进行。

（1）使用模型树

通过模型树，可以显示零件模型中某个特征尺寸或组件中零件的尺寸。在模型树中选择需要显示尺寸的特征或模型，单击鼠标右键，在弹出的快捷菜单中选择【显示模型注释】命令，如图 9-47 所示，在工作区即显示如图 9-48 所示的特征尺寸的视图。

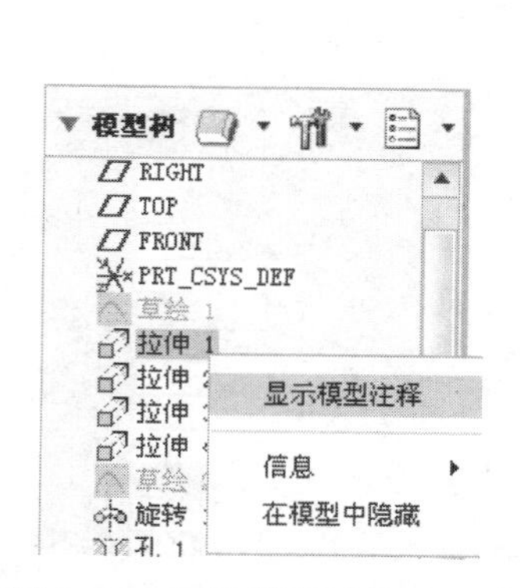

图 9-47　使用模型树显示尺寸

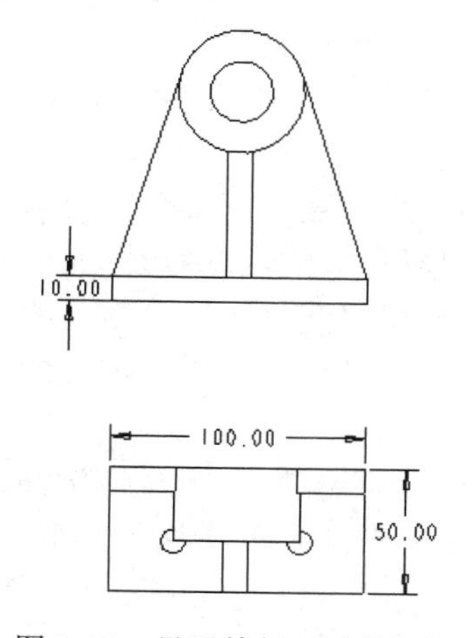

图 9-48　显示特征尺寸的视图

（2）使用【显示模型注释】对话框

虽然模型树提供了一种快速简便的显示特征和零件尺寸的方法，但【显示模型注释】对话框中提供了更多选项和控制方式。

单击【注释】选项卡【注释】组中的【显示模型注释】按钮，可以打开如图 9-49 所示的【显示模型注释】对话框。在【显示模型注释】对话框中，有 6 个选项卡，可以打开其中之一，在【显示】栏启用要显示的尺寸，以显示或拭除视图中的尺寸。用户可以在显示窗口预览绘图中的详图尺寸，并决定是否显示。在其中可设置显示所有尺寸、拭除全部尺寸以及显示或拭除单个尺寸。

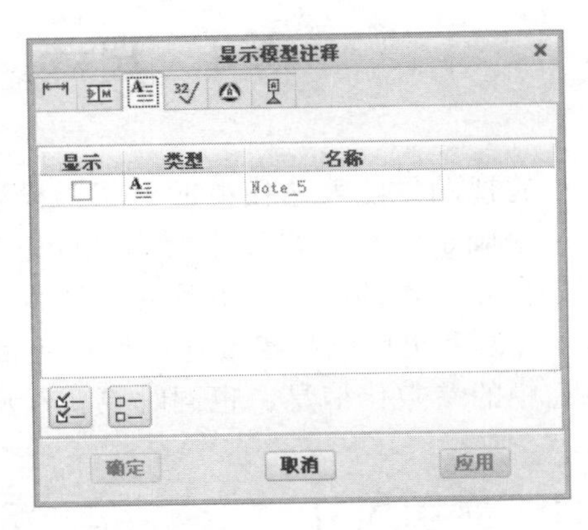

图 9-49 【显示模型注释】对话框

9.4.2 创建尺寸

由于有时需要定位图形或为方便查看图形而需要标注尺寸，但这个期望的尺寸可能并不存在于模型的零件图中，在这种情况下，读者可在工程图上直接创建尺寸，通过在工程图上创建尺寸，不必改动模型的设计即可达到所需的工程图外观。

如果正在创建的多个尺寸参考几何的同一部分，可使用公共参考选项以减少鼠标的拾取。系统使用第一尺寸的第一参考作为所创建的所有尺寸的第一标注参考。

（1）创建尺寸的连接类型

在绘图模式中创建尺寸时，除了在 3D 模式草绘中可用的连接类型，还有以下更多的连接类型。

【中点】：将导引线连接到某个图元的中点上。

【中心】：将导引线连接到圆形图元的中心。

【求交】：将导引线连接到两个图元的交点上。

【做线】：制作一条用于导引线连接的线。

（2）创建尺寸的操作方法

创建尺寸时，可以按照如下操作步骤进行。

① 单击【注释】选项卡【注释】组中的【尺寸】按钮。

② 选取一个参考后，选择将要添加的新参考的边界，如图 9-50 所示。选取一个或两个参考后，在合适的位置单击鼠标中键，放置新尺寸。

图 9-50 创建新尺寸

采用上述创建尺寸的方法，也可以在工程图上创建草绘图元的尺寸。

（3）参考尺寸

参考尺寸与尺寸类似，只是其外观不同且不显示公差。在零件中创建参考尺寸后，可使用【显示模型注释】对话框在视图上显示和隐藏尺寸。

9.4.3　创建标注

标注是工程图中作为支持信息的文本。工程图标注由文本和符号组成。

Creo Parametric 8.0 系统允许将参数化的信息包含在标注中，在系统更新时，包含在标注中的参数化信息也同时更新，以反映所有变化。在“&”符号后输入参数的符号名称，可以在工程图中增加模型、参考、驱动尺寸以及系统定义的参数（阵列中的案例数）等参数化信息。

（1）标注的符号释义

在 Creo Parametric 8.0 中创建标注时，尺寸和参数将自动转换成其符号形式。Creo Parametric 8.0 系统包括下列前面带有“&”符号的参数化信息，主要解释如下。

&todays_date：当前日期。

&model_name：模型名称。

&dwg_name：工程图名称。

&scale：工程图比例。

&type：模型类型（零件或组件）。

&format：格式尺寸。

&linear_tol_0_0 到&linear_tol_0_000000：从一位到六位小数的线性公差值。

&angular_tol_0_0 到&angular_tol_0_000000：从一位到六位小数的角度公差值。

¤t_sheet：当前页码。

&total_sheets：工程图中总页数。

&dtm_name：基准平面的名称。

（2）创建标注的操作

在创建标注时，可按照如下步骤操作。

单击【注释】选项卡【注释】组中的【注解】按钮，打开如图 9-51 所示的【选择点】对话框。

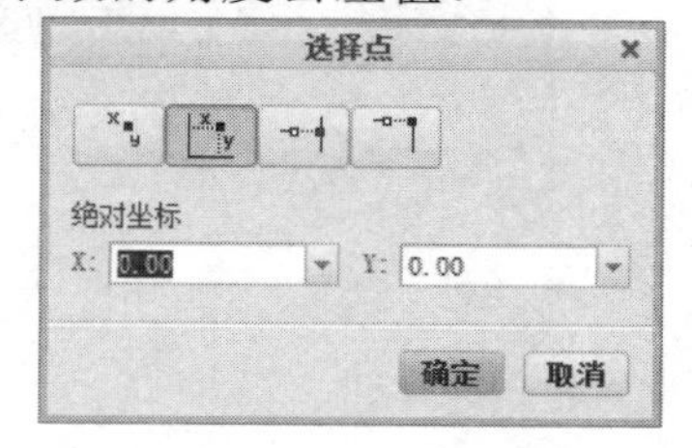

图 9-51　【选择点】对话框

选取标注位置后，系统会弹出如图 9-52 所示的【格式】选项卡，可以设置样式、文本和格式等参数，然后在文本框输入文本后，即可完成标注。

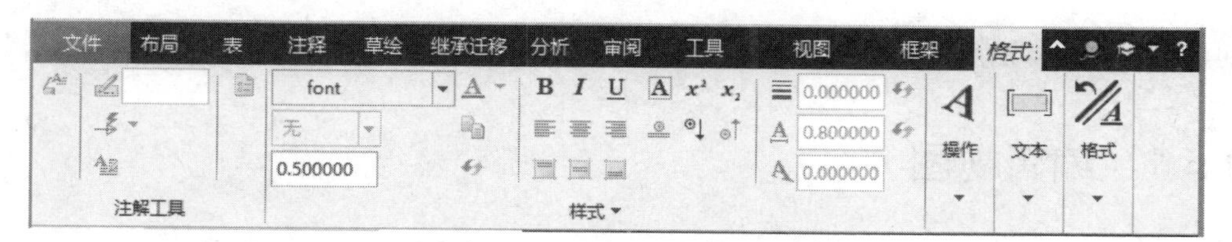

图 9-52　【格式】选项卡

9.4.4　创建注释

注释主要包括几何公差和表面粗糙度等，这里主要介绍几何公差的标注方法。

（1）几何公差的基本格式

在 Creo Parametric 8.0 工程图中，标注出的几何公差如图 9-53 所示。几何公差框格是长方形，里面被划分为若干小格，然后将几何公差的各项值依次填入。框格以细实线绘制，高度约为尺寸数值字高的两倍，宽度根据填入内容的多少而变化。

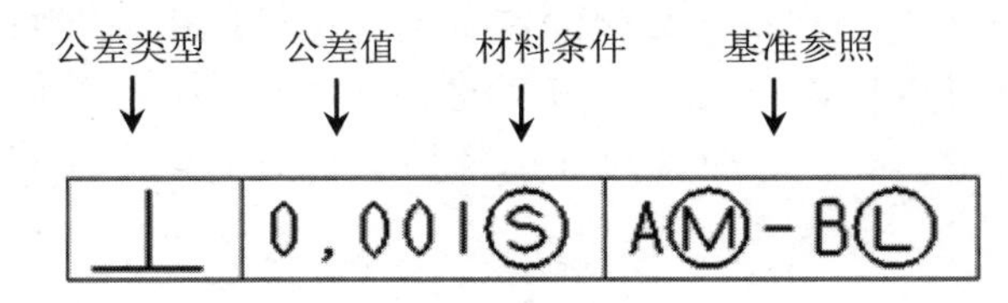

图 9-53　标注的几何公差

公差类型：填入表示几何公差类型的符号。

公差值：填入公差数值。

公差材料条件：填入材料条件，有 4 种可能的状态：最大材料（MMC）、最小材料（LMC）、有标志符号（RFS）以及无标记符号（RFS）。

基准参照：填入以字母表示的基准参照线或基准参照面。

（2）创建几何公差

单击【注释】选项卡【注释】组中的【几何公差】按钮，打开图 9-54 所示的【几何公差】选项卡，在此可以进行标注几何公差的创建和操作。

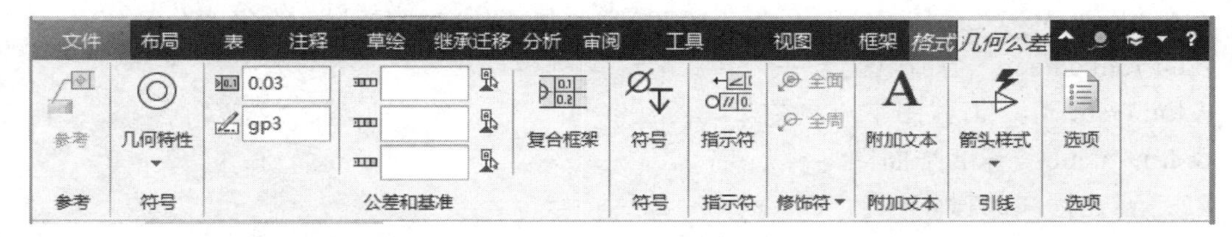

图 9-54　【几何公差】选项卡

9.5　编辑工程图

创建视图后，经常需要对视图进行各种编辑，以满足特定的设计要求。

9.5.1　编辑视图

Creo Parametric 8.0 编辑视图包括多个方面，下面介绍主要的操作方法。

（1）改变视图位置

在 Creo Parametric 8.0 中改变视图位置有以下两种方法。

方法一，选中要移动的视图后，按住鼠标左键不放进行拖动，在适当位置释放左键，即可改变视图位置。为防止意外移动视图，系统默认将其锁定在创建的位置，如果要在页面中自由移动视图，必须解除视图锁定，但视图的对齐关系不变。取消选择视图快捷菜单中的【锁定视图移动】选项；即可取消视图的锁定。

方法二，根据视图类型，可将视图与另一视图对齐。例如，可将详细视图与其父视图对齐，该视图将与父视图保持对齐，并像投影视图一样移动，直到取消对齐为止。选择如图 9-55 所示【绘图视图】对话框中的【对齐】选项进行相应设置。

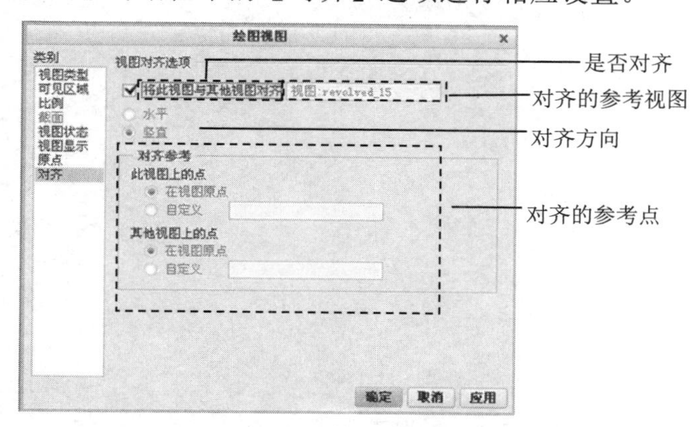

图 9-55　【对齐】选项

（2）视图显示操作

Creo Parametric 8.0 为创建的视图提供了各种显示设置，包括模型线型显示、相切边显示、中心线显示、比例设置等，视图显示相关设置可在【绘图视图】对话框中进行，该部分内容参见前面章节。

（3）删除视图

在执行删除操作时，选中要删除的视图，然后按 Delete 键，或者按住鼠标右键两秒，在弹出的快捷菜单中选择【删除】命令。

9.5.2　编辑尺寸

在 Creo Parametric 8.0 工程图中，系统产生的尺寸放置位置比较混乱，显示格式也往往不能满足设计要求，因此需要进行相应的编辑、修改，下面介绍主要的编辑方法。

选取需要编辑的尺寸并单击鼠标右键，在弹出的快捷菜单中选择【属性】命令，或者直接用鼠标双击要编辑的尺寸，可以打开如图 9-56 所示的【尺寸】选项卡，在其中可以编辑设置尺寸公差、尺寸格式及精度、尺寸类型、尺寸界线的显示等。

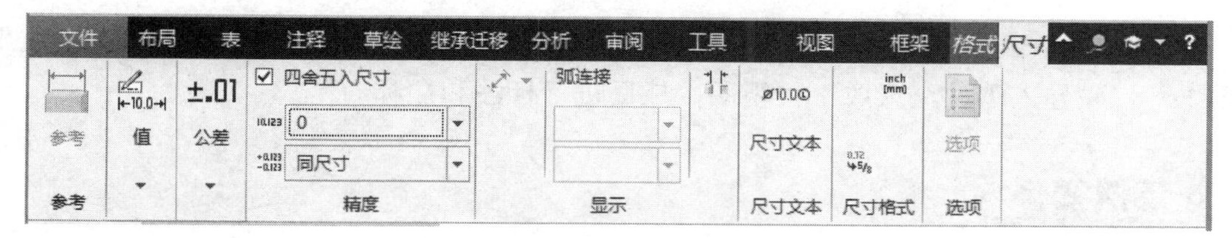

图 9-56　【尺寸】选项卡

其中的【尺寸文本】选项如图 9-57 所示，主要用于设置要显示的尺寸文本内容，可根据需要插入文本符号。

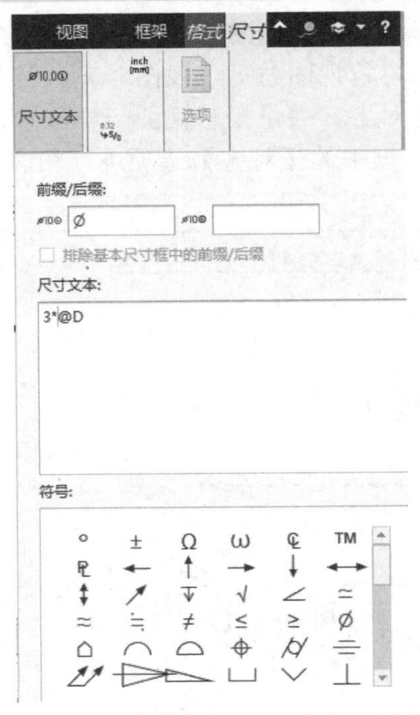

图 9-57 【尺寸文本】选项设置

9.6 设计范例

扫码看视频

9.6.1 绘制圆阀工程视图范例

本范例完成文件：范例文件/第 1 章/9-1 零件.prt、9-1.drw

多媒体教学路径：多媒体教学→第 9 章→9.6.1 范例

范例分析

本范例是制作一个圆阀的工程视图，主要是让读者熟悉工程视图的生成方法和实际应用操作，首先导入零件，形成工程视图，然后进行标注和注释。

范例操作

Step1 创建图纸文件

① 单击【新建】按钮打开【新建】对话框，选择【绘图】类型，如图 9-58 所示。

②设置文件名等参数，然后单击【确定】按钮创建图纸文件。

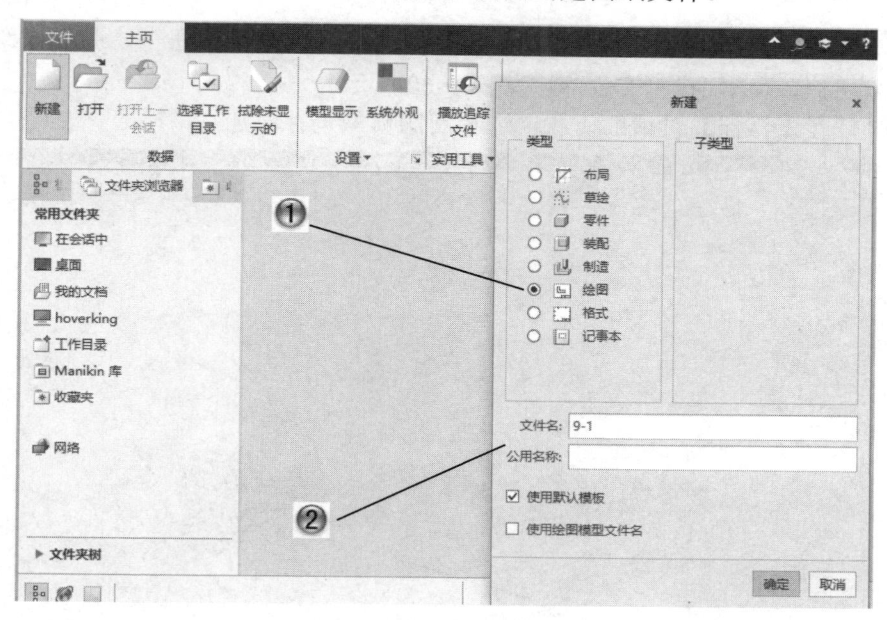

图 9-58　创建图纸文件

Step2 设置图纸属性

①此时打开【新建绘图】对话框，设置其中参数，如图 9-59 所示。
②单击【确定】按钮完成图纸属性设置。

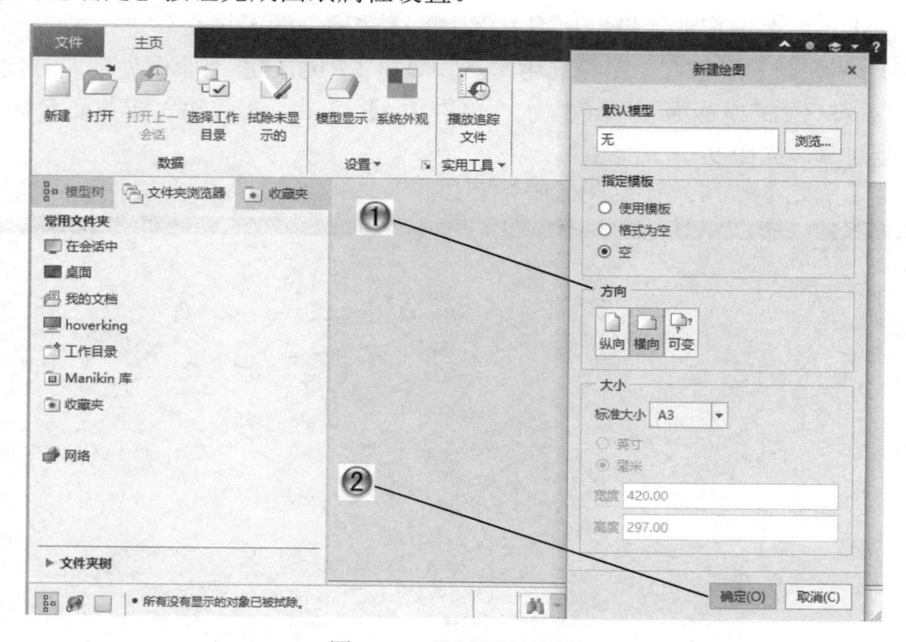

图 9-59　设置图纸属性

Step3 添加模型

①单击【布局】选项卡【模型视图】组中的【绘图模型】按钮，弹出【绘图模型】菜单管理器，选择【添加模型】命令，如图 9-60 所示。

②此时打开【打开】对话框，从中选择圆阀模型进行添加。

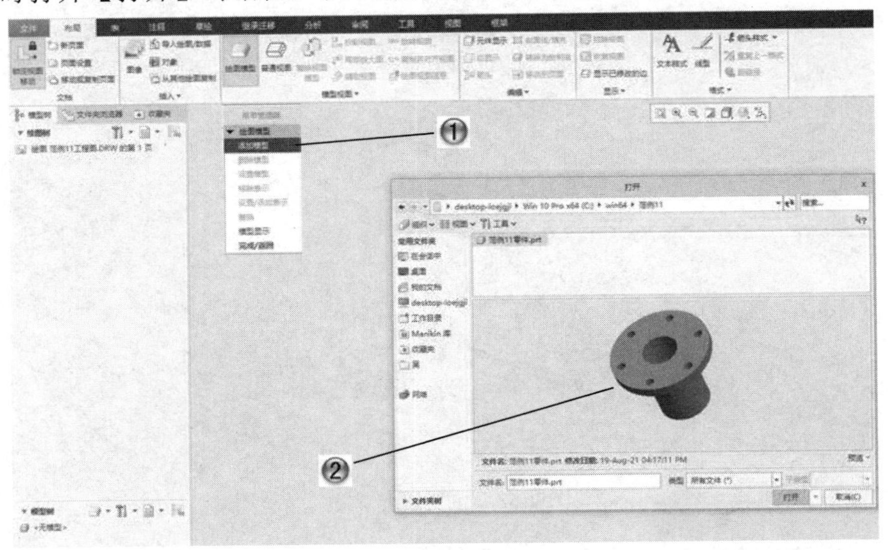

图 9-60　添加模型

Step4 生成主视图

①单击【布局】选项卡【模型视图】组中的【普通视图】按钮，在绘图区中单击左键，打开【绘图视图】对话框，设置其中参数，单击【RIGHT】平面作为视图方向，在【截面】选项中选择【2D 横截面】单选按钮，单击【+】按钮，然后输入横截面名称 A，选择 RIGHT 作为剖面，如图 9-61 所示。

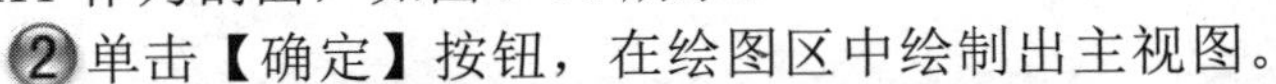

②单击【确定】按钮，在绘图区中绘制出主视图。

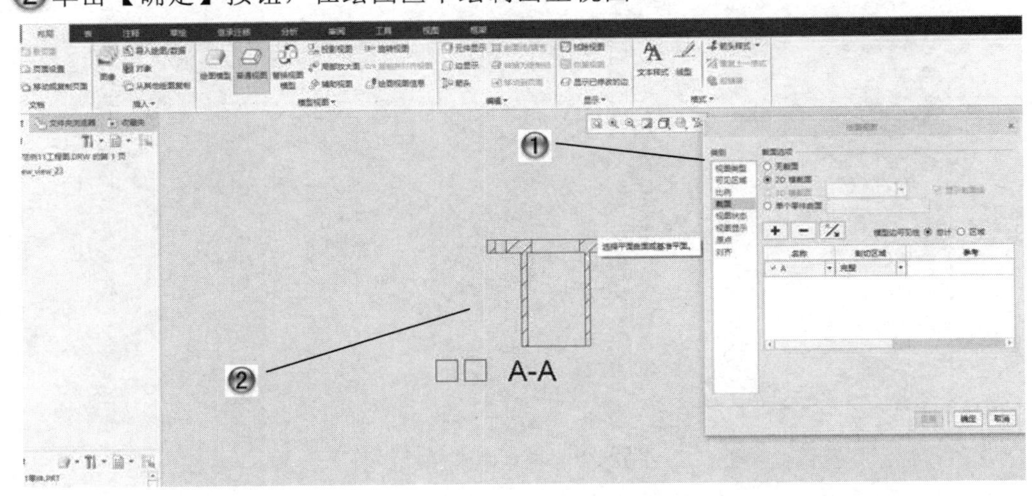

图 9-61　生成主视图

Step5 生成投影视图

①单击【布局】选项卡【模型视图】组中的【投影视图】按钮，选择主视图，鼠标朝下移动，如图 9-62 所示。

②单击鼠标中键绘制出俯视图，选择主视图，单击鼠标右键后选择【添加箭头】快捷菜单命令，选择俯视图添加箭头。

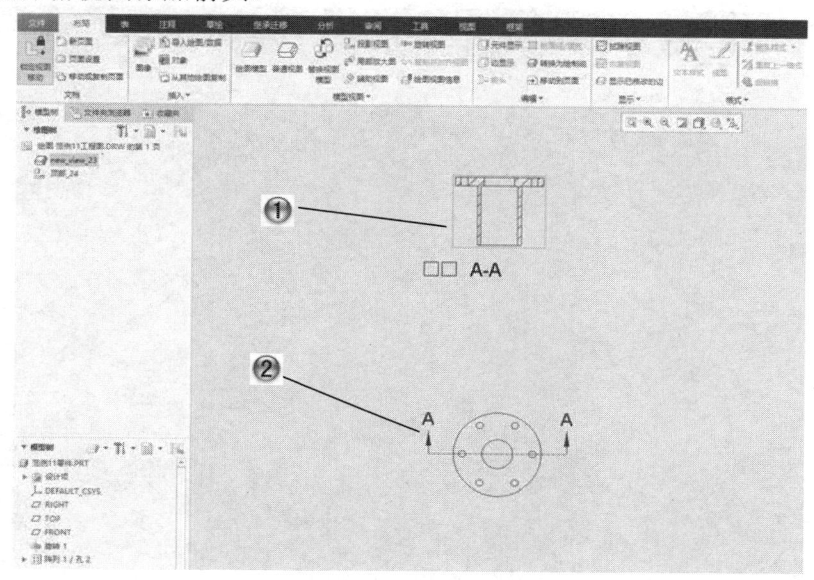

图 9-62　生成投影视图

Step6 标注尺寸

①单击【注释】选项卡【注释】组中的【显示模型注释】按钮，如图 9-63 所示，出现【显示模型注释】工具选项卡。

②单击绘图区中的主视图，显示所有尺寸与轴线。

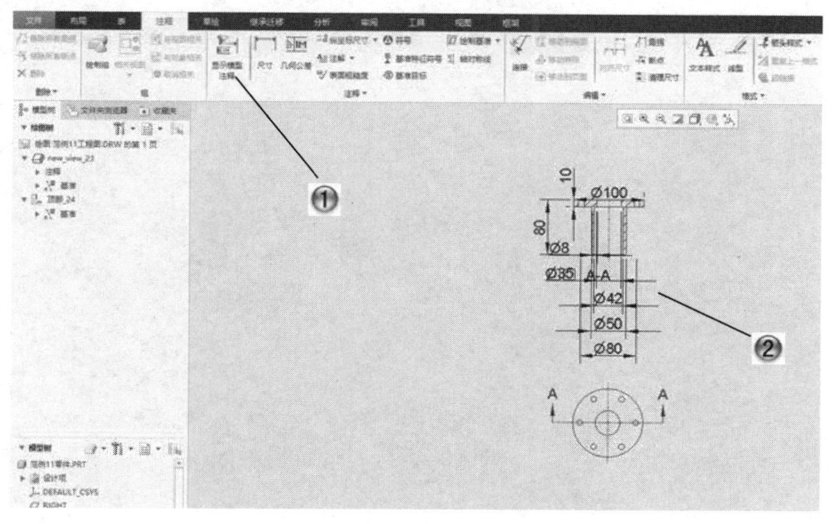

图 9-63　标注尺寸

Step7 调整尺寸

①调整尺寸位置。选择尺寸，单击右键，在快捷菜单中选择【移动到视图】命令，然后选择俯视图，尺寸就移动到俯视图上，如图 9-64 所示。

②删除一些不用的尺寸。选择$\phi8$ 的尺寸，单击右键，选择两次【反向箭头】快捷菜单命令进行调整。

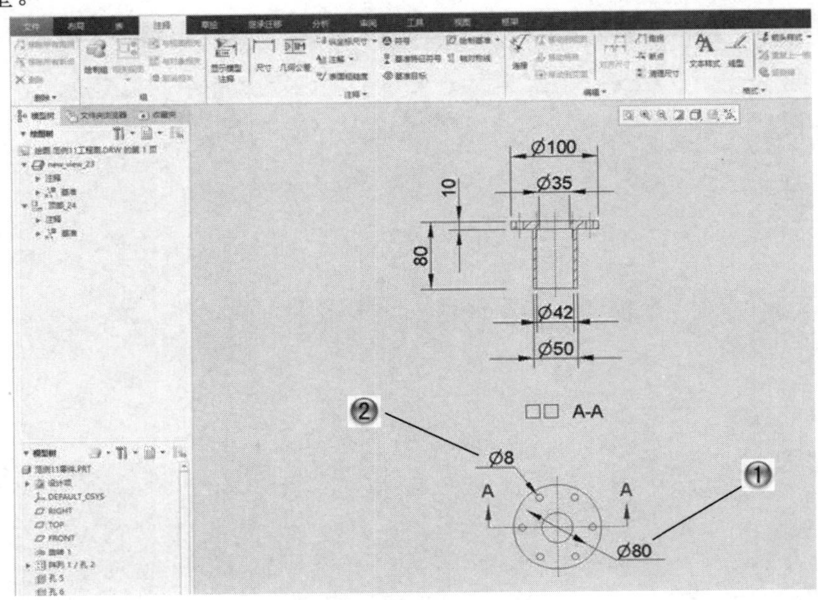

图 9-64　调整尺寸

Step8 绘制圆形轴线完成范例

①选择零件的轮廓圆边，绘制一个同心圆，如图 9-65 所示。

②单击【线型】按钮，在打开的【修改线型】对话框中，设置参数，【样式】选择【中心线】。至此这个工程视图范例制作完成。

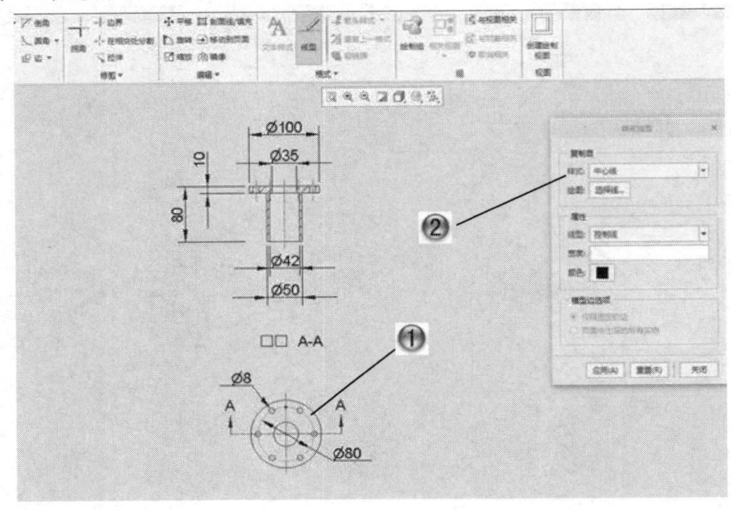

图 9-65　绘制圆形轴线

9.6.2　绘制铰链装配件工程图范例

本范例完成文件：范例文件/第 9 章/9-2.drw、铰链.asm、门侧板.prt、门框侧板.prt、轴.prt、绘图设置.dtl

多媒体教学路径：多媒体教学→第 9 章→9.6.2 范例

本范例是绘制一个铰链装配件的工程图，首先设置绘图参数，然后绘制图框，接着导入装配件，绘制工程视图和尺寸标注，从而最终完成工程图的绘制。

范例操作

扫码看视频

Step1 创建图纸文件

① 单击【新建】按钮打开【新建】对话框，选择【绘图】类型，如图 9-66 所示。
② 设置文件名等参数，然后单击【确定】按钮创建图纸文件。

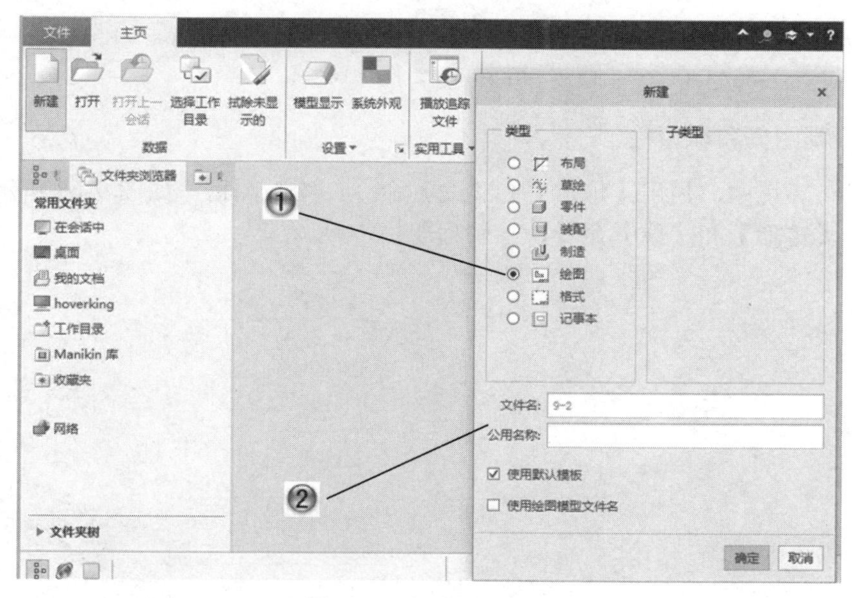

图 9-66　创建图纸文件

Step2 绘图设置

选择【文件】|【准备】|【绘图属性】菜单命令，打开【绘图属性】对话框后单击【更改】按钮，打开【选项】对话框，设置其中参数：text_height 值为 3，crossec_arrow_length

值为 3，dim_leader_length 值为 2，draw_arrow_length 值为 3，draw_arrow_width 值为 1，如图 9-67 所示，这样完成绘图设置。

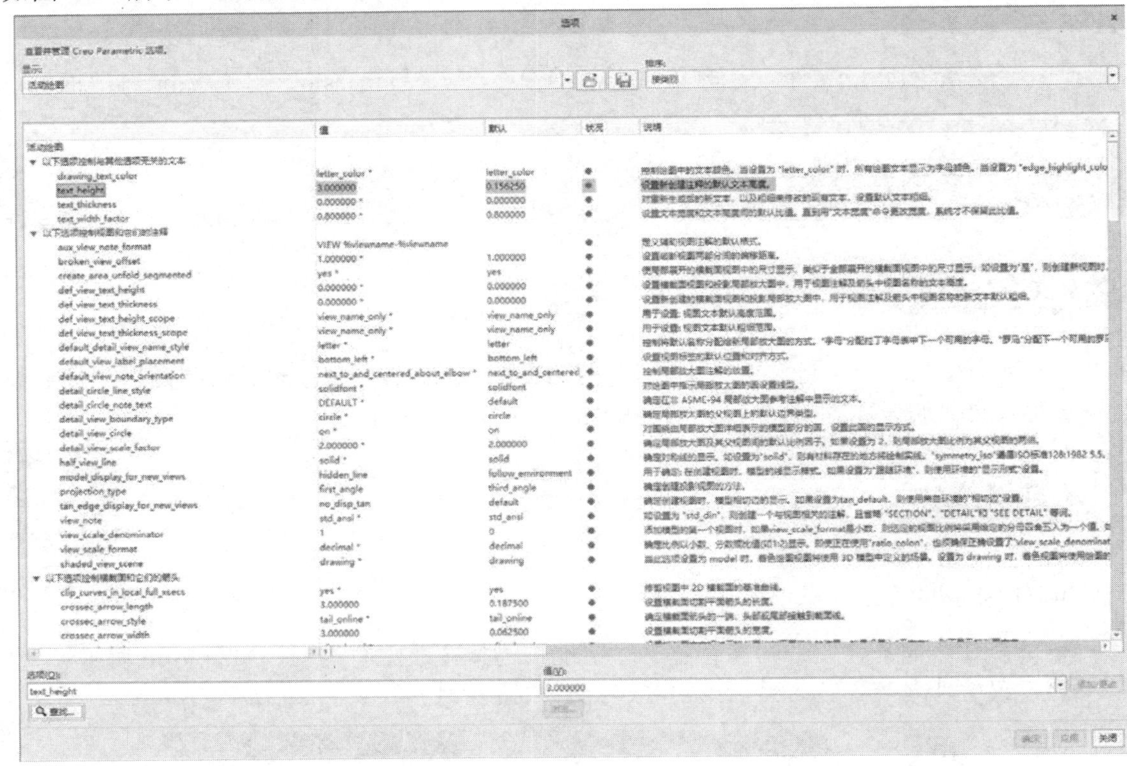

图 9-67　绘图设置

Step3 绘制图框和标题栏

① 在草绘环境中，使用【矩形】和【线】命令，绘制图框，如图 9-68 所示。

② 使用【矩形】和【线】命令，绘制标题栏。

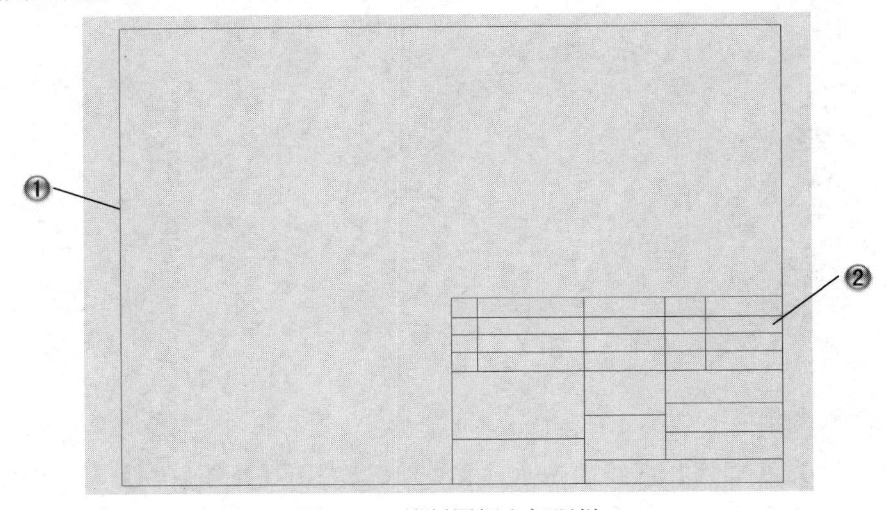

图 9-68　绘制图框和标题栏

Step4 绘制标题文字

打开【注释】选项卡，使用【注解】命令，绘制标题栏中的文字，如图 9-69 所示。

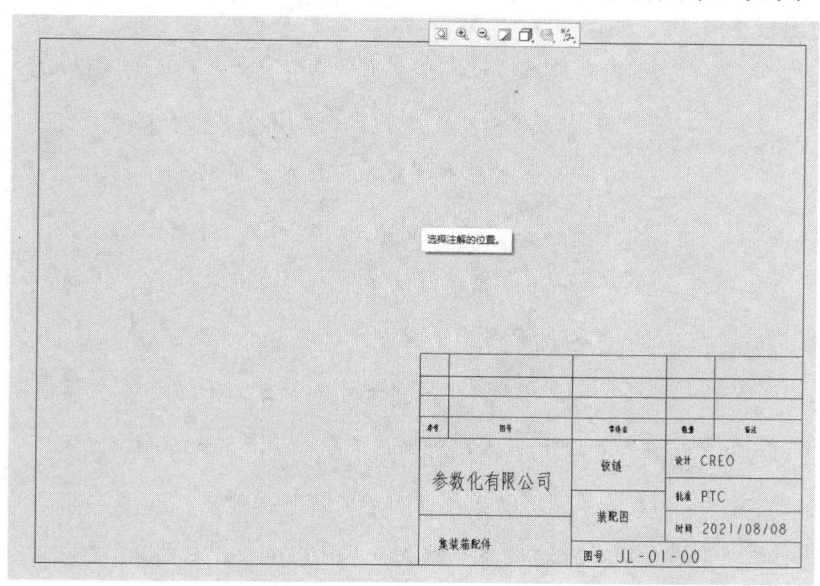

图 9-69　绘制标题文字

Step5 绘制主视图

①单击【布局】选项卡【模型视图】组中的【普通视图】按钮，在绘图区中单击左键，绘制出主视图，如图 9-70 所示。

②打开【绘图视图】对话框，设置其中参数，单击【确定】按钮完成设置。

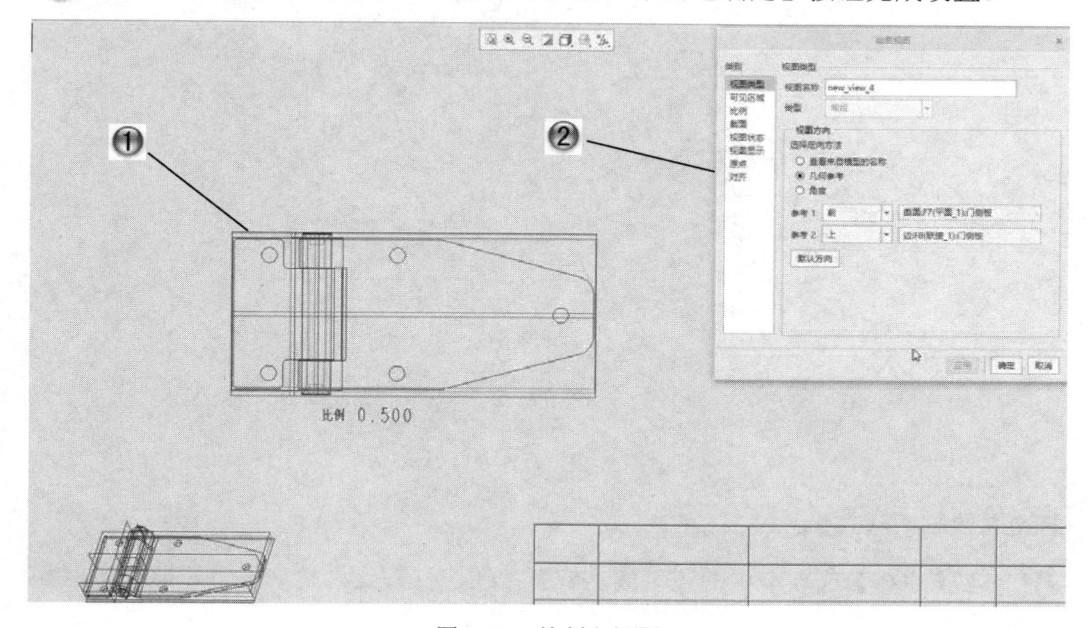

图 9-70　绘制主视图

Step6 绘制投影视图

单击【布局】选项卡【模型视图】组中的【投影视图】按钮，选择主视图，鼠标向上移动，绘制出投影视图，如图 9-71 所示。

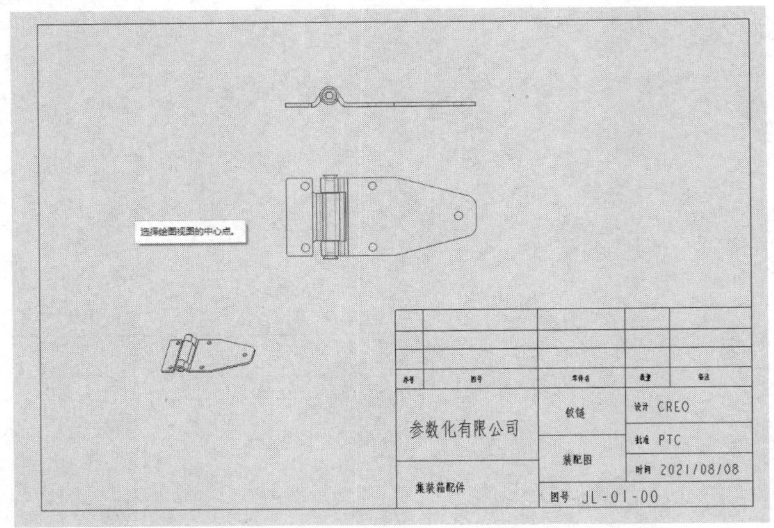

图 9-71　绘制投影视图

Step7 标注尺寸

切换到【注释】选项卡，单击【尺寸】按钮，标注装配体的尺寸，如图 9-72 所示。

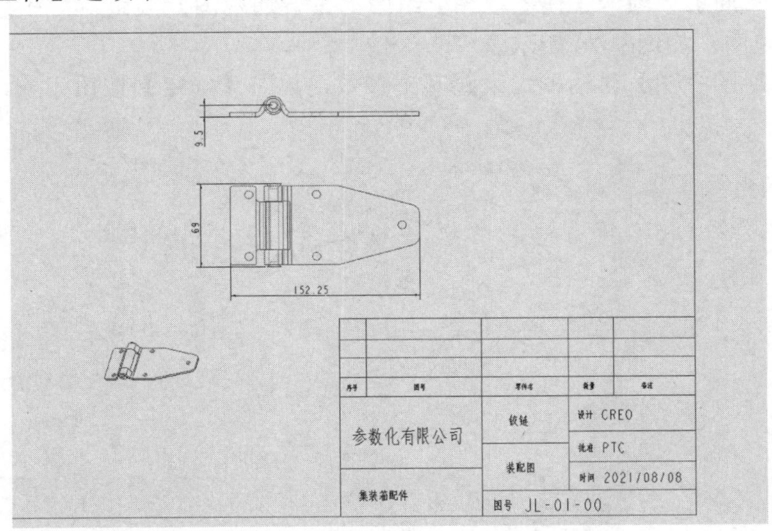

图 9-72　标注尺寸

Step8 绘制引线注解

①单击【注释】选项卡中的【引线注解】按钮，打开【格式】工具选项卡，设置其中参数，如图 9-73 所示。

②在绘图区主视图中使用引线注解标注零件的序号。

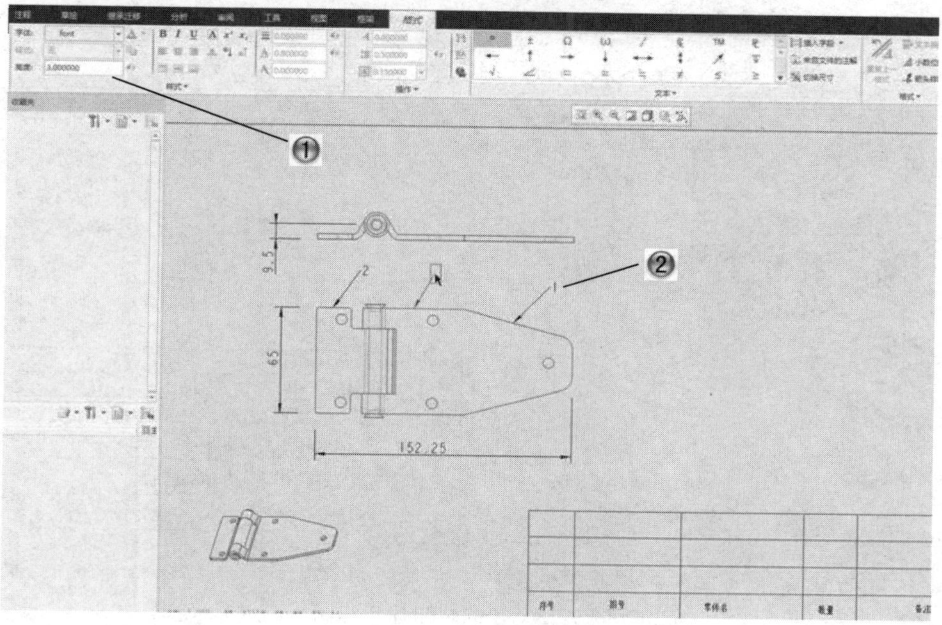

图 9-73　绘制引线注解

Step9 填写技术要求完成范例

①单击【注释】选项卡中的【注解】按钮，打开【格式】工具选项卡，设置其中参数，如图 9-74 所示。

②在绘图区填写技术要求，并在标题栏中添加零件项目。至此这个工程图范例绘制完成，结果如图 9-75 所示。

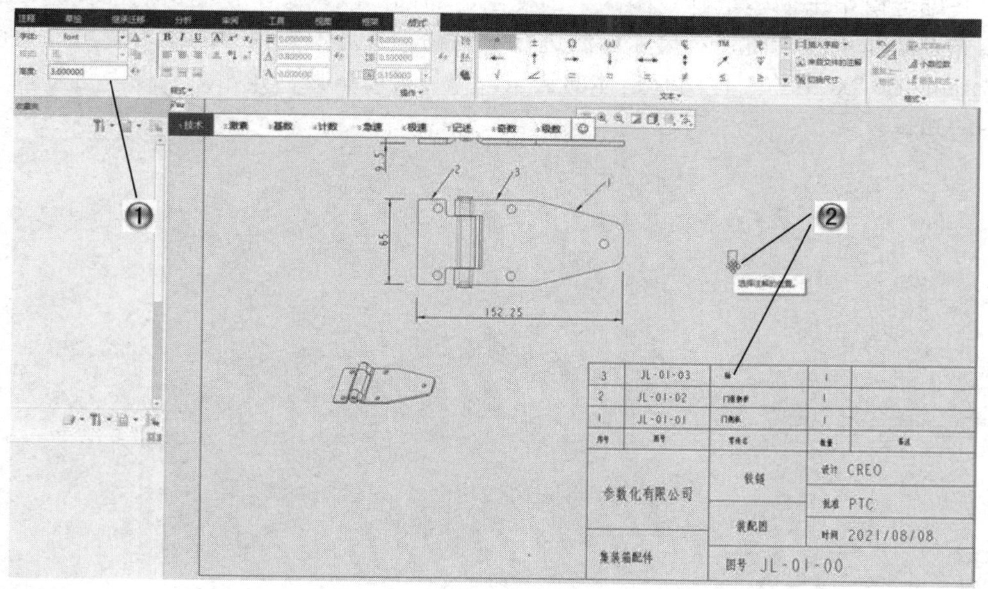

图 9-74　填写技术要求

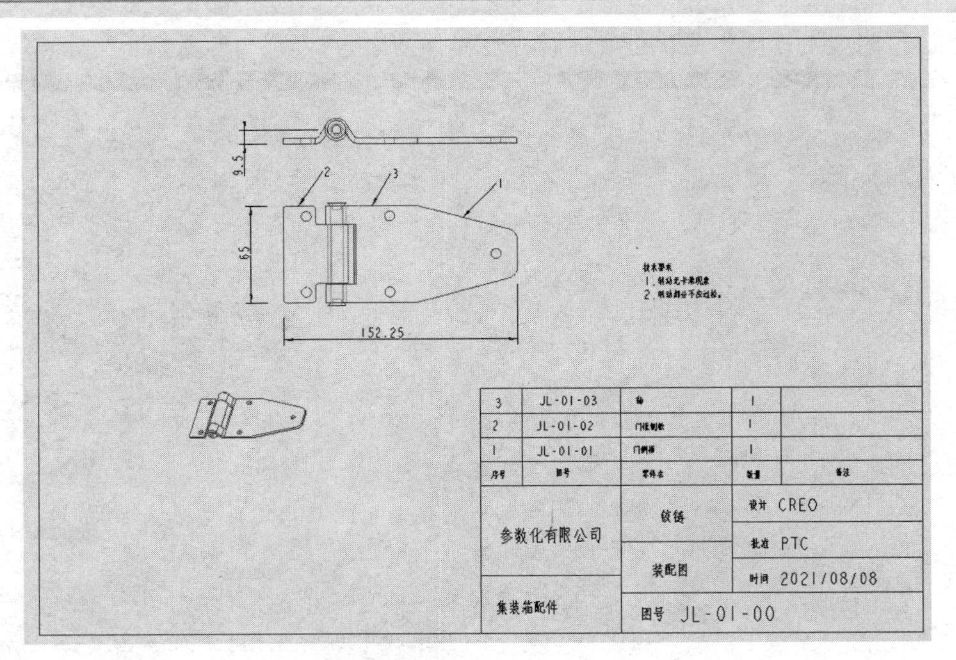

图 9-75　铰链装配件工程图

9.7　本章小结

本章详细介绍了在 Creo Parametric 8.0 中创建工程图时所要用到的各个选项的含义，工程图的创建步骤、配置文件，创建一般视图、投影视图的操作方法和步骤，并在创建一般视图的基础上引申出创建全剖视图、半剖视图、局部剖视图、半视图、局部视图、破断视图的操作方法和步骤，而且对尺寸标注进行了讲解。通过本章内容的学习，可以使读者对 Creo Parametric 8.0 中的工程图有整体的认识，并且可以掌握创建常见视图及进行尺寸标注所必备的知识。

第 10 章

钣金件设计

本 章 导 读

钣金件在工业界一直扮演着重要的角色。无论是电子产品、家电产品，还是汽车都会用到钣金，钣金件的使用量也在不断增加。钣金件具有非常突出的优点，十分容易冷成型。在与人们生活息息相关的电器和汽车等制造行业，产品的外观对产品的市场占有率有时起着决定性的作用，而其外观的形成基本都是通过钣金加工来完成的。因此，钣金件产品的需求量正在不断增加，这对钣金件设计人员的设计速度和质量提出了更高的要求，并常常要求提供用于参照的整体三维效果图。

传统二维绘图设计钣金件的方式不仅速度慢、不易解读，而且也严重限制了设计的创新与突破，而这一点在钣金件的设计中往往是十分重要的。另外，整体结构相互之间的配合和协调也难以得到保证。而在 Creo Parametric 8.0 中，钣金设计模块采用的是一种直接面向钣金件设计人员的设计模式，全面贯穿参数化的特征设计思想，在这种设计方式下进行钣金件设计，不仅可以保证整体机构和设计过程的协调，而且也极大地提高了工作效率，更重要的是能够很好地保证设计质量。

10.1 钣金壁设计

基准平面是指系统或用户定义的用作参照基准的平面，可以用于截面图元或特征，也可以作为尺寸标注的参照基准。钣金的英文为“sheet metal”，其意义为金属薄板，而且是指各部分的厚度都相同的金属薄板。在 Creo Parametric 8.0 中，钣金件的厚度一般都很小，在钣金件造型设计中不考虑厚度关系。

10.1.1 基本创建方法

下面介绍钣金件的基本创建方法。

（1）单击【快速访问】工具栏中的【新建】按钮。

（2）打开【新建】对话框，在【类型】选项组中选中【零件】单选按钮，在【子类型】选项组中选中【钣金件】单选按钮，如图 10-1 所示，单击【确定】按钮。

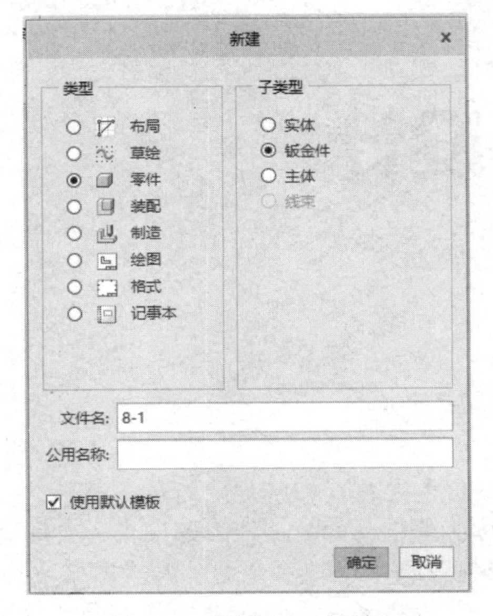

图 10-1 【新建】对话框

（3）此时进入钣金件的设计界面，如图 10-2 所示。单击【模型】选项卡【形状】组中的【平面】按钮，创建钣金基体。

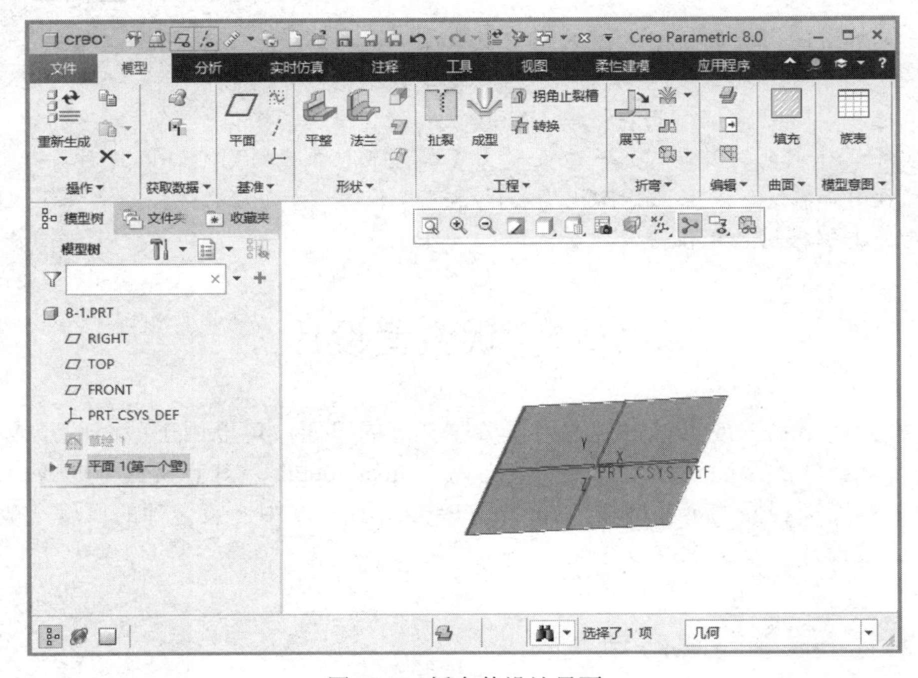

图 10-2 钣金件设计界面

（4）或者创建拉伸薄壁。单击【模型】选项卡【形状】组中的【拉伸】按钮，可以打开【拉伸】工具选项卡，然后进行设置。之后也可使用【编辑】组中的【偏移】按钮，偏移出钣金基体。

（5）在【模型】选项卡【形状】组中单击【平整】按钮，可以创建平整壁。

（6）在【模型】选项卡【形状】组中单击【法兰】按钮，可以创建法兰壁。

（7）使用【模型】选项卡【工程】组中的命令按钮，创建工程特征。

钣金件有多种壁设计特征，下面主要介绍其中的拉伸壁设计、平整壁设计和法兰壁设计。

10.1.2　拉伸壁设计

在 Creo Parametric 8.0 的钣金模块中，创建的第一个特征系统会自动命名为“第一个壁”，这表明第一个特征必然是壁类特征，任何钣金件都是从壁特征开始的。

下面介绍如何应用【拉伸】工具来创建第一壁，即拉伸壁。

（1）单击【模型】选项卡【形状】组中的【拉伸】按钮，打开【拉伸】工具选项卡，在其中包含了所有创建拉伸壁的信息，如图 10-3 所示。下面介绍相关参数的设置。

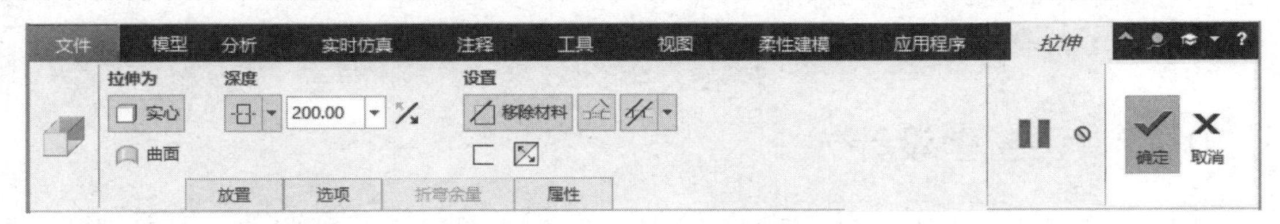

图 10-3　【拉伸】工具选项卡

【深度】参数：指此线条拉伸的长度，这将决定钣金件的大小；在【拉伸】工具选项卡中，使用系统默认计算拉伸长度的方式，即按指定深度拉伸。拉伸深度的计算方式与实体设计的相似，不过此时在创建第一个壁，其他计算方式可以不予理会。其中【拉伸方向】是设置向屏幕里面拉伸还是向屏幕外面拉伸，通过反复单击切换方向，结合旋转预览很容易确定。

【设置】参数：主要包括加厚方向和厚度值。【加厚方向】是在开始拉伸操作时才会出现，定义厚度向线条的哪一侧延伸，操作时可通过反复单击切换方向，结合旋转预览很容易确定。【厚度值】是指钣金件的加厚尺寸，在此可设置一个厚度值。

注意：

在【拉伸】工具选项卡中，初学者只要关注深度值、拉伸方向、厚度值和加厚方向就可以，其余的属于较高级应用，而且对于简单钣金件的学习来说也不常用。

（2）切换到【拉伸】工具选项卡的【放置】面板，单击【定义】按钮，打开【草绘】对话框，在绘图区单击选择“FRONT”基准面为草绘平面，“TOP”基准面为草绘视图的顶参考面，设置完毕后的【草绘】对话框如图 10-4 所示，准备阶段完成后就可以进入草绘状态了。

（3）在绘图区绘制图形，然后单击【草绘】工具选项卡中的【确定】按钮，退出草绘状态，进入预览定义状态。

（4）设置钣金计算拉伸长度的方式和深度值。

（5）设置钣金的拉伸方向。

（6）设置钣金的厚度值。

（7）设置钣金的加厚方向。此时在工作区显示钣金件的成型预览，如图 10-5 所示。

（8）设置完成后单击【确定】按钮，完成拉伸壁特征的创建，创建的拉伸壁效果如图 10-6 所示。

图 10-4 【草绘】对话框

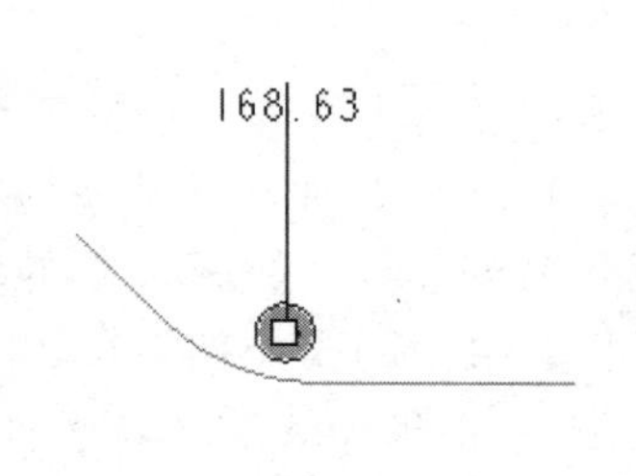

图 10-5 钣金件的成型预览

图 10-6 拉伸壁效果

10.1.3 平整壁设计

创建平整壁是指利用一个封闭的截面拉伸出钣金的厚度来生成钣金件。下面具体介绍创建平整壁的方法。

（1）在【模型】选项卡【形状】组中单击【平整】按钮，以创建平整壁，此时出现如图 10-7 所示的【平整】工具选项卡。在该工具选项卡中从左到右包括如下可设置选项。

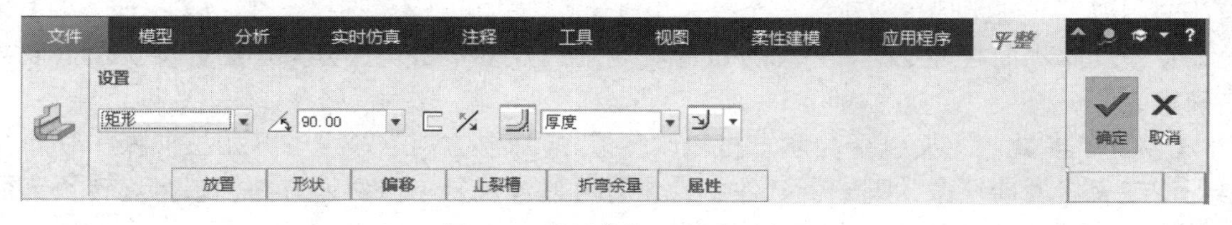

图 10-7 【平整】工具选项卡

第一个是形状，就是第一个下拉列表框，系统有一些预定义的简单形状供用户选择，包括【矩形】、【梯形】、【L】和【T】，在创建这些形状的平整壁时，用户只需选择后，在【形状】面板中定义尺寸即可，方法比较简单，目的是方便用户创建一些简单的形状。如果要创建的不是这些简单形状，而是其他形状时，系统提供了【用户定义】的选项，此时就可以通过【形状】选项卡来草绘自定义的形状。

第二个是角度定义，也就是第一个数值框，指创建的平整壁与相连接的参考壁的折弯角，也可理解为平整壁的旋转角度。

第三个是折弯角度方向，就是第一个按钮，用于定义平整壁的折弯方向。

第四个是是否增加折弯圆角，能使钣金件更加光滑一些，一般都要定义，所以系统默

认为增加，即按钮。

第五个是折弯圆角半径值，就是第二个文本框，用于定义需要多大的半径，一般系统默认给出钣金厚度作为参考，实际工作中也一般使用该值。

第六个是定义此圆角半径是控制内侧半径还是外侧半径。由于钣金有厚度，所以在圆角处就会有内外径之分，根据实际的钣金工作经验，钣金件设计师一般更关注内径，所以系统会默认定义为内径，即按钮。

如果选择【用户定义】选项，单击切换到【放置】面板，在【放置】面板中可定义此平整壁与第一壁的位置关系，即平整壁在什么位置连接第一壁，通常选择第一壁的一条边，表示新的平整壁将在此边与第一壁连接。

（2）选择【用户定义】选项，单击【放置】标签，切换到【放置】面板，其中要求选择创建平整壁位置的边。

（3）直接单击一个壁的边即可选中该边，如图 10-8 所示。

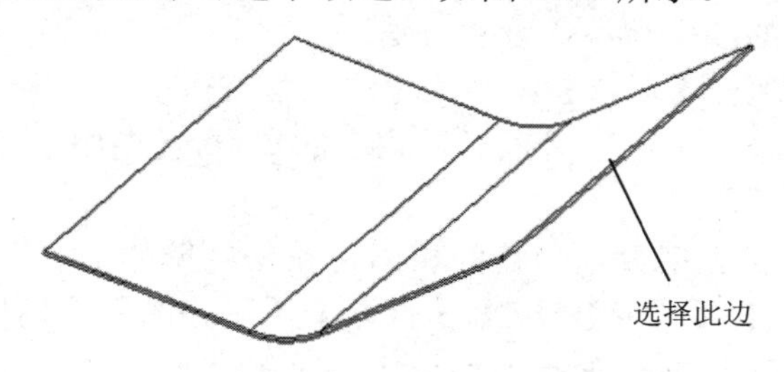

图 10-8　选择边

（4）选择完成后，在【平整】工具选项卡中切换到【形状】面板，如图 10-9 所示。单击【草绘】按钮，系统弹出【草绘】对话框，接受系统默认参照，单击【草绘】对话框中的【草绘】按钮，进入草绘状态。

注意：

由于选择的是【用户定义】选项，所以要在【形状】面板中通过草绘来自己定义截面的形状。

（5）绘制好截面图形后，单击【草绘】工具选项卡中的【确定】按钮，退出草绘状态。

（6）返回【平整】工具选项卡，确定角度值和折弯半径。

（7）设置完成后单击【确定】按钮，完成平整壁特征的创建，平整壁的效果如图 10-10 所示。

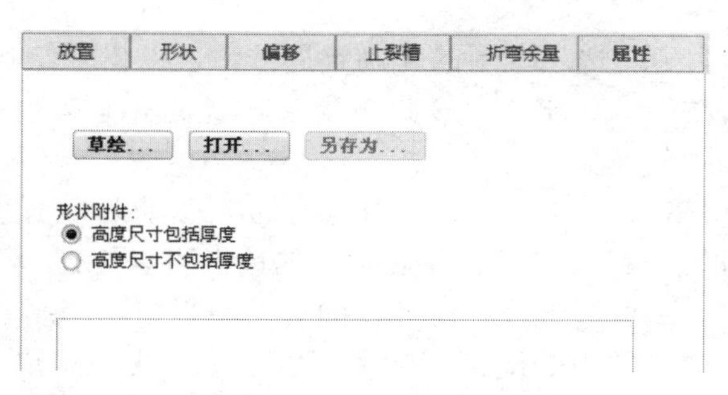

图 10-9 【形状】面板

图 10-10　平整壁的效果

10.1.4 法兰壁设计

法兰壁可以简单理解为系统对钣金件末端造型壁的一种称呼，其实名称并不重要，关键是要理解其思想。

从创建方法来讲，法兰壁的创建过程与拉伸壁很相似，也是先绘制侧面线型，然后再拉伸一定的长度而生成，但是在应用法兰壁工具时用户会有更多的选择，而且更符合实际的钣金件设计思想，比如两侧链尾的定义、斜切口的定义等，这些功能使得钣金件的设计更加接近真实的设计和制造，可以充分反映设计师的思想和专业水平，这是拉伸方式无法做到的。当然，这些对于初学者来说显得有些太专业，本章的学习目的是要读者掌握基本的创建技术，而非钣金专业理论，所以下面的学习基本没有涉及专业内容部分，重点讲解操作技能。

下面介绍创建法兰壁的步骤和参数设置方法。

（1）单击【模型】选项卡【形状】组中的【法兰】按钮，打开【凸缘】工具选项卡。

（2）在【凸缘】工具选项卡中，可以设置相应的参数，【凸缘】工具选项卡如图 10-11 所示。

与平整壁预定义的形状类型设置的目的相同，在法兰壁的造型中，系统也预先定义了许多常用的造型，包括【I】、【弧形】、【S】、【打开】、【平齐的】、【鸭形】、【C】和【Z】，在选择了这些造型方式后，可以在【形状】面板中预览和修改尺寸，这些常用造型的功能为用户提供了很大方便，读者可以逐一选择查看。

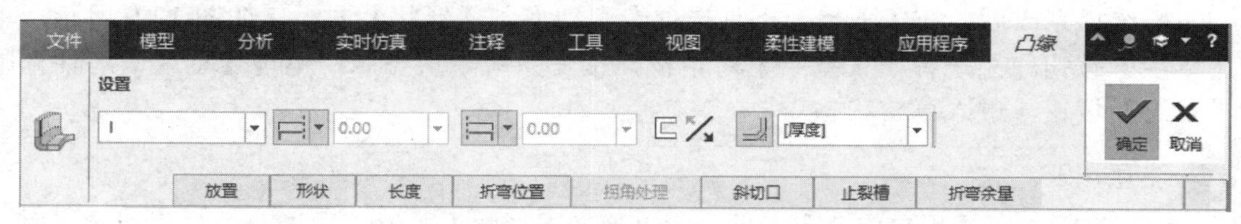

图 10-11 【凸缘】工具选项卡

（3）接下来选择附着边。与平整壁的生成一样，同样需要设置此法兰壁要连接到什么位置，如图 10-12 所示。

（4）选择完成后，在【凸缘】工具选项卡中切换到【形状】面板，然后在其中单击【草绘】按钮，系统弹出【草绘】对话框。接受系统默认参照，单击【草绘】对话框中的【草绘】按钮，进入草绘状态。

（5）绘制截面图形后，单击【草绘】工具选项卡中的【确定】按钮，退出草绘状态。

（6）单击【在连接边上添加折弯】按钮，定义一个折弯半径，定义其他参数与前面创建平整壁的方法基本相同。

工具选项卡中的第一方向长度值和第二方向长度值用于定义法兰壁的延展长度和位置，可以非常灵活地控制壁的长度和位置。有一定钣金专业基础的读者可以练习一下，普通初学者可以略过，接受其默认选项即可。折弯半径和内外径的含义与平整壁相同。

其实在系统预定义的造型中有些是非常常用的造型，读者可以不选择【用户定义】选项，试一试这些造型的功能，比如选择【鸭形】选项，查看法兰壁结果。

（7）设置完成后单击【确定】按钮✓，完成法兰壁特征的创建，法兰壁的结果如图 10-13 所示。

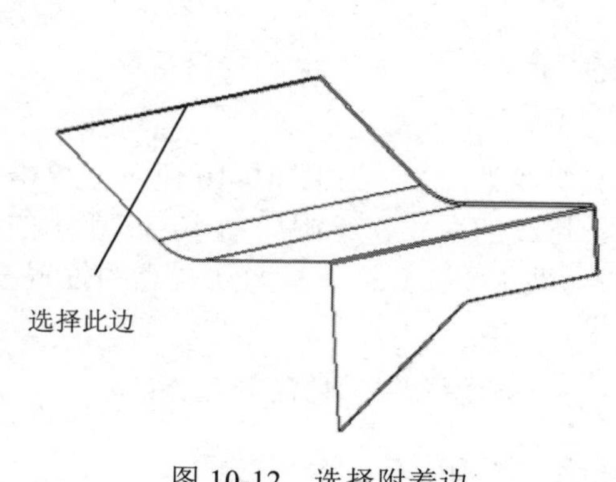

图 10-12　选择附着边

图 10-13　法兰壁的结果

10.2　钣金特征操作

钣金特征操作主要包括钣金的折弯设计、展平设计和混合设计。钣金的折弯特征指的是将钣金件上的平面区域进行弯曲成型，钣金的展平设计是将折弯后的钣金展平为二维的平面薄板，钣金的混合设计是通过结合每个截面的边界来连接至少两个截面以形成钣金壁。

10.2.1　折弯设计

钣金的折弯设计包括常规折弯、边折弯和面折弯，这里主要介绍常用的常规折弯。对于常规折弯而言，无论任何形式的折弯，都只能在钣金的平面区域内进行，而不能在已折弯的区域内再次折弯。

（1）钣金折弯的设计要素

钣金折弯设计主要包括下面三个设计要素。

- 折弯线：用来确定折弯位置和折弯形状的几何线。
- 折弯角度：用来控制折弯的弯曲程度。
- 折弯半径：用来设置折弯处内侧或外侧的半径。

（2）常规折弯的创建方法

下面介绍常规折弯的可设置选项和创建方法。

单击【模型】选项卡【折弯】组中的【折弯】按钮后，首先出现的是【折弯】工具选项卡，如图 10-14 所示。

在【放置】面板选择用于绘制折弯线的平面，一般来说，要对哪个平面区域折弯，就选择哪个面。例如，在图 10-15 中选择平面，折弯线出现在平面上。

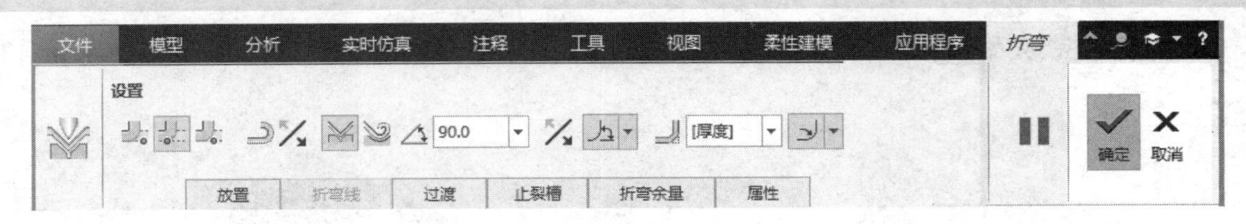

图 10-14 【折弯】工具选项卡

用户也可以自己绘制折弯线。切换到【折弯线】面板，如图 10-16 所示，单击【草绘】按钮就会进入草绘状态，在选择的面上进行折弯线的草绘，绘制如图 10-17 所示的折弯线，结束草绘后，依次在【折弯线端点 1】和【折弯线端点 2】选择折弯线端点的位置参考和偏移参考。

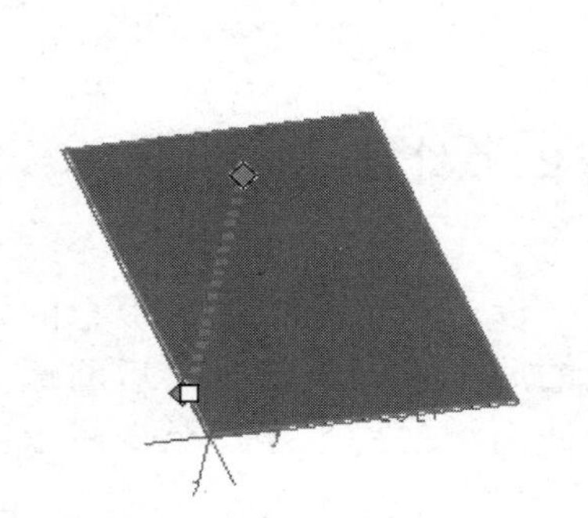

图 10-15 选择折弯面

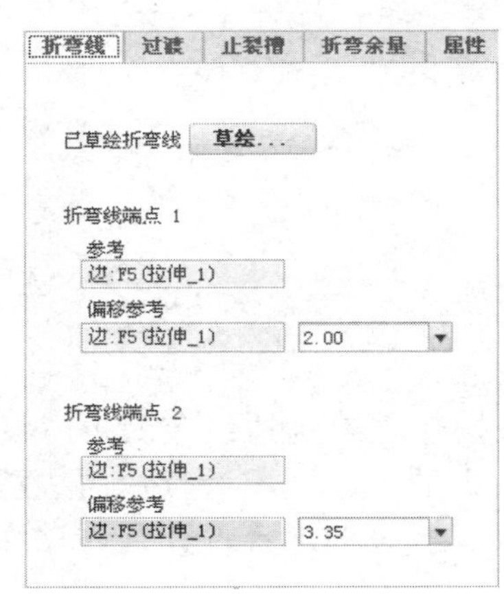

图 10-16 【折弯线】面板

切换到如图 10-18 所示的【止裂槽】选项卡，止裂槽用于控制钣金材料行为，并防止发生变形。例如，由于材料拉伸，未止裂的折弯可能不会表示出准确的、用户所需要的实际模型。添加适当的折弯止裂槽，如【拉伸】止裂槽，钣金折弯就会符合用户的设计意图，并可创建一个精确的平整模型。

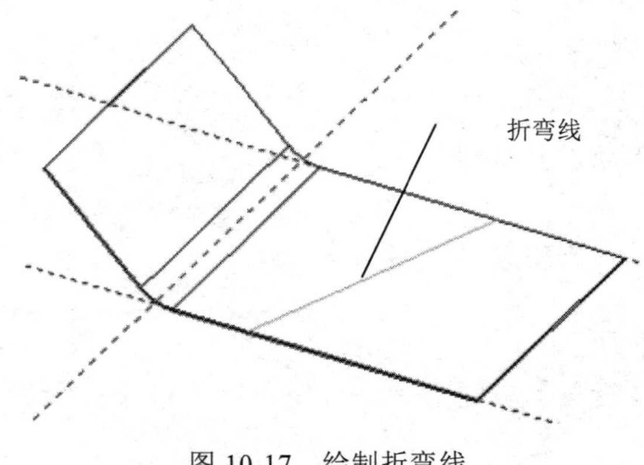

图 10-17 绘制折弯线

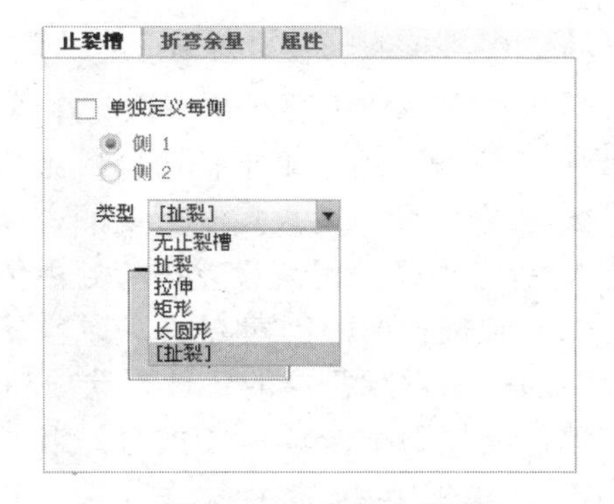

图 10-18 定义止裂槽

【止裂槽】面板中有以下止裂槽类型，各类型定义后的效果如图 10-19 所示。

- 【无止裂槽】：创建没有任何止裂槽的折弯。

- 【扯裂】：在每个折弯端点处切割材料。切口是垂直于折弯线形成的。
- 【拉伸】：拉伸材料，以便在折弯与现有固定材料边的相交处提供止裂槽。
- 【矩形】：在每个折弯端点添加一个矩形止裂槽。
- 【长圆形】：在每个折弯端点添加一个长圆形止裂槽。

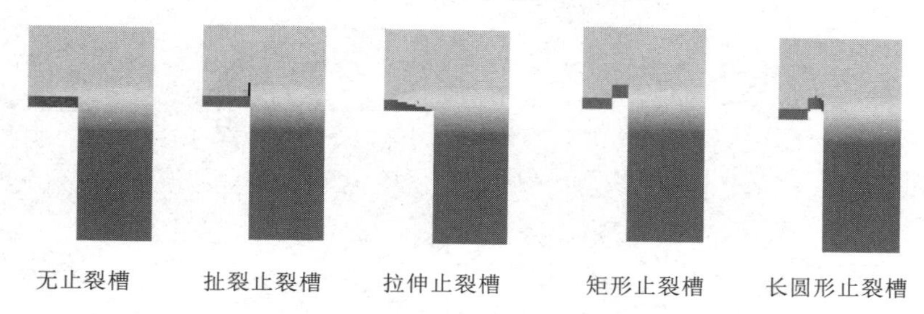

图 10-19　止裂槽效果

在【折弯】工具选项卡中的按钮依次代表材料相对折弯线的位置，如图 10-20 所示。

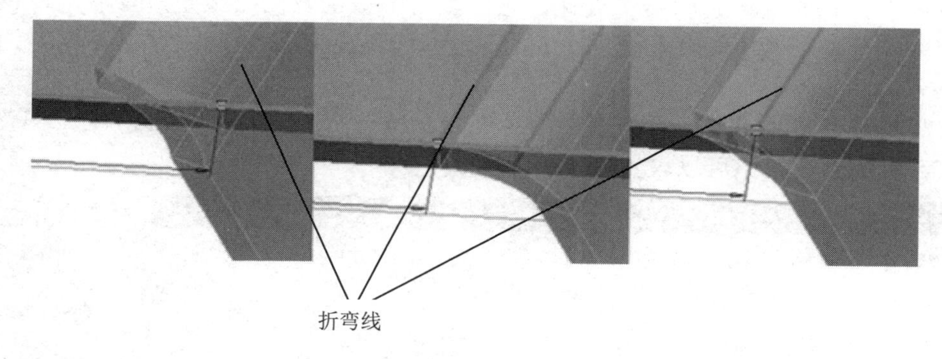

图 10-20　折弯材料位置

【折弯】工具选项卡中的折弯状态按钮，代表使用值定义折弯角度和折弯至曲面顶部的两种折弯方式，如图 10-21 和图 11-22 所示。

图 10-21　值定义折弯角度　　　　图 10-22　折弯至曲面顶部

折弯角度文本框 90.00 就是指要将折弯侧折弯多少角度，如图 10-23 所示的折弯角度示意图。

折弯半径值文本框 5.00 设置折弯处半径的大小。在其后的下拉列表可以选择内侧半径或者外侧半径。若选择标注内侧曲面，钣金件的尺寸通常标注内侧半径；若选择标注外侧曲面，则标注外侧半径，如图 10-24 所示。设置完成后单击【确定】按钮，完成折弯特征的创建。

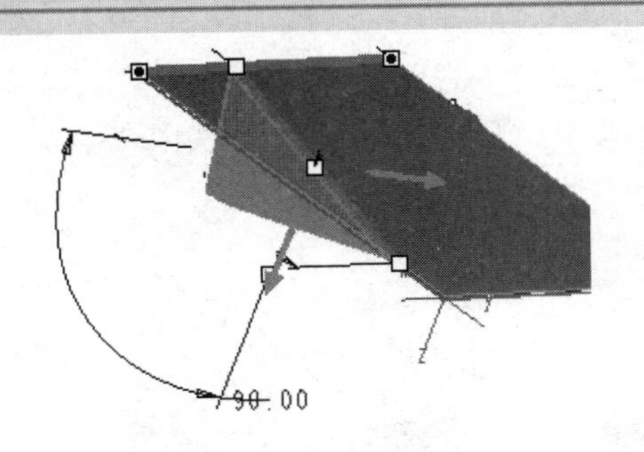

图 10-23　定义“折弯角度”

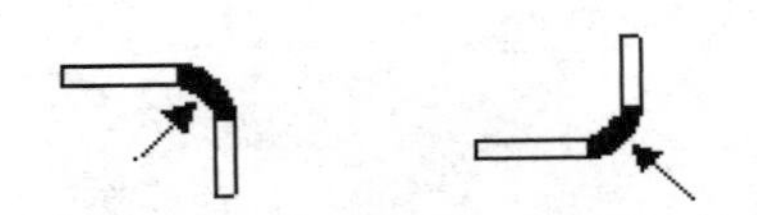

图 10-24　标注的内侧曲面和外侧曲面样式

10.2.2　展平设计

钣金的展平设计是将三维的折弯钣金展平为二维的平面薄板，在 Creo Parametric 8.0 中主要有三种展平模式，分别是常规展平、过渡展平和截面驱动展平，最常用的是常规展平模式。

常规展平模式的设计也叫展平设计，它可以对一般的弯曲钣金壁进行展平，也可以对由折弯命令创建的钣金折弯进行展平，但是不能对不规则曲面进行展平。下面介绍展平设计的操作方法。

单击【模型】选项卡【折弯】组中的【展平】按钮后，打开【展平】工具选项卡，如图 10-25 所示，在其中可以设置展平的参数。

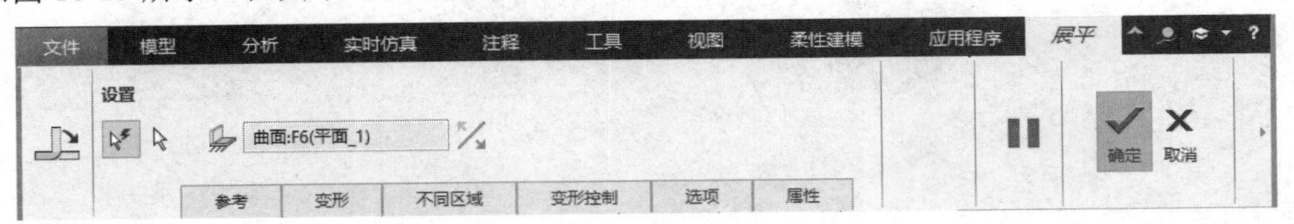

图 10-25　【展平】工具选项卡

在【展平】工具选项卡中单击【选择】按钮，然后再单击【参考】按钮，就可以在【参考】面板中选择要展平的曲面或边，接着选择保持固定的曲面或边。设置完成后单击【确定】按钮即可完成展平特征操作。

10.2.3　混合设计

钣金混合设计，也可以称作混合壁特征设计，它通过结合每个截面的边界来连接至少两个截面以形成钣金壁。

在【模型】选项卡【形状】组中，单击【混合】按钮，系统会打开【混合】工具选项卡，可以定义混合类型，如图 10-26 所示。设置完成后单击【确定】按钮即可创建混合特征。

混合设计的三种方式如下。

（1）平行方式

平行方式就是指所有混合截面都位于草绘中的平行平面上。

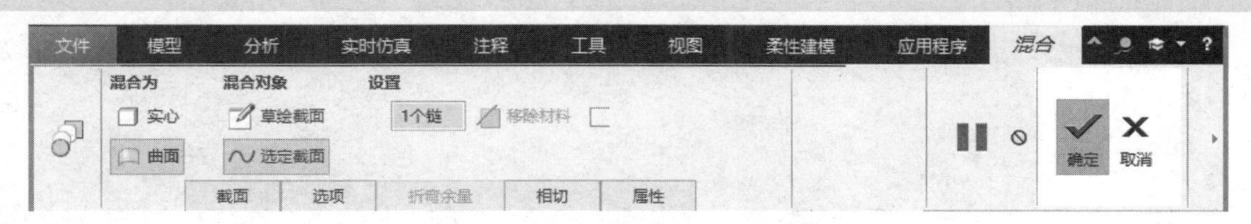

图 10-26 【混合】工具选项卡

在【选项】参数中分别选择【平行】、【规则截面】和【草绘截面】选项，就可以进行平行方式的混合设计。首先，在绘制截面时，给用户的感觉是 3 个截面在同一个平面上绘制。

一般来说，会有两个或两个以上的截面，虽然在绘制时都在一个平面上，但是通过后期的深度定义，截面会分布在几个平行的平面上，如图 10-27 所示。

在设置过程中，有两个参数选项，即【直】和【平滑】选项，选择这两种方式的混合结果如图 10-28 所示。

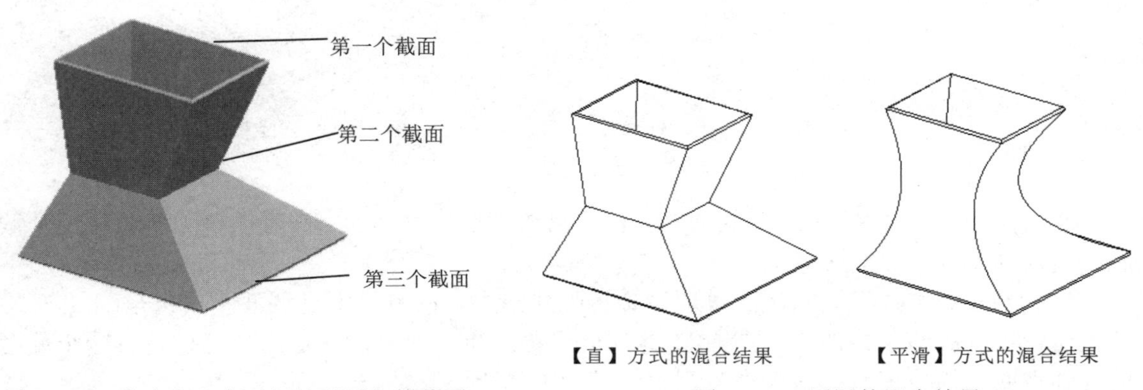

图 10-27　分布在几个平行的平面上的截面

图 10-28　不同的混合结果

（2）旋转方式

旋转方式是指混合截面绕 *Y* 轴旋转，其最大角度可达 120°。用户可以单独草绘每一个截面，然后利用坐标系对齐它们。

在【选项】参数中选择【旋转】选项，进入旋转方式混合设计，在绘制截面时，是绘制一个完成一个，并不需要切换剖面。绘制完成第一个截面后，系统会询问下一个截面相对于第一个截面绕 *Y* 轴旋转的角度，用户应当根据设计要求进行设置，如图 10-29 所示。

一般来讲，完成第二个截面后，系统会询问还要不要绘制第三个截面，用户可根据需要回答是或不是。

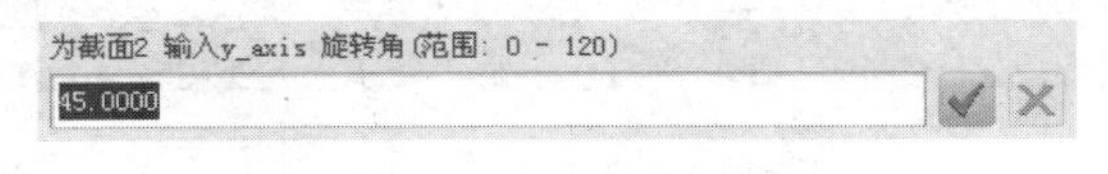

图 10-29　提示输入旋转角

绘制截面时，关键在于绘制每一个截面时用户是否添加了一个坐标系，上面所说的“绕 *Y* 轴旋转”的这个 *Y* 轴所指的坐标系，就是用户在绘制截面时添加的坐标系。在绘制每一个截面时都要添加一个坐标系，当所有截面完成后，系统会自动将所有的坐标系（比如 3 个）识别为一个统一的坐标系，以用来定位这 3 个截面之间的空间关系，如图 10-30 所示。

另外，对于旋转混合，还要考虑是否需要系统自动将混合封闭，封闭混合的效果如图 10-31 所示。

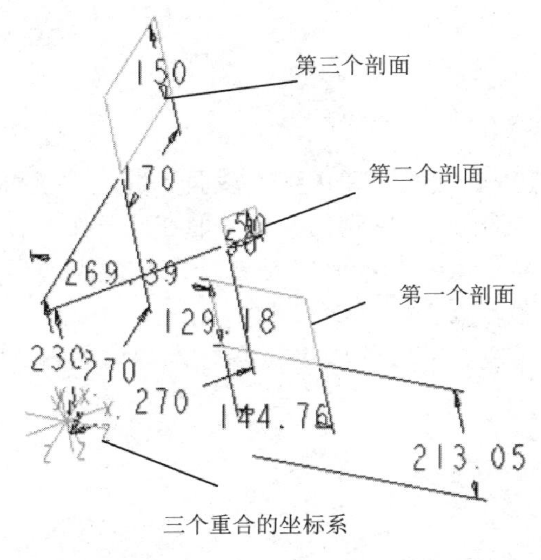

图 10-30　绘制截面时的坐标系

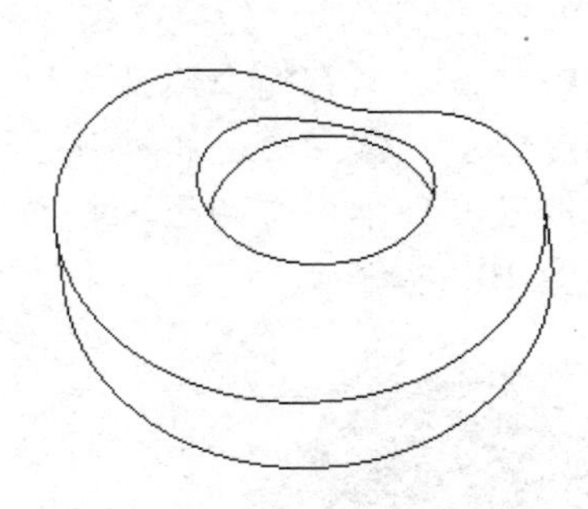

图 10-31　封闭混合的效果

（3）常规方式

混合截面可以绕 *X*、*Y* 和 *Z* 轴旋转，也可沿这 3 个轴平移。用户可以单独草绘每一个截面，然后利用坐标系对齐它们。

一般方式的制作原理和注意事项与旋转方式基本相同，只不过截面不仅仅是绕 *Y* 轴旋转，而可以同时绕 *X*、*Y*、*Z* 三个轴旋转甚至平移。简单地说，就是用户可以将下一个截面放置到空间任何位置来形成混合件，这里不再赘述。

10.3　设计范例

10.3.1　制作机箱钣金件范例

扫码看视频

本范例完成文件：范例文件/第 10 章/10-1.prt

多媒体教学路径：多媒体教学→第 10 章→10.3.1 范例

范例分析

本范例是制作一个机箱钣金件范例，主要利用钣金壁设计进行机箱的钣金设计，这是钣金件设计的基础应用，希望读者能熟悉掌握。

范例操作

Step1 创建钣金件

①单击【新建】按钮，打开【新建】对话框，在【类型】选项组中选中【零件】单选按钮，如图 10-32 所示。

②在【子类型】选项组中选中【钣金件】单选按钮，单击【确定】按钮。

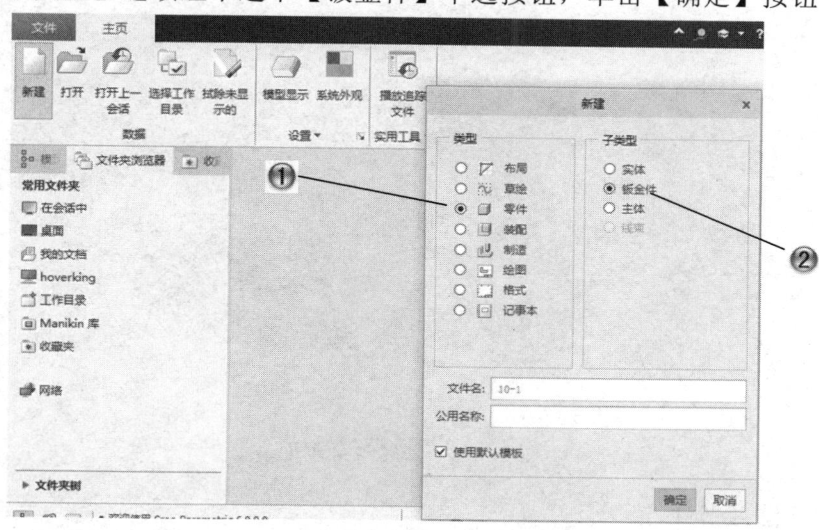

图 10-32　创建钣金件

Step2 草绘矩形

①单击【模型】选项卡【基准】组中的【草绘】按钮，在打开的【草绘】对话框中选择基准平面，进入草绘环境，如图 10-33 所示。

②在绘图区中绘制一个矩形草图。

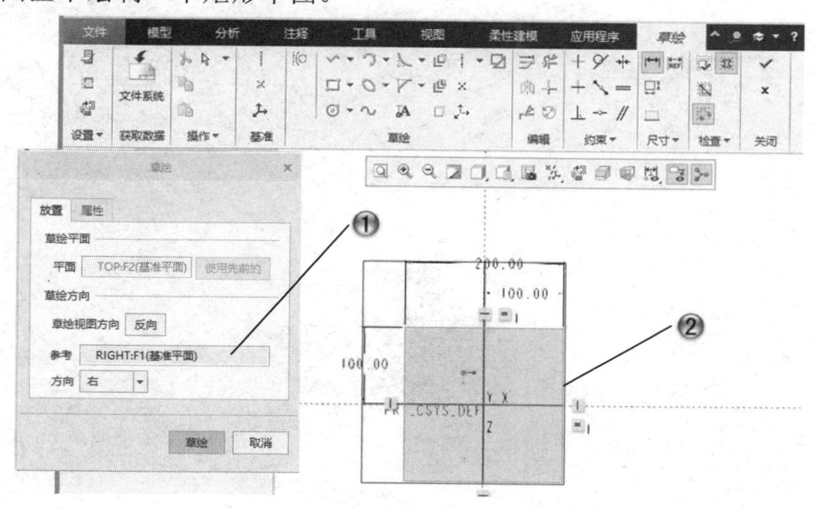

图 10-33　草绘矩形

Step3 创建钣金平面

①单击【模型】选项卡【形状】组中的【平面】按钮，选择草绘 1，如图 10-34 所示。
②在【平面】工具选项卡中设置参数，单击【确定】按钮创建钣金平面。

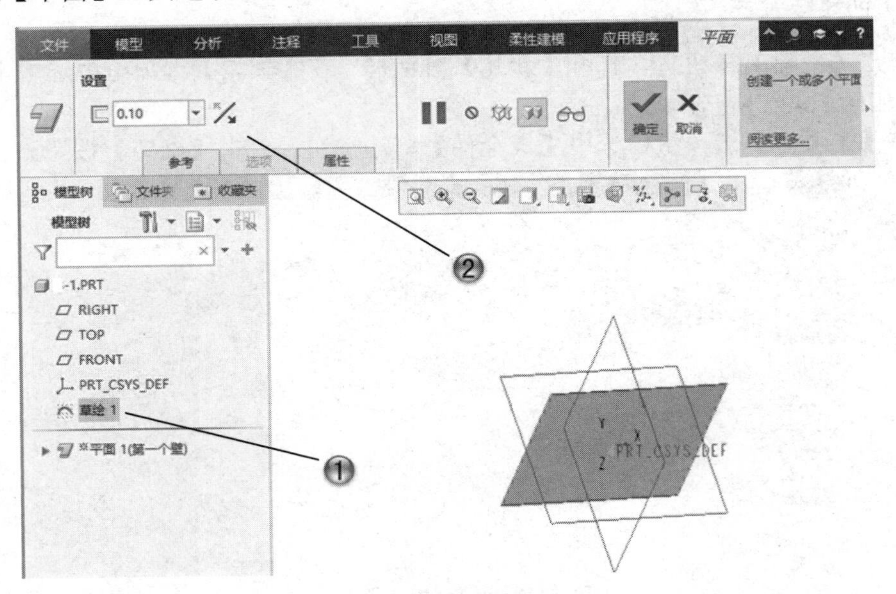

图 10-34 创建钣金平面

Step4 创建法兰壁 1

①单击【模型】选项卡【形状】组中的【法兰】按钮，选择边线，如图 10-35 所示。
②在【凸缘】工具选项卡中设置参数，单击【确定】按钮创建法兰壁 1。

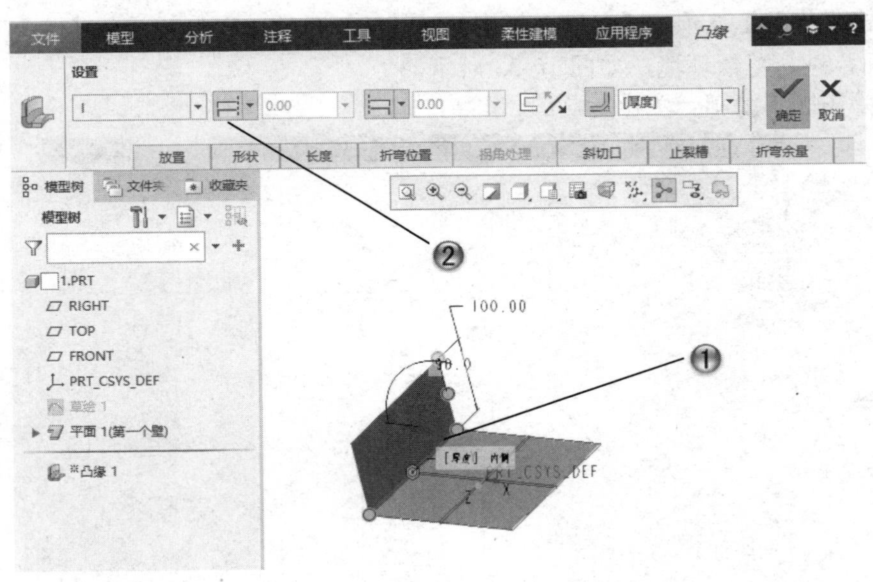

图 10-35 创建法兰壁 1

Step5 创建法兰壁 2

①单击【模型】选项卡【形状】组中的【法兰】按钮，选择边线，如图 10-36 所示。
②在【凸缘】工具选项卡中设置参数，单击【确定】按钮创建法兰壁 2。

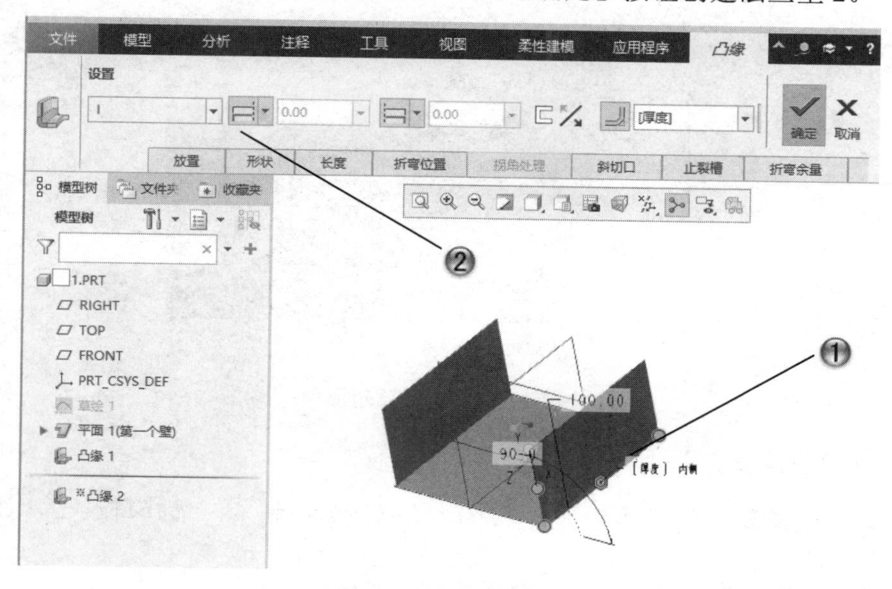

图 10-36 创建法兰壁 2

Step6 创建法兰壁 3

①单击【模型】选项卡【形状】组中的【法兰】按钮，选择边线，如图 10-37 所示。
②在【凸缘】工具选项卡中设置参数，单击【确定】按钮创建法兰壁 3。

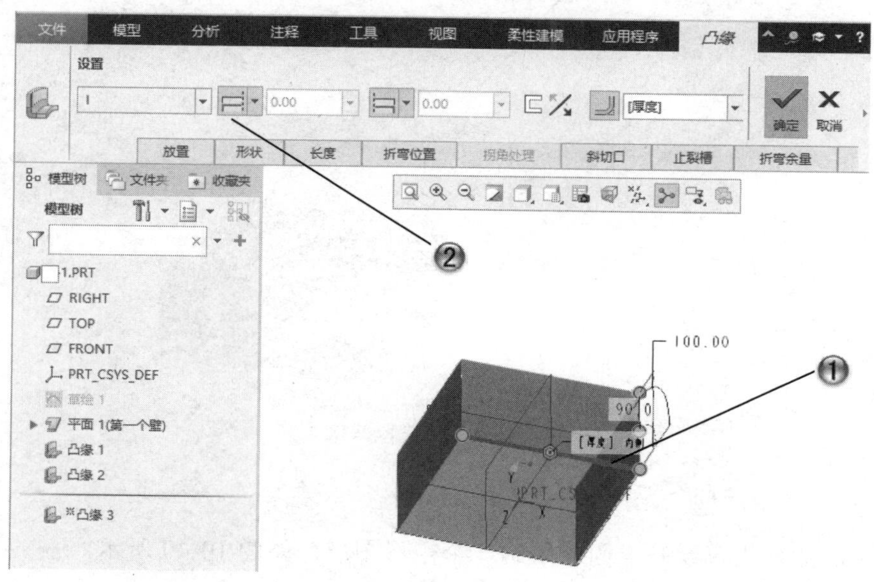

图 10-37 创建法兰壁 3

Step7 草绘三角形

选择法兰壁 2 作为草绘基准面绘制一个三角形草绘图形，作为草绘 2，如图 10-38 所示。

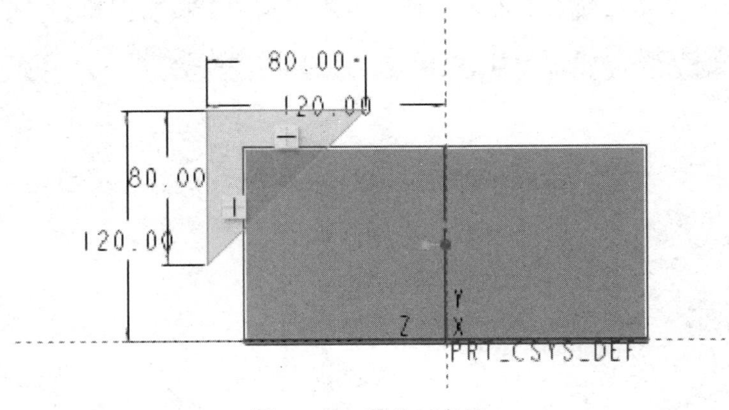

图 10-38　草绘三角形

Step8 创建拉伸壁 1

①单击【模型】选项卡【形状】组中的【拉伸】按钮，选择草绘 2，如图 10-39 所示。

②在【拉伸】工具选项卡中设置参数，单击【确定】按钮创建拉伸壁 1。

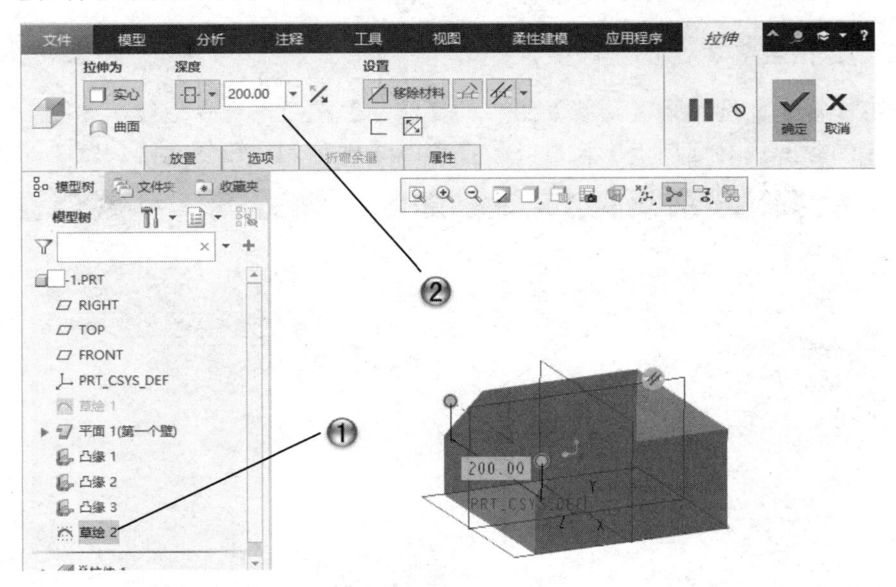

图 10-39　创建拉伸壁 1

Step9 草绘倒角矩形

①选择底面作为草绘基准面，绘制一个矩形图形，如图 10-40 所示。

②对矩形进行倒角，完成草绘，作为草绘 3。

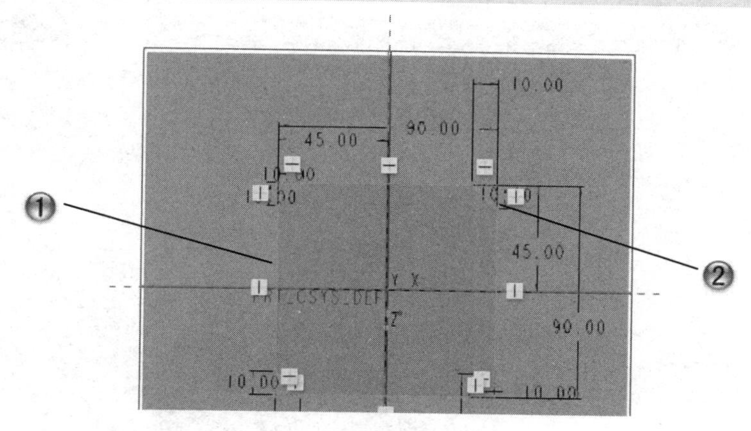

图 10-40　草绘倒角矩形

Step10 创建拉伸壁 2

①单击【模型】选项卡【形状】组中的【拉伸】按钮，选择草绘 3，如图 10-41 所示。
②在【拉伸】工具选项卡中设置参数，单击【确定】按钮创建拉伸壁 2。

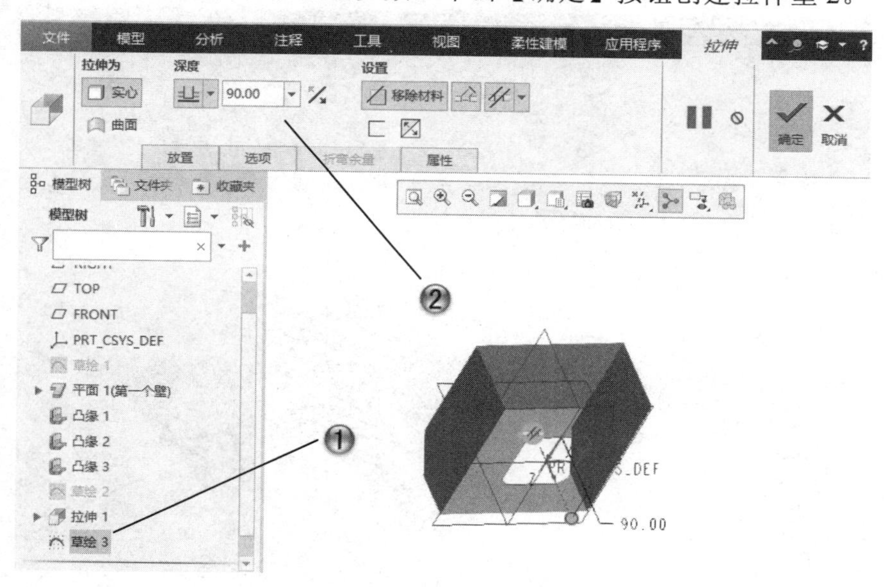

图 10-41　创建拉伸壁 2

Step11 创建法兰壁 4

①单击【模型】选项卡【形状】组中的【法兰】按钮，选择边线，如图 10-42 所示。
②在【凸缘】工具选项卡中设置参数，单击【确定】按钮创建法兰壁 4。

Step12 创建法兰壁 5

①单击【模型】选项卡【形状】组中的【法兰】按钮，选择边线，如图 10-43 所示。
②在【凸缘】工具选项卡中设置参数，单击【确定】按钮创建法兰壁 5。

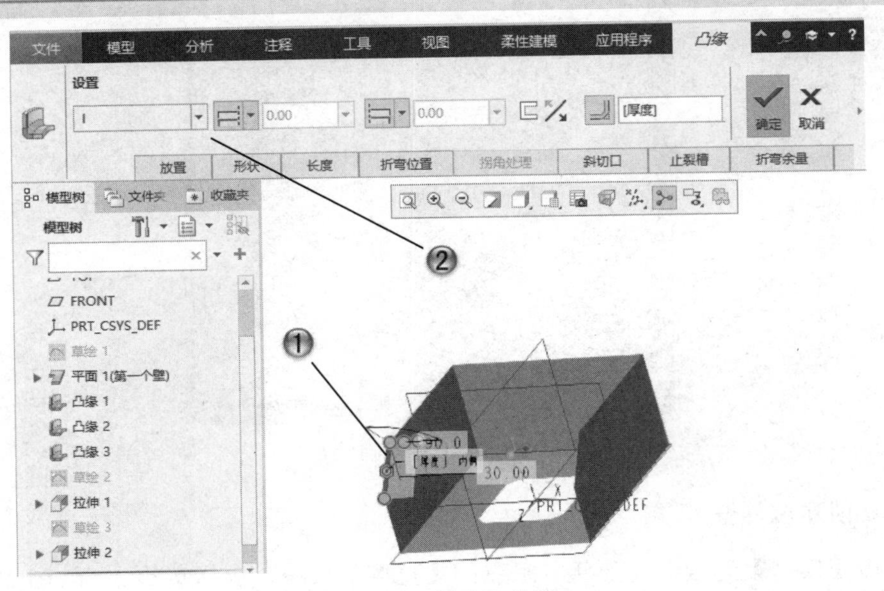

图 10-42　创建法兰壁 4

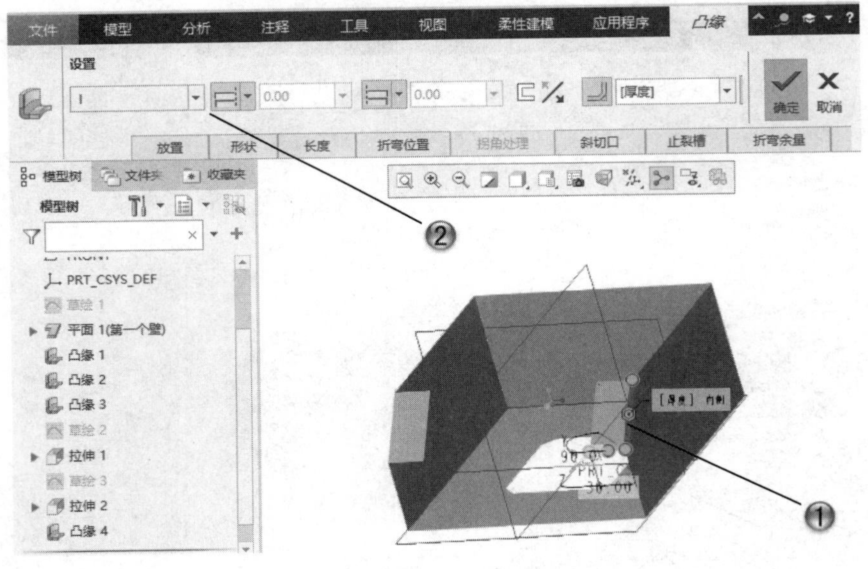

图 10-43　创建法兰壁 5

Step13 草绘倒角矩形 2

①选择法兰壁 2 作为草绘基准面，绘制一个矩形图形，如图 10-44 所示。

②对矩形进行倒角，完成草绘，作为草绘 4。

Step14 创建拉伸壁 3 完成范例

①单击【模型】选项卡【形状】组中的【拉伸】按钮，选择草绘 4，如图 10-45 所示。

②在【拉伸】工具选项卡中设置参数，单击【确定】按钮创建拉伸壁 3。至此这个范例制作完成，结果如图 10-46 所示。

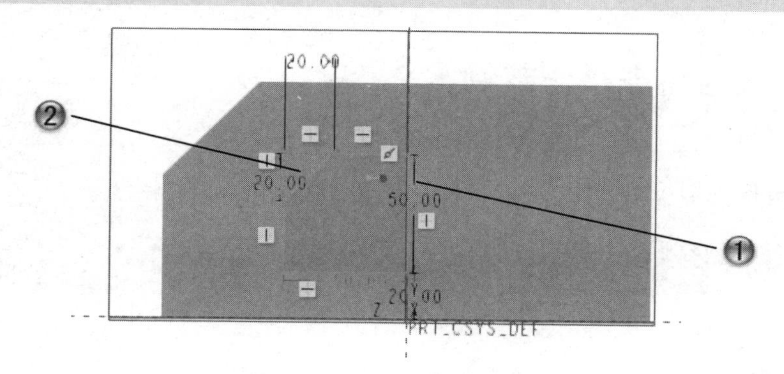

图 10-44　草绘倒角矩形 2

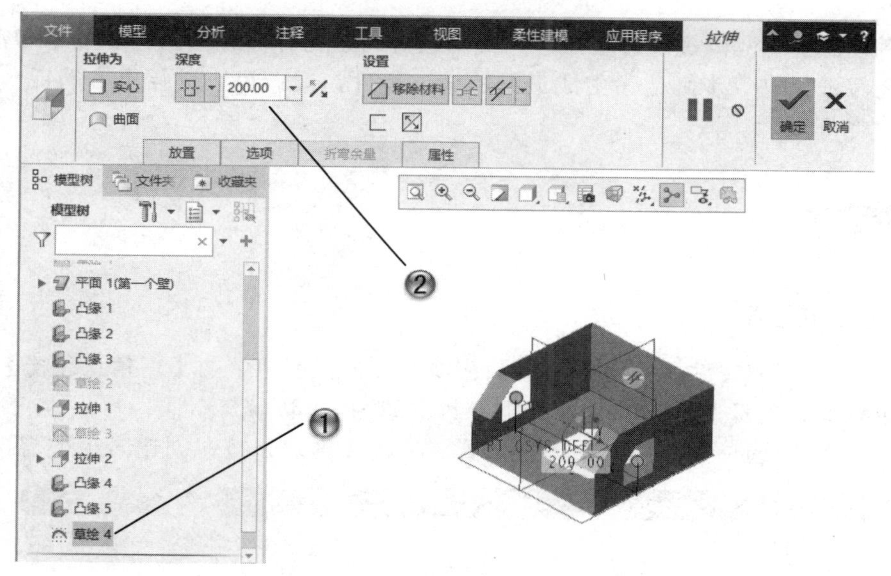

图 10-45　创建拉伸壁 3

图 10-46 机箱钣金件模型

10.3.2 钣金特征操作范例

本范例完成文件：范例文件/第 10 章/10-2.prt

多媒体教学路径：多媒体教学→第 10 章→10.3.2 范例

范例分析

本范例是在上一范例钣金件基础上，使用钣金特征操作，包括折弯、展平和混合设计，将机箱钣金件进行进一步细化，生成最终的钣金零件，读者可以进行更多的钣金操作实战练习。

扫码看视频

Step1 创建止裂槽

①打开上一范例文件，单击【模型】选项卡【工程】组中的【拐角止裂槽】按钮，打开【拐角止裂槽】工具选项卡，设置其中参数，如图 10-47 所示。

②在绘图区中选择钣金件上的创建位置，单击【确定】按钮创建出止裂槽。

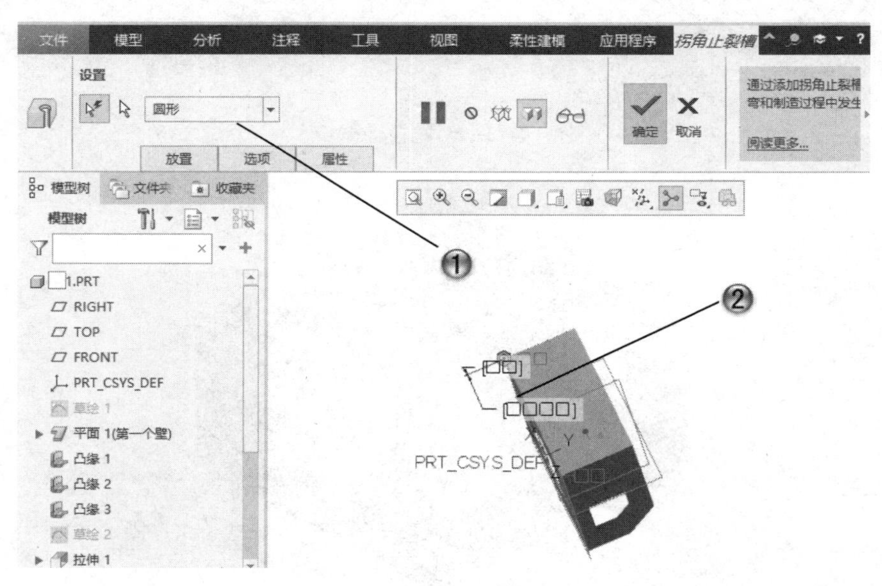

图 10-47　创建止裂槽

Step2 展平钣金

①单击【模型】选项卡【折弯】组中的【展平】按钮，打开【展平】工具选项卡，设置其中参数，如图10-48所示。

②在绘图区中选择钣金件，单击【确定】按钮完成展平设计。

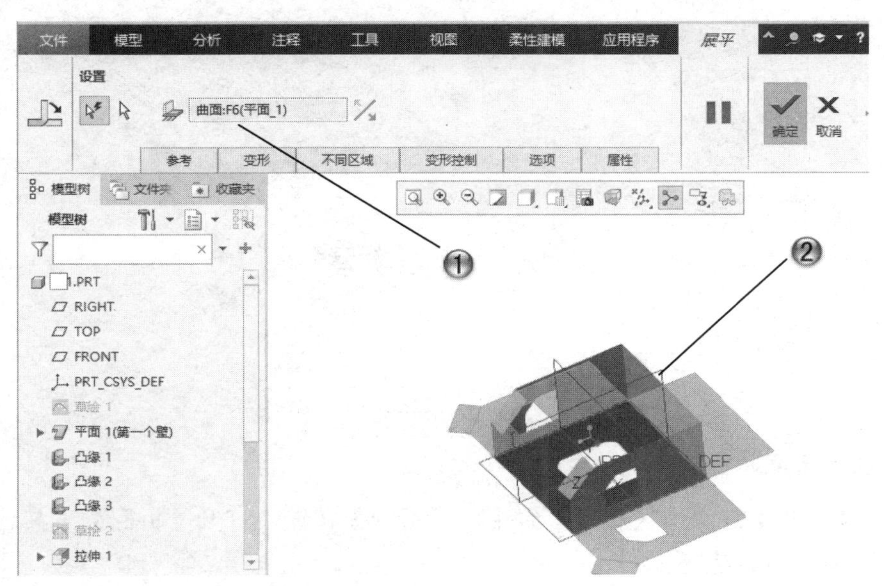

图10-48　展平钣金

Step3 草绘矩形和圆形

①选择展平面作为草绘基准面，绘制一个圆角矩形图形，如图10-49所示。

②绘制两个圆形，完成草绘图形，作为草绘5。

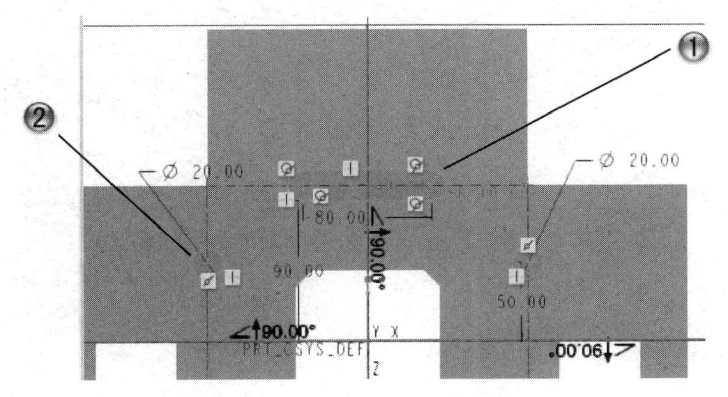

图10-49　草绘矩形和圆形

Step4 创建拉伸壁1

①单击【模型】选项卡【形状】组中的【拉伸】按钮，选择草绘5，如图10-50所示。

②在【拉伸】工具选项卡中设置参数，单击【确定】按钮创建拉伸壁1。

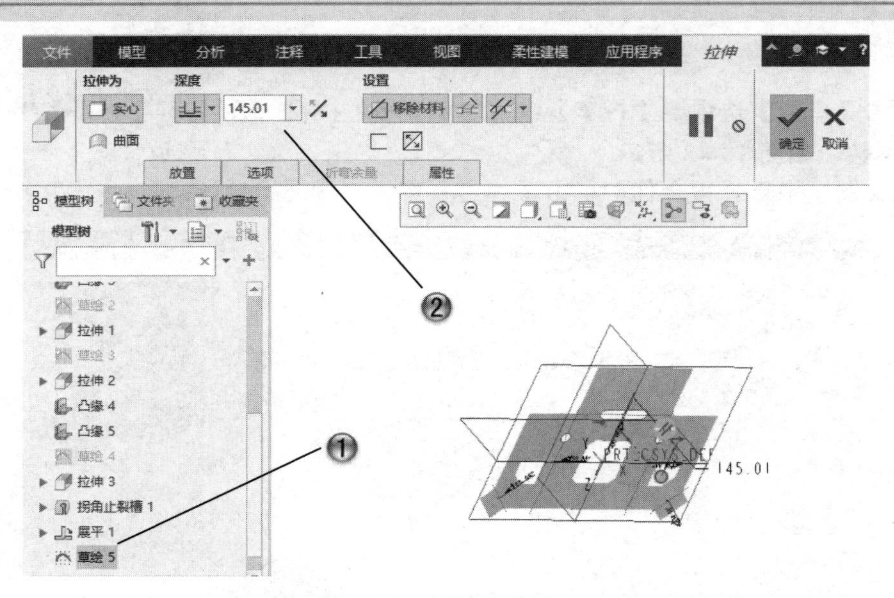

图 10-50　创建拉伸壁 1

Step5 创建折回特征

①单击【模型】选项卡【折弯】组中的【折回】按钮，打开【折回】工具选项卡，设置其中参数，如图 10-51 所示。

②在绘图区中选择钣金件要折回的部分，单击【确定】按钮完成折回特征。

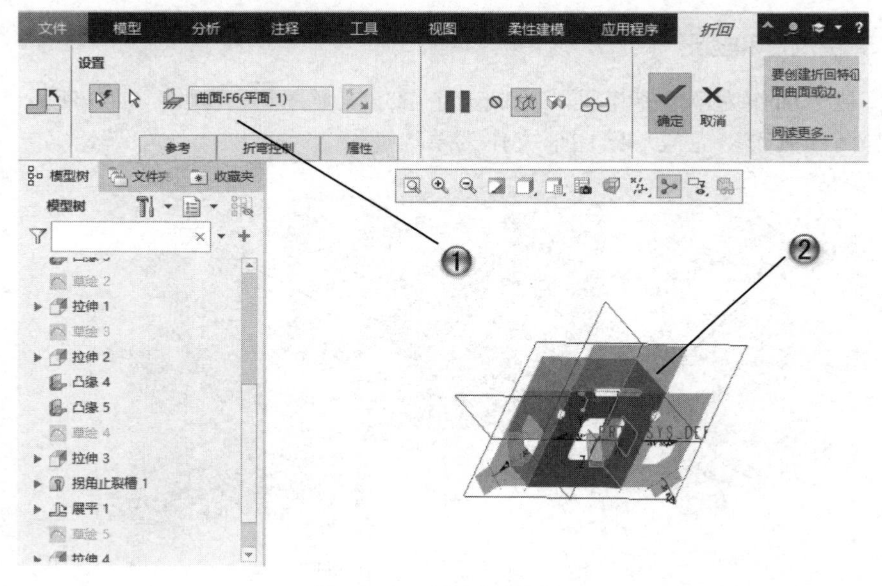

图 10-51　创建折回特征

Step6 草绘矩形

选择后边的法兰壁作为草绘基准面，绘制一个矩形，作为草绘 6，如图 10-52 所示。

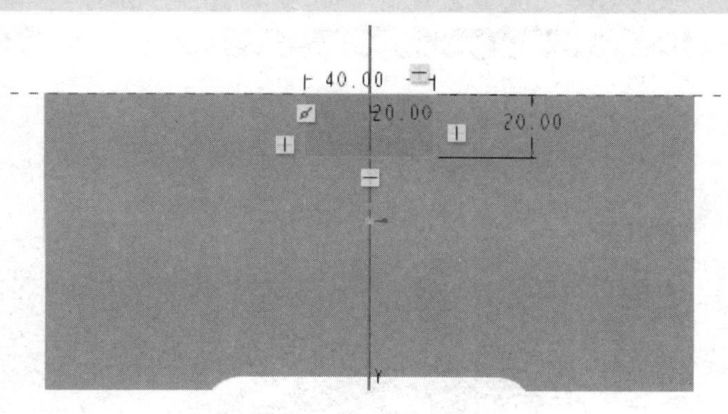

图 10-52　草绘矩形

Step7 创建拉伸壁 2

①单击【模型】选项卡【形状】组中的【拉伸】按钮，选择草绘 6，如图 10-53 所示。
②在【拉伸】工具选项卡中设置参数，单击【确定】按钮创建拉伸壁 2。

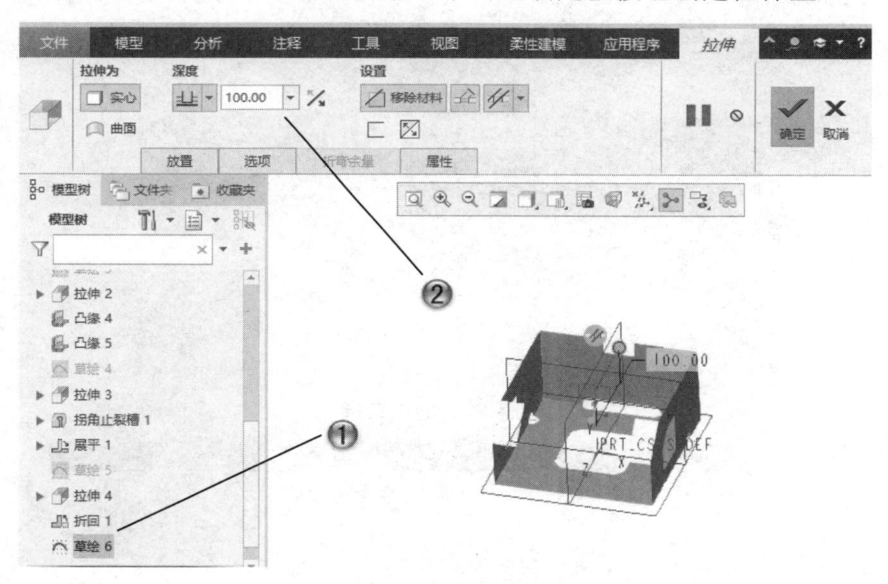

图 10-53　创建拉伸壁 2

Step8 创建法兰壁

①单击【模型】选项卡【形状】组中的【法兰】按钮，选择边线，如图 10-54 所示。
②在打开的【凸缘】工具选项卡中设置参数，单击【确定】按钮创建法兰壁。

Step9 草绘直线

选择上一步绘制的法兰壁作为草绘基准面，绘制一条直线，作为草绘 7，如图 10-55 所示。

Step10 创建折弯

①单击【模型】选项卡【折弯】组中的【折弯】按钮，选择草绘 7，如图 10-56 所示。

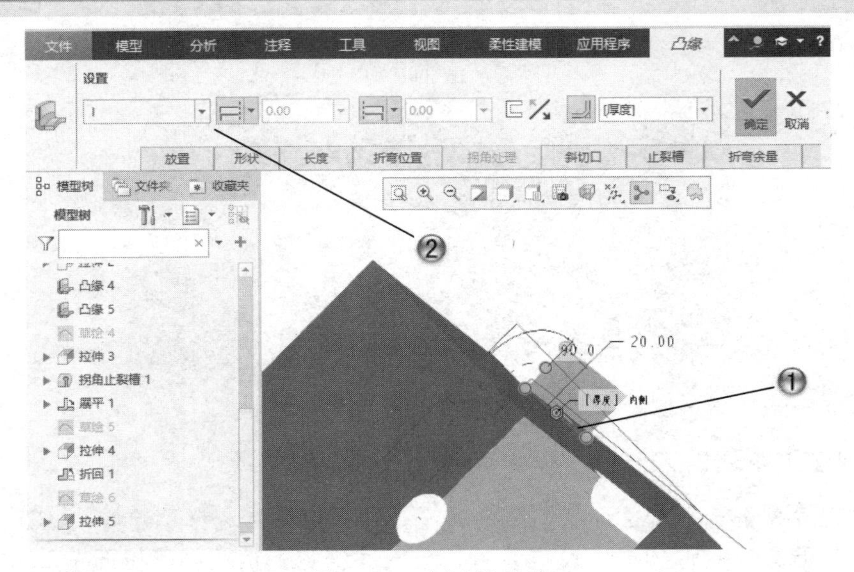

图 10-54　创建法兰壁

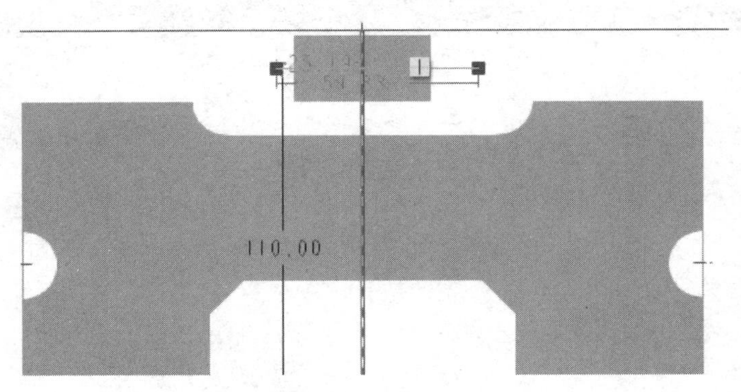

图 10-55　草绘直线

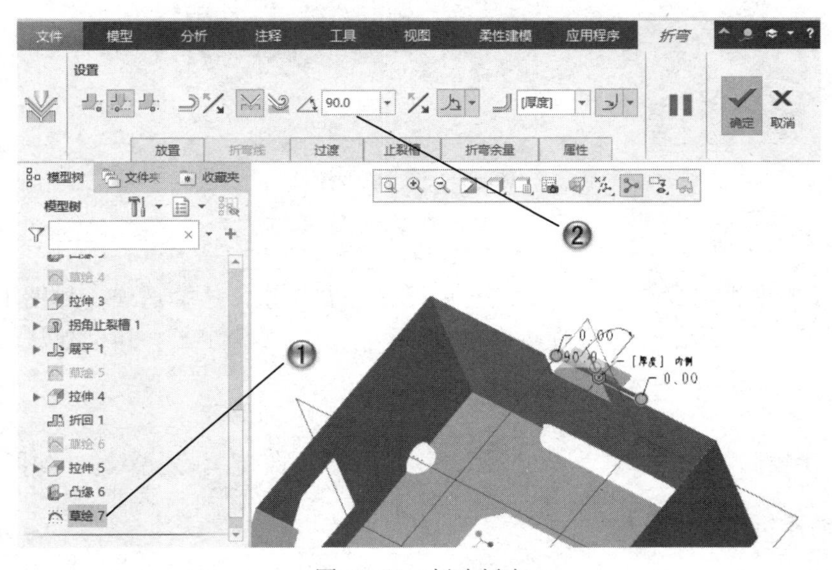

图 10-56　创建折弯

②在打开的【折弯】工具选项卡中设置参数，单击【确定】按钮创建折弯特征，结果如图 10-57 所示。

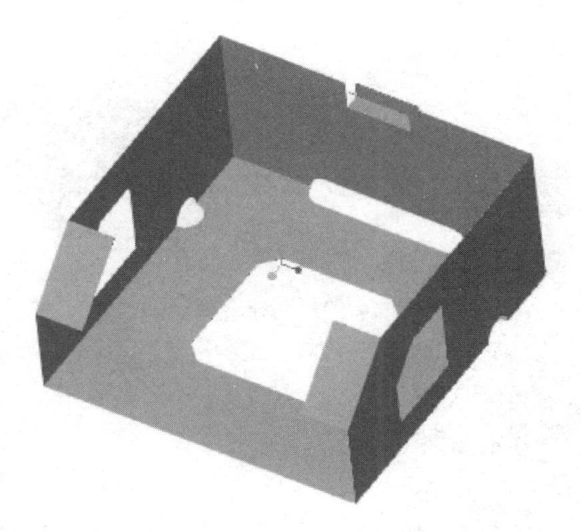

图 10-57　钣金折弯结果

Step11 草绘圆形 1

选择底平面作为草绘基准面，绘制一个圆形，作为草绘 8，如图 10-58 所示。

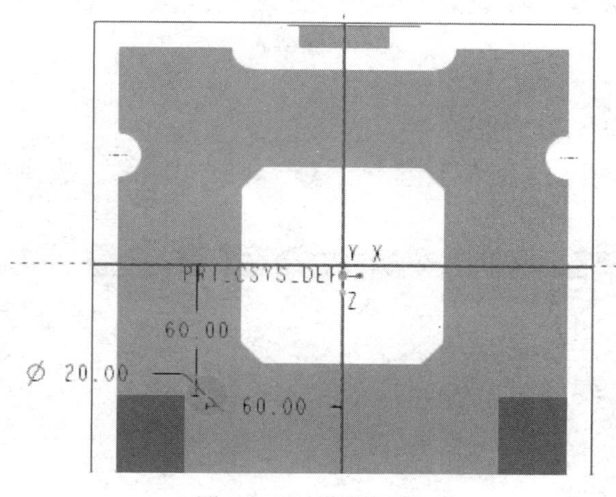

图 10-58　草绘圆形 1

Step12 创建基准平面

①单击【模型】选项卡【基准】组中的【平面】按钮，选择底平面，如图 10-59 所示。
②在打开的【基准平面】对话框中设置参数，平移 20，单击【确定】按钮创建基准平面。

Step13 草绘圆形 2

选择上一步创建的基准平面作为草绘基准面，绘制一个圆形，作为草绘 9，如图 10-60 所示。

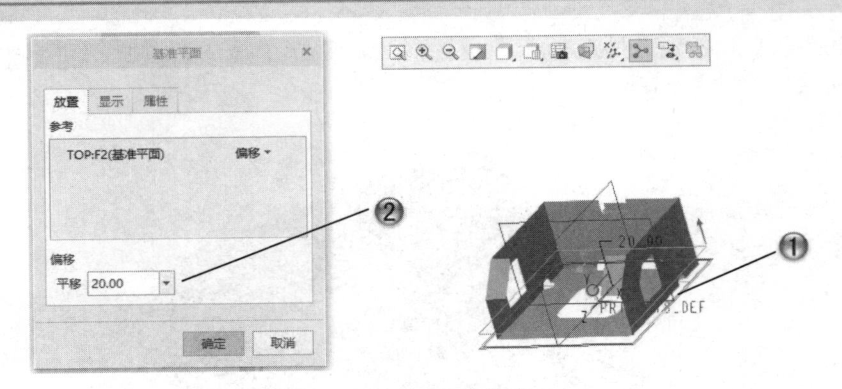

图 10-59　创建基准平面

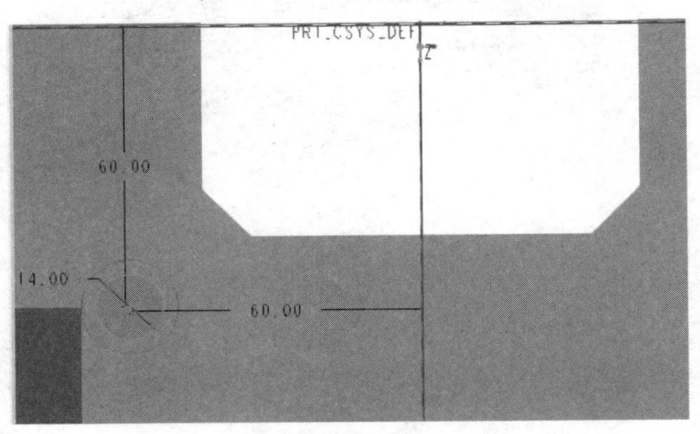

图 10-60　草绘圆形 2

Step14 创建混合特征

①单击【模型】选项卡【形状】组中的【混合】按钮，选择草绘 8 和草绘 9，如图 10-61 所示。

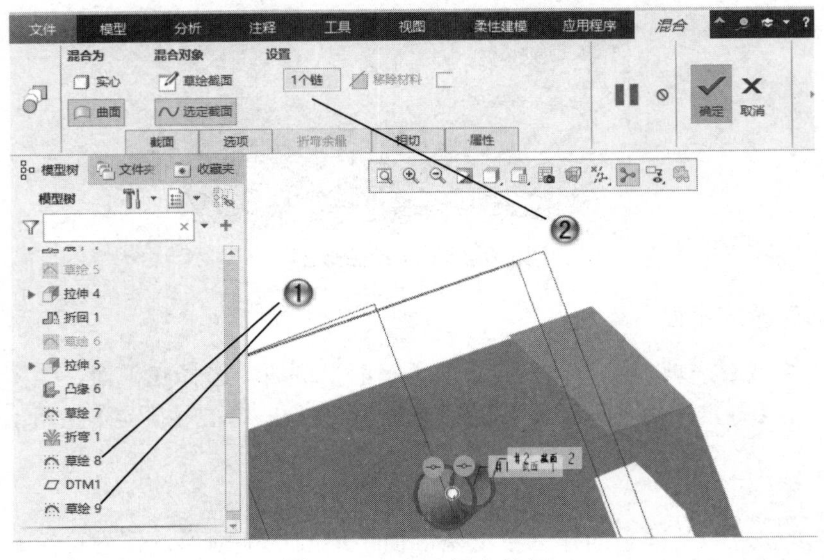

图 10-61　创建混合特征

②在打开的【混合】工具选项卡中设置参数，单击【确定】按钮创建混合特征。

Step15 镜像特征完成范例

①单击【模型】选项卡【编辑】组中的【镜像】按钮，选择混合特征，如图10-62所示。

②在打开的【镜像】工具选项卡中设置参数，单击【确定】按钮进行镜像，然后再将两个混合特征进行镜像。至此范例制作完成，结果如图10-63所示。

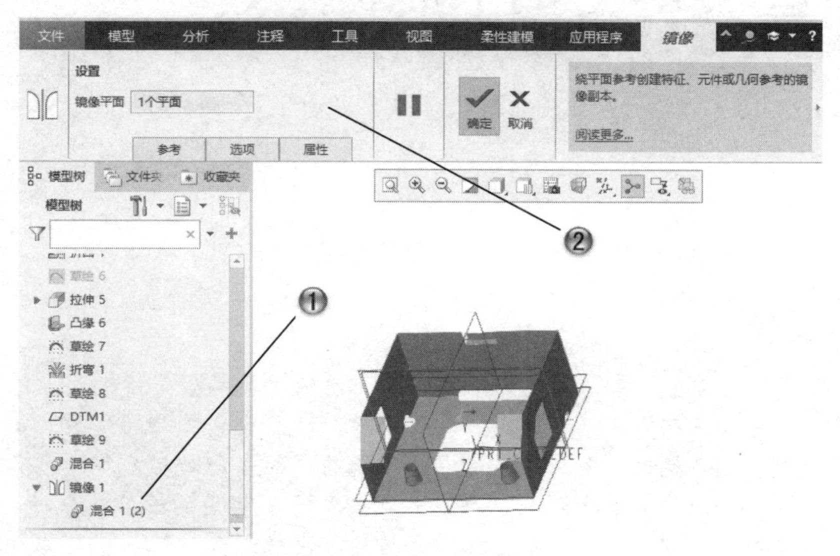

图10-62　镜像特征

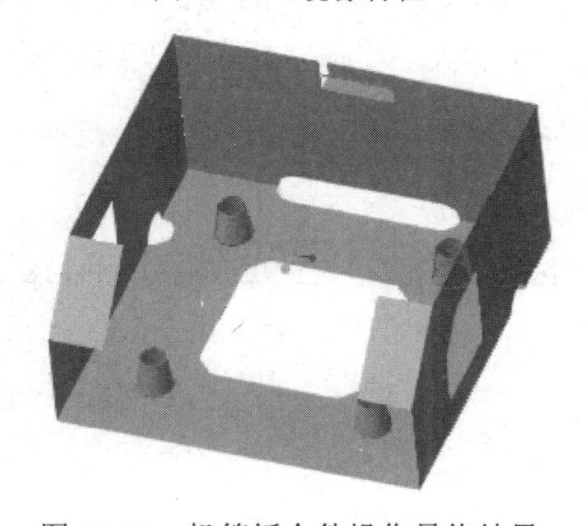

图10-63　机箱钣金件操作最终结果

10.4　本章小结

本章主要介绍了钣金设计基础，即如何创建钣金的各种壁特征、折弯特征和展平特征等，这些都是钣金的一些重要特征，也是钣金常用的特征。因此，希望读者能够认真学习和掌握这些内容，并多加练习。

第11章 模具设计基础

在工业生产和日常生活中所用的大部分物品都是通过模具生产出来的，尽管模具的种类繁多，但存在着众多相同或相似的特征。近年来，随着塑料工业的发展，塑料制品在制造业中所占的比重越来越大，塑料模具的需求增长将成为必然趋势。

Creo Parametric 8.0 中的模具设计模块提供了相当方便实用的设计及分析工具，使用户可以在最短的时间内从创建模具装配开始，通过分模面规划，到最后模具体积块产生，依次顺利地完成拆模工作。模具设计模块同时也提供拆模过程中必要的检查、分析功能。本章主要讲解 Creo Parametric 8.0 模具设计模块的基础设计方法，介绍模具设计模块的功能、用途以及基本操作。

11.1 模具设计基础知识和设计界面

使用 Creo Parametric 8.0 进行模具设计之前，先讲解一下基础知识，主要包括模具设计术语和设计过程的介绍，然后介绍模具设计环境和模型预处理方法。

11.1.1 模具设计术语介绍

结合 Creo Parametric 8.0 软件提供的功能，理解下面术语的含义，对使用 Creo Parametric 8.0 进行模具设计有很大帮助。

（1）设计模型

在 Creo Parametric 8.0 中，设计模型代表成型后的最终产品，它是所有模具操作的基础。设计模型必须是一个零件，在模具中以参考模型表示。假如设计模型是一个装配件，应在装配模式中合并成零件模型。设计模型在零件模式或直接在模具模式中创建。

在模具模式中，这些参考零件特征、曲面及边可以被用作模具组件参考，并将创建一个参数关系返回到设计模型。系统将复制所有基准平面的信息到参考模型。假如所有的层已经被创建在设计模型中，并且有指定特征给它时，这个层的名称及层上的信息都将从设计模型传递到参考模型。设计模型中层的显示状态也将被复制到参考模型。

（2）参考模型

参考模型是以放置到模块中的一个或多个设计模型为基础的，是实际被装配到模型中的组件。参考模型由一个合并的单一模型所组成，这个合并特征维护着参考模型与设计模型间的参数关系。如果需要额外的特征增加到参考模型，这会影响到设计模型。当创建多穴模具时，系统每个型腔中都存在单独的参考模型，而且都参考其他的设计模型。

（3）工件

工件表示模具组件的全部体积。工件应包围所有的模穴、浇口、流道及冒口。工件也可以是 A 或 B 板的装配或一个很简单的插入件，它可以被分割成一个或多个组件。工件可以全部都是标准尺寸，以配合机构标准，也可以是自定义标准配合的设计模型。

工件可以是一个在零件模块中创建的零件，或是直接在模具模块中创建的零件，只要它不是组件的第一个组件。模具组件是那些选择性的组件，在 Creo Parametric 8.0 中工作时，可以被加到模具中，其项目包括模具基础组件、干板、顶出梢、模仁梢及轴衬等。这些组件可以从模具基础库中找出，或像正规的零件一样在零件模块中创建。模具基础组件必须装配到模具中，假如使用一般的装配选项装配它们，系统会要求确认它们是属于工件还是模具基础组件。模具组件包含所有的参考零件、所有的工件及任何其他的基础组件或夹具，所有的模具特征将创建在模具组件中。

（4）模具装配模型

模具零件库能提供标准模座零件，这些零件是以相关模架提供公司的标准目录为基础的，零件的说明可以在 Creo Parametric 8.0 模具基础目录中查看。

11.1.2　模具设计过程

下面结合一个零件模型的模具设计过程，来说明 Creo Parametric 8.0 模具设计的基本流程，模具设计大致可以分成以下几个部分。

（1）零件成品

首先需要在零件模块或组件模块创建零件成品，即用于拆模的零件模型。也可以在其他 CAD 软件中创建零件成品，再通过文件交换将其三维造型数据输入 Creo Parametric 中，但使用这种方法有可能因为精度差异而产生几何问题，进而影响后面的拆模操作。

（2）模具装配

进入模具设计模块，首先需要进行的操作便是模具装配，即将零件成品与工件装配在一起。模具设计的装配环境与零件装配环境相同，同样通过约束条件的添加、设置来进行装配操作。这里的工件可以事先创建，也可在装配过程中创建。

（3）模具检验

为了确认零件成品的厚度及拔模角是否符合设计要求，在开始拆模前必须先检验模型的厚度、拔模角等几何特征。若零件成品不满足设计要求，应返回零件设计模块进行修改。

（4）设置收缩率

不同的材料在射出成形后会有不同程度的体积变化，为了弥补此体积变化的误差，需要在模具设计模块设定零件成品的收缩率。

可以分别对 *X*、*Y*、*Z* 三个坐标轴设置不同的收缩率，也可以对某个特征或尺寸进行个别设置。

（5）创建分型面

采用分割的方式创建公模和母模，需要创建一个曲面特征作为分割的参考，这个曲面特征就是分型面。创建分型面与创建一般曲面特征相同。

如果零件成品的外形比较复杂，其分型面也会比较复杂，因此对于分型面的创建需要熟练掌握曲面特征的操作。

（6）创建体积块

创建模具体积块有两种方式，一是利用分型面分割工件产生公模和母模；二是直接创建模具体积块。

（7）模具开启

通过开模步骤的设置来定义开模操作顺序，以进行开模操作模拟。

11.1.3　模具设计环境与界面

下面首先介绍进入模具设计环境的方法，以及模具设计界面和【模具】选项卡。

（1）进入模具设计环境

选择【文件】|【新建】菜单命令或单击【快速访问工具栏】中的【新建】按钮，系统将出现【新建】对话框，如图 11-1 所示。Creo Parametric 8.0 模具设计模块属于制造类型，所以新建模具设计文件时应在【新建】对话框中选中【类型】为【制造】,【子类型】为【模具型腔】。

如果取消启用【使用默认模板】复选框，则单击【确定】按钮后，会出现如图 11-2 所示的【新文件选项】对话框，在对话框中选用相应【模板】，然后单击【确定】按钮，即可进入模具设计环境。

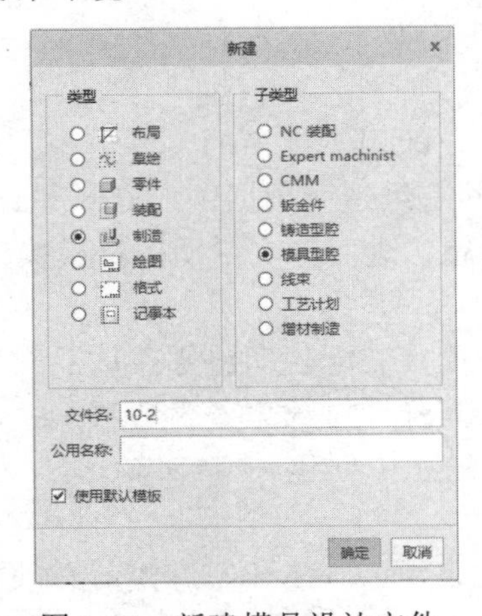

图 11-1　新建模具设计文件

图 11-2　【新文件选项】对话框

（2）模具界面介绍

Creo Parametric 8.0 模具设计模块的工作界面与其他模块一样，其操作方式也基本相同，包括命令提示栏、工具栏、选项卡、显示窗口及模型树等，如图 11-3 所示。其中的【模具】选项卡，其图标从左至右的排列顺序与后面将要介绍到的模具设计流程大致相同，按照此选项卡的命令顺序操作，便可以完成模具的设计工作。

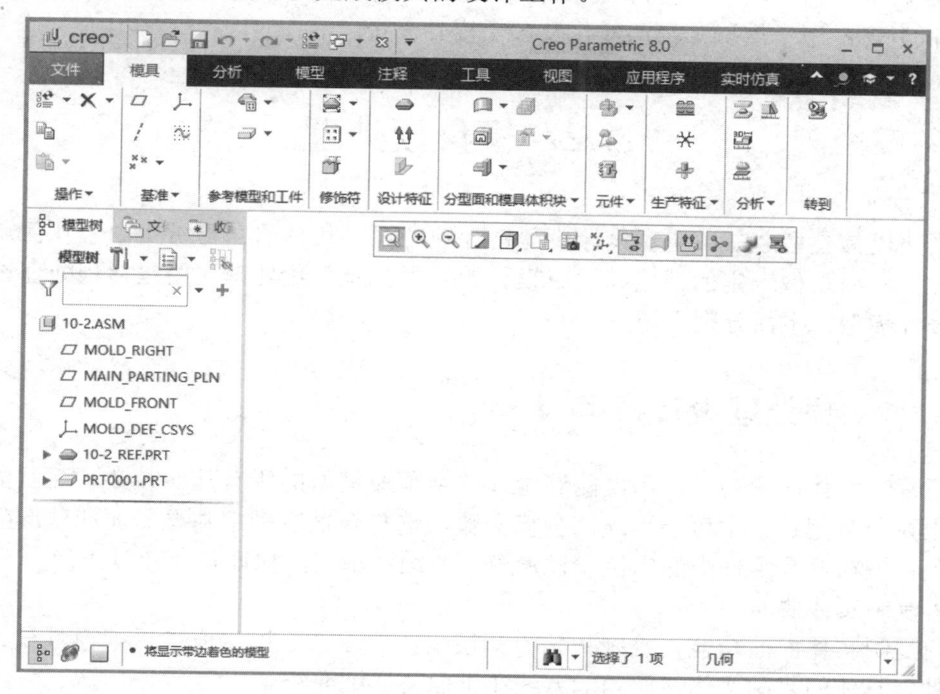

图 11-3　模具设计模块工作界面

（3）【模具】选项卡介绍

进入模具设计环境后，工作界面同时出现【模具】选项卡。

【模具】选项卡如图 11-4 所示，各选项的排列顺序与模具设计的基本流程大致相同。首先简单介绍各菜单组的功能，以对其具体应用有一个整体上的认识。

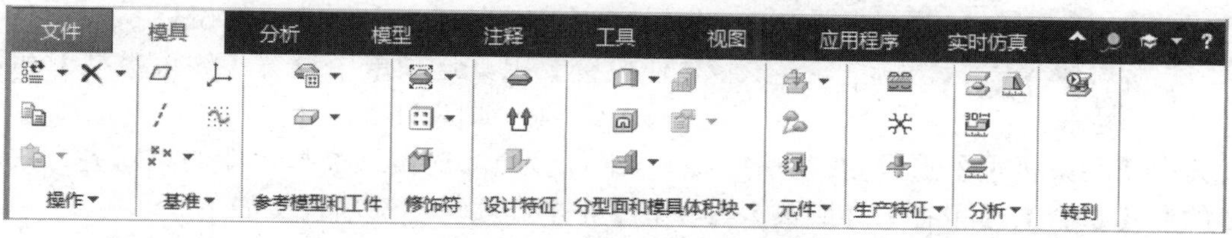

图 11-4　【模具】选项卡

【参考模型和工件】组：用于创建模具参考模型。零件成品及工件的装配、创建等均在此组的命令下进行。

【修饰符】组：用于收缩率的设置、阵列模型及模型制作的分类。

【设计特征】组：用于创建轮廓曲线、修改拖拉方向及生成拔模线。

【分型面和模具体积块】组：用于创建分型面、模具体积块、连接体积块和重命名特征。

【元件】组：将创建完成的体积块抽取出来，以产生零件模型文件，也可以采用创建或装配的方式直接产生。

【生产特征】组：用于生成模具等高线、流道、顶杆孔等特征。

【分析】组：用于模拟开模的操作及各项模具分析。

11.2 模具预处理

在创建模具模型之前，应对设计模型进行预处理，其目的在于防止由于几何缺陷导致分模失败，对模型做一定的调整和适应设计的变更。模具预处理主要包括预处理设计模型和检查设计模型，下面分别介绍。

11.2.1 预处理设计模型

使用复制实体曲面功能，不仅能够验证并继承原模型的所有几何参数，而且能够在一定程度上避免分型过程中可能出现的分模失败。选择合适的模型基准平面和基准坐标系，便于参照模型在模具组件中的定位。设置模具的绝对精度，保证几何计算正确。

（1）复制实体曲面

使用复制实体曲面功能，复制初始设计模型的曲面，可以生成供后续模具设计所用的参考元件。具体的复制实体曲面功能方法在下面将详细介绍。

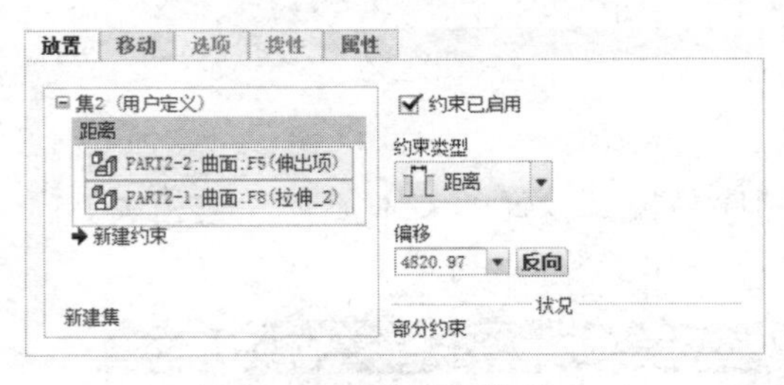

图 11-5 【放置】选项卡

进入工作界面后，单击【模型】选项卡【元件】组中的【组装工件】按钮，系统自动弹出【打开】对话框，默认为用户刚才指定的工作目录，选择待建模零件，单击【打开】按钮，零件添加到工作界面，系统会自动生成零件的参考坐标系。用户也可以自定义零件放置的坐标系，并在【元件放置】工具选项卡中设置【约束类型】和【偏移】选项，如图 11-5 所示。

其中【约束类型】选项定义元件参照与组件参照间的偏移类型，即约束对齐方式，最主要的有【重合】、【平行】、【距离】、【偏移】4 个选项，各选项含义如下。

- 【重合】选项：将元件放置于和组件重合的位置。
- 【平行】选项：将元件参照定向于组件参照。
- 【距离】选项：将元件偏移放置到组件参照。
- 【偏移】选项：可以设置偏移距离。

在【元件放置】工具选项卡中，单击【用户定义】所在的下拉列表，可定义元件所属组件的约束集，如图 11-6 所示，各选项含义如下。

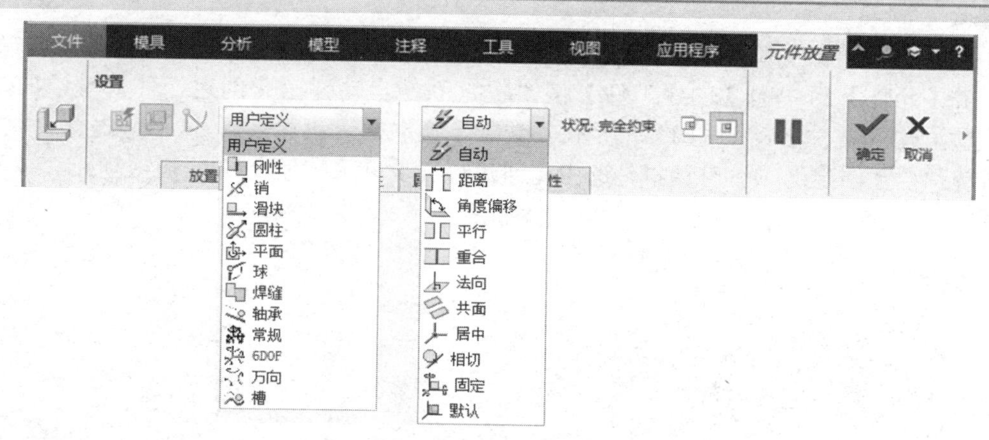

图 11-6 【元件放置】工具选项卡

- 【用户定义】：用户自定义约束集。
- 【刚性】：使用预定义的约束定义刚性约束集。
- 【销】：使用预定义的约束定义销钉约束集。
- 【滑块】：使用预定义的约束定义滑动杆约束集。
- 【圆柱】：使用预定义的约束定义圆柱约束集。
- 【平面】：使用预定义的约束定义平面约束集。
- 【球】：使用预定义的约束定义球约束集。
- 【焊缝】：使用预定义的约束定义焊接约束集。
- 【轴承】：使用预定义的约束定义轴承约束集。
- 【常规】：使用预定义的约束定义一般约束集。
- 【6DOF】：使用预定义的约束定义 6DOF 约束集。
- 【万向】：使用预定义的约束定义多方向约束集。
- 【槽】：使用预定义的约束定义槽约束集。

在【元件放置】工具选项卡中，单击【自动】所在的下拉列表，用户可在此选择元件参照与组件参照间的约束条件，如图 11-6 所示，各选项含义如下。

- 【自动】：基于所选参照的自动约束。
- 【距离】：将一个元件与组件距离配对。
- 【角度偏移】：将元件参照与组件参照偏移一定角度。
- 【平行】：将元件参照与组件参照平行。
- 【重合】：将元件参照面重合到组件参照中。
- 【法向】：将元件坐标系与组件坐标系法向对齐。
- 【共面】：将点与线移动到同一面。
- 【居中】：将点与曲面居中对齐。
- 【相切】：将一个元件曲面定义为与组件参照相切。
- 【固定】：将元件固定到当前位置。
- 【默认】：在默认位置装配元件。

所有选项都设置好以后，单击【元件放置】选项卡上的【确定】按钮✔，完成零件添加。

单击【元件】组中的【创建工件】按钮，系统自动弹出【创建元件】对话框，接受默认选项，输入文件名，如图 11-7 所示，单击【确定】按钮。

系统弹出【创建选项】对话框，选中【创建特征】单选按钮，如图 11-8 所示，单击【确定】按钮。

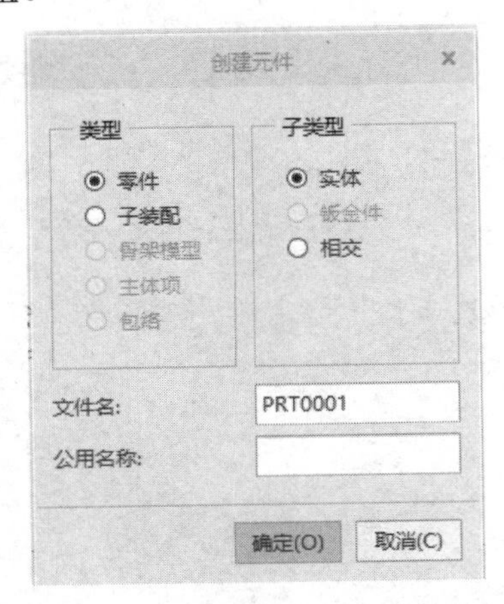

图 11-7 【创建元件】对话框

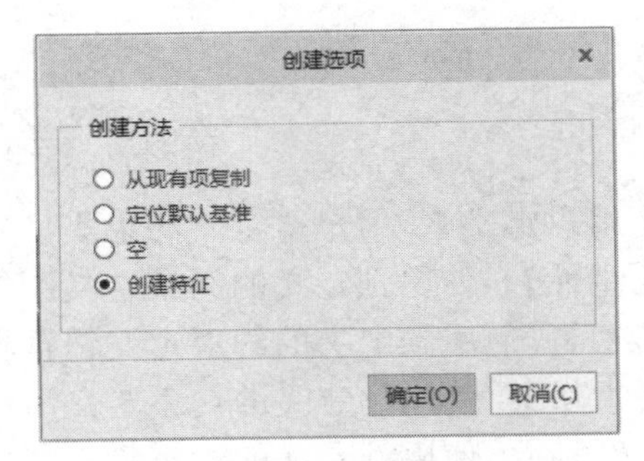

图 11-8 【创建选项】对话框

在绘图区单击选取元件的任意曲面，在此曲面上单击鼠标右键，在弹出的快捷菜单中选择【实体曲面】命令，完成对零件实体表面的选取，如图 11-9 所示。

单击【编辑】组中的【复制】按钮，接着单击【编辑】组中的【粘贴】按钮，元件以网格状显示，并且弹出相应的选项卡，单击【确定】按钮，完成对实体表面的复制。

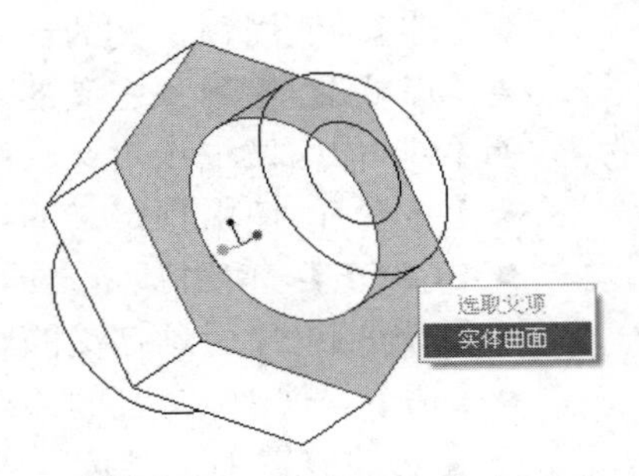

图 11-9 选取零件实体表面

单击选中模型树最上端的【组件】图标，并单击鼠标右键，在弹出的快捷菜单中选择【重新生成】命令，如图 11-10 所示。

选择【文件】|【保存】菜单命令，或者单击【快速访问工具栏】中的【保存】按钮，将新建组件保存在指定的工作目录下。

（2）放置模型基准平面和基准坐标系

复制实体曲面得到的模型中没有基准参照，一些由“IGES”或“STEP”文档导入得到的设计模型也没有基准参照，会为后续模具设计带来不便，因此有必要添加模具基准，为了便于参照模型在模具组件中的定位，往往需要重新设计放置模型的基准平面和基准坐标系。

单击【模型】选项卡【基准】组中的【平面】按钮、【坐标系】按钮等，为模型建立新的基准，保存后退出，以备零件模具设计时使用，如图 11-11 所示。PRT.CSYS.DEF 为新建坐标系。

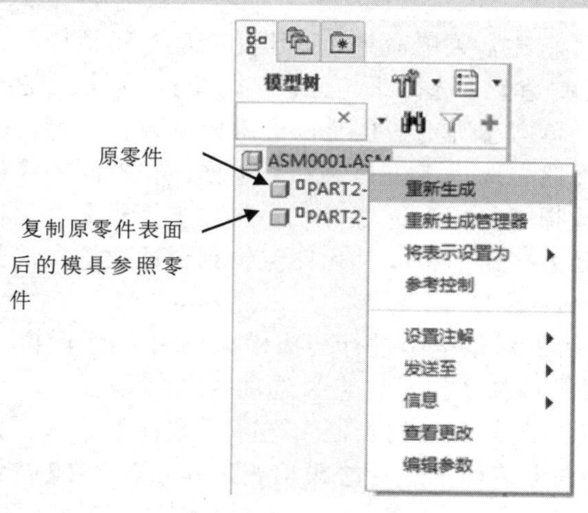

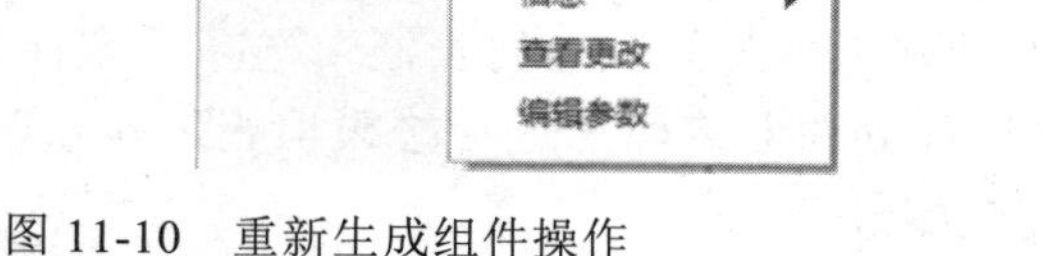

图 11-10　重新生成组件操作

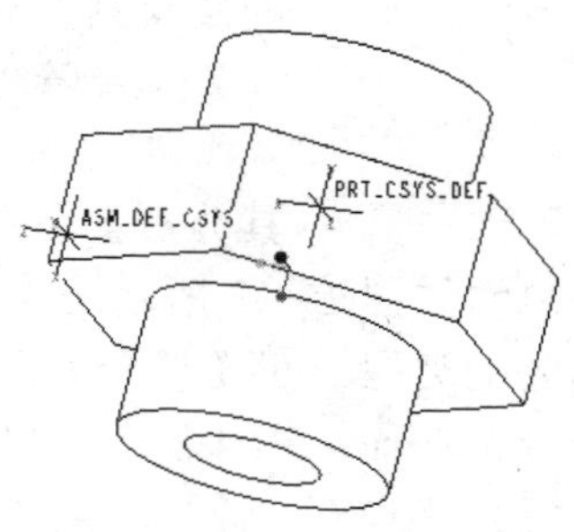

图 11-11　建立新坐标系

注意：

为模型确定恰当的坐标系需要注意以下三点。

（1）大致位于模型的几何中心，以方便后续操作，如型腔的布局；

（2）*XY* 平面尽量位于分型平面上；

（3）*Y* 轴应指向模具的 TOP 方向、*Z* 轴应指向母模仁（Cavity）方向。

（3）设置模具绝对精度

模具设计中使用绝对精度，并要求保持参照模型、工件和模具组件的绝对精度相同，从而避免由于可能存在三者精度冲突，而导致分模失败问题的发生。但在模具设计中有时会调用一些 IGES 文件或一些其他格式的三维模型建模，或者在大零件上放置较小的特征，这些操作都可能带来绝对精度的不一致。因此，本小节着重介绍如何设置系统的绝对精度，确保参照模型、工件、组件三者的绝对精度相同。在默认情况下，零件精度有效值范围为 0.01～0.0001。

模具预处理前期工作基本完成后，进入模具设计阶段，并进行模具预处理后期工作，即检查设计模型。

11.2.2　检查设计模型

在开模之前，通常要对模具进行检查，以确定生成零件的一些特性满足模具的要求。对模具的检查包括有拔模角度、水线、厚度、分型面的检查和投影面积的计算等。使用模具检查功能可以分析设计模型是否有足够的拔模和合适的厚度，在【模具】选项卡【分析】组中可以选择对模型进行拔模检查或厚度检查。

（1）拔模检查

铸模的过程要求模型的表面具有拔模斜度，以便从模具中取出零件。拔模斜度是一种特征，一般应当在开始设计模具之前将它增加到设计模型中，也可以在模具模式中将其增加到参照模型中，这样不会影响设计模型。

选择【文件】|【新建】菜单命令，弹出【新建】对话框，在【类型】选项组中选中【制造】单选按钮，在【子类型】选项组中选中【模具型腔】单选按钮，单击【确定】按钮，进入模具设计环境，在弹出的【模具】菜单管理器中选择【模具元件】选项，在打开的【模具元件】菜单管理器中选择【装配】选项，在弹出的【打开】对话框中选择零件，单击【打开】按钮，将模具元件定位到合适位置，选择【模具分析】命令按钮，如图 11-12 所示。

分析▾

图 11-12　选择【模具分析】命令按钮

在弹出的如图 11-13 所示的【模具分析】对话框中进行与拔模检查相关的操作。

选择分析类型：在【类型】下拉列表中选择【拔模检查】选项。

选择分析曲面：在【定义】选项组【曲面】下拉列表框中选择【零件】选项。则对整个零件进行拔模检查，否则对零件的部分曲面或面组进行拔模检查，单击【选取】按钮，在绘图区选择刚打开的待拔模检查的零件。

选择拖动方向：在【拖动方向】下拉列表框中选择【平面】选项，则按照用户选择的平面法线方向进行拔模检查，否则将按照用户指定的坐标系或某一边或轴所在方向进行拔模检查。单击【选取】按钮，在绘图区单击选择零件底面所在的平面，在弹出的【选取】对话框中单击【确定】按钮。单击【反向方向】按钮，则在这些方向的相反方向进行拔模检查。

设置拔模角度：在【角度选项】选项组中选中【单向】或【双向】单选按钮（二者的区别是拔模角度的变化范围，单向只在选定的拔模方向显示角度变化，双向则在拔模方向和其反方向都有角度变化的显示）后，在【拔模角度】文本框中输入设置。

显示拔模角度变化：在【计算设置】选项组中单击【显示】按钮，系统弹出如图 11-14 所示的【拔模检查-显示设置】对话框，在该对话框中可对元件拔模角度变化的显示方式进行设置，系统提供了三种显示方式，分别是以线性比例方式显示拔模角度、以对数比例方式显示拔模角度和以双色着色方式显示拔模角度。【色彩数目】是在以色谱显示拔模角度时将拔模元件按照所选择的色彩数目进行等分。【条纹着色】是将颜色以条纹进行分隔显示。【动态更新】是使用户在选择过程中所做的修改能随时更新后显示。

图 11-13　【模具分析】对话框

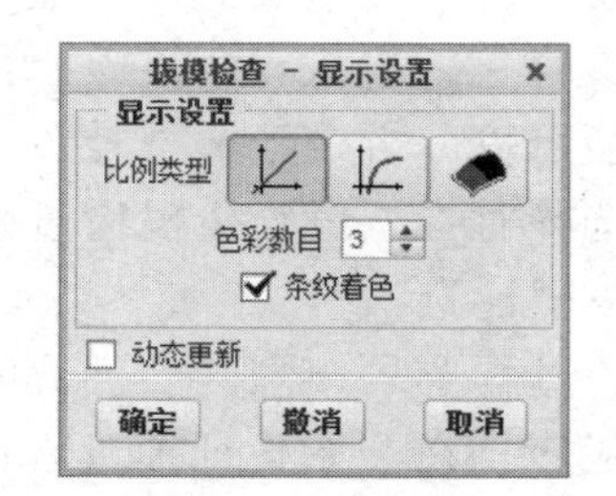

图 11-14　【拔模检查-显示设置】对话框

单击【计算设置】选项组中的【计算】按钮，则弹出按照用户设置生成的光谱图，同时在工作界面将看到与光谱图对应的以彩色显示的零件拔模检查效果。

保存拔模检查：展开【已保存分析】选项组，输入用户定义的拔模检查名称，单击【保存】按钮，保存检查结果，单击【关闭】按钮，完成拔模检查。

（2）厚度检查

使用厚度检查功能可以确定在参照零件中指定区域的厚度是否大于或小于指定的最大值或最小值。在拔模检查后，单击【分析】组中的【厚度检查】命令按钮，可以对元件进行厚度检查。

在弹出的【模型分析】对话框中定义厚度检查选项：

单击【零件】选项下的【选取】按钮，在绘图区选择待检查零件；

在【设置厚度检查】选项下有两种检查方式供用户选择：【平面】和【层切面】。

● 如果单击【平面】按钮进行操作，则步骤如下：

该选项用于检查所选平面的厚度。要检查所选平面的厚度，用户选取检查厚度的平面，输入厚度的最大和最小值。

全部设置完成后，返回到【模型分析】对话框，在【厚度】选项组启用【最大】或【最小】复选框，在其后的文本框中输入指定检查厚度的最大值和最小值。单击【计算】按钮，系统创建用户选定对象的厚度检查，在绘图区将显示指定平面的厚度检查结果，如图 11-15 所示。

● 如果在【模型分析】对话框单击【层切面】按钮进行操作，则步骤如下：

该选项用于检查以某个间距值等量增加的一系列平行平面的厚度。对参照零件执行厚度检查后，系统将用剖面线表示符合厚度范围，将横截面内大于最大壁厚的区域以红色剖面线显示，而小于壁厚的区域以其他颜色的剖面线显示，如图 11-16 所示。

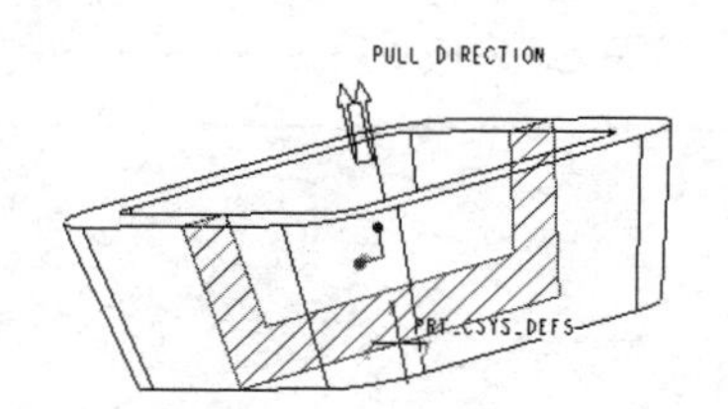

图 11-15　绘图区厚度检查结果

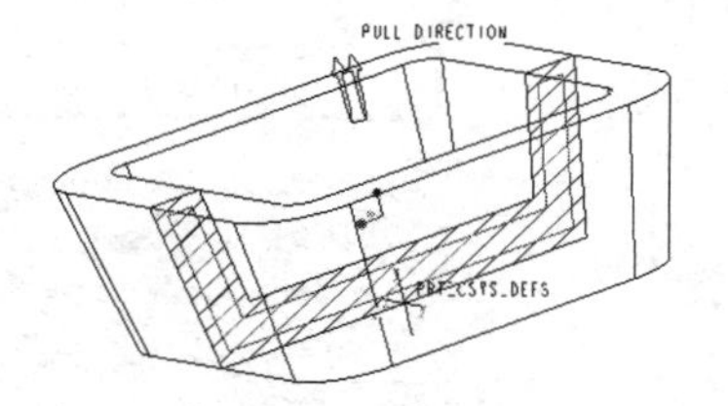

图 11-16　壁厚检查结果显示

为了更加清晰地察看每一个切面的厚度是否超出设定范围，用户只需单击【结果】选项组中的【信息】按钮，则系统弹出如图 11-17 所示的信息窗口，显示每一个切面的厚度与最大、最小值的关系。

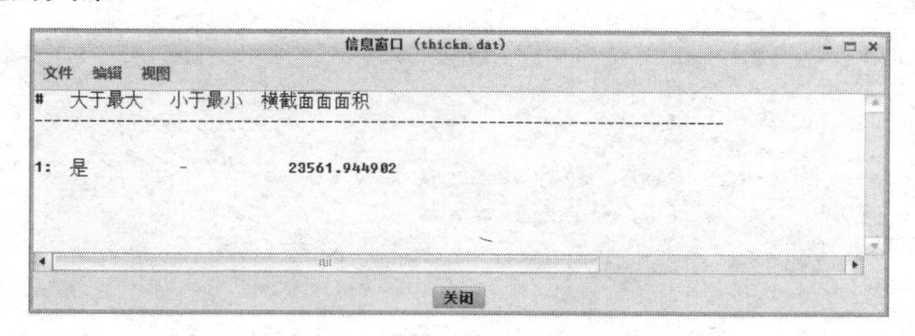

图 11-17　信息窗口

保存厚度检查：展开【已保存分析】选项组，输入用户定义的厚度检查名称后单击【保存】按钮，保存检查结果，单击【关闭】按钮，完成厚度检查。

11.3 模具型腔布局

对参考模型进行预处理后，可以将其加载到模具模块开始模具设计。应根据注射机的最大注射量、最大锁模力或者塑件的精度要求计算模具的型腔数，再根据计算结果加载到参考模型，之后需要向模具中添加工件，以包裹参考模型构成型腔“毛坯”，由于塑料从热模具中取出并冷却到室温时会发生收缩，用户需要设置模具收缩率以反映这一变化。

11.3.1 创建工作目录和模具文件

下面介绍创建工作目录和模具文件的方法。

（1）创建工作目录

模具的创建过程中会产生多个文件，为了方便管理这些文件，可以将它们保存在与模具文件相同的目录下，因此，首先介绍如何创建工作目录。

打开 Creo Parametric 8.0，选择【文件】|【选项】菜单命令，在弹出的【Creo Parametric 选项】对话框中将当前工作目录指向模型文件所在的文件夹（见图 11-18），或指向某一个特定的文件夹，这样可以将设计的模型文件备份到工作目录中，选择完成后单击【确定】按钮。

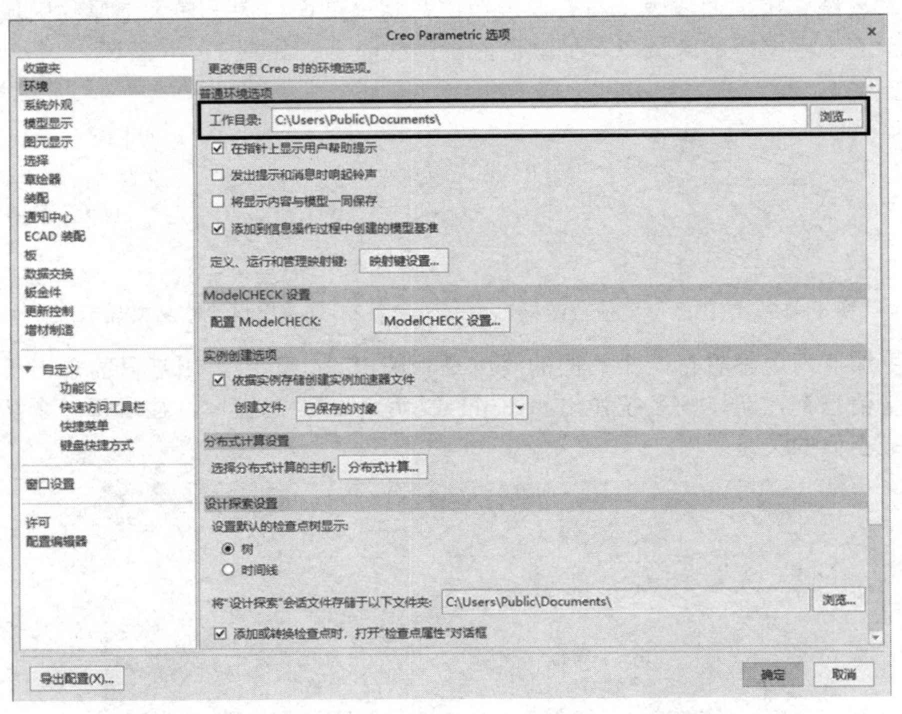

图 11-18 【Creo Parametric 选项】对话框

（2）创建模具文件

打开 Creo Parametric 8.0，选择【文件】|【新建】菜单命令或单击【快速访问】工具栏中的【新建】按钮，在弹出的【新建】对话框【类型】选项组中选择【制造】单选按钮，在【子类型】选项组中选择【模具型腔】单选按钮，在【名称】文本框中输入模具模型的名称，取消启用【使用默认模板】复选框，单击【确定】按钮。在弹出的【新文件选项】对话框中选择【mmns_mfg_mold】选项，单击【确定】按钮。

11.3.2　装配零件成品

进入模具设计环境后，可以进行零件成品与工件的装配，与之相关所有命令都包含在【模具】选项卡的【参考模型和工件】组中。

在【参考模型和工件】组中可以选择采用装配的方式（或创建的方式）将零件成品及工件加入模具装配文件中。在创建多腔模具时，可以使用【定位参考模型】命令来规划参考模型的排列方式及位置。

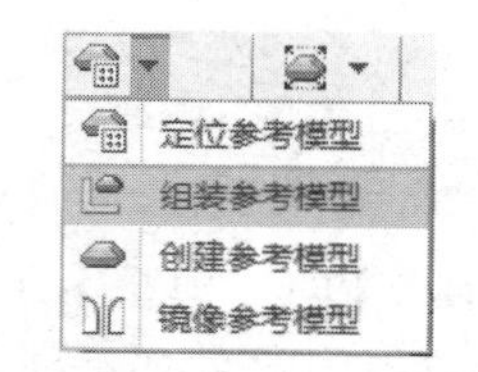

图 11-19 【组装参考模型】命令

如果在【参考模型和工件】组中选择【组装参考模型】命令，如图 11-19 所示，可以打开【打开】对话框，选择一个现有的参考模型进行装配。随参考模型打开的还有【元件放置】工具选项卡，如图 11-20 所示。其定位方式与装配组件的方式相同。

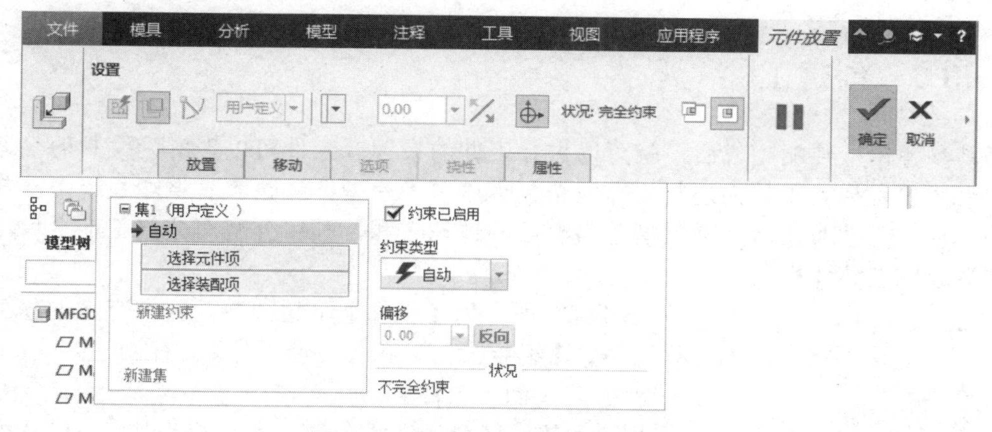

图 11-20 【元件放置】工具选项卡

装配零件成品或工件时，系统出现【打开】对话框，提示选择实体作为参考模型的零件成品或工件，选择实体后即进入装配环境，添加足够的约束条件即可完成装配。完成装配后，系统出现如图 11-21 所示的【创建参考模型】对话框。下面介绍一下其中的 3 种参考模型类型。

（1）【按参考合并】：Creo Parametric 会将选定的零件成品完全一样的复制到模具装配体中，后续的一些操作（设置收缩、创建拔模、倒圆角和应用其他特征）都将在参考复制的模型上进行，而所有这些改变都不会影响零件成品。

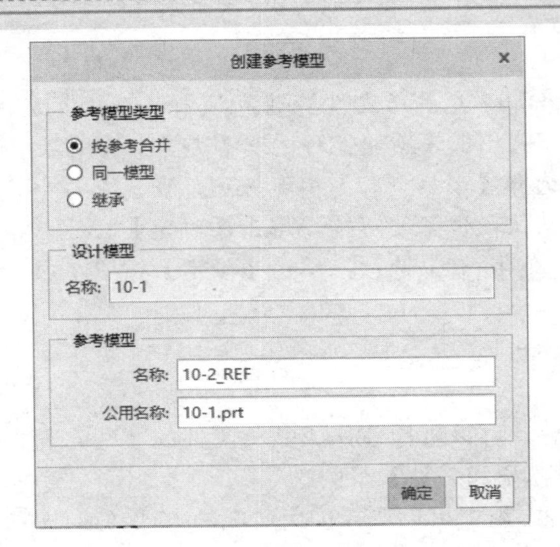

图 11-21 【创建参考模型】对话框

（2）【同一模型】：Creo Parametric 会将选定的零件成品直接装配作为参考模型，以后的拆模直接对零件成品进行。

（3）【继承】：参考模型继承零件成品中的所有几何和特征信息。可指定在不更改零件成品情况下，要在参考模型上进行修改的几何及特征数据。该选项为在不更改零件成品的情况下，修改参考模型提供更大的自由度。

11.3.3 创建工件

模具参考模型装配完成后，就可以进行工件的设置。工件可以理解为模具的毛坯，所以有的书中也称模具工件为坯料，它完全包裹着参考模型，还包容着浇注系统，冷却水线等型腔特征。工件等于所有模具型腔与型芯的体积之和，利用分型面分割工件之后，就可以得到型腔或型芯体积块。

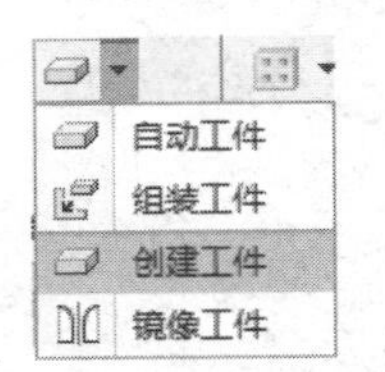

图 11-22 【工件】下拉菜单

如图 11-22 所示为【工件】下拉菜单。其中有【创建工件】、【自动工件】、【组装工件】和【镜像工件】4 种创建方式。

（1）手动【创建工件】

采用手动方式【创建工件】时，系统弹出如图 11-23 所示的【创建元件】对话框，通常在【类型】选项组选中【零件】单选按钮，在【子类型】选项组中有三个单选按钮，其中选择【实体】单选按钮表示创建实体模型作为工件，选择【钣金件】单选按钮表示创建钣金件作为工件，选择【相交】单选按钮表示相交的多个零件生成工件。

选择【实体】单选按钮，输入工件名称或接受系统默认工件名称后，单击【确定】按钮，进行下一步操作。

系统弹出如图 11-24 所示的【创建选项】对话框，如果内存中有工件，选中【从现有项复制】单选按钮；在【创建方法】选项组选中【创建特征】单选按钮，单击【确定】

按钮，此时在模具装配环境中，可以直接利用创建实体特征的方法创建出适当大小的工件即可。

图 11-23 【创建元件】对话框

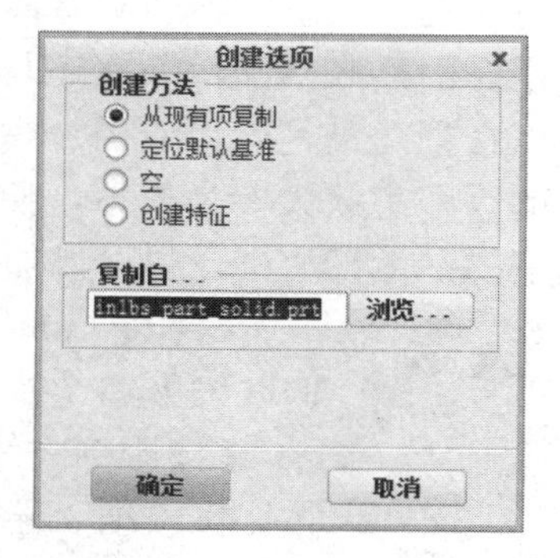

图 11-24 【创建选项】对话框

（2）【自动工件】

采用自动方式创建工件时，系统出现如图 11-25 所示的【自动工件】对话框。各参数介绍如下。

- 【工件名】参数框用来输入自定义工件名或接受系统的默认工件名。
- 【参考模型】参数用来选择将添加到工件中的参照模型。
- 【模具原点】参数用来指定模具原点。
- 【形状】参数用来选择工件生成的体积块外形。
- 【单位】参数用来指定工件尺寸单位。
- 【偏移】参数用来设定工件在 *X*、*Y*、*Z* 各自正负方向的偏移量。
- 【整体尺寸】参数用来设定工件 *X*、*Y*、*Z* 方向的整体尺寸。
- 【平移工件】参数用来设定工件在 *X*、*Y* 方向上的平移距离。

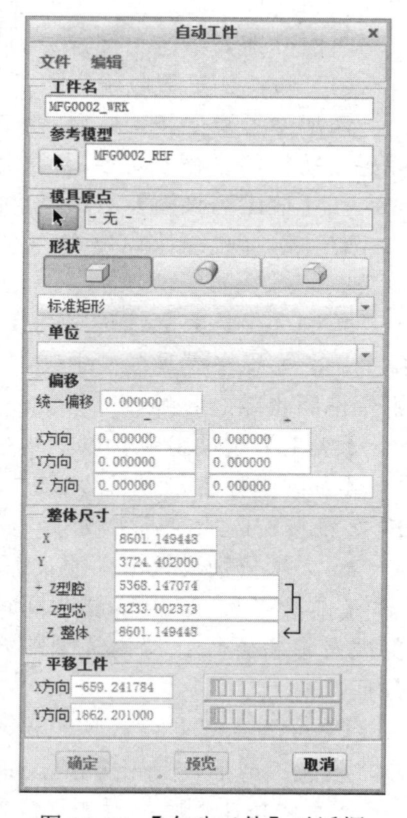

图 11-25 【自动工件】对话框

在【自动工件】对话框中按顺序指定【模具原点】、【形状】及【偏移】尺寸便可轻易地创建出工件。工件默认显示的颜色为绿色。

将完成的模具装配文件存盘，此时工作目录下除零件成品外，还包括扩展名为 mfg 的模具设计文件、模具装配文件、参考模型文件和工件文件。

（3）【组装工件】

采用【组装工件】命令时，在【打开】对话框打开现有的工件，之后进行约束定位即可。

11.3.4 设置模具收缩率

塑料从热的模具中取出并冷却到室温后，其尺寸发生变化的特性称为收缩率。由于收缩不仅是塑料本身的热胀冷缩，而且还与各种成型因素有关，因此成型后塑件的收缩称为成型收缩。所以在创建模具时，应当考虑材料的收缩并相应地增加参考模型的尺寸。用户通过设置适当的收缩率放大参考模型，便可以获得正确尺寸的注塑零件。一般可将收缩应用到模具模式下的参考模型中，也可以加到设计模型中。

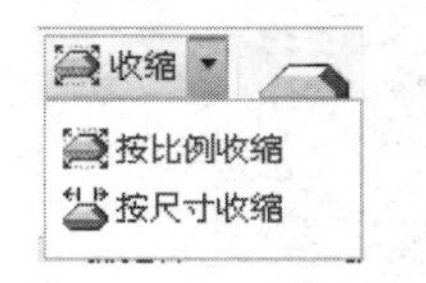

图 11-26 收缩下拉列表

Creo Parametric 8.0 系统提供了两种设置收缩率的方式:【按比例收缩】和【按尺寸收缩】，如图 11-26 所示。

【按比例收缩】：允许整个参考模型零件几何相对某个坐标系按比例收缩，还可以单独设定某个坐标方向上的不同收缩率。

【按尺寸收缩】：允许整个参考模型尺寸均按照同一收缩系数收缩，还可以单独设定某个个别尺寸的收缩系数。

下面分别介绍这两种方式的具体操作步骤。

（1）按比例设置收缩率

添加参考模型和工件后，单击【模具】选项卡【修饰符】组上的【按比例收缩】按钮，弹出【按比例收缩】对话框，如图 11-27 所示。

在【按比例收缩】对话框上的操作如下。

首先选择收缩计算公式，分别对应于两个选择按钮 1+S 和 $\frac{1}{1-S}$，系统默认选择第一个计算公式。

单击【坐标系】选项组的【选取】按钮，在模具参考模型上选择某个坐标系作为收缩基准。如果在模具模型中装配了多个参考模型，系统将提示用户指定要应用收缩的模型，组件偏距也随之收缩。

【类型】选项组包含以下两个选项：

【各向同性】：启用该复选框，在【收缩率】选项组只出现一个输入文本框，可以对 *X*、*Y*、*Z* 轴按相同的收缩率收缩，反之，则在【收缩率】选项组出现三个输入文本框，可以对 *X*、*Y*、*Z* 轴分别设置不同的收缩率。

【前参考】：启用该复选框时，收缩不会创建新几何，但会更改现有几何，从而使全部现有参考继续保持为模型的一部分。反之，系统会为要在其中应用收缩的零件创建新几何。

【收缩率】选项组，用于输入收缩率的值。

设置完成后，单击【预览特征几何】按钮，可以显示收缩结果，单击【确定】按钮，完成按比例收缩设置。选择【按比例收缩】命令，收缩率只应用在参考模型上，不会对设计模型造成影响。

（2）按尺寸设置收缩率

添加参考模型和工件后，单击【模具】选项卡【修饰符】组上的【按尺寸收缩】按钮，弹出【按尺寸收缩】对话框，如图 11-28 所示。

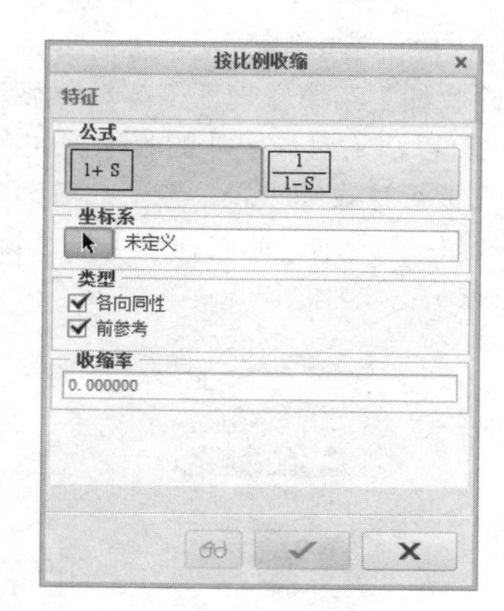

图 11-27 【按比例收缩】对话框

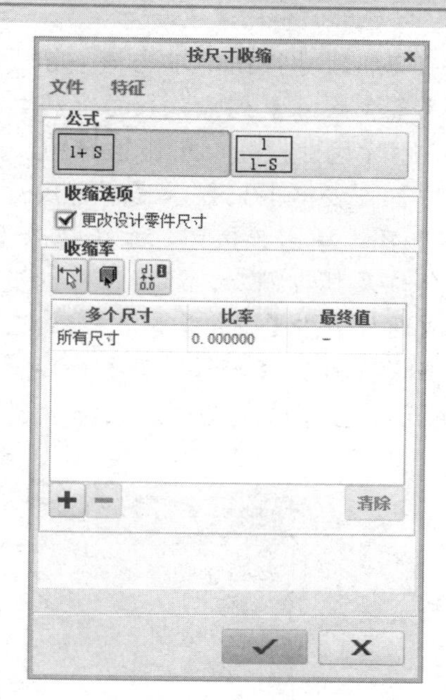

图 11-28 【按尺寸收缩】对话框

下面介绍【按尺寸收缩】对话框的参数。

【公式】选项组：用于指定零件尺寸按照何种收缩计算公式进行收缩，有两种收缩计算公式供用户选择，对应以下两个选择按钮。

1+S按钮：收缩计算公式为 1+S，S 为收缩因子（在【收缩率】选项组设定），收缩因子基于模型的原始几何，为系统默认选项；

1/(1-S)按钮：收缩计算公式为 $\dfrac{1}{1-S}$，收缩因子基于模型的生成几何。

【更改设计零件尺寸】复选框：默认状态下启用此复选框，表示对参考模型设置收缩时，收缩率也会同时应用到设计模型上，从而改变设计模型的尺寸参数，所以，如果用户不希望设计模型尺寸受到影响，建议取消启用此复选框。

【收缩率】选项组:该选项组用于设定零件尺寸收缩的具体参数和选项，按钮含义如下：

按钮：选取零件上待收缩尺寸按钮。单击该按钮，可以选取要进行收缩的零件尺寸，所选尺寸会显示在【多个尺寸】列表框上，可以在【比率】列输入收缩率，或在【最终值】列指定收缩尺寸值，就可以对选定零件尺寸进行收缩。

按钮：选取零件上待收缩特征按钮。单击该按钮，可以选取要进行收缩的零件特征，所选特征包含的全部尺寸均会独立地在【多个尺寸】列表框上显示，可以为每行的尺寸在【比率】列输入收缩率，或在【最终值】列指定收缩尺寸值，就可以对选定零件特征的尺寸进行收缩。

按钮：显示切换按钮。单击该按钮，可以切换尺寸的数字值和符号名称显示。

【收缩率】列表框包含三列，即【多个尺寸】、【比率】、【最终值】。【多个尺寸】列显示零件的“所有尺寸”或某个单独尺寸的名称，【比率】列指定对该行尺寸的收缩率，【最终值】列指定该行尺寸要收缩的最终尺寸值。若【多个尺寸】列显示的是【所有尺寸】，则用户在【比率】和【终值】列所做的操作将使收缩应用到零件的所有尺寸上。

➕按钮：增加尺寸按钮。单击该按钮，则在【多个尺寸】列表框上增加新行，由用户在新加行的【多个尺寸】列输入尺寸名称，便可以对该尺寸进行收缩。

➖按钮：删除尺寸按钮。单击该按钮，则可以在【多个尺寸】列表框删除指定尺寸行，当【多个尺寸】列表框上只显示【所有尺寸】时该按钮不可用。

【清除】按钮：单击该按钮，系统弹出【清除收缩】菜单管理器，菜单上显示应用收缩的所有尺寸名称及其收缩率，启用相应的复选框可以清除对该尺寸的收缩，如图 11-29 所示。设置完成后，单击【确定】按钮 ✓ ，完成按尺寸收缩设置。当用户对参考模具应用收缩后，选择【分析】|【收缩信息】命令，如图 11-30 所示。此时弹出【信息窗口】窗口，如图 11-31 所示，显示收缩公式和收缩因子等信息。

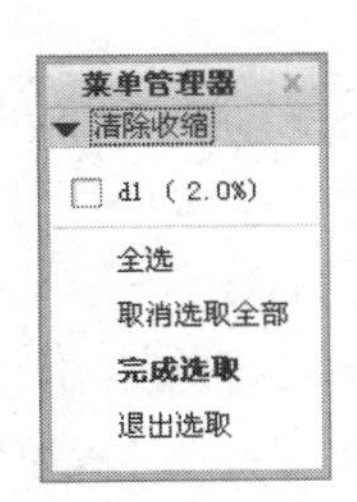

图 11-29 【清除收缩】菜单管理器

图 11-30 【收缩信息】命令

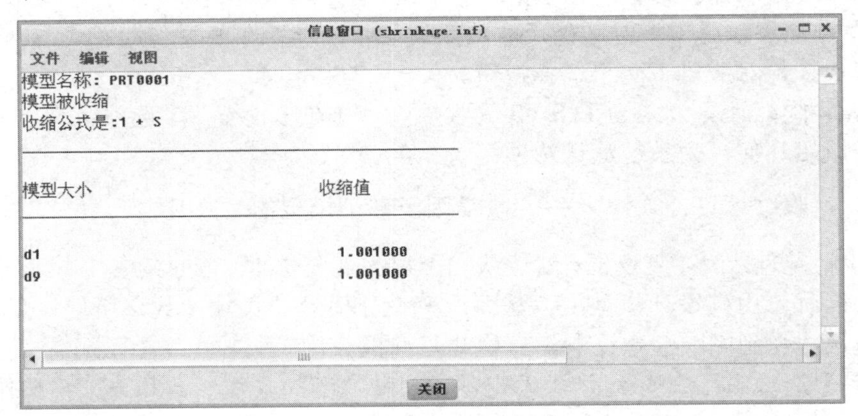

图 11-31 【信息窗口】对话框

11.4 分型面设计

为使产品从模腔内取出，模具必须分成公母模侧两部分，此两部分接口称之为分型面。分型面的形式有水平、阶梯、斜面、垂直、曲面等多种。它有分模和排气的作用，因为模具精度和成型的差异，易产生毛边、结线，影响产品外观及精度。分型面的选择是一个比较复杂的问题，因为它受到塑料件和形状、壁厚、尺寸精度、嵌件位置，以及模具内的几何形状、顶出方式、浇注系统的设计等多方面影响。

11.4.1　分型面知识和创建模式

分型面主要用来分割工件或现有体积块，包括一个或多个参考零件的曲面，在 Creo Parametric 8.0 模具模块中这些曲面特征由分型面命令所创建。

（1）分型面选择原则

在进行分型面选择时，一般遵循以下原则：

- 有利于脱模；
- 有利于保证塑件外观质量和精度要求；
- 有利于成型零件的加工制造；
- 有利于侧向抽芯；
- 分型面必须和预分割的模块或模具体积块完全相交；
- 分型面不能自身相交。

（2）分型面特点和形式

在 Creo Parametric 8.0 中分型面作为曲面特征存在，它是极薄的并且定义了边界的非实体特征，在模型树中以特征标识显示。

曲面特征的外部边在绘图区默认的颜色是黄色的，内部边是洋红色的，当多个曲面被组合或合并后即被称为曲面面组，分型面就是用于将工件分为单独零件的曲面面组，可以由几个曲面特征经过合并、裁剪和其他操作特征组成。

分型面最常用的一般有以下四种形式：“水平分型面”“斜分型面”“阶梯分型面”和“特殊分型面”，按照从左至右的顺序如图 11-32 所示。

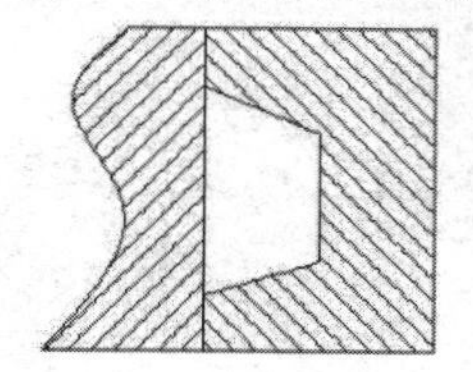
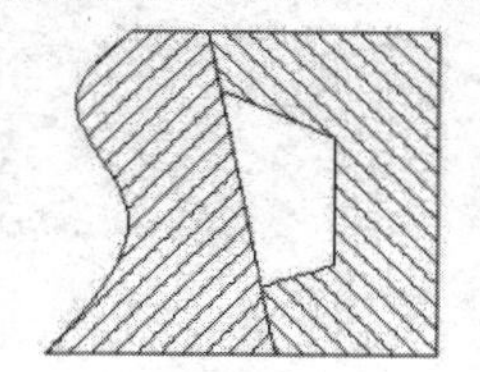
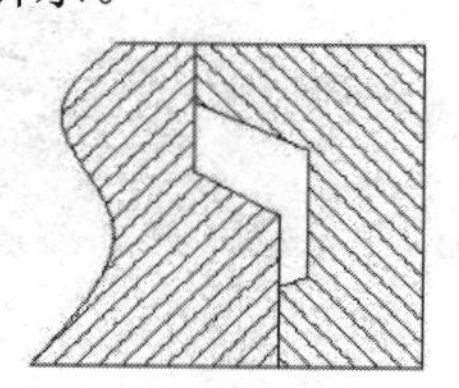
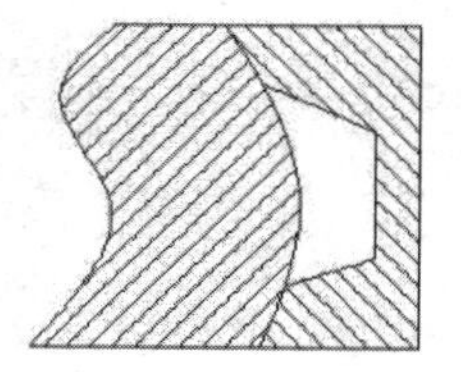

图 11-32　常见分型面的形式

（3）创建分型面的模式

在 Creo Parametric 8.0 中创建的分型面与一般曲面特征没有本质上的区别，完全可以用建模模块中创建曲面相同的方法来创建。

在模具工作界面下，单击【模具】选项卡【分型面和模具体积块】组中的【分型面】按钮，可以进入分型面设计模式。

此时弹出【分型面】工具选项卡，用户可以用上面的快捷命令按钮，如图 11-33 所示，创建部分类型分型面。

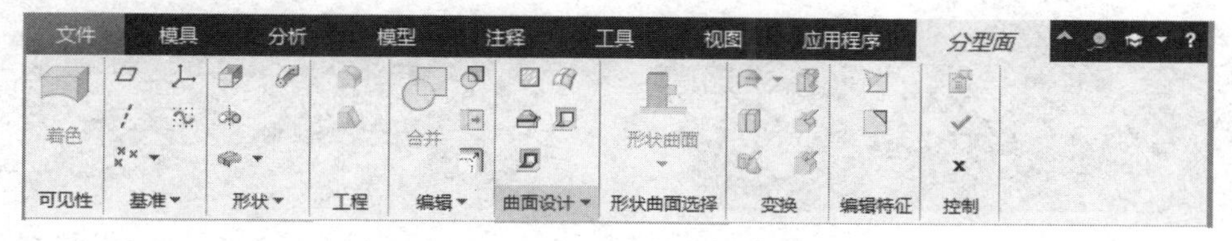

图 11-33　【分型面】工具选项卡

下面着重介绍几种常用的分型面的创建方法。

11.4.2　拉伸法生成分型面

拉伸法是创建分型面常用的方法之一，它的具体操作如下。

（1）在分型面设计模式中，单击【分型面】工具选项卡【形状】组中的【拉伸】按钮，打开【拉伸】工具选项卡，如图 11-34 所示，单击【放置】标签，切换到【放置】面板。

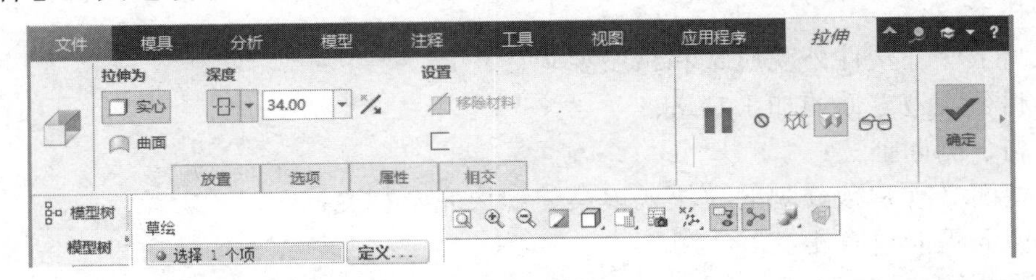

图 11-34 【拉伸】工具选项卡

（2）单击【定义】按钮，系统弹出【草绘】对话框，用户选择草绘平面及参考平面后，单击【草绘】对话框中的【草绘】按钮，进入草绘平面。

（3）在草绘界面下首先选择适当参考及拉伸边界（到工件两侧），绘制拉伸草图，单击【草绘】工具选项卡中的【确定】按钮，完成拉伸草图的绘制，如图 11-35 所示为一个分型面的设计。

图 11-35　绘制拉伸草图

（4）在【拉伸】工具选项卡中选择【拉伸至选定的点、曲线、平面或曲面】选项，在绘图区工件上选择深度平面，如图 11-36 所示。深度平面选择为工件的后视面，黄色单箭头为曲面生成方向，用户可单击箭头改变方向，确认无误后单击【拉伸】工具选项卡上的【确定】按钮。

（5）返回到分型面操作界面，遮蔽其他特征，完成拉伸法创建分型面操作，结果如图 11-37 所示。

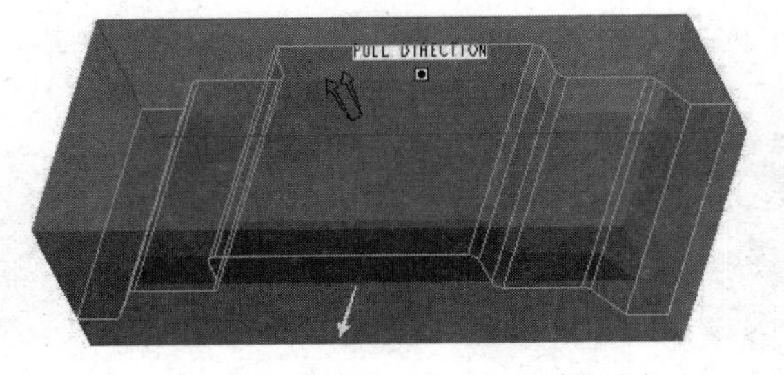

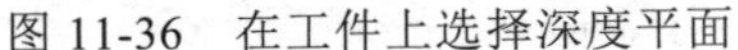

图 11-36　在工件上选择深度平面

图 11-37　拉伸法生成的分型面

11.4.3 复制法生成分型面

复制法生成分型面的方法如下。

（1）在分型面设计模式中，用户首先将工件遮蔽。在模型树中右键单击工件图标，在弹出的快捷菜单中选择【遮蔽】命令，进行遮蔽操作，遮蔽效果如图 11-38 所示。

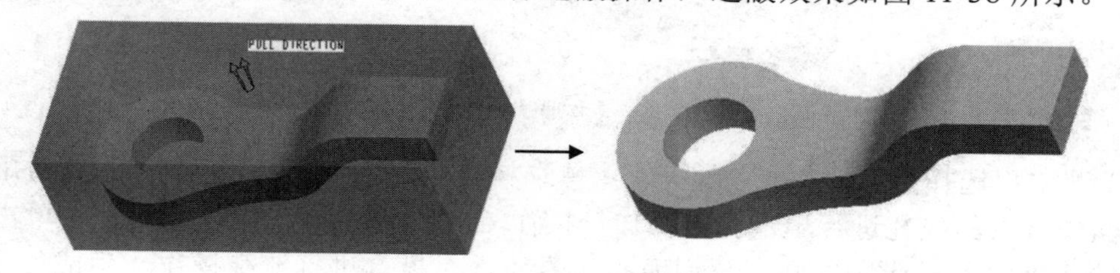

图 11-38 遮蔽工件效果

（2）选择模具表面的某个曲面或一组曲面（称为面组），单击【模具】选项卡【操作】组中的【复制】按钮，进行复制曲面操作。

（3）再单击【模具】选项卡【操作】组中的【粘贴】按钮，打开【曲面：复制】工具选项卡后，按住 Ctrl 键不放选择要复制的曲面，在工具选项卡中单击【参考】标签，切换到【参考】选项卡，如图 11-39 所示，选取任意数量的曲面集或曲面组进行复制。

若用户要对已经选取的待复制的曲面进行修改，可以单击【细节】按钮，系统弹出如图 11-40 所示的【曲面集】对话框，在此对话框中可以添加或移除面组中的曲面。

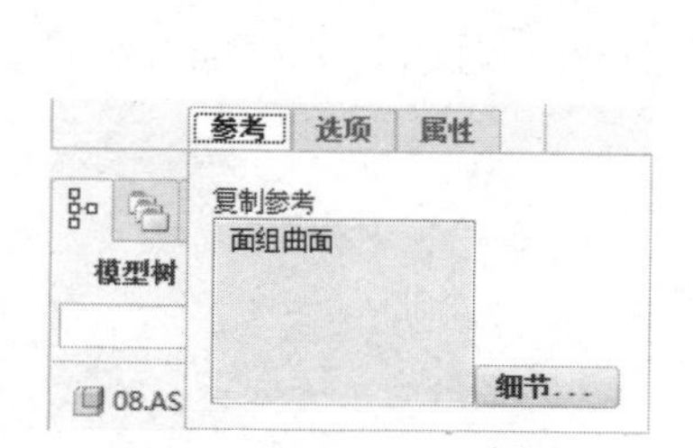

图 11-39 【参考】选项卡

图 11-40 【曲面集】对话框

（4）单击【选项】标签，切换到【选项】面板，对要复制的曲面选择不同的粘贴操作方式，包括三种不同的选择方式。若用户选择【按原样复制所有曲面】单选按钮，则系统对用户要复制的曲面不进行任何修改，按所选曲面原样复制，如图 11-41 所示。单击工具选项卡中的【确定】按钮✓，返回到分型面操作界面，对模具进行遮蔽操作，生成如图 11-42 所示的复制分型面。

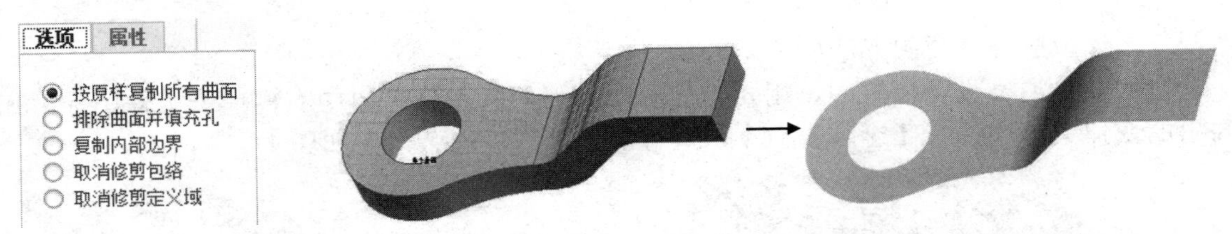

图 11-41 【选项】面板　　　　图 11-42 【按原样复制所有曲面】方式生成的分型面

（5）若用户选择【排除曲面并填充孔】单选按钮，如图 11-43 所示，则系统对用户要复制的曲面中含有的破孔进行填充孔的操作，按住 Ctrl 键不放选取要填充的孔。单击工具选项卡中的【确定】按钮，返回到分型面操作界面，对模具进行遮蔽操作，生成如图 11-44 所示的复制分型面。

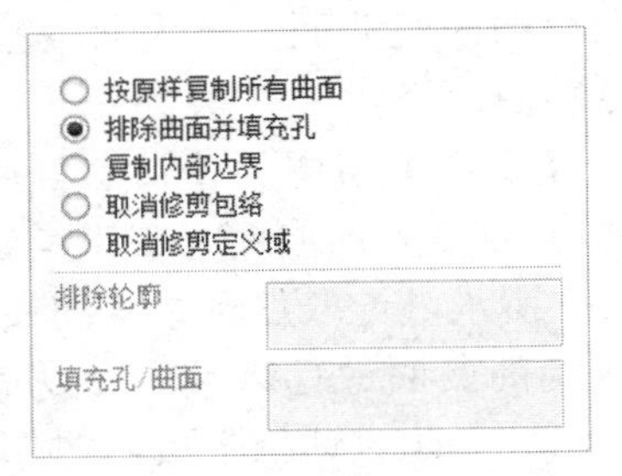

图 11-43　选择【排除曲面并填充孔】选项

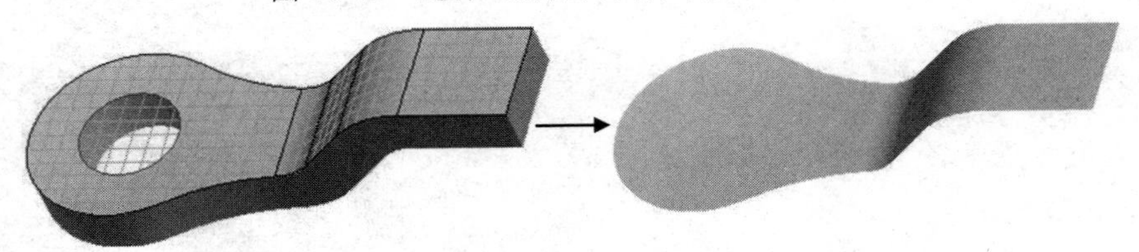

图 11-44 【排除曲面并填充孔】方式生成的分型面

（6）若用户选择【复制内部边界】单选按钮，则系统只复制用户所选边界内的曲面，选择此单选按钮，系统提示用户选择相应的【边界曲线】，如图 11-45 所示，按住 Ctrl 键依次选取边界曲线。单击工具选项卡中的【确定】按钮，返回到分型面操作界面，对模具进行遮蔽操作，生成如图 11-46 所示的复制分型面。

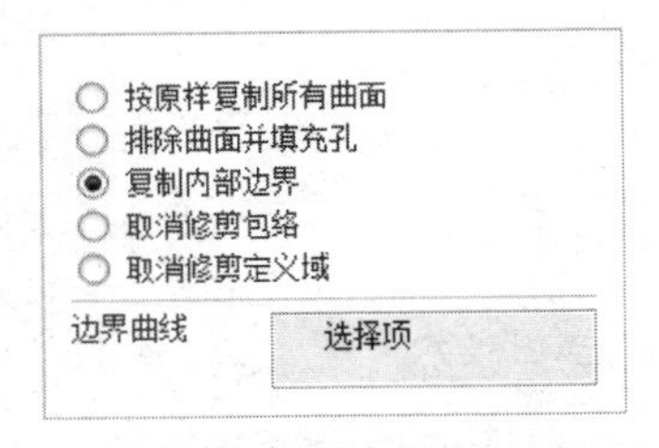

图 11-45　选择【复制内部边界】选项

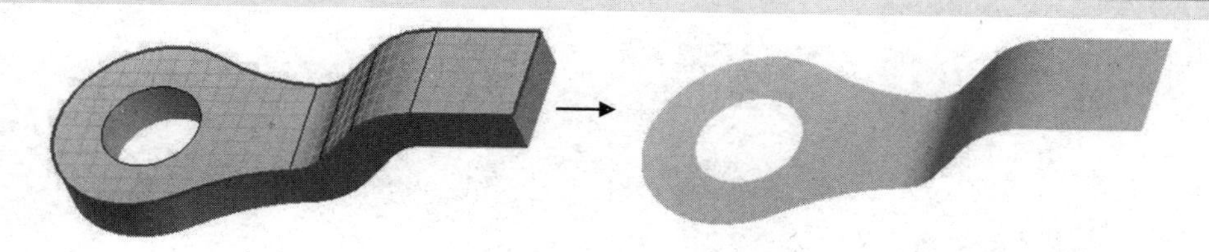

图 11-46 【复制内部边界】方式生成的分型面

11.4.4　阴影法生成分型面

阴影法生成分型面的方法如下。

（1）在【分型面】工具选项卡【曲面设计】组中，选择【曲面设计】|【阴影曲面】命令，系统弹出如图 11-47 所示的【阴影曲面】对话框。

阴影曲面

元素	...
阴影零件	已定义
边界参考	已定义
方向	已定义
修剪平面	可选的
环闭合	可选的
关闭扩展	可选的
拔模角度	可选的
关闭平面	可选的
阴影闸板	可选的

定义　参考　信息
确定　取消　预览

图 11-47 【阴影曲面】对话框

（2）下面介绍一下【阴影曲面】对话框【元素】列表中要定义的选项。

【阴影零件】：用户选择用于创建阴影曲面的参考模型。若选取了多个参考模型，则需用户指定一个关闭平面。

【边界参考】：选择阴影曲面的边界参考元素。

【方向】：定义曲面生成方向，系统默认生成该方向，若用户双击修改，则弹出【一般选取方向】菜单管理器，若用户选取了方向生成方式后，相应的在图形上会显示一个红色箭头表明该方向，如图 11-48 所示。

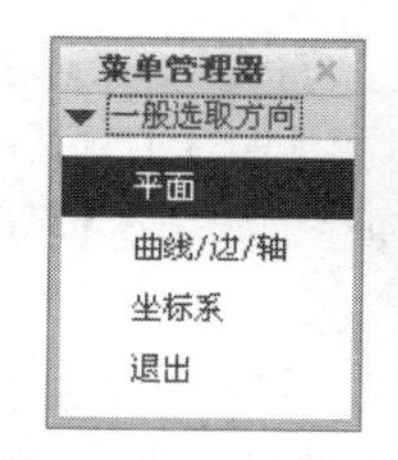

图 11-48 【一般选取方向】菜单管理器定义曲面生成方向

其中，在【一般选取方向】菜单管理器上的三个可选项含义如下。

【平面】：使曲面生成方向与该平面垂直。

【曲线/边/轴】：使用曲线、边或轴作为曲面生成方向。

【坐标系】：使用坐标系上的某一轴作为曲面生成方向。

然后系统提示选取参考对象，在绘图区中选取工件 *Z* 轴方向的一条边作为参考方向边。如果方向不对，可以在【方向】菜单管理器中选择【反向】选项，使投影方向反向，再选择【正向】选项。

（3）单击【阴影曲面】对话框中的【确定】按钮，返回到分型面操作界面，完成阴影法分型面的创建，如图 11-49 所示。

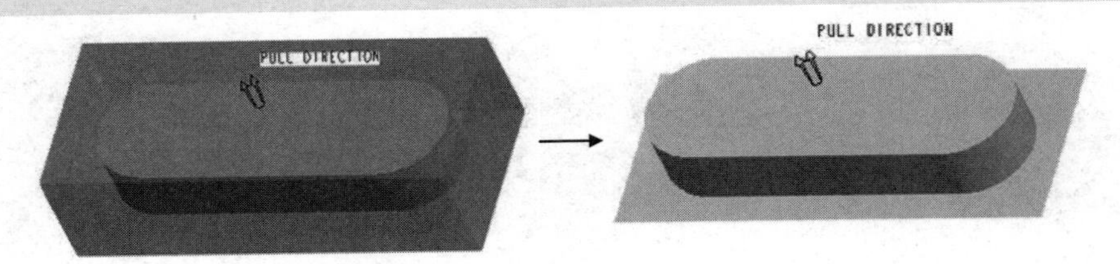

图 11-49　阴影法生成的分型面

11.4.5　裙边法生成分型面

裙边分型面就是沿着设计模型的轮廓曲线所创建的分型面。裙边法创建分型面是指利用侧面影像的曲线功能创建分型面，是指参考模型在指定的视觉方向上的投影轮廓，轮廓曲线是由多个封闭环所组成的。因此，首先介绍产生轮廓曲线的操作方法，轮廓曲线要在创建分型面命令前得到。

（1）在模具型腔操作界面下，单击【模具】选项卡【设计特征】组中的【轮廓曲线】按钮，系统弹出如图 11-50 所示的【轮廓曲线】选项卡。

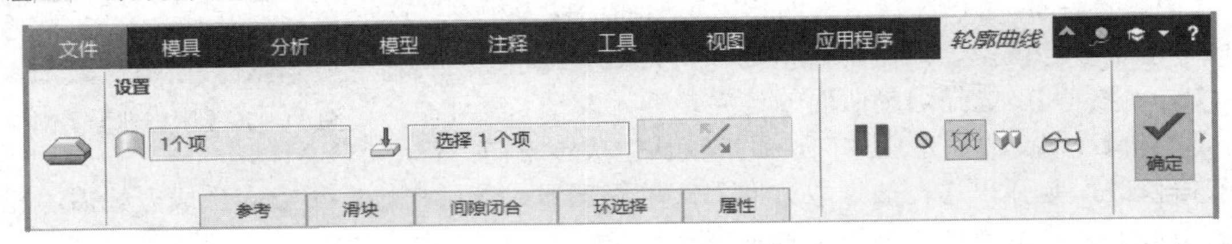

图 11-50　【轮廓曲线】选项卡

（2）各选项设置完成后，单击【轮廓曲线】选项卡中的【确定】按钮，系统生成用户定义的轮廓曲线，曲线以红色显示在参考零件上，如图 11-51 所示。

（3）得到轮廓曲线后，单击【模具】选项卡【分型面和模具体积块】组中的【分型面】按钮，进入分型面设计模式。

（4）单击【分型面】工具选项卡【曲面设计】组中的【裙边曲面】按钮，系统弹出如图 11-52 所示的【裙边曲面】对话框和如图 11-53 所示的【链】菜单管理器。

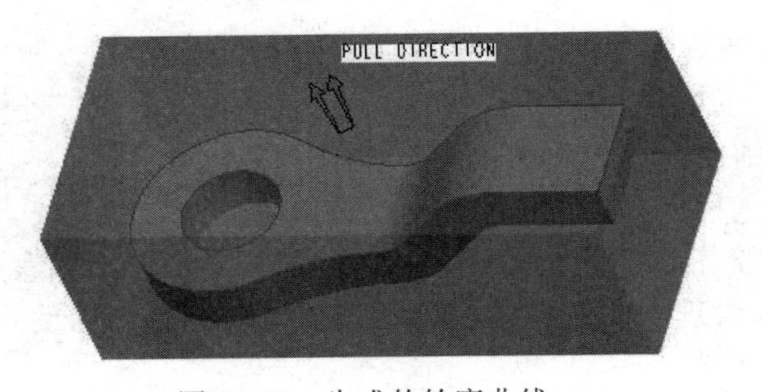

图 11-51　生成的轮廓曲线

图 11-52　【裙边曲面】对话框

在【裙边曲面】对话框【元素】列表中的前三个选项【参考模型】、【边界参考】和【方向】由系统自动生成，故系统弹出【链】菜单管理器，用户可直接定义第四个选项—【曲线】，此时用户选取刚得到的轮廓曲线，选择【完成】选项进行下一步操作。

（5）各选项均定义完成后，单击【裙边曲面】对话框中的【确定】按钮，返回到分型面操作界面，完成裙边曲面的创建。将工件和参考零件遮蔽可看到生成的分型面，如图 11-54 所示。

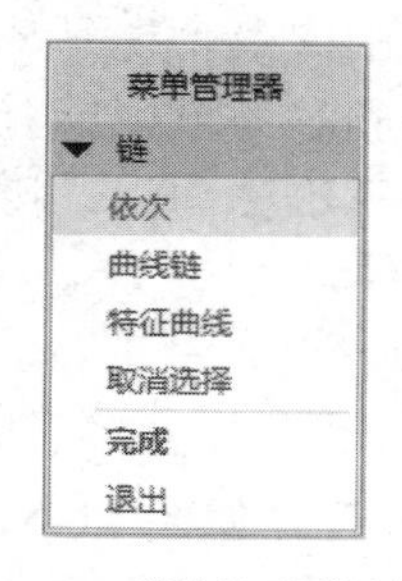

图 11-53 【链】菜单管理器

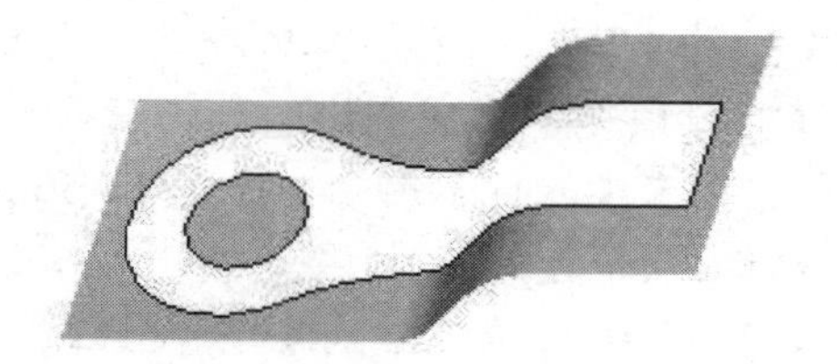

图 11-54　裙边法生成的分型面

11.5　模具分割与抽取

塑料在模具型腔凝固形成塑件，为了将塑件取出，必须将模具型腔打开，型腔就是沿着分型面分割开来的，分型面既是模具设计的术语，也是 Creo Parametric 8.0 中一种特殊的曲面特征，用于分割工件或用现有体积块来创建模具体积块，使用分型面分割模具将导入分割特征，创建完成之后，可以进行抽取得到上下模和铸模的实体零件，并且通过分离打开模具，从而形成模具爆炸图。

11.5.1　创建模具体积块

体积块是一个没有质量但却占有空间的三维封闭特征。体积块是由一组可以被填充而形成一个实体的封闭曲面组成。由于曲面或曲面组能够用作执行分割的分型面，因此，体积块也能够用作分型面。

在创建分型面后，接下来的工作是将工件分割成公模和母模。一般而言，利用分型面分割的方式来创建模具体积块是比较快捷的方法。此外，Creo Parametric 8.0 系统也提供手动方式来创建模具体积块。

创建分型面后，单击【模具】工具选项卡【分型面和模具体积块】组中的【体积块分割】按钮，系统打开如图 11-55 所示的【体积块分割】工具选项卡。选取分割方式和分割对象后，设置参数，单击【确定】按钮可以完成体积块定义。

图 11-55 【体积块分割】工具选项卡

11.5.2 创建模具元件

在模具元件的设计过程中，主要是利用分型面将工件切割成数个模具体积块，然后再将体积块抽取成模具元件。因此，体积块的产生只是从模块和参考模型的几何到最后抽取模具元件的一个中间步骤。由于模具体积块是无质量的封闭三维曲面组，因此在创建完成后，必须用实体材料填充来生成三维实体，使其成为模具元件。

在【模具】选项卡【元件】组中，如图 11-56 所示的【模具元件】下拉菜单，与模具元件相关的所有操作命令都包含在其中。

选择【模具元件】下拉菜单中的【型腔镶块】命令，系统打开如图 11-57 所示的【创建模具元件】对话框。

图 11-56 【模具元件】下拉菜单

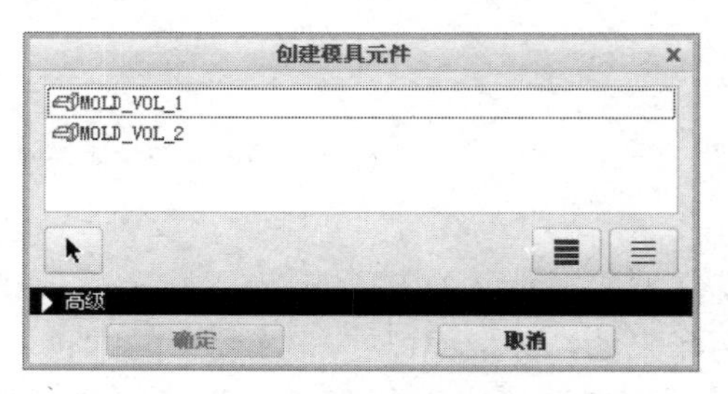

图 11-57 【创建模具元件】对话框

【创建模具元件】对话框分为两个部分，在对话框的上半部分可以选取欲创建成模具元件的模具体积块；在对话框下半部分可以指定抽取出的模具元件名称并将现有的模板文件复制给模具元件使用。

模具体积块抽取生成模具元件后才成为功能完备的零件模型，此时在模型树中才会出现，如图 11-58 所示。此时，模具元件仅存储在进程中，直到整个模具设计文件被保存后，抽取出的零件模型文件才会保存到工作目录中。

图 11-58 模型树中的模具元件

模具体积块抽取生成模具元件后，模具设计的工作就基本完成了。这里只是对模具设计过程中的相关命令及操作做了较为简单的介绍，更多的经验、技巧需要在实际的操作中积累。

11.6　型腔组件特征

型腔组件由浇注系统和冷却系统组成。浇注系统的功能就是将熔融材料填充于型腔中，整个浇注系统包括从注射机喷嘴开始到型腔为止的塑料流动通道，由主流道、分流道、次流道和浇口等组成。冷却系统则一般是指存在于型芯、型腔等部分，通过冷却水流量及流速来控制模温的冷却管道。

11.6.1　创建型腔组件

创建型腔组件的方法如下。

进入【模具型腔】设计状态，在【生产特征】组中，包括了常用的型腔组件特征类型，如图 11-59 所示。

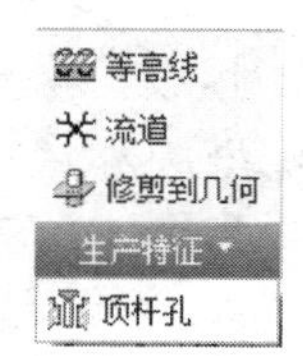

图 11-59　【生产特征】组

Creo Parametric 8.0 系统模具设计的型腔组件特征可以分为两类，常规特征和用户自定义特征。

常规特征：是指添加到模型中以促进铸模或铸造进程的特定特征。这些特征包括侧面影像曲线、顶杆孔、注道、浇口、流道、水线、拔模线、偏移区域、体积块和修剪特征。

用户自定义特征：是指在零件模式中创建，用于创建在工件或夹模器中通常使用的结构。可以由用户预先在零件模式中创建注道、浇口、流道等自定义特征，创建用户自定义特征后，在设计模具的浇注系统时，将这些自定义特征复制到模具组件中，并在修改其尺寸时多次使用它们，从而提高工作效率。

11.6.2　浇注系统

浇注系统的功能就是将熔融材料填充于型腔中，当进行填充时，熔融的塑料材料必须通过某种通道传送到模具型腔中，整个浇注系统包括主流道、分流道、次流道和浇口等。通过指定流道的形状、定义流道的剖面形状大小的相关尺寸参数和绘制流道的路径，便可以利用流道特征快速地创建所需要的标准流道。

注塑机将熔融塑料注入模具型腔形成塑料产品，通常把模具与注塑机喷嘴接触处到模具型腔之间的塑料熔体的流动通道或在此通道内凝结的固体塑料称为浇注系统。浇注系统分为普通流道浇注系统和无流道（热流道）浇注系统两大类。

浇注系统的主要作用是将成型材料顺利、平稳、准确地输送充满模具型腔深处，并在填充过程中将压力充分传递到模具型腔的各个部位，以便获得外形轮廓清晰，内部组织质量优良的制件。

浇注系统组成结构，如图 11-60 所示。

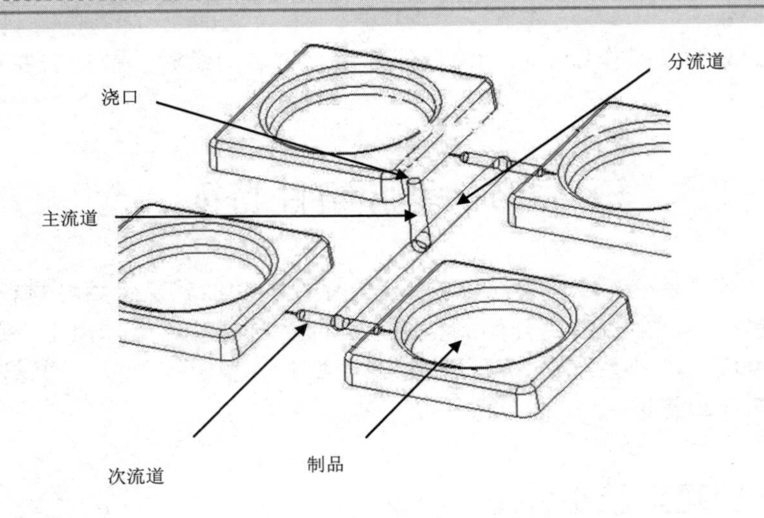

图 11-60　浇注系统组成结构

（1）浇注系统设计原则

设计浇注系统需要注意的主要原则如下。

- 型腔和浇口的开设部位应该对称，防止模具承受偏载而产生溢流现象，如图 11-61 和图 10-62 所示是不合理与合理的流道布置。

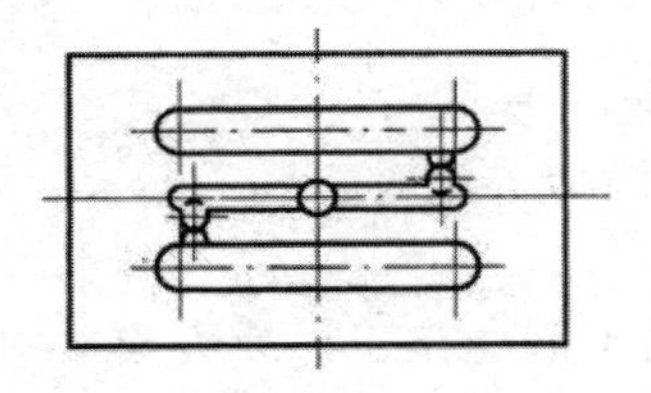

图 11-61　不合理的流道布置

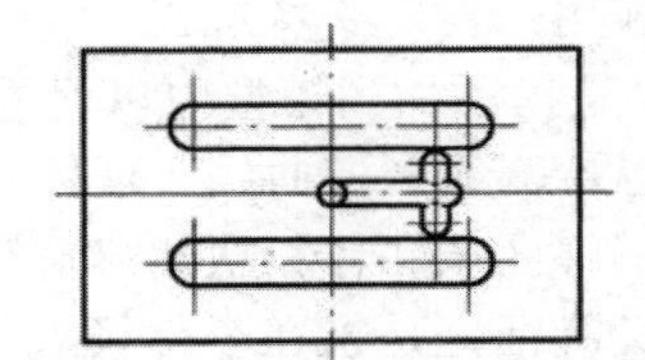

图 11-62　合理的流道布置

- 浇注系统的体积应取最小值，以减少浇注系统所占用的成型材料量，起到减少回收料的作用。在满足成型和排气良好的前提下，尽量选择最短的流程，以减少压力损失，缩短填充的时间。
- 型腔和浇口的排列要尽可能地减少模具外形尺寸。
- 排气良好，能顺利引导熔融成型材料到达型腔的各个部位，尤其是型腔的各个深度，不产生涡流、紊流。

（2）主流道设计

主流道是塑料熔体最先到达的部位，它将熔体导入分流道或型腔。通常的形状为圆锥形，便于在开模时主流道内塑料凝固后能顺利拉出来。将浇注系统视为由一般的零件切剪特征构成，一般采用拉伸流道横截面和旋转流道纵截面的方式来绘制，操作步骤如下。

进入模具型腔创建状态，单击【快速访问工具栏】中的【打开】按钮，在弹出的【打开】对话框中选择零件，经过分析确定浇道的位置。在【模型】选项卡的【切口和曲面】组中选择加工方式，如图 11-63 所示。

在弹出的【旋转】工具选项卡中，单击【放置】标签，切换到【放置】面板，单击【编辑】按钮，在绘图区选择一个平面作为草绘平面，单击【草绘】对话框中的【草绘】按钮，进入草绘状态，在绘图区绘制一个旋转轮廓，如图 11-64 所示的是一个梯形草绘轮廓。单击【草绘】工具选项卡中的【确定】按钮，在【旋转】下拉列表框中选择【360°】，单击【确定】按钮✔，完成主流道的创建。

图 11-63　创建主流道命令步骤

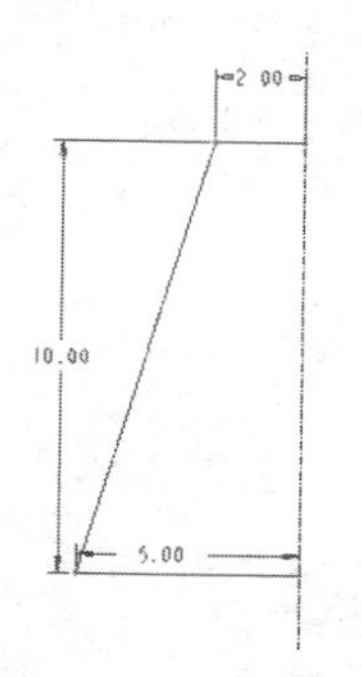

图 11-64　草绘图形

（3）分流道设计

进入【模具型腔】设计状态，选择【文件】|【打开】菜单命令，在弹出的【打开】对话框中选择零件。在【形状】菜单管理器中选择【半倒圆角】选项，如图 11-65 所示。

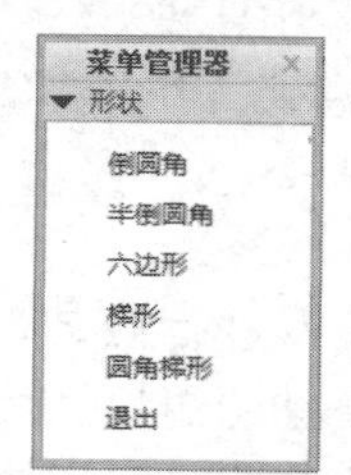

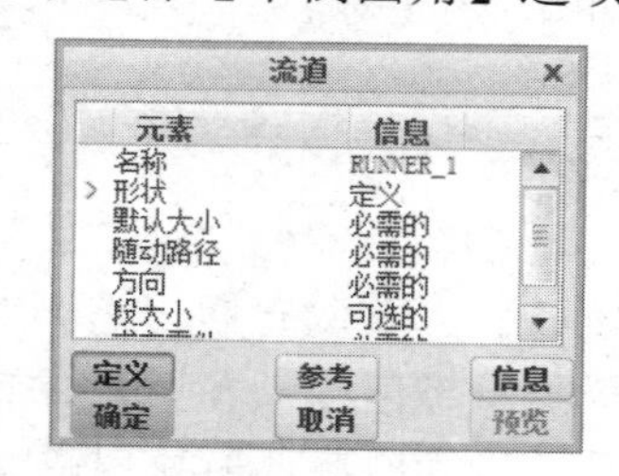

图 11-65　创建分流道命令

如图 11-66 所示在命令提示栏输入流道宽度（直径）“5”，单击【接受值】按钮✔后，弹出【设置草绘平面】菜单管理器，在绘图区选择一草绘平面，在【方向】菜单管理器中选择【正向】选项，在【草绘视图】菜单管理器中选择【默认】选项，进入草绘状态。

在草绘环境下，绘制草图，如图 11-67 所示为某一个流道路径，流道路径为单线条组成，显示的是流道直径，单击【草绘】工具选项卡中的【确定】按钮。

图 11-66　【输入流道宽度】命令提示栏

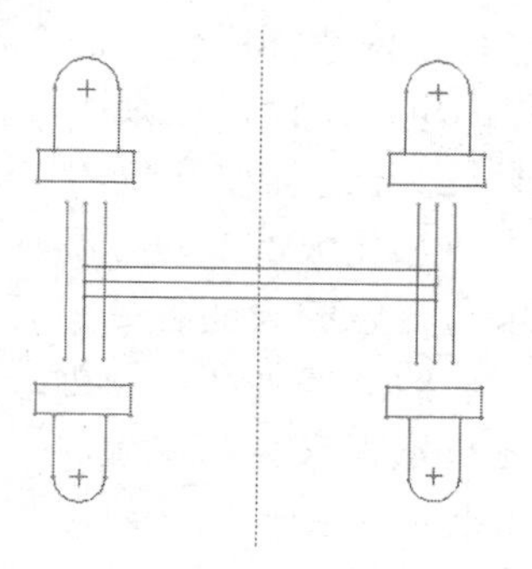

图 11-67　草绘图形

在弹出的【相交元件】对话框中，单击【自动添加】按钮，如图 11-68 所示。也可以单击【选取】按钮，在绘图区选择元件，最后单击【确定】按钮。弹出【流道】对话框，如图 11-69 所示，单击【确定】按钮，完成分流道的设计。

图 11-68 【相交元件】对话框

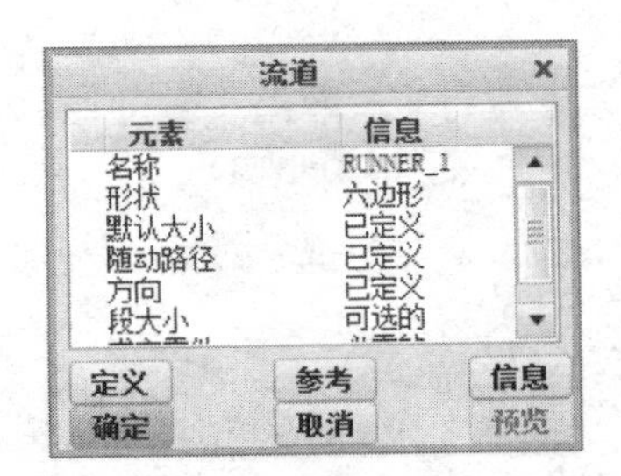

图 11-69 【流道】对话框

11.6.3 冷却系统

对于热塑性模具，为了缩短成型周期，需要对模具进行冷却，常用的冷却介质是水。在注塑完成后通过循环冷却水迅速冷却模具，保证模具的温度。冷却水线回路系统可以视为标准的组件特征，利用一些建构特征所使用的一般工具，如拉伸切减、孔等来创建。

塑料模具的温度直接影响塑件的成型质量和生产效率，而各种塑料的性能和成型工艺是不同的，所以对模具温度的要求也是不同的。温度调节系统根据不同的情况，包括冷却系统和加热系统两种。对于要求模具温度较低的材料，由于熔融材料被不断地注入模具，导致模具温度升高，单靠模具本身的散热无法将模具保持较低的温度，所以必须添加冷却系统。通过指定回路的直径，绘制冷却水线回路的路径和指定末端条件，便可以利用冷却水线特征快速地创建所需要的冷却水线回路。冷却水线回路系统可以视为标准的组件特征，可利用一些建构特征所使用的一般工具（如拉伸切减、孔等）来创建。

（1）冷却系统设计原则

设计冷却系统需要注意的主要原则如下 。

- 冷却水孔数量多，孔径尽可能大，对塑件冷却也就越均匀；
- 水孔与型腔表面各处最好有相同的距离，排列应与型腔吻合；
- 制件的壁厚处和浇口处最好要加强冷却；
- 在热量积聚大和温度较高的部位应加强冷却，如浇口附近的温度较高，在浇口的附近要加强冷却，一般可使冷却水先流经浇口附近，再流向其他部位；
- 冷却水线应远离熔接痕部分，以免熔接不良，造成制件强度降低；
- 降低出口与入口的水温差，使模具的温度分布均匀。

（2）冷却系统设计

由上可知，模具冷却系统的设计就是冷却水线的设计，即【等高线】特征的操作。主流道是塑料熔体最先到达的部位，它将熔体导入分流道或型腔。通常的形状为圆锥形，便于在开模时主流道内塑料凝固后能顺利拉出来。将浇注系统视为由一般的零件构成，一般采用拉伸流道横截面和旋转流道纵截面的方式来绘制，操作步骤如下。

在【生产特征】组中单击【等高线】按钮。

在命令提示栏输入等高线圆环的直径“8”，如图 11-70 所示，单击【接受值】按钮。

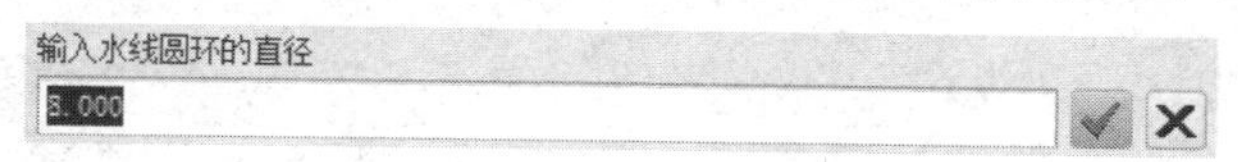

图 11-70 【输入等高线圆环的直径】命令提示栏

接下来创建水线回路，系统会弹出【设置草绘平面】菜单管理器和【选择】对话框，如图 11-71 所示，在绘图区选择一个平面作为草绘平面，单击【选择】对话框的【确定】按钮。

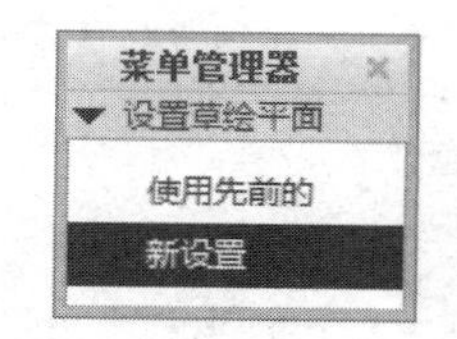

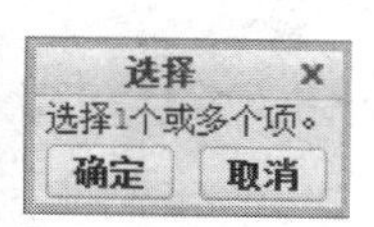

图 11-71 【设置草绘平面】菜单管理器和【选择】对话框

选择好草绘平面后，系统会弹出【草绘视图】菜单管理器，选择【默认】选项，进入草绘环境，弹出【草绘】工具选项卡。

选择合适的坐标系之后，就可以绘制冷却水线了，绘制的水线如图 11-72 所示，最后单击【草绘】工具选项卡中的【确定】按钮，退出草绘状态。

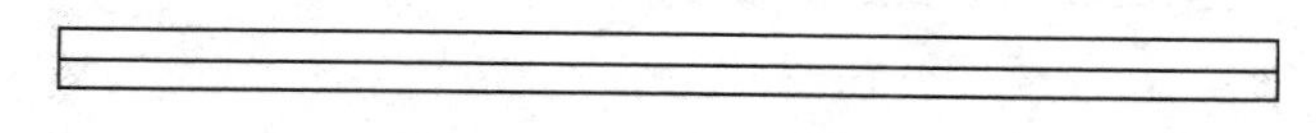

图 11-72 创建的水线

回路定义完成后，系统弹出【相交元件】对话框，启用【自动更新】复选框，如图 11-73 所示，单击【确定】按钮，完成相交条件设置。单击如图 11-74 所示【等高线】对话框中的【确定】按钮，关闭【等高线】对话框。选择【模具】菜单管理器中的【完成/返回】选项，完成水线特征的创建。

【等高线】对话框【元素】列表中的【末端条件】选项，用于生成冷却水线的末端样式，进行水线特征操作时由系统默认生成，若用户指定末端条件，在完成相交条件设置，单击【等高线】对话框中的【确定】按钮前，则在【等高线】对话框中双击该选项，弹出如图 11-75 所示的【尺寸界限末端】菜单管理器和【选择】对话框。

选择要设置的水线尺寸界限末端后（图 11-76 中虚线框部分），单击【选择】对话框中的【确定】按钮。

系统弹出如图 11-77 所示的【规定端部】菜单管理器，用户可选择水线尺寸界限末端规定端部的形状及尺寸参数，菜单上有四个选项供用户选择，分别是【无】、【盲孔】、【通过】

和【通过 w/沉孔】，其中，【无】为系统默认选项，【通过】即在末端处按指定水线圆环直径通过。选择【完成/返回】选项即可完成末端修改。

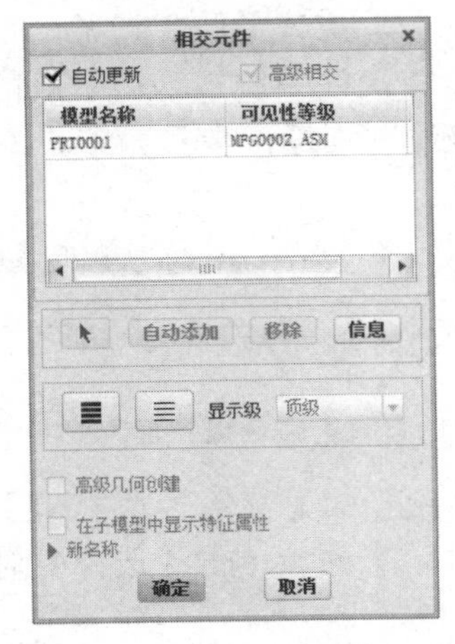

图 11-73 【相交元件】对话框

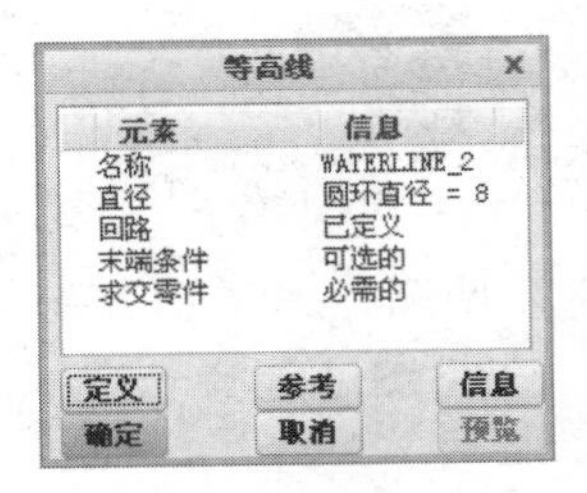

图 11-74 【等高线】对话框

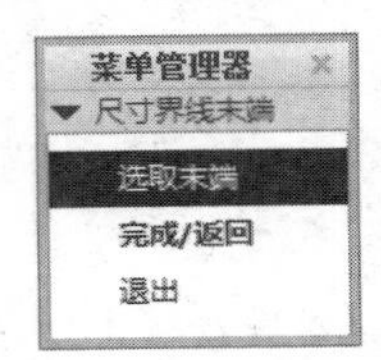

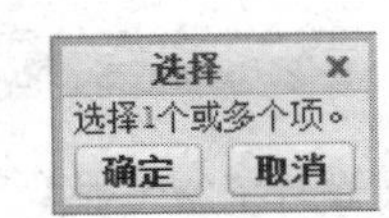

图 11-75 【尺寸界限末端】菜单管理器和【选择】对话框

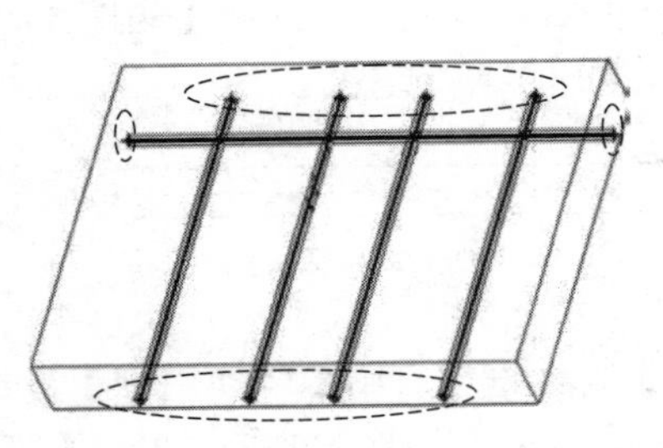

图 11-76 选择水线尺寸界限末端

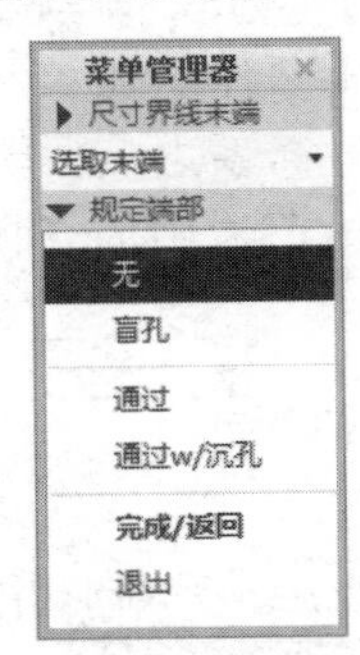

图 11-77 【规定端部】菜单管理器

11.7 设计范例

扫码看视频

11.7.1 圆盖模具布局设计范例

本范例完成文件：范例文件/第 11 章/11-1.prt、11-1.asm

多媒体教学路径：多媒体教学→第 11 章→11.7.1 范例

范例分析

本范例是进行圆盖零件模具的预处理和型腔布局设计的练习，包括组装参考模型和创建工件等操作，是模具设计的基础应用，希望读者能认真学习并掌握。

范例操作

Step1 创建模具模型

① 单击【快速访问工具栏】中的【新建】按钮，打开【新建】对话框，选中【类型】为【制造】,【子类型】为【模具型腔】，如图 11-78 所示。

② 设置文件名称等其他参数，单击【确定】按钮创建模具模型。

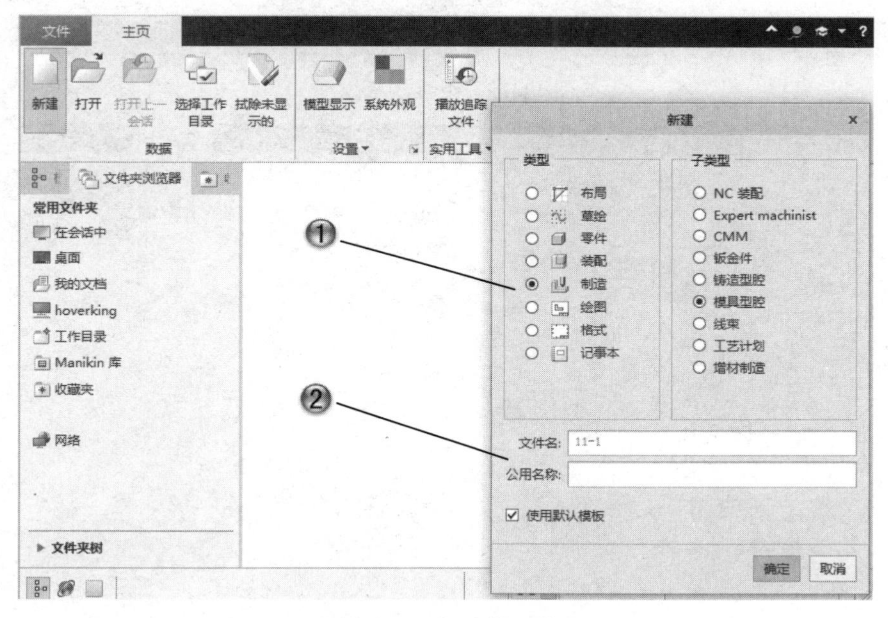

图 11-78　创建模具模型

Step2 组装参考模型

单击【模具】选项卡【参考模型和工件】组中的【组装参考模型】按钮，选择圆盖零件模型（11-1.prt）导入，如图 11-79 所示。

Step3 设置坐标系

① 此时打开【元件放置】工具选项卡，设置其中参数，如图 11-80 所示。

② 在绘图区中显示设置的坐标系，单击【确定】按钮完成设置。

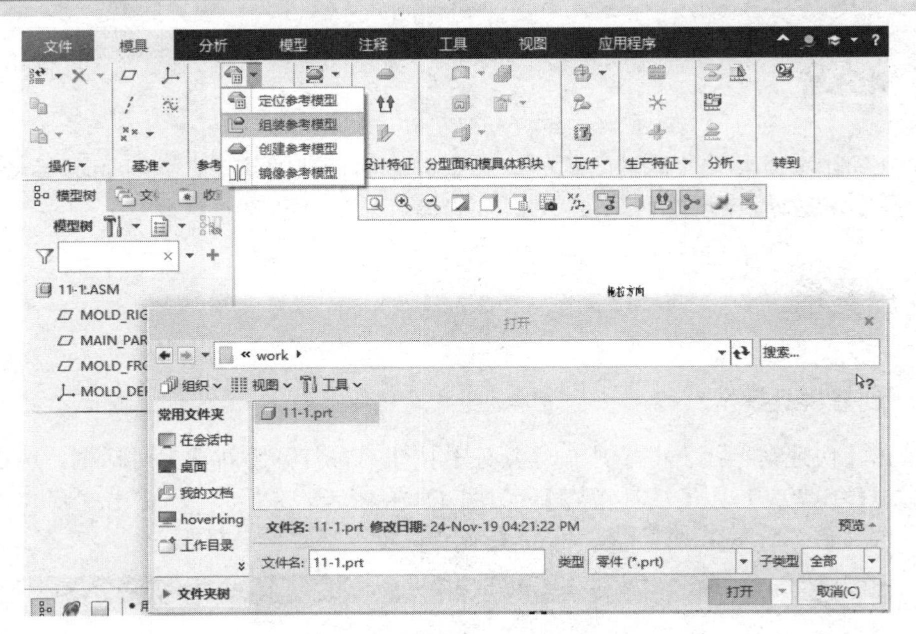

图 11-79 组装参考模型

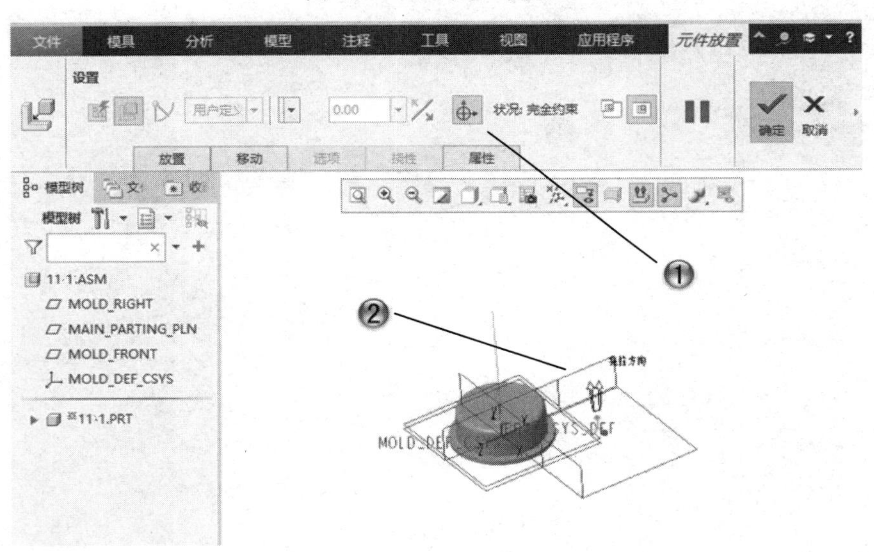

图 11-80 设置坐标系

Step4 设置参考模型类型

①此时打开【创建参考模型】对话框，选择参考模型类型，如图 11-81 所示。
②绘图区显示零件等轴测视图。

Step5 创建工件

①单击【模具】选项卡【参考模型和工件】组中的【创建工件】按钮，如图 11-82 所示。
②打开【创建元件】对话框，设置其中参数，单击【确定】按钮完成设置。

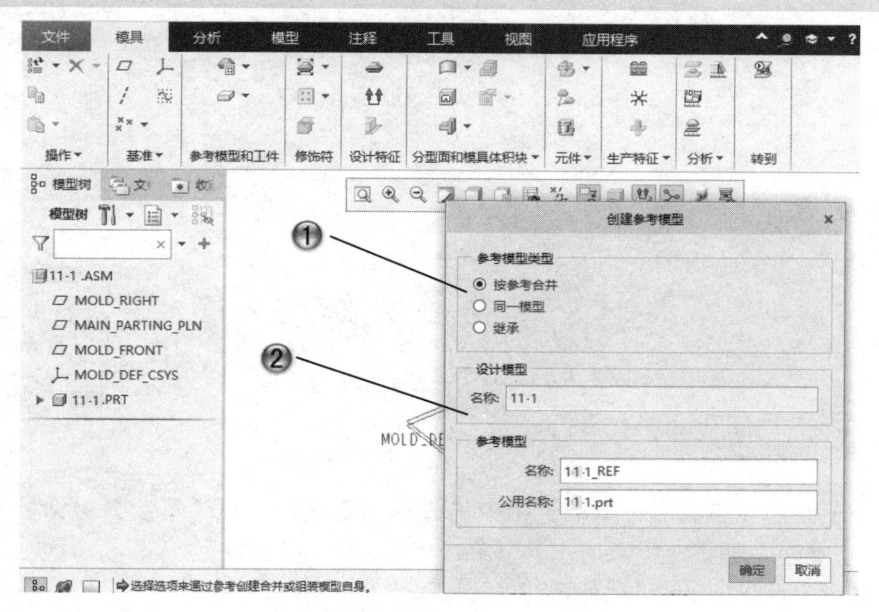

图 11-81　设置参考模型类型

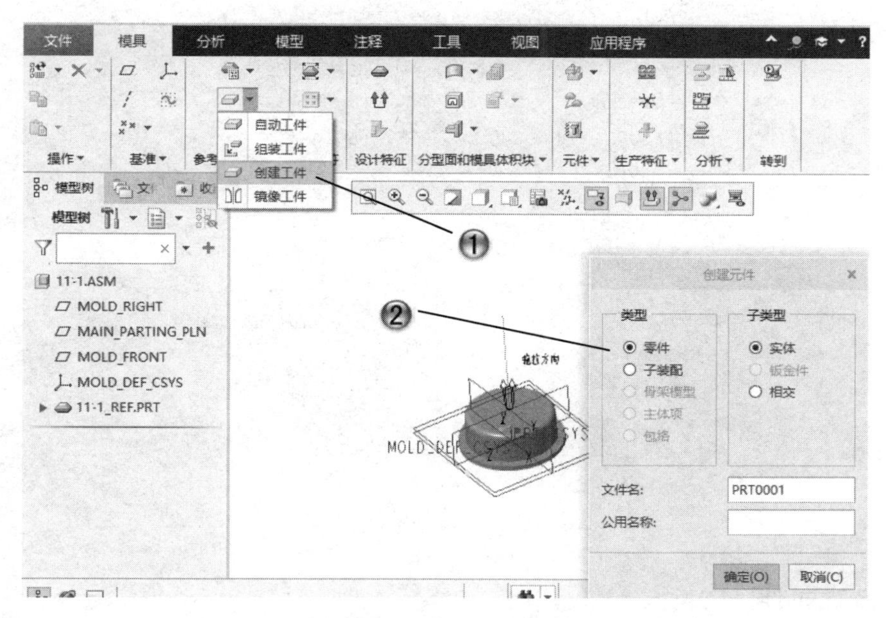

图 11-82　创建工件

Step6 设置创建方法

此时打开【创建选项】对话框，选择【创建特征】单选按钮，如图 11-83 所示，单击【确定】按钮完成设置。

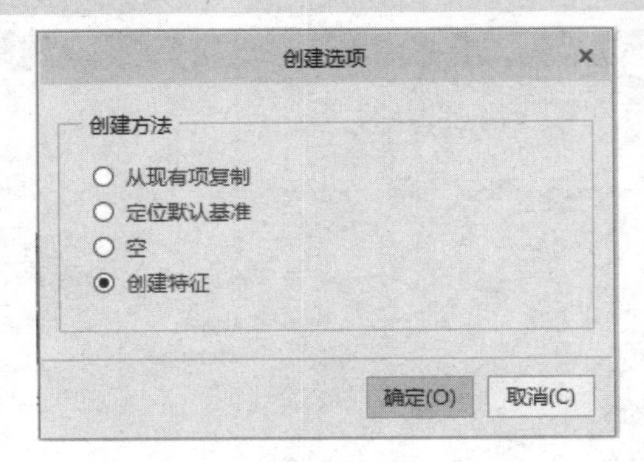

图 11-83　设置创建方法

Step7 绘制圆形草绘

①单击【模具】选项卡【基准】组中的【草绘】按钮，在【草绘】对话框中选择圆盖底面为草绘基准面，如图 11-84 所示。

②绘制一个直径为 50 的圆形草绘。

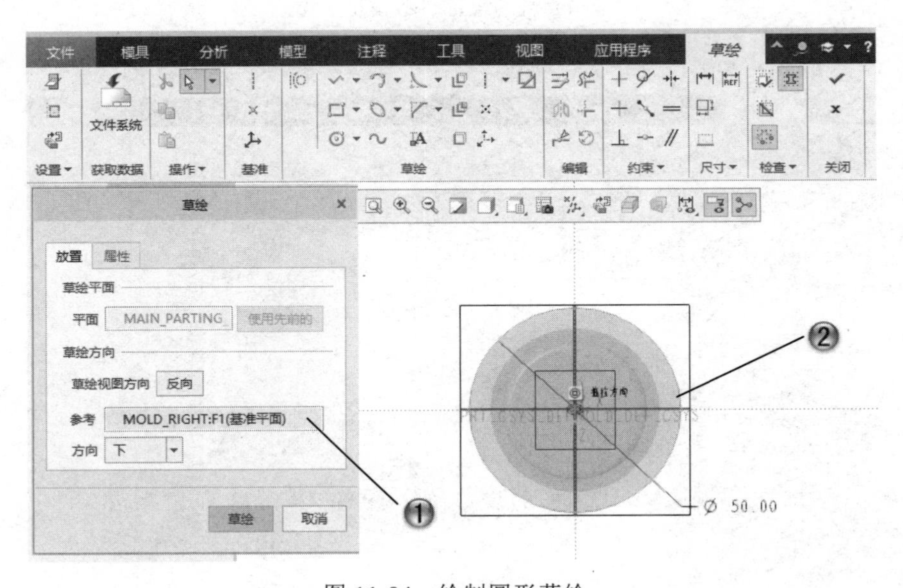

图 11-84　绘制圆形草绘

Step8 创建拉伸完成范例

①单击【模具】选项卡【形状】组中的【拉伸】按钮，选择上一步绘制的圆形草绘，如图 11-85 所示。

②在【拉伸】工具选项卡中设置拉伸参数，单击【确定】按钮完成拉伸。至此范例制作完成，结果如图 11-86 所示。

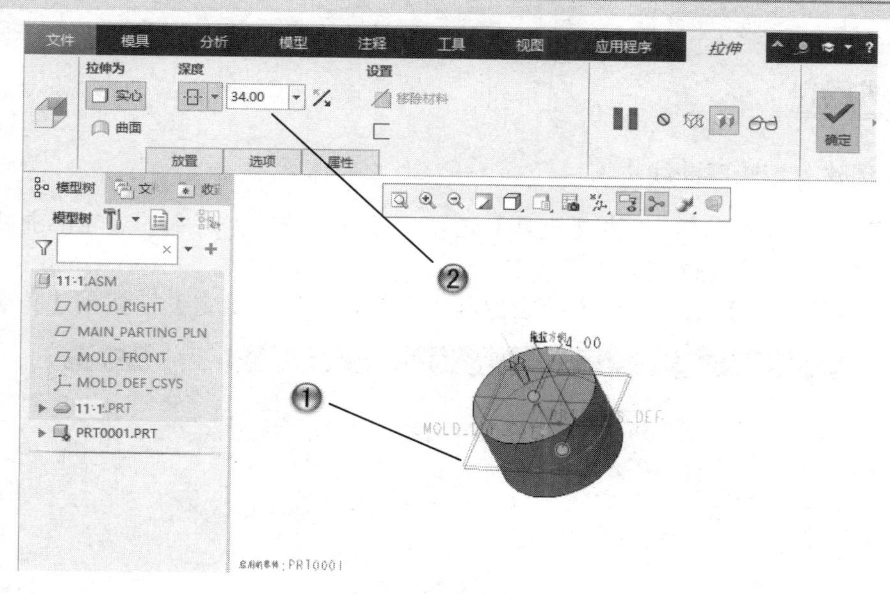

图 11-85　创建拉伸

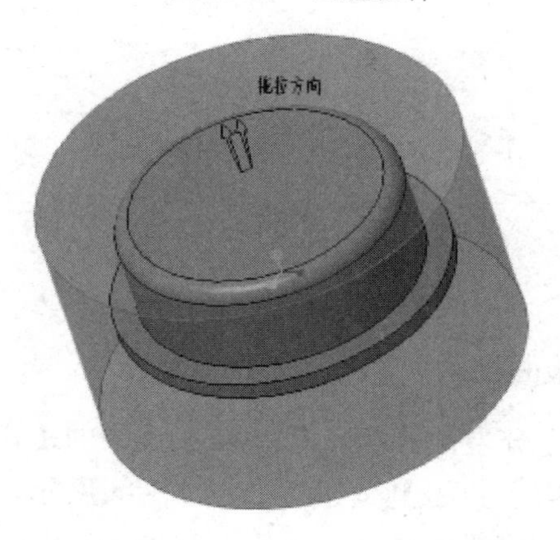

图 11-86　模具布局设计结果

11.7.2　模具分型和分割设计范例

扫码看视频

本范例完成文件：范例文件/第 11 章/11-2.asm

多媒体教学路径：多媒体教学→第 2 章→2.6.2 范例

范例分析

本范例是在上一范例基础上，继续进行模具的分型面设计和模具分割设计的练习，主要使读者掌握实际的模具设计操作方法。

范例操作

Step1 创建分型轮廓曲线

①打开上一范例文件，单击【模具】选项卡【设计特征】组中的【轮廓曲线】按钮，选择曲线位置，如图 11-87 所示。

②在【轮廓曲线】工具选项卡中设置其中参数，单击【确定】按钮创建轮廓曲线。

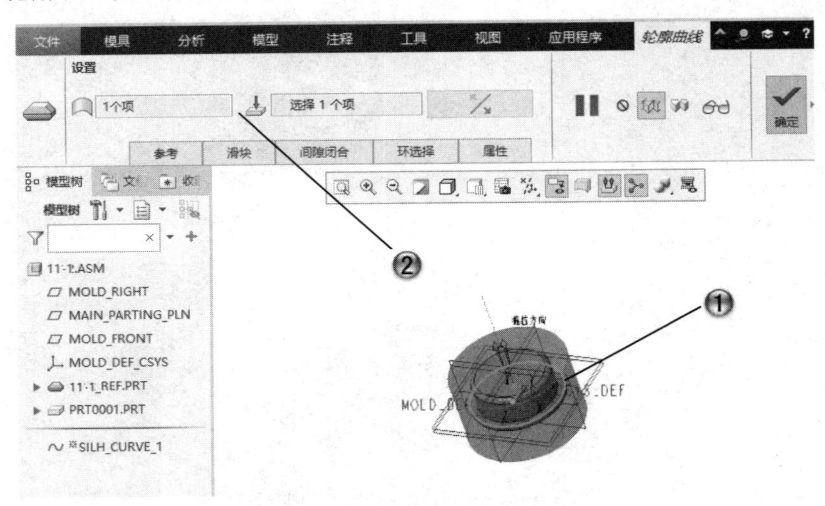

图 11-87　创建轮廓曲线

Step2 创建分型面的裙边曲面

①单击【模具】选项卡【分型面和模具体积块】组中的【分型面】按钮，在打开的【分型面】工具选项卡中单击【裙边曲面】按钮，如图 11-88 所示。

②在绘图区中显示出创建的曲面。

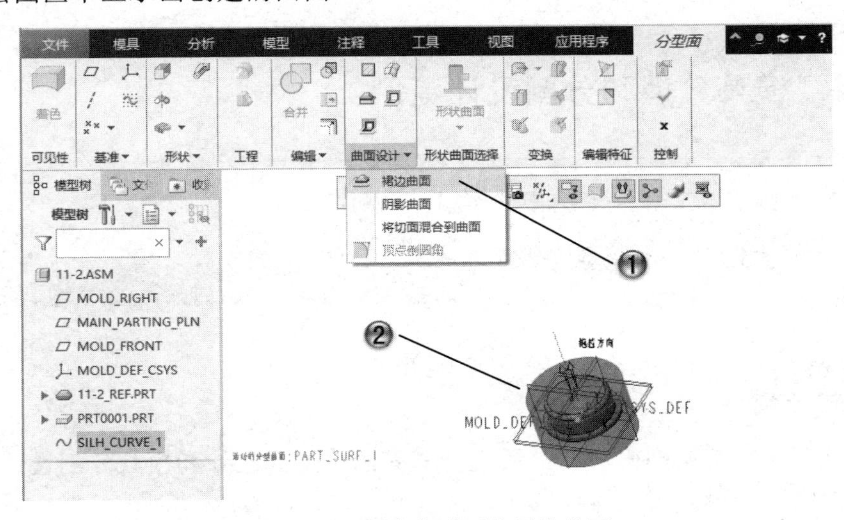

图 11-88　创建分型面的裙边曲面

Step3 完成分型面

①在绘图区中选择轮廓曲线作为分型的边线，如图 11-89 所示。
②设置分型面参数，单击【确定】按钮完成分型面的创建，结果如图 11-90 所示。

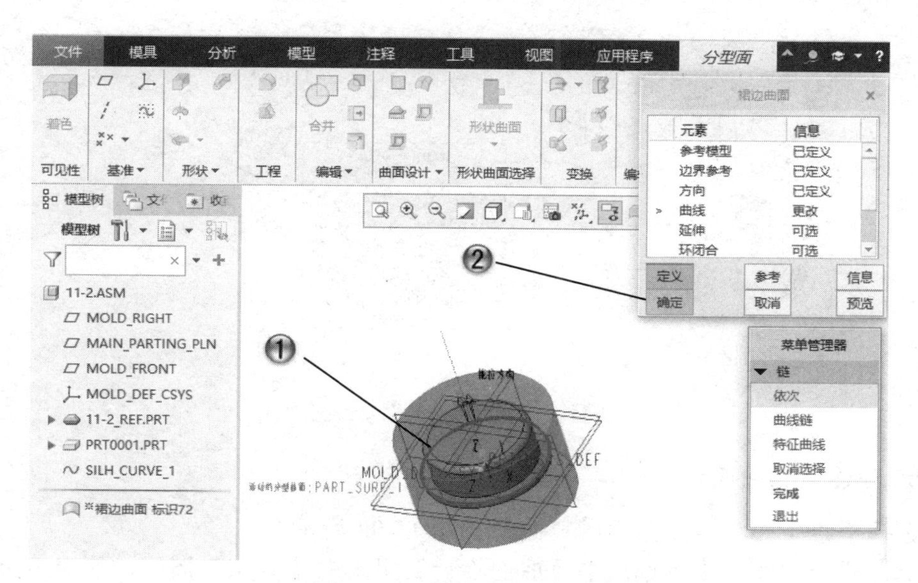

图 11-89　设置分型面参数

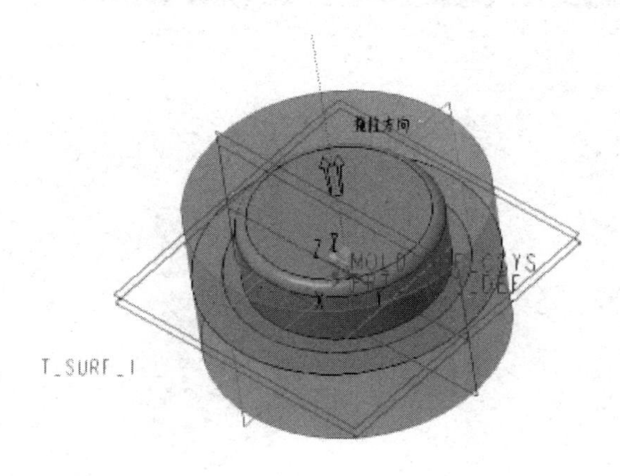

图 11-90　创建的分型面

Step4 创建分型的草绘圆形

①单击【模具】选项卡【分型面和模具体积块】组中的【分型面】按钮，在打开的【分型面】工具选项卡【基准】组中单击【草绘】按钮，选择分型面作为草绘基准面，如图 11-91 所示。

②绘制一个直径为 50 的圆形作为草绘 1。

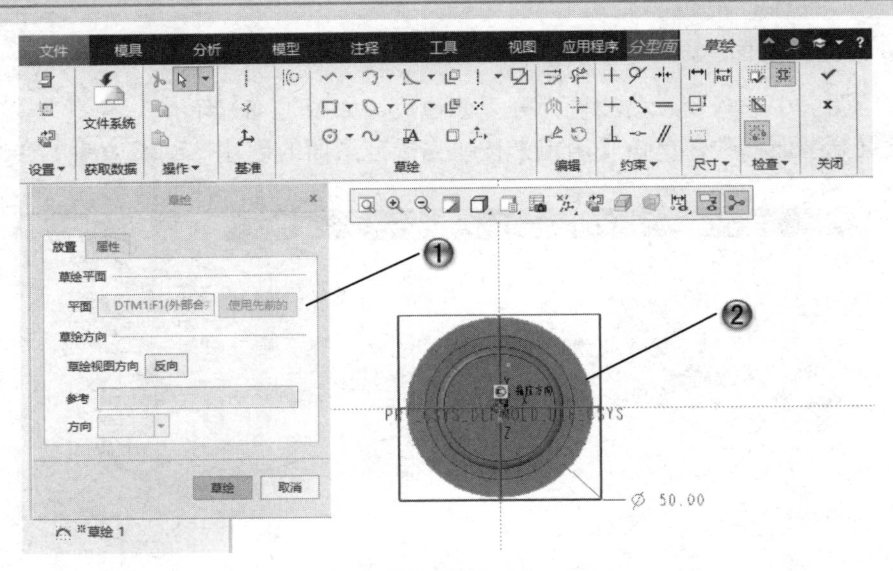

图 11-91　创建分型的草绘圆形

Step5 创建填充曲面

①选择草绘 1 作为填充曲面的草图，如图 11-92 所示。

②单击【分型面】工具选项卡【曲面设计】组中的【填充】按钮，创建填充曲面。

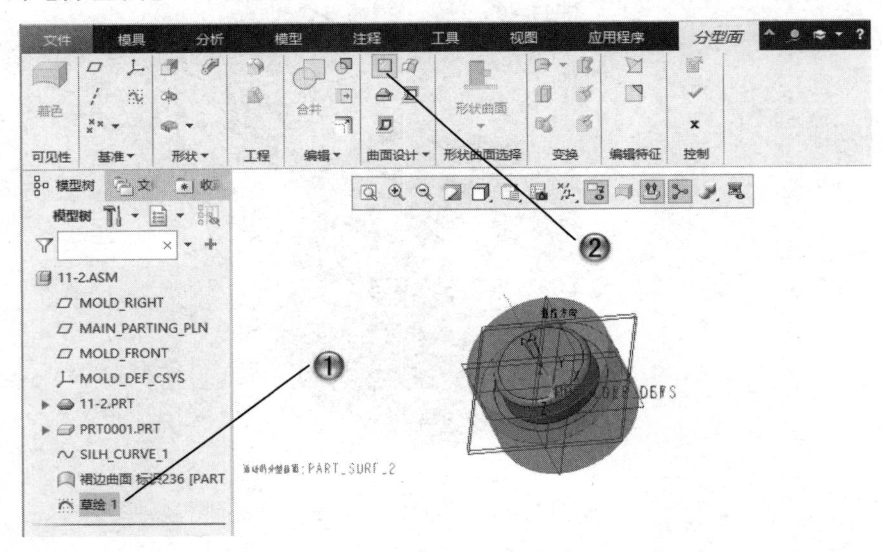

图 11-92　创建填充曲面

Step6 分割体积块完成范例

①单击【模具】选项卡【分型面和模具体积块】组中的【体积块分割】按钮，选择上一步创建的填充曲面，如图 11-93 所示。

②在【体积块分割】工具选项卡中设置参数，单击【确定】按钮完成体积块分割。至此这个范例制作完成，结果如图 11-94 所示。

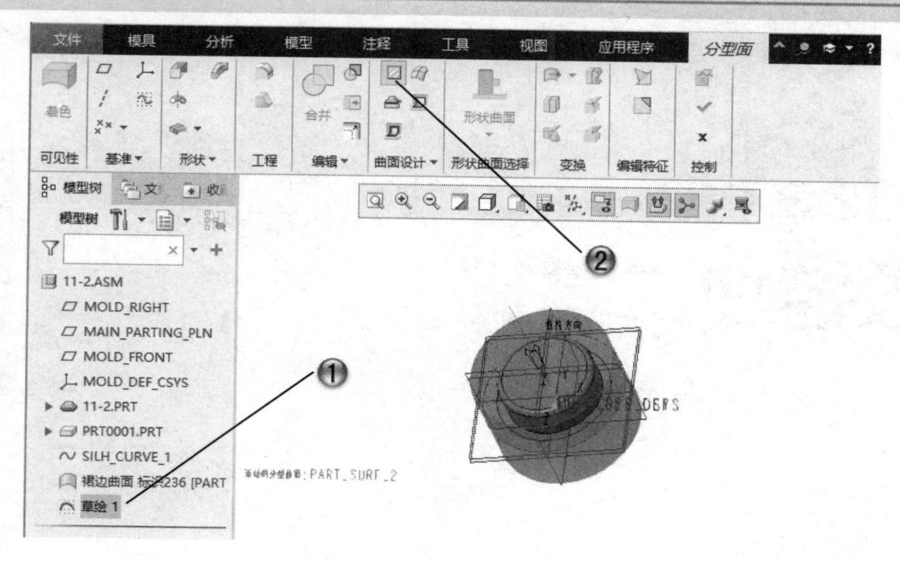

图 11-93　分割体积块

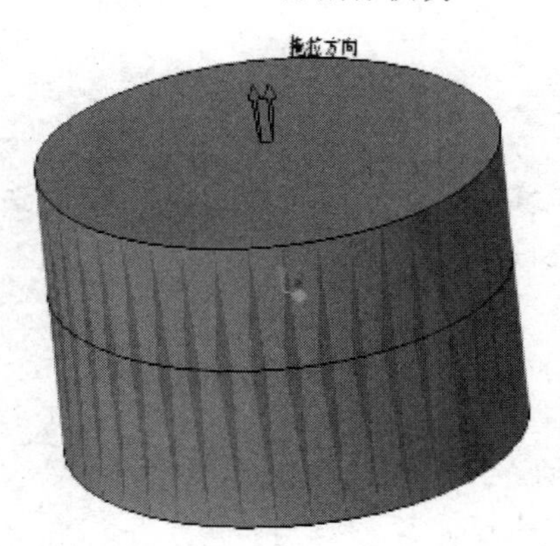

图 11-94　模具分割的结果

11.8　本章小结

本章主要介绍了模具设计的基础知识，由于每个产品的造型都不一样，也有简单和复杂之分，因而进行模具设计的方式也有不同，鉴于篇幅限制，本书不能一一列举。模具设计工作需要较多专业知识，本章仅就操作流程进行简单介绍，更多的内容需要读者自行查阅相关资料。

第 12 章 数控加工基础

本章导读

所谓数控加工，主要是指用记录在媒体上的数字信息对机床实施控制，使它自动地执行规定的加工任务。数控加工可以保证产品达到较高的加工精度和稳定的加工质量；操作过程容易实现自动化，生产率高；生产准备周期短，可以大量节省专用工艺装备，适应产品快速更新换代的需要，大大缩短产品的研制周期；数控加工与计算机辅助设计紧密结合在一起，可以直接从产品的数字定义产生加工指令，保证零件具有精确的尺寸和准确的相互位置精度，保证产品具有高质量的互换性；产品最后用三坐标测量机检验，可以严格控制零件的形状和尺寸精度。在零件形状越复杂，加工精度要求越高，设计更改越频繁，生产批量越小的情况下，数控加工的优越性就越容易得到发挥。数控加工系统在现代机械产品中占有举足轻重的地位，得到了广泛的应用。

数控技术是发展数控机床和先进制造技术的最关键技术，是制造业实现自动化、柔性化、集成化的基础，应用数控技术是提高制造业产品质量和劳动生产率必不可少的重要手段。数控机床作为数控技术实施的重要装备，成为提高加工产品质量，提高加工效率的有效保证和关键。Creo Parametric NC 模块是数控机床加工编程的重要模块，可以很好地帮助完成数控机床零件的加工。本章主要介绍在 Creo Parametric 8.0 数控加工中建立制造模型和定义操作数据的操作过程。

12.1 数控加工知识和操作界面

首先介绍数控加工的一些基本知识和术语，然后介绍 Creo Parametric 8.0 数控加工的操作界面和基本概念。

12.1.1　数控加工基本知识和术语

计算机辅助图形数控编程是随着数控机床应用的扩大而逐渐发展起来的，在数控加工的实践中，逐渐推出各种适应数控机床加工过程的计算机自动编程系统。

数控加工术语在数控加工程序编写、工艺卡编写的过程中发挥着很重要的作用，合理应用这些术语能够提高工作效率。数控加工中的常用术语主要有加工余量、切削用量、进给、进给量、插补、补偿、加工精度等。

（1）加工余量

加工余量是指数控加工过程中需要切去的金属层厚度，即毛坯与最后零件的相差量。

加工余量分为工序余量和加工总余量（毛坯余量）。工序余量是指相邻两工序的工序尺寸之差，加工总余量（毛坯余量）是指毛坯尺寸与零件图样的设计尺寸之差。

由于工序尺寸有公差，故实际切除的余量大小不等。

加工余量的大小对于工件的加工质量和生产率均有较大影响。加工余量过大，不仅增加机械加工的劳动量，降低生产效率，而且增加材料、工具和电力的消耗，还会增加加工成本。若加工余量过小，则既不能消除上工序的各种表面缺陷和误差，又不能补偿本工序加工时工件的装夹误差，容易造成废品。因此，合理地确定加工余量在数控加工中很重要。

确定加工余量的一般原则是：在保证加工质量的前提下越小越好。这样可以既不浪费材料，又能尽量出少废品。

（2）切削用量

切削用量是指数控加工中每道工序切除的毛坯量。数控编程时，编程人员必须确定每道工序的切削用量，并以指令的形式写入程序中。与切削用量有关的参数包括主轴转速 n（切削速度 v_c）、背吃刀量 a_p、进给量 f 等。对于不同的加工方法和不同的加工材料，需要选用不同的切削用量。

切削用量的大小对切削力、切削功率、刀具磨损、加工质量和加工成本均有显著影响。数控加工中选择切削用量时，就是在保证加工质量和刀具耐用度的前提下，充分发挥机床性能和刀具切削性能，使切削效率最高，加工成本最低。

切削用量越大，刀具耐用度越低。切削速度 v_c、进给量 f、切削深度 a_p 三者对刀具耐用度的影响不同，切削速度影响最大，进给量次之，切削深度影响最小。要达到较高的生产率，应按 a_p-f-v_c 的顺序来选择切削用量，即应首先考虑尽可能大的切削深度 a_p，其次选用尽可能大的进给量 f，最后在保证刀具合理耐用度的条件下选取尽可能大的切削速度 v_c。

（3）进给、进给量

数控机床的进给就是刀具与工件的相对运动，可以是刀具相对于工件运动（如数控车床），也可以是工件相对于刀具运动（如数控铣床）。运动的多少叫进给量，用 f 表示。数控机床的进给量根据加工工件的材料、选用刀具的材料的不同而有很大区别。具体的数值可以参考相关资料。

（4）插补

在实际数控加工中，被加工工件的轮廓形状千差万别，严格来说，为了满足几何尺寸精度的要求，刀具中心轨迹应该准确地依照工件的轮廓形状来生成。这对于简单的曲线数控系统可以比较容易实现，但对于较复杂的形状，若直接生成会使算法变得很复杂，计算机的工作量也相应地大大增加。因此，在实际应用中，常采用一小段直线或圆弧去进行拟合，以满足精度要求（也有需要抛物线和高次曲线拟合的情况），这种拟合方法就是“插补”，实质上插补就是数据密化的过程。插补的任务是根据进给速度的要求，在轮廓起点和终点之间计算出若干个中间点的坐标值，每个中间点的计算所需时间直接影响系统的控制速度，而插补中间点坐标值的计算精度又影响到数控系统的控制精度，因此，插补算法是整个数控系统控制的核心。插补算法经过几十年的发展，不断成熟，种类很多。一般来说，从产生的数学模型来分，插补主要有直线插补、圆弧插补等。

（5）补偿

根据补偿方法的不同，补偿可以分为左补偿和右补偿。补偿也分刀具半径补偿和刀具长度补偿。刀具半径补偿的使用是通过指令 G41、G42 来执行的。补偿有两个方向，即沿刀具切削进给方向垂直方向的左面和右面进行补偿，符合左右手定则；G41 是左补偿，符合左手定则；G42 是右补偿，符合右手定则。刀具长度补偿的两种方式如下。

- 用刀具的实际长度作为刀长的补偿。使用刀长作为补偿就是使用对刀仪测量刀具的长度，然后把这个数值输入到刀具长度补偿寄存器中，作为刀长补偿。
- 利用刀尖在 z 方向上与编程零点的距离值（有正负之分）作为补偿值。这种方法适用在机床只有一个人操作而没有足够的时间来利用对刀仪测量刀具的长度时使用。

（6）加工精度

加工精度是指零件加工后的实际几何参数（尺寸、形状和位置）与设计的理想几何参数之间的符合程度。符合程度越高，加工精度越高。加工精度包括尺寸精度、形状精度和位置精度三个方面。

12.1.2 数控机床的坐标系介绍

数控机床的坐标系包括机床坐标系和工件坐标系两种，下面对其进行介绍。

（1）机床坐标系

机床坐标系又称机械坐标系，其坐标和运动方向视机床的种类和机构而定。机床坐标系及其运动方向在国际标准中有统一规定，我国也有与之等效的标准。

机床坐标系规定原则如下。

右手笛卡儿坐标系：标准的机床坐标系是右手笛卡儿坐标系，用右手螺旋法则确定，如图 12-1 所示。

右手的拇指、食指、中指互相垂直，分别代表$+X$、$+Y$、$+Z$ 轴。围绕$+X$、$+Y$、$+Z$ 轴旋转的圆周进给坐标轴分别用$+A$、$+B$、$+C$ 表示，其正向符合右手螺旋法则。

刀具运动坐标和工件运动坐标：数控机床的进给运动是相对运动，可以是刀具相对于工件运动（如数控车床），也可以是工件相对于刀具运动（如数控铣床）。

为了方便用户编程和操作，国际标准规定：刀具相对于静止工件而运动。即编程时，可假定工件不动，刀具相对于工件做进给运动。根据这一规定，$+X$、$+Y$、$+Z$ 坐标和$+A$、$+B$、$+C$ 坐标代表刀具相对“静止”工件而运动的刀具运动坐标，与之相反的则为工件相对“静止”刀具运动的工件运动坐标。

如图 12-2 所示，待加工的工件固定在坐标系中，刀具运动形成坐标，在编程时采用的就是刀具运动坐标，即假定工件固定不动，刀具相对于静止工件而运动。

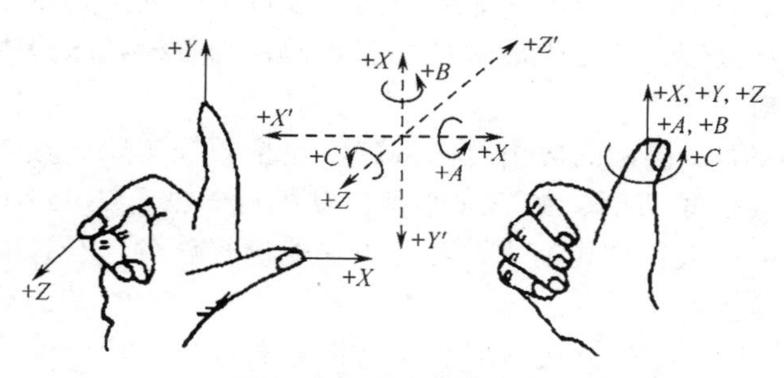

图 12-1 右手笛卡儿坐标系

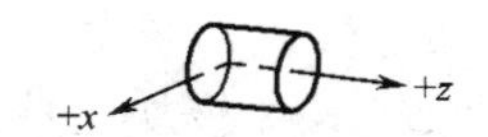

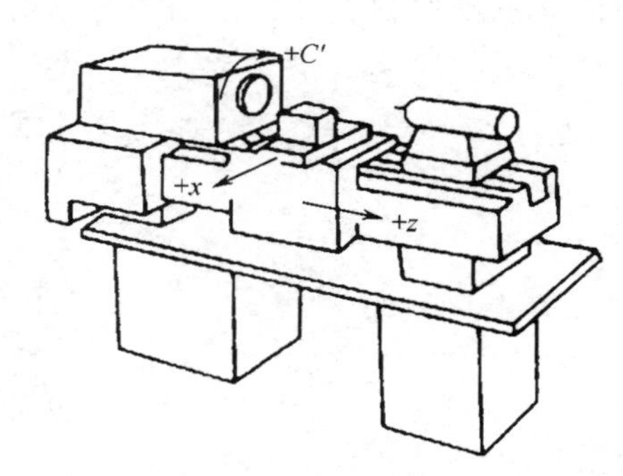

图 12-2 车床坐标系

（2）工件坐标系

编写数控程序时，一般选择工件上某一点为程序的原点，这一点称为编程零点，也称“加工零点”。以编程零点为原点且平行于机床各个移动坐标轴 *X*、*Y*、*Z* 建立一个新的坐标系，就是工件坐标系。

为保证编程与机床加工的一致性，工件坐标系定义为右手笛卡儿坐标系。工件装夹在机床上时，应保证工件坐标系和机床坐标系的坐标轴方向一致。工件坐标系是任意的，可以由编程人员根据需要自行设定。工件坐标系和机床坐标系的关系如图 12-3 所示。

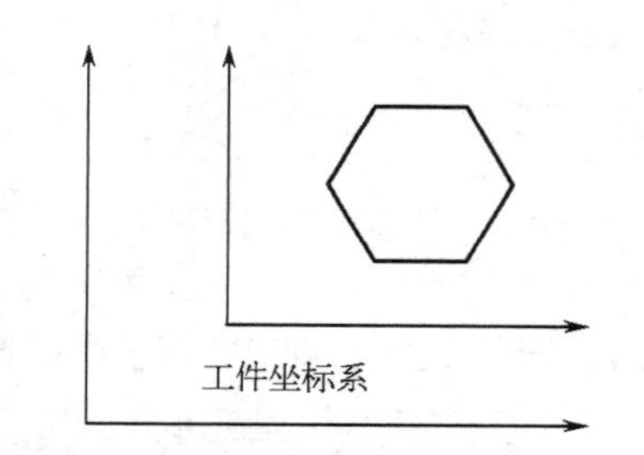

图 12-3 工件坐标系与机床坐标系关系

编程零点即加工零点，是数控加工过程中切削加工的参考点。对于数控铣床和加工中心来说，正确选择编程零点并建立合理的工件坐标系是非常重要的。

编程零点的选择应遵循以下原则。

- 编程零点与工件的尺寸基准重合，以利于编程。
- 编程零点应选择在尺寸精度高，表面粗糙度小的工件表面上，避免出现尺寸链累计误差。
- 编程零点最好选择在工件的对称中心上。
- 编程零点应选在容易找正，在加工过程中便于测量的位置。

12.1.3 Creo Parametric 8.0 数控加工操作界面

Creo Parametric 8.0 是一个全方位的三维产品开发综合软件，作为集成化的 CAD/ CAM/ CAE 系统，在产品加工制造方面，同样提供了强大的加工制造模块——Creo/NC 模块。

（1）Creo/NC 模块介绍

Creo/NC 模块能生成驱动数控机床加工零件所必需的数据和信息，能够生成数控加工的全过程。Creo Parametric 8.0 系统的全相关统一数据库，能将设计模型的变化体现到加工信息中，利用它所提供的工具，能够使用户按照合理的工序，将设计模型处理成 ASCII 码刀位数据文件，这些文件经过后处理变成数控加工数据。

Creo/NC 模块生成的数控加工文件包括：刀位数据文件、刀具清单、操作报告、中间模型、机床控制文件等。用户可以对所生成的刀具轨迹进行检查，如不符合要求，可以对NC 数控工序进行修改；如果刀具轨迹符合要求，则可以进行后置处理，以便生成数控加工代码，为数控机床提供加工数据。

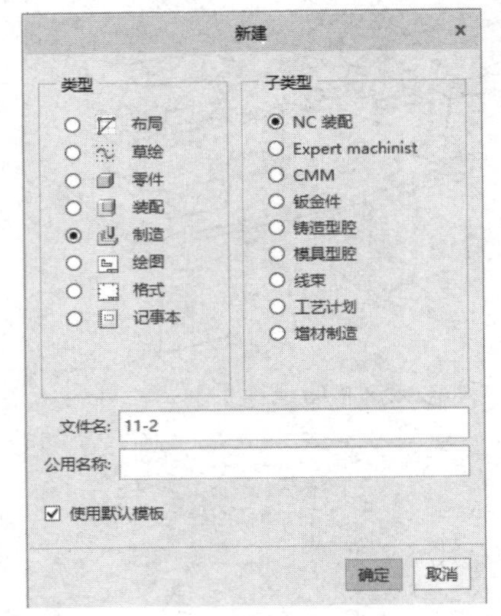

图 12-4 【新建】对话框

Creo/NC 模块的应用范围很广，包括数控车床、数控铣床、数控线切割、加工中心等自动编程方法。Creo/NC 模块是可以根据公司需求，对可用功能进行任意组合订购的可选模块。

（2）Creo/NC 模块的启动与操作界面

Creo Parametric 8.0 中 Creo/NC 模块属于制造类型，所以新建 NC 文件时应在【新建】对话框中的【类型】选项组中选中【制造】单选按钮，在【子类型】选项组中选中【NC 装配】单选按钮，如图 12-4 所示。

Creo/NC 模块的工作界面与其他模块一样，包括标题栏、选项卡、工具栏、导航器、提示栏和显示窗口等，如图 12-5 所示。用户可以在主界面中进行文件管理、显示控制、系统设置及读取文件等各项操作。

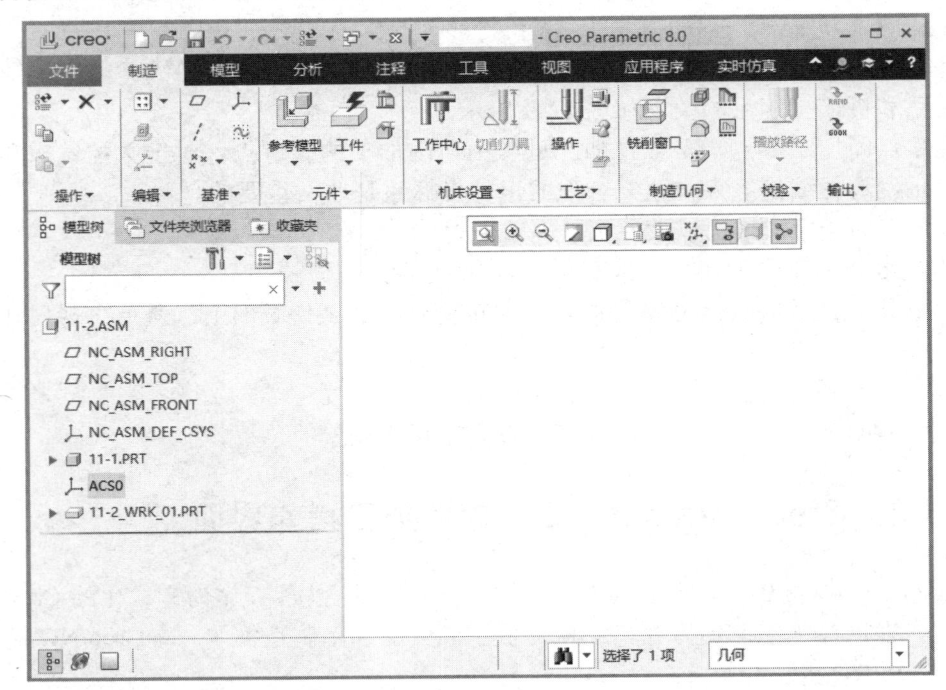

图 12-5 Creo/NC 模块工作界面

Creo/NC 模块主要用到的是【制造】选项卡，如图 12-6 所示。选项卡几乎包括了数控加工的所有命令，在进行数控加工操作时，【制造】选项卡的使用频率最高，加工中几乎所有的操作都可以在其中完成。

图 12-6 【制造】选项卡

12.1.4　Creo/NC 数控加工基本流程

在数控机床上加工零件时，首先要根据零件图纸经过工艺分析和数值计算，编写出程序清单，然后将程序代码输入到机床控制系统中，从而有条理地控制机床的各部分动作，最后加工出符合要求的产品。

数控加工的主要过程如下。

（1）根据零件图建立加工模型特征。

（2）设置被加工零件的材料、工件的形状与尺寸。

（3）设计加工机床参数，确定加工零件的定位基准面、加工坐标系和编程零点。

（4）选择加工方式，确定加工零件的定位基准面、加工坐标系和编程零点。

（5）设置加工参数（如机床主轴转速、进给速度等）。

（6）进行加工仿真，修改刀具路径，达到最优。

（7）后期处理，生成 NC 代码。

（8）根据不同的数控系统对 NC 做适当修改，将正确的 NC 代码输入数控系统，驱动数控机床运动。

12.1.5　Creo/NC 数控加工基本术语

下面介绍 Creo/NC 数控加工的基本术语。

（1）参考模型

参考模型也称为设计模型，是所有制造操作的基础，在参考模型上可以选取特征、曲面和边线作为刀具路径轨迹的参考。通过参考模型的几何要素，可以在参考模型与工件之间建立相关链接。由于有了这种链接，在改变参考模型时，所有相关的加工操作都会被更新，以反映所作的改变，从而充分体现全参数化的优越性，提高工作效率，降低出错的概率。零件、组件和钣金件都可以用作参考模型。

（2）工件

工件也就是工程上所说的毛坯，是加工操作的对象。工件的几何形状为被加工零件未经过材料切除前的几何形状。

使用工件的优点如下。

- 在创建 NC 序列时，自动定义加工范围。
- 动态材料去除模拟和过切检测。
- 通过捕获去除材料来管理进程中的文档。

工件可以代表任何形式的毛坯，如棒料或铸件。通过复制设计模型，修改尺寸，或删除特征，或隐含特征，可以很容易创建工件以代表实际工件。

根据设计者对整个加工过程的设计及工艺过程的考虑，可以将工件设计成任意形状，也可以在制造模块中以草绘模式直接创建工件。

（3）制造模型

制造模型一般由参考模型和工件组合而成。在加工模型中，参考模型必不可少，而工件为可选项。

在制造模型中加入工件有许多优点，它既可以作为设计加工刀具路径的参考，又可以动态模拟材料切削加工过程和计算材料的切削量。

12.2 制造模型和定义操作

在创建了加工零件的制造模型之后，要进行操作数据的设置。操作数据主要包括在【NC序列】菜单管理器和【铣削工作中心】对话框中。

12.2.1 创建制造模型

创建制造模型中需要编辑模型的某些特征，比如添加元件、重定义、删除、分类、约束设置等，因此需要掌握有关制造模型编辑方面的知识。本节主要讲解创建制造模型的基本知识。

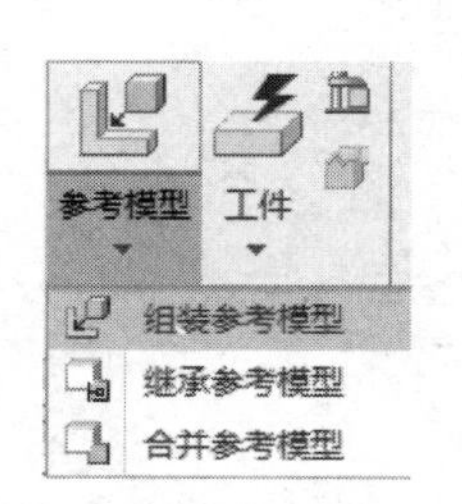

图 12-7 【参考模型】命令

用户进入 NC 界面后，在弹出的【制造】选项卡【元件】组中选择【参考模型】的各项命令，如图 12-7 所示，这些命令主要用于引入和修改制造模型。

下面介绍以装配方式创建参考模型。以装配方式创建参考模型，是数控加工中最常用的一种创建制造模型的方法。它是对事先创建好的零件与工件，通过组装的方法来完成制造模型的创建。

单击【制造】选项卡【元件】组中的【组装参考模型】按钮，打开【打开】对话框。

选择一个零件文件后，单击【打开】按钮，设计模型显示在屏幕上，此时系统弹出【元件放置】工具选项卡，提示选取自动约束的任意参考。设置完成后单击【元件放置】工具选项卡中的【确定】按钮✔。继承和合并参考模型的方法与此类似。

12.2.2 创建工件

下面介绍组装工件、创建工件和自动工件的方法。

（1）组装工件

组装工件的方法就是调入一个零件或者组件作为工件，具体操作如下。

单击【制造】选项卡【元件】组中的【组装工件】按钮，打开【打开】对话框。

选择一个零件文件后，单击【打开】按钮，设计模型显示在屏幕上，此时系统弹出【元件放置】工具选项卡，提示选取自动约束的任意参考，如图 12-8 所示。

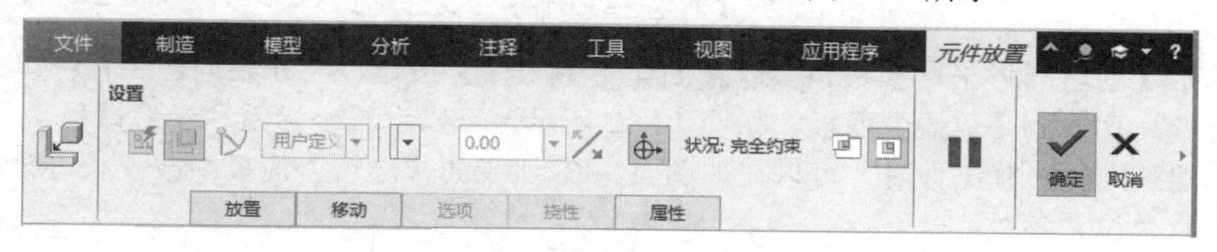

图 12-8 【元件放置】工具选项卡

设置完成后单击【元件放置】工具选项卡中的【确定】按钮，就完成了参考模型的装配。继承和合并工件的方法与此类似。

（2）创建工件

以创建方式创建工件是另一种比较常用的创建制造模型的方法，这种方法适用于制造模型的数据情况为：数据的几何形状简单，容易创建，可以直接以绘图的模式将所需要的几何形状数据创建在制造模型中，而不需要事先创建模型数据文件。具体操作如下。

单击【制造】选项卡【元件】组中的【创建工件】按钮，系统提示输入零件名称，如图 12-9 所示。零件名称输入后单击【接受值】按钮。

图 12-9　输入零件名称

系统弹出【拉伸】工具选项卡，在【放置】面板单击【定义】按钮绘制草图，完成后单击【草绘】工具选项卡中的【确定】按钮，设置拉伸参数，再单击【拉伸】工具选项卡【确定】按钮，如图 12-10 所示，即可完成工件的创建。

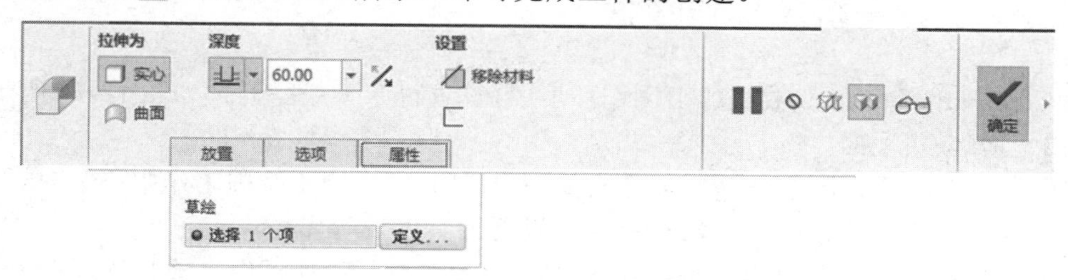

图 12-10 【拉伸】工具选项卡

（3）自动工件

以创建自动工件方式创建工件，适合创建圆柱体或者长方体形状的工件，它最大的优点就是，系统能够默认使创建的工件拉伸长度与参考模型相等。从而省去了在创建工件时确定工件拉伸长度的过程。具体操作如下。

单击【制造】选项卡【元件】组中的【自动工件】按钮，弹出【创建自动工件】工具选项卡，如图 12-11 所示。

图 12-11 【创建自动工件】工具选项卡

单击【创建圆形工件】按钮或【创建矩形工件】按钮，开始创建工件；单击【放置】标签，切换到【放置】面板，如图 12-12 所示，可以设置坐标系和参考模型。

创建长方体形状工件时，可以在如图 12-13 所示的【选项】面板中改变长方体的长、宽和高以及位置参数。

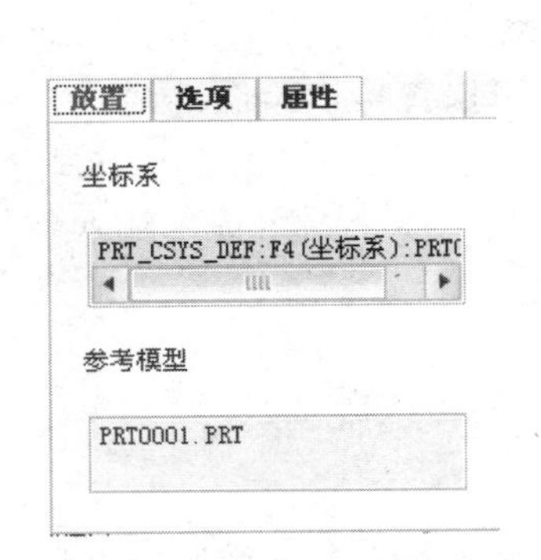

图 12-12 【放置】面板

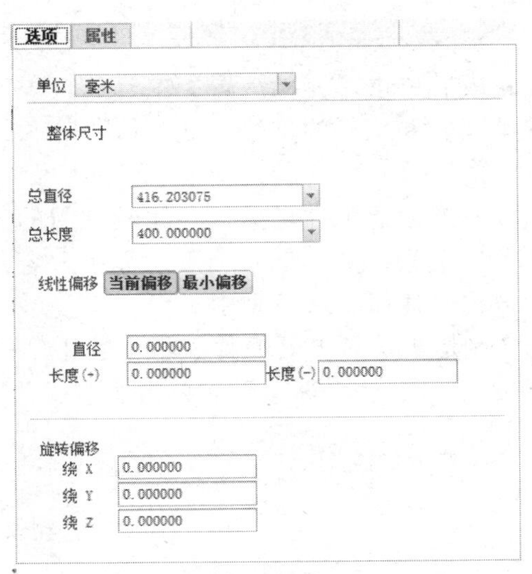

图 12-13 长方体【选项】面板

12.2.3 设置机床操作数据

在 Creo Parametric 8.0 数控加工操作环境中，设置机床一般是通过如图 12-14 所示的【工作中心】列表来实现的。

在列表中选择【铣削】命令后，弹出如图 12-15 所示的【铣削工作中心】对话框，利用该对话框可以进行新建机床、修改机床、设置刀具参数等操作。

机床数据定义的所有内容都可以在【铣削工作中心】对话框中完成，下面分别介绍各种数据定义的方法。

（1）机床基本设置

机床基本设置包括机床名称、机床类型、机床轴数等参数。

机床名称：机床【名称】文本框位于【铣削工作中心】对话框的最上部，用户可以输入任意字符作为机床的名称，没有特别严格的机床名称定义规则。

机床类型：机床类型有铣削、车床、铣削-车削、线切割四种，在【工作中心】列表时就可以进行选择。

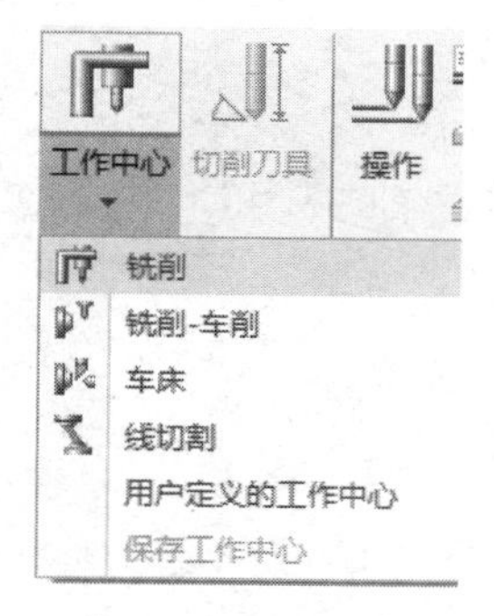

图 12-14 【工作中心】列表

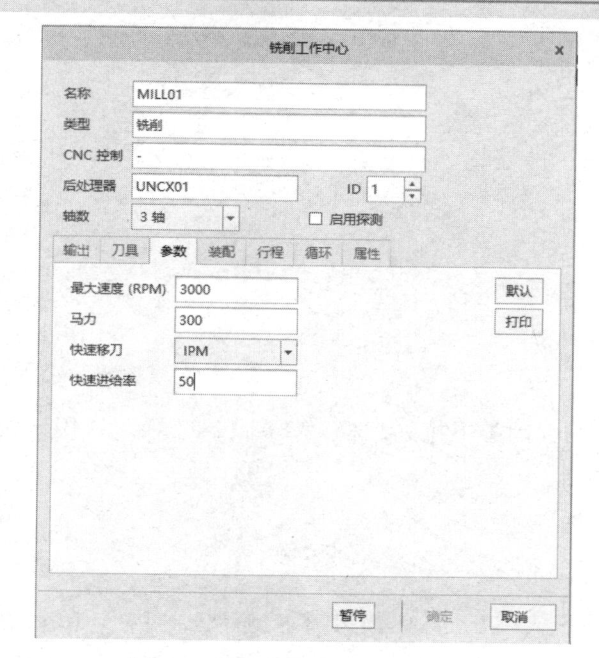

图 12-15 【铣削工作中心】对话框

轴数：机床轴数是指数控加工中可以同时使用的控制轴的数目，机床轴数的选择主要用于设置 NC 序列时选定可选范围。设置当前机床的轴数可以通过单击【轴数】下拉列表框，在弹出的如图 12-16 所示的【轴数】下拉列表框中选择轴数来实现。

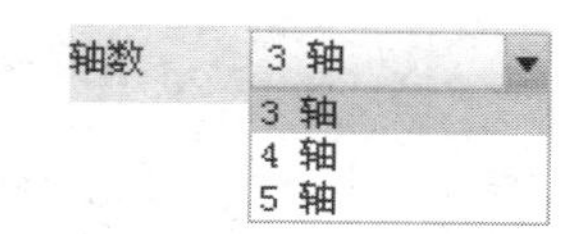

图 12-16 【轴数】下拉列表框

机床的轴数与选择的机床类型密切相关。各种机床类型下可选择的机床轴数如下。

铣削：3 轴、4 轴和 5 轴。

车床：1 个塔台和 2 个塔台。

铣削-车削：1 轴、3 轴、4 轴和 5 轴。

线切割：2 轴和 4 轴。

CNC 控制：是指各个机床所配置的控制系统的名称。若需要可以在【CNC 控制】文本框中输入控制器的名称。若需要，可在【后处理器】文本框中输入后处理器的名称。

（2）【输出】选项卡

打开【铣削工作中心】对话框，系统默认的选项卡即为如图 12-17 所示的【输出】选项卡。【输出】选项卡包括【命令】、【刀补】和【探针补偿】三个选项组。

● 【命令】选项组

【自】下拉列表框：如图 12-18 所示，用于设置【自】命令在 CL 文件中的输出形态。

【LOADTL】下拉列表框：如图 12-19 所示，用于设置【LOADTL】命令在 CL 文件中的输出形态。

【冷却液/关闭】下拉列表框：如图 12-20 所示，用于设置【冷却液/关闭】命令在 CL 文件中的输出形态。

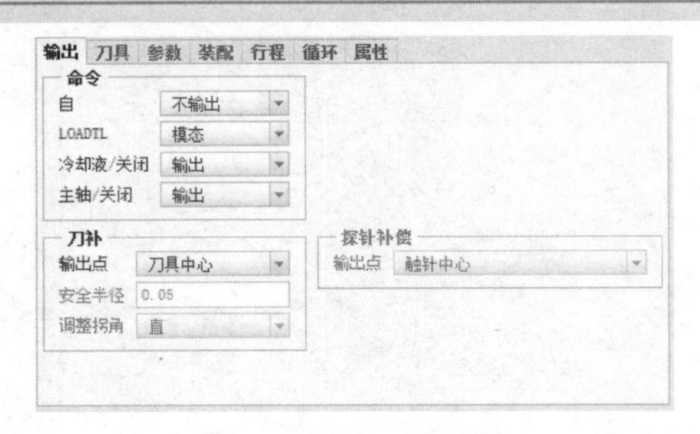

图 12-17 【输出】选项卡

【主轴/关闭】下拉列表框：如图 12-21 所示，用于设置【主轴/关闭】命令在 CL 文件中的输出形态。

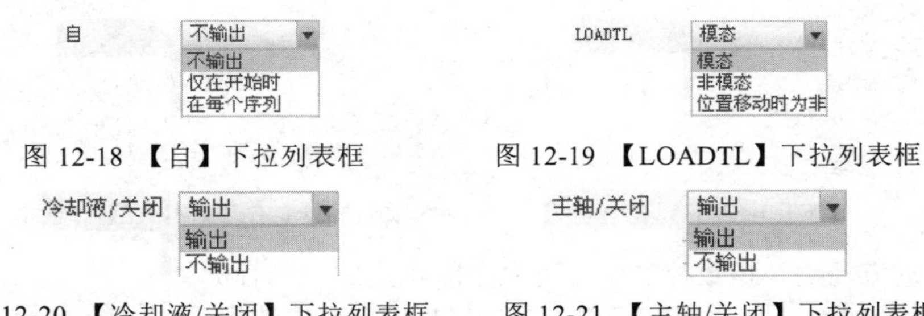

图 12-18 【自】下拉列表框

图 12-19 【LOADTL】下拉列表框

图 12-20 【冷却液/关闭】下拉列表框

图 12-21 【主轴/关闭】下拉列表框

● 【刀补】选项组

【输出点】列表：设置刀具补偿输出点的位置。

【安全半径】文本框：刀具补偿时系统分配的安全半径。

【调整拐角】列表：设置拐角类型。

● 【探针补偿】选项组

主要用于设置探针补偿输出点的位置。

（3）【刀具】选项卡

在【铣削工作中心】对话框中单击【刀具】标签，切换到如图 12-22 所示的【刀具】选项卡，它主要用于设置刀具和换刀时间。

图 12-22 【刀具】选项卡

设置刀具的方法是：单击【刀具】按钮，系统弹出如图 12-23 所示的【刀具设定】对话框。在【刀具设定】对话框中可以设置刀具的名称、类型、材料等。

设置换刀时间可以通过在【刀具更改时间】列表框中直接输入数值或单击上三角、下三角符号来实现。

（4）【参数】选项卡

在【铣削工作中心】对话框中单击【参数】标签，切换到如图 12-24 所示的【参数】

选项卡。【参数】选项卡的功能是设置机床的【最大速度】和【马力】等，用户只需在相应的文本框中输入具体数值即可。

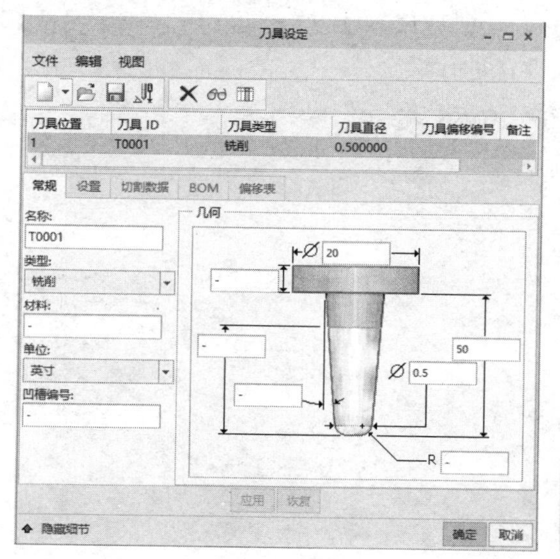

图 12-23 【刀具设定】对话框

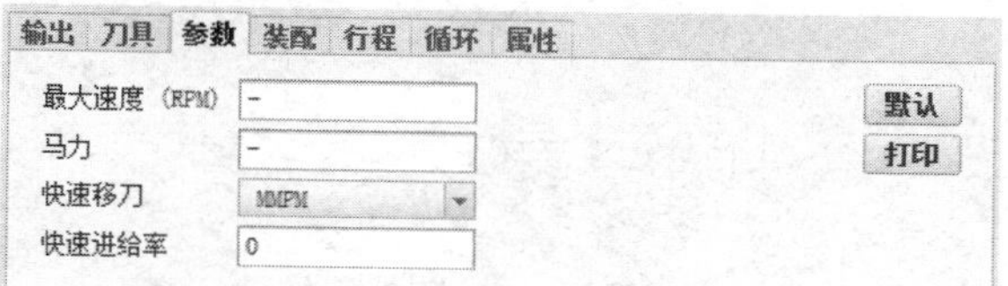

图 12-24 【参数】选项卡

（5）【装配】选项卡

在【铣削工作中心】对话框中单击【装配】标签，切换到如图 12-25 所示的【装配】选项卡。【装配】选项卡使用调入其他加工机床数据的方法来设置机床的各种参数。单击【打开机床中心装配模型】按钮，弹出【打开】对话框，在该对话框中选择合适的组件，则所选组件的机床设置被加载到当前机床。

（6）【行程】选项卡

在【铣削工作中心】对话框中单击【行程】标签，切换到如图 12-26 所示的【行程】选项卡。【行程】选项卡主要用于设置数控机床在加工过程中，各个坐标轴方向上的行程极限。若不设置行程极限，则系统不会对加工程序进行行程检查。

图 12-25 【装配】选项卡

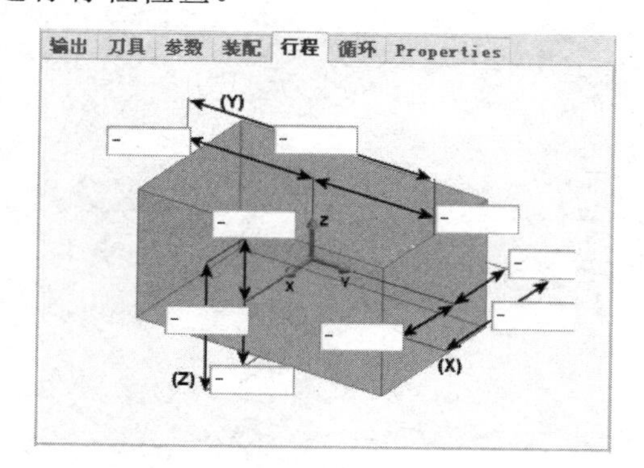

图 12-26 【行程】选项卡

（7）【循环】选项卡

在【铣削工作中心】对话框中单击【循环】标签，切换到如图 12-27 所示的【循环】选项卡。其中的【孔加工定制循环】选项组主要用于加工孔类特征时，创建循环名称和循环类型。

（8）【属性】选项卡

在【铣削工作中心】对话框中单击【属性】标签，切换到如图 12-28 所示的【属性】选项卡。【属性】选项卡主要用于对创建的机床设置进行说明。

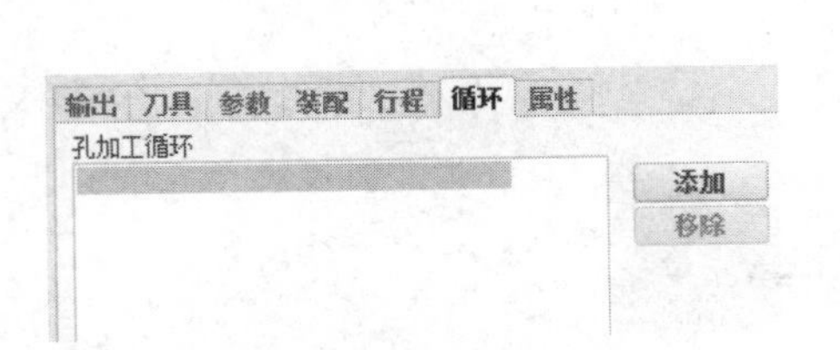

图 12-27 【循环】选项卡

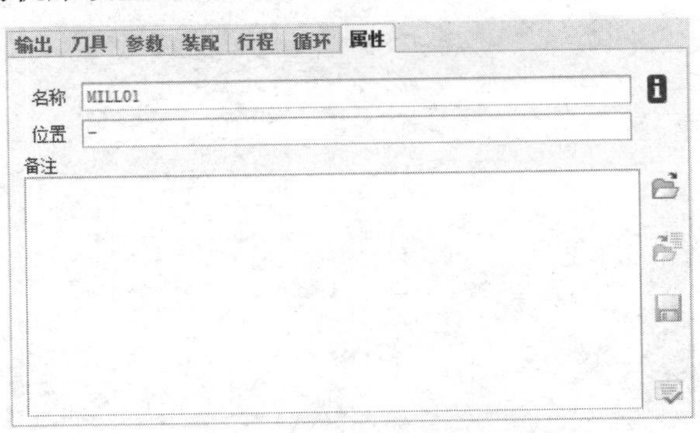

图 12-28 【属性】选项卡

12.2.4 设置刀具操作数据

在数控加工过程中，机床类型不同，所选择的刀具类型也有所不同。刀具的设置在数控加工过程中发挥着很重要的作用，因此需要对刀具进行定义。

刀具的设定可以通过如图 12-29 所示的【刀具设定】对话框来完成。

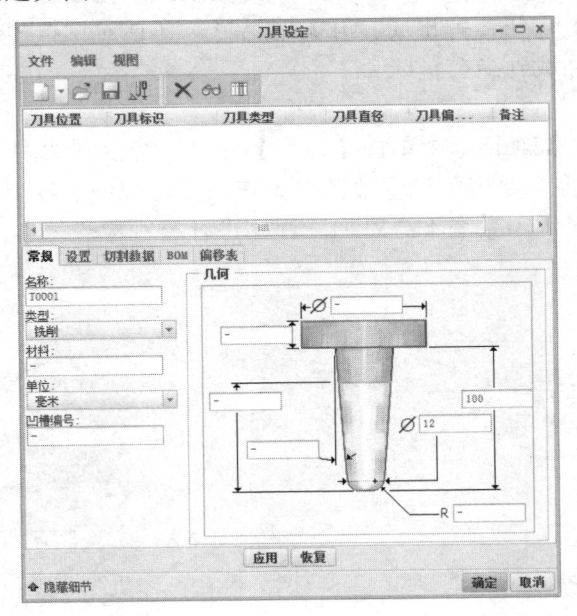

图 12-29 【刀具设定】对话框

在模型树中用鼠标右键单击机床特征，在弹出的快捷菜单中选择【编辑定义】命令，在弹出的【铣削工作中心】对话框中单击【刀具】标签，切换到【刀具】选项卡，单击【刀具】按钮，系统打开【刀具设定】对话框。

【刀具设定】对话框由菜单栏、工具栏、刀具列表框、选项卡等组成。下面分别介绍各部分的功能。

（1）工具栏

【工具栏】如图 12-30 所示，其中的按钮功能与菜单栏中对应命令的功能一致。下面介绍工具栏中几个独特按钮的功能。

图 12-30　工具栏

显示刀具信息按钮：单击此按钮，显示设置刀具的具体信息，该信息主要包括刀具的各个参数名称及具体数值。

【根据当前数据设置在单独窗口中显示刀具】按钮：单击该按钮，弹出如图 12-31 所示的刀具预览窗口。若要在预览窗口中平移刀具模型，则需要同时按下 Shift 键和鼠标中键，并且拖动鼠标。若要在预览窗口中放大和缩小刀具模型，则需要同时按下 Ctrl 键和鼠标中键，并且拖动鼠标。若要旋转刀具模型，则需要按下鼠标中键，并且拖动鼠标。

【自定义刀具参数列】按钮：单击此按钮，系统弹出如图 12-32 所示的【列设置构建器】对话框。该对话框主要用于设置刀具列表框中各刀具所应显示的参数。单击对话框中的>>按钮可以增加刀具列表框中所列的项，单击<<按钮可以减少刀具列表框中所列的项，单击↑ ↓按钮可以更换刀具参数的显示顺序。【宽度】文本框用于定义刀具参数的字符宽度。

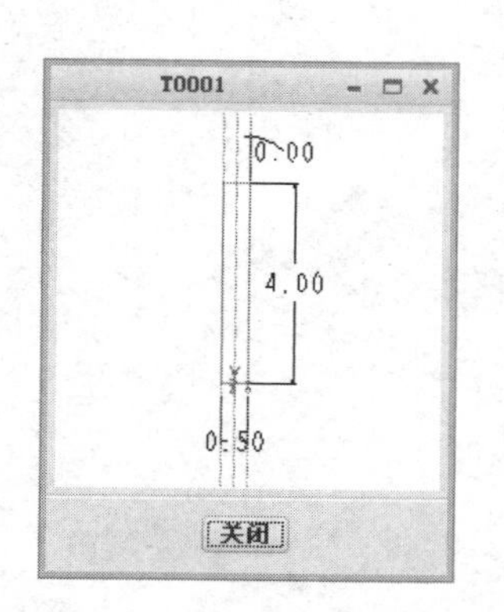

图 12-31　刀具预览窗口

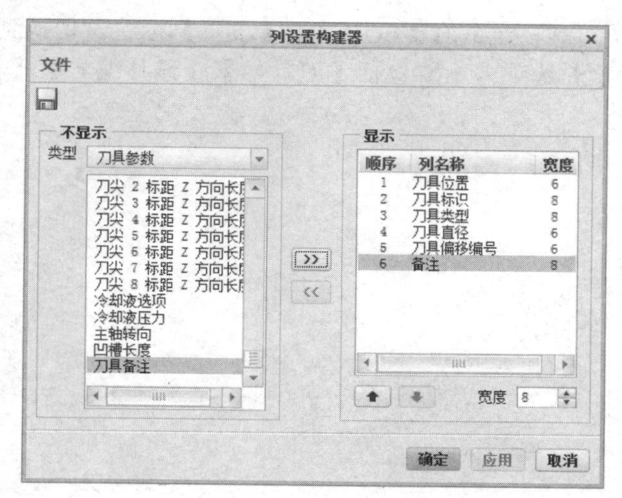

图 12-32 【列设置创建程序】对话框

（2）刀具列表框

刀具列表框如图 12-33 所示。它主要显示在机床上已经定义的刀具信息，包括【刀具位置】、【刀具标识】、【刀具类型】等。在实际加工过程中用户可以根据需要选择合适的刀具。

（3）【常规】选项卡

打开【刀具设定】对话框后，系统默认的选项卡便为如图 12-34 所示的【常规】选项卡。【常规】选项卡主要用于显示和编辑刀具的【名称】、【类型】、【材料】、【单位】等基本信息。

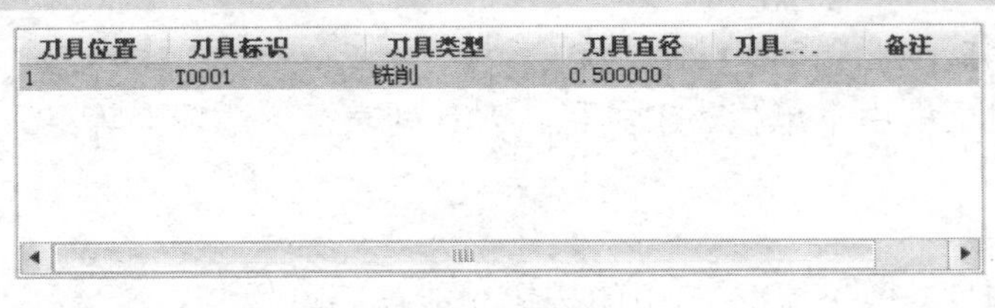

图 12-33　刀具列表框

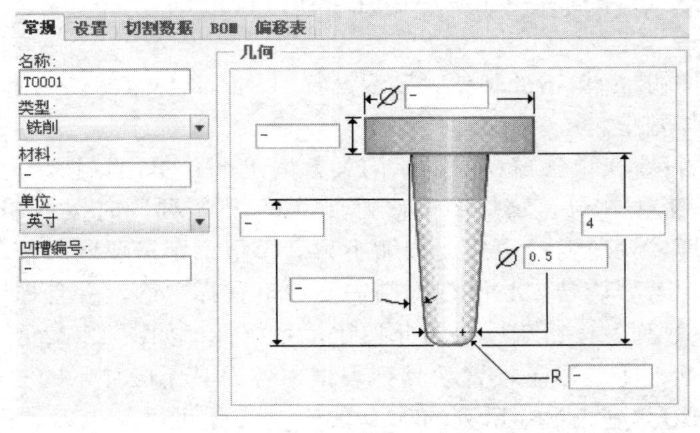

图 12-34 【常规】选项卡

（4）【设置】选项卡

在【刀具设定】对话框中单击【设置】标签，切换到如图 12-35 所示的【设置】选项卡。【设置】选项卡主要包括【刀具号】、【偏移编号】、【标距 X 方向长度】等设置项。

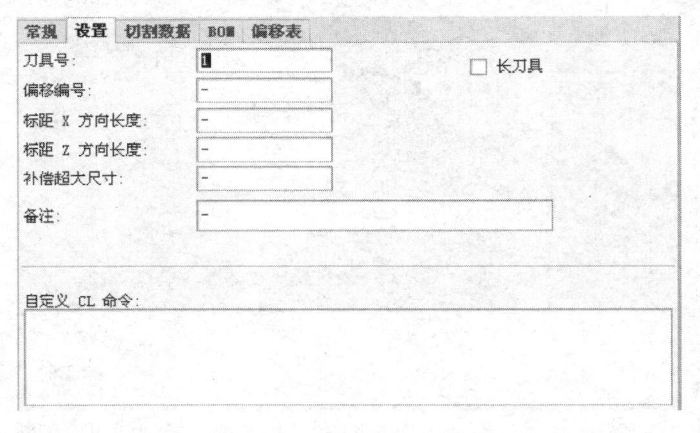

图 12-35 【设置】选项卡

（5）【切割数据】选项卡

在【刀具设定】对话框中单击【切割数据】标签，切换到如图 12-36 所示的【切割数据】选项卡。【切割数据】选项卡由【属性】、【切削数据】和【杂项数据】选项组组成。

（6）【BOM】（材料清单）选项卡

在【刀具设定】对话框中单击【BOM】标签，切换到如图 12-37 所示的【BOM】选项卡。该选项卡主要用于设置刀具模型使用的所有零件和组件。【BOM】选项卡主要用于设置刀具模型使用的所有零件和组件。

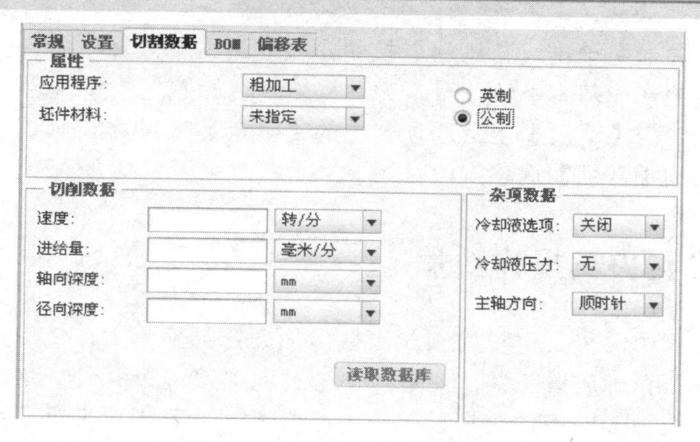

图 12-36 【切割数据】选项卡

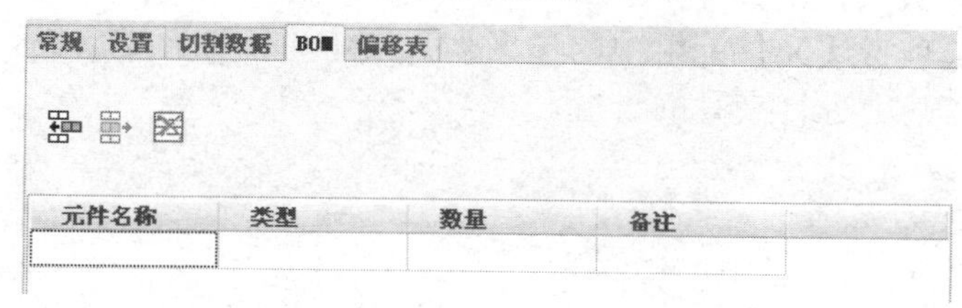

图 12-37 【BOM】 选项卡

（7）【偏移表】选项卡

在【刀具设定】对话框中单击【偏移表】标签，切换到如图 12-38 所示的【偏移表】选项卡。

（8）【应用】、【恢复】按钮

【应用】按钮：主要用于在完成刀具的每个特征数据定义后，将定义的刀具添加到刀具列表框中。编辑已经定义的刀具后，若需要保存编辑内容，也要单击【应用】按钮。

【恢复】按钮：单击该按钮可以将刀具定义的数据恢复为上次定义的值。

（9）草绘刀具

草绘刀具是定义刀具的一种重要方法，主要用于绘制一些特殊的刀具。

在【刀具设定】对话框中选择【编辑】|【草绘】命令，则【常规】选项卡中会出现如图 12-39 所示的【草绘器】按钮。

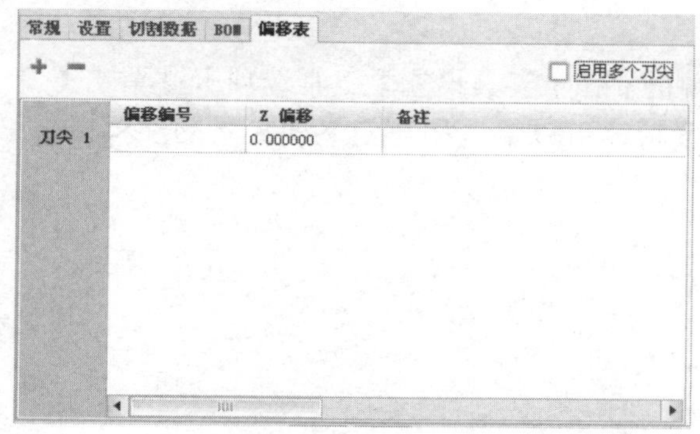

图 12-38 【偏移表】选项卡

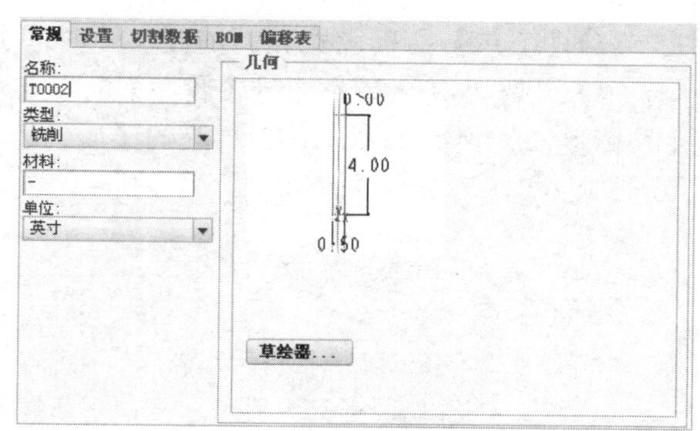

图 12-39 【常规】选项卡

在【常规】选项卡中单击【草绘器】按钮，系统进入草绘环境。该操作环境与零件建模中二维草图绘制的环境基本一致。草绘刀具操作环境标题栏的默认名称为“T0001”。

绘制完成后，单击【草绘】工具选项卡中的【确定】按钮✔，则返回到【常规】选项卡，该刀具即添加到【常规】选项卡中。

12.2.5 设置夹具操作数据

在数控加工过程中，夹具主要用来对工件施加一定的夹紧力。使用夹具的主要目的是为了保证加工精度，正确放置工件，使数控加工过程中刀具和机床始终处于正确的位置。

夹具设置在数控加工的操作数据设置中不是必需的，若设置夹具不会影响数控加工的进程，则可以省去设置夹具的操作。

单击【制作】选项卡【元件】组中的【夹具】按钮，打开【夹具设置】工具选项卡，如图 12-40 所示，在其中进行夹具的设置。

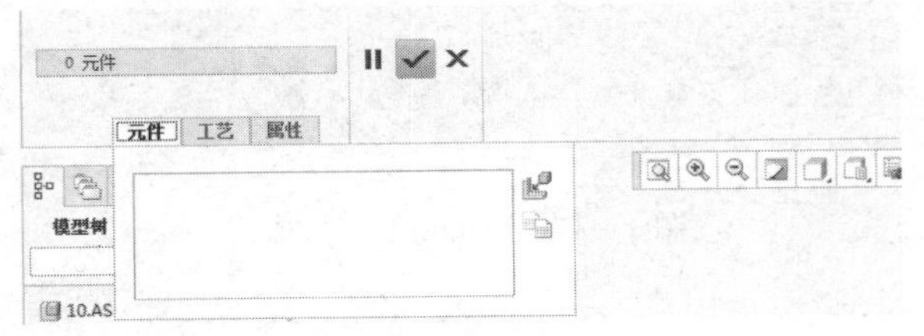

图 12-40 【夹具设置】工具选项卡

【夹具设置】工具选项卡包含【元件】、【工艺】和【属性】面板，加载夹具元件要在【元件】面板中进行操作。

（1）在【元件】面板单击【添加夹具元件】按钮，系统打开【打开】对话框，选择需要的夹具添加进模型。之后系统弹出【元件放置】工具选项卡，对元件进行约束放置，如图 12-41 所示。

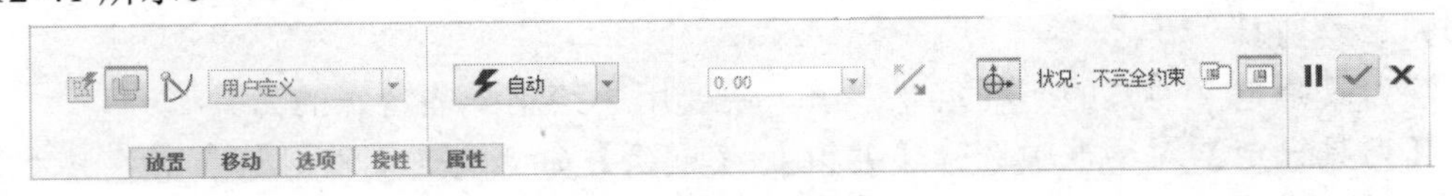

图 12-41 【元件放置】工具选项卡

（2）【工艺】面板设置夹具的【实际时间】。

（3）设置夹具注释是通过【属性】面板实现的。在【夹具设置】工具选项卡中单击【属性】标签，切换到如图 12-42 所示的【属性】面板，可以输入用户定义的夹具的注释。

图 12-42 【属性】面板

12.3　数控铣削加工

铣削加工是机械加工中最常用的加工方法之一，它主要用于加工平面、孔、盘、套和板类等基本零件，也可用于加工复杂曲面零件、整体叶轮类和模具类零件，因此广泛应用于实际加工中。Creo Parametric 8.0 提供了如铣削体积块、曲面铣削、表面铣削、轮廓铣削、腔槽加工铣削、轨迹铣削、螺纹铣削、局部铣削和雕刻铣削等多种加工方法。本节主要介绍常用的铣削体积块、曲面铣削、轮廓铣削的方法。

12.3.1　铣削体积块

铣削体积块是指在数控加工过程中需要被铣削掉的材料体积，它是一个立体空间范围，主要用于 NC 序列的加工制造几何数据设置时，以该体积块作为参考，并结合所定义的其他的加工参数，从而最终以分层等高的形式，从最上面的曲面开始加工，而且刀尖轨迹始终位于体积块内部，即刀具在切削的过程中只会去除体积块以内的材料，而不会去除体积块以外的材料。

定义铣削体积仅仅为后续设计 NC 序列提供了一个范围参考，一般情况下，铣削体积内部的材料应该被刀具完全清除。然后，在实际的数控加工过程中，铣削体积块内部的材料能否被刀具完全清除还决定于该体积块与刀具参数及加工步长参数是否配合。如果参数量设置不当，则刀具不一定能全部清除铣削体积块范围内的材料，不能达到完全清除材料的目的。

（1）创建铣削体积块

在创建好参考模型后，单击【制造】选项卡【制造几何】组中的【铣削体积块】按钮，弹出【铣削体积块】工具选项卡，如图 12-43 所示，系统进入铣削体积块操作环境。

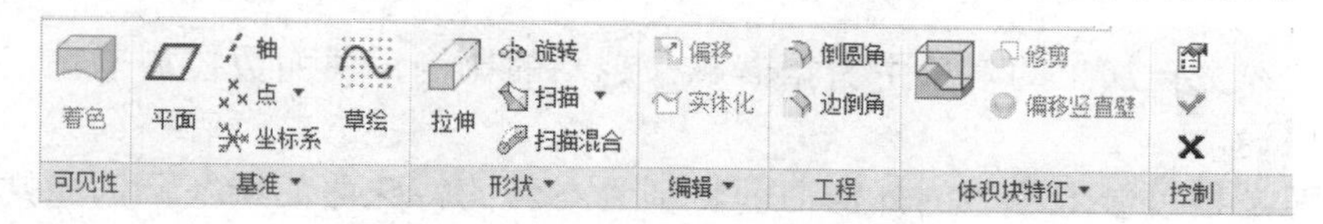

图 12-43　【铣削体积块】工具选项卡

在【铣削体积块】工具选项卡中，有许多按钮为暗灰色，即在当前状态下不可用，如【着色】、【偏移】、【实体化】等按钮。这是因为当前创建的铣削体积块是第一个体积块，该体积块创建完成后，返回到【铣削体积块】工具选项卡中，就会发现这些按钮可以使用。这些工具的主要作用是对刚建立的体积块的外形进行编辑。

铣削体积块主要通过【形状】组中各命令来实现，生成体积块的具体方法与在零件设计过程中生成基础特征类似。

（2）编辑铣削体积块

编辑铣削体积块主要包括【编辑定义】、【删除】和【隐藏】等内容。编辑铣削体积块的各种操作，可以在模型树中，用鼠标右键单击体积块，弹出如图 12-44 所示的【编辑体积块】快捷菜单来实现。

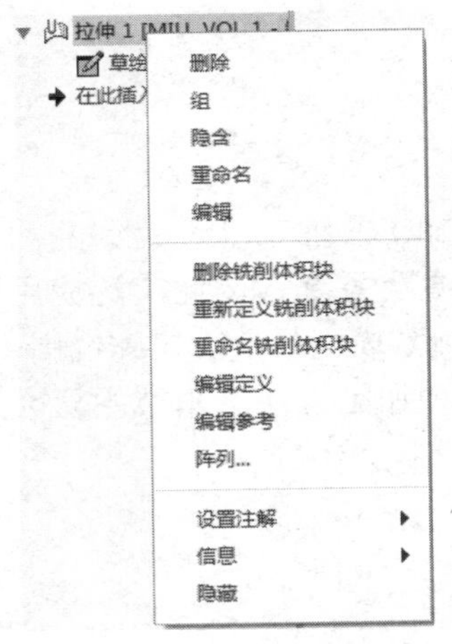

图 12-44　快捷菜单

下面分别介绍各种编辑功能的实现方法。

编辑定义：编辑定义主要用于修改体积块的尺寸。选择快捷菜单中的【编辑定义】命令，即可完成体积块尺寸的修改。

删除：选中体积块后，选择【编辑体积块】快捷菜单中的【删除】命令，打开如图 12-45 所示的【删除】对话框。【删除】对话框中有两个按钮可以选择，用来确定是否删除体积块。

隐含：【隐含】命令主要用于隐含选中的对象。在快捷菜单中选择【隐含】命令，系统弹出如图 12-46 所示的【隐含】对话框。

隐藏：【隐藏】命令的主要功能是在建立多个体积块时用户便于选择和观察，使用户更清楚地理解体积块的形状。选择【隐藏】命令，在工作区中选择需要隐藏的体积块，则该体积块被隐藏。在完成所有体积块的创建后，需要取消体积块的隐藏，选择快捷菜单中的【取消隐藏】命令。

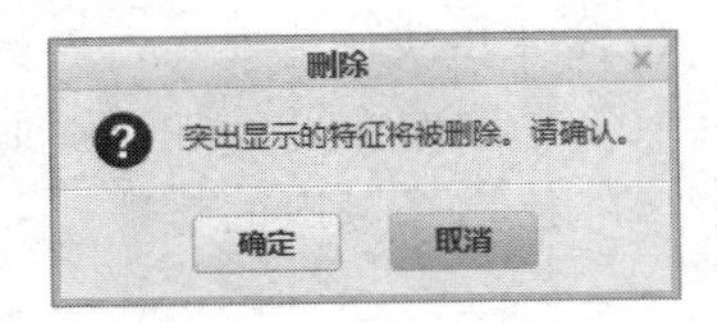

图 12-45　【删除】对话框

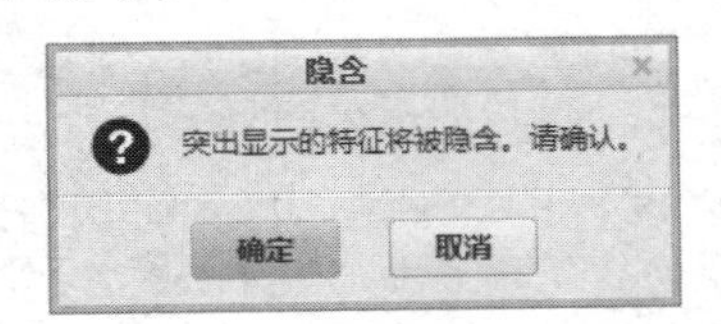

图 12-46　【隐含】对话框

着色显示：着色显示的功能是在工作区中改变体积块的颜色，使用户易于辨认体积块。选择【铣削体积块】工具选项卡【可见性】组中的【着色】按钮，在工作区中选择需要着色显示的体积块，该体积块将改变颜色，以便与制造模型区别。

12.3.2　曲面铣削基础方法

曲面零件在数控加工的对象中占据着越来越高的比例，曲面数控加工在工业生产中也发挥着重要用途。

铣削曲面是指以参考模型的外形曲面特征为参考的特殊曲面特征。创建铣削曲面的主要目的是在设计数控加工时以铣削曲面为参考，辅助定义相关的加工参数即可生成需要的刀具轨迹。因此，掌握铣削曲面的创建方法显得很重要。

（1）创建铣削曲面

打开已创建的制造模型，单击【制造】选项卡【制造几何】组中的【铣削曲面】按钮，弹出【铣削曲面】工具选项卡，如图 12-47 所示，进入铣削曲面操作环境。用户在铣削曲面操作环境中，创建铣削曲面的方法主要是利用【铣削曲面】工具选项卡。用户也可以通过使用【插入】菜单管理器中的【拉伸】、【旋转】、【扫描】等命令来实现。

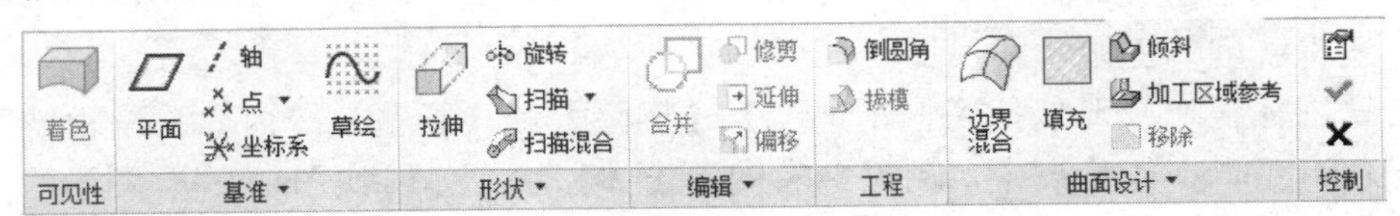

图 12-47　【铣削曲面】工具选项卡

（2）编辑铣削曲面

铣削曲面创建成功以后，紧接着需要做的工作便是对其进行编辑。编辑铣削曲面主要在【铣削曲面】工具选项卡【编辑】和【工程】组中来实现，用户还可以通过【选项】菜单管理器来实现对铣削曲面的编辑。铣削曲面的编辑主要有【合并】、【偏移】、【修剪】、【镜像】和【延伸】5个内容。

（3）【铣削窗口】工具选项卡

设定铣削加工范围的最后一个方法是设置铣削窗口。设置铣削窗口主要通过草绘绘制封闭的铣削窗口轮廓线，或者选择退刀平面中的封闭窗口。设置铣削窗口的主要作用是生成等高切削，并且加工铣削轮廓线中除参考模型之外的工件区域的刀具轨迹。

单击【制造】选项卡【制造几何】组中的【铣削窗口】按钮，系统打开【铣削窗口】工具选项卡，该工具选项卡主要由【放置】面板、【深度】面板、【选项】面板、【属性】面板、按钮快捷方式等组成。下面分别介绍各面板的功能。

【放置】面板：【放置】面板默认内容如图 12-48 所示，主要功能是设置铣削窗口所在的平面和所需参考。用户可以选择不同的铣削窗口类型，此时面板会显示不同的内容。

【深度】面板：【深度】面板顾名思义主要用于设置铣削窗口中加工的深度，默认内容如图 12-49 所示，该面板中的【深度选项】下拉列表框中有【盲孔】和【到选定项】两个可选项。

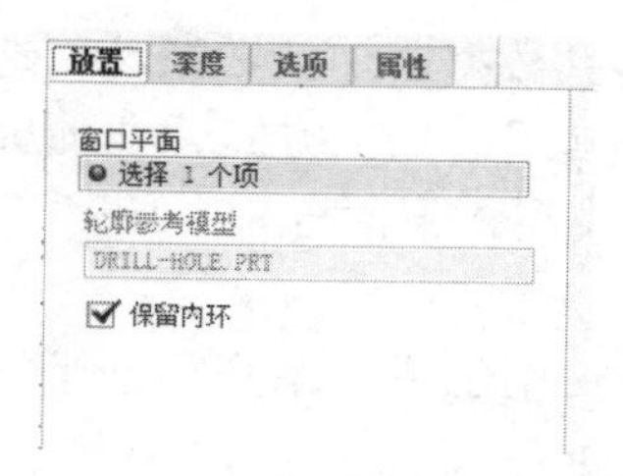

图 12-48 【放置】面板

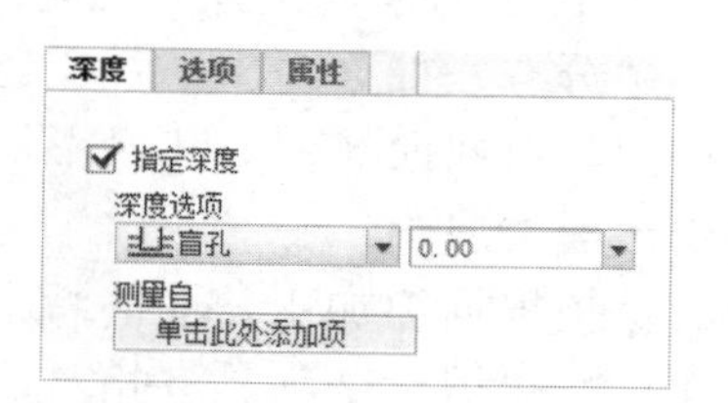

图 12-49 【深度】面板

【选项】面板：【选项】面板的主要功能是指定以刀具窗口围线的类型和“铣削窗口”的几何属性，默认内容如图 12-50 所示。

【属性】面板：【属性】面板如图 12-51 所示，其中的【名称】文本框中显示预创建的铣削窗口名称。

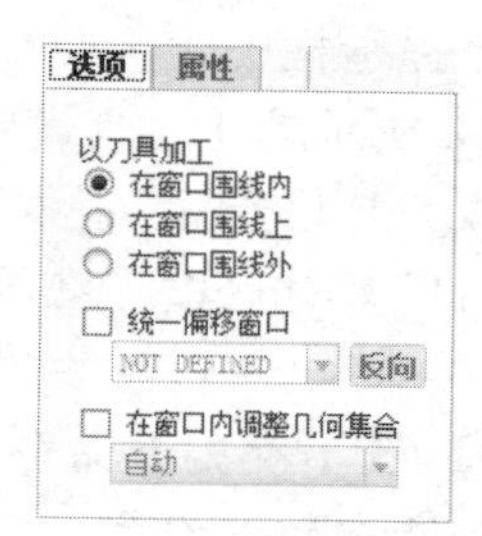

图 12-50 【选项】面板

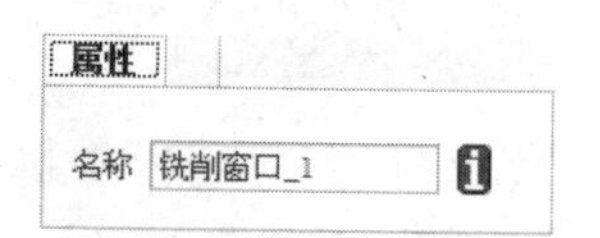

图 12-51 【属性】面板

【铣削窗口】工具选项卡中主要快捷按钮的功能简单介绍如下。

【轮廓窗口类型】按钮：单击该按钮，允许将参考模型的侧面影像投影到“铣削窗口”的起始平面上，可以在平行于“铣削窗口”坐标系的 Z 轴方向上创建铣削窗口。

【草绘窗口类型】按钮：单击该按钮，即允许通过草绘封闭轮廓线来创建铣削窗口。

【链窗口类型】按钮：单击该按钮，选择封闭轮廓线的边或者其他曲线创建铣削窗口，然后将此轮廓线投影到起始平面以构成窗口轮廓。

（4）编辑定义铣削窗口

编辑定义铣削窗口主要用于当用户对创建的铣削窗口不满意时进行重新定义。重新定义可以通过在模型树中用鼠标右击需要重定义的铣削窗口，在弹出的快捷菜单中选择【编辑定义】命令，则系统显示【编辑定义】工具选项卡。用户可以在【重定义】工具选项卡中重新设置铣削窗口的各个特征。

（5） 删除铣削窗口

删除铣削窗口主要用于当用户对创建的铣削窗口不需要时，进行删除。删除后的铣削窗口将不可恢复。删除操作可以通过在模型树中用鼠标右键单击需要删除的铣削窗口，在弹出的快捷菜单中选择【删除】命令来完成。

对铣削窗口的编辑除了删除、重定义之外，还有重命名、组、阵列等操作，方法与铣削曲面中的编辑方法类似。

12.3.3 曲面铣削类型

曲面铣削 NC 序列根据设置的铣削曲面，配合刀具数据、加工数据及制造参数，沿曲面几何外形产生分布在曲面之上的加工路径。它是最常用的加工方式，曲面数控加工序列主要有直线切削、自曲面等值线和投影切削 3 种走刀类型，下面分别介绍。

（1）直线切削类型

直线切削是指根据被加工曲面的特点，通过直线切削生成一系列相互平行的刀具路径铣削加工曲面，主要用于铣削具有相对简单形状的曲面。

单击【制造】选项卡【机床设置】组中的【铣削】按钮，弹出【铣削工作中心】对话框，如图 12-52 所示。设置机床数据，单击【确定】按钮完成机床设置。

单击【铣削】选项卡【铣削】组中的【曲面铣削】按钮，弹出【NC 序列】和【序列设置】菜单管理器，如图 12-53 所示，该菜单管理器包含了很多曲面铣削序列设置项。

在【序列设置】菜单管理器中启用【名称】、【刀具】、【参数】、【退刀曲面】和【定义切削】复选框，然后选择【完成】选项。此时在命令提示栏中输入 NC 序列名称，然后单击【接受值】按钮，完成名称设置，弹出如图 12-54 所示的【刀具设定】对话框，设置刀具后单击【应用】按钮，再单击【确定】按钮，完成刀具设定。

系统弹出如图 12-55 所示的【编辑序列参数“11”】对话框，在该对话框中设置制造参数。

在【编辑序列参数“11”】对话框中选择【文件】|【另存为】命令，弹出【保存副本】对话框，输入文件名，然后单击【确定】按钮完成制造参数的设置。

系统弹出如图 12-56 所示的【退刀设置】对话框。在【退刀设置】对话框的【值】文本框中输入 Z 轴深度为“30”，单击【确定】按钮，完成退刀平面设置。

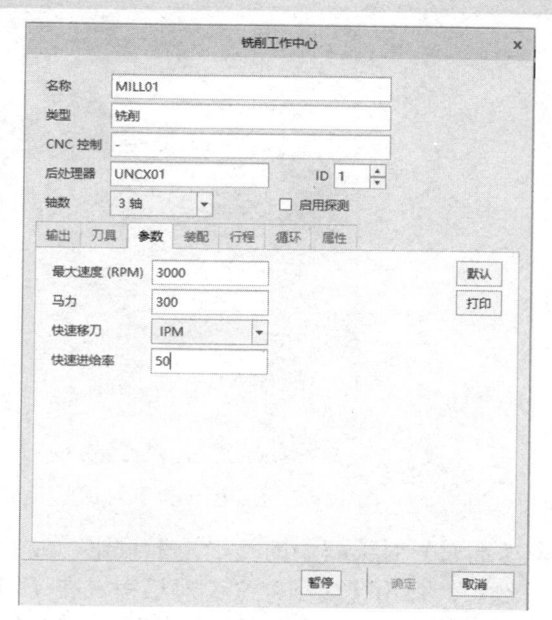

图 12-52 【铣削工作中心】对话框

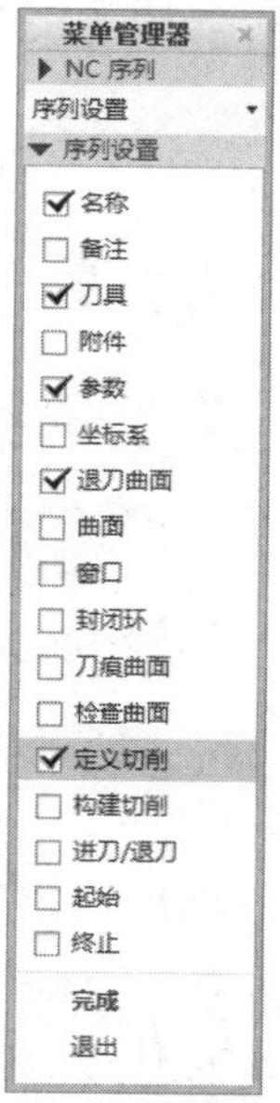

菜单管理器
NC 序列
序列设置
名称
备注
刀具
附件
参数
坐标系
退刀曲面
曲面
窗口
封闭环
刀痕曲面
检查曲面
定义切削
构建切削
进刀/退刀
起始
终止
完成
退出

图 12-53 【序列设置】菜单管理器

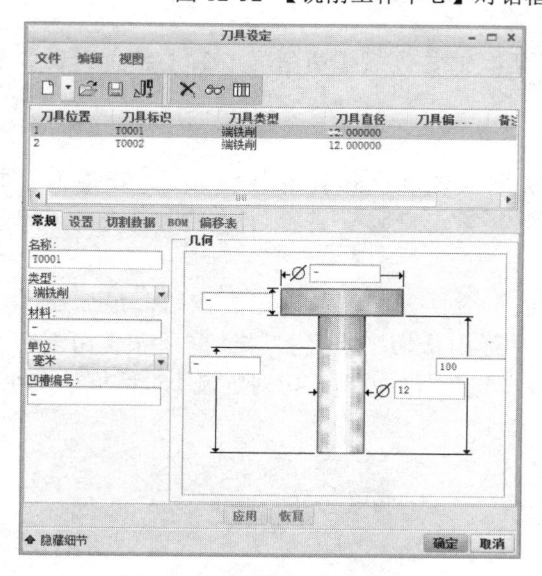

图 12-54 【刀具设定】对话框

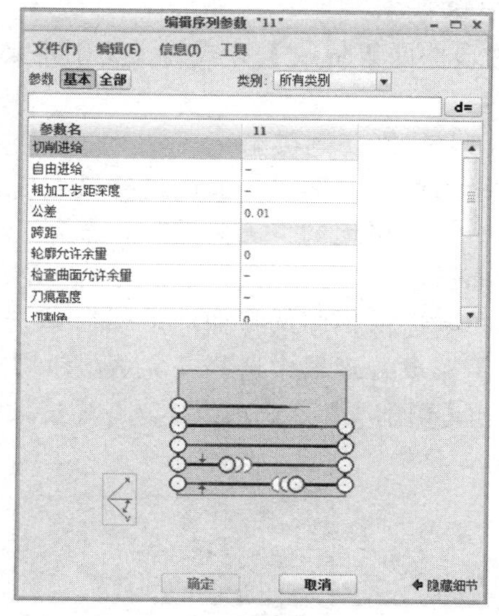

图 12-55 【编辑序列参数“11”】对话框

系统弹出【曲面拾取】菜单管理器，在【曲面拾取】菜单管理器中选择【模型】|【完成】选项，弹出【选择曲面】菜单管理器和【选取】对话框。单击【选取】对话框中的【确定】按钮，在制造模型中选择曲面；然后在【选择曲面】菜单管理器中选择【完成/返回】选项，弹出如图 12-57 所示的【切削定义】对话框。【切削定义】对话框主要包括【切削类型】选项组、【切削角度参考】选项组和【切削方向】编辑按钮。

（2）自曲面等值线类型

自曲面等值线曲面铣削由铣削曲面的等值线来生成刀具路径。它一般在加工曲面与坐标系成一角度，直线切削效果不理想时使用。

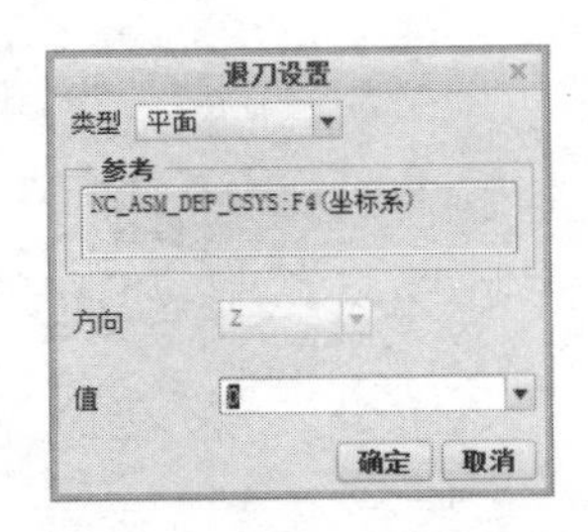

图 12-56 【退刀设置】对话框

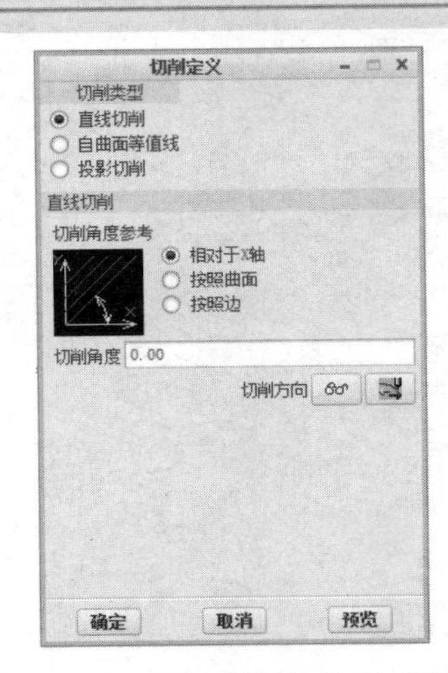

图 12-57 【切削定义】对话框

在制造模型中选择曲面，然后单击【选取】对话框中的【确定】按钮，最后在【选择曲面】菜单管理器中选择【完成/返回】选项，弹出【切削定义】对话框。在【切削定义】对话框的【切削类型】选项组中选中【自曲面等值线】单选按钮，【切削定义】对话框如图 12-58 所示。

【自曲面等值线】方式的【切削定义】对话框主要包括【切削类型】、【曲面列表】及编辑按钮。

（3）投影切削类型

投影切削对选取的曲面进行铣削时，首先将其轮廓投影到退刀平面上，在退刀平面上创建一个“平坦的”刀具路径，然后将刀具路径重新投影到原始曲面。此方式只可用于 3 轴曲面铣削。

在制造模型中选择曲面，然后单击【选取】对话框中的【确定】按钮，最后在【选择曲面】菜单管理器中选择【完成/返回】选项，弹出【切削定义】对话框。在【切削定义】对话框【切削类型】选项组中选中【投影切削】单选按钮，此时【切削定义】对话框如图 12-59 所示。

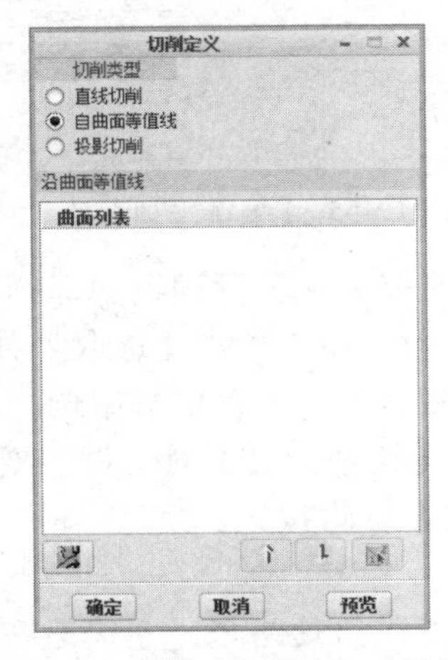

图 12-58 【切削定义】对话框

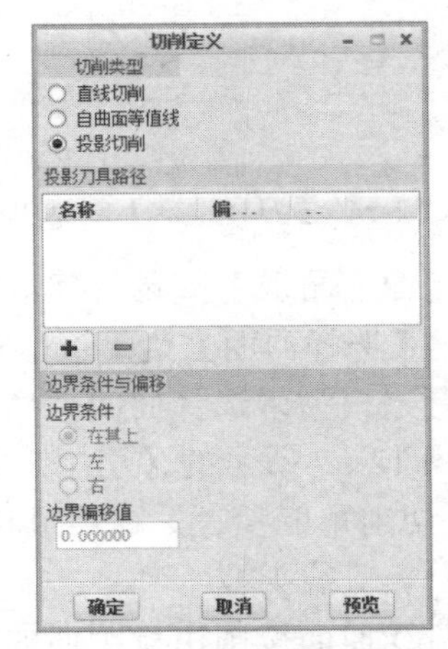

图 12-59 【切削定义】对话框

【切削定义】对话框主要包括【切削类型】选项组、【投影刀具路径】选项组、【边界条件与偏移】选项组及编辑按钮。

在【切削定义】对话框的【边界条件】选项组中选中【在其上】单选按钮。单击【确定】按钮，完成 NC 序列创建。

12.3.4 轮廓铣削

轮廓铣削数控加工序列主要针对垂直和倾斜度不大的几何曲面，配合加工刀具和制造参数设置，以等高的方式沿着加工几何曲面分层加工，可用于外围轮廓的半精加工和精加工。

在创建轮廓铣削数控序列的过程中需要设置【轮廓铣削】工具选项卡，该菜单包含了很多轮廓铣削序列的设置项，如名称、参考、参数、间隙、检查曲面、刀具运动和工艺等。通过完成这些设置项的定义来完成轮廓铣削数控加工序列，其参数选项卡如图 12-60 所示。在其中设置好参数，即可完成轮廓铣削数控加工。

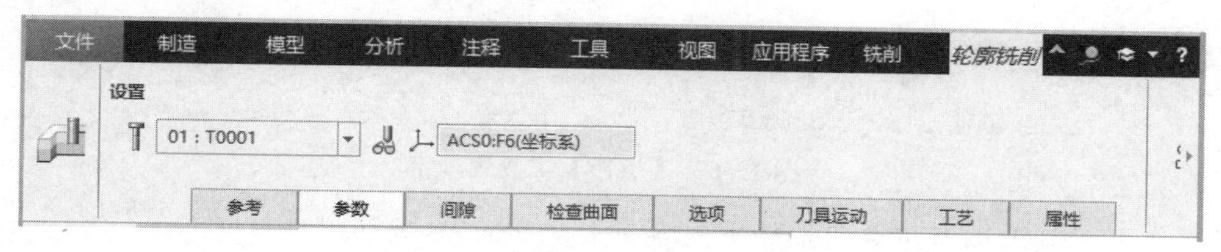

图 12-60 【轮廓铣削】工具选项卡

12.3.5 表面铣削

表面铣削数控加工序列主要用于加工大面积的平面特征或平面度要求较高的平面特征，以大直径的端铣刀进行平面加工，可用于粗加工去除材料，也可用于精加工。

单击【铣削】选项卡【铣削】组中的【表面铣削】按钮，弹出【表面铣削】工具选项卡，如图 12-61 所示，在其中设置机床数据后，即可完成表面铣削加工。

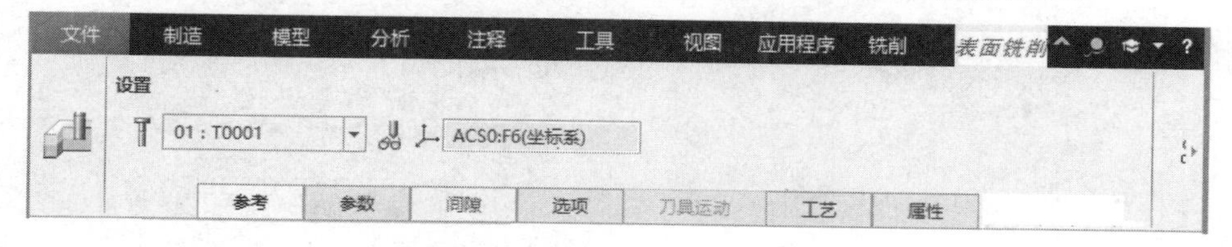

图 12-61 【表面铣削】工具选项卡

12.4 数控车削加工

对于车削加工方式，应用十分广泛。车削适用于加工精度、表面粗糙度要求较高，而轮廓形状复杂或难以控制尺寸的旋转体零件。它能够自动完成内外圆柱面、圆锥面、球面、

螺纹及孔的加工。同铣削数控加工相似，利用 Creo Parametric 8.0 数控加工模块设计车削加工序列主要经过创建制造模型、设置操作装置、设置车削加工范围和设置加工轨迹四个步骤来完成。

12.4.1 车削操作设置

在设置车削数控加工时，操作设置与铣削一样是必须进行的。车削过程中的操作设置内容主要包括：操作名称，所使用的机床，定义 CL 数据输出的坐标，设置退刀曲面、备注信息，设置加工序列参数，设置初始点和返回点等。

操作数据的设置是在【操作】工具选项卡中进行的。在【制造】选项卡【工艺】组中单击【操作】按钮，弹出如图 12-62 所示的【操作】工具选项卡，该工具选项卡的界面与铣削数控加工中【操作】工具选项卡的界面相同。

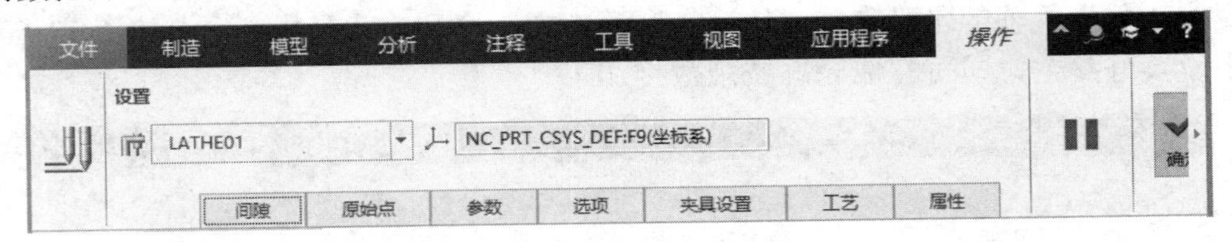

图 12-62 【操作】工具选项卡

【操作】工具选项卡主要包括如下内容。

（1）选择框和按钮：设置 NC 机床相关数据。

（2）夹具设置：设置夹具数据。

（3）【选项】面板：用于加工安全点、间隙及坯件材料的设置，如图 12-63 所示。

（4）【间隙】面板：如图 12-64 所示，主要用来设置刀具路径的起始点和终止点。

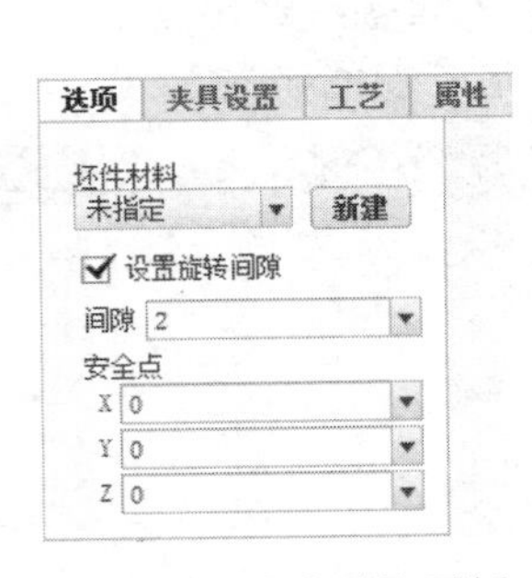

图 12-63 【选项】面板

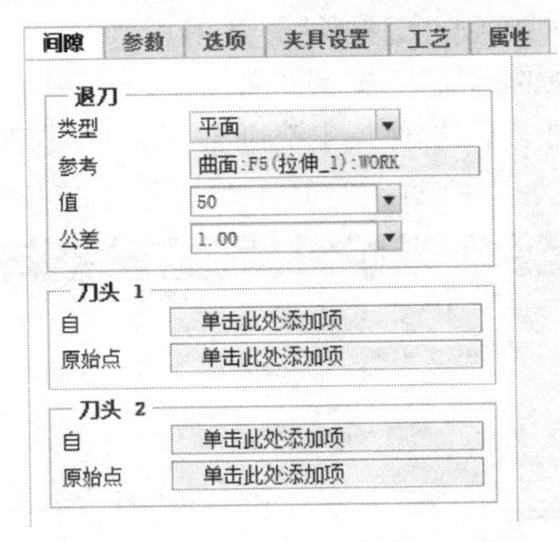

图 12-64 【间隙】面板

（5）【工艺】面板：用来设置加工工艺。

在车削数控加工序列的定义中，主要是 NC 机床和加工刀具的设置与铣削加工中的设置不同，其他设置是相同的。本章主要介绍车削机床和车削刀具的设置。

12.4.2　机床设置

在车削加工的操作数据设置中，机床数据是一种非常重要的数据。在实际的加工过程中，可能会用到各种不同类型的机床，如铣床、车床、加工中心和电火花线切割加工机床等；同一类型的机床，也有不同的结构方式，如三轴加工机床、四轴加工机床、虚拟轴加工机床等。因此，必须在加工流程数据设置中进行加工机床的数据定义。

单击【制造】选项卡【机床设置】组中的【铣削-车削】按钮，打开如图 12-65 所示的【铣削-车削工作中心】对话框，对机床所有参数的定义都是通过该对话框来实现的，该对话框的内容与铣削加工中【铣削工作中心】对话框的内容相同，在此不再赘述。

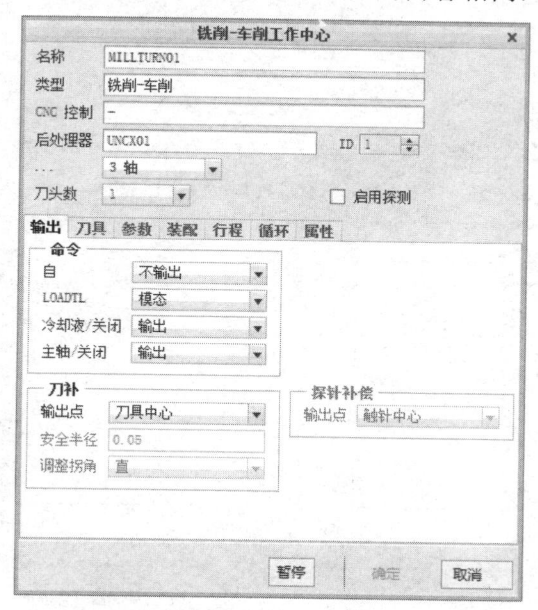

图 12-65 【铣削-车削工作中心】对话框

12.4.3　刀具设置

在加工制造流程的数据设置中，刀具数据是非常重要的数据之一。在实际加工过程中，可能会用到不同的加工流程和加工技术，也就要求用不同类型的刀具。因此，在加工流程规划前进行刀具数据设置是一项很重要的步骤。在 Creo/NC 中可以根据不同的加工流程来设置相应的刀具，作为产生刀具轨迹数据的依据。在 Creo/NC 中有三种方式来进行刀具数据的设置，分别是利用表格、草绘和导入刀具整体模型。刀具设定主要是在如图 12-66 所示的【刀具设定】对话框中进行的。

在【刀具设定】对话框【类型】下拉列表框中可以选择的两个主要的刀具类型是：【车削】和【车削坡口】。两者的区别是：【车削】刀具的刃口只在一侧，如图 12-67 所示，而【车削坡口】刀具两侧均有刃口，如图 12-68 所示。

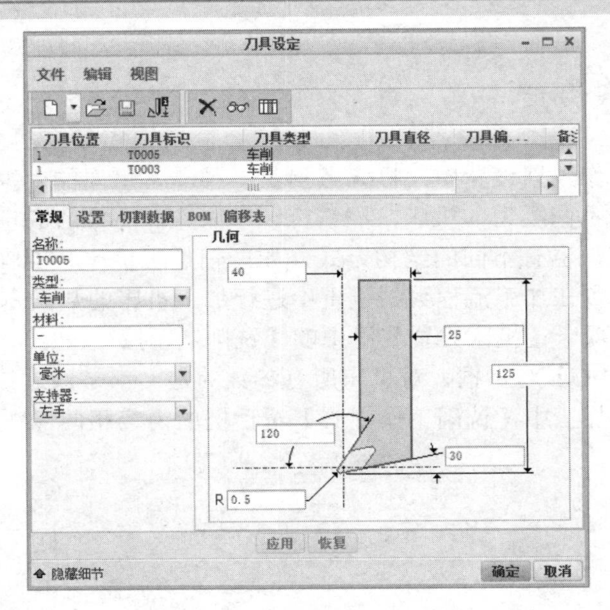

图 12-66 【刀具设定】对话框

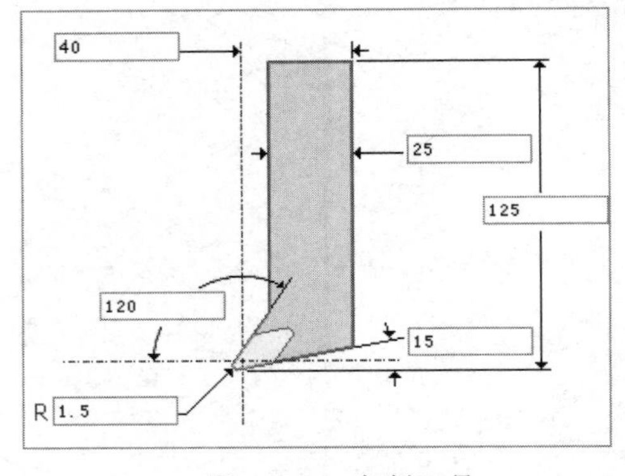

图 12-67 车削刀具

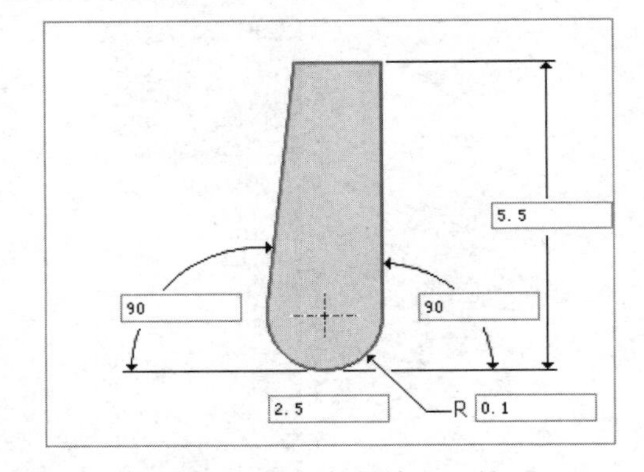

图 12-68 车削坡口刀具

若选择【车削】刀具，则在【刀具设定】对话框【夹持器】下拉列表框中可以选择【左手】、【右手】和【中性】3 种类型。

12.4.4 创建车削轮廓

进行车削加工必须在 Creo/NC 中定义车削选项卡。定义车削选项卡的前提是创建相应的车削轮廓。车削轮廓是一种单独的特征，类似铣削体积块或铣削窗口，在 Creo Parametric 8.0 中必须在创建序列前定义。创建的车削轮廓可在不止一个的车削选项卡中引用。利用此功能可一次定义切削参照，然后使用该定义创建粗加工、半精加工和精加工车削。

在 Creo Parametric 8.0 的制造模块操作界面下，单击【车削】选项卡【车削】组中的【车削轮廓】按钮，打开如图 12-69 所示的【车削轮廓】工具选项卡，车削轮廓的创建及创建方式的选择都是通过该选项卡来完成的。

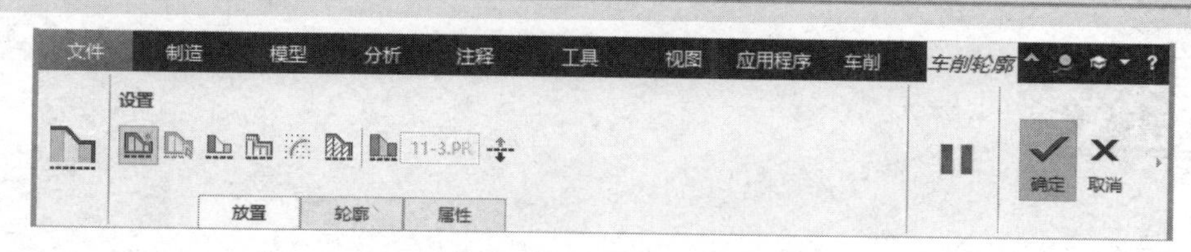

图 12-69 【车削轮廓】工具选项卡

【车削轮廓】工具选项卡中提供了 5 种创建车削轮廓的方法，下面介绍常用的 4 种车削轮廓定义方法。

方法：使用曲面定义车削轮廓。

方法：使用曲线链定义车削轮廓。

方法：使用草绘定义车削轮廓。

方法：使用横截面定义车削轮廓。

选择不同定义车削轮廓的方法时，单击【放置】、【轮廓】和【属性】标签，弹出的面板内容有所不同，在后面的实例中将具体讲解每个选项卡的使用方法。

12.4.5 编辑车削轮廓

对车削轮廓的编辑是通过在模型树中用鼠标右键单击车削轮廓，在弹出的如图 12-70 所示的【编辑】快捷菜单中完成的。【编辑】快捷菜单中的许多命令与一般模型树中的特征编辑菜单相同，这里不再赘述。

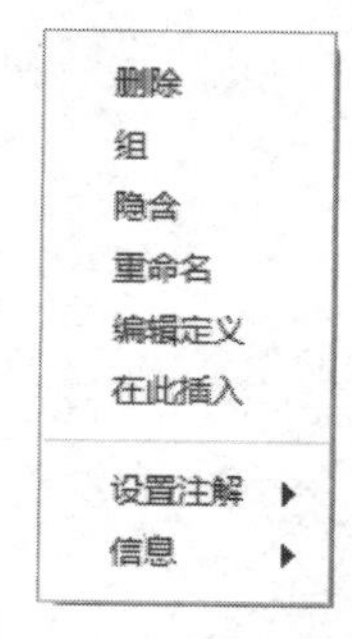

图 12-70 【编辑】快捷菜单

12.5 设计范例

12.5.1 铣削变形座操作范例

扫码看视频

本范例完成文件：范例文件/第 12 章/12-1.prt、12-2.asm、12-2_wrk_01.prt、12-2.tph

多媒体教学路径：多媒体教学→第 12 章→12.5.1 范例

范例分析

本范例是对变形座零件进行铣削加工的操作设置，包括创建加工模型并定义、创建加工工序、设置加工参数、刀具参数、创建轮廓铣削等操作，最终完成铣削加工并播放加工路径。

Step1 创建制造模型

①单击【快速访问工具栏】中的【新建】按钮，打开【新建】对话框，选中【类型】为【制造】，【子类型】为【NC 装配】，如图 12-71 所示。

②设置文件名称等其他参数，单击【确定】按钮创建模具模型。

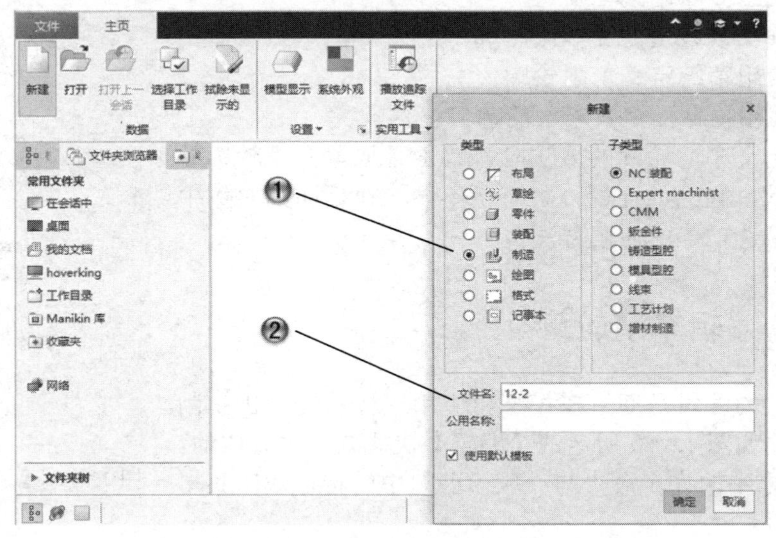

图 12-71　创建制造模型

Step2 组装参考模型

单击【制造】选项卡【元件】组中的【组装参考模型】按钮，选择变形座零件模型（12-1.prt）导入，如图 12-72 所示。

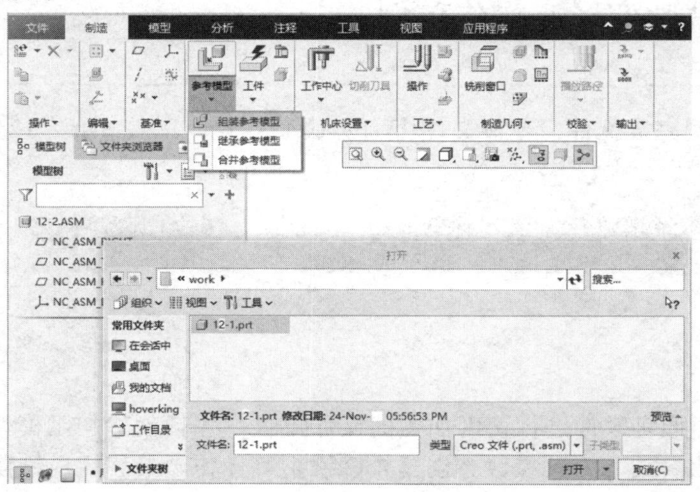

图 12-72　组装参考模型

Step3 设置坐标系

①此时打开【元件放置】工具选项卡，设置其中参数，如图 12-73 所示。
②在绘图区中显示设置的坐标系，单击【确定】按钮完成设置。

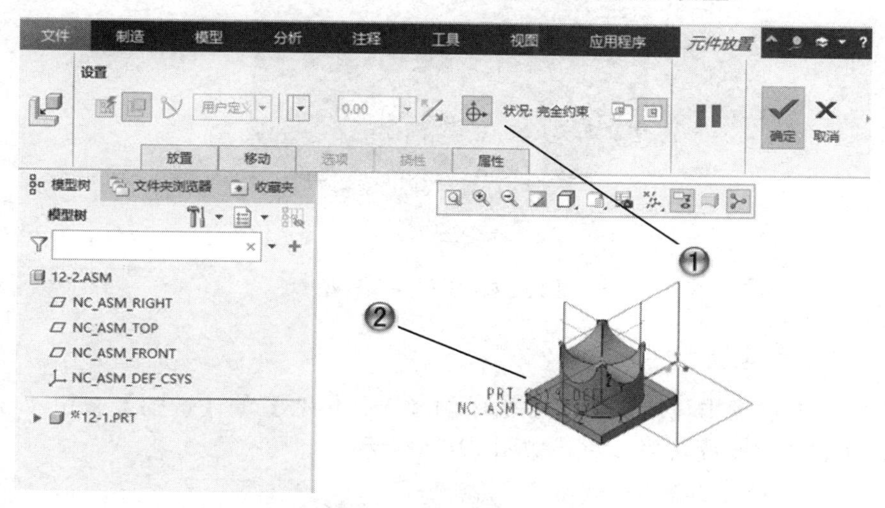

图 12-73　设置坐标系

Step4 创建自动工件

①单击【制造】选项卡【元件】组中的【自动工件】按钮，在打开的【创建自动工件】工具选项卡中设置参数，如图 12-74 所示。

②绘图区显示自动工件情况，单击【确定】按钮完成自动工件创建，零件加工模型结果如图 12-75 所示。

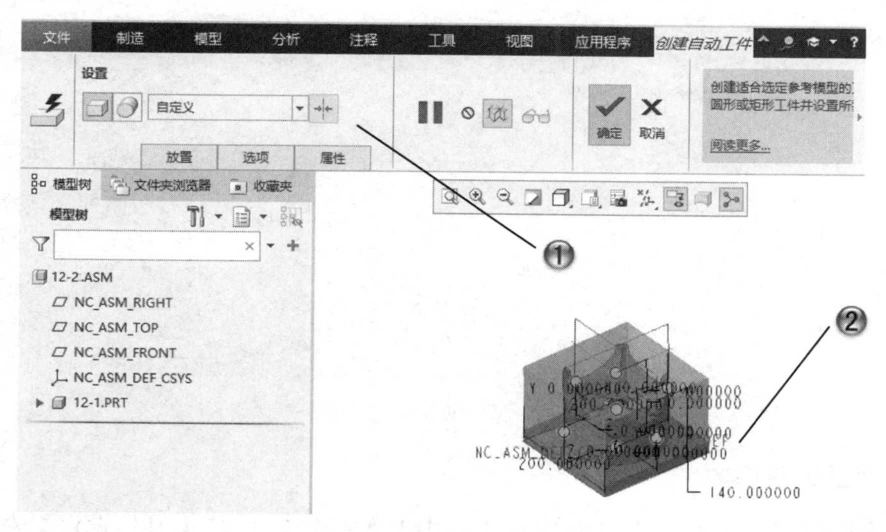

图 12-74　创建自动工件

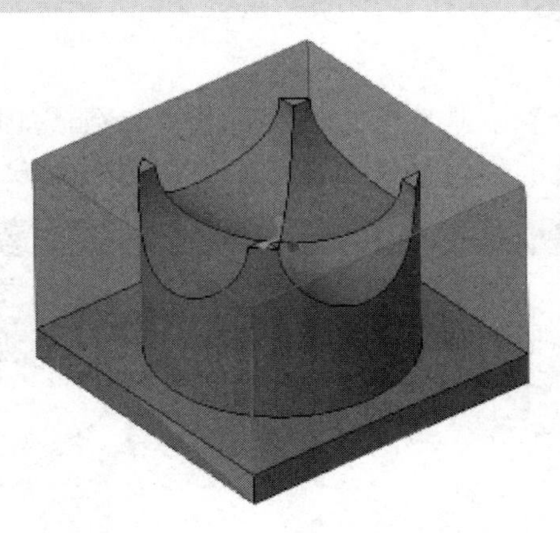

图 12-75　零件加工模型

Step5 创建铣削工序

单击【制造】选项卡【机床设置】组中的【工作中心】的【铣削】按钮，打开【铣削工作中心】对话框，设置其中参数，如图 12-76 所示。

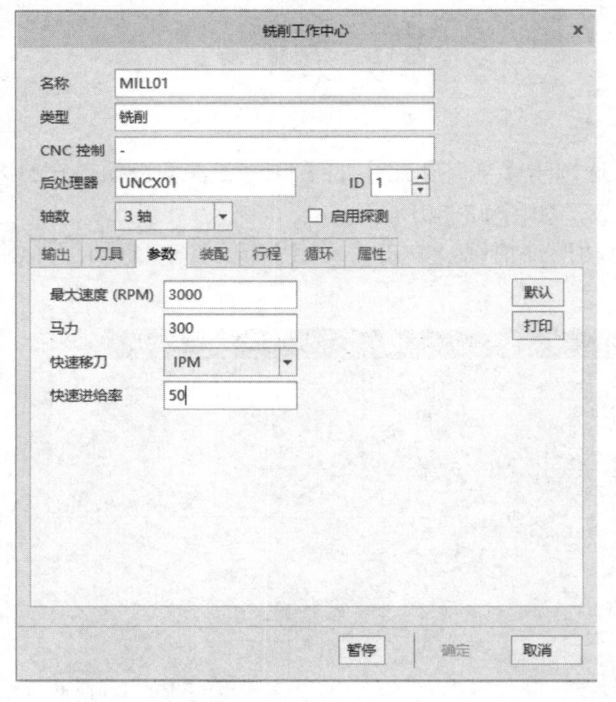

图 12-76　创建铣削工序

Step6 设置刀具参数

①在【铣削工作中心】对话框中单击【刀具】按钮，打开【刀具设定】对话框，如图 12-77 所示。

②在【刀具设定】对话框中设置刀具参数，单击【确定】按钮完成设置。

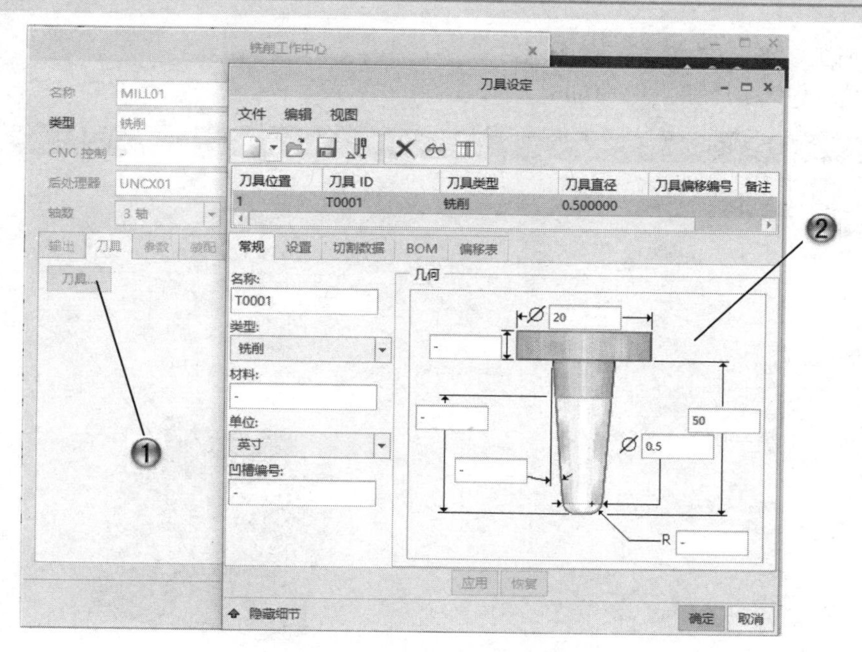

图 12-77　设置刀具参数

Step7 创建操作坐标系

①单击【制造】选项卡【工艺】组中的【操作】按钮，打开【操作】工具选项卡，设置其中参数，如图 12-78 所示。

②在绘图区中显示创建的操作坐标系，单击【确定】按钮完成创建。

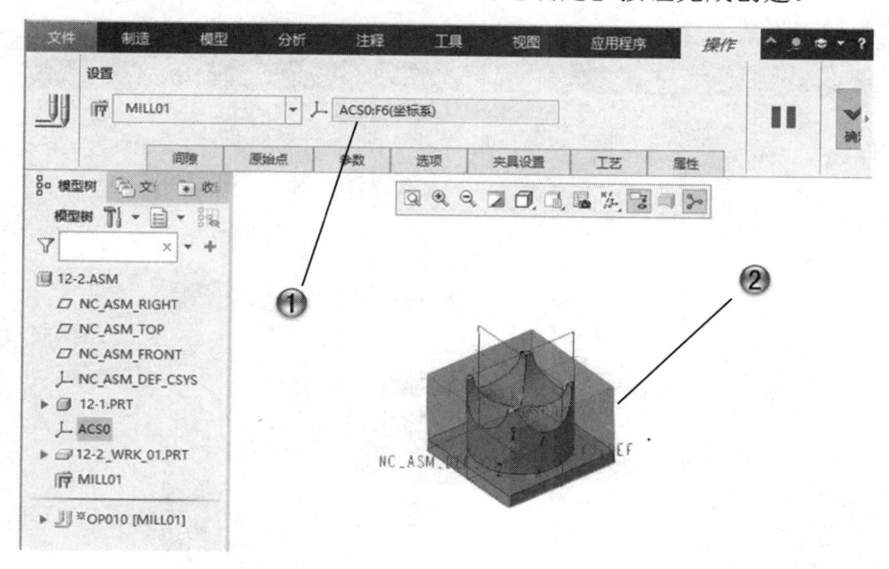

图 12-78　创建操作坐标系

Step8 创建轮廓铣削

①单击【铣削】选项卡【铣削】组中的【轮廓铣削】按钮，打开【轮廓铣削】工具选

项卡，设置加工参数，如图 12-79 所示。

②在绘图区中选择加工的曲面。

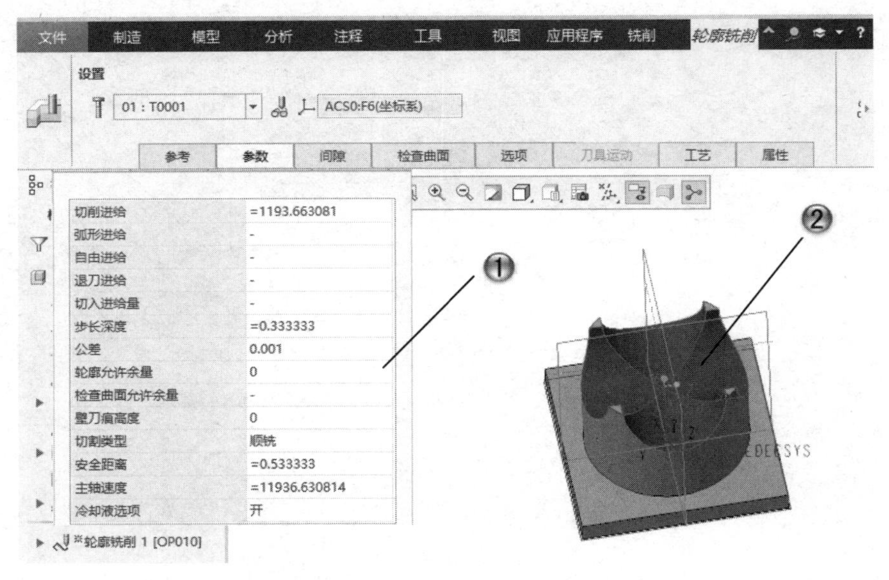

图 12-79　创建轮廓铣削

Step9 设置退刀参数完成铣削加工

①设置【轮廓铣削】工具选项卡中的退刀参数，如图 12-80 所示。

②在绘图区中选择加工模型的退刀面，单击【轮廓铣削】工具选项卡中的【确定】按钮，完成铣削加工设置。

图 12-80　设置退刀参数

Step10 设置加工播放完成范例

①单击【制造】选项卡【校验】组中的【播放路径】按钮，选择加工程序，如图 12-81 所示。

②此时打开【播放路径】对话框，单击【播放】按钮即可播放加工路径。至此，这个加工范例操作完成。

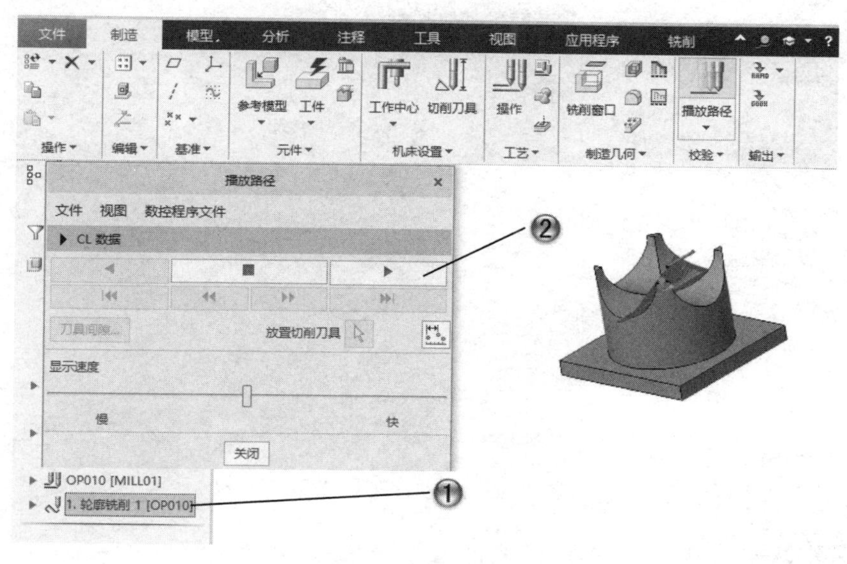

图 12-81　设置加工播放路径

扫码看视频

12.5.2　车削轴尖操作范例

本范例完成文件：范例文件/第 12 章/12-3.prt、12-4.asm、12-4_wrk_01.prt

多媒体教学路径：多媒体教学→第 12 章→12.5.2 范例

范例分析

本范例是对轴尖零件进行车削加工的操作设置，包括创建加工模型并定义、创建加工工序、设置加工参数、刀具参数、创建车削等操作，最终完成车削加工。

范例操作

Step1 创建制造模型

①单击【快速访问工具栏】中的【新建】按钮，打开【新建】对话框，选中【类型】

为【制造】,【子类型】为【NC 装配】，如图 12-82 所示。

②设置文件名称等其他参数，单击【确定】按钮创建模具模型。

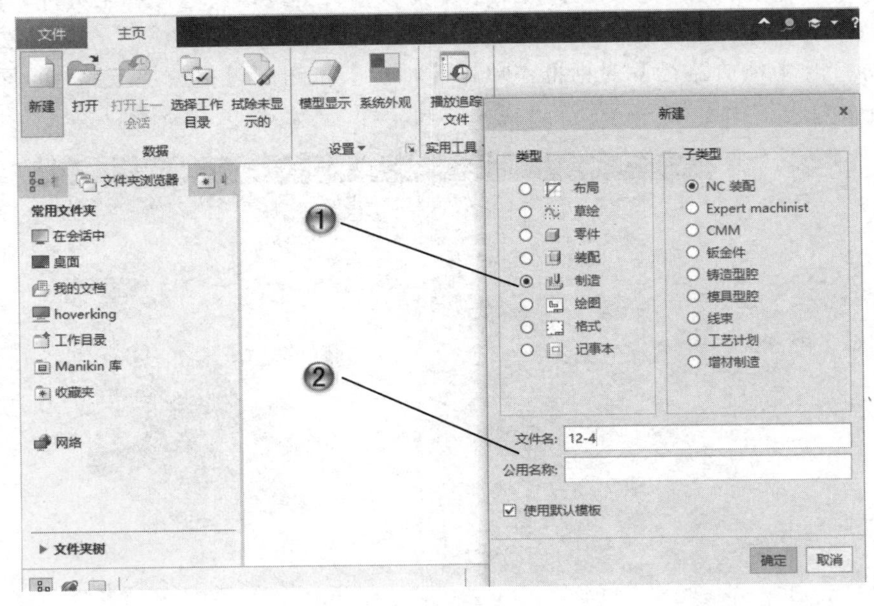

图 12-82　创建制造模型

Step2 组装参考模型

单击【制造】选项卡【元件】组中的【组装参考模型】按钮，选择轴尖零件模型（12-3.prt）导入，如图 12-83 所示。

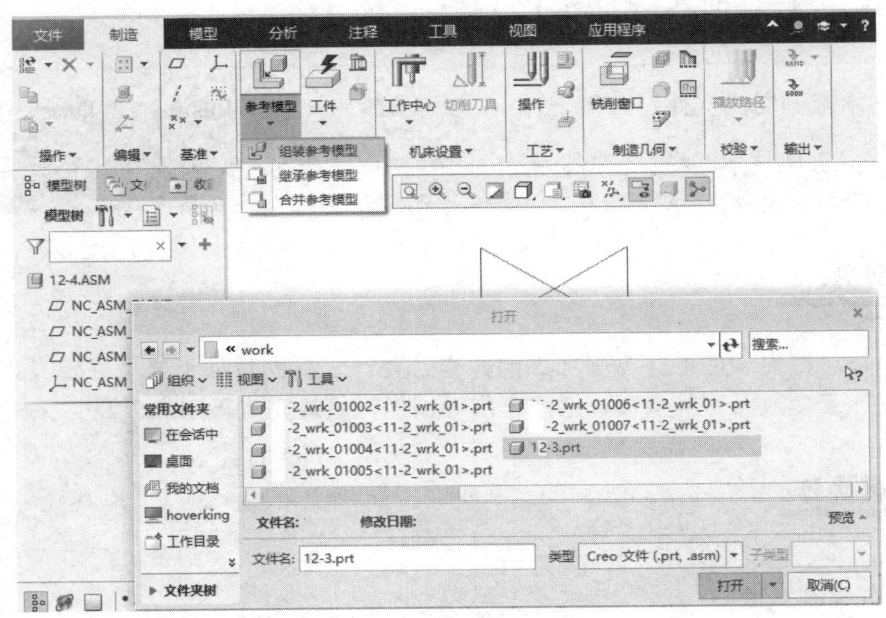

图 12-83　组装参考模型

Step3 设置坐标系

①此时打开【元件放置】工具选项卡，设置其中参数，如图 12-84 所示。
②在绘图区中显示设置的坐标系，单击【确定】按钮完成设置。

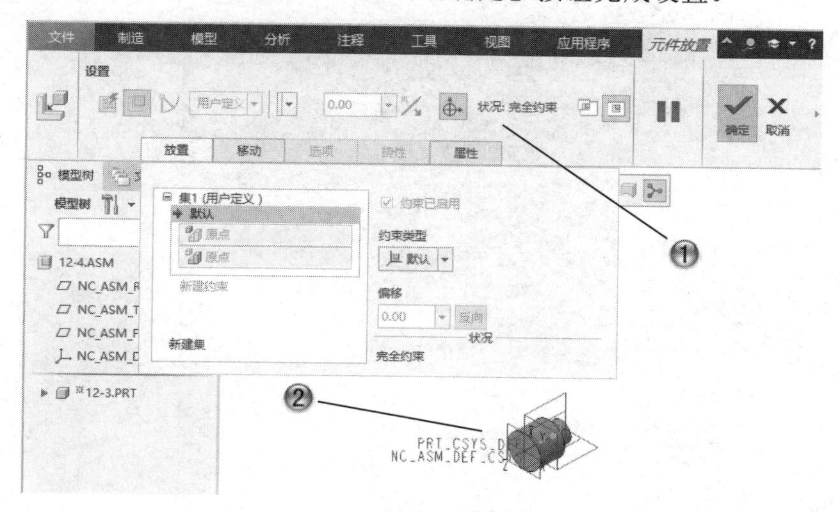

图 12-84　设置坐标系

Step4 创建自动工件

①单击【制造】选项卡【元件】组中的【自动工件】按钮，在打开的【创建自动工件】工具选项卡中设置参数，如图 12-85 所示。
②绘图区显示自动工件情况，单击【确定】按钮完成自动工件创建。

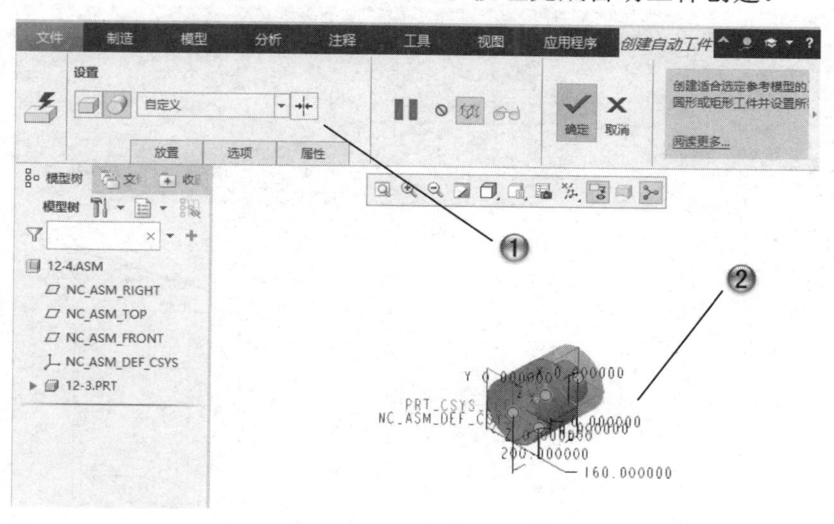

图 12-85　创建自动工件

Step5 创建车床工序

单击【制造】选项卡【机床设置】组中的【工作中心】的【车床】按钮，打开【车床

工作中心】对话框，设置其中参数，如图 12-86 所示。

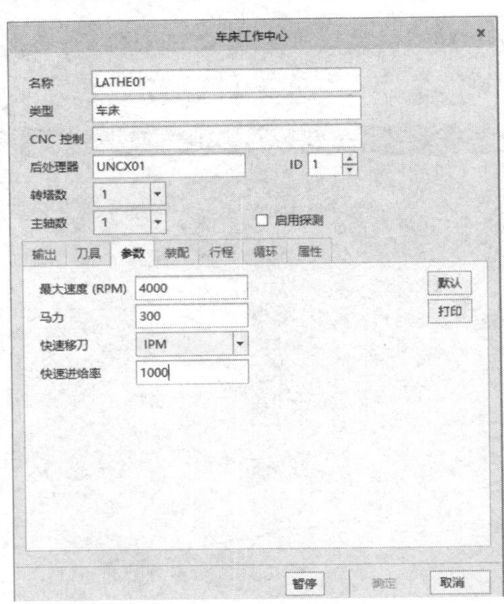

图 12-86　创建车床工序

Step6 设置刀具参数

①在【车床工作中心】对话框中单击【转塔 1】按钮，打开【刀具设定】对话框，如图 12-87 所示。

②在【刀具设定】对话框中设置刀具参数，单击【确定】按钮完成设置。

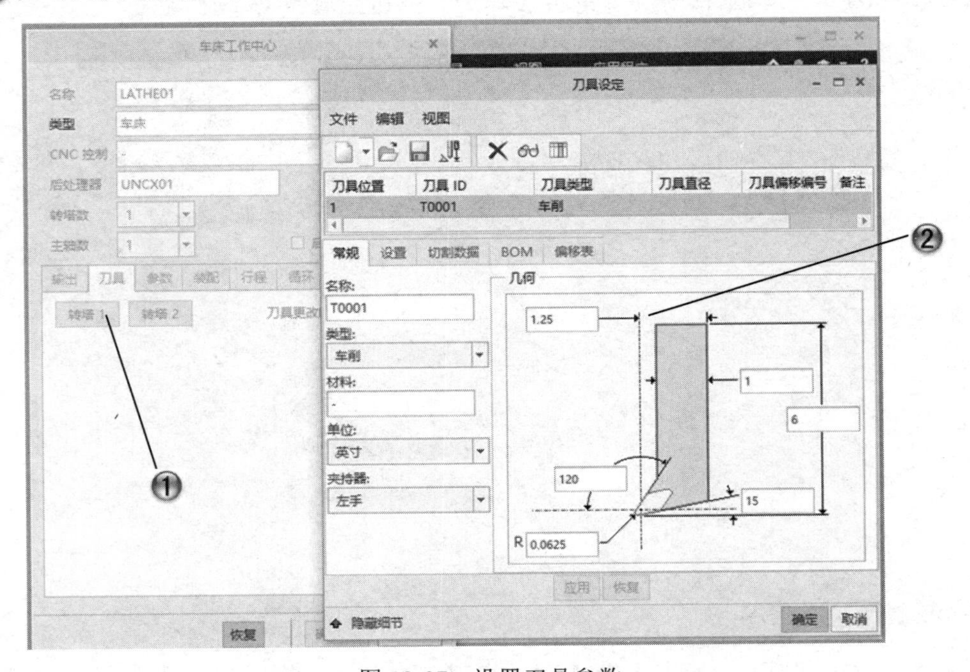

图 12-87　设置刀具参数

Step7 创建操作坐标系

①单击【制造】选项卡【工艺】组中的【操作】按钮，打开【操作】工具选项卡，设置其中参数，如图 12-88 所示。

②在绘图区中显示创建的操作坐标系，单击【确定】按钮完成创建。

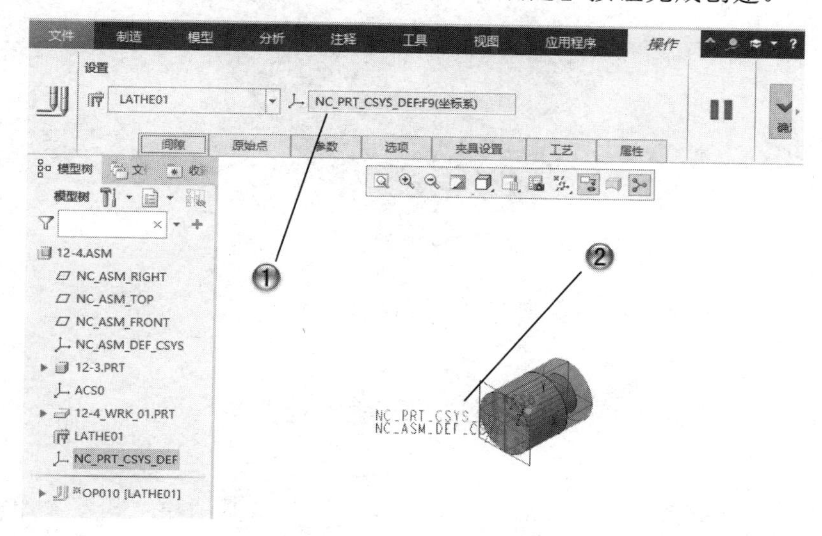

图 12-88　创建操作坐标系

Step8 创建车削轮廓完成范例

①单击【车削】选项卡【制造几何】组中的【车削轮廓】按钮，打开【车削轮廓】工具选项卡，设置加工参数，如图 12-89 所示。

②在绘图区中选择车削加工的面，单击【确定】按钮完成加工设置。至此，这个加工范例制作完成，结果如图 12-90 所示。

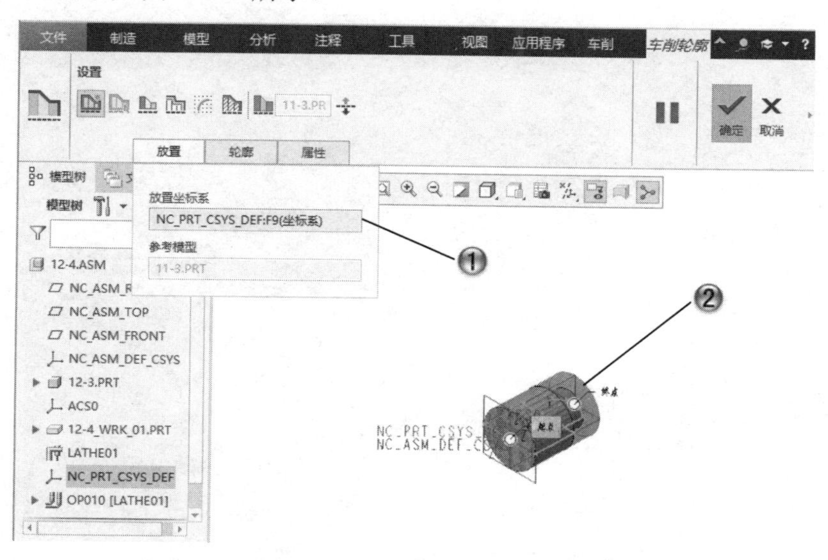

图 12-89　创建车削轮廓

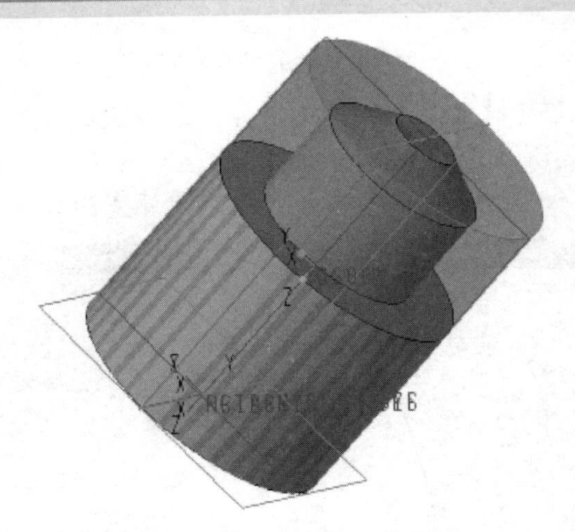

图 12-90　车削加工结果

12.6　本章小结

本章主要介绍了数控加工的一般步骤，其中包括建立制造模型和定义操作数据，以及铣削加工和车削加工的方法。建立制造模型又分为创建制造模型和创建工件，定义数据包括设置机床、刀具和夹具，这些内容都是 Creo Parametric 8.0 数控加工的重要内容，掌握之后有助于进一步学习。